AF244979

COURS

D'EXPLOITATION DES MINES.

COURS

D'EXPLOITATION DES MINES

PAR

ALFRED HABETS,

PROFESSEUR ORDINAIRE À LA FACULTÉ TECHNIQUE

DE L'UNIVERSITÉ DE LIÉGE

(ÉCOLES SPÉCIALES DES ARTS & MANUFACTURES & DES MINES)

TOME II

BUREAUX DE LA *Revue universelle des mines*, etc.

PARIS, H. LE SOUDIER, 174, BOULEVARD SAINT-GERMAIN

LIÉGE, 55, RUE DES CHAMPS

1904

LIÉGE

Société Anonyme H. VAILLANT-CARMANNE,

Rue St-Adalbert, 8.

Nous reproduisons, en tête de ce second volume, la bibliographie des articles relatifs aux matières qui y sont traitées, publiés par la *Revue universelle des mines*, etc. et les *Annales des mines de Belgique*.

Nous mettons à jour à cet effet la bibliographie publiée par le *Bulletin de l'Association des élèves de l'École de Liége*.

Troisième Section.

Travaux de recherche et Exploitation proprement dite.

SONDAGES.

Procédés de sondage : sytsème Canadien (3, 12, 1890); sondage par tiges rigides creuses, système Raky (3, 35, 1896 ; 3, 53, 1901); sondage à la corde (1, 38, 1875; 3, 53, 1901); sondage au diamant (2, 8, 1880; 3, 53, 1901); procédés modernes de sondages (4, 5, 1904); reconnaissance des terrains par les procédés modernes (A. M. 8, 1903) (¹).

MÉTHODES D'EXPLOITATION.

Méthodes sans remblai : Ardoisières de l'Ardenne (1, 17, 1865); exploitation du sel dans le Salzkammergut (1, 15, 1864); exploitation de la couche Ten-yards dans le Staffordshire (3, 12, 1890); exploitation de la houille dans la Haute-Silésie (1, 17, 1865); exploitation de la houille en Angleterre (1, 21, 1867).

(¹) 3, 12, 1890 signifie *Revue Universelle des mines*, etc. 3e série, Tome 12, année 1890.

A. M. 8, 1903 signifie *Annales des mines de Belgique*, Tome 8, année 1903.

Méthodes avec remblai : Système de terril d'Havré (3, 271, 1894); plans inclinés automoteurs, pour exploitation par tailles montantes, à une seule voie (1, 28, 1870); id. avec moteur à air comprimé (2, 21. 1887); mine de mercure d'Almaden (1, 29, 1871; 3, 6, 1889).

Quatrième Section.

Administration.

Organisation du travail en un poste (A. M. 3, 1898 ; 5, 1900).

Cinquième Section.

Aérage, Eclairage et Sauvetage.

Aérage.

Grisou : Rapport de la Commission prussienne du grisou 3, 1890 et 1891 [propriétés du grisou (10, 1890); gisement (11. 1890); influence des poussières (id.); causes d'nflammation (id.); détermination de sa présence (12, 1890); élimination par voie mécanique ou chimique (12, 1890) ; moyens de le diluer (14, 1891); précautions à prendre (15, 1891)]; précautions contre les poussières (3, 11, 1890); lampe Pieler (3, 14, 1891); lampe Clowes pour déceler le grisou (III, 27, 1894); procédé Lebreton par limite d'inflammabilité (3, 19, 1895); lampe Irvine (1, 33, 1873); procédé Coquillon pour l'analyse du grisou (2, 3, 1873); dégagements instantanés de grisou (3, 59, 1902).

Théorie de la ventilation : L'aérage des mines et les ventilateurs à force centrifuge, (3, 27, 1894); manomètre Ochwadt (3, 11, 1890); tarage des anénomètres (3, 9, 1890).

Aérage mécanique : Aspirateur Körting (1, 37, 1875); ventilateur Guibal (3, 20, 1892 et 4, 1, 1903); ventilateur Ser (3, 14, 1891; 3, 20, 1892); ventilateur Capell (3, 20, 1892); ventilateur Harzé (2, 1, 1877); ventilateur Peltzer (3, 9, 1890); ventilateur Rateau (3, 20, 1392); ventilateur Mortier (A. M. 3, 1898).

Extraction par le puits d'aérage : Comparaison de sas à air et clapets Briart (3, 4, 1888); sas à air du charbonnage d'Amercœur (2, 6, 1879).

Éclairage.

Lampes de sûreté : Lampe Mueseler-type (2, 1, 1877); lampe Mueseler-Godin (id.); lampe Marsaut (3, 14, 1891); lampe Bainbridge (3, 22, 1893); expériences sur les lampes de sûreté (3, 14, 1891); station d'expériences de Frameries (4, 4, 1903).

SAUVETAGE.

Pénétration dans les milieux irrespirables : Appareils Galibert (2, 1, 1877), Fayol (id.), Denayrouze (1, 38, 1875) ; appareil aérogène de Schwann (2, 1, 1877; 2, 7, 1880); appareil Rouquayrol-Denayrouze (1, 27, 1870); appareil Walcher (A. M., 3, 1898).

Comme articles généraux sur l'aérage et l'éclairage, voir A. HABETS : Le matériel des mines à l'Exposition de 1889 et de 1900 (4, 4, 1903).

SIXIÈME SECTION.

Epuisement.

Epuisement par galeries : Galerie d'écoulement des mines du Hartz (2, 10, 1881).

Epuisement par tonnes : Système Tomson, pour les avaleresses (3, 21, 1893 et 59, 1902).

Pompes d'épuisement : Pompe foulante horizontale jumelle des charbonnages de Bernissart (3, 2, 1888); soupapes commandées de Riedler (2, 20, 1886); expériences d'indicateur de Riedler sur des pompes et des machines d'épuisement (2, 15, 1884); pompe express Riedler (3, 57, 1902).

Maîtresse-tige en acier de Cockerill (2, 7, 1880).

Moteurs d'épuisement : Machine à colonne d'eau à haute pression installée par la Société de la Meuse au charbonnage Gneisenau (3, 24, 1893); essais effectués sur cette machine (3, 43, 1898).

Equilibre et vitesse de descente des machines à maîtresse-tige, par L. Trasenster (1, 31, 1872); régénérateur de force (accélérateur) Bochkoltz (3, 15, 1891); régénérateur de force pneumatique de Haniel et Lueg (3, 15, 1891).

Moteur à traction directe et à détente, de Davey (2, 11, 1882); id. à double effet (2, 3, 1878).

Moteur à rotation : Système Guinotte, à cylindre unique (2, 3, 1879).

Pompeuses à vapeur (3, 15, 1891); pompeuse Worthington à accouplement direct (id.); pompeuses à rotation, vitesse de descente (id.). Machines souterraines (3, 44, 1898).

Pompeuses hydrauliques : Système Moore ou à maîtresse-tige fluide (3, 15, 1891); système Kaselowsky (3, 47, 1899 et 3, 57, 1902); système Haniel et Lueg (3, 57, 1902).

Pompeuses électriques : Installation des mines de l'Horcajo (3, 57 et 60, 1902.)

Comme articles généraux sur l'épuisement, voir H. DECHAMPS : Les machines de Mines à l'Exposition de 1889 (3, 13, août 1891) et à l'Exposition de 1900 (3, 57, 1902).

A. Habets : Exposition de Vienne en 1873 (2, 3, 1878, p. 429) et de Paris 1878 (2, 11. 1882).

Septième Section.

Translation des ouvriers dans les puits.

Translation par les câbles : Evite-Molettes Musnicki (A. M. 3, 1998); modérateur de vitesse Villiers (3, 19, 1892 et 4, 4, 1903); modérateur de vitesse et évite-molettes Reumeaux (3, 19, 1892 et 4, 4, 1903); tachygraphe Karlik (4, 2, 1903).

Parachutes : Appareil Hypersiel (2, 1, 1877); appareil hydraulique auto-compresseur de M. Henry (3, 55, 1900).

Fahrkunst : Description de quelques fahrkunst (1, 1, 1859; 1, 6, 1859; 1, 16, 1864); débit des fahrkunst (1, 16, 1864); fahrkunst du puits Königin Marie du Hartz (2, 1, 1847); fahrkunst de Bascoup (2, 1, 1877).

Articles généraux : Exposition d'hygiène et de sauvetage de Bruxelles 1876 (2, 1, 1877) : Exposition de Paris 1878 (2, 11, 1882) et 1889 (3, 19, 1892).

Huitième Section.

Manutention des produits à la surface.

Emmagasinage et Chargements.

Chargement des bateaux : Installations du Pas-de-Calais (Lens, Béthune, Courrières, etc.) (2, 11, 1882 et 3, 19, 1892). Nouvelles installations du port de Cardiff, système Lewis-Hunter (3, 11, 1890). Chargement et déchargement des charbons sur les chemins de fer et sur les voies navigables (2, 5, 1878). Chargement des minerais du Lac supérieur (3, 50, 1900).

Préparation mécanique des charbons.

Triage : Crible Briart (2, 3, 1878; 2, 18, 1885). Culbuteur mécanique (2, 18, 1885). Crible Coxe (3, 19, 1892).

Lavage : Lavoir Francou (3, 31, 1895).

Nettoyage à sec : Broyeur-épurateur Sottiaux (2, 19, 1886); nettoyage par vent soufflé (2, 9, 1881).

SECTION III.

Travaux de recherche et exploitation proprement dite.

A. — Travaux de recherches.

I. — GÉNÉRALITÉS.

609. On entend par *travaux de recherche* l'ensemble des études expérimentales nécessaires pour reconnaître l'existence d'un gisement, déterminer sa nature, sa valeur et démontrer son exploitabilité.

610. La *géologie appliquée* permet de déduire les règles à suivre dans les travaux de recherche qui peuvent s'appliquer soit à des gîtes connus en partie par des affleurements ou des travaux antérieurs, soit à des gîtes dont on suppose l'existence par de simples indices géologiques ou autres.

611. *Gîtes connus en partie.* — En ce qui concerne les premiers, il faut distinguer les gîtes sédimentaires, les filons et les imprégnations ou amas.

Les gîtes sédimentaires jouissent d'une continuité plus ou moins limitée; car les couches se coïncent, se perdent en affleurant à la surface, sont rejetées par des cassures, sont supprimées par des roches éruptives, sont variables de composition. Les travaux de recherches ont surtout, dans ce cas, pour but de déterminer la régularité et le degré de continuité du gîte.

Les gîtes sédimentaires sont généralement faciles à reconnaître. Il en est autrement des gîtes filoniens dont l'épaisseur et la minéralisation sont très variables. La difficulté est plus grande encore pour les amas et gîtes d'imprégnation qui échappent à toute loi générale. Nous verrons au chapitre de l'évaluation des gisements comment on procède pour déduire la valeur des gîtes des travaux de recherches exécutés pour les reconnaître.

612. *Gîtes connus par indices géologiques.* — La seconde catégorie comprend surtout les gîtes qui sont supposés exister par de simples indications géologiques.

La présence de certains terrains autorise à faire certaines recherches, même en l'absence d'affleurements ; mais il ne faut évidemment conclure qu'après une étude approfondie de la géologie locale.

Si, par exemple, la houille est en général l'apanage du terrain houiller, il n'en est pas moins vrai qu'on peut la rencontrer, ainsi que d'autres combustibles minéraux, dans toute l'échelle géologique.

Si dans les terrains archaïques, on ne peut s'attendre à rencontrer que du graphite, l'anthracite apparaît déjà dans le Silurien (lac Onega) ; dans le Dévonien existent aussi, quoique très rarement, de vraies houilles. La houille se rencontre avec abondance dès le Calcaire carbonifère. C'est ainsi que la plus grande partie des houilles russes, et notamment celles du bassin du Donetz, appartiennent à cet étage. Il en est de même du bassin situé au sud de Moscou, bien que les houilles y passent au lignite de faible valeur calorifique. On y a donc l'exemple d'un lignite dont l'âge est antérieur à celui des houilles du terrain houiller. Le bassin houiller des Asturies appartient de même en partie à l'époque du Calcaire carbonifère, en partie à celle du Houiller proprement dit. De vraies houilles se rencontrent dans le Permien (bassin de la Saar), dans le Trias (Vosges), dans le Jurassique (Hongrie, Caucase) et jusque dans le Crétacé (Autriche, Colorado).

Dans les terrains tertiaires, on ne rencontre plus que des lignites ; mais certains lignites noirs ont un aspect très semblable à celui de la houille dont ils ne diffèrent que par la poussière brune caractéristique et le pouvoir calorifique.

Les minerais de fer sédimentaires ne sont pas davantage localisés dans un même terrain. C'est ainsi que les terrains archaïques en Russie (Krivoï-Rog), le Silurien en Bohême et en Normandie contiennent des couches de minerais de fer ; il en est de même du Dévonien en Belgique, dans le Nassau, aux Asturies ; du terrain Jurassique en Angleterre (Cleveland) et en Luxembourg-Lorraine ; du terrain Crétacé dans la Haute-Marne (Néocomien) et dans le Hanovre (Sénonien).

Les gisements de minerais de fer sont souvent formés aux dépens de couches calcaires transformées d'abord en carbonate, puis en hydrate de fer. Les limonites manganésifères du Nassau et de la Hesse qui reposent sur les têtes du calcaire dévonien n'ont pas d'autre origine ; les minerais du sud de l'Espagne sont dus en grande partie à la transformation de couches de calcaire triasique ; les minerais de Bilbao sont de même constitués par des épigénies du calcaire néocomien. Dans le bassin du Donetz, des limonites ont pour origine la transformation des têtes de bancs de sidérose.

On peut encore citer le sel gemme comme exemple d'une roche sédimentaire qui appartient surtout au Permien et au Trias, mais se rencontre aussi dans le terrain miocène, et se trouve ordinairement en relation avec le gypse, mais sans connexion obligée avec cette roche.

Ces exemples n'ont d'autre but que de montrer l'importance de l'étude de la géologie locale pour entreprendre des recherches ; il faut s'aider de tous les documents existants pour étudier celle-ci, en s'efforçant de les contrôler et les compléter par l'observation directe.

613. D'autre part, la considération de la continuité et de l'âge relatif des terrains a souvent donné lieu à la découverte du prolongement de gisements connus sous des terrains d'âge différent. Nous rappellerons à cet égard la découverte du bassin du Pas-de-Calais, de la plus grande partie du bassin westphalien et du bassin du Limbourg, sous les terrains crétacés et tertiaires.

614. Lorsqu'il s'agit de filons, les principales indications géologiques sont celles qui résultent du parallélisme des filons de même âge, des relations qui existent entre la direction des filons et la tectonique de la région, des phénomènes de contact, etc.

Les considérations géogéniques ont souvent conduit aussi à des résultats féconds.

Lorsqu'on est arrivé à concevoir une loi dans la formation d'un gisement, les applications de cette loi ont souvent multiplié les découvertes. C'est ainsi qu'au Laurium on a distingué les contacts riches où le calcaire se trouve au-dessus du schiste, des contacts pauvres où le schiste se trouve au-dessus du calcaire. Une observation analogue a fait reconnaître, aux mines de Balia, en Asie Mineure, des contacts riches avec schiste au mur et trachyte au toit, tandis que les contacts inverses étaient pauvres.

Nous ne pouvons d'ailleurs que renvoyer ici aux ouvrages spéciaux sur les gisements métallifères [1].

L'étude des parties riches des filons et des amas de contact, est notamment un important chapitre de la géologie appliquée dont l'étude est indispensable pour diriger des recherches de mines métalliques, mais dont l'examen sort entièrement de notre cadre [2].

615. Des indications géologiques basées sur la composition, la structure des terrains, la tectonique en général peuvent guider dans la recherche des eaux souterraines, des pétroles. Ces derniers se rencontrent très généralement dans les selles du terrain Silurien au Canada, du Dévonien aux Etats-Unis, du Miocène au Caucase, du Crétacé, de l'Éocène ou du Miocène dans les Carpathes.

616. En dehors des indications géologiques fournies par la nature des roches en place, il y a lieu de tenir compte de la nature des fragments qui se rencontrent dans des terrains d'alluvion ou même dans les dépôts de torrents modernes.

L'étude des placers a permis quelquefois de remonter à leur origine et de découvrir les filons de quartz aurifères d'où ils proviennent (Californie, Sibérie). Mais on n'a pas toujours été aussi heureux. L'or du Rhin n'a pas encore trahi son origine, bien que les ingrates recherches des orpailleurs aient donné un corps à la légende wagnérienne. Les filons d'où il provient, se trouvent sans doute sous les glaciers des Alpes.

---

[1] A. DE GRODDEK. Traité des gîtes métallifères (traduit par M. Kuss. — FUCHS et DELAUNAY. Traité des gîtes minéraux et métallifères. — MOREAU. Etude industrielle des gîtes métallifères. — J.-A. PHILLIPS. Ore deposits.

[2] Voir HATON DE LA GOUPILLIÈRE : Cours d'exploitation des mines, 2e édition, t. I, p. 50, 1896.

Les fragments roulés par les torrents peuvent donner des indications sur un gite auquel il est quelquefois possible d'arriver en remontant la vallée. Ces fragments doivent être étudiés au point de vue minéralogique, de manière à définir la gangue qui accompagne le minerai; leur état plus ou moins anguleux permet de reconnaître s'ils viennent de près ou de loin.

Dans les recherches de mercure ou de pétrole, les sources méritent examen. C'est ainsi, dit-on, que des gouttelettes de mercure dans une source ont fait découvrir le gite d'Idria. Pour le pétrole, c'est un des indices les plus communs ; mais l'apparition du pétrole sur l'eau d'une source n'indique souvent qu'un gîte superficiel et n'a pas toujours grande valeur pour la découverte des gîtes profonds qui sont généralement les seuls abondants.

617. Les affleurements de la matière que l'on recherche, sont évidemment les indices les plus sérieux, mais il y a lieu de tenir compte des altérations subies par ces matières. C'est ainsi que les affleurements de houille ne se marquent souvent à la surface du terrain que par des dépressions, tandis que ceux des filons s'y dessinent souvent sous forme de crêtes. Un affleurement de couche de houille ne s'indique souvent que par un filet d'argile noirâtre, un affleurement de pyrite par une poussière jaunâtre, l'affleurement d'un filon de sulfures est souvent marqué par une masse ferrugineuse d'altération (chapeau de fer).

618. On peut reconnaître la présence de minerais magnétiques, sans qu'il soit besoin de découvrir leurs affleurements, au moyen de méthodes d'une pratique courante en Suède. Ces méthodes sont basées sur le tracé des courbes d'égale déclinaison et d'égale inclinaison. On peut déduire, de la combinaison des lignes ainsi tracées, l'existence du gite, sa profondeur et jusqu'à son importance probable ([1]).

La boussole d'inclinaison est employée depuis longtemps dans le même but en Amérique (New-Jersey).

619. *Indices archéologiques.* — En l'absence d'indications géologiques, on peut se baser sur des indices archéologiques et en premier lieu sur l'existence de mines anciennes. Dans tout

---

([1]) Voir DAHLBLOM : Uber magnetische Erzlagerstätten. Freiberg, 1899

le midi de l'Europe, on trouve d'anciens travaux de mines remontant à toutes les dominations qui se sont succédé sur les rivages de la Méditerranée.

Les anciens arrêtaient leurs travaux, lorsqu'ils ne pouvaient plus s'éclairer ou lorsque les eaux devenaient trop abondantes. Il existe par conséquent de nombreux gisements qui n'ont été qu'effleurés par les anciens et que les procédés actuels permettent de reprendre avec profit.

Les anciens n'enlevaient que les minerais qui leur étaient connus. C'est ainsi qu'à la mine de l'Aramo (Asturies) qui fut exploitée pour cuivre, probablement à l'époque de transition entre l'âge de la pierre et l'âge du bronze [1], les anciens ont laissé intact le minerai de cobalt, dont ils ne connaissaient pas l'emploi. Il en est de même des gîtes de blende et de calamine que l'on trouve intacts dans les mines de plomb argentifère exploitées par les anciens. A l'époque actuelle, certains gîtes aurifères qualifiés de minerais rebelles restent encore peu au point exploités, malgré les progrès des procédés de traitement chimique qui permettent d'aborder l'exploitation de minerais de plus en plus réfractaires.

Les anciens travaux ont souvent pour indice la présence de scories à la surface du sol. Cependant, il ne faut pas oublier que les anciens transportaient souvent les minerais à de grandes distances. C'est ainsi qu'à l'île d'Elbe [2], dont les gisements de fer étaient exploités à l'époque de la guerre de Troie on ne trouve presque pas de scories, mais d'immenses quantités de débris (*gettate*) ou haldes d'anciennes exploitations, que l'on reprend aujourd'hui avec profit. Il en est autrement dans les îles de la Grèce et dans l'Orient qui abondent en scories riches, surtout en plomb argentifère. Nous ne citerons que les *ekvolades* du Laurium que l'on traite aujourd'hui avec avantage, grâce aux progrès de la préparation mécanique et de la métallurgie du plomb et de l'argent.

Les noms de certaines localités révèlent parfois une origine provenant d'une industrie minérale, tels sont *Argentière*, *Ferrière*, *Forges* où les mots *aux mines*, *aux forges* ajoutés à

---

[1] *Rev. universelle des mines*, 3e série, t.

[2] " Insula inexhaustis Chalybum generosa metallis. „ Enéide, L.X.

un nom, comme dans Ste-Marie-aux-Mines, Sexey-aux-forges ; mais en matière de mines, cette indication est souvent trompeuse, à cause des grandes distances où les anciens transportaient les produits des mines pour leur faire subir le traitement métallurgique.

620. ***Tradition.*** — Les traditions constituent un guide encore moins certain ; c'est cependant par elles que se laissent souvent guider les mineurs sans instruction et sans ressources, comme dans l'exploitation des mines d'or en Transylvanie, où se font souvent des travaux en pure perte, à la poursuite d'une heureuse trouvaille, sur le seul indice que dans un temps que l'on ne peut préciser, des mineurs auraient joui d'une *bénédiction* de ce genre, c'est le mot consacré : *Segen.*

De telles indications sont à ranger parmi les fables, à l'égal de celles de la baguette divinatoire.

621. ***Recherches par galeries ou par puits et galeries.*** — Lorsque l'existence du gîte n'est pas prouvée par des affleurements indiscutables, il faut faire les travaux nécessaires pour la démontrer. Lorsque cette existence a été reconnue, il faut encore prouver que le gîte est exploitable, c'est-à-dire assez abondant, assez riche, assez pur pour donner lieu à une exploitation lucrative.

Pour chaque substance minérale, il existe des conditions spéciales de régularité, de continuité, de puissance, de richesse, de pureté et de qualité qui dépendent de l'usage ou du traitement ultérieur de cette substance. Ces conditions sont sujettes à modification avec les progrès de la métallurgie ou de la chimie industrielle.

Un gîte ne peut être réputé inexploitable que momentanément. C'est ainsi que les minerais de fer phosphoreux étaient rebutés avant 1878, date de la découverte de Thomas et Gilchrist. Aujourd'hui encore la présence du phosphore, en trop faible quantité pour faire de la fonte Thomas et en trop grande quantité pour faire de la fonte Bessemer, peut dans certains cas être une cause d'élimination, aussi bien que la présence de la silice ou des silicates d'alumine en trop grande abondance.

On voit ainsi le rôle que joue l'analyse chimique dans les travaux de recherches. L'échantillonnage a une importance capitale pour obtenir une moyenne aussi exacte que possible de la teneur du gisement et pour déjouer certaines fraudes que pourraient commettre les intéressés à la négociation d'un gisement [1].

Lorsque les affleurements ont été explorés par une série de *tranchées* régulièrement espacées le long de l'affleurement, si l'on veut pousser l'investigation au delà des parties qui ont été l'objet d'altérations superficielles, il faut recourir à des *galeries à flanc de coteau*, à des *puits inclinés* suivant le gîte, ou à des *puits verticaux avec galeries*. Il en est de même lorsque le gîte n'affleure pas, mais que l'on présume son existence à de faibles profondeurs.

Les galeries à flanc de coteau sont à travers bancs ou en direction, selon la manière dont le gîte se présente ou est présumé se présenter par rapport au relief du sol. L'avantage de ces galeries est de se passer de tous moyens mécaniques pour l'extraction et l'épuisement. Lorsque la galerie de recherche, tracée à flanc de coteau ou à partir du fond d'un puits, est à travers bancs, elle doit être accompagnée de chassages en direction pour reconnaître la puissance normale, la régularité, la continuité, la qualité du gîte et juger approximativement du prix de revient de l'exploitation future.

Les puits et galeries doivent être tracés autant que possible, de manière à fournir de la matière utile dont la valeur puisse payer au moins en partie les travaux de recherche.

Les puits et galeries de recherche doivent de plus être placés de manière à pouvoir être éventuellement utilisés dans l'exploitation ultérieure.

Les recherches par puits et galeries sont toujours les meilleures, puisqu'elles permettent de voir le gîte dans les conditions mêmes où se fera dans la suite son exploitation, mais elles ne sont pas toujours possibles.

622. *Recherches par sondage.* — Quand l'investigation doit être poussée à de grandes profondeurs, les puits deviennent trop coûteux et il ne reste d'autre ressource que de recourir au sondage.

---

[1] Voir *Revue univ. des mines*, etc. Note sur l'évaluation des concessions aurifères au Transvaal, par G. Braecke, 3e série. T. 48, 1899.

Les sondages permettent d'atteindre des profondeurs où les puits ne peuvent parvenir. Un sondage exécuté à Paruschowitz (Silésie) a atteint plus de 2.000 m. Un autre, à Sperenberg, près de Berlin, est arrivé à 1.900 m.

Le sondage est plus fréquemment employé dans les recherches de couches sédimentaires que dans celles de filons, à cause de l'allure plus capricieuse de ces derniers et de leur inclinaison en général voisine de la verticale.

Les sondages sont généralement verticaux. Cependant si la dureté des roches faisait hésiter à percer une galerie, on pourrait procéder à un sondage horizontal, comme c'est le cas dans les mines de fer en Suède. On fait aussi des sondages horizontaux dans les mines de houille pour constater la présence de bains ou d'accumulations de grisou sous pression. En Westphalie, on fait même des sondages verticaux de bas en haut pour reconnaître à quelle distance on se trouve des morts-terrains.

Pour les liquides et les gaz (eaux d'alimentation, eaux salines, pétrole, gaz naturel), les sondages sont un procédé de recherches et d'exploitation. Dans les sondages artésiens, les eaux peuvent jaillir naturellement; il en est de même des pétroles, lorsqu'ils sont soumis à la pression des gaz naturels. D'autres fois, il faut les extraire au moyen d'une pompe aspirante et soulevante descendue dans le trou de sonde.

II. — SONDAGES.

623. Les sondages verticaux sont des puits de diamètre insuffisant pour permettre à l'homme d'y pénétrer.

Les sondages profonds se font plus vite et plus économiquement que des puits, mais ils donnent des résultats moins certains, puisqu'ils ne permettent pas de voir le gîte. Aussi ne suffit-il pas en général d'un seul sondage pour explorer un terrain. Il peut d'ailleurs arriver qu'un sondage unique donne des résultats négatifs par suite d'une étreinte ou d'une faille, ou qu'il passe à côté de la couche recherchée, par suite d'une inflexion de celle-ci.

On juge en général de l'existence et de la nature du gisement par les boues retirées du sondage, par les échantillons obtenus par le grattage des parois du trou au moyen d'outils spéciaux, ou par les témoins que certains systèmes permettent de recueillir. Les boues ne donnent que des indications peu précises. Celles-ci sont assez nettes, lorsque leur couleur est un indice suffisant de la présence d'une substance, par exemple de la houille ; mais il n'en est pas de même pour des matières dont la couleur ne tranche pas sur celle des roches encaissantes, par exemple pour les phosphates de chaux dans les terrains calcaires. Il faut alors suivre les boues à l'analyse. Dans tous les cas, les indications fournies par les boues ne peuvent renseigner d'une manière précise sur la puissance de la couche traversée ; car il est difficile de préciser exactement les moments où la coloration commence et où elle cesse. On ne peut en tirer aucune indication sur l'allure de cette couche. Il en est de même des échantillons obtenus par grattage des parois qui sont surtout destinés à l'analyse. Lorsque la matière que l'on recherche, est plus tendre que les terrains encaissants, comme la houille, on juge le mieux de l'épaisseur de la couche traversée par la plus grande vitesse de descente de la sonde dans cette couche moins résistante.

Les *témoins* ou *carottes* sont préférables, puisqu'ils permettent de juger tout au moins de l'inclinaison. Il existe des procédés plus ou moins parfaits qui permettent d'orienter le témoin au moment où on le retire, de manière à déterminer la direction ; mais ces procédés présentent en général peu de précision, par suite de la torsion et de la détorsion des tiges.

Les sondages se divisent en sondages *par percussion* ou *par rodage.*

Sondages par percussion.

624. Les sondages par percussion s'emploient dans les roches consistantes qui ne sont pas d'une dûreté extrême.

L'outil est un trépan suspendu à l'extrémité de tiges rigides ou d'une corde.

De là deux procédés : le sondage par tiges rigides ou à la corde.

Les *sondages par tiges rigides* se divisent eux-mêmes en sondages à tiges *pleines* ou *creuses.*

625. **Sondages à tiges pleines.** — Dans ce procédé, le trépan se compose : 1º d'une lame tranchante en acier fondu de qualité supérieure ; 2º d'un emmanchement à vis.

La lame du trépan est droite et biseautée sous un angle variant de 40 à 70° suivant la dureté de la roche. Cette lame est quelquefois munie d'*oreilles* latérales destinées à augmenter la surface d'attaque et à alléser le trou. Cette construction est avantageuse dès que la largeur du trépan dépasse 0^m.15 (fig. 446).

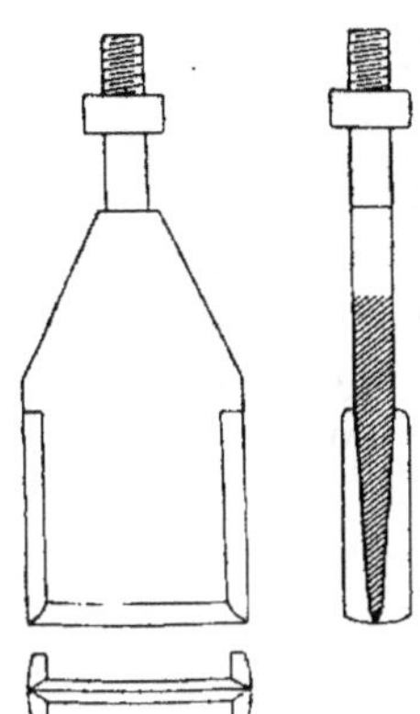

FIG. 446.

Dans les cas exceptionnels où l'on fait des sondages de plus d'un mètre de diamètre, la lame peut être en deux pièces assemblées au moyen de clavettes. Ceci peut également se faire pour des diamètres moindres, dans le but de faciliter les réparations, notamment en pays lointains.

Enfin pour des diamètres encore plus grands (1^m.80), on emploie des trépans à dents amovibles, comme dans le creusement des puits à niveau plein (Puits artésiens de la Chapelle, de la Butte aux cailles, à Paris) (cf. n° 337).

Le *fût* intermédiaire entre la lame et l'emmanchement est terminé par un épaulement servant d'appui à l'écrou, de manière à éviter une fatigue inégale des filets de la vis et à faire en sorte que le trépan ne puisse prendre, par rapport à la tige, une position oblique qui amènerait une rupture.

L'assemblage se fait plus rarement au moyen d'un tenon conique claveté, comme dans les creusements de puits par dragages. (cf. n° 366).

On commence rarement un sondage de recherche sur plus de 0^{m}50 de diamètre ; pour ce diamètre, il faut des trépans qui atteignent déjà un poids de 180 kg. On descend d'autre part rarement en dessous de 0^{m}075 avec trépans de 35 à 45 kg. Les trépans doivent être en excellent acier fondu, car leurs dimensions doivent se maintenir rigoureusement. En cas d'usure, il faut remplacer le trépan en temps utile, afin que le trou de sonde ne prenne pas trop de conicité, ce qui amènerait le coïncement de l'outil et créerait de grandes difficultés pour remettre le trou à dimensions.

Quand on veut recueillir des témoins, on substitue au trépan ordinaire un trépan dont la partie centrale est évidée. On peut de cette manière recueillir un témoin de la hauteur de cet évidement. On retire ce témoin au moyen de pinces spéciales.

626. ***Tiges.*** — Les tiges sont ordinairement en fer de section carrée. Elles ont 10 à 15 m. de long et sont alternativement terminées par des bouts mâle et femelle, avec emmanchement à vis. Des épaulements assurent, comme ci-dessus, le contact des extrémités assemblées. Au lieu de ces emmanchements, la maison Arrault emploie des tiges qui se terminent alternativement par deux vis de filet inverse, que l'on réunit par un manchon à double filet, amenant leurs têtes au contact (fig. 447). Lorsqu'une partie du filet de l'une des vis est usée, on peut la claveter sur le manchon.

La section carrée des tiges varie de 0^m02 à 0^m04 de côté. Pour plus de 60 à 70 m. de profondeur, on forme la sonde de plusieurs tiges de calibres différents réunies par des raccords dont les bouts sont de diamètres différents.

627. Dans le procédé de sondage canadien, on emploie des tiges en bois de frêne de 10 m. de long et de 5 à 10 cm. de diam. (fig. 448), terminées par des armatures en fer portant les assemblages. Ces assemblages sont formés de vis assez coniques pour obtenir une plus grande rapidité dans le vissage et le dévissage.

L'avantage des tiges en bois est leur légèreté et leur élasticité, ainsi que la facilité des réparations au moyen d'armatures en fer (fig. 448); leur inconvénient est la détérioration facile des assemblages de fer et bois sous l'influence des alternatives de sécheresse et d'humidité, de gel et de dégel.

628. Au-delà de 100 m., le trépan doit être rendu indépendant de la sonde, afin d'éviter

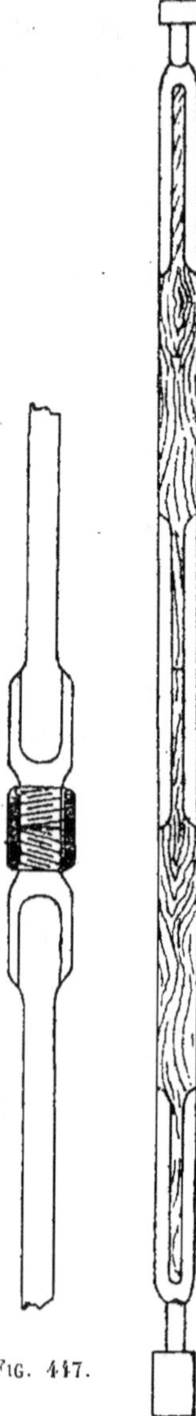

FIG. 447.

FIG. 448.

les efforts de réaction qui se produiraient, dans le cas contraire, sur les tiges au moment du choc; il faut alors surmonter le trépan d'une pièce appelée *surcharge*, destinée à lui donner du poids. Pour un trépan de 180 kg., on emploie par exemple une surcharge à section carrée de 0ᵐ145 de côté et de 8 m. de longueur. Cette surcharge pèse 128 kg. par m., soit 1024 kg. pour 8 m. Avec les petits trépans, on se contente d'une surcharge de 250 kg.

Sous la surcharge se place souvent un guide composé de deux pièces saillantes en croix en forme de *lanterne*.

Le trépan et sa surcharge étant indépendants des tiges, celles-ci peuvent être équilibrées et n'interviennent plus que pour soulever le trépan. Elles doivent être calculées pour résister exclusivement à la traction.

629. *Coulisse et appareils à chute libre.* — L'indépendance du trépan et des tiges est obtenue au moyen d'une *coulisse* ou d'un *appareil à chute libre*.

Les *coulisses* employées dans le sondage sont basées sur le principe de la coulisse d'Œynhausen inventée en 1834 (cf. n° 341). L'emploi de cette coulisse est caractéristique du système canadien. La fig. 449 montre sa construction par deux projections perpendiculaires l'une à l'autre. Les traits en pointillé montrent la position que prend la pièce supérieure, lorsque le trépan a frappé. Son emploi est avantageux, lorsque la profondeur ne dépasse pas 5 à 600 m.; mais le trépan doit recevoir dans ce cas une forte surcharge. Elle permet d'atteindre 60 coups par minute, dans le système canadien.

Les *appareils à chute libre* sont en partie basés sur les mêmes principes que les appareils de ce genre décrits à propos du système Kind-Chaudron (cf. n° 342). Ce sont la chute libre à plateau de Kind (cf. n° 343) et la

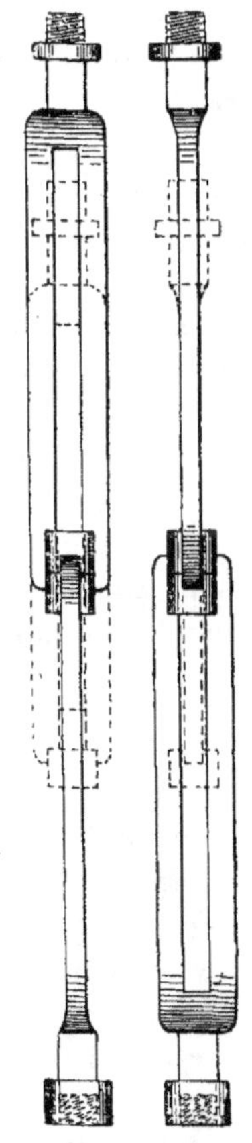

Fig. 449.

chute libre à tringlage ou poids mort de M. Lippmann (cf. n° 343). La seule différence à signaler est que la construction en est plus simple, lorsqu'elle s'applique à des trépans dont le poids est très faible, comparativement aux appareils du procédé Kind-Chaudron. Les chutes libres permettent de battre 3o à 4o coups par minute.

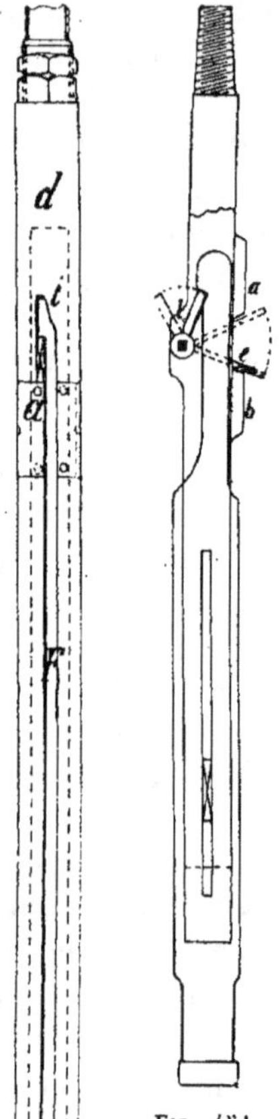

Fig. 451.

Fig. 450.

630. Une chute libre très employée est celle de Fabian (fig. 45o). Dans cet appareil la partie inférieure de la tige se termine par une douille d présentant deux ou quatre fentes opposées deux à deux. Le haut de ces fentes se termine d'une part par une ancoche latérale et de l'autre par une courbe i en saillie. La tige t du trépan est cylindrique et pénètre dans la douille ; elle est munie de deux ou quatre tenons opposés deux à deux. Lorsque le trépan remonte suspendu aux tiges, les tenons reposent dans les ancoches supérieures. Quand la sonde est arrivée au sommet de sa course ascendante, il suffit de lui imprimer un brusque mouvement de détorsion, pour que les tenons sortent des ancoches et que le trépan effectue librement sa chute, guidé par les rainures de la douille. Lorsque le trépan a touché le fond, la tige continue à descendre et les tenons sont rencontrés à la fin de la course descendante par les courbes en saillie qui ramènent les tenons dans les ancoches.

631. Les appareils à chute libre sont très nombreux. Comme exemple de la simplicité que l'on rencontre dans certains appareils, nous citerons la chute libre De Hulster (fig. 451) où le trépan est retenu à la remonte par un levier coudé l qui se dérobe à l'extrémité de la course ascendante, en vertu de sa force vive, pour retomber ensuite et ressaisir le trépan au bas de sa course descendante. Les oscillations du levier coudé sont limitées entre deux pièces saillantes a et b, par un étrier c qui suit ses mouvements.

632. Manœuvres. — Les manœuvres comprennent :

1° la descente et la remonte de la sonde;

2° le battage;

3° le curage.

Les installations diffèrent suivant la profondeur du sondage. Les petits sondages partent immédiatement du niveau du sol qui est quelquefois recouvert d'un plancher présentant une ouverture rectangulaire; cette ouverture peut être fermée par des glissières *(plats-bords)*, qui ne laissent entre elles que l'espace strictement nécessaire pour le passage des emmanchements des tiges. On se contente souvent d'enfoncer à l'endroit du sondage un tube faisant saillie sur le sol.

Pour les grands sondages, on creuse quelquefois un puits préparatoire de plus grand diamètre et l'on établit le plancher de travail au fond de ce puits. Il peut y avoir avantage à l'établir aussi bas que possible, pour augmenter la hauteur disponible pour les manœuvres.

L'emplacement du sondage est surmonté d'une chèvre ou d'une tour en charpente, au sommet de laquelle se trouve la molette sur laquelle passe le câble servant à la manœuvre des tiges.

633. 1° *Descente et remonte de la sonde*. — La descente et la remonte des tiges s'effectue, comme dans le procédé Kind-Chaudron ou dans le dragage. Une clef de retenue maintient l'une des tiges au niveau du plancher de travail pendant qu'on dévisse la tige immédiatement supérieure, suspendue au câble par l'intermédiaire d'un éteignoir à vis (cf. n° 367). Un plancher se trouve dans la tour à la hauteur voulue pour qu'on puisse dévisser ou reviser simultanément les deux assemblages d'une tige; avec tiges en fer, le vissage et le dévissage se font au moyen d'un *tourne à gauche* qui embrasse le corps carré de la tige (fig. 432). Dès que l'éteignoir est dévissé, on fait redes-

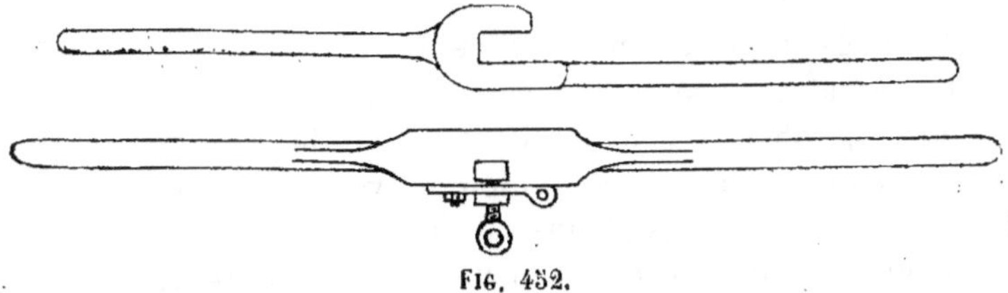

FIG. 432.

cendre la corde pour reprendre une nouvelle tige et ainsi de suite. Si le poids de l'éteignoir était insuffisant pour faire redescendre le câble, il faudrait augmenter ce poids au moyen d'une charge supplémentaire à laquelle on donne, d'après sa forme, le nom d'*olive*. Les tiges dévissées sont remisées debout dans la tour.

634. 2° *Battage.* — La manœuvre de battage se fait différemment suivant la profondeur à atteindre : elle consiste toujours à produire alternativement le mouvement de frappe et de rotation. La rotation s'obtient au moyen du *tourne à gauche*. Quant au battage, il dépend essentiellement du matériel qui diffère avec la profondeur.

1° *Jusqu'à 10 m. de profondeur*, on se sert d'un matériel où le battage se fait directement à bras sans intermédiaire. Ce matériel est d'un usage assez fréquent pour les explorations géologiques.

2° *Au delà de 10 m. et jusque 100 m.*, le battage se fait par la manœuvre de la chaîne ou de la corde qui sert en même temps à opérer la descente et la remonte des tiges. Celles-ci sont suspendues dans ce cas au moyen d'un *pied de bœuf* (fig. 453), dispositif permettant la rotation de la sonde, sans torsion de la chaîne ou de la corde. La manœuvre dans ce cas varie avec la profondeur.

De *10 à 20 m.*, pour les sondages de moins de 0^m10 de diamètre, la manœuvre se fait simplement à la tirande, par deux hommes obéissant au commandement de *Enlevez ! Lachez !*

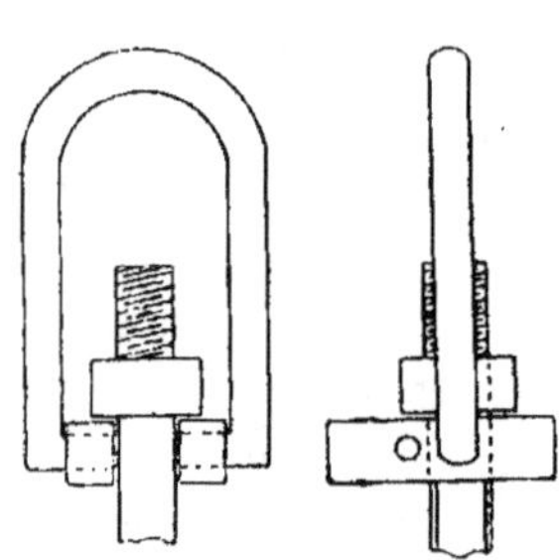

Fig. 453.

mandement de *Enlevez ! Lachez !*

Au delà de 20 m., et à partir de 10 m. pour des sondages de 0^m10, la corde ou la chaîne s'enroule sur un treuil à engrenages et à manivelles. La chute est alors provoquée par un appareil appelé *détente* (fig. 454) servant de liaison entre la corde ou la chaîne et les tiges, pendant que le trépan remonte. Les tiges se terminent dans ce cas par une *tête de sonde* avec étrier, qui est suspendue à la détente. Au

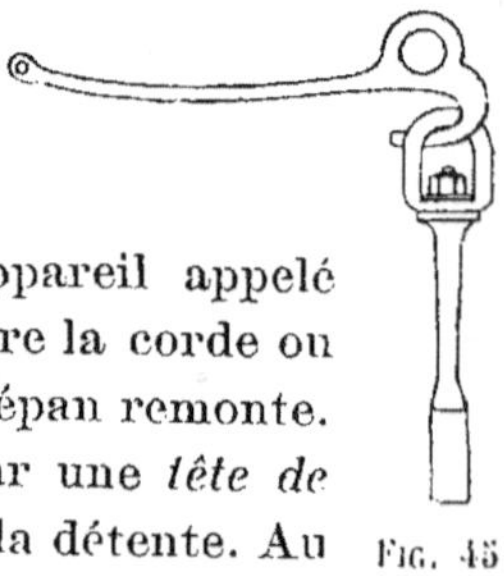

Fig. 454.

point culminant de la course, un ouvrier manœuvre la détente en tirant la corde, de telle sorte que le point d'appui qu'elle fournissait à la tête de sonde se dérobe. Dans ce cas, il faut au moins un homme au treuil et un à la détente.

De *3o à 6o m.* on provoque la chute par l'arrêt des manivelles du treuil et le débrayage du pignon *p* (fig. 455). Le tambour est alors muni d'un frein *f*, manœuvré par le chef sondeur. Un

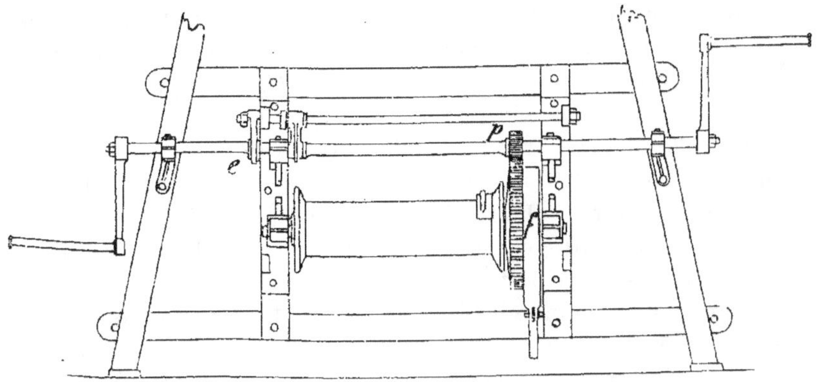

FIG. 455.

encliquetage *e* permet de rendre immobile l'arbre des manivelles. Quand la sonde est soulevée, le chef sondeur serre le frein et commande : *Dégrenez !* Aussitôt après le dégrenage du pignon, il lâche le frein, ce qui provoque le déroulement de la chaîne. Dès que le choc a eu lieu, le chef serre le frein et commande : *Engrenez !* L'engrenage étant rétabli, les manivelles sont reprises. L'inconvénient de ce système réside dans la nécessité d'arrêter les manivelles à chaque coup.

De *6o à 8o m.* et au delà, on emploie un treuil avec pignon commandé par un manchon d'embrayage calé sur l'arbre du pignon, ce qui permet de ne pas arrêter les manivelles à chaque coup. Quand le manchon est débrayé, le pignon tourne librement sur l'axe et l'on peut sans inconvénient continuer à faire tourner les manivelles pendant la chute des tiges.

Pour ces profondeurs, il faut 4 hommes au moins. Le chef sondeur manœuvre l'embrayage.

Ce système peut être conservé *jusqu'à 100 m. et au delà*, mais le personnel doit encore être augmenté d'un ou de deux hommes.

Indépendamment de ce personnel, il faut, dans les deux cas précédents, un homme au tourne à gauche, tandis que pour des profondeurs moindres, cette manœuvre incombe au chef sondeur. Jusqu'à 100 m. l'allongement de la sonde, à mesure de l'approfondissement du trou, se fait au moyen de la corde ou de la chaîne du treuil, jusqu'à intercalation d'une tige partielle.

Pour des sondages de plus de 100 mètres, on a généralement recours à un balancier de battage, mu par un cylindre à simple effet (cf. n° 346), avec chute libre, ou attaqué par bielle et manivelle. Dans ce dernier cas (système Canadien), la coulisse remplace généralement la chute libre.

Pour l'allongement, on emploie souvent alors une vis, comme dans le procédé Kind-Chaudron (cf. n° 345). L'allongement par déroulement d'une chaîne de suspension passant à l'extrémité du levier de battage est cependant plus rapide et s'emploie souvent aussi pour cette raison.

L'arbre de la manivelle du levier de battage peut être attaqué par une chaîne de Galle enroulée sur un tambour solidaire du treuil de manœuvre; mais pour peu que la profondeur soit importante, on préfère employer une locomobile, une machine fixe, ou une dynamo qui met cet arbre en mouvement par courroies ou par engrenages. Le même moteur actionne aussi dans ce cas le treuil de manœuvre.

Dans les sondages au pétrole, il faut avoir soin d'éloigner la chaudière du trou de sonde, de crainte que le dégagement des gaz ne donne lieu à des incendies. L'emploi des transmissions électriques a fourni une heureuse solution de cette difficulté.

635. 3° *Curage*. — Cette opération doit se faire aussi souvent que possible, afin qu'il ne se forme pas au fond du trou un matelas de débris qui amortit le choc.

Dans le sondage à tiges pleines, le curage est discontinu : il se fait à la *cloche* ou *cuiller*, outil analogue à celui du procédé Kind-Chaudron (cf. n° 348). La soupape de la cloche est formée d'un clapet (fig. 456) ou d'un boulet (fig. 457). Le premier système est préférable,

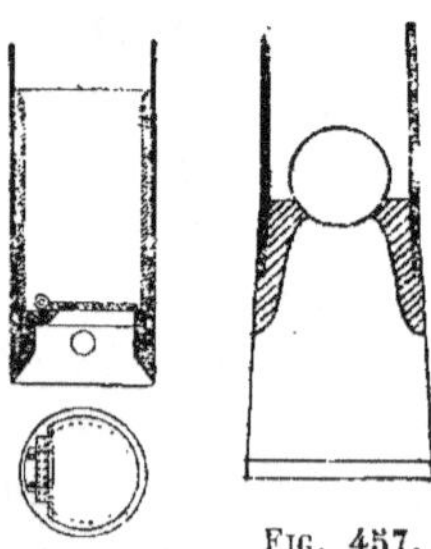

Fig. 457.

Fig. 456.

lorsque les détritus sont formés de fragments grossiers. La

cloche est quelquefois munie d'une lame de trépan (fig. 457). La vidange de la cloche se fait ordinairement par retournement, mais lorsque la cloche a une grande hauteur, la vidange se fait en faisant passer son extrémité inférieure par une baie de la tour de sondage et en dévissant simplement la partie inférieure qui porte la soupape (fig. 456). Ce système est caractéristique du système Canadien ou l'on emploie des cloches longues de 10 m., comme les tiges.

Le curage se fait ordinairement à la tige ; on donne alors à la cloche un mouvement de battage, de manière à pomper les détritus à travers la soupape ; mais dans les sondages très profonds, cette opération se fait avec plus d'avantages et de rapidité au moyen d'un câble métàllique. On se sert alors, pour le curage, du treuil de manœuvre ou d'un treuil spécial.

636. **Installation de surface.** — L'installation comprend ordinairement, comme nous l'avons dit, un cylindre batteur qui attaque un balancier de battage. Dans ce cas, le treuil de manœuvre est indépendant. Il en est de même du treuil spécial de curage, qui permet une vitesse plus grande. Ces treuils sont à vapeur ou à bras ; le treuil de curage est quelquefois mu par une roue à chevilles, comme le cas est fréquent dans les exploitations de pétrole.

Le personnel, pour travail de jour et de nuit, se compose de :
2 maîtres sondeurs ;
2 ouvriers ;
2 machinistes ;
4 manœuvres ;
1 forgeron.

Ce personnel est assez important et la vitesse du forage étant très faible, ce système est peu économique.

637. *Système Canadien.* — Dans le système Canadien, toutes les transmissions procèdent d'un moteur rotatif et sont même commandées par des leviers ramenés près de l'orifice du trou de sonde, à portée de la main du maître sondeur. Cette disposition a été fréquemment imitée dans des installations modernes qui ne diffèrent du type Canadien que par une construction plus soignée (Fauck). La fig. 458 représente le système Canadien primitif dont la plupart des organes sont en bois. Ce

système, ainsi que ses imitations, se distingue par une rapidité que n'atteint pas le système ordinaire.

Nous avons déjà vu que le système Canadien est caractérisé par l'emploi de tiges en bois de frêne assemblées par vis coniques, par l'application d'une forte surcharge et de la coulisse (cf. nᵒˢ 627 et 629). L'allongement des tiges se fait au moyen d'une chaîne A s'enroulant sur l'extrémité cylindrique

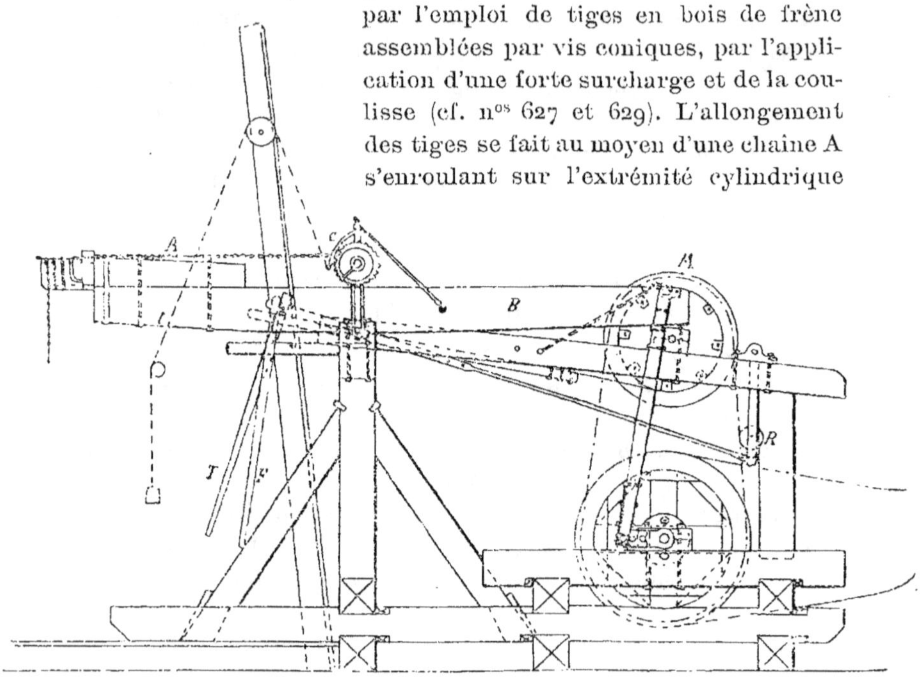

FIG. 458.

du levier de battage B qui présente à cet effet des rainures hélicoïdales. Cette chaîne passe de là sur un petit treuil dont le tambour est maintenu fixe par un cliquet c agissant sur une roue à rochet. Ce cliquet est pressé par un ressort, de manière à rester en contact avec le rochet. Lorsque l'allongement des tiges devient nécessaire, le maître sondeur dégage le cliquet en tirant une corde t. Le poids de la sonde provoque le déroulement et le glissement de la chaîne.

De sa place, le maître sondeur peut aussi régler l'admission de vapeur à la machine, le changement de marche et agir sur le modérateur au moyen d'une pédale.

Le treuil de manœuvre M se trouve au-dessus de l'arbre de la manivelle du levier de battage; ce treuil est commandé par une courroie qui peut être tendue au moyen d'un galet R que le maître sondeur peut, de sa place, approcher de la courroie en agissant au moment voulu sur un levier F.

Si l'on emploie un second treuil pour le curage à la corde, celui-ci est actionné de même et l'arbre de ce treuil se place au-dessus du précédent. Ce second treuil n'est utile qu'à partir de 5oo m. de profondeur. Pour des profondeurs moindres, le curage se fait à la tige. Un autre levier T permet d'agir sur le frein du treuil de manœuvre.

Indépendamment du chef sondeur et du machiniste, ce système ne demande que deux hommes au tourne-à-gauche. Lors de la remonte des tiges, l'un d'eux monte au plancher qui se trouve à 10 mètres de hauteur dans la tour. Le dévissage des deux bouts de la tige se fait simultanément. Le dévissage supérieur est fini le premier, parce que la manœuvre de la tête de sonde est plus rapide; la corde, dès qu'elle est libre, redescend par son poids, avec vitesse réglée au frein, pour prendre la tige suivante et ainsi de suite.

Dans ces conditions, le personnel est très réduit et la manœuvre aussi accélérée que possible. A 3oo m. de profondeur, il ne faut pas plus d'une heure pour remonter le trépan, descendre la cuiller, la remonter et redescendre le trépan.

Le battage est également très rapide : il se fait à raison de 6o coups par minute, de 0^{m}3o à 0^{m}4o de chute; dans les mines de pétrole de Galicie, on fait ainsi de 5 à 10 m. par 24 heures en terrain pas trop dur et en couches peu inclinées.

Un sondage canadien de 225 m. a demandé 9o jours dont 7o jours de sondage effectif. Commencé à 0^{m}4o de diamètre, ce sondage était terminé à 0^{m}145.

Un matériel de ce genre permet de faire 8 à 9oo m. de trous par année.

638. *Sondages à tiges creuses*. — Le sondage à tiges creuses permet de faire le curage au moyen d'un courant d'eau et par conséquent de le rendre continu. Ce procédé imaginé par Fauvelle, en 1846, ne donna pas de résultats à cette époque, tandis qu'aujourd'hui c'est le plus répandu pour les sondages rapides, en terrains de consistance moyenne.

Le battage est généralement produit par un balancier actionné par bielle et manivelle.

Quelques sondeurs ont récemment substitué à ce moyen un système funiculaire. La corde qui suspend les tiges s'enroule sur un tambour qui reçoit pendant le battage un mouvement oscillatoire (Pattberg) ou passe sur une poulie excentrique dont la rotation produit le mouvement de va et vient. (Fauck).

L'allongement se fait alors par simple déroulement de la corde.

Les tiges sont en tubes Mannesmann, de diamètre inférieur à la largeur de la lame du trépan, réunies par emmanchement à vis ou par manchons extérieurs (fig. 459). Le creux des tiges se continue jusqu'à la coulisse ou à la chute libre qui est du système Fabian (cf. n° 630); à la partie supérieure de cet appareil se présentent alors les ouvertures donnant passage au courant d'eau qui est conduit au fond du trou par une enveloppe tubulaire (fig. 460).

Fig. 459.

Une pompe foulante à vapeur est reliée à la dernière tige par un tuyau flexible au moyen d'un joint à rotule qui laisse libre le mouvement de rotation du trépan. Pour diminuer la résistance, on a intercalé des billes d'acier entre les surfaces frottantes; cette construction est due à M. Verbunt, ingénieur hollandais, d'où le nom de *Holländer* donné à cette pièce, en Allemagne (fig. 461).

Une pompe à vapeur foule dans la tige creuse un courant d'eau à une pression qui, à grande profondeur, atteint souvent 20 à 25 atmosphères et remonte par le canal de section annulaire régnant entre la tige et les parois. Le courant d'eau continu a pour effet d'enlever sans cesse les débris qui tendraient à s'accumuler au fond du trou, et de prévenir les chutes de matières provenant des parois. C'est pourquoi il est souvent

Fig. 460.

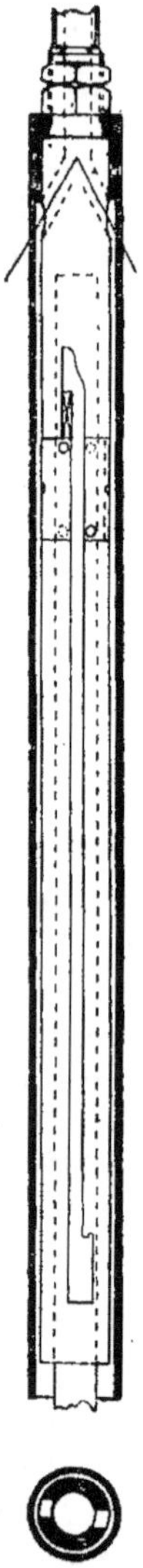

possible, dans ce système, de forer sur une grande hauteur, sans revêtir les parois d'un tubage. On se sert quelquefois d'eau boueuse pour créer une contre-pression à l'intérieur du puits et maintenir les parois par colmatage, comme dans le procédé Honigmann (cf. n° 373).

La vitesse du courant dépend de la grosseur des débris à entraîner. Cette vitesse limite en général le diamètre initial des sondages à tige creuse à un maximum de 0ᵐ30 à 0ᵐ35. Pour augmenter cette vitesse, on peut renverser le courant, en surmontant le dernier tubage d'une pièce à ajutage latéral et stuffing-box pour le passage de la tige centrale.

639. Le système à tiges creuses présente de grands avantages dans les terrains qui sont assez tendres pour ne pas émousser trop rapidement le trépan; c'est le cas dans les mortsterrains tertiaires et crétacés qui recouvrent le terrain houiller en Westphalie, en Hollande et dans le Nord de la Belgique. Dans des mortsterrains de ce genre, on fait couramment 20 à 25 m. en moyenne par jour.

Les inconvénients de ce système sont la grande quantité d'eau nécessaire, le faible diamètre initial et surtout le

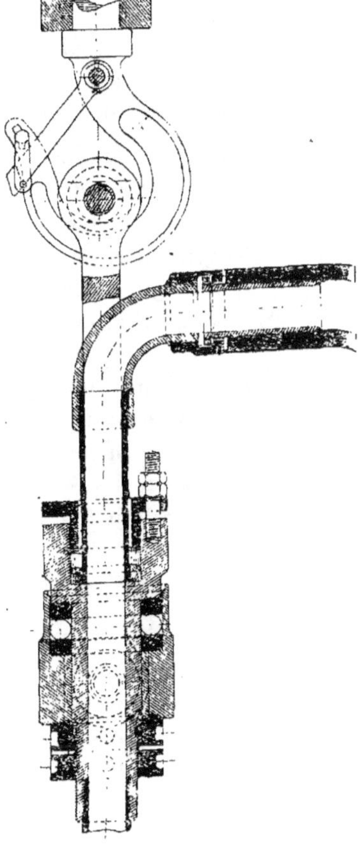

Fig. 461.

manque de précision des déterminations géologiques. On obvie au premier par des bassins de décantation; en ce qui concerne le second, il présente en général peu d'importance, quand on sonde dans des roches sans consistance où ce système expose à moins de réductions de diamètre que le système à curage discontinu. Le dernier inconvénient est plus grave. Les roches désagrégées remontant mélangées à la surface, la coupe exacte du sondage est peu déterminable; certaines matières très délayées deviennent même difficilement reconnaissables. Il peut arriver aussi que l'eau soit absorbée par des fissures et ne ramène pas des débris à la surface. Dans le cas de recherches d'eaux souterraines, ce système est peu convenable, parce que le courant peut oblitérer le passage d'une nappe aquifère qui peut devenir absorbante. Ce procédé est cependant couramment employé dans ce but aux Indes Néerlandaises, mais il nécessite alors une expérience et une attention spéciales.

640. On réunit généralement, dans les sondages à tiges creuses, tous les moyens susceptibles d'accélérer le travail. Les types des installations sont très différents, mais se rapprochent en général du système Canadien.

La figure 462 représente, à titre d'exemple, un appareil à battage rapide dont le balancier à trois branches est actionné par un arbre à cames. Cet appareil donne jusque 125 coups de faible amplitude par minute. Le tourne-à-gauche qui commande le mouvement de rotation se trouve au-dessus du balancier, à portée de la main du maître sondeur, de même que le levier à manottes qui commande l'allongement au moyen d'une vis creuse, dont le diamètre intérieur est assez grand pour laisser

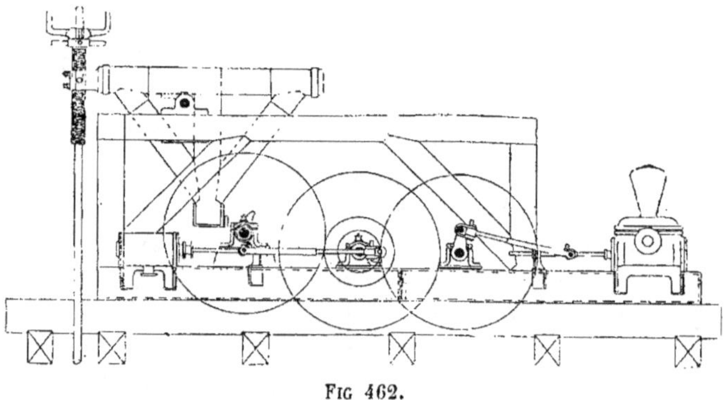

FIG 462.

passer les manchons extérieurs des tiges. L'écrou de cette vis est porté par deux tourillons à l'extrémité du balancier. La figure montre les transmissions à l'arbre à cames et à la pompe de refoulement.

641. *Suppression de la chute libre.* — Pour augmenter encore la vitesse dans les terrains tendres, on est parvenu à supprimer toute chute libre. Cette suppression est caractéristique du système Raky. Dans ce système, l'axe du balancier est suspendu sur une série de ressorts spiraux r (fig. 463). Cette suspension élastique amortit le choc en retour et permet

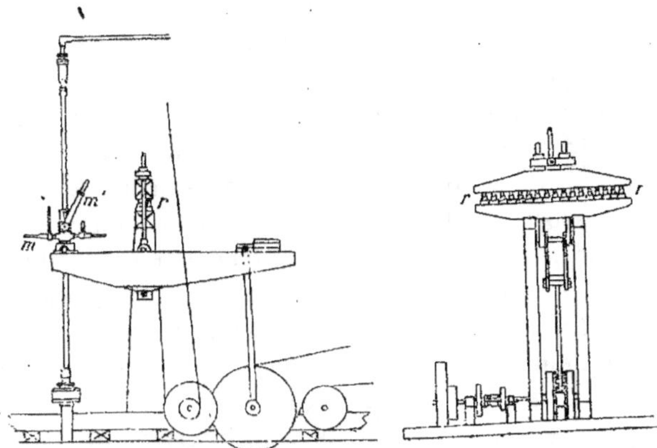

Fig. 463.

de porter le nombre de coups de 100 à 150 par minute, en réduisant leur amplitude qui, grâce aux ressorts, dépasse le diamètre de la manivelle. Au repos le trépan ne touche pas le fond du trou. Lorsqu'il est mis en mouvement, il ne commence à frapper que lorsque les ressorts sont entrés en oscillation; le trépan étant immédiatement relevé, son contact avec la roche est peu prolongé, mais suffisant pour attaquer les roches tendres. Indépendamment de l'augmentation de vitesse, la suppression de la chute libre permet de faire arriver le courant d'eau jusqu'au trépan (fig. 464).

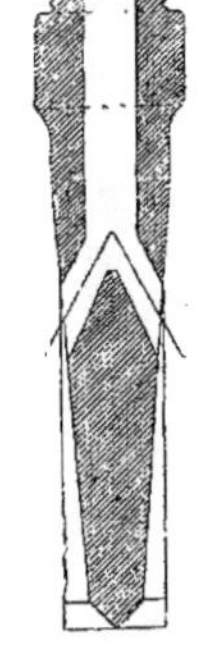

Fig. 464.

La suppression de la chute libre par l'emploi de ressorts peut d'ailleurs être réalisée de différentes manières et de nombreux sondeurs appliquent aujourd'hui ce système, en plaçant les ressorts soit sous l'axe qui relie la bielle au balancier (Vogt), soit au point de suspension de la tige à l'extrémité du balancier (Verbunt), soit encore en supprimant le balancier et actionnant directement la tige au moyen d'un arbre coudé et de bielles qui donnent un mouvement de va et vient à un cadre métallique portant la tige par l'intermédiaire de ressorts (Lubisch).

Dans tous ces systèmes, l'allongement se fait sans interrompre le battage et sans employer de tiges partielles, en laissant simplement glisser la tige dont la surface extérieure est lisse, dans un manchon de serrage qui joue le rôle de tourne-à-gauche. Dans le système Raky, la dernière tige qui reçoit le courant d'eau traverse l'extrémité du levier de battage et porte sur ce levier, par l'intermédiaire du manchon m qui peut à volonté être calé ou décalé sur la tige (fig. 463).

Un second manchon m' semblable, calé sur la tige, pendant la marche, repose sur le premier par l'intermédiaire de ressorts. Si pendant la marche, on décale le manchon inférieur, le second manchon descend avec la tige, en comprimant ces ressorts de 10 à 15 mm. En recalant alors le manchon m et en décalant m', ce dernier remonte par la détente des ressorts et peut être recalé 10 à 15 mm. plus haut sur la tige.

Ce système s'emploie même sans l'intermédiaire de ressorts, grâce à l'habileté du sondeur à profiter des soubresants du second manchon pour le caler sur la tige à la hauteur voulue, afin obtenir un allongement de quelques millimètres.

M. Verbunt a combiné un tourne-à-gauche qui rend cette manœuvre plus simple encore (fig. 465). Ce tourne-à-gauche peut être calé ou décalé, au moyen d'un coin, sur un manchon unique en deux pièces. Le décalage s'obtient en relevant ce

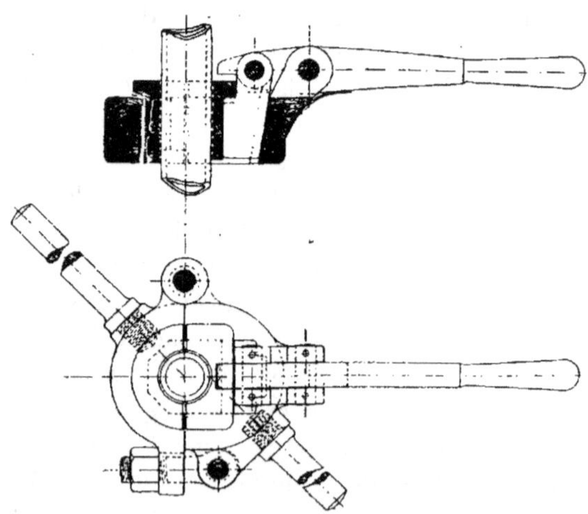

Fig. 465.

coin par l'abaissement d'un levier qu'un ressort tend constamment à relever. A chaque décalage, la tige descend pour être ressaisie ensuite un peu plus haut sous l'action de ce ressort.

642. Ces dispositions permettent d'obtenir une grande rapidité. On cite des vitesses maximum de forage de 0^m75 à 1^m20 par heure, obtenues dans des sondages de 400 m. en terrains tendres. La moyenne de vitesse dans un terrain connu peut être évaluée de 20 à 25 m. par 24 heures ; elle peut être exceptionnellement de 100 m. et plus, quand le terrain s'y prête ; mais ces systèmes sont limités à une profondeur maximum déterminée par le poids des tiges.

Ces procédés sont actuellement employés dans tous les sondages pratiqués en Westphalie et dans le Nord de la Belgique pour traverser les morts terrains qui recouvrent le terrain houiller, jusqu'à ce que l'on arrive à des roches d'une certaine dureté qui exigent des procédés différents.

643. ***Sondage à la corde.*** — Dans les exploitations de pétrole d'Amérique et de Russie, on emploie d'une manière générale le sondage à la corde. C'était le procédé au moyen duquel les Chinois faisaient très anciennement des sondages jusqu'à 1200 m. de profondeur pour l'exploitation des eaux salines et des gaz naturels dont ils se servaient pour les évaporer. Ce système n'est possible qu'à la condition que les parois du trou se soutiennent verticalement sur une hauteur suffisante comme dans les sondages au pétrole des Etats-Unis, pratiqués dans les assises résistantes du dévonien et du silurien, et dans une partie des exploitations de pétrole de Bakou, lorsque les terrains tertiaires, dans lesquels se trouve le gisement, sont suffisamment résistants. En Galicie, ce système n'a pas réussi, à cause des grandes variations dans l'inclinaison des couches qui se présentent souvent en dressants, ce qui provoque l'éboulement des parois.

Le sondage à la corde est surtout avantageux dans les localités où le pétrole jaillit *en fontaine,* comme c'est souvent le cas en Amérique et en Russie, parce qu'au moment du jaillissement l'extraction du trépan se fait plus rapidement qu'au moyen de tiges.

La corde employée est généralement en acier ; elle est fixée par le bas (fig. 466) à une partie métallique d'une quinzaine de mètres, comprenant surcharge, coulisse et trépan ; par le haut, elle est fixée par des mâchoires à une tige en fer terminée par une vis d'allongement (fig. 467). L'emploi de la coulisse a surtout ici pour but de permettre un plus grand nombre de coups et d'éviter les chocs sur la partie métallique.

La rotation du trépan résulte de la torsion et de la détorsion de la corde alternativement chargée et déchargée.

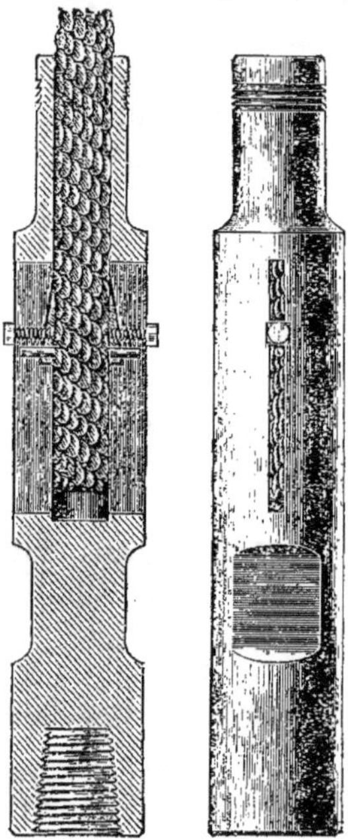

Fig. 466.

Les installations de la surface ne diffèrent pas en principe de celles d'un sondage du système Canadien à tiges rigides (fig. 468). Le maître sondeur peut de son poste, mouvoir le modérateur au moyen du volant *a* et, au moyen de la manotte *b*, le levier de changement de marche du moteur qui, en Amérique, est toujours à vapeur. En Russie on y substitue souvent l'électricité. La descente du trépan se fait simplement par déroulement de la corde, à l'aide d'un frein

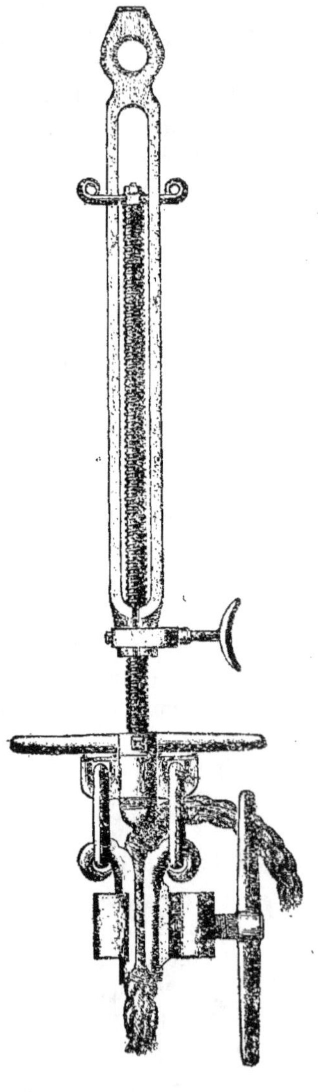

Fig. 467.

dont le levier c est à la portée du maître sondeur. C'est notamment par suite de cette manœuvre que ce système permet d'obtenir une rapidité de travail plus grande que par le système à tiges rigides. Le treuil de manœuvre t est commandé par une roue à chevilles ou par une corde de transmission que l'on ne place sur la poulie qu'au moment de s'en servir. Le curage se fait au moyen d'un second treuil t' et d'un câble spécial ; le maître sondeur met aussi de sa place ce treuil en mouvement au moyen d'un levier g que déplace le palier e, de manière à mettre en

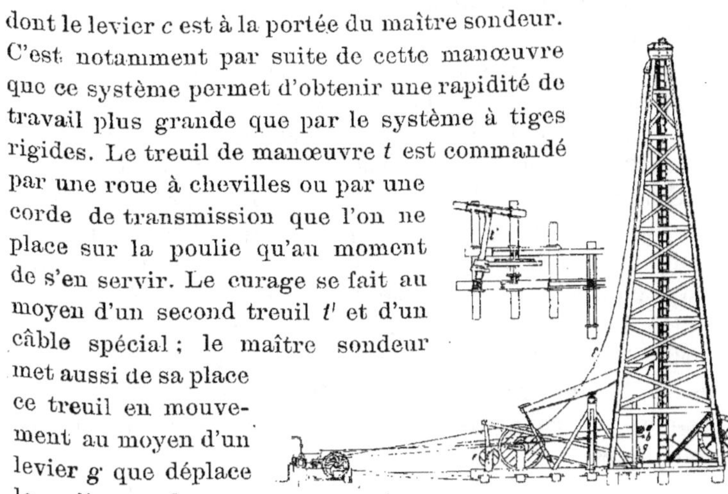

Fig. 468.

prise un galet de friction. La figure représente le moment où la bielle du balancier est désembrayée pour procéder au curage.

644. Ce système rivalise avec les plus rapides. A l'Exposition de 1900, une firme américaine a atteint à Vincennes la profondeur de 567 m. à raison de 16^{m}20 de vitesse moyenne par jour.

Indépendamment de la rapidité, il y a économie de personnel. Il suffit ici de deux hommes, l'un à la machine, l'autre à la sonde.

Les installations sont peu coûteuses, car la machine ayant un poids moindre à mouvoir peut être plus faible. La roche est attaquée plus énergiquement, parce qu'on n'hésite pas à curer souvent et à changer le trépan, dès qu'il s'émousse.

Les inconvénients sont d'autre part la déviation et le coïnçage plus facile du trépan qui est moins bien guidé. Le trou n'est pas rigoureusement cylindrique ; il reste le long des parois des *cornes* que l'on abat au moyen d'alésoirs de différentes formes.

SONDAGES PAR RODAGE.

645. Les sondages qui s'opèrent par rodage, se font à tiges pleines ou creuses.

646. *Sondages à tiges pleines.* — Les outils diffèrent avec la dureté de la roche.

Dans des terrains tendres ou non consistants (sables, graviers, argiles) à faible profondeur, on emploie les *tarières*.

La tarière simple est de forme hémi-cylindrique avec taillant en biseau (fig. 469). Les matières plastiques ou argileuses y restent adhérentes. Pour mieux retenir la matière, la tarière peut être terminée par une *mouche*, c'est-à-dire par un taillant à pointe excentrée, présentant un petit talon horizontal opposé à la mouche. Pour des matières d'une certaine dureté, on emploie la tarière à *mouche rubanée et à double pointe*, pour écarter les cailloux. La tarière elle-même peut être rubanée, c'est-à-dire formée d'une lame de fer tordue en hélice (fig. 470). Un outil de ce genre s'emploie souvent dans les sondages géologiques.

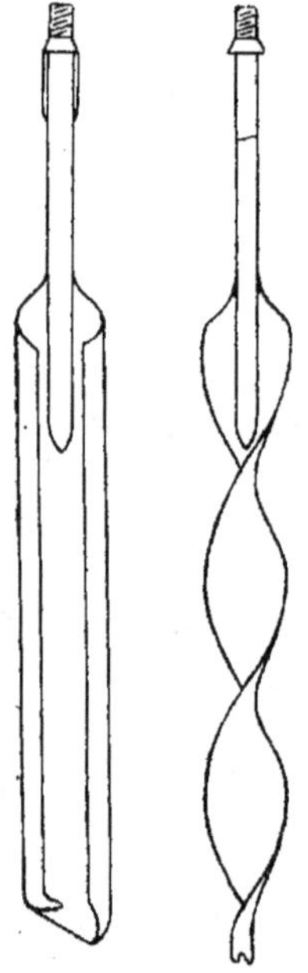

Fig. 469.   Fig 470.

Ces tarières sont fixées à l'extrémité de tiges en fer auxquelles on imprime un mouvement de rotation continu dans le sens du vissage des écrous, au moyen d'un vilebrequin ou d'une transmission. La pression sur le fond du trou résulte du poids des tiges. Dès que l'outil a pénétré de toute sa hauteur, il faut avoir soin de le retirer pour enlever les matières adhérentes.

Quand les débris ne sont pas assez plastiques pour adhérer à la tarière, il faut recourir à une cuiller munie elle-même d'une mouche. Dans les sables aquifères, on remplace souvent la cuiller par une pompe aspirante et soulevante, dite pompe à sables.

647. *Sondages aux eaux ou au grisou.* — C'est par tarière et vilebrequin ou racagnac que l'on opère pour sonder en veine aux eaux ou au grisou; la tige s'allonge par parties de 1 à 2 m. jusque 10 à 20 m. (fig. 471). Les trous forés en veine portent des noms différents suivant leur situation (fig. 472). Les trous perpendiculaires au front de taille sont dits *trous droits*. Les trous divergents forés aux angles portent le nom de *pareusages* (de paroi). Les trous convergents celui de *concoistages*. Le nombre de trous doit être déterminé, de manière à rencontrer toute excavation de 2 m. sur 2 m. La règle est qu'à 5 ou 6 m. du front de taille, la distance des trous ne doit pas dépasser 4 m. Quand un trou de sonde s'approche d'un bain, le charbon extrait du trou devient humide et tendre et l'on ne tarde pas à percevoir l'odeur caractéristique de l'eau croupie. On ferme alors le trou par une broche en bois de saule enfoncée au mouton. Pour vider le bain, on retire cette broche et l'on élargit le trou jusqu'à 1 m. environ de distance du front de taille, au moyen d'une tarière de plus grand diamètre dite *horlette*; on y enfonce alors un tube de fer fortement maintenu par un boisage et muni d'un robinet à travers lequel on fait passer la sonde pour percer aux eaux. Quand la sonde est retirée, on modère la venue d'eau au moyen du robinet. Les sondages aux eaux se font dans nos houillères, sur 0^m.036 de diamètre; les sondages au grisou sont souvent élargis jusqu'à 0^m.080.

Quand on sonde en roche, on emploie une perforatrice à bras, telle que la Simplex (cf. n° 65), munie d'une robuste tarière hélicoïdale. On a fait des sondages de ce genre, à travers bancs, de plus de 60 m. de longueur.

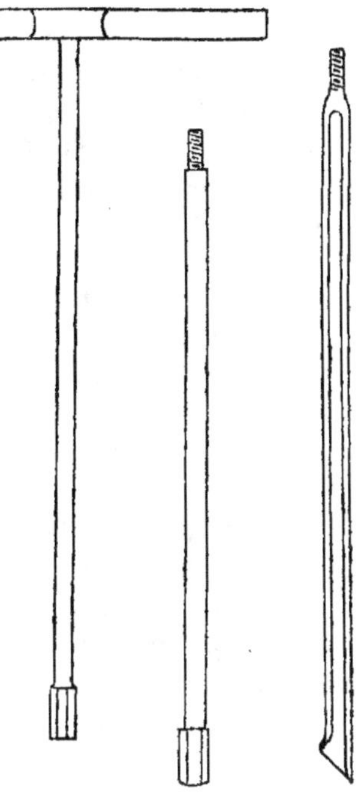

Fig. 471.

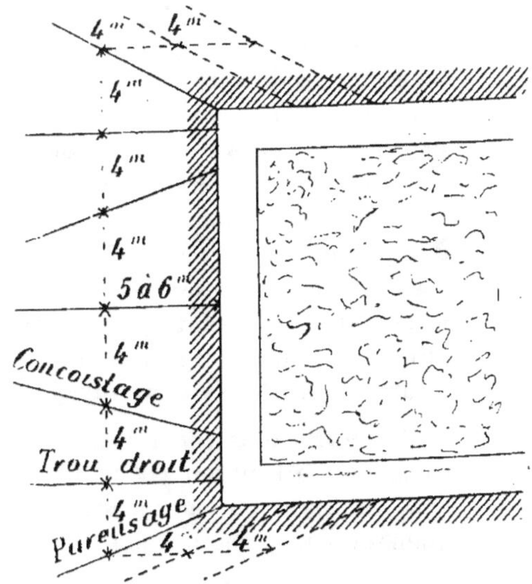

Fig. 472.

648. On procède de manière analogue pour faire des trous d'aérage dans le charbon. On emploie pour cela, en Westphalie, des appareils spéciaux dont un type est représenté (fig. 473), faisant d'emblée des trous de 0^m10 à 0^m30 de diamètre. Ces trous se font sur une longueur de 10 à 25 m. entre deux traçages.

On procède aussi quelquefois, en faisant un premier trou à l'aide d'une tarière hélicoïdale à laquelle une vis imprime un mouvement de progression; lorsque la vis a avancé de sa longueur, on intercale des rallonges; on élargit ensuite le trou au moyen d'une pièce portant des taillants terminés en biseau ou en pointe, suivant la dureté du charbon. Un guide faisant saillie dans le premier trou maintient l'élargisseur dans un même axe. Ce procédé permet de faire des trous de 0^m48, en commençant par un trou de 0^m13. On peut atteindre ainsi 30 à 40 m. de profondeur.

Les conditions essentielles du succès sont la régularité et l'homogénéité des couches qui ne doivent présenter ni intercalations, ni rognons.

649. ***Sondages à tiges creuses.*** — Le procédé par rodage à tiges creuses se combine avec le curage continu par courant d'eau. Dans les terrains tendres, le courant d'eau peut même devenir l'agent principal de désagrégation des roches.

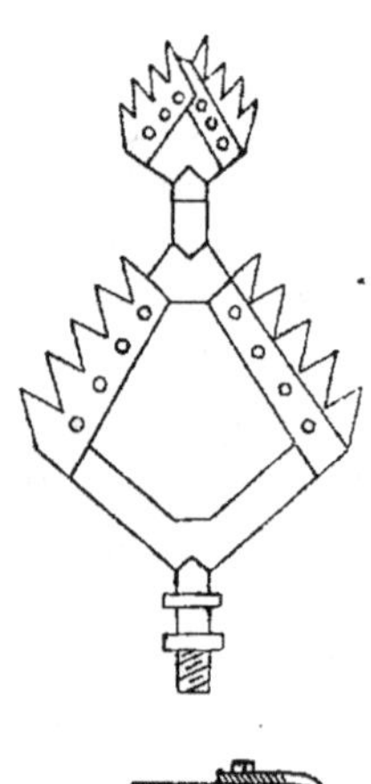

FIG. 473.

On emploie concurremment une tarière courte, pour aider à désagréger le terrain. La tige creuse s'ouvre dans cette tarière. On renverse quelquefois le courant, pour obtenir une accélération suffisante pour entraîner des éléments assez volumineux, ce qui oblige toutefois à faire suivre de très près le forage à la tarière par un tubage (cf. n° 638).

650. ***Sondages au diamant.*** — Dans les roches dures, le rodage se fait au moyen de diamants qui permettent de sonder avec succès dans les roches les plus dures. Les sondages au diamant sont à section pleine ou à section annulaire. Ces son-

dages se sont surtout développés aux Etats-Unis, à partir de 1870, après que Leschot eut fait connaître son invention à l'Exposition de Paris de 1867 (cf. n° 112). Ils sont très employés aujourd'hui en Europe, pour les sondages rapides en roche dure.

L'outil porte en Amérique le nom de *bit*. Pour les sondages à section pleine, on emploie un *bit* plein en bronze dans lequel sont sertis les diamants (fig. 474). Des rainures permettent au courant d'eau lancé dans la tige d'arriver au contact de la roche. Le *bit* à section pleine s'emploie souvent aux Etats-Unis, pour traverser rapidement, sans prendre de témoins, les terrains stériles résistants qui recouvrent un gisement.

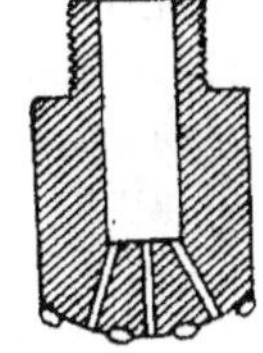

Fig. 474.

En approchant de ce dernier, on lui substitue un *bit* annulaire qui permet de prendre des témoins ou *carottes* de sondage. Les bits annulaires ne dépassent guère aux Etats-Unis 0^m034 à 0^m116 de diam., mais en Allemagne on a beaucoup augmenté ces dimensions. On donne alors au *bit* le moins d'épaisseur possible; dans le but d'économiser les diamants et de diminuer le travail de l'appareil, on descend à 15 mm. d'épaisseur pour une couronne de 0^m228 de diamètre.

651. Le *bit* est surmonté d'un tube carottier, de 3 à 6 m. de long, qui sert à recueillir le témoin (fig. 475). Celui-ci y est retenu par un anneau brisé *a* pourvu de saillies intérieures, quelquefois garnies elles-mêmes de diamants, qui s'incrustent dans le témoin, tout en laissant entre elles des espaces suffisants pour le passage du courant d'eau. Cet anneau brisé est logé dans une partie du tube légèrement conique où il descend par son poids, en se serrant sur le témoin; lorsqu'on soulève le tube, on opère sur le témoin un effort de traction qui en provoque la rupture. On enlève quelquefois de cette manière des carottes de très grande

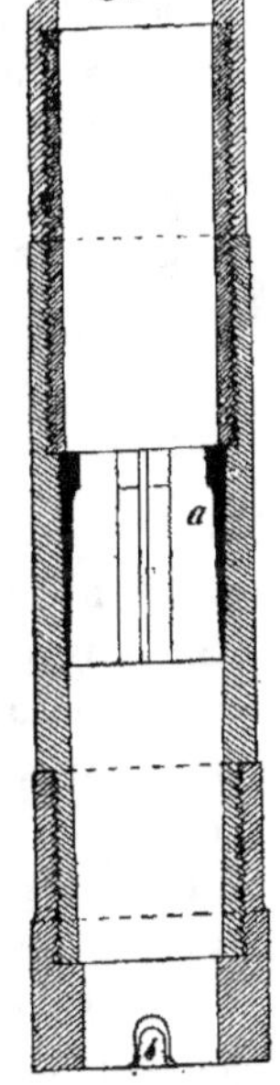

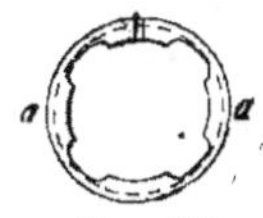

Fig. 475.

longueur (5o m.) qui se divisent le plus souvent en plusieurs morceaux.

En Amérique des rainures hélicoïdales pratiquées autour du tube carottier facilitent l'ascension du courant d'eau à l'extérieur de ce tube, tout en permettant de lui donner strictement les dimensions du trou de sondage, de manière à le faire servir de guide.

En Europe, on se contente de donner au *bit* un diamètre de 5 mm. plus grand qu'au reste de la tige tubulaire.

Dans des roches relativement tendres, comme par exemple dans le schiste houiller, le courant d'eau peut désagréger la tête du témoin; pour conserver ce dernier intact, on a employé un tube carottier spécial fermé par un couvercle muni d'une petite soupape [1].

Pour les petits diamètres usités en Amérique, les tiges creuses en acier sont réunies par des manchons spéciaux à pas de vis intérieurs aux tiges (fig. 476). Pour les grands diamètres, on emploie de simples emmanchements à vis, comme dans les sondages par percussion à tiges creuses.

652. Le mouvement de rotation est donné aux tiges à raison de 200 à 1300 tours par minute, au moyen d'une locomobile ou d'une machine fixe. La transmission est désignée en Amérique sous le nom de *kuill*. Cette transmission se compose d'un pignon et d'un engrenage conique, calé dans une rainure extérieure de la tige creuse qui termine la colonne, de manière que la sonde puisse descendre librement pendant que s'effectue la rotation.

Fig. 476

Dans les appareils allemands (fig. 477), la pièce C, sur laquelle est calé l'engrenage, est traversée par la tige proprement dite. A la base se trouve une pièce A qui permet de centrer rigoureusement la tige creuse intérieure et au-dessus se trouve une pince, composée de deux mâchoires de serrage, qui s'intercale entre les deux pistons BB et rend la tige intérieure solidaire du mouvement de rotation de la pièce C.

Cette disposition a pour but de permettre l'allongement des

---

[1] *Annales des mines*, 1879, t. XVI.

tiges par le haut sans supprimer la transmission, ce qui peut même se faire sans arrêter le rodage. Pour allonger, on enlève la pièce de jonction du tube flexible qui amène le courant d'eau, et l'on ralentit la vitesse de rotation en desserrant les mâchoires, de sorte que la tige proprement dite frotte dans la pièce d'entraînement. On peut alors visser très rapidement une rallonge et rétablir le courant d'eau. Cette opération dure à peine 1 minute.

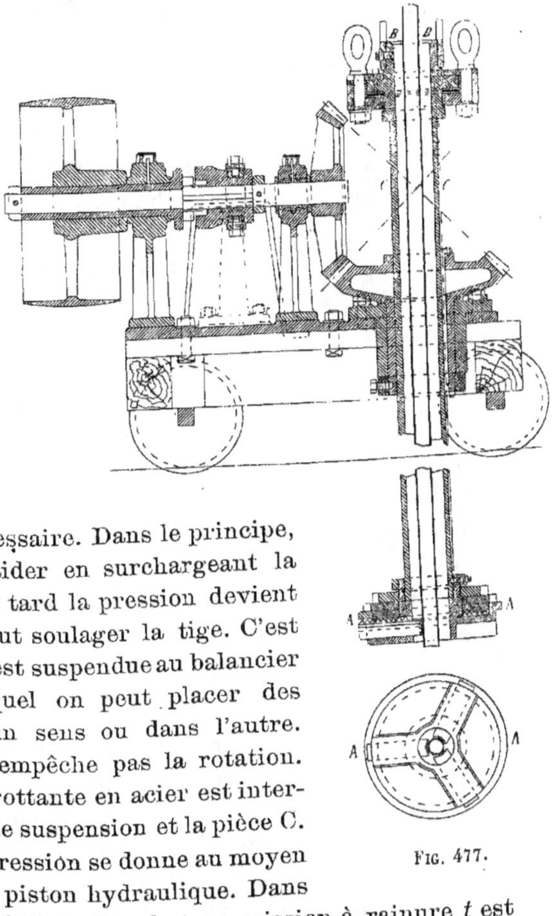

653. Le poids des tiges suffit en général, à provoquer la descente et produire sur le fond du trou la pression nécessaire. Dans le principe, il faut souvent y aider en surchargeant la tige, tandis que plus tard la pression devient trop grande et il faut soulager la tige. C'est pourquoi la pièce C est suspendue au balancier de battage sur lequel on peut placer des contrepoids dans un sens ou dans l'autre. Cette suspension n'empêche pas la rotation. Un joint à surface frottante en acier est intercalé entre la pièce de suspension et la pièce C.

En Amérique, la pression se donne au moyen d'une vis ou par un piston hydraulique. Dans le premier cas (fig. 478), la tige de transmission à rainure t est filetée extérieurement et le mouvement de progression lui est communiqué par un écrou e. On peut proportionner la progression d'après la dureté des roches en donnant à cet écrou un mouvement de rotation différentiel, au moyen de l'un des trois pignons $pp'p''$ qui peuvent être calés à volonté sur la tige t'. Toute cette commande est portée par une pièce à charnière C

Fig. 477.

que l'on ouvre quand on veut dégager l'orifice du trou.

La pression hydraulique s'exerce sur un piston ; son réglage est plus difficile.

654. Les sondages au diamant ont l'avantage de permettre, dans les roches dures, une vitesse plus grande que tout autre système. On peut compter sur une vitesse de 5 à 15 m. par jour, suivant la dureté de la roche. La main d'œuvre ne demande pas une habileté professionnelle spéciale ; elle est donc peu coûteuse. Enfin les installations et la force motrice sont très réduites ; mais comme dans tous les sondages à curage continu, il faut disposer de grandes quantités d'eau.

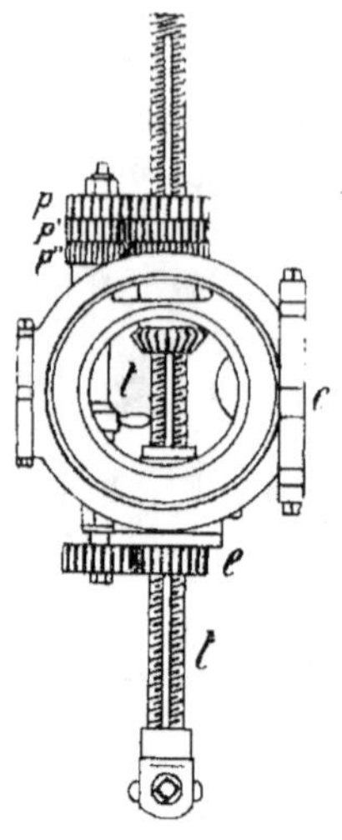

Fig. 478.

655. Le prix des sondages au diamant est généralement élevé, parce que les diamants constituent une grosse dépense (cf. n° 112). Ils s'usent peu, mais surtout dans le cas de roches hétérogènes, ils se détachent ou se brisent et se perdent. Quand un diamant est détaché de la couronne, ce n'est pas seulement une perte, mais c'est une cause importante de détérioration ; car le diamant brisé, restant au fond du trou, use les autres. On peut quelque fois parvenir à le retirer, en enduisant la couronne d'argile ou d'une matière collante dans laquelle le diamant s'incruste.

656. Un ingénieur allemand, nommé Kœbrich, a créé un matériel combiné en vue de passer sans retard du sondage à tiges creuses par percussion au sondage au diamant, quand on quitte des morts-terrains tendres pour entrer en terrains durs. La transmission rotative du sondage au diamant est montée sur un chariot (fig. 477). Les tiges et la pièce à rotule qui leur amène l'eau sous pression, restent les mêmes dans l'un et l'autre cas. C'est ainsi qu'a été foré par Kœbrich, le sondage de Paruschowitz, en Silésie, qui a atteint 2002 m. 34, avec une vitesse moyenne de 5 m. par jour et un prix de revient de 47 francs seulement par mètre. Commencé à 0^m.320 de diamètre, ce sondage a été terminé à 0^m.069 de diamètre. C'est le procédé

dont on se sert couramment dans les sondages pratiqués dans le nord de la Westphalie et dans le nord de la Belgique pour reconnaître l'existence du terrain houiller sous les morts-terrains sableux, argileux ou marneux. Dès que ces morts-terrains deviennent durs, comme c'est souvent le cas dans les marnes crétacées à silex, on passe avec la plus grande facilité et sans aucun retard de l'un à l'autre système.

657. Dans le système Lubisch (cf. n° 641), l'arbre à manivelles qui commande la percussion porte la transmission rotative qu'il suffit d'embrayer pour passer au rodage. Il en résulte une grande simplification.

658. Le sondage au diamant a été employé en Amérique et en Suède pour faire des reconnaissances horizontales ou sous des angles peu inclinés en roches dures. L'avancement de ces sondages est 8 à 10 fois plus rapide que celui d'une galerie et leur prix est beaucoup moindre. Ces sondages se font sur 33 millimètres de diamètre, en Suède, dans les roches encaissant les gîtes de fer et peuvent atteindre jusque 150 m. de longueur. Ils se font à bras, au moyen d'un appareil semblable à une perforatrice (système Crælius).

On fait ainsi 1 m. à 1,50 en 10 heures. Cette vitesse est doublée en se servant d'une machine à pétrole ou d'une dynamo comme force motrice [1].

TUBAGES.

659. Les tubages ont pour but : 1° de soutenir les parois dans les roches ébouleuses (*tubages de soutènement*) ; 2° d'isoler des niveaux aquifères ou pétrolifères (*tubages isolants*).

Lorsqu'il ne s'agit que de soutenir les parois sur peu de hauteur, on peut parfois éviter un tubage en *glaisant* le trou. On le remplit pour cela d'argile et l'on fore dans cette argile au moyen d'une tarière. On peut aussi cimenter le trou et forer dans le ciment. Si le trou est plus profond que la partie à revêtir, on remplit de sable le fond du trou, avant de cimenter.

Les tubages se faisaient autrefois en bois; il existe en Artois de ces tubages encore intacts, après plusieurs siècles d'existence,

---

[1] *Revue universelle des mines*, 3° série, t. X, 1890.

dans les anciens puits dits artésiens. Aujourd'hui les tubages se font toujours en métal, tôle rivée ou tubes de fer ou d'acier étirés. Les premiers ne s'emploient plus que pour les tubages *en colonne perdue*. Les tubes étirés sont indispensables pour les tubages isolants. On emploie souvent aujourd'hui les tubes Mannesmann à partir de 0^m3o de diam.

Pour procéder au tubage d'une partie ébouleuse en colonne perdue, on enfonce dans le puits des tubes en tôle de hauteur correspondante à cette partie. Ce procédé oblige à certaines précautions lorsqu'on reprend le forage, pour ne pas endommager le rebord supérieur des colonnes. Il est préférable de faire des *tubages complets* à partir de la surface.

Dans l'un et l'autre cas, l'introduction d'un deuxième tubage à l'intérieur du premier rétrécit le trou. Le sondage doit être abandonné, lorsque sa dimension est réduite aux environs de 2.5 à 3 centimètres de diamètre. Il s'ensuit que dans les sondages profonds qui doivent être tubés, on est obligé de commencer sur le plus grand diamètre compatible avec le procédé que l'on emploie.

66o. Les tubes en tôle sont assemblés par des manchons extérieurs rivés à froid (fig. 479) sur un mandrin extensible. Ce dernier est fait de deux pièces glissant l'une sur l'autre ou séparées par un coin. Dans le premier cas (fig. 48o), un bras de levier permet d'enfoncer ou de retirer l'une des deux pièces. Dans le second, le coin est suspendu à une cordelette qui permet de le retirer (fig. 481).

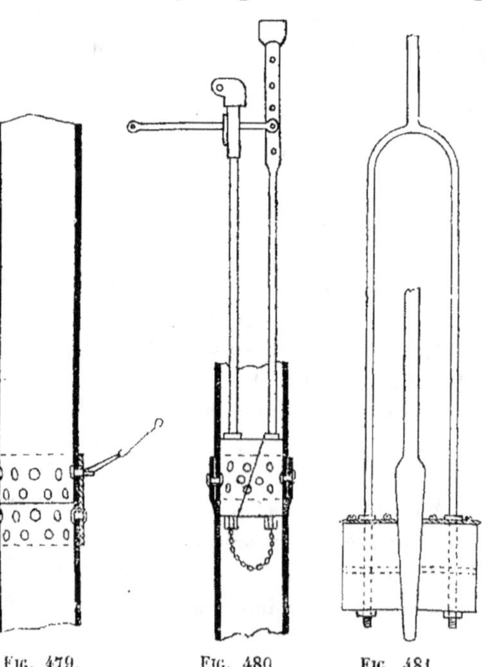

Fig. 479.   Fig. 480.   Fig. 481.

Les rivets en fer très doux peuvent s'introduire dans le tube, suspendus à un fil métallique (fig. 479) qu'on attire à l'aide d'un crochet dans le trou de rivet. La tête du rivet est très plate, afin de donner le moins possible de saillie extérieure.

On peut aussi introduire les rivets de l'extérieur. Les barbes qui se forment contre le mandrin extensible suffisent pour retenir intérieurement le rivet. Afin d'éviter complètement les saillies extérieures, on réunit quelquefois les tubes par des emboîtements coniques, maintenus par des chevilles taraudées dont on lime la tête avec soin.

Les tubes étirés sont réunis par des emmanchements à vis avec manchon (fig. 459) ; on ajoute souvent des chevilles pour éviter le dévissage. Pour supprimer toute saillie extérieure, on emploie aussi des assemblages à vis par bouts mâle et femelle.

Le bas du tube est souvent terminé par une trousse coupante facilitant sa pénétration dans les débris qui peuvent s'accumuler au fond du puits ou même dans les roches meubles.

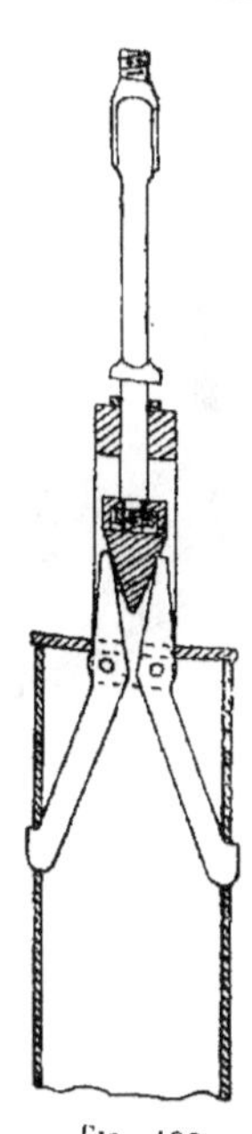

Fig. 482.

661. Lorsqu'il s'agit d'isoler un niveau aquifère, ou comme on dit de *couper les eaux*, on entoure le bas du tube d'un bourrelet élastique formé de mastic retenu par une toile. Cette opération, analogue au cuvelage des puits, se fait couramment dans les sondages au pétrole, pour empêcher les eaux superficielles de créer dans le puits une contrepression qui pourrait être suffisante pour empêcher l'afflux de l'huile.

Quand on arrive au niveau pétrolifère, si l'on doit tuber, on le fait au moyen de tubes perforés pour ne pas gêner la venue du pétrole.

662. La *descente des colonnes perdues* s'opère au moyen d'une pince dont les branches sont maintenues dans des encoches ou sous le rebord inférieur du tube, au moyen d'un coin à vis dont la descente fait lâcher prise à la pince, lorsque le tube est en place. On peut aussi se servir du manchon extensible (cf. n° 660).

663. Pour descendre un tubage en fer étiré, on se sert de *colliers* en bois ou en fer, serrés par des

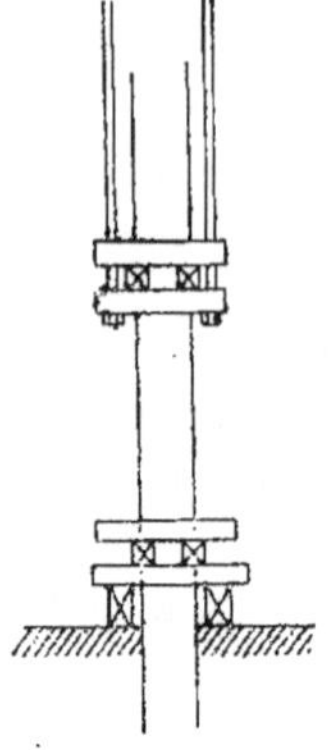

FIG. 483.

boulons à l'extérieur du tube. Les colliers en bois se composent souvent de plusieurs assises superposées et recroisées (fig. 483). Un collier situé au niveau du plancher de travail sert à supporter la colonne déjà descendue, pendant qu'on procède à son allongement par le haut. Un second collier suspendu à deux tiges filetées soutient la colonne pendant sa descente.

Le tube descend par son poids; les vis ne servent qu'à modérer cette descente. Si le poids ne suffit pas pour vaincre le frottement des parois, on peut agir par pression à l'aide de leviers, verins ou crics, ou même par le choc d'un mouton sur une garniture en bois dont on recouvre le tube. Ce mouton est manœuvré au moyen d'une *détente* (cf. n° 634).

664. Quelquefois on emploie des outils élargisseurs pour creuser le puits sur un plus grand diamètre en dessous d'un tubage ; on peut ainsi parfois prolonger ce dernier sans réduire le diamètre du puits. Ces outils sont munis de dents à ressort faisant saillie dès qu'elles se trouvent en dessous du tubage. La fig. 484 représente un élargisseur de ce genre employé dans les sondages au pétrole en Russie.

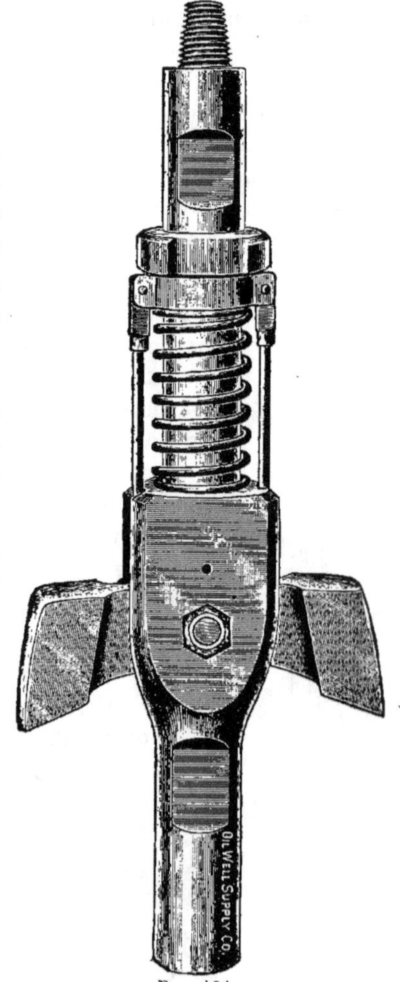

FIG. 484.

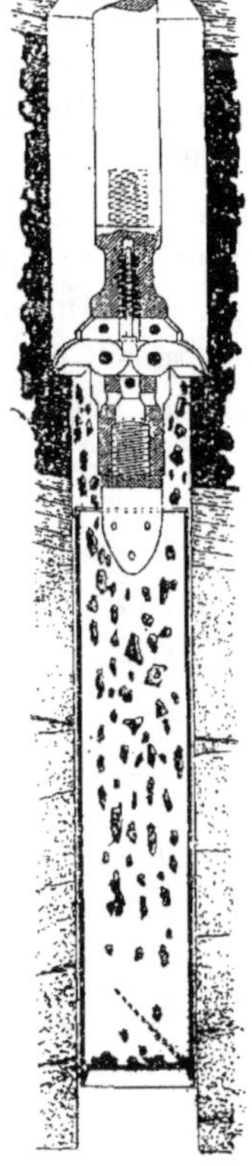

Fig. 485.

On se sert d'outils analogues pour prendre des échantillons dans la paroi d'un trou de sonde. Ces échantillons tombent alors dans un récipient, tel qu'une cloche à clapet, suspendu à l'outil (fig. 485).

665. On reprend autant que possible les tubages pour les réutiliser. On les extrait aussi quelquefois, pour les remplacer par des tubages de plus grande longueur et de diamètre moindre.

La reprise des colonnes peut se faire par traction au moyen de chaînes. On peut aussi saisir le tubage en profondeur, en se servant d'un manchon extensible ou de la *navette* de Kind (fig. 486), bloc de bois à surface courbe ayant le diamètre intérieur du tube et surmonté d'un tube en fer ouvert en dessous ; en remplissant ce dernier, sur une certaine hauteur, de sable grossier ou de gravier, ce sable s'introduisant entre la navette et le tube, produit une adhérence qui peut être suffisante pour retirer ce dernier. On emploie aussi dans le même but l'arrache-tuyaux d'Alberti (fig. 487) composé d'un bloc conique et de douves métalliques biseautées qui s'intercalent entre ce bloc et la paroi du tubage. Pour retirer des tubes étirés à grande profondeur, on se sert d'un cône en acier dur taraudé, qui saisit les tubes par l'intérieur (fig. 488).

Dans certains cas, on est obligé de couper un tuyau de manière à fractionner la remonte du tubage. Cela se fait au moyen d'outils spéciaux composés de couteaux en acier, faisant saillie par la descente d'un coin à vis et entamant, par leur rotation, le tuyau suivant une circonférence.

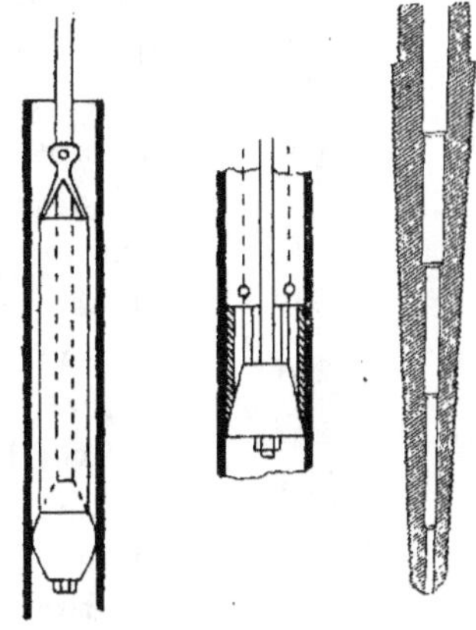

Fig. 486.   Fig. 487.   Fig. 488.

APPAREILS DE SAUVETAGE.

666. Un accident fréquent est le coïncement d'un outil au fond du trou. Le trépan peut se coïncer par suite de la dureté inégale des roches, d'un mauvais guidage ou des éboulements des parois.

Avec tiges pleines, on peut parfois en provoquer le dégagement, en tendant fortement la sonde et en lui imprimant des vibrations à coups de maillet. On peut aussi procéder *par abatages*, en fixant une pièce à mâchoires sur la partie de la tige dépassant l'orifice et en agissant sur cette pièce au moyen de leviers ou à coups de marteau dirigés de bas en haut (fig. 489).

Quelquefois, et notamment dans le sondage à la corde, quand le trépan résiste, il ne reste d'autre ressource que de le pulvériser à la dynamite.

667. En cas de rupture de tiges, il y a lieu de distinguer si la rupture est simple ou complexe. En cas de rupture simple au-dessus d'un épaule-

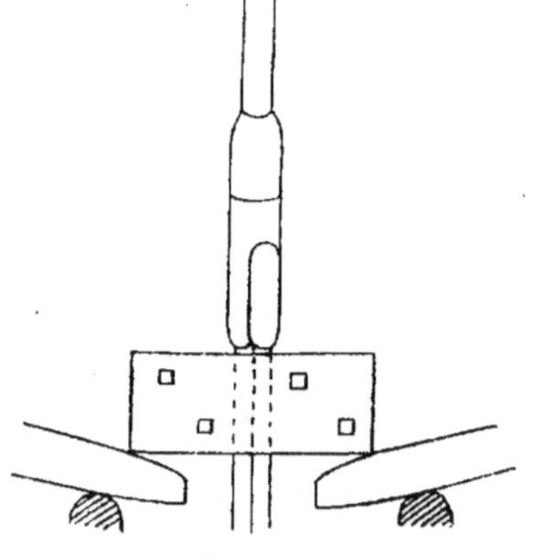

FIG. 489.

ment, on se sert d'une caracole (cf. n° 350); mais il faut que l'outil ne soit pas coïncé, sinon l'emploi de la caracole pourrait compliquer l'accident par la rupture de cette pièce.

Lorsque la rupture s'est faite au dessous d'un épaulement, on se sert, pour retirer les tiges, d'une cloche taraudée, avec ou sans cône-guide (fig. 490), en acier de très grande dureté de manière à entamer le fer.

Avec les tiges en bois du système Canadien, ces accidents sont moins graves, quoique plus fréquents ; les assemblages en fer faisant saillie sur les tiges permettent de les accrocher aisément à l'aide de pinces. Le bois lui-même est plus facile à saisir que le fer au moyen d'une cloche taraudée.

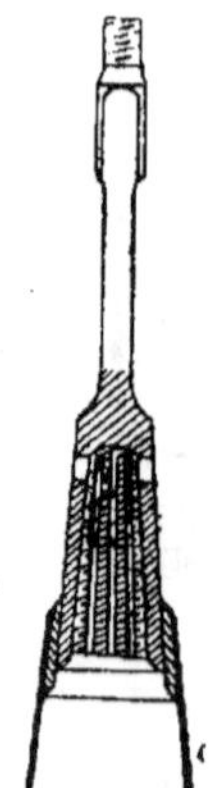

FIG. 490.

Lorsque la rupture est complexe, il faut débarrasser le puits de tout ce qu'on peut en retirer, en se servant des appareils précédents ou d'une fanchère (cf. n° 35o). Un coin que l'on peut faire descendre, en faisant tourner une vis solidaire des tiges, écarte les branches supérieures de cet outil, au moment où il faut le faire mordre sur le fragment (fig. 491).

Quand on suppose qu'il ne reste plus à retirer que le dernier fragment de la tige qui porte le trépan, on descend la cloche à clapet maintenue fermée par une cale et enduite inférieurement d'argile, de suif ou de cire, pour prendre l'empreinte de l'extrémité de ce fragment et vérifier si cette empreinte se rapporte à l'une des pièces retirées. Si elle ne s'y rapporte pas, c'est l'indice qu'il reste encore plusieurs fragments dans le trou de sonde.

Si l'on ne trouve pas l'empreinte que l'on cherche et si les tiges restant dans le puits sont calées, on les ramène à la surface en les dévissant successivement au moyen d'une caracole ou d'une cloche à écrou filetée à gauche.

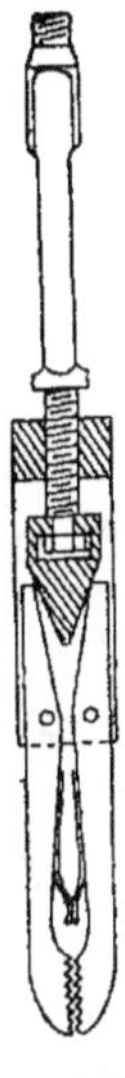

Ces outils doivent être fixés à l'extrémité d'une sonde dont les emmanchements sont traversés par des goupilles, pour les empêcher de se dévisser.

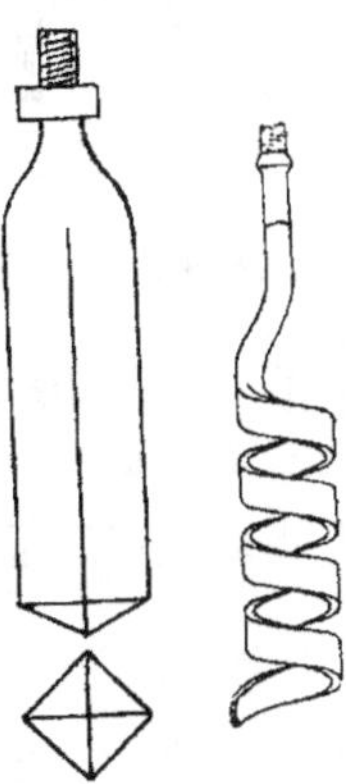

Fig. 491.

Quand la sonde est brisée immédiatement au-dessus du trépan ou de la couronne à diamants, il peut arriver qu'il ne reste d'autre ressource que de la broyer pour l'extraire par fragments.

668. Il en est de même dans le cas ou des corps étrangers tombent au fond du puits; on emploie alors un casse-pierre pour les réduire en morceaux ou les refouler dans les parois (fig. 492).

Fig. 492.   Fig. 493.

On peut dans certains cas ressaisir les objets tombés au fond du puits au moyen d'un tire-bourre (fig. 493); on ne peut toutefois se servir de cet instrument que pour d'assez grands diamètres, sinon l'hélice n'est pas assez résistante.

On peut aussi réussir quelquefois, en empâtant d'argile l'objet à retirer et en le saisissant avec le bloc d'argile au moyen de la cloche à écrou.

On peut enfin faire usage du grappin dont les branches s'ouvrent et se ferment par la rotation de tiges terminées par une vis (fig. 494).

669. Il arrive que le trou dévie de la verticale par suite de la dureté inégale des roches. C'est particulièrement un accident grave dans les sondages préparatoires aux creusements par congélation (cf. n° 327).

On mesure la déviation au moyen de divers procédés. Le moins imparfait consiste à rapporter la déviation à deux axes coordonnés représentés par des règlettes à angle droit (fig. 495). On fait descendre un calibre suspendu à un fil d'acier, dans l'axe du trou à une hauteur h. On connaît les coor-

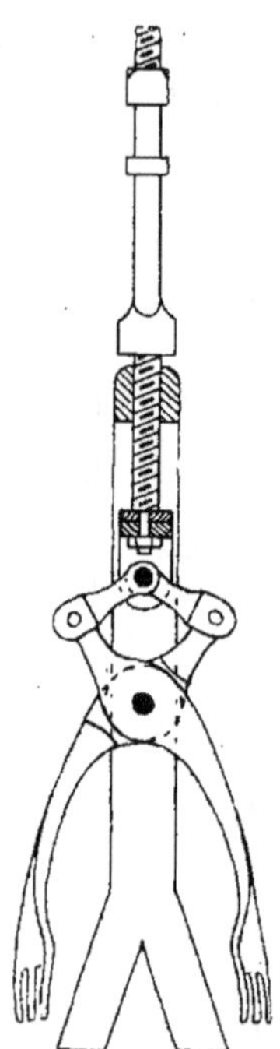

FIG. 494.

données a et b du point o ; $a^1 b^1$ étant les coordonnées du point o^1 situé dans la plan de l'orifice du trou, la déviation

$$oo_1 = \sqrt{(a_1 - a)^2 + (b_1 - b)^2}.$$

A une profondeur H, la déviation $oo_2 = oo_1 \dfrac{H}{h}$, en vertu des triangles semblables. On peut ainsi faire la coupe verticale du trou de sonde dans le plan du fil. S'il y a contact entre le fil et la paroi, on choisit si possible un autre point de sus-

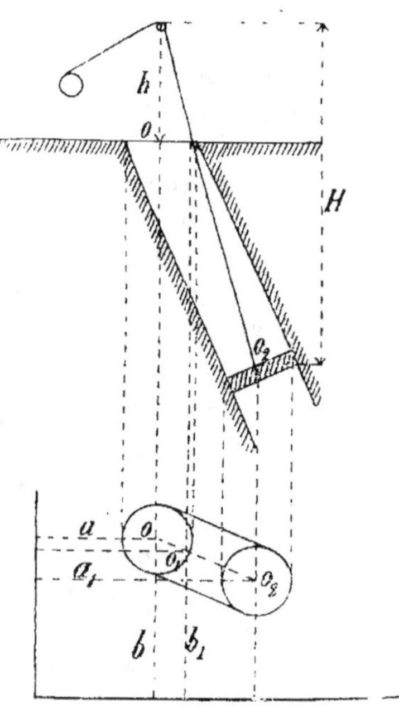

FIG. 495.

pension de coordonnées connues, pour lequel il n'y ait pas contact et l'on opère de même.

On peut parfois corriger la déviation au moyen d'un allésoir, avec ou sans trépan. Il en est de même, en cas d'ovalisation du trou due à la dureté inégale des roches, à la présence de fissures où à une manœuvre défectueuse du trépan.

670. ***Prix d'un sondage.*** — Quand on a des sondages à exécuter, il y a deux manières de traiter :

1° On peut acquérir le matériel et travailler en régie avec son propre personnel. Un matériel à percussion pour aller à 600 m. coûte environ 20000 à 25,000 fr. sans les tubages. L'inconvénient est de se servir d'un personnel sans habileté spéciale qui doit faire école.

2° On peut confier le travail à un entrepreneur, avec ou sans garantie de profondeur. Les prix sont plus élevés, mais on est plus certain d'atteindre le but, avec la rapidité que permet un personnel exercé. Les prix diffèrent beaucoup suivant le système de sondage, le nombre de sondages à exécuter, la nature du terrain, la profondeur, la vitesse que l'on exige et surtout avec les conditions de concurrence.

Dans les sondages lents par percussion à tiges pleines, on paie souvent : en morts-terrains : 5o à 6o fr. par mètre jusque 100 mètres ; 8o fr. par mètre de 100 à 200 mètres ; en terrain houiller : 100 fr. par mètre jusque 5oo mètres, avec augmentation de 25 à 3o francs par mètre dans chaque passe de 100 mètres. Dans les terrains plus tendres que le houiller, on a payé 7o francs par mètre jusque 100 mètres, avec augmentation de 25 francs par mètre, pour chaque passe de 25 m. au delà de 100 mètres.

En Galicie, dans les recherches de pétrole avec garantie de profondeur (terrains tertiaires), on a payé (tubage compris) :

67 à 72 fr. par mètre jusqu'à 350 m.

84 fr. » » 45o »

105 fr. » » 65o »

Les sondeurs galiciens ne donnent pas en général de garantie au delà de cette profondeur qui est d'ailleurs rarement atteinte.

Pour les sondages rapides à tiges creuses, les prix sont souvent plus élevés, surtout quand on doit faire intervenir les outils à diamant.

Dans les conditions ordinaires du Nord de la Belgique, on traite de 100 à 150 fr. par mètre avec 6 à 700 m. de garantie.

Pour les sondages multiples préalables à la congélation qui se font en général à faible profondeur (cf. n° 327), on descend de beaucoup en dessous de ces chiffres.

Les prix que nous venons de citer, ne comprennent ni l'eau, ni les tubages. Parfois aussi les prix d'entreprise ne comprennent ni la force motrice, ni les baraquements.

Ces prix sont d'ailleurs susceptibles de grandes variations dans le cas où l'on intéresse les entrepreneurs aux résultats du sondage, soit en cas de sondages au pétrole, en leur allouant un certain pourcentage de l'huile brute extraite pendant une certaine période ; soit en cas de sondages ayant pour but l'obtention de concessions minières, en leur allouant une participation.

On trace ordinairement des graphiques où l'on représente toutes les circonstances d'un sondage et de ses tubages. Ces représentations graphiques sont très utiles, car elles permettent de juger d'un coup d'œil des difficultés vaincues et des résultats obtenus.

B. — **Exploitation proprement dite**.

I. — EXPLOITATION A CIEL OUVERT.

671. L'exploitation à ciel ouvert a pour objet les masses puissantes qui affleurent ou ne sont recouvertes que par une épaisseur de matières stériles dont l'enlèvement peut se faire dans des conditions économiques ; ces dernières dépendent d'une part de la valeur et de l'abondance de la matière à exploiter et d'autre part de la nature des terrains de recouvrement. Certains gisements peuvent être considérés comme inexploitables souterrainement. Tels sont ceux qui ont pour toit des terrains meubles, comme par exemple les lignites du Rhin et de la Saxe prussienne qui ont pour toit immédiat des sables ou des graviers ; on ne peut les exploiter souterrainement qu'en abandonnant au toit une partie du gîte. Telles sont encore certaines couches de houille sujettes aux incendies spontanés, comme celles de l'Aveyron (Decazeville).

Autrefois on pouvait considérer comme inexploitable à ciel

ouvert tout gisement recouvert d'une forte épaisseur de roches dures. L'emploi de grandes mines de dynamite résout aujourd'hui, dans bien des cas, ce problème d'une manière économique: dans un découvert récemment effectué aux mines de fer du Cap Calamita à l'île d'Elbe, on a déblayé de la sorte plus de 5o m. de hauteur de silicates de fer inutilisables (ilvaïte).

6̄72. *Hauteur du découvert*. — La hauteur du découvert peut se calculer, connaissant le prix du déblai par m³ et la différence de prix de l'exploitation souterraine et à ciel ouvert. Soit x la hauteur cherchée, p la puissance du gisement de matière utile, c le coût du déblai par m³ et d la différence entre le prix de revient par m³ dans l'exploitation souterraine et dans l'exploitation à ciel ouvert.

En supposant que le coût du déblai compense exactement la différence de prix de ces deux modes d'exploitation, on aura $cx = pd$; x indique la hauteur-limite de déblai, à partir de laquelle l'exploitation souterraine est plus économique.

Mais si le déblai peut être utilisé et acquiert ainsi une valeur, celle-ci vient en déduction de c et permet de pousser plus loin l'exploitation à ciel ouvert. Il en serait ainsi, par exemple, si le déblai de l'exploitation à ciel ouvert trouvait son utilisation comme remblai dans l'exploitation souterraine [1].

6̄73. *Avantages et inconvénients de l'exploitation à ciel ouvert.* — Lorsque l'exploitation à ciel ouvert est possible, elle présente de grands avantages sur l'exploitation souterraine :

1° Elle ne réclame en général ni soutènements, ni remblais.

---

[1] C'est en se basant sur ces principes que la loi a défini la limite de concessibilité des minerais de fer dans le Grand-Duché de Luxembourg. Suivant la richesse du gisement, elle a fixé cette limite, dans le bassin d'Esch, à 6 m. au-dessus de la couche siliceuse inexploitée et, dans le bassin de Belvaux-La Madeleine, à 24 m. au-dessus de la couche supérieure susceptible d'être exploitée souterrainement. Mais ces limites ont été trouvées trop absolues en pratique; car dans la zone non concessible réservée d'après cette loi au propriétaire de la surface, se sont établies des exploitations souterraines, de sorte qu'on distingue dans le Luxembourg trois zones bien caractérisées: celle des *exploitations à ciel ouvert*; celle des *exploitations souterraines non concédées*; celle des *exploitations souterraines concédées*.

2° Les transports à ciel ouvert sont en général plus économiques que les transports souterrains; le triage étant plus facile à la lumière du jour, il en résulte d'ailleurs une diminution des quantités stériles à transporter.

3° On divise plus facilement la matière utile en blocs de grandes dimensions.

4° On peut substituer au travail de l'homme celui d'appareils mécaniques plus volumineux que ceux des mines : perforatrices, haveuses, appareils pour l'emploi du fil hélicoïdal, excavateurs, etc.

5° La main-d'œuvre se trouve dans des conditions d'effet utile plus favorable que dans la mine, parce que le gîte est mieux dégagé.

6° L'éclairage naturel contribue à rendre le travail plus productif; il peut être remplacé la nuit, dans une certaine mesure, par l'éclairage électrique au moyen de lampes à arc.

7° La sécurité et l'hygiène du travail sont meilleures, en raison même du travail à l'air libre; les éboulements sont plus faciles à prévenir; les coups d'eau ne sont pas à craindre; s'il s'agit d'exploitation de charbon, le grisou se diffusant à l'air libre ne présente pas de danger et les incendies spontanés ne sont pas à redouter.

8° On peut exploiter à ciel ouvert certains gisements ou parties de gisements qui échapperaient entièrement à l'exploitation souterraine. Sans parler des gîtes puissants que l'on ne peut souvent exploiter souterrainement sur toute leur puissance, il est des cas où l'exploitation souterraine ne permet pas de tirer parti de certaines couches minces situées au-dessus de la couche principale. Tel est le cas des minerais de fer du Grand-Duché de Luxembourg où l'exploitation à ciel ouvert permet d'utiliser de petites couches qui sont perdues dans l'exploitation souterraine, et de mines de houille exploitées à ciel ouvert pour pouvoir enlever les petites couches du toit qui présentent l'inconvénient de provoquer des incendies dans les éboulements (Decazeville).

674. L'exploitation à ciel ouvert présente d'autre part, certains inconvénients :

1° Les circonstances atmosphériques occasionnent des chômages. Il existe de nombreuses mines à ciel ouvert où l'on ne travaille pas en hiver (mines de manganèse de Giessen, dans le Nassau, etc.). Dans les climats rigoureux (Oural, Styrie), les exploitations sont souvent aménagées de manière à travailler souterrainement pendant la mauvaise saison.

2° Les travaux peuvent être envahis par les eaux pluviales.

3° L'exploitation et les dépôts de matières utiles et stériles occupent de grandes surfaces de terrain. Au voisinage des exploitations, les terrains à déblai coûtent souvent aussi cher que ceux qui contiennent la matière utile; mais les transports aériens permettent quelquefois de se mettre à l'abri des exigences de propriétaires de terrains, en transportant au loin les matières stériles. C'est par suite de l'encombrement des vallées par les déchets qu'une loi a défendu les exploitations hydrauliques dans la partie Sud de la Californie (cf. n° 155).

675. Conditions générales d'aménagement. — Les exploitations à ciel ouvert doivent être conduites d'après un plan d'ensemble, conçu de manière à réaliser le maximum d'économie et de sécurité. Il faut envisager successivement les points suivants :

1° *Découvert*. — Le découvert doit toujours marcher en avant du travail d'exploitation et être assez avancé pour permettre de développer la production de la matière utile selon les nécessités du marché. Il peut en

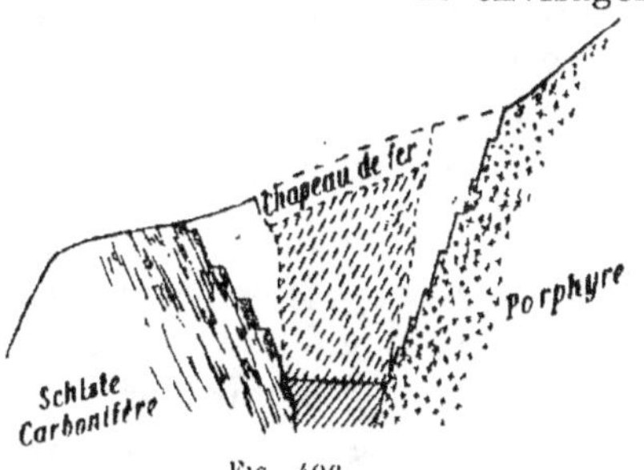

Fig. 496.

résulter des immobilisations considérables, comparables même à celles qui sont nécessaires pour le creusement des puits et des galeries dans l'exploitation souterraine. Nous ne citerons comme exemple que les grands découverts de Rio-Tinto (fig. 496) dont le coût se chiffre par des sommes importantes, amorties progressivement par les produits de l'exploitation.

2° *Écoulement des eaux*. — Cet écoulement doit être ménagé suivant la pente du terrain, au moyen d'un syphon ou d'une galerie tracée vers une vallée voisine, sinon l'on est obligé de creuser des puits pour l'épuisement par machines. Ces puits seront établis dans la partie du gîte qu'on exploitera en dernier lieu. Dans les terrains perméables (calcaires), les eaux filtrent et disparaissent, au moins pendant l'été.

3° **Transports.**— Il faut éviter à la fois d'allonger ceux-ci et d'occuper des terrains coûteux pour les dépôts de déblais. C'est pourquoi l'on remblaie autant que possible derrière soi, en avançant dans le gîte; les déblais viennent ainsi occuper les parties où le gîte est déjà exploité : une tranche de la matière utile est alors remplacée par une tranche de déblai équivalente en volume. Ce sont là les conditions les plus favorables.

Mais en opérant ainsi, il faut se garder de déposer des déblais sur des parties du gîte encore intactes. C'est une faute qui a été souvent commise et qui a occasionné de nombreux mécomptes (île d'Elbe, Somorrostro, Luxembourg). Il arrive qu'on doive remuer aujourd'hui d'anciens déblais, pour avoir accès aux parties recouvertes.

Cette faute a été parfois commise sciemment, sans souci de l'avenir. Dans d'autres cas, comme par exemple dans les exploitations du Grand-Duché de Luxembourg, on a enseveli, sous les déblais, des couches de minerai qui étaient inconnues à cette époque et qui sont rendues inexploitables, aussi longtemps que leur valeur ne justifiera pas le déplacement de ces déblais.

4° **Inclinaison des parois.** — Il faut que les parois des excavations se soutiennent d'elles-mêmes. Ces parois peuvent être taillées à pic ou sous un certain angle, suivant la nature des terrains et suivant leur manière de se comporter à la suite des pluies et des gelées. Il faut éviter non seulement les éboulements, mais encore les glissements, comme il s'en est produit aux ardoisières de Caub sur le Rhin et sur une plus grande échelle dans les Alpes (Arth-Goldau, Elm-Zug).

Sur les talus de matières meubles, on peut prévenir les éboulements par des plantations, gazonnages ou clayonnages, comme on le fait sur les talus de chemins de fer.

On donne aux parois la pente du talus naturel. Si l'on fait plusieurs gradins, il est rationnel d'augmenter leur inclinaison du fond de l'excavation vers la surface, de manière à diminuer les occupations de terrain. Les gradins ont généralement une base égale à la hauteur; dans les terres argileuses fortes, on va à 5 m. de base sur 7 m. de hauteur; mais dans les terrains meubles, on se contente de 5 m. de base sur 3 m. de hauteur.

Dans les roches solides stratifiées horizontalement, on peut souvent tailler à pic les quatre parois de l'excavation; lorsque la stratification est inclinée, on taille trois parois à pic et la quatrième suivant l'inclinaison des bancs.

Dans les roches sans stratification, on taille non seulement les parois à pic; mais on peut même les laisser en surplomb, comme dans les carrières de téphrite de Niedermendig et de Mayen (Eifel). On a ainsi de véritables carrières souterraines communiquant avec la surface par une ouverture, d'où l'on extrait les produits au moyen d'un baritel.

Dans l'exploitation des bancs très inclinés, encaissés entre un mur et un toit solide, on peut laisser le toit en surplomb, en intercalant des piliers de remblai soutenus par des voûtes en maçonnerie. C'est ainsi que, dans le bassin de Liége, le banc de grès houiller connu sous le nom de *grès de Flémalle* fut exploité autrefois à ciel ouvert, jusqu'au niveau de la Meuse où les produits de l'exploitation étaient amenés par des galeries. Ce banc avait 45° environ d'inclinaison; le toit en était formé de psammite très résistant.

676. MÉTHODE GÉNÉRALE D'EXPLOITATION. — La méthode générale d'exploitation consiste à découper le gisement en gradins droits ou par banquettes.

Il faut distinguer les gîtes exploités en plaine et ceux exploités à flanc de coteau.

677. *Gîtes exploités en plaine.*— Dans les gîtes exploités en plaine, l'excavation se forme par l'élargissement et l'approfondissement de tranchées. Les transports sont établis sur les banquettes. Celles-ci peuvent être en rampe de manière à aboutir à la surface. C'est ainsi que fut exploité autrefois le gîte calaminaire de Moresnet dont la forme était une ellipse allongée. D'autres fois, on fait des banquettes horizontales aboutissant à un plan incliné d'extraction à une seule voie, de manière à recevoir des wagons de part et d'autre d'un même gradin (Krivoï-rog).

6₇8. ***Exploitation par découverture des ardoisières de l'Anjou.*** — Comme type classique de ce genre d'exploitation, on peut citer celle des *ardoisières d'Angers*, qui remonte au XIIe siècle. L'exploitation à ciel ouvert, dite par *découverture*, a pour ainsi dire disparu de l'Anjou. Elle n'est plus pratiquée que par de petits exploitants manquant de capitaux ; mais d'anciennes exploitations à ciel ouvert ont atteint jusqu'à 150 m. de profondeur.

Le gîte appartient au terrain silurien. Il forme des bancs (*veines*) d'une inclinaison de 65 à 80° et d'une puissance variant de 30 à 200 m. Le clivage de l'ardoise fait un angle de quelques degrés avec l'inclinaison des couches ; il est presque vertical. Par suite de fissures, zônes dépourvues de fissilité, matières étrangères en rognons, cristaux (pyrites), veinules (quarz), le rendement en ardoises ne dépasse pas 15 °/₀ du schiste abattu. Le chapeau (*cosse*) est altéré jusqu'à 20 m. environ de profondeur.

Une ardoisière à ciel ouvert dont les fig. 497 et 498 réprésentent deux coupes verticales perpendiculaires l'une à l'autre, s'ouvre sur 60 à 70 m. en direction et sur toute la puissance de la couche. La surface mesure 1/4 d'hectare environ. Elle est limitée dans le sens de la direction par deux parois dites *chefs*. Lorsqu'elle est épuisée, on en ouvre une seconde dans le prolongement de la première, en ménageant une digue de 10 à 15 m. sur laquelle se place un chassis à molettes en porte à faux, ainsi que les machines d'épuisement et d'extraction. La carrière abandonnée sert à déposer les déblais et les déchets provenant de l'ardoisière en exploitation.

Quand le gîte a été mis à nu par l'enlèvement de la cosse, on fait au milieu de la couche, en suivant le fil de la pierre, une tranchée (*foncée*) de 2 m. de large et de 3 à 4 m. de profondeur, dont les parois, parallèles au clivage, sont presque verticales. On élargit ensuite sur la largeur d'une banquette, on approfondit par une nouvelle foncée et ainsi de suite. On opère à l'aide de coins, en employant le moins possible d'explosifs pour ne pas endommager l'ardoise.

On pratique ainsi jusque 40 à 42 foncées successives.

Les parois de l'excavation doivent être surveillées de près, afin de prévenir les éboulements provenant de l'altération de la roche à l'air et des infiltrations pluviales. C'est ce danger qui limite la profondeur de ces excavations.

Avant d'abandonner une carrière on enlève les gradins.

L'extraction s'opère par câbles aériens dits *billons de conduite*, système analogue au *Blondin* des carrières d'Ecosse et du Pays de Galles (cf. n° 463). Ces câbles peuvent être disposés de manière à soulever un bloc ou un *bassicot* (caisse en bois pour les menus), d'un point quelconque de la carrière. La descente des ouvriers se fait aux échelles.

L'inconvénient de cette méthode est son peu de sécurité. La rencontre d'une cassure peut provoquer des glissements capables d'anéantir la mine. De plus cette méthode oblige à extraire toute la matière stérile.

679. Exploitation des tourbières. — La tourbe forme des amas superficiels recouverts tout au plus par un peu de gravier. On les distingue en tourbières *hautes* qui se trouvent sur les plateaux et en tourbières *basses* situées dans les vallées.

En Hollande, où les différences de niveau sont peu accusées,

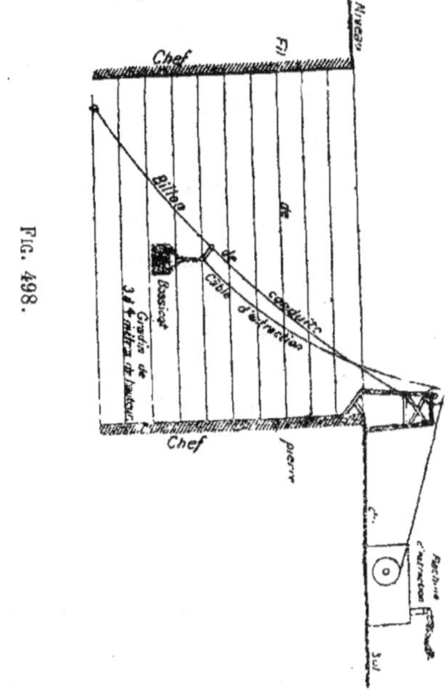

les tourbières hautes (Drenthe, Groningue, Overyssel, Frise) se trouvent simplement au dessus du niveau des eaux, les tourbières basses commençant au niveau même de celles-ci.

L'exploitation des tourbières hautes en Hollande nécessite un drainage préalable, par canaux espacés de 200 en 200 mètres et se réunissant à un canal d'écoulement principal ; par suite de ce drainage, le terrain marécageux s'affaisse et s'affermit ; mais il faut parfois attendre 10 ou 15 ans, pour que le sol présente une fermeté suffisante pour commencer l'exploitation.

Le gîte mesure 1 à 4 m. de puissance ; on l'exploite au moyen du *louchet* (cf. n° 12), en enlevant des mottes de 0^m.08 à 0^m.15 de côté. En Hollande, on emploie une bêche plate verticale et une sorte de bêche horizontale, servant à détacher des mottes de section prismatique. Une première entaille de 0^m.30 dite *pointe* se fait en ligne droite dans la partie la plus basse de la tourbière, sur toute la longueur de la surface à exploiter ; on fait ensuite une seconde entaille contiguë à la première et ainsi de suite. On procède ainsi par entailles successives, en abaissant progressivement le niveau jusqu'après enlèvement de l'amas entier. Les ouvriers se tiennent sur des planches qui recouvrent la partie ferme.

Dans les tourbières basses, l'écoulement des eaux n'est pas possible ; au fur et à mesure que l'on exploite, l'excavation se remplit d'eau et il se forme des étangs qui servent au transport de la tourbe par bateaux jusqu'aux canaux et de là jusqu'au Zuyderzee.

Quand la couche de tourbe superficielle est asséchée naturellement, on l'exploite séparément à l'état de paille de tourbe, très appréciée comme litière antiseptique, etc.

Les couches situées sous l'eau s'exploitent à la drague. La tourbe contenant 50 à 60 % d'eau est déposée dans un bac ; on en fait une pâte qu'on étend sur le sol en couche de 0^m.40 ; des ouvriers la marchent avec des planchettes aux pieds, puis la divisent en blocs rectangulaires au moyen de la bêche.

En France, on a employé des louchets de grande dimension à deux ailerons, enlevant en une fois la hauteur de trois pointes, soit 0.90 à 1 m. sur une surface de 0^m.30 $\times$ 0^m.30.

On a aussi employé des louchets mécaniques sur chariot se déplaçant le long de la berge. Le louchet descendant par son poids est relevé par une crémaillère. Un ouvrier et son aide extraient ainsi 40 à 45 m³ de tourbe en 12 heures, dans un gisement de 4 m. de puissance.

On a même employé des louchets quadruples découpant la couche d'un seul coup sur 4 gradins de 0ᵐ.40 × 0ᵐ.40. Ces louchets beaucoup plus lourds sont portés, d'une part sur la berge par un chariot et d'autre part sur l'eau par un flotteur, sinon le porte-à-faux pourrait provoquer l'éboulement de la berge. Une machine de ce genre produit 250 à 290 m³ par 12 heures. La tourbe est versée dans un bateau qui la conduit aux ateliers de moulage.

On a enfin placé les appareils sur un bateau de 13 m. de long, 3 m. de large et 1 m. de tirant d'eau. Ce bateau porte le louchet et une machine à vapeur de 8 chevaux (tourbières du Saussay).

Ces moyens de production intensive se justifient, dans les grandes exploitations, par le peu de durée d'une campagne. On ne peut guère compter sur plus de 100 jours, de mars-avril en juillet-août, de manière à profiter des basses eaux et de l'été pour le séchage en haie, sinon il faut procéder à un séchage artificiel (Bavière).

680. ***Mines de fer de Bilbao***. — Certains gisements s'exploitent à ciel ouvert sur des plateaux élevés, en contrebas desquels se trouvent les voies de transport. Les exploitations de ce genre peuvent être considérées comme une transition entre l'exploitation en plaine et celle à flanc de coteau. C'est le cas des mines de fer de Bilbao, dites de Somorrostro.

Les concessions étant limitrophes et la plus grande partie de leur surface étant souvent en minerai, bien des mines n'ont trouvé d'autres moyens de faire arriver le minerai à flanc de coteau qu'en creusant, au fond du ciel ouvert, un puits qui correspond à une galerie souterraine de transport. On voit figure 499, un ancien puits et une galerie de ce genre qui desservaient la mine *Orconera*, avant que ses chantiers fussent directement reliés à la tête d'un plan incliné automoteur par une voie ferrée.

A l'Orconera, on prend la partie supérieure du gisement par 2 gradins de 18 à 22 m. de hauteur dont les produits descendent aujourd'hui par couloirs successifs jusqu'au niveau de la voie ferrée ; les fronts de taille présentent une longueur de 200 à 300 m. On y procède par des moyens propres à faire une production intensive, soit par

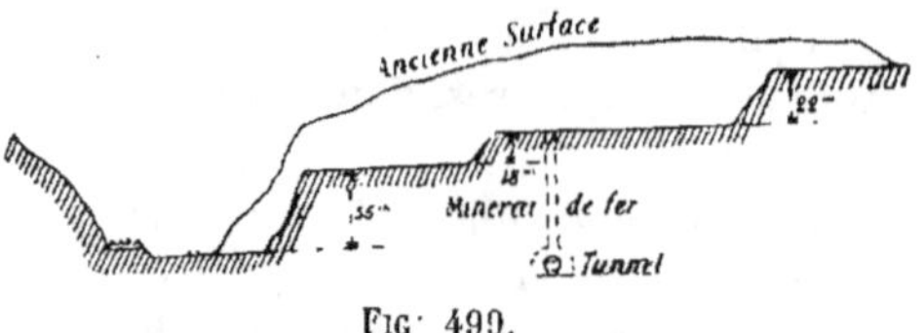

Fig· 499.

grandes mines, abattant à la fois jusqu'à 300 t. de minerai, soit par excavateurs mécaniques, là où le gisement est suffisamment friable.

Un ouvrier produit 4 à 5 t. par jour et le prix de revient de la tonne varie, suivant le déblai, de 1.25 à 3 pesetas, prix auquel il faut ajouter le transport jusqu'au chemin de fer et jusqu'au Nervion sur lequel les minerais sont embarqués pour l'exportation.

681. *Ciel ouvert de Rio-Tinto*. — Aux mines de pyrites cuivreuses de Rio-Tinto, nous trouvons également une exploitation ouverte en montagne, avec sortie des minerais par galeries au niveau d'une voie ferrée.

La partie du gisement exploitée à ciel ouvert forme une puissante lentille de minerais, interstratifiée entre le schiste carbonifère et le porphyre qui forme la crête de la montagne aux flancs de laquelle affleurait le gisement (fig. 496). Cette lentille se termine à l'ouest par un filon puissant et régulier qui a été suivi sur plus de 1000 m. de longueur.

La lentille mesure 600 m. de long sur 140 m. de largeur maximum en projection horizontale.

La profondeur du ciel ouvert est de 90 m. et sa production est de 500.000 t. par an. Ses dimensions sont si vastes que l'on s'aperçoit à peine de l'enlèvement de ce tonnage.

Les gradins ou banquettes font le tour de l'excavation dans le minerai et continuent au-dessus de ce dernier dans le porphyre du mont Salomon qui s'élève jusqu'à 183 m. au-dessus du fond. Le minerai est exploité par 6 gradins de 15 à 20 m. de hauteur correspondant chacun à une galerie et à une voie ferrée en pente qui amène ses produits au niveau du chemin de fer.

Le chapeau de fer qui recouvrait le gîte a été enlevé depuis longtemps, mais au nord du ciel ouvert se trouve la masse de porphyre qui doit être partiellement enlevée pour permettre l'exploitation ; c'est ce qui se fait par plusieurs gradins de 15 à 16 m. de hauteur. Sur ces gradins, aussi bien que sur ceux de minerai, circulent des locomotives. Le déblai et l'exploitation se continuent jour et nuit, grâce à l'éclairage électrique. Le rendement de nuit est même un peu supérieur au rendement de jour, à cause de la fraîcheur.

Le volume du déblai à enlever correspond à peu près à 1 m³ par tonne à exploiter.

Dans le ciel ouvert, la production par ouvrier et par jour est de 3 tonnes de minerai brut, trié en trois catégories : pauvre, riche et plombeux. L'ouvrier reçoit 3.75 à 4 pesetas par jour ; le coût de la main d'œuvre est donc de 1.25 à 1.50 peseta ; il faut y ajouter environ 1 peseta pour l'amortissement du découvert.

Ce prix est beaucoup plus élevé dans la mine souterraine où s'exploite le filon qui fait suite à la lentille de minerai et la différence démontre la possibilité de pousser le déblai beaucoup plus loin encore. Une entrée de tunnel se trouve au niveau du fond de l'exploitation, par où les locomotives pénètrent jusque dans l'exploitation souterraine du filon.

682. *Gîtes exploités à flanc de coteau*. — Les gîtes qui se présentent à flanc de coteau s'exploitent par une succession de gradins qui se développent suivant des lignes de niveau aboutissant à un plan incliné automoteur. Des exemples de ce genre d'exploitation se rencontrent dans les carrières de psammite à pavés des bords de l'Ourthe et de la Meuse. On peut citer, comme type remarquable, les carrières Dapsens à Yvoir.

683. *Minerais de fer du Grand-Duché de Luxembourg*. — Les exploitations à ciel ouvert des minettes du Luxembourg offrent un des types les plus parfaits de l'exploitation à ciel ouvert à flanc de côteau. Le gisement s'y prête spécialement par sa forme de falaise dominant la plaine, par la presque horizontalité de la stratification et sa division en couches alternativement stériles et utilisables.

Une coupe de ce genre permet d'exploiter, par un gradin

distinct, au besoin subdivisé en deux, chacune des couches de minerai, en même temps que le stérile qui lui sert de mur.

Des estacades en bois qui se déplacent facilement, permettent de transporter les déblais au tas et le minerai aux wagons du chemin de fer. Ces estacades ont 5 à 6 m. de haut et sont quelquefois surmontées d'un second étage, desservant une autre couche (fig. 500).

Ce mode d'exploitation présente le grand avantage de tirer parti de certaines couches de minerai qui seraient inexploitables souterrainement, telles que les couches trop minces et celles à rognons calcaires qui atteignent souvent une grande

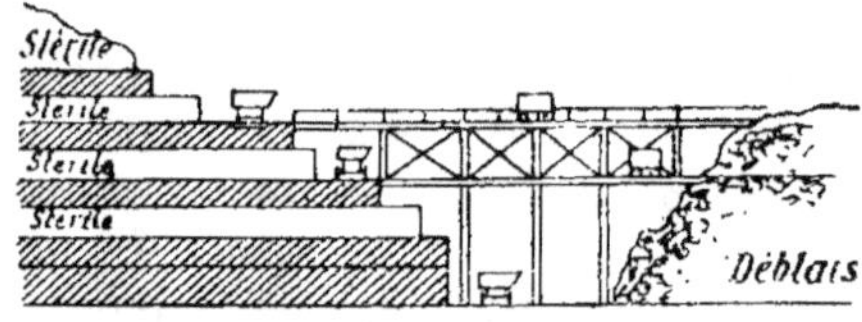

Fig. 500.

puissance, comme à la partie supérieure de la formation, au Klopp, près de Rodange. Dans ce dernier cas, les ouvriers sont payés au mètre cube, comme pour le déblai, avec prime au wagon de mine triée.

On arrive à mettre le minerai sur wagon au prix de fr. 1.50 à fr. 2 la tonne, suivant le déblai, comme le montrent les chiffres suivants :

Déblai	fr.	0.70
Abatage (main-d'œuvre, outils) . .	»	0.35
Frais généraux et entretien . . .	»	0.35
Transport et chargement	»	0.25
	Total . .	1.65

Ces prix diffèrent avec la dureté du minerai, d'où dépend la production par ouvrier, avec la difficulté du triage, etc.

L'exploitation souterraine par galeries à flanc de côteau n'est pas beaucoup plus coûteuse, mais le rendement par hectare est bien différent, parce que l'on ne peut exploiter qu'une couche, quelquefois deux et plus rarement trois. On ne peut guère compter en moyenne sur plus de la moitié du rendement par unité de surface.

Peu de gisements se prêtent mieux à l'exploitation par gradins, parce que ceux-ci peuvent y recevoir un grand développement en direction, ce qui permet d'y occuper un grand nombre d'ouvriers et par conséquent d'y faire de très grandes productions.

684. *Ciel ouvert des ardoisières de Penrhyn*. — Les conditions changent, lorsque le gîte à exploiter affleure dans une direction perpendiculaire ou oblique à celle d'une vallée étroite; il faut alors développer l'exploitation en hauteur et en largeur, en opérant simultanément par gradins verticaux et horizontaux. L'ouverture d'un tel gîte peut être très lente et très coûteuse; car on a dans ce cas d'importants travaux de déblai à amortir par les produits de l'exploitation.

L'un des exemples les plus remarquables de ce type est l'exploitation des ardoisières de Penrhyn dans le pays de Galles.

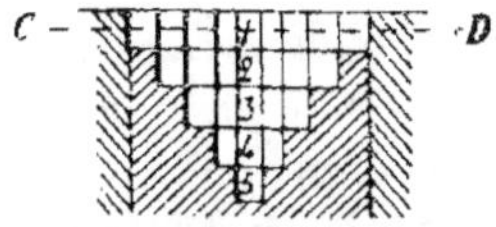

Fig. 501.

Coupe *A B*

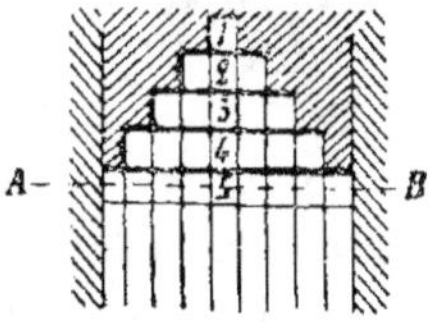

Fig. 502.

Coupe *C D*

La couche est presque verticale et mesure 100 m. de puissance. Elle affleure sur toute la hauteur d'une colline de 150 à 300 m. On exploite par gradins de 20 à 25 m. de hauteur et l'exploitation forme un vaste amphithéâtre (fig. 501 et 502) où l'on peut voir simultanément 3 à 4000 ouvriers au travail.

II. — EXPLOITATION SOUTERRAINE.

685. L'exploitation souterraine s'applique plus particulièrement aux matières dont la valeur est suffisante pour justifier l'immobilisation des capitaux nécessaires pour le creusement des puits et des galeries. L'exploitation des mines dispose aujourd'hui de moyens suffisamment puissants pour réaliser de grandes productions à des profondeurs de plus de 1000 m.

686. Conditions générales d'aménagement. — Il importe d'observer certaines règles générales dans l'aménagement de ces exploitations, sous peine de créer pour l'avenir des difficultés inextricables. Nous examinerons successivement les différents points qu'il faut avoir en vue dans cette matière :

687. 1° *Écoulement des eaux.* — Il faut que toutes les galeries de la mine soient en pente vers un point où les eaux se rassemblent, galerie d'écoulement ou puisard. Les galeries dites *de niveau* ont toujours une pente dans ce sens. Une inclinaison de 0.25 à 0.50 % suffit d'ailleurs pour satisfaire à cette condition.

Il en résulte que la galerie d'écoulement et le siège d'épuisement seront situés autant que possible où les travaux de la mine atteindront leur plus grande profondeur ; ce sont donc les conditions géologiques du gisement qui doivent déterminer leur emplacement rationnel.

Il n'y a d'exception que pour les exploitations en vallée ou gralle. Ces exploitations, très fréquentes autrefois, sont aujourd'hui plus rares et ne se font guère que dans des cas spéciaux. Tels sont ceux où une couche a son ennoyage en dessous du niveau d'un étage, où l'exploitation d'une plateure peu inclinée nécessiterait le percement d'une bacnure considérable, si l'on approfondissait le puits pour créer un nouvel étage, où le voisinage des limites de la concession rendrait tout approfondissement du puits inutile pour l'avenir, etc.

Indépendamment des autres inconvénients que présente l'exploitation en vallée, l'épuisement des eaux peut y être onéreux ; ce genre d'exploitation est toujours limité par la puissance des moyens d'épuisement dont on dispose.

Les conditions d'épuisement des eaux doivent s'harmoniser avec les conditions suivantes relatives au transport.

688. 2° *Transport.* — Les transports à charge doivent suivre autant que possible une pente continue jusqu'à l'orifice de la mine ou jusqu'au pied du puits d'extraction. Si le siège d'épuisement ne fait qu'un avec le siège d'extraction, cette condition concorde avec la précédente, mais il peut arriver que cette concordance n'existe pas ; alors on peut être obligé de faire des transports à contrepente dans la galerie à travers bancs qui réunit les deux sièges. Quant aux voies tracées dans les couches, elles peuvent toujours recevoir la pente convenable pour l'épuisement et le transport.

Les inconvénients des exploitations en vallée sont aussi sensibles pour le transport que pour l'épuisement ; car on est obligé d'employer une force motrice pour remonter les produits. Le développement des transports de force à l'intérieur des mines fournit toutefois aujourd'hui des solutions économiques de difficultés considérées autrefois comme insurmontables.

689. 3° *Aérage dans les mines grisouteuses.* — Dans les mines grisouteuses, l'aérage doit toujours être ascensionnel. Comme l'ont dit MM. Pernolet et Aguillon ([1]) : « Le principe de l'aérage ascensionnel dans l'exploitation courante est, pour toute la Belgique, une sorte de dogme strictement appliqué et auquel on ne déroge que lorsqu'il y a impossibilité de faire autrement, lorsque notamment les travaux à faire pour rendre l'aérage ascensionnel absorberaient tout le bénéfice à retirer de l'exploitation de la partie de couche en question. »

C'est en grande partie à l'observance de ce dogme qu'est due la sécurité relative des mines de la Belgique, qui occupe actuellement le rang le plus favorable dans la statistique des accidents mortels, malgré les conditions désavantageuses où se trouvent la plupart de ses mines au point de vue de la profondeur et du grisou.

L'air frais entre dans la mine par le puits d'extraction et suit, dans tout son parcours, une voie inverse de celle de l'eau et des transports ; on voit donc que cette troisième condition concorde avec les deux précédentes, lorsque les services de l'épuisement et de l'extraction sont réunis dans un même puits. Il n'y a d'exception que pour les anciennes voies de transport qui deviennent voies de retour d'air dans chaque nouvel étage ; mais en énonçant la règle de l'aérage ascensionnel, on ne tient pas compte des faibles pentes que peuvent présenter les galeries dites de niveau. Ce sont les *rabat-vent* et les *aérages descendants* que cette règle a surtout pour but de proscrire. On dit qu'il y a rabat-vent, lorsque le courant descend *le long d'une taille en exploitation*, ce qui ne peut être toléré que dans une mine non grisouteuse. L'aérage est dit *descendant*, lorsque le courant descend après avoir parcouru une taille, ce qui n'est toléré, en Belgique, que dans les mines peu grisouteuses, sauf autorisations spéciales, accompagnées généralement de prescriptions sévères.

690. 4° *Profondeur des premiers travaux.* — On com-

([1]) Exploitation et réglementation des mines à grisou en Belgique, en Angleterre et en Allemagne. — Rapport de mission.

mence ordinairement à exploiter à une certaine profondeur sous la surface, pour éviter l'infiltration des eaux. Dans les exploitations voisines des localités habitées, des chemins de fer, des canaux, les premiers travaux doivent en outre être placés à une profondeur suffisante pour ne pas causer de dommages immédiats. En Belgique, les cahiers des charges des concessions fixent cette profondeur minima, qui dans les localités habitées est souvent de 100 à 200 m. sous le sol ou sous le gravier dans une vallée, telle que celle de la Meuse. Sous des morts terrains à base imperméable, on admet souvent une profondeur minima de 40 à 50 m. sous les dièves comme dans le Hainaut. En Westphalie, la loi fixe cette profondeur minima à 20^m90 sous le terrain crétacé.

Plus le massif protecteur est épais, moins est à craindre la présence des eaux dans la mine; mais l'épaisseur du massif protecteur peut d'autre part faire naître un danger, en diminuant le drainage progressif du grisou.

691. 5° ***Exploitation en descendant.*** — A partir de la profondeur minima, la règle est d'exploiter par étages successifs en descendant. Si pour les premiers travaux, on a dépassé le minimum de profondeur réglementaire, on peut, après épuisement du gîte en profondeur, reprendre au moins une partie du massif protecteur.

La marche inverse, c'est-à-dire l'exploitation par étages successifs en remontant, présenterait certains avantages, mais les inconvénients l'emportent, comme nous allons le voir.

Ces avantages seraient en premier lieu de ne pas avoir en général à se préoccuper d'épuisement : les mines établies d'emblée à grande profondeur sont sèches, parce que les fissures profondes se bouchent ordinairement par l'argile que les eaux entraînent. Il en est autrement des mines profondes créées par l'exploitation d'étages successifs en descendant; car l'exploitant conduit ainsi les eaux avec soi jusque dans les profondeurs de la mine. En supposant même que l'on ait une certaine quantité d'eau à la profondeur maxima initiale, l'exploitation ne tarderait pas, en tout cas, à laisser en dessous d'elle des vides qui serviraient de réservoir.

En second lieu, les puits établis dans un terrain vierge d'exploitation seraient plus solides et enfin la surface du sol aurait moins à souffrir de dégradations, tout au moins dans le principe. On retarderait donc le moment de payer des dommages.

A coté de ces avantages, se dressent les inconvénients du système dont le principal serait la lenteur de la mise en valeur de la mine. Pour établir un siége d'exploitation de houille à 200 m. de profondeur, il faut compter sur 2 ou 3 ans. Pour aller d'emblée à 7 ou 800 m., il faudrait 4 à 6 ans, en supposant même qu'on ne rencontre pas de difficultés spéciales; or pendant tout ce temps, des capitaux considérables resteraient improductifs, les intérêts s'accumuleraient et l'amortissement de ces capitaux grèverait sérieusement l'exploitation ultérieure.

L'exploitation ascensionnelle aurait encore pour effet de disloquer les parties à prendre successivement, ce qui augmenterait la proportion de menu.

Dans les mines à grisou, l'exploitation ascensionnelle créerait d'ailleurs un danger grave, en laissant en dessous d'elle des vides ou des remblais infestés de grisou.

Un dernier inconvénient est qu'il faudrait employer d'emblée des machines très puissantes qui deviendraient de moins en moins nécessaires dans la suite et qui seraient par conséquent coûteuses d'entretien et de consommation. De plus on ne profiterait pas des progrès que l'on ne cesse de réaliser dans la construction des machines, la fabrication des câbles, etc.

Il serait d'ailleurs souvent très difficile de déterminer la profondeur des premiers travaux, parce qu'on ne connaît pas toujours exactement la profondeur à laquelle les gîtes s'étendent. La profondeur du bassin de Mons est évaluée à 2,500 m., celle du bassin de Liége à 1,500 m. Les exploitations belges actuelles se font à une profondeur moyenne de 4 à 600 m.; mais certains puits sont plus profonds : le puits Ste-Henriette n° 18 des Produits est arrivé, en 1890, à 1160 m. et des bacnures ont été établies à 1100 et 1150 m.; un bouxhtay a même pénétré à 1200 m. de profondeur. Le puits Providence du charbonnage de Marchienne possède un étage d'exploitation à 1025 m.

La mine de cuivre Red Jacket (Calumet et Hecla), sur le Lac supérieur, exploite à 1493 m.; le puits n° 5 de Tamarack, dans la même région à 1481 m.

En Angleterre les mines Peudleton et Ashton Moss, en

Bohême celles de Przibram en Australie celles de Bendigo, ont dépassé 1000 m.

De telles profondeurs étaient considérées comme irréalisables par les moyens ordinaires, il y a moins de 5o ans, époque où l'Académie des Sciences de Belgique mettait au concours (1856) la question de l'exploitation à plus de mille mètres de profondeur. Le prix ne fut pas décerné (malgré l'avis de A. De Vaux), parce que A. Devillez, l'auteur de la seule réponse jugée digne d'être discutée, résolvait le problème, dès cette époque, comme il l'a été effectivement, en ne prévoyant que l'extension des procédés usuels ([1]).

Enfin une dernière considération est que celui qui se résoudrait à faire de l'exploitation ascensionnelle, se trouverait dans des conditions défavorables vis-à-vis de ses concurrents. Aujourd'hui les difficultés augmentent progressivement pour tous et de ce chef les conditions de concurrence restent sensiblement les mêmes.

L'exploitation ascensionnelle n'est appliquée systématiquement que dans certains bassins peu puissants et dans de petites mines métalliques, ou partiellement, dans le but de prendre d'abord une couche plus rémunératrice, permettant de jouir immédiatement d'un bénéfice.

692. 6° *Emplacement d'un siége d'exploitation*. — Pour déterminer l'emplacement d'un siége d'exploitation, il faut d'abord décider du nombre de siéges nécessaires pour exploiter le gisement, en se basant sur la condition que chaque siége doit présenter un développement aussi régulier qud possible dans tous les sens. Ce développement sera plus grand dans le sens de la direction des couches que perpendiculairement à cette direction, parce que les travaux à travers bancs sont les plus coûteux. Aussi longtemps que la profondeur n'est pas excessive, il peut y avoir moins d'inconvénients à multiplier les puits

---

([1]) Mémoire sur l'exploitation de la houille à la profondeur d'au moins mille mètres. — Rapports de MM. De Vaux, Lamarle et Brasseur, commissaires de l'Académie. — Mémoire supplémentaire en réponse aux objections présentées dans ces Rapports, par A. DEVILLEZ.— Mons, Masquillier et Lanier.

qu'à percer de trop longues galeries. Le développement en direction d'autre part ne doit pas être exagéré, parce que le prix de revient augmente proportionnellement à ce développement, du chef de l'entretien, de la surveillance, de l'aérage, etc. En Belgique, on ne va pas en général à plus de 1200 à 1500 m. en direction de part et d'autre d'un puits. A travers bancs, on ne va guère à plus de 1000 m. Un puits peut donc exploiter une superficie totale de 3000 sur 2000 m. Les transports mécaniques permettent dans certains cas de dépasser ces limites, quand le gisement s'y prête. C'est ainsi qu'en Angleterre, on va souvent à des distances de 4 à 5000 m. du puits, grâce aux transports mécaniques, afin de réduire à leur plus simple expression les travaux de premier établissement. Mais il en résulte souvent des conditions d'aérage et d'entretien défectueuses. C'est d'ailleurs un des résultats du régime des mines anglaises qui appartiennent aux propriétaires du sol et sont l'objet de locations temporaires.

Il faut au surplus tenir compte des difficultés du fonçage des puits, des limites naturelles du gisement, telles que failles, changements d'allure, etc., du relief du sol et de la profondeur.

Si l'on peut sans inconvénient multiplier les puits, aussi long-temps que les travaux restent à faible profondeur, il n'en est plus de même quand la profondeur devient importante. Alors il convient de concentrer les travaux en un petit nombre de siéges.

La concentration a en effet pour avantage de produire le plus possible, en maintenant le moins de puits et de galeries en activité. De plus, la concentration entraîne une réduction des frais fixes, puisque l'on réduit le nombre de machines d'extraction, d'épuisement et d'aérage.

Un premier siége établi dans une concession comprendra toujours deux puits ; mais pour installer un nouveau siége, on pourra souvent se contenter d'un seul puits qui sera mis en communication avec le siége précédent pour l'aérage, si toutefois la distance ne s'y oppose. On augmente parfois le nombre de siéges, dans le but d'augmenter la production ; mais on peut souvent arriver au même résultat, quand le gisement s'y prête, en créant un siége double, c'est-à-dire en faisant simultanément l'extraction par le puits d'entrée et par le puits de sortie de l'air. C'est ainsi que sont disposés la plupart des nouveaux siéges du Pas-de-Calais. En Westphalie, on va plus loin encore, en armant les puits principaux de deux machines d'extraction.

La production d'un siége est forcément limitée par le nombre de tailles qu'il rend accessibles. Avec les couches minces que l'on exploite en Belgique, la production atteint rarement 1000 tonnes par siége et par jour. Dans les mines à grisou, la production n'atteint pas plus de 4 à 500 t. par siége, à cause des restrictions de tout genre qu'entraine la présence de ce gaz.

L'emplacement des puits est souvent déterminé par celui des voies de transport de la surface ou des conditions de raccordement avec ces voies; or les conditions topographiques peuvent ne pas cadrer avec les conditions géologiques du gisement.

Les questions de propriété du sol peuvent également avoir une influence, parce que la loi défend en Belgique (art. 11 de la loi de 1810) de placer un puits à moins de 100 m. de toute habitation ou enclos muré, et encore parce qu'il faut pouvoir acquérir des terrains, dans de bonnes conditions, pour former la paire ou le carreau de la mine, parce qu'il faut avoir des eaux suffisamment abondantes et convenables pour l'alimentation des chaudières, etc. La prévision des affaissements du sol peut aussi conduire à placer les puits vers le mur, plutôt que vers le toit d'un faisceau de couches.

On voit que la question de l'emplacement le plus favorable d'un siége d'exploitation est très complexe et dépend d'un grand nombre d'éléments qui peuvent même être contradictoires.

693. 7° *Travaux préparatoires et de recherches.* — Les travaux préparatoires doivent toujours être conduits simultanément aux travaux d'exploitation d'un étage : il faut approfondir le puits et préparer l'exploitation de l'étage suivant, afin de maintenir la production constante et même de pouvoir l'augmenter en cas de circonstances favorables.

Un étage en préparation doit toujours être prêt avant qu'on n'en ait besoin, pour faire face à toute éventualité. Si l'on retarde les travaux préparatoires, on peut être pris au dépourvu et obligé de recourir à des expédients onéreux, tels que l'exploitation en vallée de certaines couches. Il faut toujours au contraire posséder des tailles en réserve pour être maître de la production, quels que soient les dérangements ou les accidents, sinon l'on pourrait se trouver empêché de produire au moment où les prix de vente sont les plus favorables. Il ne faut pas d'ailleurs perdre de vue qu'il est plus avantageux de faire les travaux préparatoires au moment où l'on commence l'exploitation d'un étage que dans la suite ; car c'est alors que les frais directs sont le moins élevés et que le prix de revient peut le plus facilement supporter une majoration, du chef de ces travaux préparatoires.

L'existence de travaux préparatoires suffisants est toujours l'indice d'une marche satisfaisante de l'exploitation et d'une bonne direction.

Ce que nous venons de dire des travaux préparatoires s'applique également aux travaux de recherches ; ces derniers sont souvent inutiles dans les charbonnages, parce que les allures y sont souvent connues par les travaux antérieurs ou par ceux des mines voisines. Il en est autrement dans les mines métalliques où les travaux de recherches jouent un rôle capital, par suite de l'irrégularité plus grande des gisements.

Les travaux de recherches conduits avec persévérance permettent seuls de prévoir le laps de temps pour lequel l'exploitation d'une mine métallique est assurée.

694. 8° **Choix de la méthode d'exploitation.** — Le choix de la méthode d'exploitation a une grande importance économique. La meilleure méthode est celle qui donne le prix de revient le plus bas, en assurant d'une part la sécurité du personnel et d'autre part l'exploitation la plus complète du gisement.

Les méthodes diffèrent avec les conditions du gisement et se modifient suivant ces dernières. Elles se divisent en deux classes :

1° Les *exploitations sans remblai* qui s'appliquent en général aux gîtes puissants où les matières stériles sont insuffisantes pour remblayer les vides ;

2° Les *exploitations avec remblai* qui s'appliquent aux couches minces où les matières stériles sont abondantes, ou aux couches puissantes, à la condition d'introduire dans la mine des remblais pris à l'extérieur.

Chacune de ces classes peut se subdiviser à son tour conformément au tableau suivant :

I. Exploitations sans remblai.

1 par piliers abandonnés ou réservés.
2 par traçages et dépilages, avec foudroyage du toit.
3 par éboulement ou par foudroyage de la matière utile.

II. Exploitations avec remblai.

4 par tailles

droites
- montantes.
- chassantes.

en gradins
- renversés.
- droits.

5 par traçages et dépilages

entre toit et mur.

par tranches
- inclinées.
- horizontales.
- verticales.

6 par simples galeries.

I. — EXPLOITATIONS SANS REMBLAI.

695. I. MÉTHODE PAR PILIERS ABANDONNÉS OU RÉSERVÉS. — Cette méthode s'applique surtout aux gîtes puissants de matières de peu de valeur. Il faut, en effet, que cette valeur soit assez faible pour qu'il y ait avantage à abandonner des piliers dans la mine, plutôt que de créer des soutènements artificiels. La puissance du gîte peut d'ailleurs être telle que l'établissement de ces derniers soit impossible. Pour des matières d'assez grande valeur et inaltérables à l'air, on peut employer cette méthode, en se réservant la possibilité de reprendre ultérieurement les piliers, en revenant vers l'orifice de la mine. Dans ce cas, les piliers ne sont pas définitivement *abandonnés*, mais simplement *réservés*.

Les piliers s'opposent à la chute du toit ou au soulèvement du mur. Ce dernier cas est particulièrement à considérer, lorsque le mur est fissuré et aquifère.

Cette méthode s'emploie quelquefois dans le but de préserver la surface contre les influences de l'exploitation souterraine ou de préserver la mine de l'inondation, par exemple dans les exploitations sous-marines. Elle peut dans ce cas s'appliquer à des matières d'assez grande valeur (charbons et minerais) dont on sacrifie une partie pour en exploiter une autre.

696. Les piliers sont *carrés*, *rectangulaires* ou *allongés*; ils peuvent former *cloisons* entre des chambres que l'on exploite, ou former le plafond de ces chambres; dans ce dernier cas, ils prennent le nom *d'estaus*. Ils peuvent présenter différentes dispositions : en *échiquier*, en *quinconce*, etc.

Quand la puissance du gisement est grande, on attaque souvent le front de taille en deux gradins droits ou renversés, suivant la cohésion de la roche : si le toit est bon et la roche peu résistante, on prend le front de taille en deux gradins droits et le gradin inférieur prend le nom de *stross*. Ce gradin se prend souvent longtemps après le premier, pour retarder les mouvements du mur.

697. **Exploitation du tuffau de Maestricht.** — Comme exemple d'exploitation en échiquier, nous prendrons celui des carrières de tuffau de Maestricht qui s'étendent jusqu'à

Emael (province de Liége) où elles sont encore en exploitation ; ce tuffau est également exploité près de Fauquemont, en Hollande.

Ces carrières sont déjà mentionnées en 1560 par Guicciardini (Descriptio totius Belgii) et sont même de date plus ancienne ; car on rencontre des murs en tuffau dans des ruines mérovingiennes. C'est sans doute l'exploitation par piliers abandonnés la plus ancienne et la plus importante qui ait jamais existé. Les anciennes carrières de Maestricht s'étendent sur une surface de 5 à 6 kilom. carrés.

Le calcaire maestrichtien a 10 à 12 m. de puissance, avec de rares intercalations de lentilles moins compactes ; il est exploité par galeries de 4 m. de large sur 5 m. de haut, laissant entre elles des piliers carrés de 10 à 20 m. de côté selon la résistance du toit.

La puissance du banc exploité atteint 8 m. en moyenne ; par suite du délitement qui donne au ciel de ces galeries la forme ogivale, la hauteur des excavations atteint 8 à 15 m. Ces excavations forment en plan un échiquier irrégulier. On détache directement du gîte, au moyen de scies en acier doux, des blocs de $2^m.40$ sur $0^m.55$ et $0^m.55$ et on les subdivise ensuite. Cette pierre, très tendre au gisement, durcit à l'air.

698. ***Calcul de la section des piliers.*** — Dans l'exploitation en échiquier, le rapport de la section des piliers à la surface totale est souvent de 1/4.

Lorsque les rapports des pleins aux vides sont trop faibles, il peut se produire des effondrements superficiels, comme il est arrivé souvent à Paris, dans les anciennes exploitations de calcaire grossier, connues sous le nom de *catacombes*, notamment dans les régions où l'on a essayé d'exploiter un second étage en dessous du premier, sans prendre la précaution de faire correspondre les piliers. Il en est résulté que l'on a dû créer des piliers artificiels pour soutenir les constructions importantes de la surface. C'est ainsi que sous les réservoirs de Montrouge qui tiennent 300.000 m^3 d'eau en deux étages, sur une surface de 36.000 m², on a dû établir des murs d'enceinte et des piliers de consolidation.

699. Les effondrements qui se sont produits dans les exploi-

tations de craie de Bougival et de Meudon, ont conduit M. Tournaire [1] à calculer les dimensions des piliers à ménager pour une profondeur donnée du gisement.

Soit S la surface totale de l'exploitation et soit $\dfrac{S}{K}$ la surface des piliers ; soient φ la résistance à l'écrasement des piliers, δ le poids moyen du m³ de roches en place (soit 2.000 kg. en moyenne) et H la profondeur des excavations sous le sol. Pour que les piliers supportent les roches supérieures, on aura :

$$\varphi\,\frac{S}{K} > S\delta H \quad \text{d'où} \quad \frac{\varphi}{K} > \delta H.$$

Les expériences sur la résistance des roches à l'écrasement sont malheureusement rares.

M. Tournaire admet les coefficients suivants :

craie imbibée d'eau. . . .	$\varphi = 19$ kg. par c².
calcaires tendres	18 à 43 kg.
tuffau	32 à 35 kg.
gypse	58 kg.

D'après la formule ci-dessus, on voit qu'en faisant $K = 4$, on peut exploiter sans danger :

la craie de Meudon sous	24 m
les calcaires tendres	23 à 54 m.
le tuffau.	40 à 44 m.
le gypse. . . , ...	70 m.

Ceci suppose toutefois que les carrières soient d'une assez grande étendue pour faire abstraction de leur périmètre qui contribue au soutènement. Si l'on tient compte de ce périmètre, on pourra exploiter sous des hauteurs plus grandes.

En appelant F la résistance au cisaillement du périmètre P, on aura en effet à ajouter, au premier membre de l'inégalité ci-dessus, un terme FPH :

$$\varphi\,\frac{S}{K} + FPH > S\delta H, \quad \text{d'où} \quad \frac{\varphi}{K} > \delta H - F\frac{PH}{S},$$

H variera donc en conséquence.

Ces calculs ne peuvent donner que des approximations, par suite de l'incertitude de la détermination de φ et des variations de ce coefficient avec la hauteur des piliers, relativement aux dimensions de leur base.

- - - - - - - -

[1] *Annales des mines*, 8° série, t. 5, 1881.

700. Le poids des terrains supérieurs peut avoir dans certains cas pour conséquence d'enfoncer les piliers dans une couche inférieure peu résistante ou dont la résistance a été altérée par l'exploitation. C'est ce qui est arrivé aux mines de sel de Varangéville (Lorraine) qui étaient exploitées en faisant usage de l'eau pour creuser des rainures au front de taille (cf. n° 155). L'eau ruisselait sur le mur marneux de la couche et la marne imbibée a cédé sous la pression des piliers. Il en est résulté un effondrement sur plusieurs hectares de superficie ([1]).

701. **Exploitation par chambres souterraines des ardoisières de l'Anjou.** — Nous avons vu n° 678 comment on procède dans l'exploitation à ciel ouvert des gîtes d'ardoises d'Angers.

La nécessité, pour certains exploitants, de dépasser la profondeur où ce genre d'exploitation est admissible, ainsi que

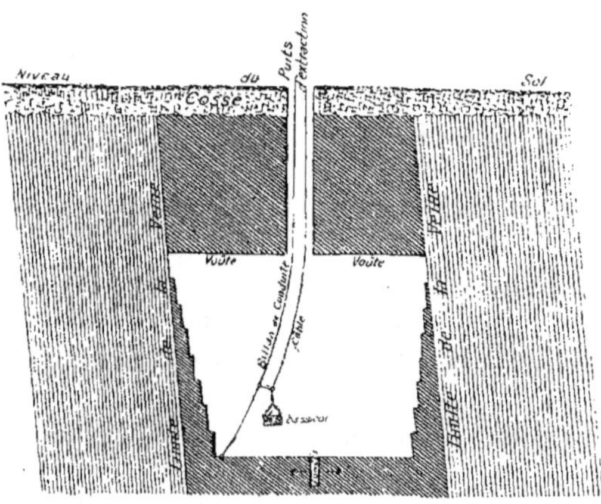

FIG. 503.

le désir de réaliser une économie, en se dispensant d'enlever la *découverture*, conduisit dès 1810 à créer des exploitations par grandes chambres souterraines séparées les unes des autres par des cloisons (fig. 503); on abandonnait ainsi en piliers un quart du gisement. Chaque chambre était mise en communication avec la surface par un puits, pour l'extraction des produits et la circulation du personnel. Ces chambres furent, dans le principe, exploitées de la même manière que les carrières à ciel

([1]) *Annales des mines*, 7e série, t. IV, 1873.

ouvert, à partir du moment où le plafond plat de la chambre était suffisamment dégagé.

Il existe encore de ces chambres souterraines profondes de 170 m. et surmontées de puits de 70 m. La surface du plafond de ces chambres varie de 2.000 à 2.500 m², suivant que les angles sont vifs ou arrondis.

L'extraction se fait au moyen d'un billon de conduite passant par le puits.

Ce mode de travail n'a toutefois été rendu pratique que par l'introduction, dans ces exploitations, de l'éclairage électrique qui permet, au moyen de passerelles ou ponts de visite, de surveiller la voûte et les parois de manière à éviter les éboulements. Quand on y découvre une fissure, on la scelle au moyen de suif qui, en se fendillant, indique les moindres mouvements. Bien qu'ils soient moins fréquents que dans l'exploitation à ciel ouvert, les éboulements ont ici des conséquences plus graves, car ils peuvent compromettre le puits.

L'un des plus graves inconvénients de ce système est la nécessité d'extraire les déchets, aussi bien que la matière utile qui ne compte que pour 15 % du schiste abattu.

702. Aujourd'hui ces exploitations par chambre sous plafond plat, exploitées en desdendant, tendent à être remplacées par des chambres exploitées en remontant, où l'on s'élève sur les déchets de l'exploitation formant une sorte de remblai partiel. Il n'y a donc plus de limites à la profondeur et, dès à présent, il existe à Angers (Trélazé), des puits de 300 m. exploitant le gisement en remontant.

Le puits est creusé en dehors et au mur du gîte (fig. 504) : du fond de ce puits partent à l'Est et à l'Ouest dans le mur, des galeries en direction C dites *collectrices*, à partir desquelles sont

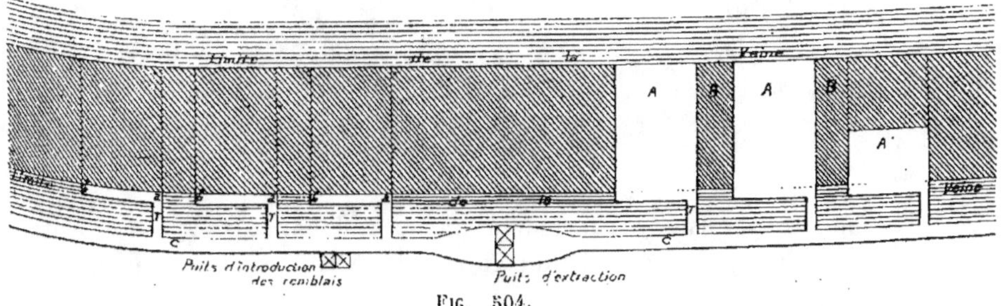

Fig. 504.

creusés, de distance en distance, des travers-bancs T aboutissant à la veine. A partir de chacun de ces travers-bancs, on trace immédiatement au mur de la veine, dans le stérile, une galerie *ab* dont la longueur de 28 à 3o m. correspond à la largeur d'une chambre A. Les piliers intermédiaires B ont 10 m. de large; on abandonne donc un quart du gisement.

On procède ensuite à l'ouverture de la chambre qui se fait en battant au large à partir de la galerie *ab* sur toute la largeur de la veine et sur la hauteur de 2 m. qui est celle des galeries.

L'ouverture d'une chambre constitue un travail très onéreux, mais ne se fait qu'une fois pour toute la hauteur de l'étage à exploiter, soit pour 25o m. dans le cas d'un puits de 3oo m., en supposant que l'on abandonne les 5o m. voisins de la surface. C'est un travail de premier établissement à amortir au même titre que les puits. Comme il ne donne pas de matière utile, on emploie de la dynamite.

On procède ensuite en faisant de bas en haut une *foncée* de 4 m. de hauteur et de 2 m. de large au-dessus de la galerie *ab* dans la roche stérile, car ce travail n'a d'autre but que de fournir un front de 4 m. de hauteur sur toute la largeur de la chambre; on prend alors une première tranche en travers ou *banc* de 4 m. de haut sur toute la surface de la chambre. Les ouvriers se trouvent sur des *ponts de travail* suspendus par des tringles devant le front de taille; ils avancent en employant des perforatrices avec de la poudre noire, afin de moins endommager l'ardoise.

Pendant ce temps, on exhausse de 4 m. la foncée de tête, de

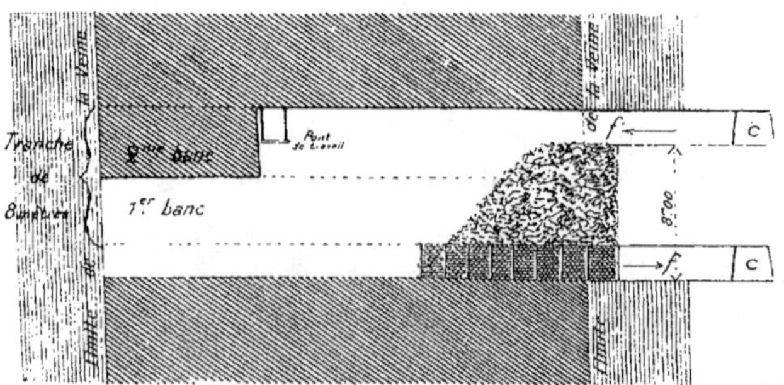

Fig. 5o5.

manière à prendre de même un second banc (fig. 5o5). En même temps, on établit une galerie collectrice C et de nouveaux travers-bancs à 7 m. de hauteur au-dessus et dans l'aplomb des premiers ; dès que cette galerie est établie, on peut faire rentrer dans la mine, par un puits spécial, les déchets de fabrication qui, avec les parties stériles laissées sur place, viennent former remblai jusqu'à 2 m. en dessous du toit de la chambre.

On a soin de ménager dans ce remblai une galerie boisée à la base du sous-étage, dans le prolongement du travers-banc, pour la sortie des produits vers la galerie collectrice et le puits d'extraction.

Le remblayage sert simplement ici à consolider les piliers abandonnés et à former le sol de chacun des sous-étages successifs.

Sur ce sol sont établis des treuils électriques qui servent, par l'intermédiaire de poulies de renvoi fixées au toit de l'excavation, à amener les blocs sur les trucs servant au transport.

Quand un premier étage de 250 m. sera exploité, on procédera à l'approfondissement du puits et l'on prendra de même un second étage, en laissant au-dessus de celui-ci une estau de protection sous les remblais de l'étage antérieur.

Cette méthode a l'avantage de ne pas devoir extraire les matières stériles, de ne pas occuper d'espace à la surface pour les déblais et de donner lieu à moins d'éboulements, parce que le plafond des chambres qui ont peu de hauteur, est plus facile à surveiller et ne subsiste pas longtemps.

703. ***Exploitation des ardoisières des Ardennes belges et françaises.*** — Dans les Ardennes belges et françaises, les gisements d'ardoise sont inclinés suivant un angle variable, mais généralement assez prononcé. L'exploitation se fait par piliers longs en direction, dits *épontes*, et par piliers suivant l'inclinaison, dits *longrains*. La mine communique ordinairement avec la surface par un puits incliné sur le mur de la couche.

704. Comme type de l'exploitation des ardoisières de l'Ardenne belge, nous choisirons celles de Warmifontaine (Luxembourg belge). Le gisement a une puissance de 40 à 50 m., il est incliné du Nord au Sud à 53° 30'. A partir du puits (fig. 506), on trace, de part et d'autre, des *ouvrages* en direction, séparés par des piliers *épontes* et *longrains* de 5 m. de large. L'exploitation

d'un ouvrage se fait par *rehaussement*, c'est-à-dire de bas en haut. On procède d'abord à une sorte de traçage sur le mur de la couche. On entre dans l'ouvrage par une galerie de 5 m. de longueur perpendiculairement à laquelle on descend, suivant l'inclinaison, par une galerie de 17 m. Cette dimension correspond à la largeur de l'ouvrage et cette galerie sert de point de départ au *crabotage*, sorte de havage de $0^m.80$ à $0^m.90$ de hauteur qui se fait par petites galeries successive sur toute la surface de l'ouvrage de 17 m. sur 27 m. Cette opération ne donne pas de produits utiles. Dès que le crabotage est

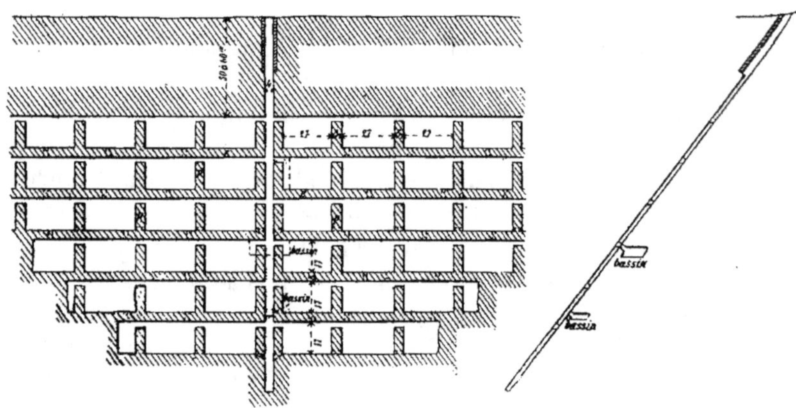

Fig. 506.

terminé sur la moitié de l'ouvrage; on procède par rehaussement, c'est-à-dire que l'on enlève les bancs supérieurs au crabotage en profitant de tous les joints (nerfs, rampes, pailles, coffrays, etc.) et en s'élevant sur les matières stériles formant une sorte de remblai dont le front est maintenu en gradins droits par des murs en pierre sèche, montés sur des bois, soutenus eux-mêmes par de forts pitons en fer rond et des potelles en bois. Les coupes fig. 507, 508, 509, 510 montrent l'état de l'exploitation après le crabotage, après 6 mois, 2 ans et 10 ans, terme extrème assigné à l'exploitation d'un ouvrage. On monte progressivement jusqu'au toit de la couche, en ménageant dans le remblai une galerie de roulage transversale *g'*, ainsi qu'une galerie *g* en direction conduisant au puits, dans l'angle supérieur de la base de l'ouvrage. Dans l'angle inférieur symétrique, on ménage une rigole pour l'écoulement des eaux. En même temps que se fait l'exploitation, le traçage et l'exploitation des ouvrages suivants continuent, de sorte que l'ensemble du plan de la mine pris au niveau du mur de la couche se présente comme dans la fig. 5o6 où l'on voit en pointillé les recoupes faites dans les piliers pour l'aérage ou l'écoulement des eaux qui se réunissent dans des bassins creusés au mur du puits incliné.

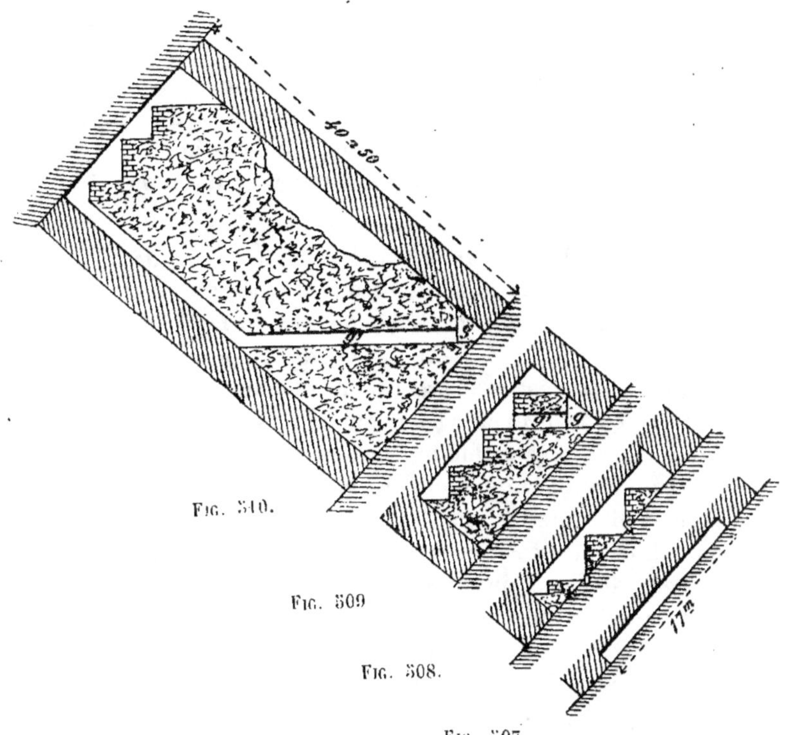

Fig. 510.

Fig. 509

Fig. 508.

Fig. 507.

Un ouvrage est exploité par deux brigades indépendantes composées de 3 ouvriers et d'un porteur; le rendement correspond de 12.5 à 25 % du poids des roches abattues. L'avancement est de 0m.30 par mois, ce qui correspond de 40.000 à 60.000 ardoises, soit à 3 wagons de 10 t. par mois. Le transport se fait par portage jusqu'à la galerie de roulage où circulent des wagonnets de 1.200 à 1.500 kg. qu'on élève au jour sur des chariots porteurs par le puits incliné.

705. A Fumay, la formation est inclinée de 25 à 30° au Sud

et se compose d'alternances de grès et de bancs (*veines*) d'ardoises ne mesurant que 8 à 10 m. de puissance totale. Les lits d'ardoises se séparent suivant des plans de clivage faiblement obliques au plan de la couche. Le mode d'exploitation est le même, sauf qu'on supprime ici les piliers longrains, parce que les piliers épontes n'ayant que 8 à 10 m. de hauteur n'ont pas besoin d'être soutenus comme dans le cas précédent. On donne aux ouvrages 25 m. de large et aux piliers épontes 6^m.5o. Les galeries de roulage en direction sont ici tracées au toit, ce qui a l'inconvénient d'augmenter le transport par portage. Les déchets sont moins abondants que dans les ardoisières belges ; la moindre inclinaison et la moindre puissance du gisement ne permettent d'ailleurs pas de remblayer d'une manière aussi complète.

706. A Deville et Rimogne, la formation est de même composée d'alternances de phyllades et de quartzites ; l'inclinaison est de 45° et la puissance varie de 10 à 6o m. L'exploitation se fait comme dans les Ardennes belges. Les piliers épontes y sont quelquefois tracés en zig-zag pour recouper les fissures naturelles du toit et prévenir les éboulements.

On peut, dans le même but, remplacer les piliers épontes par deux rangées de piliers carrés de 10 à 12 m. de côté, horizontalement distants les uns des autres de 15 m. Les piliers appartenant à ces deux rangées sont placés en quinconce et laissent entre eux de petits ouvrages de 15 m. sur 15 m.

Les simples piliers en direction sont naturellement plus avantageux, mais à la condition que le toit soit solide : les transports sont plus directs et l'écoulement des eaux est facilité.

707. Le travail par rehaussement est particulièrement avantageux, là où l'ardoise est mélangée d'interstratifications inutilisables. L'abatage se fait au moyen de coins et la gravité agit en faveur de l'ouvrier. Les transports de matières stériles sont évités, puisque ces matières sont laissées sur place pour former les remblais sur lesquels se tiennent les abateurs. Mais pour pouvoir employer cette méthode, il faut que la roche soit assez solide pour que l'on n'ait pas à craindre d'éboulements.

708. Le centre ardoisier le plus important de l'Europe est celui de Festiniog, dans le Pays de Galles : on y exploite des

couches de 40 m. inclinées de 30 à 35°. L'exploitation s'y fait à flanc de coteau et par *abaissement*, en ne ménageant de 20 en 20 m. que des piliers longrains de 10 m. de largeur.

Des chambres de 20 m. de large dans le sens de la direction de la couche sont ouvertes ainsi jusqu'à la surface sur des hauteurs énormes ; le chantier qui forme le fond de la chambre,

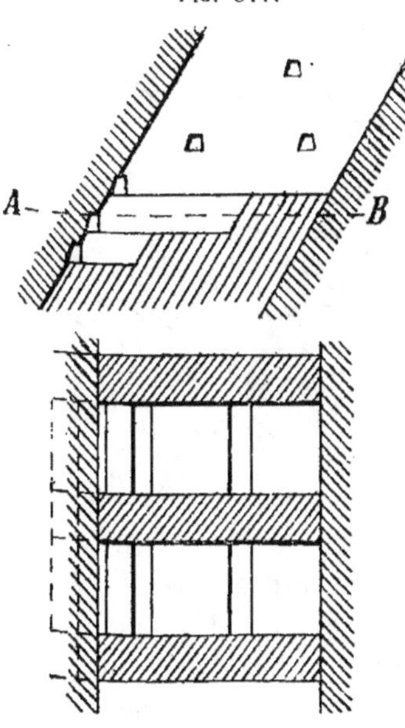

Fig. 511.

Coupe *A B*

se présente en gradins droits qui communiquent avec la surface par des galeries à flanc ds coteau à différents niveaux. Les piliers sont traversés par des galeries de transport reliées par des ponts jetés au-dessus des chambres en exploitation.

Dans ces conditions, l'ouvrier doit soulever les blocs d'ardoise qu'il détache, et il faut transporter les matières stériles dans les chantiers déjà épuisés. Cette méthode ne peut s'appliquer utilement que dans les gisements peu mélangés de matières stériles. La sécurité y est plus grande, pourvu que le toit de la couche soit solide.

709. Exploitation du sel gemme. — Un grand nombre de gisements de sel gemme s'exploitent par piliers abandonnés. Tels sont ceux de Stassfurt-Bernburg, du Sud de la Russie, etc.

Nous prendrons comme exemple l'exploitation du gisement de Karlamofka dans le bassin du Donetz. La couche de sel gemme, appartenant au terrain permien, mesure 34 m. de puissance (fig. 512). Elle ne présente comme impuretés que des filets argileux dit *annuels (Jahrringes)* parce qu'on suppose que ces dépôts argileux, étaient dus annuellement à un ralentissement de l'évaporation de la dissolution salée, provoqué par la saison froide. De ces 34 m. on n'en exploite que 22 à 24 m., en laissant 6 m. au mur et 4 à 6 m. au toit. Les excavations se maintiennent sur 24 m. de hauteur sans aucun soutènement. L'exploitation se fait en traçant des galeries parallèles de 15 m. de large et de 4 m. de hauteur, laissant entre elles des piliers allongés de 12 m. de large qu'on recoupe tous les 50 m. pour l'aérage. Ceci constitue un traçage préparatoire. L'exploitation proprement dite se fait sur toute la hauteur de 24 m., en s'élevant, en gradins renversés au dessus des galeries de traçage.

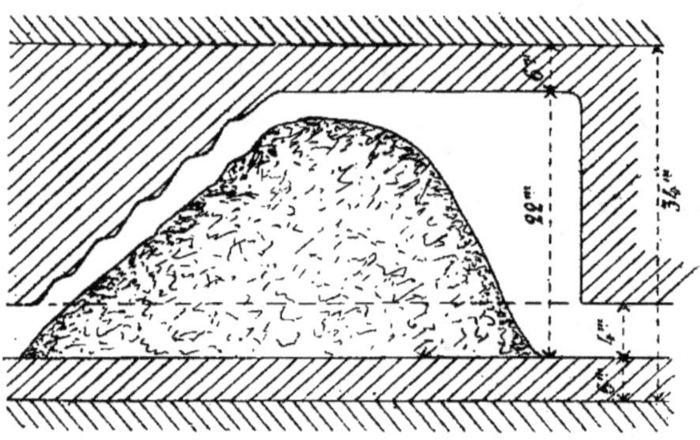

Fig. 542.

Le sel tombe en un tas dont le talus suit le travail d'exploitation ; à l'opposé du chantier viennent charger les wagonnets qui enlèvent l'excès de matière produit par le foisonnement, de sorte que le volume du tas de déblai reste sensiblement constant.

Un chantier de ce genre suffit pour produire 60.000 t. par an.

On abat la roche au moyen de poudres spéciales qui ne noircissent pas le sel.

710. A Stassfurt (puits Achenbach), le gîte forme un dressant à 45° de 48 m. de puissance horizontale. On fait au toit et au mur des galeries en direction de 16 m. de large sur 8 de hauteur, de sorte qu'il reste un pilier intermédiaire de 16 m. de large. On recoupe ce pilier par des chantiers de 16 m. de large en gradins renversés, laissant entre eux des piliers abandonnés de 10 m. de largeur. L'exploitation se fait ainsi en plusieurs étages séparés par des estans de 5 m. L'exploitation d'un étage est toujours de 50 m. en avant de celle de l'étage inférieur.

711. ***Exploitation des argiles salifères du Salzkam-mergut.*** — L'exploitation du sel dans le Salzkammergut (partie de l'ancien Duché de Salzburg en Autriche et Bavière) se fait aussi, de temps immémorial, par piliers abandonnés à l'état de cloisons et estaus, entre des chambres exploitées par dissolution. Le gisement forme, dans le terrain triasique, des amas lenticulaires d'argile contenant 50 à 90 % de sel, avec gypse, anhydrite, polyhalite, etc.

L'eau fait ici l'abatage, en délayant et dissolvant la roche; elle fait le triage, puisqu'elle abandonne l'argile et dissout le sel; elle fait enfin le transport de ce dernier, en s'écoulant suivant la pente des galeries à flanc de coteau jusque dans les vallées, d'où la solution est conduite par tuyaux aux usines d'évaporation situées près du combustible, bois ou lignite (Ebensee, Rosenheim). Dans ce trajet, il arrive qu'elle doive franchir des crêtes de montagne; on l'élève pour cela au moyen de machines à colonne d'eau (Ilsang) ou de roues à augets (Reichenhall.)

Les premières machines à colonne d'eau de Reichenbach ont été construites en 1810 en vue de ce service. Celle d'Ilsang foule l'eau salée d'un jet à 355^m.50, ce qui correspond à une colonne d'eau douce de 426 m.

712. Le gîte est attaqué par des galeries à flanc de coteau limitant entre elles des hauteurs d'étage de 30 à 40 m. Une mine comprend ainsi un nombre d'étages variant de 4 à 9, exploités successivement en descendant. Les transports de sel se faisant par l'eau, l'orifice de ces galeries n'est souvent accessible que par des chemins de mulets dont on se sert pour le transport des bois de mines.

Ces galeries traversent la roche stérile, avant d'arriver au gisement, où elles se ramifient dans différentes directions.

Sur ces galeries se greffent, à des distances de 60 à 80 m. les unes des autres, des chambres de dissolution circulaires ou elliptiques, dont l'espacement est déterminé de manière à ménager entre elles des cloisons suffisantes.

Dans les parties ébouleuses, les galeries sont muraillées; elles sont pourvues chacune de deux conduites, l'une pour l'eau douce, l'autre pour l'eau salée.

Chaque chambre de dissolution communique d'une part avec une conduite d'eau douce et d'autre part avec une conduite d'eau salée.

La préparation d'une chambre se fait en creusant l'argile salifère sur 1^m.80 à 2 m. de haut et sur une surface elliptique de 20 m. sur 3o m. environ ou sur une surface circulaire de 20 m. de rayon.

Ce creusement se fait par galeries recroisées ou simplement par galeries parallèles laissant entre elles des piliers qui sont ensuite enlevés par dissolution. On procède aussi en creusant par zones concentriques (fig. 513) sur toute la surface de la chambre sans laisser de piliers; on se sert pour ce travail de perforatrices électriques à rodage. La préparation d'une

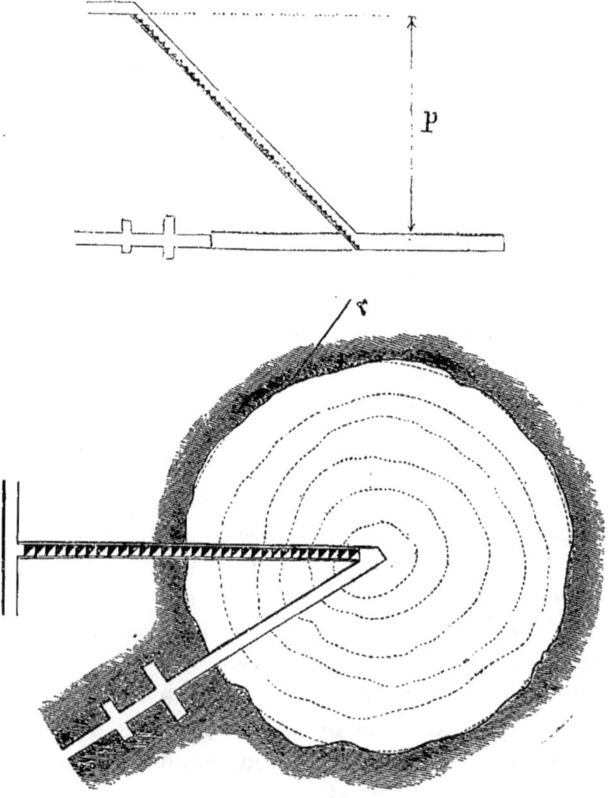

Fig. 513.

chambre dure ainsi un an à peine, tandis qu'auparavant il fallait 5 à 6 ans pour préparer une chambre; les piliers étaient d'ailleurs en grande partie perdus par l'accumulation des boues sur leurs parois. Les déblais d'argile salifère provenant de ce travail sont lavés dans la mine même.

On élève en avant de la chambre une double digue d'argile que l'on surhausse au fur et à mesure des progrès de la dissolution.

Chaque chambre communique avec l'étage immédiatement supérieur par une descenderie munie d'escaliers, le long de laquelle on conduit le tuyau qui amène l'eau douce.

Dès que la préparation de la chambre est terminée, on y fait arriver l'eau douce qui en dissout les parois et le plafond. Il faut avoir soin d'ajouter de l'eau douce, au fur et à mesure des besoins, pour compenser la contraction produite par la dissolution du sel, de telle sorte que le plafond reste toujours baigné.

En 15 à 20 jours (Berchtesgaden), l'eau douce atteint une densité de 1.2 correspondant à 26.5° B. On l'a fait écouler par des tuyaux placés au fond de la chambre; les prises d'eau de ces tuyaux doivent être entourées de caisses de filtration, pour empêcher les argiles, qui se déposent au fond de la chambre, d'être entraînées avec l'eau. Avant de noyer de nouveau la chambre, on a soin d'enlever ces boues.

Le plafond s'élève en 15 jours de $0^m.30$ à $0^m.45$. On fait ensuite de nouveau arriver l'eau douce ou bien on laisse reposer la chambre pendant quelques mois, pendant que l'on travaille dans une autre. La hauteur à laquelle s'étend la dissolution, dépend de la hauteur d'étage p. Elle dépasse rarement 4 m. pour ménager un estau suffisant.

Par suite de la dissolution les parois de la chambre s'évasent à 45° avec une grande irrégularité, ce qui entraine souvent des communications entre chambres voisines et des effondrements. Il en résulte de plus une perte de matière.

713. Pour diminuer l'évasement des chambres et pour maintenir le contact de l'eau et du toit, on a proposé d'opérer la dissolution d'une manière continue, en faisant arriver l'eau douce dans l'axe de la chambre et en laissant s'écouler l'eau à 26° B. On obtient ainsi des chambres dont le toit prend la forme d'une voûte dont le sommet correspond au point d'introduction de l'eau douce.

L'inconvénient est que l'on n'est jamais sûr du degré de saturation et que le rendement est moindre. De plus, comme on ne pénètre plus dans la chambre, on ignore comment se produit la dissolution et l'on ne peut enlever les boues qui obstruent les canaux d'écoulement. L'absence d'homogénéité des argiles salifères a fait renoncer à la dissolution continue.

On a aussi proposé, pour diminuer les pertes de matières, d'exploiter à sec l'argile et de la mettre en dissolution en dehors de la mine ; mais, sauf pour les parties de très grande richesse, ce procédé s'est toujours montré plus coûteux, par suite des transports de matières stériles.

714. L'exploitation d'une chambre dure de 15 à 20 ans. C'est donc pendant cette période que sa production doit amortir les travaux préparatoires qui la concernent.

Il est de ces mines qui contiennent un très grand nombre de chambres abandonnées (1.500 à Hallstadt). Il arrive que plusieurs chambres du même étage se réunissent par éboulement et donnent lieu à la production de lacs souterrains d'assez grande étendue. Plus graves sont les effondrements verticaux qui se produisent, lorsqu'on ne prend pas la précaution de faire correspondre verticalement les vides et les pleins.

On abandonne dans ces exploitations une quantité énorme de matière utile dans les piliers et dans les boues. Le rendement du gîte n'est pas de plus de 2 $\frac{1}{2}$ à 10 °/₀ du sel contenu ; on laisse en piliers, 85 °/₀ du gîte.

On a pour cette raison essayé, à Aussee, de faire une dissolution intermittente par étages successifs en montant, à partir d'un puits central dans lequel on amène l'eau douce. La dissolution marche alors horizontalement à partir d'un centre, au-dessus de l'étage immédiatement inférieur, maintenu noyé de liquide saturé. On arrive de la sorte à exploiter sur de plus grandes hauteurs et à mieux utiliser le gîte.

Les différents niveaux communiquent les uns avec les autres par des descenderies à 45° (*Rollen*). Sur le sol se trouvent deux rangées de bois de sapin sur lesquels on se laisse glisser, en faisant frein sur une corde à l'aide de la main munie d'un gantelet de cuir.

715. ***Exploitation de la houille par piliers aban-***

donnés. — Cette méthode est rarement appliquée pour le charbon. Autrefois on l'employait fréquemment pour l'exploitation des couches puissantes. Dans le Centre de la France, l'application de cette méthode a souvent donné lieu à des incendies souterrains à la suite de l'écrasement des piliers (ancienne exploitation du Creusot, de Blanzy, etc.).

Dans des exploitations sous-marines, on a souvent prescrit l'application de la méthode des piliers abandonnés, dans le but d'éviter les affaissements qui pourraient amener dans la mine les eaux de la mer. Mais aujourd'hui, dans le bassin de Newcastle, on va à 2.400 m. de la côte, sans autre précaution spéciale que de mener une galerie de reconnaissance à 50 m. en avant, pour reconnaître éventuellement la présence de cassures.

716. *Exploitation de la couche Ten yards (Staffordshire)*. — La méthode des piliers abandonnés est encore appliquée dans l'exploitation de la couche *Ten yards* ou *Dudley thick coal*, dans le Staffordshire. C'est une couche puissante formée de 8 à 10 bancs de houille, de qualités variables et d'usages différents, séparés ou non par de petits lits de schiste. La puissance de cette couche varie de 8 m. à $9^m.14$ (10 yards). Elle est en général peu inclinée.

Nous prendrons comme type l'exploitation de la mine *Sandwell Park* (¹), où cette couche mesure $8^m.22$ et présente une inclinaison de 13° (fig. 514).

La couche ayant été atteinte par deux puits, quelquefois desservis par une seule machine d'extraction, on fait d'abord un traçage de 1^m80 de hauteur au mur de la couche ou dans une des laies inférieures, choisie de manière que ce traçage ait bon toit et bon mur. Il comprend deux galeries conjuguées en direction, séparées par un massif de charbon de 36 m. (40 yards), recoupé tous les 46 m. par des traverses d'aérage. Dès qu'une nouvelle traverse est ouverte, la précédente est fermée par un mur en briques, de manière que l'air entrant par l'un des puits circule jusqu'à l'extrémité du traçage et revienne au puits de sortie d'air. Ces galeries sont établies sur une largeur de $2^m.60$, comme toutes les suivantes.

(¹) Voir *Revue univ. des mines*, etc., 3ᵉ série, t. XII.

D'autres galeries de traçage conjuguées, laissant entre elles des massifs de 32^m.80, partent des premières vers l'amont-pendage de la couche, tous les 238 m. Dans l'intervalle de

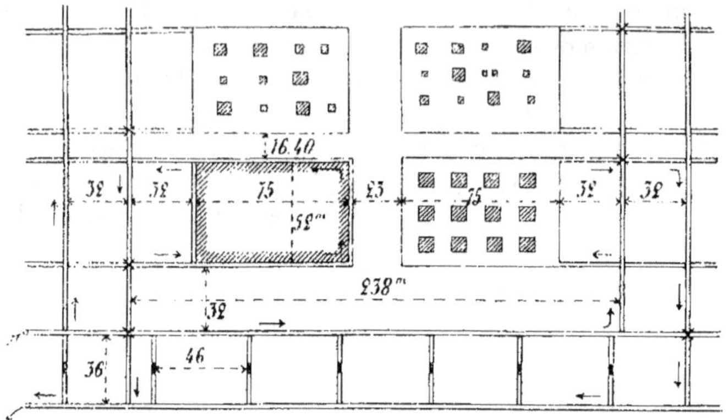

Fig. 314.

deux systèmes de galeries montantes conjuguées s'ouvrent des chambres où la couche est prise sur toute sa puissance. Ces chambres sont tracées à 32 m. de distance des galeries montantes et laissent entre elles des cloisons en direction de 16^m.40.

L'exploitation commence par un nouveau traçage, partant des galeries montantes et circonscrivant une chambre de 52 m. sur 75 m. par deux galeries horizontales et deux voies suivant l'inclinaison aux extrémités de celles-ci. Ce traçage établit une circulation d'air tout autour du massif correspondant à une chambre. On élargit ensuite ces galeries jusqu'à 9^m.14 (10 yards) de large et l'on prend de distance en distance, en ménageant entre elles des piliers de 7^{m}30, des tailles de même largeur, en montant suivant l'inclinaison de la couche. On recoupe le pilier qui les sépare, par des tailles transversales en direction, de même largeur, de manière à ménager des piliers carrés de 7^m.30 de côté. Ces dimensions sont des moyennes; elles dépendent de la nature du toit. Tout ce travail s'est fait sur 0^m.80 de hauteur seulement. On s'élève ensuite jusqu'à 3^{m}50, en creusant des rainures dans le toit. C'est alors seulement qu'on procède à l'abatage des dernières laies de charbon, de manière à s'élever jusqu'au toit de la couche.

Pour abattre celles-ci, on établit de 18 en 18 m., dans les tailles précédentes, des piliers en bois recroisés, désignés sous le nom de *cogs*, qui délimitent un champ d'abatage. Dans l'intervalle des cogs, on s'élève jusqu'au toit au moyen de rainures verticales, en enlevant successivement et isolément chaque laie, en gradins renversés soutenus par des bois. C'est en faisant tomber ces derniers à coups de mouton qu'on provoque la chute des laies supérieures. On abandonne souvent la dernière, pour soutenir le toit proprement dit. Le charbon qui se trouve au-dessus des cogs, tombe lorsqu'on reprend ces derniers. L'abatage des laies supérieures ne se fait que la nuit, lorsque le silence règne dans la mine, de manière qu'on puisse entendre les moindres craquements du toit. Le roulage et l'extraction se font le jour.

L'exploitation d'une chambre dure un an. Lorsqu'elle est terminée, il ne reste que des piliers carrés d'environ 2^m.3o de côté entre toit et mur. Avant d'abandonner complètement la chambre, on peut encore amincir ceux-ci, en établissant des cogs de part et d'autre, et même parfois les enlever complètement.

Indépendamment des piliers carrés, on réserve quelquefois des piliers allongés dans le but de ménager la surface.

Quand on considère l'exploitation d'une chambre comme terminée, on ferme ses deux issues au moyen de barrages en maçonnerie, pour éviter tout accès d'air pouvant aisément occasionner des incendies. Le toit de la chambre s'éboule et finit par remplir presque complètement les vides.

L'exploitation des chambres se fait autant que possible à partir d'une limite, en revenant vers les puits *(working home)*, de manière à pouvoir reprendre le plus possible des massifs au milieu desquels ont été creusées les galeries principales du traçage. Il arrive même qu'on ne reprenne ceux-ci que 10 à 15 ans après l'exploitation des chambres, lorsque les éboulements qui remplissent ces dernières se sont tassés et consolidés.

On abandonne définitivement les massifs de charbons formant cloisons autour des chambres. La perte comporte souvent plus d'un tiers du charbon.

717. Cette méthode est très économique comme main-d'œuvre : l'effet utile d'un ouvrier abatteur atteint 9 à 10 tonnes

par 24 heures. La couche donne beaucoup de gros et l'exploitation nécessite très peu de bois. Mais le travail est dangereux par suite de la grande puissance de la couche, dont la plus grande partie est prise en provoquant la chute du charbon; l'aérage dans ces grands espaces, avec petites galeries d'accès, est très défectueux, quoiqu'on dirige l'air autant que possible par des toiles goudronnées; le grisou est d'ailleurs assez peu abondant pour qu'on s'aère encore au moyen de foyers et qu'on puisse s'éclairer au moyen de lampes à feu nu. La chaleur est très grande dans les chambres et les hommes y travaillent nus. Les affaissements du sol sont très importants et amènent dans les mines de grandes quantités d'eau. Les différents charbonnages du bassin ont formé entre eux une Société spéciale pour l'épuisement des eaux en commun.

Bref cette exploitation ne se justifie que par l'abondance du charbon qui peut être exploité de cette manière à très bon marché, au prix d'une assez grande perte. Celle-ci n'est pas à considérer pour les exploitants qui sont, comme toujours en Angleterre, de simples locataires à terme du droit d'exploitation. Leur intérêt est donc de faire produire le plus possible à la mine, dans les conditions de prix de revient les plus favorables.

718. Dans le nord du Pays de Galles, il existe aussi quelques exploitations par piliers abandonnés dans des couches de 2 à 3 m. peu inclinées, où l'on prend en montant des tailles *(stalls)* de 11 à 18 m. de large, laissant entre elles des piliers *(pillars)* de 5 à 6 m.

719. ***Mines d'anthracite de Pennsylvanie.*** — Ce même mode d'exploitation est suivi dans les mines d'anthracite de Pennsylvanie. Les couches exploitées ont une puissance d'au moins 2 m. Cette puissance atteint quelquefois 4 à 5 m. et même exceptionnellement 13 m. (couche *Mammouth*). Des galeries conjuguées en direction limitent des étages de 50 m. de hauteur verticale, que l'on exploite par tailles montantes de 9 m. en abandonnant entre celles-ci des piliers de 8 m. suivant l'inclinaison de la couche; celle-ci varie de moins de 10° à plus de 45°. Le plan général reste le même, quelle que soit l'inclinaison; le mode de transport des produits jusqu'aux galeries de niveau diffère seul.

Lorsque l'inclinaison est faible, on établit des voies ferrées sur le mur de la couche et les wagonnets d'une contenance de 2 à 3 t. viennent charger dans la taille même. Lorsque l'inclinaison est suffisante, on fait glisser le charbon sur le mur de la couche jusqu'à la galerie de roulage. Lorsqu'elle est très forte, on établit un barrage au toit de la galerie de roulage, en ménageant une étroite ouverture formant trémie pour le chargement des wagonnets. Dans ce cas les ouvriers mineurs se tiennent sur le charbon abattu ; deux cheminées boisées sont ménagées dans ce dernier pour la circulation de l'air et des hommes.

On perd dans cette exploitation 40 à 45 % du charbon en piliers, déchets de tous genres, menu, etc. Le toit est très résistant et les piliers d'anthracite se soutiennent comme de la pierre de taille ; on emploie souvent la poudre, bien que le grisou ait donné lieu dans ces exploitations à de nombreux accidents.

Le rendement moyen est de 5 t. par ouvrier et par jour ; cela dépend au surplus de la puissance de la couche. Dans une couche de $2^m.5o$ de puissance, un ouvrier mineur et son aide produisent jusque 12 t. par jour ; cette production s'élève à 16 t. dans une couche de 4 m.

Malgré des salaires élevés (2,60 dollars par ouvrier mineur, 2 d. par aide en 1901), on arrive à des prix de revient de moins de 2 d. par tonne, chiffre peu élevé si l'on considère que la préparation mécanique de l'anthracite coûte de 0 d. 40 à 1 d. 10 par tonne.

720. *Exploitation par piliers abandonnés des minerais métalliques.* — Il est très exceptionnel que l'exploitation par piliers abandonnés s'applique aux minerais métalliques. Certains minerais de fer s'exploitent de la sorte, mais alors les piliers doivent être considérés comme réservés, plutôt que comme définitivement abandonnés, et l'exploitation doit être aménagée de manière à en rendre la reprise possible.

Les pyrites cuivreuses de Rio Tinto s'exploitent de même dans le filon qui fait suite au grand amas exploité à ciel ouvert (cf. n° 681). On y exploite par étages de 25 m. reliés par des puits intérieurs. Chaque étage est subdivisé en deux. On exploite simultanément plusieurs sous-étages en descendant. Au sous-étage inférieur on fait un traçage en échiquier par galeries de 3 à 3^m.5o de largeur et de hauteur, laissant entre elles des piliers de 6,50 à 7 m. Dans les sous-étages supérieurs l'exploitation continue par l'élargissement et l'exhaussement de ces galeries jusqu'à ce que les piliers n'aient plus que 3 m. de large et les estaus 2^m.5o à 3^m.5o. On a soin de faire correspondre verticalement les piliers qui sont considérés comme réservés. Dans cette exploitation, la production d'un ouvrier n'est que d'une tonne de minerai par jour, tandis qu'elle est de 5 t. dans l'exploitation à ciel ouvert. Le prix de revient est par suite beaucoup plus élevé dans l'exploitation souterraine, abstraction faite des frais d'immobilisation du découvert.

721. 2. EXPLOITATION PAR TRAÇAGES ET DÉPILAGES. — L'exploitation par traçages et dépilages est le contrepied de la méthode précédente. Tout y est combiné en vue de la reprise des piliers circonscrits par le traçage.

Cette méthode s'applique principalement aux couches de houille de moyenne puissance, soit de 2 à 4 m., dans lesquelles les galeries ne donnent pas lieu à des bosseyements, et en général aux couches qui ne présentent pas d'intercalations stériles et par conséquent ne fournissent pas de remblais.

L'exploitation se partage entre deux périodes : le *traçage* et le *dépilage*. Le traçage se fait en partant des puits, le dépilage en revenant vers eux, de manière à laisser le toit s'ébouler derrière soi (*working home* des Anglais, *Rückbau* des Allemands). Le prix de revient est très différent dans ces deux périodes ; dans la première, la couche n'est pas dégagée et par suite le rendement de l'ouvrier mineur est moindre que dans la seconde où la couche est dégagée par les traçages.

Le prix de revient est donc plus élevé au commencement de l'exploitation que dans la suite.

Pour arriver à un bon résultat économique, il faut proportionner les traçages et les dépilages, de manière à obtenir un prix de revient moyen satisfaisant.

Lorsque les traçages sont suffisamment avancés, les méthodes par traçage et dépilage permettent, à un moment donné, de forcer la production. Le charbon tracé équivaut à un stock souterrain où l'on peut puiser, et ce stock présente, comparativement à ceux de la surface, l'avantage de moins se détériorer et d'être dissimulé, de manière à ne pas influer sur les conditions du marché. Il faut cependant avoir égard au temps qui s'écoule entre le traçage et le dépilage; car les piliers tracés dans la première période ne doivent ni s'ébouler, ni se détériorer avant la seconde.

Cette méthode permet un enlèvement de la matière plus complet que la méthode des piliers abandonnés, elle est généralement économique par suite de l'absence de remblayage et de la reprise des boisages, qui a souvent pour but de provoquer l'éboulement, dit *foudroyage* du toit. Elle se prête à de grandes productions, lorsque les traçages sont suffisamment développés; mais elle ne permet guère de diriger convenablement le courant d'air qui se perd dans les vides. Dans les mines grisouteuses, ces espaces vides se remplissent de grisou qui peut faire irruption dans la mine, sous l'influence des dépressions barométriques où par suite des fouettements d'air, produits par la chute en masse des roches du toit. Pendant le dépilage, les éboulements fortuits du toit y sont fréquents, si l'on ne prend de grandes précautions pour le soutenir.

Cette méthode donne généralement lieu à des affaissements considérables du sol et à des travaux de réparations ou à des indemnités qui constituent un élément important du prix de revient.

On a soutenu que la production de chaleur due au frottement des roches dans les éboulements peut provoquer des explosions de grisou. On a notamment attribué à cette circonstance l'explosion de Maindy (Pays de Galles), survenue un jour de chômage, alors que la mine était entièrement déserte.

722. Exploitation de la houille par traçages et dépilages à Newcastle-Durham. — Les types classiques de cette méthode se rencontrent en Angleterre, notamment dans le bassin de Newcastle-Durham où elle paraît avoir pris naissance. On y exploitait sans doute dans le principe par piliers abandonnés, puis on a repris successivement une partie et enfin la totalité de ceux-ci, en modifiant en conséquence les traçages.

Les couches sont presque horizontales, régulières et de grande pureté; leur puissance varie de 0^m.90 à 2^m.50. On n'exploite en général qu'une seule couche par siége.

Un siége comprend deux puits qui sont creusés jusque dans

la couche (fig. 5r5). Comme tout ce qui tend à la réduction des capitaux de premier établissement et des travaux préparatoires, l'absence de galeries à travers bancs est un caractère général des exploitations anglaises, ordinairement en plateures. L'un des puits sert à l'entrée et l'autre à la sortie de l'air. Tous deux sont armés de machines d'extraction. Après avoir ménagé autour de ces puits un massif de sûreté suffisant, délimité par des galeries, l'exploitation s'étend, suivant différentes directions rayonnantes, souvent à des distances considérables : 3.000 mètres et plus, ce qui ne présente pas grand inconvénient, parce que les toits sont excellents et que les galeries principales se conservent par suite très longtemps sans grand entretien. Les transports sur ces longues voies principales se font

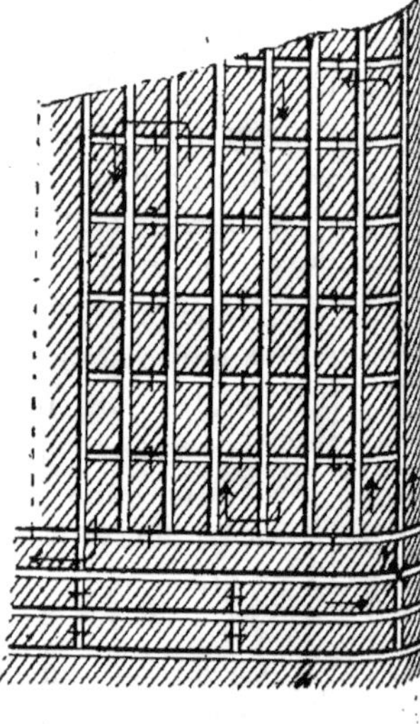

Fig. 515.

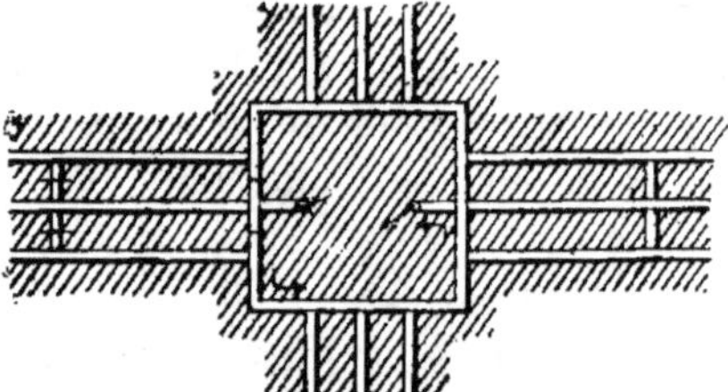

mécaniquement, ce qui est d'ailleurs indispensable pour l'aval pendage. Souvent une machine unique établie au pied du puits actionne plusieurs transports par câbles rayonnants (cf. n° 449).

A partir des puits, des galeries conjuguées deux à deux, laissant entre elles des massifs de 9 m. de large et recoupées de 40 en 40 m. par des traverses d'aérage, sont tracées dans les directions principales qui correspondent généralement à la direction et à l'inclinaison de la couche. C'est le long de ces galeries que se font les traçages proprement dits. Le champ d'exploitation est ordinairement divisé en *panneaux (pannel works)* ou *districts* qui, dans les mines grisouteuses, sont entièrement isolés les uns des autres, au point de vue de l'exploitation et de l'aérage, afin de diviser l'aérage et d'empêcher qu'un accident survenu dans l'un d'eux s'étende au restant de la mine.

Les dimensions des panneaux sont souvent déterminées par des limites naturelles formées par des crains ou des rejets. Dans ce cas, leurs formes sont plus ou moins irrégulières. Elles sont en tout cas déterminées de telle sorte que les piliers isolés par le traçage ne souffrent pas trop, en attendant le dépilage. Ces dimensions dépendent donc de la résistance du charbon et de la solidité du toit et du mur.

Lorsqu'il n'y a pas de limites naturelles, la largeur d'un panneau est de 100 à 300 m., sa longueur est généralement limitée par le voisinage d'un autre panneau exploité par une autre galerie principale.

Dans les mines à grisou, les panneaux sont séparés par des cloisons de charbon (*barrières*) de 20 à 30 m. qui peuvent être reprises en revenant, après le dépilage complet des piliers tracés au delà (Murton, Eppleton, Allenshaw), tandis qu'ailleurs ces cloisons n'existent pas (Ryhope, Silksworth, Haswell). Dans ce cas, la division par panneaux est fictive et les districts ne sont distincts que par l'organisation du travail.

En Écosse (Blantyre), cette division fictive n'existe même pas et le traçage des piliers s'applique à l'ensemble de la mine. Une exploitation analogue a été pratiquée autrefois à Bességes.

723. Le traçage des panneaux se fait par galeries longitudinales (*bords* ou *bordways*) de $3^m.60$ à $4^m.50$ de large et recoupes transversales (*walls* ou *headways*) de $1^m.80$ à $4^m.50$, continues ou en quinconce, de manière à limiter des piliers rectangulaires ou carrés de 27 à 120 m. de long sur 6 à 60 m. de large. A moins que la pente ne soit assez forte, les galeries de traçage sont indépendantes de l'allure de la couche et leur direction n'est régie que par les clivages du charbon : les galeries transversales sont parallèles et les galeries longitudinales perpendiculaires aux clivages, ce qui a l'avantage d'augmenter la proportion de gros.

Les dimensions des piliers dépendent de la nature du charbon et des terrains encaissants. Si la couche est dure et le toit résistant, on fait de petits piliers et dans le cas contraire on fait de grands piliers. Quand le mur est tendre, la cause déterminante de la dimension des piliers est le soulèvement du mur (*creep*), favorisé d'ailleurs par la pression qui tend à enfoncer les piliers dans le sol.

Les largeurs des traçages doivent être assez grandes pour donner un abatage économique et assez restreintes pour ne pas donner lieu à un entretien coûteux, par la trop grande pression qui pourrait peser sur les piliers, en attendant le dépilage. Dans une couche de $0^m.90$ à $1^m.80$, on prend en traçages 20 à 30 °/₀ de la couche. Pendant le traçage, l'air est conduit dans les chantiers en cul-de-sac par des cloisons et des toiles jusqu'à ce qu'une recoupe avec un traçage voisin soit faite.

L'air frais vient du puits d'entrée d'air par une des galeries servant au transport mécanique. Il est dirigé de là vers les traçages par une prise d'air. Lorsque le panneau est entièrement tracé, le courant d'air est conduit par des portes, de manière à parcourir successivement toutes les galeries longitudinales du panneau. Dans un panneau tracé à l'amont pendage d'une galerie principale, l'air monte, par exemple, par deux galeries parallèles jusqu'à la limite, redescend vers les galeries principales par deux autres galeries parallèles, remonte, redescend et ainsi de suite, jusqu'à ce qu'il passe à la galerie de retour d'air. Il arrive fréquemment que le courant d'air frais soit croisé par le courant d'air vicié ; on fait dans ce cas passer la galerie de retour au-dessus ou au-dessous de la galerie d'entrée d'air à l'aide d'un *crossing*. Ces crossings doivent être construits avec beaucoup de soin, afin d'éviter tout mélange des courants d'air entrant et sortant. Ces constructions doivent notamment être très solides dans les mines à grisou, où l'on pourrait craindre la destruction de la cloison séparatrice par une explosion ; on lui donne dans ce cas une plus grande épaisseur.

724. Le dépilage se fait en battant en retraite vers le puits. Lorsque les panneaux ne sont pas nettement délimités, la même règle est observée par rapport au panneau fictif que l'on considère. Il serait rationnel de ne commencer le dépilage qu'à partir des limites extrêmes du champ d'exploitation ; mais on ne peut généralement attendre aussi longtemps, pour profiter de la réduction des prix de revient en dépilage ; on commence quelquefois même à dépiler un panneau avant que le traçage n'en soit achevé, en opérant de telle sorte que les dépilages ultérieurs ne viennent pas rencontrer la partie déjà dépilée, avant que les affaissements du toit se soient tassés et consolidés.

Le foudroyage du toit suit ordinairement le dépilage à une

distance plus ou moins grande, suivant la résistance de ce dernier. Quand le toit est dur, sa chute s'annonce par des craquements qui permettent d'éviter tout danger. L'éboulement ne se propage pas en général à plus de 3 m. au-dessus de la couche par suite du foisonnement de la roche.

On reprend les piliers, suivant la solidité du toit, par tailles juxtaposées longitudinales ou transversales de 5^m.5o à 11 m.

La largeur des tailles est réglée de telle sorte que deux mineurs et un rouleur en fassent le service; le rouleur conduit le charbon jusqu'à la voie la plus voisine parcourue par des chevaux qui conduisent les wagonnets au transport mécanique. Quelquefois les rouleurs sont remplacés par de petits chevaux (*ponies*). Lorsque les compartiments sont de très grande étendue, on les subdivise parfois par une voie de transport principale oblique, pour diminuer le roulage à bras; alors les dépilages battent en retraite vers cette voie principale qui est desservie par chevaux ou mécaniquement.

D'autres fois, quand les piliers sont de grandes dimensions, on les recoupe par une galerie suivant l'inclinaison ou par deux galeries en croix et l'on dépile séparément chaque portion du pilier par tailles juxtaposées.

Les ouvriers sont payés à la tonne, en traçage comme en dépilage; mais ils reçoivent de plus en traçage une certaine somme par unité d'avancement.

La taille est boisée au moyen de montants ou de *cogs* reposant sur du menu charbon, afin de faciliter leur reprise. La consommation de bois est assez grande et atteint parfois fr. o.4o à o.6o par tonne. Si par exception la couche fournit des pierres, on soutient le toit de la taille au moyen de murs en pierre sèche ou même de remblais partiels, que l'on dispose de manière à diriger le courant d'air. On boise de telle sorte que chaque taille reste ouverte, pendant que l'on exploite la taille voisine. Quelquefois on abandonne de petits piliers de charbon, soit à l'angle du massif en dépilage, soit le long des traçages. On diminue ainsi la consommation de bois au prix d'une perte plus grande en charbon.

725. L'aérage est en général très défectueux; l'air se perd dans les vides et les éboulis (*goaves*). Quand le dépilage d'un panneau

est terminé, on fait des barrages en maçonnerie pour en fermer tous les accès et éviter les fouettements d'air, ainsi que l'influence des variations barométriques.

Cette méthode se distingue par le grand rendement des ouvriers qui dans le bassin de Durham atteint près de 400 t. par an pour la main-d'œuvre du fond ; mais il faut tenir compte, dans l'évaluation de ce rendement, de ce que les transports à bras sont aussi réduits que possible.

Cette grande production par ouvrier du fond a pour conséquence non seulement une économie de main d'œuvre, mais la plus grande concentration des travaux qui en résulte, réduit les autres frais et notamment les frais de soutènement qui sont proportionnels au développement des chantiers.

La sécurité n'est obtenue que par les soins donnés au soutènement dans les dépilages.

On perd beaucoup de charbon en cloisons, piliers protecteurs de la surface, piliers écrasés, menu non extrait. Cette perte atteint dans certaines mines jusque 30 °/₀: les dépilages donnent beaucoup de menu qui reste souvent dans la mine.

Ces conditions d'exploitation très spéciales s'expliquent par le régime légal des mines anglaises. Celles-ci appartenant aux propriétaires du sol sont l'objet de locations, moyennant une redevance (*royalty*) qui dans le bassin de Newcastle-Durham varie de 1 à 2 shellings par tonne. Dans ces conditions, l'exploitant a intérêt à exploiter rapidement et en faisant le moins possible d'immobilisations, sans trop s'inquiéter de la conservation du gîte au delà du terme de sa location. De tels errements conduisent aisément au gaspillage de la richesse minérale.

726. *Méthode par longs massifs du Lancashire et du Yorkshire*. — Dans le Lancashire et le Yorkshire, les couches ne sont ni aussi pures et régulières, ni aussi peu inclinées que dans le Durham. Sans former de véritables dressants, leur inclinaison atteint souvent 39 à 40°.

Le traçage se fait à partir de galeries conjuguées en direction et en inclinaison, de manière à diviser la couche en longs massifs que l'on dépile de diverses manières en revenant vers les puits.

Les travaux de traçage sont très réduits; mais la période où la mine reste peu productive, se prolonge plus longtemps.

Les massifs circonscrits par les traçages sont parfois de très grande dimension. C'est ainsi qu'à Pemberton, ils ont 1.000 à 1.600 m. de longueur en direction sur 60 à 280 m. de largeur suivant l'inclinaison. La couche est inclinée à 6°.

On fait souvent un sous-traçage, en revenant vers les puits; dès que ce sous-traçage est assez avancé, on commence, en arrière, les dépilages qui suivent parfois le traçage à quelques piliers de distance.

Dans d'autres mines, on trace la couche en plusieurs massifs allongés qui n'ont pas plus de 36 à 72 m. de largeur suivant l'inclinaison et l'on reprend ensuite ces massifs par tailles montantes à partir de la limite qu'on s'est imposée. Ces tailles sont superposées dans les divers massifs (Lundhill, couche inclinée à 5°) ou sont en retrait les unes sur les autres, les tailles des massifs supérieurs étant en avance (Pendlebury, couche inclinée à 16°).

Grâce aux pierres que fournit la couche, on peut diriger le courant d'air sur les fronts de taille au moyen de murs en pierre sèche qui forment même remblais partiels dans certains cas, de sorte que cette méthode tend à se confondre avec les méthodes par grandes tailles remblayées (*longwall*) que nous étudierons dans la suite.

L'aérage est néanmoins défectueux, parce que l'air passe sur un trop grand développement de tailles [1].

727. Le dépilage se fait quelquefois par tailles suivant l'inclinaison, montantes puis descendantes. Les premières constituent dans ce cas un véritable sous-traçage analogue aux *stalls* de l'exploitation par piliers abandonnés du nord du pays de Galles (cf. n° 718). Les piliers intermédiaires sont repris en redescendant vers la galerie de roulage. L'aérage est difficile, mais la sécurité des ouvriers est plus grande, parce que les tailles déjà exploitées et maintenues ouvertes par des boisages leur assurent une retraite en cas d'éboulement. (Rosebridge, Lancashire).

---

[1] Voir PERNOLET et AGUILLON. — Exploitation et réglementation des mines à grisou en Angleterre.

Dans le Sud du pays de Galles, on rencontre des méthodes analogues avec doubles *stalls* suivant la direction, tracés de part et d'autre, à partir de tailles montantes.

728. *Méthode américaine.* — Les houilles non anthraciteuses, désignées en Amérique sous le nom de *charbons bitumineux*, s'exploitent par une méthode spéciale de traçages et dépilages, caractérisée par l'application des haveuses mécaniques (cf. n° 166, 167, 169).

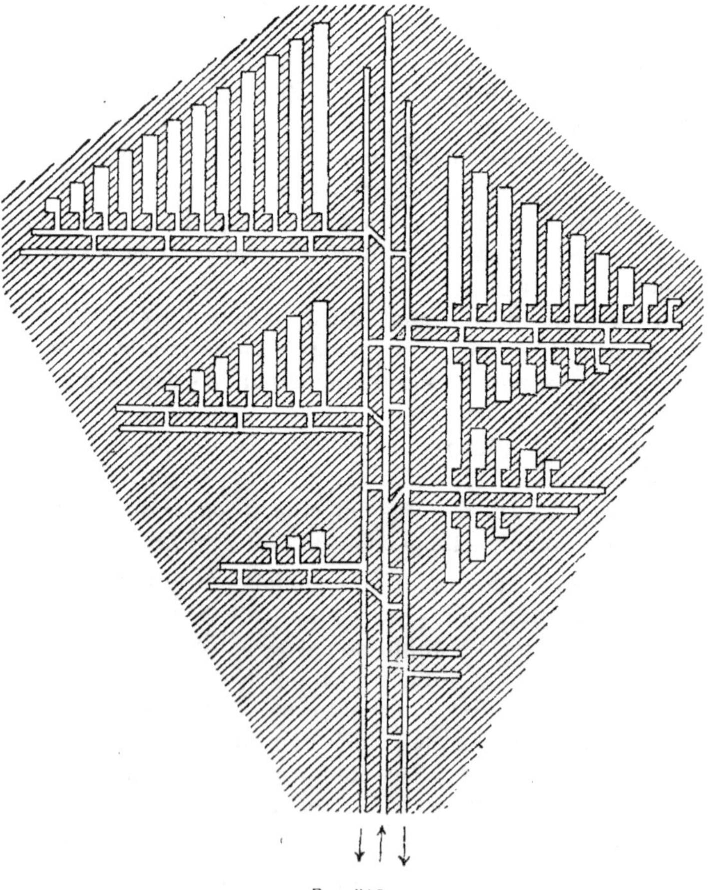

FIG. 516.

Les couches sont en plateures presque horizontales; elles atteignent parfois 6 à 8° d'inclinaison, rarement 12 à 15° (Colorado). Leur puissance varie de 1^m30 à 2^m50; elles présentent peu d'intercalations stériles. En Pennsylvanie, on n'exploite guère qu'une seule couche dite *Pittsburgh Coal*, qui donne des charbons à gaz dans le Nord, des charbons domestiques dans le Centre et des charbons gras à coke dans le Sud (Connelsville). Ces derniers sont trop tendres pour l'exploitation par haveuses mécaniques qui est limitée aux charbons du Nord et du Centre, et aux charbons plus impurs des bassins de l'Ouest et des Montagnes Rocheuses. L'allure est très régulière, sans rejets ni étreintes. Le charbon est très rarement grisouteux; le mur est uni et résistant, le toit excellent, de sorte que le boisage peut être maintenu à quelque distance du front de taille. La couche affleure fréquemment, de sorte que la plupart des mines exploitent à flanc de coteau, par galerie ou par plan incliné aboutissant au jour. Les puits sont tellement rares que les mines qui en possèdent, reçoivent la dénomination spéciale de *Shaft mines* (mines à puits).

La méthode généralement adoptée est celle par chambres (*rooms*) et piliers (*pillars*) qui ne diffère de la méthode usitée dans le district des anthracites (cf. n° 719), que par la reprise des piliers.

729. La fig. 516 montre deux types de cette méthode. Le champ d'exploitation est divisé en deux par une voie principale avec galeries de retour d'air parallèles, de part et d'autre. De cette voie principale partent des traçages doubles plus ou moins perpendiculaires à cette voie, qui divisent la couche en longs massifs de 80 à 100 m. de largeur suivant la pression du toit.

Des chambres séparées par des piliers de charbon sont ensuite tracées dans ces massifs suivant l'inclinaison, si celle-ci est notable; mais comme la couche est généralement horizontale, ce traçage se fait souvent en tenant exclusivement compte des clivages du charbon et, s'il y a une légère inclinaison, en maintenant au front de taille une pente favorable à l'action des haveuses mécaniques qui ne travaillent jamais, en Amérique, à plus de 13°. Les deux types représentés diffèrent suivant que les traçages des chambres se font à partir d'une seule galerie (à gauche de la figure) ou à partir des deux galeries limitant un massif (à droite de la figure), ce qui dépend exclusivement de la pression du toit.

La largeur des piliers est aussi réduite que possible, et telle que le dépilage en retour puisse se faire sans difficulté. La largeur des chambres varie de 5 à 13 m. Elle est toujours réduite à leur entrée, afin de ménager des piliers de sûreté le long des voies.

Les transports sur les voies principales se font par locomotives électriques ou à air comprimé, ou par des mulets qui sont souvent employés jusque dans les chambres. Les haveuses ne sont appliquées qu'en traçage : le charbon des piliers est en effet suffisamment désagrégé par la pression du toit, pour que le dépilage se fasse sans difficulté au pic.

730. *Ancienne méthode de Saarbrück*. — Cette méthode n'est pas sans analogie avec l'ancienne méthode par piliers suivant l'inclinaison *(Schwebende Pfeiler)* autrefois usitée dans le bassin de Saarbrück et encore conservée dans certaines mines (Reden, Itzenplitz) où l'on exploite des couches de très

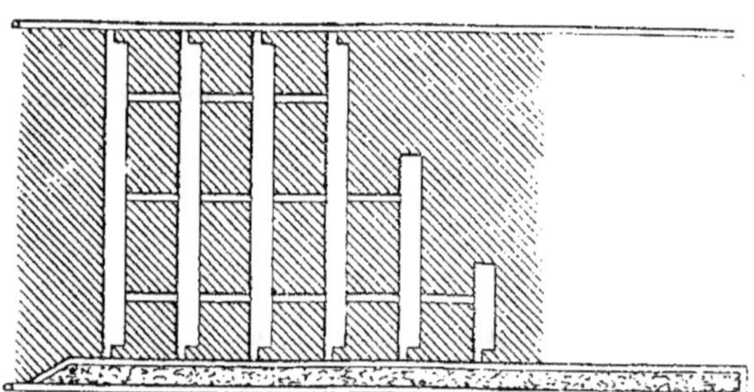

Fig. 517.

faible inclinaison. Le traçage s'effectue, à partir d'une taille de chassage située au pied de l'étage où on loge le remblai provenant du bosseyement de la voie de roulage (fig. 517), au moyen de tailles montantes de 4 à 15 m., laissant entre elles des piliers d'environ 10 m. de large dirigés suivant l'inclinaison et fréquemment recoupés par des traverses d'aérage. L'entrée et la sortie des tailles sont plus étroites, afin de protéger les voies inférieure et supérieure. Le dépilage se fait en retour vers le puits. Cette méthode n'a d'autre avantage que de permettre l'établissement de nombreux chantiers de dépilage sur une petite surface. Elle présente d'autre part, dans les mines grisouteuses, l'inconvénient du grand nombre de tailles montantes en cul-de-sac.

731. L'exploitation par *longwall* en *working home* quelquefois employée dans le Lancashire, dans le cas de très mauvais terrains présente le même caractère.

Dans ce système, on trace de distance en distance des montages en ferme sur toute la hauteur de l'étage, et l'on dépile à partir de l'extrémité de ces montages en procédant par *tailles descendantes* (fig. 518) qui ne sont autres qu'un mode de dépilage applicable à la méthode de Saarbrück. Ces tailles sont aérées en rabat-vent et la pesanteur est défavorable au travail de l'ouvrier, mais les voies de dégagement sont entretenues en ferme et l'on peut laisser s'ébouler le toit en arrière des tailles.

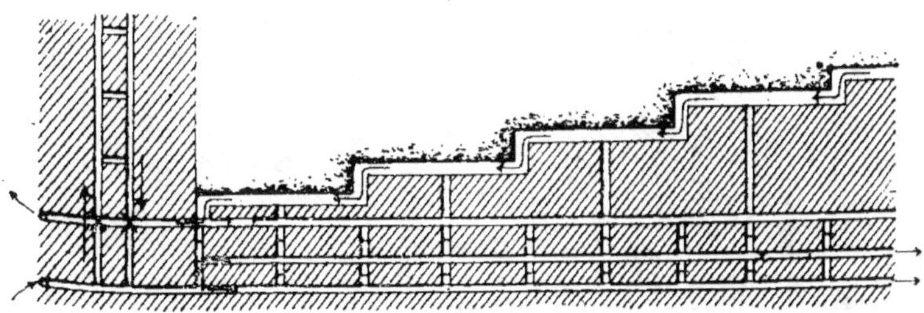

Fig. 518.

732. **Méthode Westphalienne**. — La méthode Westphalienne repose sur le traçage de piliers en direction *(Streichende Pfeiler)* à partir d'une voie montante, quelle que soit l'inclinaison de la couche.

La seule différence due à l'inclinaison réside dans le mode de transport sur la voie montante d'où partent les traçages. Dès que la pente est suffisante, on y établit un plan incliné automoteur, tandis que pour les inclinaisons plus faibles, le roulage s'y fait à bras ou par chevaux. Dans ce cas, les couches sont souvent exploitées sans travers-bancs et les traçages partent du point où le puits rencontre la couche (Rhein-Elbe, Dahlbusch, etc.).

Le cas de beaucoup le plus général est celui où l'on exploite par étages limités par les niveaux de deux travers bancs de roulage et d'aérage.

En partant du point de rencontre d'une galerie à travers

bancs avec la couche, on trace dans celle-ci une petite taille chassante à deux voies séparées par du remblai, si l'on en a à sa disposition (fig. 519). S'il y a de l'eau, le roulage se fait dans la voie supérieure; l'eau s'écoule par la voie inférieure. Cette taille marche en avant des traçages, de manière à reconnaître exactement l'allure de la couche.

Lorsque la couche est trop puissante pour donner du remblai, on remplace cette taille par deux voies parallèles ménageant entre elles un pilier de charbon qui est généralement perdu. On recoupe ce pilier de distance en distance pour l'aérage. Plus rarement on se contente d'une simple galerie cloisonnée ou munie de guidons d'aérage.

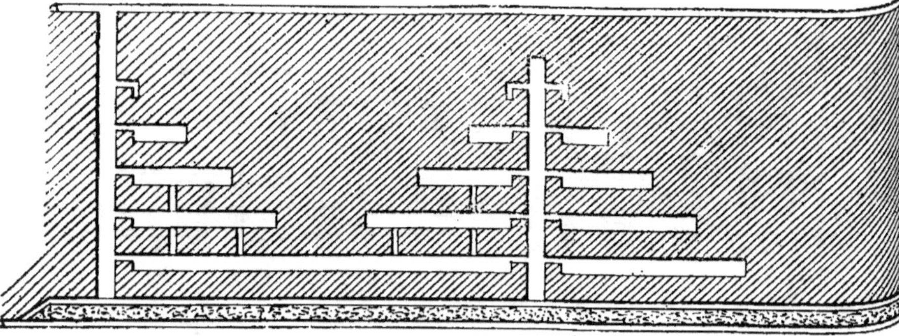

FIG 519.

Le premier traçage consiste à établir, entre la voie de roulage et la voie d'aérage située au sommet de l'étage, une communication aussi directe que possible. Pour de faibles inclinaisons, la hauteur de l'étage suivant l'inclinaison de la couche, correspondant à une hauteur verticale d'environ 50 m., devient considérable. On la subdivise ordinairement en sous-étages de 100 à 150 m. par des voies intermédiaires.

Pour de fortes inclinaisons, on donne aux étages des hauteurs de 80 à 100 m. et même parfois de 150 m., lorsque les couches se présentent en dressants, dans le but de différer le plus longtemps possible les travaux préparatoires d'un nouvel étage. On n'est limité dans cette hauteur que par les difficultés d'aérage et les frais d'entretien.

733. Le traçage proprement dit se faisait autrefois par tailles

horizontales prises à partir de la communication d'aérage ou
de tailles montantes (fig. 519). Ces tailles horizontales marchaient à la rencontre l'une de l'autre, et limitaient entre elles
les piliers en direction. Le traçage des tailles montantes conti-
nuait au fur et à mesure que s'embranchaient à gauche et à
droite les tailles horizontales. Pendant ce traçage, l'aérage était
très défectueux. On employait des guidons, des cloisons en
maçonnerie ou en toiles goudronnées pour faire circuler l'air
jusqu'au fond des culs-de-sac, puis on perçait des recoupes
d'aérage à travers les piliers pour faire communiquer deux
tailles horizontales voisines.

Aujourd'hui les traçages se font comme le montre la fig. 520, à
partir d'un double montage où sont établis le plan incliné auto-

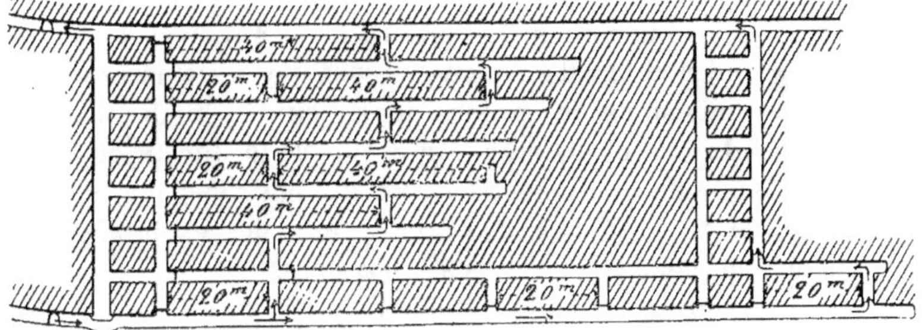

Fig. 520.

moteur et la voie de circulation du personnel, conformément aux
prescriptions des règlements de police allemands. On donne
l'avance aux traçages de la partie supérieure de l'étage. Quand
la mine est grisouteuse, ce qui est le cas le plus fréquent en
Westphalie, on ne commence les traçages d'une division comprise entre deux plans inclinés qu'au moment où le second plan
incliné et sa voie parallèle sont arrivés à la voie d'aérage.

Les flèches de la figure montrent comment est conduit l'aérage. On voit que le courant d'air qui alimente le front de
taille de la double galerie de fond, est conduit à la voie d'aérage,
par le deuxième plan incliné, sans passer sur aucun chantier.

Les recoupes d'aérage sont quelquefois remplacées par des
trous de 0^m.3o à 0^m.5o de diamètre, percés au moyen de machines
spéciales agissant par rodage (cf. n° 648); mais il faut pour

cela que les couches soient très homogènes et ne contiennent pas de rognons durs. Ces recoupes se font ordinairement de 20 en 20 m.; cette distance est de 40 en 40 m., lorsqu'elles sont disposées en quinconce; on évite de les multiplier davantage, à cause du danger que présente ce travail. On préfère employer des ventilateurs locaux et des guidons d'aérage pour aérer les chantiers en cul-de-sac.

734. Lorsque les terrains sont exceptionnellement mauvais et l'inclinaison modérée, on pousse les galeries de fond, jusqu'à la limite du champ d'exploitation et l'on fait des traçages montants, espacés de 60 m. à partir de cette limite. Les traçages horizontaux se font alors en revenant, à partir du haut de ces montages et peuvent être immédiatement suivis du dépilage (mine Prosper).

735. Les dimensions des piliers et des traçages dépendent d'un grand nombre d'éléments et sont par suite assez variables.

Les dimensions des piliers dépendent de l'inclinaison, de la solidité du toit et du mur, ainsi que de la dureté du charbon. Leur longueur varie de 60 à 300 m., leur largeur, suivant la pente, de 10 à 15 m.; mais on trouve des exemples où cette largeur descend à 8 m. ou s'élève à 40 m.

Il arrive fréquemment que la longueur des piliers est limitée par des accidents naturels.

Dans les couches de puissance moyenne à toit solide, on leur donne ordinairement 150 à 300 m. de long. Avec des couches assez puissantes et mauvais toit, on réduit ces dimensions. Si les terrains encaissants sont mauvais et produisent de grandes pressions, la longueur n'est souvent que de 50 à 80 m., dans les couches de faible inclinaison où l'établissement des plans inclinés est facile et peu coûteux; quand les inclinaisons sont fortes, l'établissement des plans inclinés est coûteux et l'on ne descend pas en dessous de 150 m. à 200 m.

Quant à la largeur des piliers, elle dépend de l'inclinaison, de la puissance et de la nature des terrains encaissants. Quand l'inclinaison est forte, on ne dépasse guère 15 m., à moins que la couche soit peu puissante et les terrains solides; mais si la couche est puissante ou si les terrains encaissants sont friables, ou encore si le charbon est tendre, on descend souvent à 7 ou

8 m. par suite du danger que présente le dépilage des piliers de grande hauteur.

Quand l'inclinaison est faible ou moyenne, la largeur des piliers est beaucoup moins limitée, et il n'est pas rare qu'elle atteigne 20 et 40 m., parce que dans ce cas le dépilage peut être conduit de manière à supprimer les dangers d'éboulement. Dans les mauvais terrains notamment, on augmente souvent la largeur des piliers pour diminuer la pression des terrains encaissants sur les traçages. Il y a évidemment avantage à faire de grands piliers, puisqu'on diminue de la sorte le traçage qui est toujours plus coûteux que le dépilage, en même temps qu'on diminue le nombre de traçages à entretenir; mais les écueils sont le développement des transports, l'entretien des longs traçages, l'aérage plus difficile et l'altération du charbon qui reste trop longtemps en piliers.

La largeur des traçages dépend surtout de la quantité plus ou moins grande de pierres que peut fournir la couche et qui doivent y trouver place, tassées contre une paroi de manière à former un mur qui contribue au soutènement du toit pendant le dépilage. L'ouverture des traçages est dans ce cas plus étroite, afin de protéger les galeries qui leur donnent accès. Dans les couches pures et assez puissantes pour ne pas nécessiter de bosseyement, on ne donne pas plus de 2 m. de largeur aux traçages.

Quand les pierres sont très abondantes, les traçages deviennent de véritables tailles chassantes à deux voies séparées par un remblai. Les piliers intermédiaires étant ensuite repris sans remblai, la méthode passe à un type d'exploitation avec remblais partiels.

Le traçage ne présente pas ordinairement la régularité du plan théorique, parce que l'inclinaison de la couche n'est pas constante. Quand elle varie, la largeur des piliers varie en conséquence, puisque les traçages qui les séparent, restent horizontaux. Si l'inclinaison diminue, la largeur des piliers peut devenir trop grande : dans ce cas, on les subdivise au moyen d'un traçage intermédiaire; si elle augmente, la largeur diminue, à tel point qu'il vaut mieux souvent en diminuer le nombre, en abandonnant un ou plusieurs traçages. C'est pourquoi les plans d'exploitation présentent toujours un aspect très différent de celui des schemas théoriques, et montrent des piliers allant en s'élargissant ou en se rétrécissant jusqu'à se terminer en coin, etc.

736. Le dépilage ne devrait commencer théoriquement que lorsque le traçage est arrivé à la limite du champ d'exploitation, de manière à se faire constamment en retour ; mais les nécessités de la production obligent à procéder autrement, afin d'obtenir un prix de revient moyen et afin de ne pas laisser trop longtemps les piliers exposés à l'air.

On commence souvent le dépilage, dès que le traçage d'une division limitée par deux plans inclinés est terminée.

Le dépilage se fait par tailles dirigées parallèlement aux clivages de la couche (fig. 521). La raison déterminante de la forme des chantiers de dépilage est plus souvent encore le danger d'éboulements. On rencontre ici tous les genres de tailles que nous étudierons spécialement dans les types d'exploi-

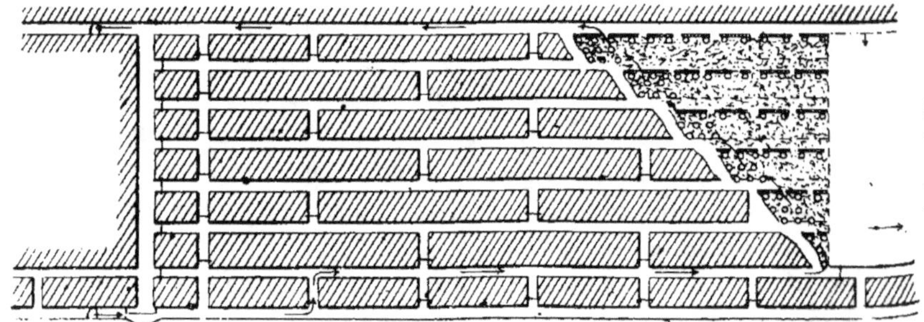

Fig. 521.

tation avec remblai. A moins de terrains exceptionnellement mauvais, on attaque ordinairement plusieurs piliers à la fois, en commençant par le pilier supérieur, de telle sorte que le dépilage de chaque pilier est en retard par rapport au dépilage du pilier immédiatement supérieur. Le dépilage marche en retour vers le plan incliné qui sert à ramener les produits à la voie de roulage. Quand l'inclinaison est forte, on laisse ordinairement un pilier de sûreté de 1 m. et parfois de 2 à 3 m. à la partie supérieure du chantier de dépilage ; ce pilier de charbon est recoupé à intervalles égaux pour l'aérage, comme le montre la figure.

Le dépilage est parfois très facile, parce que le charbon s'est désagrégé sous la pression; d'autrefois plus difficile, parce que le charbon durcit à l'air.

Dans les chantiers de dépilage, on fait des boisages analogues à ceux que nous décrirons à propos des méthodes belges avec rémblai; la pression des terrains ne permet que rarement de reprendre une partie des bois.

Lorsque le toit est fissuré, on ne fait qu'un dépilage incomplet, en abandonnant même des piliers de sûreté aux points défectueux. On ménage dans tous les cas des piliers de sûreté de 0^m80 à 1 m. le long de toutes les voies qui doivent être entretenues.

L'aérage est très défectueux (fig. 521) et c'est ce qui empêche d'appliquer cette méthode dans les mines très grisouteuses.

La production par ouvrier est ordinairement de 50 % plus grande et le prix de revient 1 $\frac{1}{2}$ à 1 $\frac{1}{3}$ fois moins élevé en dépilage qu'en traçage. Les traçages donnent plus de menu que les dépilages, de sorte que malgré son prix de revient plus élevé, le charbon provenant des traçages a souvent moins de valeur que celui qui provient des dépilages.

737. Autrefois, lorsque l'inclinaison variait de 5 à 15°, on remplaçait les traçages suivant la plus grande pente par des traçages en diagonale à 5° de pente (fig. 522). Cette méthode est aujourd'hui abandonnée; les diagonales ont en effet l'inconvénient d'allonger les transports, de donner des piliers terminés par des angles aigus et de nécessiter des bosseyements triangulaires.

738. Dès que la pente est suffisante, on préfère avec raison établir, sur les traçages montants, des plans inclinés automoteurs avec ou sans chariot porteur.

Ces plans automoteurs sont souvent à contrepoids, afin d'être accessibles de part et d'autre à tous les niveaux. Ils sont toujours accompagnés d'une voie latérale pour la circulation du personnel.

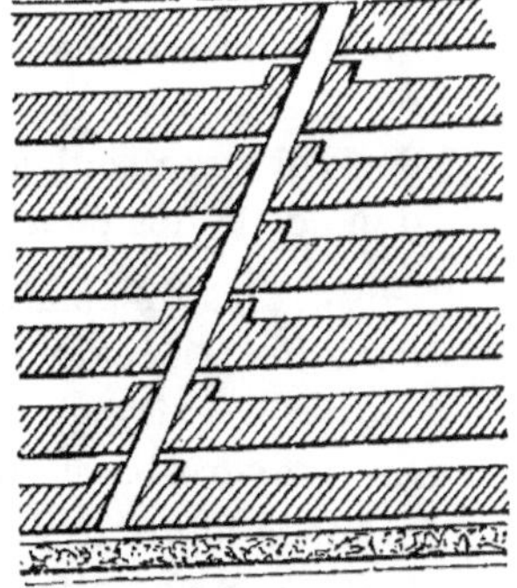

FIG. 522.

739. Dans un groupe de couches en dressants, on n'établit

souvent qu'un seul plan automoteur dans la couche qui a les meilleurs terrains encaissants, en y reliant les autres couches par des travers-bancs. On remplace souvent aussi le plan automoteur par un puits intérieur vertical, relié aux diverses voies de traçage horizontales par de petits travers-bancs (fig. 523). Ces puits sont coûteux à établir, mais demandent moins d'entretien que les plans automoteurs. On peut faire servir un seul puits pour tout un groupe de couches, en prolongeant les travers-bancs de l'une à l'autre.

Il existe en Westphalie de nombreux puits de ce genre parfaitement organisés, munis de signaux à chaque niveau intermédiaire, desservis par câble équilibré et pourvus de fermetures automatiques à chaque niveau. Un puits de ce genre permet un transport plus considérable qu'un plan incliné et la dépense qui en résulte se justifie par la grande production d'un faisceau de couches. Ce système permet de donner aux étages de plus grandes hauteurs. C'est ainsi que les hauteurs d'étage de 100 m. sont devenues courantes dans certaines mines westphaliennes.

FIG. 523.

L'exploitation des couches en dressants par faisceau est devenue systématique dans nombre de mines de Westphalie, non seulement au point de vue des transports, mais encore au point de vue des traçages, qui partent dans chaque couche des points où elle est recoupée par des travers-bancs de jonction partant des voies de roulage inférieures et intermédiaires, entretenues dans celle des couches qui a les meilleurs terrains encaissants.

740. Des dispositions analogues se rencontrent en Westphalie dans les faisceaux de couches en plateure, où l'on fait communiquer les niveaux intermédiaires par des puits intérieurs avec un travers-banc inférieur, pour permettre de prendre de grandes hauteurs d'étage, sans devoir recourir à de longs plans inclinés successifs, coûteux d'établissement et d'entretien. Dans ce cas, à vrai dire, on est obligé de multiplier les travers-bancs : on perce ces derniers à partir d'une galerie collectrice au rocher. Cette disposition est fréquemment usitée dans les mines à grande production de la Westphalie, au lieu de la préparation par un travers-banc unique.

741. La méthode westphalienne est économique dans les couches de moyenne puissance qui ne donnent pas de pierres; mais elle présente comme inconvénients la détérioration du charbon restant trop longtemps en piliers, la perte de charbon résultant de la nécessité d'abandonner des piliers de sûreté, perte que l'on ne peut évaluer à moins de 25 %, l'aérage défectueux, l'entretien de longs traçages et enfin les affaissements du sol. Ces derniers ont occasionné jadis dans les environs d'Oberhausen la formation d'étangs que les exploitants ont dû draîner à frais communs, en canalisant le cours de l'Emscher, qui coule au nord du bassin d'Essen.

La méthode westphalienne a été appliquée dans quelques mines en Belgique (Mariemont, Hasard) où l'on exploite des couches assez puissantes qui ne fournissent pas de pierres. La défectuosité de l'aérage y a généralement fait renoncer, lorsque le grisou a fait son apparition (Hasard).

Des méthodes analogues se rencontrent dans tous les bassins où l'exploitation sans remblai est possible.

742. **Exploitation des dressants sans remblai en Espagne.** — A Barruelo, en Espagne, on exploite de même des dressants sans remblai, par piliers en direction de 9 m. de hauteur recoupés tous les 10 à 15 m. par des traçages montants. La couche est ainsi divisée en piliers rectangulaires que l'on dépile, aussitôt après le traçage, en gradins renversés, en donnant toujours l'avance au dépilage du pilier supérieur. Cette méthode n'est possible qu'à condition de laisser une rangée de piliers sous la voie supérieure et au-dessus de la voie inférieure pour maintenir celles-ci. Ces piliers peuvent être repris dans la suite, lorsqu'on abandonne ces voies.

743. **Exploitation des dressants sans remblai en Russie.** — Dans le bassin du Donetz, on emploie, dans les plateures, des méthodes par traçage et dépilage plus ou moins analogues aux méthodes anglaises et westphaliennes.

On exploite souvent aussi les dressants sans remblai par une méthode originaire de Gorlowka, où le traçage très réduit précède immédiatement le dépilage.

Deux sous-étages sont simultanément en exploitation. Chacun

de ces sous-étages forme une taille en gradins renversés (fig. 524).
La taille du sous-étage supérieur est toujours en avance par
rapport à celle du sous-étage inférieur, afin de maintenir la
voie de roulage intermédiaire sur le ferme.

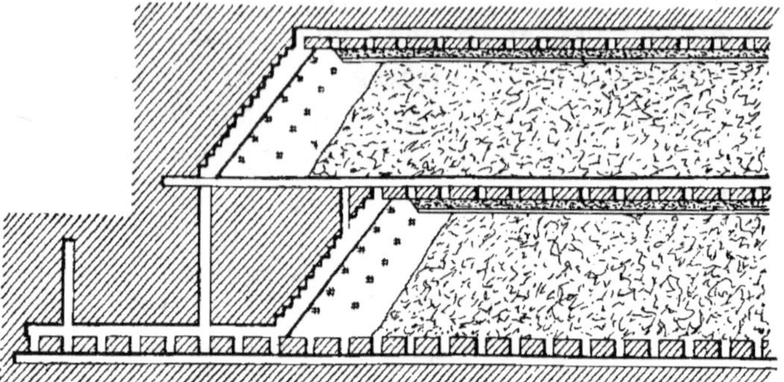

Fig. 524.

Cette disposition oblige à prolonger la voie inférieure en cul-
de-sac, sur une distance correspondant à cette avance et à
tracer des montages en ferme jusqu'à la voie intermédiaire
pour faire descendre les produits du sous-étage supérieur à la
voie inférieure.

Cette méthode n'est pas sans présenter des difficultés au
point de vue de l'aérage. Les chantiers en cul-de-sac nécessitent
l'emploi de ventilateurs. Des piliers de charbons sont maintenus
au-dessus de la voie de roulage et en dessous de la voie d'aérage pour assurer leur résistance. Pour améliorer l'aérage, on
tasse des schistes menus en dessous des piliers qui protègent la
voie d'aérage et la voie intermédiaire. L'éboulement du toit et
du mur est retardé par des piliers de boisages qui s'étendent
jusqu'à une certaine distance du front de taille.

**744. *Application des dépilages sans remblai aux
couches de moyenne puissance. — Méthode Silésienne.***
— Il est rare que l'on puisse prendre en une seule fois, entre
toit et mur, une couche de plus de 3 à 4 m. de puissance, à
cause de la difficulté du soutènement, à moins que le bon marché
des bois permette de recourir à des soutènements de hauteur
inusitée, comme c'est le cas en Haute-Silésie.

Les couches exploitées ont en moyenne 4 à 5 m. de puissance,
mais atteignent parfois 8 à 10 m. Leur inclinaison ne varie que

de 6 à 15°, de sorte qu'un étage vertical de 40 m. donne un grand développement suivant l'inclinaison. Les couches étant sans grisou, on peut employer les explosifs dans les traçages aussi bien que dans les dépilages.

On commence par faire un traçage, au mur de la couche, sur 2 à 3 mètres de hauteur. Ce traçage se fait par piliers en direction comme dans la méthode westphalienne (fig. 525 et 526).

Les piliers ont 100 m. de longueur au maximum ; à chacune de leurs extrémités, sont établis des plans automoteurs de 3 m. de large suivant la pente, c'est de ces plans que partent les traçages. Un pilier ménagé suivant l'inclinaison sépare le plan automoteur d'une voie montante servant exclusivement à la circulation du personnel.

Les traçages horizontaux n'ont pas plus de 2 à 3 m. de large, car les traçages en couches aussi puissantes ne donnent pas de pierres. Les entrées des traçages sont rétrécies, afin de ne pas déforcer la paroi des plans inclinés. Les piliers ménagés entre les traçages horizontaux ont 8 à 12 m. de largeur, selon que le toit est bon ou mauvais.

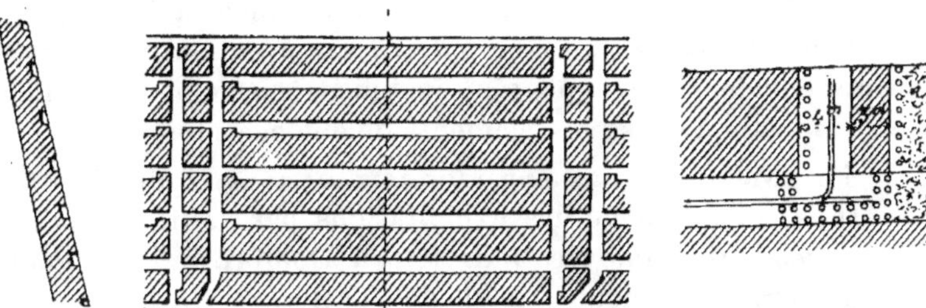

Fig. 525.   Fig. 526.   Fig. 527.

On n'attend pas toujours que le traçage soit achevé dans un compartiment, pour y commencer le dépilage ; car le traçage n'étant fait que sur une faible partie de la puissance de la couche, donne une quantité de produit relativement faible, tandis que le dépilage qui s'exécute sur la puissance entière, donne une grande production, dans des conditions beaucoup plus économiques.

Pour pouvoir attaquer les piliers sur la puissance entière, on commence par rabattre le toit d'une taille de traçage, en faisant des boisages jointifs sur toute la hauteur de la couche devant le point d'attaque (fig. 527). Ces boisages jointifs portent, en Silésie, le nom caractéristique d'*orgues*.

Le dépilage se fait par gradins droits ou par gradins renversés suivant les conditions de résistance du toit. On peut appliquer à la discussion de ces deux méthodes, ce que nous avons dit des méthodes par abaissement ou par rehaussement dans les ardoisières (cf. n°s 707 et 708). Dans les dépilages proprement dits, il y a peu de bois, sauf à la limite de la partie du pilier attaqué, où on laisse souvent une rangée d'orgues contre le ferme pour faciliter le dépilage de la partie voisine (fig. 528). L'essentiel est que le point d'attaque soit parfaitement protégé par les boisages. Ces bois sont soigneusement repris et servent jusqu'à 3 fois. En dépilage, un homme produit jusqu'à 7 t. 5 par jour; d'autre part les bois sont très bon marché, même sous les grandes dimensions nécessaires. Ce mode d'exploitation ne se justifie que par ces deux circonstances.

La perte de charbon atteint environ 3o % et les incendies sont fréquents, par suite de l'éboulement des petites couches du toit.

Les méthodes avec remblai venant du dehors s'introduisent peu à peu en Silésie pour l'exploitation des parties où l'on craint les affaissements du sol et les incendies.

745. Dans la Pologne russe, cette méthode a été appliquée de même avec des puissances de 14 m., en laissant au toit une épaisseur de 5 m. inexploitée; quoique très économique, elle y a été interdite à cause des accidents qu'elle occasionnait.

746. ***Méthode par tranches inclinées sans remblai.*** — Il en est de même des exploitations par tranches inclinées sans remblai employées autrefois à Dombrowa (Pologne), à l'imitation des anciennes méthodes de Blanzy.

A Dombrowa, on exploitait une couche en plateure de 12 m., en deux tranches inclinées de 6 m. chacune.

On prenait d'abord la tranche supérieure par des traçages analogues à ceux de la méthode Silésienne et l'on dépilait sur toute la hauteur de 6 m. au moyen de boisages en orgues.

On faisait ensuite sauter ces boisages à la dynamite pour provoquer la chute du toit. Le grès du toit s'affaissait en grands fragments et quelque temps après, on pouvait reprendre, de la même manière, la tranche inférieure sous ces éboulements tassés et consolidés, sans autre difficulté que celle du boisage, qui était plus important qu'en première tranche.

La couche de Dombrowa est maigre, dure, compacte et non grisouteuse, ce qui explique que cette méthode s'y soit conservée plus longtemps qu'à Blanzy. A Blanzy, elle a été supprimée par suite des incendies qu'elle occasionnait et qui étaient spécialement dangereux dans une mine grisouteuse.

Ces méthodes sont aujourd'hui remplacées, en Pologne comme à Blanzy, par des méthodes par traçage et dépilage en tranches horizontales avec remblai.

747. *Méthode par tranches horizontales sans remblai.* — Dans des cas exceptionnels, on opère par tranches horizontales sans remblai. C'est le type d'exploitation des anthracites de La Mure (Isère). La couche est en dressant et mesure 10 à 12 m. de puissance. On l'exploite par tranches horizontales successives de 5 à 6 m. en descendant; on fait un traçage de 2 m. de hauteur au bas de chaque tranche, au moyen de deux galeries au toit et au mur, réunies par des transversales (fig. 528).

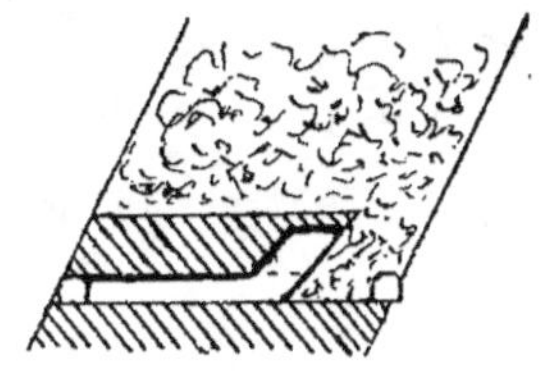

On dépile, en prenant à partir de ce traçage, toute la hauteur de la tranche par rabattage, et en laissant jusqu'au dernier moment une planche de charbon sous les éboulements de la tranche précédente, qui descendent au fur et à mesure de l'enlèvement de cette planche et remplissent partiellement les vides.

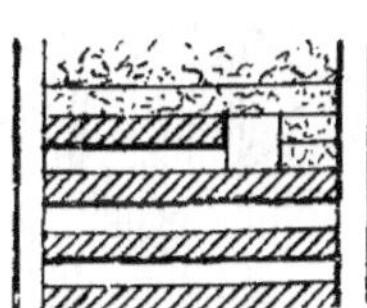

Fig. 528.

748. On emploie quelquefois cette même méthode pour prendre, sous les remblais d'un étage précédent, la dernière tranche horizontale d'une exploitation dont les tranches immédiatement inférieures ont été prises par traçage et dépilage avec remblai.

749. *Exploitation des minerais de fer du Luxembourg et de la Lorraine.* — Aux méthodes par traçage et dépilage sans remblai, se rattachent les exploitations souterraines des minerais de fer oolithiques du Luxembourg et de la Lorraine.

Lorsque la puissance des couches dépasse 4 mètres, on

n'en exploite que 3 à 4 m., en prenant la meilleure partie seulement de la couche. Les difficultés augmentent rapidement en effet avec la puissance ; des exploitations de 4 m. de hauteur sont déjà difficiles et dangereuses.

L'inclinaison varie de 1 à 3 °/₀ ; lorsque l'exploitation se fait à flanc de coteau, l'inclinaison de la couche peut être favorable ou défavorable à l'écoulement des eaux. Dans ce dernier cas, on est obligé de recourir à des pompes, au fur et mesure de l'avancement des travaux.

L'exploitation a pour point de départ une maîtresse-galerie ordinairement dirigée suivant la pente ; sur cette galerie s'embranchent de 100 en 100 m. des traçages dont l'obliquité est réglée, en tenant compte à la fois d'une pente convenable pour les transports et de la disposition des clivages.

750. Ce traçage se complète de différentes manières. Dans certains cas (bassin de Nancy), on fait un sous-traçage au moyen de transversales espacées de 8 à 12 m. perpendiculaires aux galeries obliques (fig. 529).

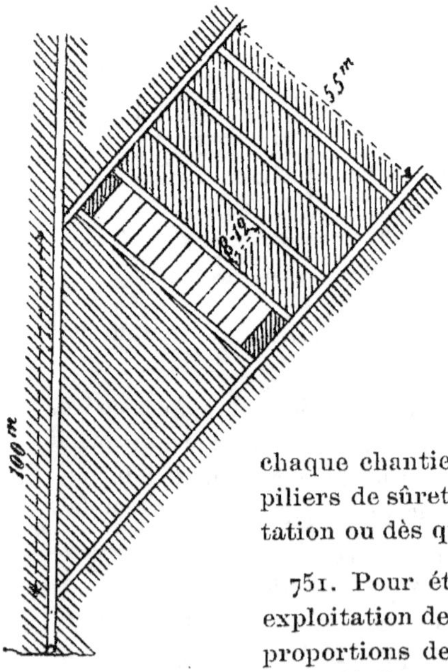

On dépile ensuite le pilier compris entre ces transversales par tailles de 3 à 4 m., en ménageant des piliers de sûreté le long de chacun des traçages obliques qui doivent être conservés.

On déboise complètement chaque chantier, avant de l'abandonner. Les piliers de sûreté sont repris à la fin de l'exploitation ou dès qu'ils deviennent inutiles.

Fig. 529.

751. Pour établir le prix de revient d'une exploitation de ce genre, il faut déterminer les proportions de minerai exploitées en traçage et en dépilage. Le traçage représente ordinairement 1/4 à 1/5 du total. Les traçages se paient, par exemple, 9 à 10 fr. par mètre courant, plus 1 fr. par tonne de minerai

abattu. En supposant une couche de 1^m40 seulement de puissance utile, le mètre d'avancement sur 2 m. de large donne 2^{m3}80, soit 7 tonnes de minerai, à raison de 2500 kil. par mètre cube en place.

Le prix de la tonne sera donc en traçage :

$$\text{fr. } \frac{9+7}{7} = \frac{16}{7} = 2 \text{ fr. } 28.$$

Le prix du dépilage varie de 1 à 2 fr. par tonne ; admettons 1 fr.
On prend 1/5 en traçage, soit 200 k. par tonne à 2 fr.28 = fr. 0.45
     4/5 en dépilage, soit 800 kil. à 1 fr., ... 0.80

Le prix moyen de la main-d'œuvre est donc de . . . 1.25

Il faut ajouter le boisage et le déboisage, le transport et les frais généraux ; on arrive ainsi à 2 ou 3 fr. comme prix de revient total suivant la puissance de la couche, la facilité d'abatage, le triage, etc.

752. Souvent on se passe de sous-traçage et l'on ouvre directement des chantiers de dépilage sur les galeries obliques. On y entre par une petite galerie, puis on élargit sur toute la largeur du chantier, qui varie de 6 à 10 m. suivant la solidité du toit, en ménageant, le long des galeries à conserver et entre les différents chantiers, des piliers de sûreté de 2 à 4 mètres (fig. 530 A).

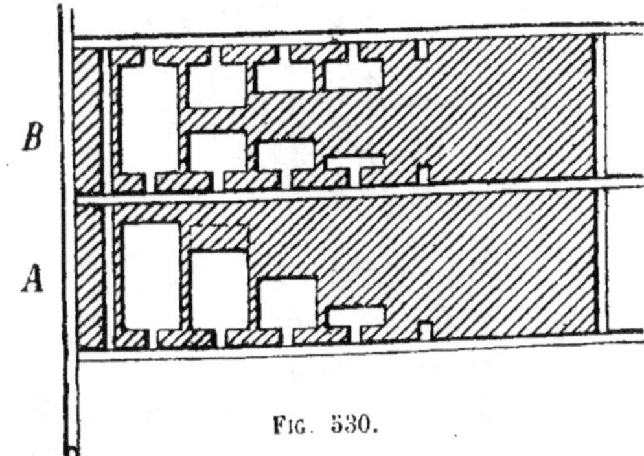

Fig. 530.

Dans cette méthode suivie aux environs de Longwy, on ne donne pas trop de longueur à ces chantiers pour assurer la retraite des ouvriers en cas d'accident ; on les limite souvent à 25 m.

Dans cette méthode, on perd 10 à 15 % de minerai, suivant la largeur respective des chantiers et des piliers de sûreté. Pour augmenter la sécurité du travail, on fait quelquefois deux entrées opposées, à partir de deux obliques voisines. Les deux chantiers marchent dans ce cas à la rencontre l'un de l'autre (fig. 530 B). La longueur de chaque chantier est ainsi diminuée et le boisage est moindre.

753. Lorsque la couche fournit des rognons stériles, on dispose les dépilages de manière à les laisser dans la mine. C'est ainsi qu'à Hayange où l'on exploite une couche de 3 m. à 3^{m}50 contenant 2/5 de pierres, on profite de celles-ci pour faire un remblai partiel assez important (fig. 531). On prend pour cela des chantiers de dépilages de 6 à 10 m. de large en montant à partir d'un traçage oblique; on entasse les pierres, en ménageant une galerie de roulage à droite. Ces dépilages étant espacés de 6 à 10 m. laissent entre eux un pilier de même dimension qui est repris en descendant (cf. n° 727).

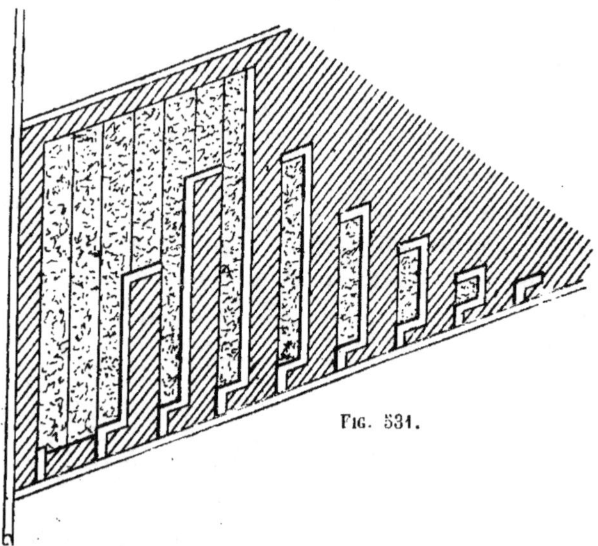

FIG. 531.

Il faut remarquer que, dans ces exploitations, il n'y a pas lieu de tenir compte de l'aérage au même degré que dans une houillère, ce qui explique qu'on puisse procéder sans inconvénient par une série de chantiers en cul-de-sac. L'aérage général se fait par puits ou trous de sonde sur lesquels on établit au besoin des ventilateurs.

754. Si l'on compare les prix de revient de ces exploitations avec ceux des exploitations à ciel ouvert du Luxembourg (cf. n° 683), on remarque souvent de faibles différences; mais l'exploitation à ciel ouvert permet, comme nous l'avons dit, de prendre un plus grand nombre de couches et le rendement par

arc de superficie est généralement beaucoup plus grand à ciel ouvert, même lorsque souterrainement on peut établir plusieurs exploitations superposées.

Dans le Grand-Duché de Luxembourg, on a exploité simultanément jusque quatre couches superposées, en ayant soin de placer les maîtresses galeries les unes exactement au-dessus des autres, de manière à conserver des piliers de toute la hauteur du gisement, et en procédant successivement au dépilage à partir de la couche la plus élevée dans la série.

755. 3. Méthode par éboulement ou par foudroyage de la matière utile. — La méthode par éboulement ou par foudroyage de la matière utile n'est admissible que pour des matières qui ne demandent pas de ménagement ou même qu'il est avantageux d'obtenir à l'état menu, tels que schistes pour remblais, ampélites alunifères autrefois exploités dans la vallée de la Meuse, grès mouchetés de galène de Mechernich (Eifel), etc.

756. *Anciennes exploitations d'ampélites de la Meuse.* — Prenons comme type nos anciennes exploitations d'ampélites alunifères. Ces ampélites formaient des couches de 10 à 20 m. inclinées de 70 à 80° avec toit calcaire et mur résistant.

Le gîte était abordé par puits et galeries à travers-bancs limitant des étages ou tranches horizontales de 9 m. de haut (fig. 532). A la base de l'étage, on faisait un traçage par trois galeries parallèles, au toit, au mur et au milieu de la couche. Ce traçage était poussé jusqu'à 120 m. du puits, limite du champ d'exploitation. A partir de cette limite, on recoupait le massif par un réseau de galeries perpendiculaires entre elles, isolant de petits piliers carrés de 1 m. de côté.

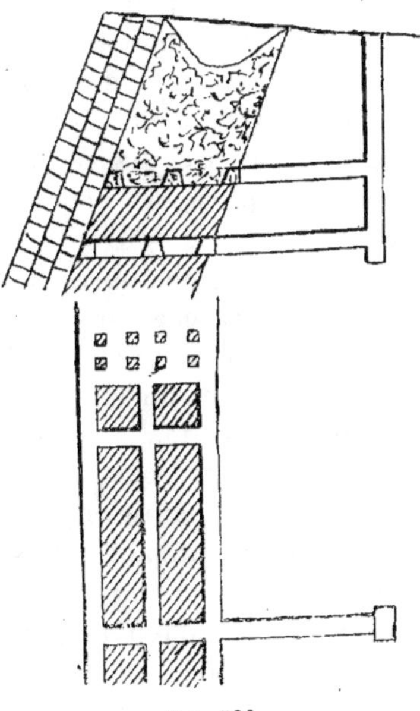

Fig. 532.

En abattant ces piliers, on provoquait le foudroyage de la partie supérieure. On enlevait les schistes éboulés au fur et à mesure de leur foisonnement, jusqu'à ce qu'on vît arriver les terrains superficiels; on recommençait alors en deçà le traçage par petits piliers et ainsi de suite.

Quant une tranche de 9 m. était exploitée, on enfonçait le puits à 9 m. plus bas pour opérer de même sur une nouvelle tranche.

On a été ainsi à 5o ou 6o m. de profondeur, à partir de la surface, sans provoquer d'éboulements ni du toit, ni du mur; mais il en résultait de grands effondrements superficiels dont on voit encore les traces.

757. L'exploitation des schistes pour remblais se fait souvent de même en créant, dans une couche convenable, des chambres d'éboulement et en provoquant le foudroyage au moyen de coups de mine.

758. ***Exploitation des grès mouchetés de galène, dans l'Eifel.*** — A Mechernich on exploite une couche d'environ 3o m. de grès triasique peu inclinée, contenant 2 à 3 °/₀ de mouches de galène concrétionnée et mélangée de quartz (*Knotles*). Les knottes sont plus dures que le reste de la masse qui s'éboule comme du sable. La couche a pour mur et pour toit des bancs de conglomérat résistant qui limitent les éboulements vers le haut. Des bancs de conglomérat divisent quelquefois la masse en plusieurs couches qui sont, dans ce cas, exploitées séparément.

On crée des chambres d'éboulement, en faisant au mur de la couche un traçage par piliers carrés de 2 à 3 m. On ronge ensuite ces piliers pour les affaiblir; on les fait alors sauter à la dynamite et on laisse l'éboulement se produire. Les ouvriers montent sur le tas pour abattre les parties restant adhérentes au toit, ce qui peut se faire sans danger, grâce à l'éclairage intensif des chantiers par lampes à arc. L'enlèvement de la matière se fait au pied du tas au fur et à mesure du foisonnement.

Ces méthodes par éboulement sont très économiques, car la seule main-d'œuvre est pour ainsi dire celle du traçage; mais il est rare que la nature du minerai permette d'y avoir recours.

II. — Exploitations avec remblai.

759. Les méthodes avec remblai, s'appliquent aux couches mélangées de matières stériles, telles qu'intercalations, faux-toit, faux-mur, aux couches minces et aux filons où le bosseyement produit des pierres, enfin aux couches puissantes dans l'exploitation desquelles il faut maintenir un courant d'air actif, prévenir les incendies et les affaissements du sol. Dans ce dernier cas, la couche ne fournit pas de remblai par elle-même; le remblai doit être pris ailleurs, soit dans des couches de schistes exploitées spécialement à cet effet (cf. n° 757), soit dans des carrières établies à la surface, à moins que les déchets des triages et lavoirs ou des usines voisines ne puissent suffire. Dans ces méthodes, le temps employé à faire le remblai est en général perdu pour l'exploitation, car il est rare que les deux opérations puissent être conduites simultanément.

760. **Rôle du remblai.** — Le remblai remplit des fonctions multiples : 1° Le remblai laisse en partie les matières stériles où on les détache; 2° il sert de soutènement au toit dont il empêche la chute immédiate, mais non l'affaissement en masse qu'il maintient toutefois dans certaines limites; 3° il permet d'enlever complètement la matière utile : dans les exploitations de houille avec remblai, on ne perd souvent pas plus de 5 % de matière utile; 4° enfin il permet de diriger le courant d'air le long des fronts de taille qu'il suit à peu de distance.

761. 4. Méthodes d'exploitation par tailles. — Les *tailles* avancent du puits vers les limites de la concession et sont suivies immédiatement du remblai.

762. **Dimensions des tailles.** — Les dimensions des tailles sont limitées par la quantité de remblai dont on dispose, en tenant compte du foisonnement. D'après Ch. Demanet, un mètre cube de roches en place donne, dans les bosseyements, 4 m³ de remblai; un m³ de havage donne 2 à 3 m³ de remblai.

Supposons que, dans une couche en plateure de 0^m80, l'on ait à déterminer la longueur d'une taille comprise entre deux voies bosseyées et destinée à être remblayée uniquement par le produit du bosseyement et d'un havage de 0^m20.

Soit la section de la voie inférieure de 2 m. sur 1^m80 et celle de la voie supérieure de $1^m.80$ sur $1^m.60$.

On aura égalité entre les deux volumes suivants :

$$x \times 0.80 = 4 \{ 1.80 (2 - 0.80) + 1.60 (1.80 - 0.80) \}$$
$$+ 2 \times 0.20 (x + 1.80 + 160).$$

D'où $x = 40$ m.

Des calculs de ce genre font toutefois complètement abstraction des pierres provenant des travaux préparatoires.

Dans les couches sans grisou ou peu grisouteuses, on peut souvent se contenter de remblais partiels et alors on arrive naturellement à augmenter les dimensions des tailles. Ce ne sont pas d'ailleurs les seules influences qui régissent les dimensions de celles-ci, comme nous le verrons à propos de chaque méthode d'exploitation.

763. ***Mise d'un excédent de pierres à terris***. — Les couches minces fournissent souvent trop de pierres pour le remblai et dans ce cas, il faut en extraire une partie. Dans le Borinage où l'on exploite des couches plus minces en moyenne que dans les autres parties du bassin belge, il n'est pas rare que l'on extraie, en pierres, 60 % du charbon.

L'extraction des pierres se fait souvent la nuit, afin que les voies soient désencombrées dès le matin.

La grande difficulté est de loger ces pierres à la surface où les terrains de dépôt sont coûteux. Une heureuse solution de cette difficulté a été fournie par les appareils servant à *la mise à terris* qui accélèrent cette opération, en même temps qu'ils diminuent l'espace occupé, et la rendent indépendante des transports souterrains.

Au fur et à mesure de leur extraction, les pierres sont déversées dans des trémies sous lesquelles viennent charger les wagonnets servant à la mise à terris.

Les mises à terris peuvent se faire au moyen d'élévateurs verticaux qui conduisent les wagonnets au sommet du tas par un pont, ou de plans inclinés au sommet desquels se fait le déversement des pierres suivant un talus conique. Lorsque la configuration du terrain s'y prête, ce dernier système est le plus avantageux (fig. 533).

Deux voies sont établies sur le tas et forment un double

plan incliné desservi par un treuil à vapeur situé au pied du plan, avec poulies de renvoi au sommet. Les bennes montent et descendent simultanément et sont vidées au sommet du tas par le décrochage d'une porte (Bois-du-Luc). Cette manœuvre a

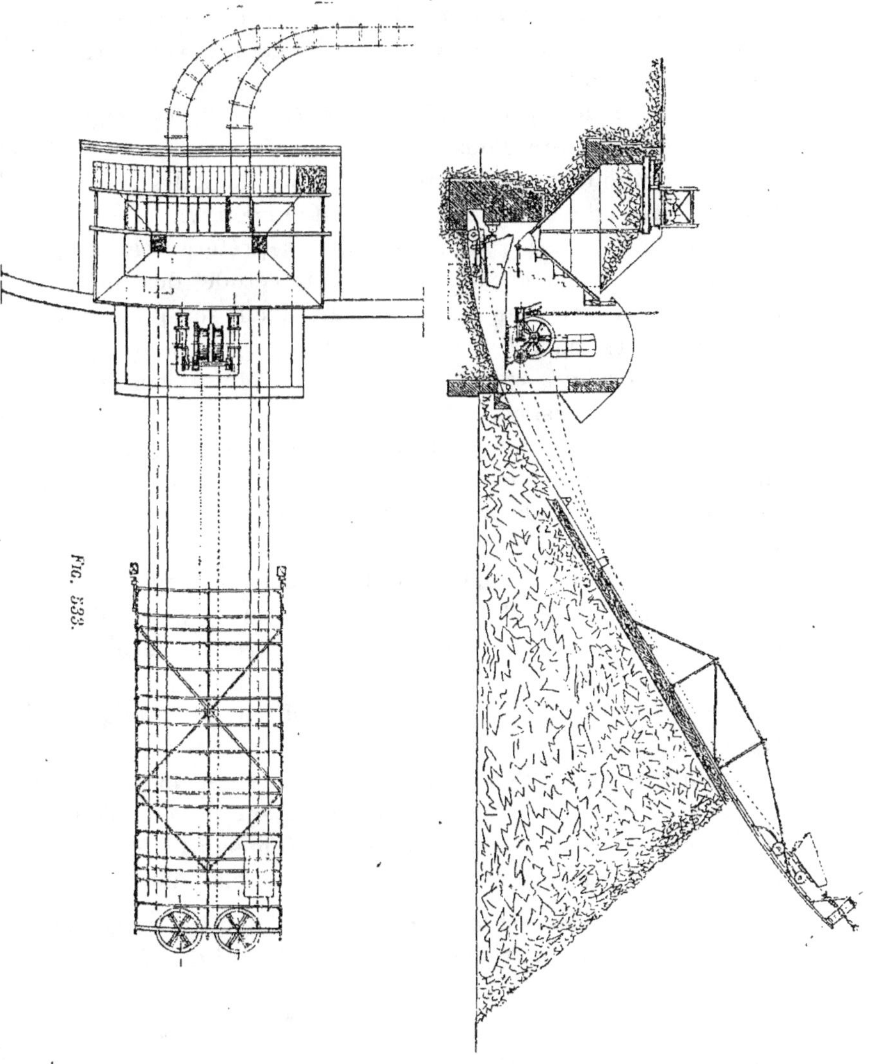

été rendue automatique par l'intervention d'un butoir fixé au sommet du plan ou du dispositif appliqué aux skips d'extraction (cf. n° 484), de sorte que le personnel se réduit au mécanicien du treuil et à un manœuvre.

Les voies du plan incliné sont en porte à faux et s'allongent par le haut, au fur et à mesure que le tas s'élève.

764. *Influences des conditions du gisement*. — Examinons quelles sont les influences exercées sur l'exploitation par les conditions du gisement, spécialement au point de vue des méthodes d'exploitations usitées dans les houillères belges.

Un grand nombre d'observations contenues dans ce qui va suivre s'appliquent également aux exploitations des couches de houille sans remblai (cf. n° 726), et notamment aux dépilages de la Westphalie (cf. n° 736); nous avons préféré traiter cette question au moment de commencer l'étude des méthodes d'exploitation suivies en Belgique, pour qu'elle soit plus présente à l'esprit du lecteur.

765. 1° *Puissance de la couche*. — On exploite rarement des couches d'une puissance inférieure à 0^m30.

Dans des périodes où le charbon se vend avec de grands bénéfices, on est parfois descendu à $0^m.25$; mais dans ce cas on doit entailler le toit ou le mur pour que l'homme puisse circuler dans la taille.

La plus mince couche exploitée est sans doute celle de schistes cuivreux du Mansfeld, qui ne mesure pas plus de 0^m20, et suppose naturellement l'entaillement des roches encaissantes.

Les très faibles puissances ne sont d'ailleurs exploitables que dans des conditions de pente qui facilitent le boutage et le transport.

Il faut distinguer l'*ouverture* totale de la couche de sa *puissance utile*. Cette dernière influe seule sur le rendement [1], tandis que l'ouverture de la couche influe sur l'effet utile de l'ouvrier, le bosseyement, la quantité de remblai disponible, etc.

766. 2° *Inclinaison de la couche*. — L'inclinaison de la couche détermine le mode de transport des produits jusqu'à la voie de roulage.

---

[1] Le rendement d'une couche est sa production par mètre carré de surface. Pour obtenir le rendement en tonnes, on multiplie la production par m² par 1.33 à 1.50 suivant la densité du charbon.

Pour des inclinaisons de 6 à 10° et pour une puissance supérieure à $0^m.90$, on peut employer, dans la couche même, de petits wagonnets de 2 à 3 hectolitres, qui viennent jusqu'au front de taille. Quand l'inclinaison augmente, on ne peut faire remonter à bras les wagonnets vides et il faut enrayer les wagonnets pleins à la descente. Dans ce cas, on doit faire le *boulage* du charbon, jusqu'à la voie de roulage, au moyen de petits traîneaux d'un hectolitre (*bacs*), construits le plus légèrement possible et munis de patins. Pour employer les bacs, il faut au moins $0^m.50$ de puissance.

Dès que la pente est suffisante, on peut recourir aux plans automoteurs (cf. n° 473).

Au delà de 25°, on peut faire glisser le charbon sur des tôles polies bien ajustées.

Au delà de 40°, le charbon glisse sur le mur même de la couche et il suffit d'établir des cheminées dans le remblai.

767. 3° *Régularité de l'allure.* — La régularité de l'allure influe sur le prix de revient. Une allure irrégulière bouleverse les conditions du travail et fait varier l'effet utile de l'ouvrier mineur.

768. 4° *Dureté et clivages de la couche.* — La dureté de la couche augmente naturellement la difficulté de l'abatage, mais cette difficulté peut être atténuée par la présence de clivages ou de havages. C'est ainsi qu'une couche dure avec clivages donne beaucoup de gros avec une production par ouvrier relativement faible, tandis qu'une couche tendre donne une grande production, mais avec de grandes proportions de menu. Les havages facilitent naturellement l'abatage dans les couches dures; mais il importe néanmoins de disposer les fronts de taille parallèlement aux clivages pour augmenter la proportion de gros et faciliter le travail.

769. 5° *Nature des terrains encaissants.* — La nature du toit et du mur influe surtout sur l'entretien des galeries, sur le boisage, sur l'effet utile de l'ouvrier et sur la puissance exploitable.

Il arrive que dans une plateure avec bon toit, on puisse exploiter sans difficulté une couche de $0^m.30$, alors qu'un mauvais toit peut rendre inexploitables des couches de $0^m.50$ à

0^m.6o. Dans le cas de mauvais terrains, on cherche à entretenir le moins de voies possible et l'on se contente souvent d'entretenir une seule voie de transport, dans une couche dont les terrains sont le plus résistants, en reliant fréquemment les autres couches à cette voie par des travers bancs. Dans le cas de mauvais terrains, on peut quelquefois établir avec avantage celles-ci dans le roc. Rappelons que les voies de transport sont souvent systématiquement établies au rocher, dans les mines westphaliennes à grande production, dans le but d'étendre en direction les champs d'exploitation sans longues voies en veine coûteuses à entretenir (Cf. n° 740).

Les voies sont alors conduites en ligne droite dans le sens de la direction générale de la couche, de manière à raccourcir les transports et à faciliter l'installation de transports mécaniques. Elles communiquent avec les couches par des travers-bancs multiples donnant de nombreux points d'attaque et avec le puits par un travers-banc unique.

770. 6° *Composition de la couche.* — Lorsque les couches sont composées de plusieurs lits de charbon et de matière stérile, on doit faire un triage dans la mine. Il en résulte naturellement une augmentation de travail pour l'ouvrier qui est obligé de détacher, lit par lit, le charbon et la pierre.

771. ***Exploitation des couches rapprochées.*** — Il arrive qu'une intercalation stérile devienne assez importante pour que deux laies d'une couche doivent être considérées comme deux couches distinctes.

Si l'intercalation a 1 m. d'épaisseur et présente une assez grande résistance, les deux laies peuvent être prises simultanément. En plateure, on donne une avance à l'exploitation de la laie supérieure, pour éviter de la fracturer; l'exploitation de la laie inférieure suit à quelque distance (Saarbrück). On n'adopte la marche inverse que dans le cas où la laie supérieure serait très dure et où l'on chercherait à la desserrer. Si les terrains n'étaient pas très résistants, il faudrait au moins 3 m. d'intercalation, pour faire l'exploitation simultanée de deux laies de charbon.

En dressants, l'exploitation simultanée ne présente pas les mêmes difficultés et dans les couches grisouteuses; elle doit parfois se faire, alors même que le banc intercalé atteint 6 à 8 m. de puissance ; car si l'on exploitait une des couches fort en avant de l'autre, le gaz de cette dernière serait drainé ; elle deviendrait plus dure et d'une exploitation plus difficile. On peut quelquefois employer ce moyen, dans le but de faire produire plus de gros à la seconde couche ou d'y économiser le boisage. Ordinairement on exploite les deux couches simultanément, pour faciliter l'abatage, favorisé par la dilatation du grisou, qui se produit la nuit, pendant que la taille est inactive. On n'entretient la voie que dans celle des deux couches qui a les meilleurs terrains encaissants, les produits de l'autre couche arrivent à cette voie par de petits travers-bancs percés de distance en distance ou par des couloirs creusés dans la pierre et faisant suite aux cheminées de la couche (exploitation en guinguette du Couchant de Mons).

Nous avons déjà vu des exemples analogues d'exploitations de couches en faisceau, dans les exploitations sans remblai de Westphalie, au moyen d'une galerie de roulage et même d'un plan incliné ou d'un puits intérieur communs (cf. n° 739).

772. L'exploitation par *tailles remblayées* comprend les types suivants :

a. Méthodes par *tailles droites*.

b. Méthodes par *tailles en gradins renversés*.

c. Méthodes par *tailles en gradins droits*.

773. a. MÉTHODES PAR TAILLES DROITES. — L'exploitation par tailles droites s'applique surtout en plateures.

Dans une taille droite en plateure, les ouvriers sont échelonnés à des distances égales les uns des autres et travaillent les uns à côté des autres.

La longueur du front de taille, correspondante au travail d'un ouvrier, porte le nom de *pairai*. Elle est de 2^m.40 à 3 m. L'ouvrier dépose le charbon abattu derrière lui et met directement les pierres au remblai.

Le boisage se fait au moyen de *bêles*, bois placés parallèlement au toit et soutenus par des *bois de taille* appuyés sur le mur. Quelquefois ces derniers suffisent ; d'autres fois, le toit est assez déliteux pour qu'il faille protéger les ouvriers par un garnissage de wates, veloutes, paillassons, nattes, carton goudronné, etc., en prenant appui sur les bêles. Le remblai laisse libre, au minimum devant le front de taille, l'espacement de deux rangées de bois de taille, dont la distance dite *hêve* (havée) correspond souvent à l'avancement journalier.

Le *boutage*, c'est-à-dire l'approchage du charbon, se fait à la pelle ou par bacs jusqu'à la voie de dégagement de la taille, ou en laissant simplement glisser le charbon sur des tôles, lorsque l'inclinaison dépasse 25°.

L'abatage est précédé d'un havage, lorsque la couche s'y prête. La proportion de gros charbon en est accrue et lorsque le havage se fait pendant le poste de nuit, l'avancement peut être doublé.

Les tailles peuvent avoir une grande longueur ; la limite est donnée, comme nous l'avons vu, par la quantité de remblais dont on dispose (cf. n° 762) et par la difficulté du dégagement de la taille.

774. Les tailles droites se divisent :

1° en tailles *montantes* ou *montées* qui avancent suivant l'inclinaison et ont la même direction que la couche. Elles sont desservies par des voies suivant la pente, dites *voies thiernes*.

2° en tailles *chassantes* ou *costresses* qui avancent suivant la direction et dont le front est dirigé suivant l'inclinaison. Elles sont desservies par des voies de niveau.

Les tailles montantes sont originaires du Borinage et les tailles chassantes du bassin de Liége; mais aujourd'hui on emploie les unes ou les autres dans tous les bassins belges, suivant les circonstances. Comme nous le verrons par la comparaison de ces deux systèmes, ils s'appliquent chacun à des conditions de travail bien déterminées.

775. 1° **Méthode par tailles montantes**. — Considérons d'abord le cas de faibles inclinaisons, telles que l'ouvrier puisse faire remonter un wagon vide suivant la plus grande pente de la couche. Ce travail dépend de deux éléments : la force de l'homme et le poids du wagonnet. Il existait autrefois dans le Borinage une classe spéciale d'ouvriers très robustes, les *sclôneurs*, qui faisaient remonter un wagonnet vide de 2 à 3 hectolitres (*sclon*) suivant des pentes de 10 à 14°. Aujourd'hui le recrutement des sclôneurs devient de plus en plus difficile,

de sorte que la limite d'inclinaison que l'on peut admettre pour ce premier cas, ne dépasse pas 5 à 8 degrés.

Avec ces faibles inclinaisons, une hauteur d'étage correspond à un très grand développement suivant l'inclinaison, que l'on divise en deux tranches de 70 à 80 m. par une voie intermédiaire (fig. 535). A partir du point où le travers-bancs recoupe la taille, on avance dans celle-ci par une taille chassante (*costresse*) remblayée, de 12 à 15 m., présentant deux voies dont l'une est définitivement consacrée au roulage. En dessous de la voie inférieure, on prend souvent une petite taille, *basse taille* ou *parel*, que l'on remblaie en ne laissant qu'une rigole pour l'écoulement des eaux contre le ferme. Le but de cette petite taille est de reporter la cassure de terrains qui tend à se produire entre le remblai et le ferme, en dehors de la voie de roulage ; l'affaissement sur cette dernière est ainsi rendu plus régulier et l'entretien de cette voie est plus facile. Quant aux eaux du parel, elles s'écoulent dans la bacnure par une rigole dont la profondeur va en diminuant (fig. 536).

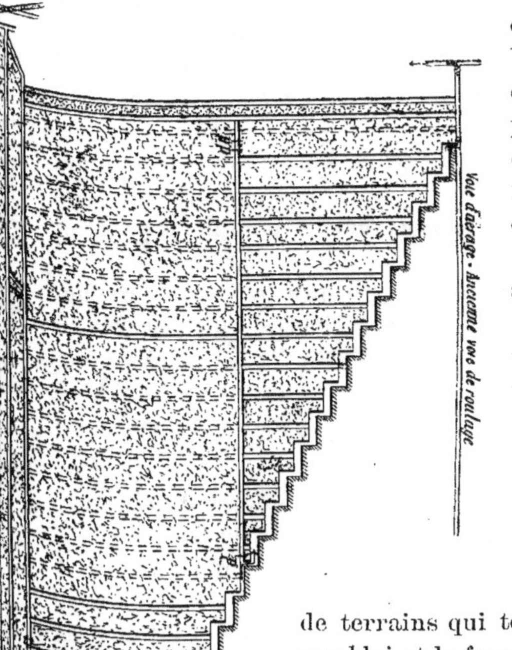

776. La communication d'aérage entre les voies de roulage et d'aérage se fait au moyen d'une taille montante à deux voies. La présence du grisou pourrait obliger à faire cette communication en descendant, malgré les inconvénients provenant du relèvement des produits et des eaux.

Lorsque l'aérage est établi, on procède au montage des tailles successives, auxquelles on donne une longueur de 12 à 16 m. Ces tailles sont desservies chacune par une voie thierne qui aboutit au milieu de la taille, de telle sorte que le boutage soit égal de part et d'autre. Les tailles successives sont avance l'une sur l'autre de 5 à 10 m. On donne le nom de *ruellette* à la communication qui les relie. Lorsque les voies thiernes arrivent à la voie intermédiaire ou à la voie d'aérage, on les remblaie avec soin pour éviter les pertes d'air. Ce remblai se fait souvent au moyen des pierres provenant du *descomblage*, deuxième bosseyement de la voie de roulage qui s'exécute à une centaine de mètres en arrière du front de taille, pour mettre cette voie à dimensions définitives et convenables pour la circulation des chevaux.

Cependant pour faire descendre jusqu'à la voie de roulage principale les produits des tailles supérieures, on conserve une des voies thiernes dans le remblai. Cette voie se déplace tous les 300 m. et en deçà de cette voie par rapport au puits, il n'est plus nécessaire d'entretenir la voie intermédiaire qui est devenue inutile.

777. L'aérage peut être dirigé de deux manières différentes :

1° On peut faire arriver l'air par la voie supérieure de la taille chassante pratiquée au bas de l'étage ; dans ce cas il faut placer des portes obturatrices sur les voies thiernes. Bien que l'on remplace quelquefois ces portes par des toiles ou des cuirs, cette disposition est gênante pour la circulation sur les voies thiernes et l'aérage est défectueux, parce que l'obturation est toujours incomplète.

2° On peut aussi faire arriver l'air pur par la voie inférieure de la taille chassante, qui devient alors la voie de roulage principale. A une cinquantaine de mètres en arrière du front de taille, on ménage alors une petite galerie oblique dans le remblai, qui fait communiquer entre elles les deux voies de cette taille. Il suffit, pour diriger l'aérage, de mettre une double porte obturatrice sur cette communication même (fig. 535) ou immédiatement au delà sur la voie supérieure.

778. Dans cette méthode, on donne peu de largeur au pairai : 2 à 3 m.; mais on impose aux ouvriers un avancement d'au

moins 2 m. par poste. Les ouvriers détachent le charbon parallèlement aux clivages. Leur travail est aidé par la gravité. Le boutage est horizontal et ne se fait que sur 5 à 6 m. au maximum. La houille est très bien ménagée jusqu'à la voie de roulage. Le bosseyement parallèle à la stratification se fait autant que possible dans le mur, pour ne pas déforcer le toit et pour faciliter le chargement des wagonnets.

Quand il y a du havage ou des intercalations stériles dans la couche, on entasse les pierres qui en proviennent, vers les extrémités de la taille ; le remblai s'achève la nuit, pendant qu'on fait le bosseyement. Les pierres du bosseyement des voies inférieures doivent être remontées ; l'exécution du remblai ne présente d'ailleurs pas d'autre difficulté, parce qu'il se dispose horizontalement et se maintient en place par l'action de la pesanteur.

779. Le caractère de cette méthode est la possibilité d'obtenir une grande concentration des travaux et par conséquent une grande production dans une seule couche ou dans un petit nombre de couches. Elle s'est développée dans le Borinage, en raison des concessions par couche ou faisceaux de couches instituées dans cette région. Il en résulte que l'on a cherché à mettre un grand nombre d'ouvriers sur un petit espace, de manière à développer autant que possible la production dans une même couche ; les frais d'entretien diminuent aussi dans ces conditions, en raison de la grande rapidité du déhouillement.

Cette méthode présente encore l'avantage de se prêter à une grande élasticité dans la production, parce qu'on peut à volonté diminuer ou augmenter le nombre de tailles, en augmentant ou diminuant la longueur des *ruellettes*.

Les inconvénients de cette méthode sont les suivants :

1° La remonte des wagons vides devient très pénible, dès que l'inclinaison augmente, à moins de recourir à de très petits wagons ; mais ceux-ci ayant un grand poids mort, leur emploi augmente le coût du roulage. C'est pourquoi l'on ne peut dépasser une pente de 5 à 8°, quand les transports se font à bras.

2° La présence du grisou peut s'opposer à ce que l'on donne aux fronts de taille les développements que cette méthode comporte. Aussi lorsque le dégagement est abondant, doit-on diminuer proportionnellement au dégagement le nombre de tailles simultanément en exploitation, ou renoncer à l'emploi des tailles montantes pour adopter les tailles chassantes (Dour, Elouges); on peut aussi laisser reposer la taille, pour la saigner ou en restreindre l'avancement; mais dans ces cas, il faut posséder des tailles en réserve.

780. Lorsque l'inclinaison augmente, on ne peut plus songer à faire le roulage à bras sur les voies thiernes et lorsqu'elle atteint 35° à 40°, la méthode elle-même devient inapplicable sans danger, parce que les blocs détachés peuvent se mettre en mouvement par l'action de la pesanteur et blesser les ouvriers.

Entre 8 et 35°, on modifie le système primitif :

1° par l'emploi de tailles obliques et de voies demi-thiernes;

2° par l'emploi de voies thiernes avec plans inclinés automoteurs ou avec moteur;

3° par l'emploi de voies thiernes avec couloirs en tôles, lorsque l'inclinaison est suffisante pour que le charbon descende en glissant le long de ces couloirs.

Nous examinerons successivement ces trois cas.

781. 1° *Tailles obliques et voies demi-thiernes ou sur quartier.* — La taille costresse subsiste, comme ci-dessus, à la base de l'étage et les tailles montantes s'établissent obliquement avec voies demi-thiernes aboutissant au premier tiers ou aux deux cinquièmes de la taille, de sorte que le boutage qui se fait en montant dans le bas de la taille occupe autant de bras que le boutage en descendant, de l'autre côté (fig. 537).

L'obliquité des tailles est réglée de telle sorte que l'inclinaison des voies demi-thiernes permette le roulage à bras, en ayant soin de combiner avec cette condition une bonne disposition de la taille par rapport aux clivages.

Lorsque le toit est irréprochable au point de vue de la résistance, on peut placer tous les fronts de taille sur une même ligne droite; on obtient ainsi dans des couches très régulières, des fronts de taille de 100 à 150 m. dits en *droite combe*, qui sont desservis par des voies demi-thiernes parallèles, de 12 en 12 mètres (fig. 538).

Le système des tailles obliques présente toutefois de graves inconvénients :

1° Il allonge les transports.

2° Il rend plus difficile et plus coûteux le bosseyement des voies demi-thiernes qui est triangulaire ou *sur quartier.*

3° Les remblais tiennent moins bien.

4° Le boisage est plus difficile.

5° L'avancement est moins rapide.

6° L'entretien est plus coûteux.

Ces inconvénients sont tels que l'on préfère en général recourir aux plans inclinés automoteurs ou avec moteur.

782. 2° *Tailles montantes avec plans inclinés automoteurs ou avec moteur.* — Dans ces variantes qui sont d'une application très fréquente, on conserve les voies thiernes aboutissant au milieu des tailles.

On établit ordinairement sur ces voies des plans automoteurs, avec chariot-porteur à partir de 20°; tous les deux ou trois jours, on remonte la poulie, en allongeant la corde, pour suivre l'avancement de la taille. Afin de diminuer le nombre de plans automoteurs, on porte dans ce cas jusqu'à 20 à 25 m. la longueur des tailles. Quelquefois on donne à la taille une légère obliquité pour placer le front de taille parallèlement aux clivages. Dans ce cas, le plan automoteur, au lieu d'aboutir au milieu de la taille, se trouve au pied de celle-ci; on augmente ainsi le boutage, mais sans grand inconvénient, car il se fait exclusivement en descendant.

Le plan incliné commence ainsi dans la ruellette et a dans

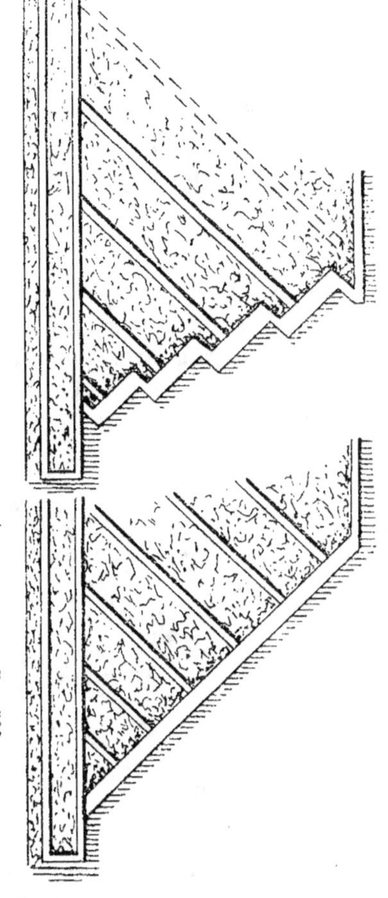

Fig. 337.

Fig. 338.

cette partie une paroi en ferme et l'autre en remblai, ce qui rend l'entretien plus difficile. C'est pourquoi on le met quelquefois à quelque distance du pied de la taille, en appuyant un petit mur de remblai contre le ferme (fig. 539). Dans ce remblai doit alors être ménagée une communication d'aérage entre les tailles successives.

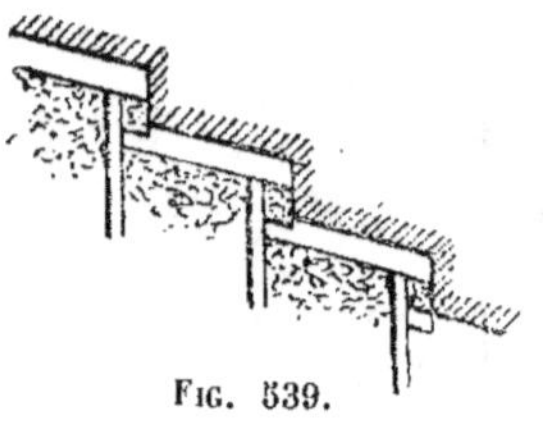

Fig. 539.

Les poulies des plans automoteurs sont disposées différemment suivant que le bosseyement se fait au mur ou au toit.

Lorsque le bosseyement se fait au mur, comme c'est le cas le plus ordinaire, la poulie s'installe sur le mur dans la partie de la taille non encore bosseyée et les wagonnets se présentent en contrebas du point où est déposé le charbon abattu, ce qui facilite le chargement (fig. 540).

Fig. 540.

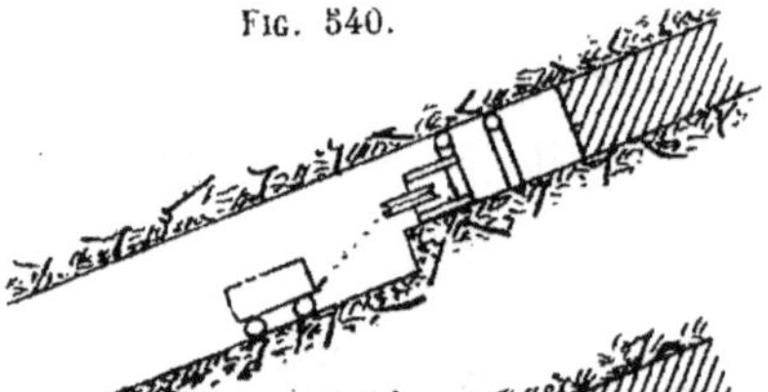

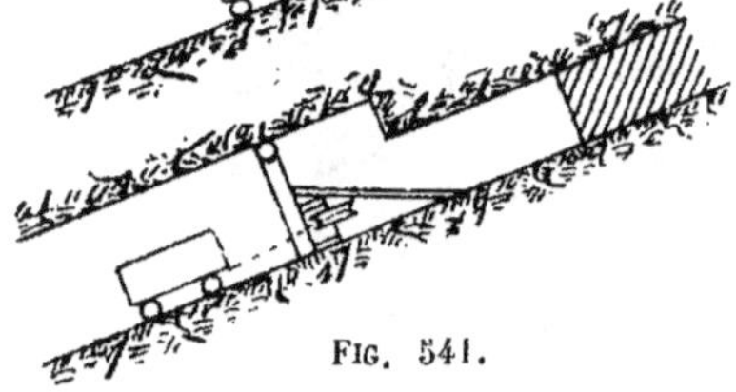

Lorsque par exception le bosseyement se fait au toit, la poulie s'installe sur le mur, mais est recouverte d'une taque en fonte horizontale sur laquelle se dépose le charbon et en contrebas de laquelle viennent se présenter les wagonnets (fig. 541).

Fig. 541.

Les poulies ont 0^m.60 de diamètre; elles sont souvent disposées de manière à pouvoir être mises en mouvement à bras d'homme, afin de s'en servir pour faire remonter des remblais ou des bois dans les tailles.

Les freins peuvent être serrés au moyen d'une vis ou d'un contrepoids. On reproche aux freins à vis d'être d'une manœuvre trop lente; il faut en effet plusieurs tours de manivelle pour obtenir un serrage convenable. On leur reproche aussi de donner lieu à des accidents, l'ouvrier pouvant par mégarde tourner la vis en sens inverse et desserrer au lieu de serrer. Les freins à contrepoids sont plus sûrs. On desserre en soulevant le contrepoids et on le maintient soulevé pendant toute la durée de la marche, ce qui constitue toutefois un travail assez rude pour les jeunes ouvriers souvent préposés aux freins. Le bras de levier du contrepoids est souvent variable pour pouvoir installer l'appareil sur des plans d'inclinaison différente.

783. Les plans inclinés automoteurs à double voie présentent, dans les couches minces, l'inconvénient d'exiger de grands bosseyements. Il en résulte un excédent de pierres que l'on ne peut mettre aux remblais et qu'il faut extraire et déposer à la surface. Si le toit est ébouleux, il faut donner au bosseyement une grande hauteur pour prévenir les éboulements. Le boisage et l'entretien de ces grandes sections sont coûteux et l'on est ainsi conduit à multiplier les voies intermédiaires pour diminuer la longueur des plans, ce qui dans les couches minces a l'inconvénient de donner un excès de pierres. Pour réduire ces sections, on a recours à des plans inclinés à contrepoids, quand l'inclinaison le permet; mais il en résulte moins d'activité dans le transport.

Les plans inclinés automoteurs, quels qu'ils soient, ont toujours l'inconvénient de donner lieu à des détériorations de matériel et d'exposer à des accidents.

C'est pour ces raisons que Ch. Demanet a eu recours, au charbonnage de Havré, à des plans inclinés à une seule voie avec aéro-moteur fixe. L'aéro-moteur est placé au pied du plan; après en avoir longé une paroi, le câble va passer au sommet sur une poulie

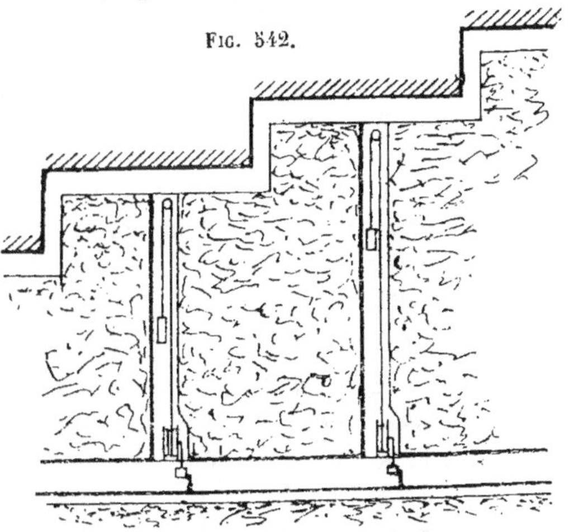

Fig. 542.

fixe (fig. 542). Ce système remédie aux inconvénients précités et permet en outre, de faire remonter facilement dans la taille le remblai et les bois. Comme il est indépendant de l'inclinaison de la couche, il s'applique aussi bien aux couches d'inclinaison variable que d'inclinaison régulière. Le système des plans inclinés avec moteur est aujourd'hui fréquemment employé en Belgique, ainsi que dans le nord de la France (Lens, Liévin, etc.).

784. 3° *Voies thiernes avec chenaux en tôles.* — Lorsque l'inclinaison approche de 20°, on peut établir, dans les voies thiernes, des chenaux en tôles cintrées sur lesquelles le charbon glisse jusqu'à la voie de roulage. Ce système est très fréquemment appliqué en Belgique, notamment dans les couches minces, parce qu'il dispense du bosseyement des voies thiernes, ou du moins réduit ce bosseyement au strict nécessaire pour fournir du remblai à la taille. On donne néanmoins aux voies thiernes une largeur égale à celle qui serait nécessaire pour établir un plan automoteur, une moitié étant réservée au couloir et l'autre à la circulation des hommes; mais il suffit de leur donner 0ᵐ.70 de hauteur. Le couloir est établi sur le mur et ce dernier n'étant pas bosseyé, le couloir aboutit à la voie de roulage à une hauteur suffisante au-dessus des rails, pour que le chargement des wagonnets s'y fasse simplement par trémie. Indépendamment des avantages relatifs à la suppression du bosseyement, il résulte de ce système une grande économie de personnel, chargeurs, ouvriers aux freins, etc.

Il en résulte aussi une plus grande propreté et une plus grande régularité des charbons. Les charbons sont boutés jusque dans le couloir. A 25°, ils descendent lentement à mesure qu'on dégage le pied du couloir. Pour une inclinaison moindre, il faut pousser les charbons dans le couloir.

Ce système a de plus l'avantage de supprimer les accidents de plans inclinés.

785. 2° **Méthode par tailles chassantes.** — Lorsque l'inclinaison dépasse 35°, ou lorsque la couche est très grisouteuse, il convient de substituer la méthode des tailles chassantes à celle des tailles montantes.

Cette méthode est originaire du pays de Liége où elle est encore très répandue. Les tailles chassantes ont de 15 à 30 m. de longueur suivant l'inclinaison. Un étage de 150 m. de relevée suivant l'inclinaison est par exemple divisé en 5 tailles chassantes de 30 m. (fig. 543). Il est rare qu'on leur donne une plus grande longueur. Une taille semblable occupe 6 à 7 ouvriers.

Ces tailles partent de la communication d'aérage qui se fait souvent au moyen d'une taille montante remblayée de 6 à 7 m. de large, et se suivent à des distances variables. Le boutage dans les tailles se fait fréquemment dans le bassin de Liége au moyen de petits traineaux (bacs); on emploie aussi les couloirs en tôle dans la taille même, quand l'inclinaison est suffisante;

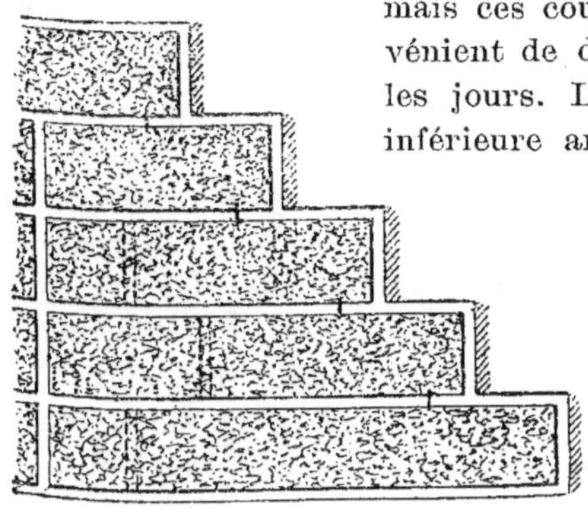

Fig. 543.

mais ces couloirs présentent l'inconvénient de devoir être déplacés tous les jours. Les produits de la taille inférieure arrivent directement à la voie de roulage. Ceux des tailles supérieures se rendent à des voies intermédiaires ménagées dans les remblais et desservies par traîneurs; les chevaux ne circulent que dans la voie de roulage proprement dite. On augmente quelquefois le nombre de ces voies intermédiaires dans les couches qui donnent trop peu de remblai pour s'en procurer et aussi dans le but de le ménager, en les laissant vides. Elles communiquent avec la voie de roulage par un ou plusieurs plans inclinés automoteurs. Si l'inclinaison est faible, ces plans peuvent être remplacés par de simples voies que l'on fait obliquer parfois pour réduire la pente (*bronchages*), de manière à y pratiquer le roulage à bras.

En général, comme nous l'avons dit, le système des tailles chassantes s'applique de préférence aux plateures d'assez forte inclinaison. Lorsqu'un plan automoteur dessert deux ou plusieurs voies intermédiaires, on emploie souvent un chariot-porteur; ce système facilite en effet la manœuvre des berlaines au niveau intermédiaire. Quand la pente est trop faible pour établir un chariot-porteur, le plan franchit la voie au moyen de rails volants qui se relèvent, lorsqu'un wagonnet doit être accroché au niveau intermédiaire.

On a construit en Westphalie des plaques tournantes sur pivot oblique, qui passent ainsi de la position horizontale dans une position correspondante à l'inclinaison du plan.

Au lieu d'un plan incliné unique desservant plusieurs niveaux, on préfère quelquefois pour la sécurité établir des plans inclinés partiels disposés en quinconce, comme on le voit en pointillé fig. 543. Il en résulte toutefois une augmentation de dépense de matériel et de personnel.

Les plans inclinés se déplacent tous les 100 ou 150 m., afin de diminuer l'entretien des voies intermédiaires qu'on peut généralement laisser s'ébouler en arrière, et d'augmenter autant que possible le transport par chevaux, plus économique que le transport par traîneurs.

786. Il est souvent avantageux, dans cette méthode comme dans celle des tailles montantes, de disposer les plans inclinés à simple voie avec aéro-moteur de manière à faciliter la remonte des remblais et des bois. Sur les plans inclinés desservis par des voies intermédiaires, les aéro-moteurs facilitent beaucoup les manœuvres, lorsque l'inclinaison est insuffisante pour employer un chariot-porteur. Dans ce cas, on peut, à chaque niveau intermédiaire, rabattre par dessus le plan un plancher mobile à contrepoids qui fait suite au niveau de la voie intermédiaire. On amène sur ce plancher les wagonnets pleins qui doivent descendre le plan, puis au moyen de l'aéro-moteur, on les fait remonter de quelques mètres, avant de relever le plancher pour leur donner libre passage vers le fond. Réciproquement l'aéro-moteur permet de faire redescendre sur ce plancher les wagons vides destinés à la voie intermédiaire correspondante (Grand-Mambourg) [1].

787. La méthode des tailles chassantes se prête à l'établissement de tailles en vallée (*grâle*) ou défoncement (fig. 544). Nous avons vu précédemment quels sont les graves inconvénients de ces tailles qui ne doivent s'appliquer qu'exceptionnellement. Autrefois leur usage était fréquent, et lorsque l'inclinaison était faible, on les desservait quelquefois par une voie oblique, dite *demi-grâle*, sur laquelle les chevaux remontaient les wagons pleins jusqu'à la voie de roulage.

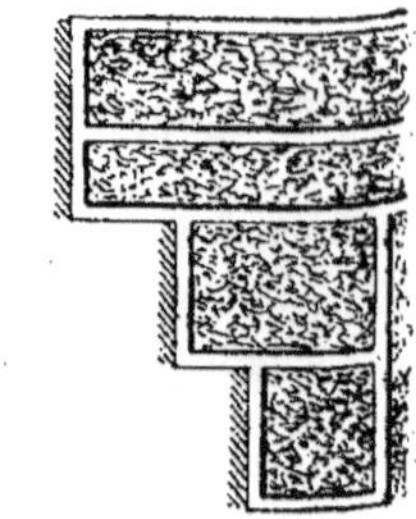

Fig. 544.

Lorsqu'on dispose d'une canalisation d'air comprimé, les

---

[1] *Revue Universelle des Mines*, 3º série, tome II.

exploitations en défoncement peuvent être moins désavantageuses, l'air comprimé facilitant les transports et la ventilation. C'est ainsi que dans le Nord et le Pas-de-Calais, on y a souvent recours pour diminuer la longueur des plans inclinés de l'étage suivant.

Il en est de même dans l'exploitation de platcures voisines de la surface, par puits peu profonds successivement établis en aval-pendage l'un de l'autre. On peut dans ce cas augmenter, par une exploitation en vallée, le champ d'exploitation de chacun de ces puits suivant l'inclinaison (Midi de la Russie).

788. Toutes les tailles chassantes d'un étage ne sont pas toujours exploitées simultanément, par suite de diverses circonstances. Parfois on appréhende de défoncer le terrain ; d'autres fois on cherche à favoriser le drainage du grisou, en donnant une forte avance à la taille supérieure ; d'autres fois encore des étreintes se présentant dans le sens de la direction arrêtent le développement de certaines tailles ; enfin les conditions commerciales peuvent obliger à ralentir la production, en supprimant un certain nombre de chantiers.

789. *Comparaison des tailles montantes et des tailles chassantes*. — Ce que nous avons dit suffit pour établir une comparaison entre les méthodes des tailles montantes et des tailles chassantes. Nous nous bornerons en conséquence à appeler l'attention sur les divers points de vue auxquels cette comparaison doit être faite et sur quelques éléments insuffisamment développés dans ce qui précède :

1° *Aérage*. — Nous avons vu que dans des couches grisouteuses, il fallait abandonner le système des tailles montantes pour celui des tailles chassantes où l'aérage est plus direct et demande moins de puissance qu'en tailles montantes.

2° *Éclairage*. — Les tailles montantes sont mieux éclairées que les tailles chassantes, parce que les lampes sont accrochées sur une ligne plus ou moins voisine de l'horizontale.

3° *Havage et abatage*. — En tailles montantes, la production par ouvrier est souvent de 10 % plus grande qu'en tailles chassantes, parce que la gravité agit en faveur de l'ouvrier.

L'avancement journalier augmente et l'économie de ce chef

peut s'élever à 25 °/₀, mais on ne doit pas dépasser une inclinaison de 30 à 35 °/₀, parce que la pesanteur pourrait rendre le travail dangereux.

Dans les tailles montantes, on peut plus facilement avoir égard aux clivages qui sont généralement voisins de la direction. Les clivages correspondent quelquefois à des cassures qui se prolongent dans le toit des couches. Dans ce cas, il faut choisir le système qui permettra de disposer les voies transversalement aux cassures et les tailles obliquement ou parallèlement à celles-ci. Cette considération peut être déterminante dans le choix de la méthode.

4° *Boisage et déboisage*. — Les bois tiennent mieux en tailles chassantes qu'en tailles montantes; dans ces dernières, les bêles tendent à descendre suivant la pente en roulant, tandis que dans les premières elles tendent à glisser longitudinalement.

Le déboisage n'est pour ainsi dire pas pratiqué en Belgique, mais il est fréquent dans les couches de 1 m. et plus du Pas-de-Calais. Cette opération s'exécute, en laissant un certain nombre de hèves libres devant le front de taille. Au moment du déboisage, on renforce le soutènement des hèves voisines du front de taille qui servent d'abri aux ouvriers, pendant qu'à l'aide d'outils spéciaux, ils provoquent la chute des boisages des hèves voisines du remblai. Le déboisage est souvent dans ce cas un moyen de suppléer à un manque de remblai par le foudroyage du toit. Il est à remarquer que même dans le cas de toits médiocres, cette pratique exercée avec habileté n'est pas dangereuse, parce qu'elle fractionne l'éboulement du toit et diminue la pression sur le front de taille (Courrières). A Marles, on remplace pour cette opération les bêles par des poutrelles doubles T (système Baily) (cf. n° 190).

5° *Rendement en gros*. — Le rendement en gros dépend beaucoup du boutage. Ce dernier est plus facile en taille chassante, puisqu'il se fait avec l'aide de la pesanteur; mais la distance est plus grande et le charbon est plus exposé à se briser qu'en tailles montantes, d'autant plus que le boutage, se faisant souvent au bac, exige plus de manutention. Lorsque l'inclinaison est convenable, le boutage par glissement du charbon dans des chenaux en tôles réalise les meilleures conditions au point de vue de l'économie et du rendement en gros charbon.

6° *Perte du charbon dans les remblais.* — Cette perte est généralement plus grande en tailles montantes, parce que la pesanteur tend à faire glisser directement le charbon au remblai.

7° *Propreté du charbon.* — Le triage au front de taille est facile dans les tailles chassantes ou les tailles montantes de très faible inclinaison, ce qui contribue dans ce cas à la propreté du charbon.

8° *Remblayage.* — En ce qui concerne le remblai provenant du front de taille, le remblayage est plus facile en tailles montantes, parce que la pesanteur conduit directement les pierres au remblai; il en est autrement pour le remblai qui provient du bosseyement des voies thiernes ou des plans inclinés, car ce dernier doit être remonté dans les tailles.

9° *Bosseyement.* — Dans les couches minces, le bosseyement des plans inclinés à double voie est plus coûteux que celui des voies intermédiaires dans les tailles chassantes. Il en est autrement dans les couches de moyenne épaisseur, parce que dans ce cas le bosseyement triangulaire des voies horizontales est plus coûteux qu'un faible bosseyement au toit ou au mur dans les voies thiernes.

10° *Transport.* — Les avantages et les inconvénients du transport, dans l'un et l'autre système, dépendent du degré d'inclinaison : de 8 à 20°, les plans automoteurs fonctionnent sans difficulté; au delà de 20° les plans automoteurs doivent être munis de chariots-porteurs et ceux-ci sont spécialement avantageux sur les plans inclinés des tailles chassantes avec voies intermédiaires. Lorsque les inclinaisons sont variables, les tailles chassantes sont en tout cas préférables.

11° *Indépendance des ouvriers.* — L'indépendance des ouvriers est toujours plus grande dans les tailles montantes que dans les tailles chassantes. On peut donc en mettre un plus grand nombre au travail, sans qu'ils se gênent mutuellement, et il en résulte un avancement plus rapide.

790. *Exploitation des plateures avec remblai en Angleterre (Longwall).* — L'exploitation par tailles remblayées porte en Angleterre le nom générique de *longwall*, qu'il s'agisse de tailles montantes, obliques ou chassantes.

Autrefois cette méthode était limitée aux couches minces et impures fournissant par elles-mêmes du remblai ; aujourd'hui la nécessité de remblayer, pour améliorer l'aérage, s'est imposée en Angleterre, à tel point que l'on exploite souvent par cette méthode des couches de 2 m. et plus ; on supplée dans ce cas à l'insuffisance du remblai, en provoquant le foudroyage du toit par le déboisage systématique qui est d'un usage courant en Angleterre.

Cette méthode est surtout appliquée dans les districts du Centre de l'Angleterre (Midland, Yorkshire, Lancashire).

Les allures étant en général peu inclinées, les puits sont foncés directement jusqu'aux couches que l'on exploite généralement en petit nombre. On part alors des puits, dans la couche même, par des voies jumelles doubles et quelquefois triples, entre lesquelles on abandonne des massifs fréquemment recoupés par des traverses d'aérage.

Des voies jumelles montantes partant des premières s'élèvent jusqu'à un second niveau dont elles desservent les transports vers les puits.

Le cas le plus ordinaire est celui du longwall en tailles montantes, soit suivant la pente, soit suivant une direction oblique motivée par les clivages. Ces tailles sont desservies par des voies suivant la plus grande pente ou obliques, avec ou sans plans inclinés automoteurs suivant le degré d'inclinaison ; ces voies s'embranchent sur des galeries principales, de manière à réduire la longueur des transports et l'entretien ; on les maintient dans le remblai par des murs en pierres sèches (cf. n° 195). Ce dernier n'est souvent que partiel. Les vides qu'on y ménage, sont dirigés de préférence parallèlement aux fronts de tailles pour ne pas nuire à l'aérage. C'est le type d'exploitation désigné sous le nom de *working out*.

Les tailles montantes de 10 à 46 m. de long sont souvent échelonnées les unes au-dessus des autres comme en Belgique, à intervalles de 5 à 28 m. ; lorsque la résistance du toit le permet, on réunit plusieurs fronts de taille sur une même ligne, afin de supprimer les angles où le charbon se transforme aisément en menu ; c'est ainsi que se forment ces longs fronts de taille qui se prêtent spécialement à l'emploi des haveuses, à disque (cf. n°s 166 et 171). Ces fronts de taille qui atteignent parfois 1000 m. et plus, sont desservis par plusieurs voies perpendiculaires ou obliques, espacées de 25 à 45 m. et aboutissant aux voies principales pourvues d'un transport mécanique par chaîne ou par câble. La puissance de la couche permet souvent aux chevaux de venir jusque dans la taille et, dans tous les cas, les wagonnets y sont chargés directement, sans boutage. On fait grande attention à la direction des clivages par rapport au front de taille, non seulement au point de vue de l'abatage, mais encore parce que les clivages se continuent souvent dans le toit de la couche. Dans ce dernier cas et en général quand le charbon est dur, on dirige les fronts de taille parallèlement aux clivages principaux, de manière à faciliter le soutènement des voies perpendiculaires aux fronts de taille. Quand le charbon est tendre, il vaut mieux disposer le front de taille perpendiculairement aux clivages principaux pour éviter la formation de menu charbon. L'inclinaison de la couche peut d'ailleurs obliger à disposer le front de taille sans avoir égard aux clivages.

L'aérage se fait en divisant la mine par quartiers recevant chacun une dérivation du courant d'air frais qui vient rafraichir le courant général, en se mélangeant avec lui. Le courant d'air est généralement ascensionnel le long des tailles, mais le courant vicié redescend ensuite vers les puits.

La fig. 545 montre l'ensemble d'une exploitation en longwall, par grandes tailles obliques à l'inclinaison. Les flèches montrent la direction des courants d'air. On voit que les parties supérieures sont aérées par rabat-vent. Les portes multiples dirigeant les courants ne sont pas figurées.

L'insuffisance du remblai rend souvent cet aérage très défectueux. Il en est de même du grand nombre de portes ou de massifs de maçonnerie peu étanches qui séparent les galeries d'entrée et de retour d'air et répartissent le courant aux divers quartiers de la mine [1].

Lorsque l'inclinaison est trop grande pour employer les

---

[1] Voir I. HAVREZ, *Revue univ. des mines*, 1re série, t. **XX**.

tailles montantes ou obliques, on pratique le longwall en tailles chassantes de part et d'autres de galeries jumelles montantes

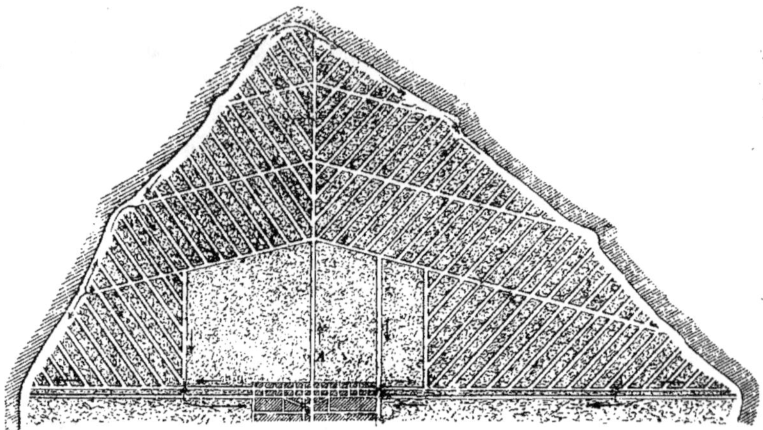

FIG. 545.

sur lesquelles sont établis des plans automoteurs. Mais cette disposition est plus rare que la précédente, en raison même de la rareté des fortes inclinaisons en Angleterre.

791. ***Exploitation des dressants par tailles droites chassantes.*** — Les dressants des couches de houille étaient autrefois fréquemment exploités par tailles droites chassantes. Cette méthode ne leur est plus appliquée aujourd'hui qu'exceptionnellement. Le boisage du front de taille se faisait au moyen de bêles appliquées contre le toit et le mur (fig. 546 et 547); leur écartement était maintenu par des bois de taille perpendiculaires aux bêles et fortement serrés par des coins. D'autres bois appelés *tindrais* étaient encastrés dans le toit et le mur. L'avancement journalier correspondait à la distance entre deux rangées de bêles, soit à une hève qui mesurait ordinairement $1^{m}.20$. Ces bois étaient perdus dans le remblai; dans la galerie de roulage ou plaçait souvent en outre des boisages intermédiaires pour supporter le remblai.

Au commencement de la journée de travail, il y avait deux hèves libres entre le remblai et le front de taille. Les ouvriers se tenaient devant le front de taille sur des paliers reposant sur des tindrais et distants de 2 à 3 m. Chaque ouvrier entaillait le charbon devant lui, en ménageant un petit pilier qui protègeait l'ouvrier se trouvant en contre-bas. Il déposait la houille abattue sur son palier.

Les ouvriers devaient s'entendre, à un moment donné, pour faire le boutage, c'est-à-dire pour faire descendre le charbon de palier en palier, en écartant les planches qui le composaient. Il en résultait une interruption de travail et beaucoup de poussière. A la fin de la journée, on abattait les petits piliers protecteurs et l'on boisait la hève qui venait d'être déhouillée. On faisait ensuite, pendant la nuit, le bosseyement et le remblai. Ce dernier se mettait en place au moyen d'un treuil établi dans la hève libre, qui servait à élever les paniers de remblai; on maintenait ce dernier, en faisant, à chaque hève ou toutes les deux hèves, un parement en pierres sèches. On appliquait en outre contre le mur vertical de remblai, des veloutes et des wates maintenues par des tindrais.

Quand le grisou délitait le front de taille pendant la nuit, on devait aussi maintenir ce dernier.

792. Ce système est encore employé dans quelques mines du Nord (Anzin, Douchy, Aniche, Azincourt). On installe ainsi, sur une hauteur d'étage, deux ou trois tailles droites de 15 m. qui avancent simultanément. Tantôt la taille inférieure, tantôt la taille supérieure est la plus avancée. Des voies intermédiaires au pied de chaque taille en amènent les produits à la tête de plans inclinés automoteurs à chariot porteur.

On rencontre aussi cette méthode en Westphalie dans l'exploitation des couches en dressant de plus d'un mètre de puissance.

Comme nous le verrons, on y est revenu récemment en Belgique dans les mines à dégagements instantanés de grisou.

793. *b.* Méthode par tailles en gradins renversés. — Dans les dressants, les tailles en gradins renversés sont de beaucoup les plus fréquentes, car la production peut y être accélérée sans nuire à l'aérage; mais pour réaliser cette condition, le front de taille tout entier doit avancer régulièrement chaque jour d'une même quantité et conserver par conséquent sa forme.

Il y a un ouvrier par gradin et chaque ouvrier a pour tâche de faire avancer son gradin d'une certaine quantité correspondante à l'avancement dans le sens de la direction.

La longueur horizontale des gradins, dite *bôre*, est d'un ou plusieurs avancements, selon l'inclinaison qu'on donne au talus de remblai qui suit le chantier et selon la friabilité du charbon; une grande longueur de bôre est désirable dans un charbon ébouleux, pour que l'ouvrier puisse toujours s'abriter dans l'angle du gradin.

Si on laissait chaque ouvrier libre de produire peu ou beaucoup, la longueur des gradins serait variable et l'avancement de la taille serait irrégulier. On ne peut admettre une telle irrégularité que dans les mines peu grisouteuses et avec de grandes longueurs de gradins.

Les dimensions des gradins sont différentes suivant les habitudes locales. A Liége, la hauteur est de 3 à 4 m. et l'avancement varie de 1^m.20 à 2^m.5o. Dans le couchant de Mons, la hauteur n'est que de 2 à 3 m. avec un avancement de 1^m.80. Dans le Nord de la France, on donne aux gradins des hauteurs qui atteignent parfois plus de 7 m. (Douchy).

En Westphalie, dans les dressants de moins d'un mètre de puissance, on établit des gradins renversés de 8 à 15 m. de hauteur et de longueur égale, qui ne diffèrent des tailles droites chassantes que parce qu'on n'occupe à chaque gradin qu'un seul ou au maximum deux ouvriers, et parce qu'il n'y a pas de voie intermédiaire correspondante à chaque gradin.

Une longue discussion sur les avantages et les inconvénients des grands et des petits gradins s'est élevée entre deux praticiens belges : M. Tonneau partisan des petits gradins du Hainaut et M. Godin partisan des grands gradins du bassin de Liége. Cette discussion n'a convaincu personne et la préférence à donner aux grands ou aux petits gradins reste une question d'habileté professionnelle et locale.

Le gradin inférieur, dit *coupure*, a de une à une et demi fois la hauteur des autres. La houille n'y étant dégagée que sur une face, on y met deux ouvriers qui font ensemble le même avancement que chacun des autres.

794. Les terrains en dressants étant plus difficiles à soutenir que ceux en plateure, il faut y faire des boisages très résistants (fig. 548). Le boisage est formé comme dans les dressants exploités par taille droite chassante; la figure 547 montre ce boisage en coupe transversale pour l'une ou l'autre

de ces méthodes. Les bêles ont la hauteur du gradin et sont espacées de la longueur d'une hève qui correspond à un avancement ou à une fraction d'avancement. Indépendamment des bêles et des bois de taille, des tindrais préviennent le renversement de ces bois, là où il peut y avoir à craindre une poussée latérale. Dans le cas d'un toit friable, on met contre ce toit des veloutes, ou des paillassons tressés dans les pays où l'on ne peut se procurer des bois de garnissage (Russie).

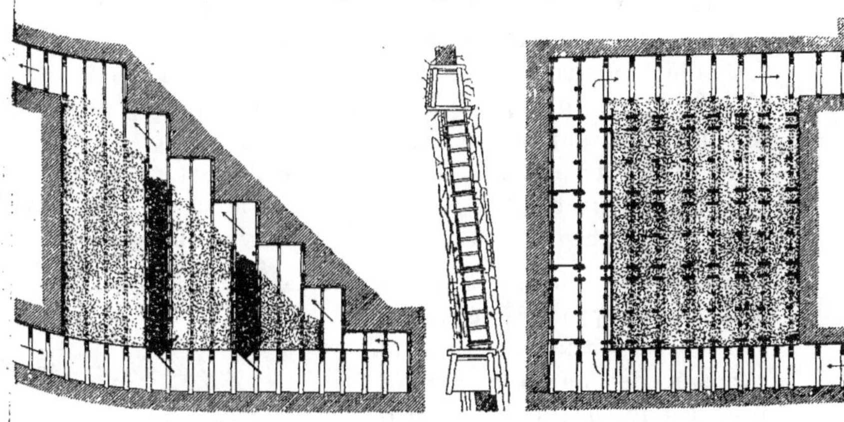

Fig. 548.　　　　Fig. 547.　　　　Fig. 546.

Les voies supérieures et inférieures de la taille sont boisées à la manière ordinaire, à grand renfort de garnissages là où ils doivent supporter les matières meubles du remblai.

795. Les produits de la taille descendent au niveau inférieur par des cheminées ou sur le talus du remblai.

Dans le premier cas (fig. 548), les cheminées ménagées dans le remblai desservent chacune deux ou trois gradins, de sorte que l'ouvrier boute le charbon abattu, en descendant jusqu'à la cheminée la plus proche, sauf au gradin du bas dont le charbon est directement chargé dans les wagonnets au pied de la taille. Chaque cheminée a la largeur d'une hève. Elles sont garnies de tindrais placés contre les bêles pour prévenir l'écrasement de celles-ci et sont quelquefois revêtues de planches. Elles sont fermées à la base par une trémie sous laquelle les wagonnets viennent charger.

10

Les cheminées doivent être constamment maintenues pleines de charbon; il arrive, quand les terrains sont mauvais, qu'elles se resserrent et qu'il s'y produit des ancrages. Il est extrêmement difficile d'y remédier. On ne peut les désancrer sans danger par le bas et il est presque impossible de procéder au désancrage par le haut. Il arrive souvent que par suite de cette difficulté, on doive abandonner le charbon qu'elles contiennent.

Les cheminées doivent être soigneusement bouchées, dès qu'elles arrivent à la voie supérieure; sinon elles constituent un danger permanent pour la circulation dans ces voies.

Quand l'inclinaison le permet, on remplace quelquefois les cheminées par des plans automoteurs. Comme la pente de ces plans est toujours très forte, ils sont à chariot-porteur et souvent à contrepoids. Ce système se justifie surtout dans le cas de charbons friables qui se brisent dans les cheminées, mais l'entretien de ces plans automoteurs à forte pente est coûteux.

796. On remédie aux inconvénients des cheminées, en faisant descendre les produits de la taille sur la pente du talus de remblai, recouvert de planches ou de tôles, jusqu'à une cheminée unique de faible hauteur ménagée au pied de la taille (fig. 549). Ce système, originaire du bassin de Liége, est exclusivement employé en Westphalie.

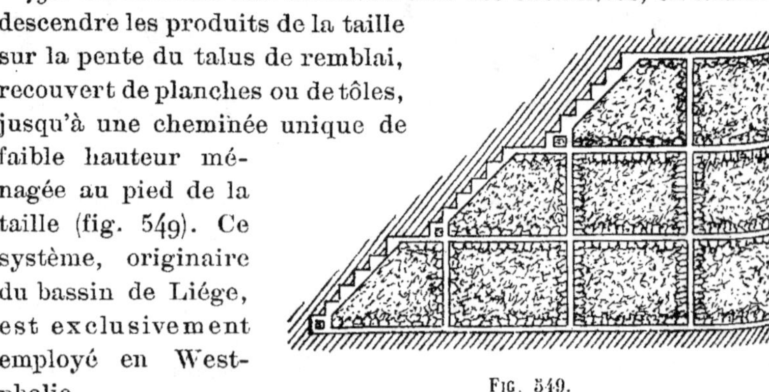

FIG. 549.

Les dimensions des gradins sont alors déterminées, de manière à obtenir une pente convenable pour le glissement du charbon sans trop de vitesse.

Ce système supprime le boutage, diminue la perte de menu charbon dans les remblais et permet un meilleur triage; d'autre part il donne plus de menu et de poussières. Il permet de faire le remblai en même temps que l'abatage; il porte alors en Belgique le nom de l'ingénieur Godin qui l'introduisit aux charbonnages de Marihaye. Le plancher de tôles est maintenu sur des tindrais à une certaine distance du remblai et l'on déverse ce dernier par dessous, tandis que le charbon glisse à la surface de ce plancher. A l'aide de cette disposition, d'ailleurs peu fréquente, on peut faire le remblai le jour, comme dans certaines mines du Nord et du Pas-de-Calais.

797. Quel que soit le système employé pour la descente des produits, l'ouvrier mineur se tient sur le remblai ou sur un palier. Au commencement de la journée, le travail est facilité, dans les mines grisouteuses, par la dilatation du gaz qui s'est dégagé la nuit. L'ouvrier soutient le toit de son gradin par des bois, appelés improprement *bêles de plancher*, et attaque le gradin par le haut en continuant à boiser de même dans l'anfractuosité (fig. 550).

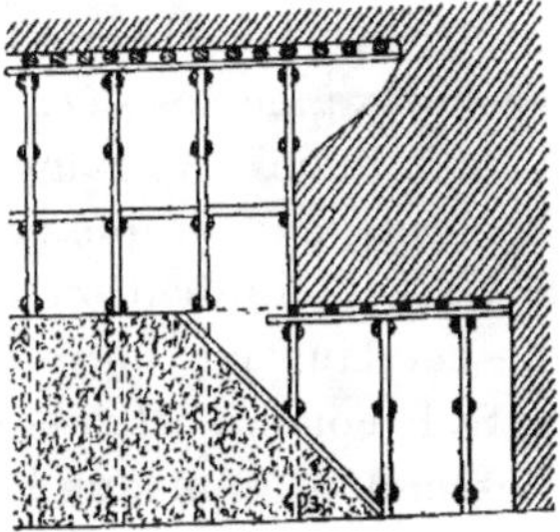

Fig. 550.

La partie inférieure du gradin qui est soutenue par les bêles de plancher du gradin inférieur s'enlève alors sans difficulté et sans danger. Quand l'ouvrier a fini sa tâche, il boise son gradin et peut quitter le travail.

798. Le bosseyement, le remblai et le boisage définitif se font ordinairement la nuit.

Le remblai peut se faire de deux manières.

On peut le faire en remontant les pierres au moyen de paniers. Les ouvriers sont échelonnés, dans ce cas, le long du talus de remblai; on a soin de poster les ouvriers les plus forts à la base du talus. Ce procédé entraîne beaucoup de main-d'œuvre et occasionne un travail très rude.

Il est préférable de faire le remblai par le haut, en faisant remonter les pierres du bosseyement de la voie de roulage par une cheminée munie d'un treuil à bras ou à air comprimé. On déverse ensuite ces pierres à la tête du talus de remblai. Les voies supérieures doivent être dans ce cas entretenues en bon état de viabilité depuis la taille jusqu'au treuil. En West-phalie, on fait quelquefois usage d'un culbuteur amovible au sommet du talus, pour réduire la main-d'œuvre (mine Königin-Elisabeth).

Nous donnerons, dans les paragraphes suivants, quelques

exemples d'applications de la méthode des gradins renversés dans le bassin de Liége, dans le Borinage et à l'étranger.

799. *Exploitation des dressants à Seraing.* — Dans le bassin de Seraing, les étages ne dépassent pas 5o à 6o m.

Un étage de 6o m. est subdivisé en trois tailles de 2o m.

On commence toujours par établir dans la couche une communication entre la voie de roulage et la voie d'aérage, en ayant soin de ménager un pilier de sûreté entre les bacnures de roulage et d'aérage. Ce pilier sera d'autant plus grand que ces deux galeries s'écartent davantage d'un même plan vertical; il y a donc avantage à établir les bacnures de roulage et d'aérage, autant que possible, dans un même plan vertical.

La communication d'aérage peut se faire en montant ou en descendant, par *montage* ou par *vallée*.

Si la couche est très grisouteuse, il est prudent de la faire en descendant, puisque le grisou, plus léger que l'air, a une tendance à s'élever; mais l'aérage est plus difficile, les déblais et l'eau doivent être remontés à l'aide d'une force motrice.

C'est pourquoi l'on préfère généralement faire cette communication par *montage*, en prenant toutes les dispositions nécessaires pour avoir un aérage énergique au front de taille.

Dans le bassin de Seraing, les montages en dressant se font souvent à simple voie de $1^m.8o$ à 2 m. de largeur, plus rarement au moyen d'une taille montante remblayée de 6 à 10 m. Les montages à simple voie se font plus rapidement et exposent moins de personnel au danger; on peut y employer des ouvriers d'élite, et ils présentent moins de chances d'éboulements que les tailles montantes, sous de fortes inclinaisons.

D'autre part, les montages par taille rendent le sauvetage plus facile, puisque la taille est desservie par deux voies séparées par du remblai ; les produits descendent dans ce cas par une cheminée spéciale, correspondant au milieu de la taille.

L'aérage se fait par canar soufflant ou aspirant, mais de préférence par canar soufflant de $0^m.25$ de large, alimenté par un ventilateur.

La subdivision de l'étage se fait par des voies intermédiaires, à partir de la communication d'aérage.

Lorsque le dégagement de grisou n'est pas assez abondant

pour obliger à réduire le développement du front de taille, on fait avancer simultanément trois tailles, en donnant l'avance à la taille inférieure et en laissant une certaine distance entre chacune d'elles.

On monte alors chaque taille successivement. Le montage d'une taille en gradins est toujours très long, parce qu'on ne peut avancer de plus d'un gradin par jour. Il faut donc autant de jours que de gradins, pour que la taille soit en pleine exploitation (cf. n° 8o3).

A Marihaye, on exploite la couche *Délyée-veine* de o^m.88 par trois tailles simultanées de 20 m., divisées chacune en 6 gradins de 3^m.5o de hauteur (fig. 549). Les gradins ont une longueur égale à 3 ou 4 avancements de 1^m.2o, de telle sorte que le talus du remblai ait une inclinaison convenable pour la descente des produits sur des tôles.

De 5o en 5o m., on maintient des cheminées ouvertes pour faire descendre les produits des tailles supérieures à la voie inférieure et pour faire monter le remblai.

8oo. Lorsqu'on craint de donner un grand développement au front de taille, à cause de la présence du grisou et des poussières, on n'exploite qu'une des tailles à la fois. Quand le charbon est à la fois grisouteux et poussiéreux, il est bon de ne pas donner à cette taille plus de 15 m. de hauteur. Dans ce cas, on commence généralement par exploiter la taille supérieure, afin de ne jamais avoir, en dessous de soi, de remblais infestés de grisou.

Pour faire descendre les produits de cette taille au niveau de la voie de roulage, on établit un plan incliné automoteur dans le massif de charbon restant intact en dessous de la taille en exploitation.

Si la couche donne beaucoup d'eau (grès au toit ou au mur), on est cependant obligé de suivre la marche inverse, c'est-à-dire de commencer l'exploitation par la taille inférieure. L'exploitation de la taille supérieure se fait alors au-dessus du remblai et n'est pas gênée par les eaux qui s'écoulent par la voie de fond.

Dans les mines grisouteuses, il est bon de ne pas dépasser 1^m.2o à 1^m.5o d'avancement, pour ne pas affaiblir trop rapidement la cloison de charbon qui peut séparer le front de taille d'une zone contenant du grisou à pression élevée. Le dégagement du grisou dépend en effet de l'avancement en un temps donné.

Dans les mines grisouteuses, le boisage acquiert une importance capitale, parce que les tassements peuvent provoquer des irruptions de gaz. Le charbon devient d'ailleurs plus friable, lorsque le grisou s'en dégage. Aussi le boisage est-il une grosse dépense dans l'exploitation des dressants.

Dans les mines grisouteuses du bassin de Seraing, le boisage entre parfois pour plus d'1 fr. 50 par tonne dans le prix de revient, alors que cette dépense n'est que de fr. 0.50 à 0.60 en plateure. Pour diminuer la consommation de bois, on cherche à entretenir le moins possible de galeries de roulage. Lorsque les couches sont assez rapprochées, il est économique, comme nous l'avons dit, de n'entretenir qu'une seule voie de roulage dans la couche qui a les meilleurs roches encaissantes, ou même de creuser une voie de roulage en ligne droite dans le rocher (cf. n° 771).

801. ***Exploitation des dressants dans le Borinage.*** — Les houillères du Borinage ont généralement moins de couches simultanément en exploitation que celles du bassin de Liége; on multiplie en conséquence le nombre de tailles par étage dans une même couche. On exploite souvent une hauteur d'étage de 50 à 60 m. par 4 tailles simultanées de 12 à 14 m. La multiplication des voies intermédiaires (*fausses-voies*) n'a souvent d'autre but que de se procurer du remblai par le bosseyement ou de diminuer la quantité de remblai nécessaire, en négligeant de les remblayer; il y a d'ailleurs avantage à pousser aussi loin que possible la subdivision de l'étage pour éviter que la hauteur des cheminées ne devienne trop grande et n'occasionne l'ancrage et le bris du charbon.

La communication d'aérage se fait en général par taille montante, desservie par deux voies et par une cheminée ménagée dans le remblai. Cette taille est aérée au moyen de canars.

Les gradins (*maintenages*) n'ont que 2 m. à 2^m.50 de hauteur et sont en avance l'un sur l'autre de deux avancements, soit de 4 à 5 m.

Des plans automoteurs sont souvent ménagés dans le remblai

pour faire communiquer les voies intermédiaires entre elles et avec la voie de roulage. Ces plans peuvent être établis suivant la plus grande pente avec chariots-porteurs, ou même remplacés par des cheminées avec balance sèche dans les couches verticales. S'ils sont établis obliquement à la plus grande pente, ils nécessitent, au point où ils se raccordent avec la voie horizontale, un important bosseyement qui s'élève en hauteur et contourne la voie de roulage, jusqu'à ce que le plan incliné soit ramené dans le plan de la couche.

En cas de terrains difficiles, on a quelquefois établi les plans inclinés à travers-bancs dans le mur de la couche, avec galerie au rocher parallèle à la voie de roulage ; on peut ainsi se dispenser d'entretenir celle-ci à une certaine distance du front de taille (Courcelles, Ouest de Mons).

Les plans inclinés sont déplacés tous les 100 à 150 m., de manière qu'on puisse se dispenser d'entretenir une partie des voies intermédiaires.

Les tailles inférieures sont ordinairement en avance par rapport aux tailles supérieures ; mais les tailles se suivent de très près, de manière à être moins influencées par le grisou qui n'envahit le remblai qu'à la longue.

802. ***Exploitation des dressants aux Asturies, en Russie, etc***. — Un moyen fréquemment employé à l'étranger, dans les dressants, pour réduire l'entretien des voies de niveau, consiste à ménager au-dessus de la voie de roulage et en dessous de la voie d'aérage, un massif de charbon, dans lequel sont pratiquées par montages de petites cheminées faisant suite à celles que l'on ménage dans le remblai.

Cette méthode est appliquée dans l'exploitation des dressants avec remblai, aux Asturies et dans le bassin de la Russie méridionale ; à Gorlofka, le massif réservé au-dessus de la voie de roulage mesure 8 m. de hauteur et l'on ménage quelquefois en outre un massif de 4 m. sous la voie d'aérage (ancienne voie de roulage).

Aux mines de Nœux dans le Pas-de-Calais, on ménage de même un massif de 4 m. au-dessus de la voie de roulage.

Dans les couches grisouteuses, la nécessité de ces montages multipliés peut toutefois être un grave inconvénient au point de vue de leur aérage.

Le massif de la voie de roulage peut être repris, en revenant, s'il n'est pas écrasé ; mais celui de la voie d'aérage est perdu.

8o3. *Comparaison des tailles droites chassantes et des gradins renversés en dressants*. — La méthode des gradins renversés présente, dans les dressants, les avantages suivants sur celle des tailles droites :

1º L'avancement est plus grand (souvent de 5o %) parce que dans un gradin le charbon est dégagé sur deux faces, tandis que dans une taille droite, tous les ouvriers se trouvent dans la situation de ceux qui font ici la coupure. D'une manière générale, l'avancement journalier en gradin est de 1ᵐ.8o à 2 m., alors qu'en taille droite, il n'est que de 1ᵐ.2o. Le dégagement du charbon sur deux faces favorise en outre le travail du grisou, qui rend le charbon plus facile à abattre.

Les tailles en gradins renversés peuvent recevoir une plus grande hauteur que les tailles droites dont la hauteur est toujours limitée par la sécurité, tandis qu'en gradins renversés la hauteur du chantier n'est limitée que par les difficultés de l'aérage.

Il en résulte, dans ce dernier cas, un moins grand nombre de galeries intermédiaires à entretenir et cet entretien est d'autant moindre que l'exploitation est plus rapide, car l'entretien est toujours proportionnel à l'âge des galeries.

La production par taille étant plus grande, on aura besoin d'un moins grand nombre de tailles pour une même production.

2º Le boisage d'une taille en gradins renversés est moins important que le boisage d'une taille droite en dressants. Le front du remblai disposé en pente donne lieu en effet à moins de poussée qu'un front de remblai vertical et le boisage n'a à combattre que le rapprochement des parois.

3º La main d'œuvre peut être moins habile en gradins renversés qu'en taille droite ; tous les ouvriers étant solidaires les uns des autres, dans cette dernière méthode, une négligence ou une imprudence de l'un peut compromettre tous les autres.

4º Avec les gradins renversés, desservis par cheminées, l'extraction peut commencer dès le début de la journée ; les cheminées sont en effet pleines de charbon abattu la veille et ne tardent pas à se remplir de nouveau, car dans les gradins c'est au commencement de la journée que l'abatage est le plus actif. La conséquence en est qu'avec les tailles droites, les abateurs doivent descendre plus tôt pour alimenter le transport dès le début de la journée.

Les inconvénients des gradins renversés sont d'autre part les suivants :

1° La perte en charbon, dans les remblais et les cheminées, est plus grande, car le triage se fait en général moins bien sur la pente du remblai que sur les paliers.

2° Le montage de la taille nécessite autant de jours qu'il y a de gradins. Cet incon-
vénient se fait surtout sentir dans les mines où l'on exploite des couches plissées où l'allure change fréquemment de plateure à dressant et réciproque-ment (fig. 551). Lorsqu'on passe d'une plateure à un dressant, il faut long-temps pour y monter la taille en gradins renversés

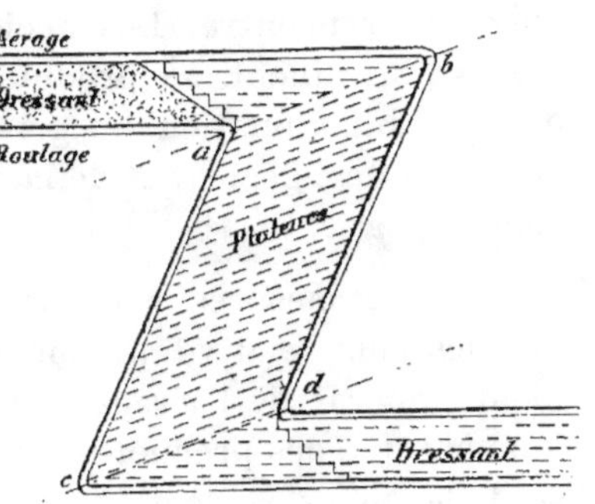

Fig. 551.

et dans le cas inverse, il faut attendre, pour continuer l'exploi-tation de la plateure, que chaque gradin soit venu mourir à l'ennoyage.

La production se ressent donc, dans l'un et l'autre cas, de ces changements d'allure.

3° L'ancrage du charbon dans les cheminées est un inconvé-nient que l'on peut éviter par le système des plans automoteurs à chariot-porteur ou des couloirs en tôles.

804. ***Modification des méthodes belges d'exploitation dans les mines à dégagements instantanés de grisou*** [1]. — Les dégagements instantanés de grisou ne se sont manifestés nulle part avec une intensité comparable à celle des dégage-ments de ce genre constatés en Belgique. Ils n'y ont jamais été observés à une profondeur de moins de 360 m. et seulement

---

[1] Voir les mémoires de G. Arnould. (*Ann des Travaux publics*, t. XXXVII, de M. E. Harzé. (Id., t. XLIII), de F. Roberti-Liutermans. (Id., t. LII).

dans certaines mines et certaines couches, notamment dans le Couchant de Mons ; ils sont particulièrement localisés dans les crochons, aux changements d'allures et au voisinage de dérangements.

Si ces accidents sont plus fréquents dans les travaux d'exploitation que dans les travaux préparatoires, en raison même du plus grand développement des premiers, leur gravité est en général plus grande dans les derniers, et surtout dans les travaux de percement. En effet quand un travers-banc vient à rencontrer la couche, celle-ci n'a encore subi aucun drainage et la pression du gaz qu'elle contient s'exerce intégralement au point de rencontre. Les accidents mortels que ces dégagements entrainent, se produisent plus souvent par asphyxie que par inflammation du grisou, en raison même de l'abondance du dégagement et de la projection de charbon menu qui l'accompagne.

805. Les mesures préventives peuvent se classer suivant qu'elles sont relatives au mode d'exploitation ou à l'aménagement général de l'aérage. Nous ne nous occuperons pour le moment que des premières. Un certain nombre de ces mesures sont devenues réglementaires dans les mines de Belgique à dégagements instantanés, dites de 3e catégorie, à partir de 1884.

C'est ainsi que dans les travaux de percement des puits et des galeries, les règlements prescrivent, lorsqu'on se trouve à proximité d'une couche, de percer des trous de sonde traversant complètement cette couche et d'attendre au moins deux jours avant de la mettre à découvert. De même tout travail en veine doit être précédé de sondages (cf. n° 647).

L'efficacité des sondages, au point de vue du drainage du grisou, est toutefois très contreversée. M. P. Petit, ingénieur des Houillères de St-Etienne, ne leur attribue des avantages qu'au point de vue des avertissements qu'ils peuvent donner, par des mesures de pression ou de débit du grisou qu'ils mettent en liberté.

On ne peut méconnaître toutefois les résultats obtenus par les sondages au grisou, lorsqu'ils empêchent le recul de la veine et augmentent la proportion de gros. Mais leur emplacement doit être bien choisi, leur nombre et leurs dimensions doivent être suffisantes, pour qu'ils aient quelque efficacité. L'expérience démontre notamment qu'il ne faut pas pratiquer de sondages trop voisins des angles rentrants des tailles.

806. L'emploi des explosifs est interdit dans les percements, en général à proximité des couches, ainsi que dans le bosseyement de toute voie autre que celle qui reçoit directement le courant d'air frais; et même dans celle-ci, l'emploi des explosifs peut faire naître certain danger, en cas de renversement du courant d'air. Cependant ici encore il existe des divergences d'opinion: aux mines de Bessèges où des phénomènes analogues ont été observés, sans atteindre toutefois le degré d'instantanéité des dégagements belges, on estime que le travail au pic est plus dangereux que le travail au moyen d'explosifs, parce que l'ébranlement produit par ceux-ci favoriserait le dégagement. On y procède en effet par coups de mine chargés d'explosifs de sûreté et tirés exclusivement dans les roches encaissantes, pendant que les hommes se garent dans un refuge creusé dans la roche à 150 ou 200 m. du front de taille, fermé par une porte s'ouvrant de dedans en dehors et aéré par un tuyau branché sur une conduite d'air comprimé. Au moment du tir, on arrête même le ventilateur local qui aère le chantier, pour éviter le brassage du grisou et obtenir, en cas de dégagement, une atmosphère peu inflammable par suite d'un excès de grisou. Cette pratique est empruntée à celle qui a été reconnue efficace aux mines de Rochebelle où l'on observe des dégagements instantanés d'anhydride carbonique dont les effets sont en tout semblables à ceux des dégagements instantanés de grisou; mais il n'est pas discutable que l'emploi des coups de mine, pour ébranler le massif retenant les gaz, présente moins de danger, dans le cas de l'anhydrique carbonique, puisque ce gaz n'est pas inflammable.

807. Les mesures touchant plus spécialement à l'exploitation ont pour but de prévenir le dégagement en lui même ou de permettre aux ouvriers de se retirer, malgré l'envahissement du chantier par le charbon menu projeté. Les premières portent surtout sur la réduction de l'avancement des tailles et sur leurs dispositions les plus favorables au drainage du grisou et à la prévention des éboulements de charbon.

L'avancement des tailles sera réduit de moitié en général. Si la taille est en gradins renversés, on fera de préférence des gradins de grande hauteur, ou l'on n'occupera qu'un ouvrier par deux gradins. Pour éviter les avancements exagérés, les ouvriers seront payés à la journée et non à l'entreprise. C'est dans le même ordre d'idées qu'on est revenu, dans les dressants des charbonnages des Chevalières, ainsi qu'à l'Agrappe, aux tailles droites chassantes au lieu des tailles en gradins renversés (cf. n° 792). On réalise ainsi le double but de ralentir les avancements et de drainer la taille par l'avance donnée à la taille supérieure. Les tailles droites se suivent ainsi en gradins droits. Un grave inconvénient du travail en gradins renversés est de plus, dans ce cas, l'excavation pratiquée d'abord au-dessus du gradin (cf. n° 797) qui est cependant le plus sûr garant contre les éboulements de charbon qui se produiraient, si l'on attaquait le gradin par dessous.

On procède aujourd'hui, dans ces dernières mines, par tailles droites de 12 m. de hauteur légèrement obliques, pour éviter la chute verticale du charbon, réduire l'avancement mesuré suivant la direction et offrir une plus grande surface au dégagement du grisou. Ces tailles sont distantes l'une de l'autre de 1 m. seulement, de manière à se passer de fausses voies et de cheminées. Le charbon descend de taille en taille jusqu'à la voie de roulage. On ne pratique de fausses voies que si l'on manque de remblai. Il est cependant à remarquer que les fausses voies et les cheminées peuvent faciliter le sauvetage et l'on recommande souvent de ménager des voies spéciales de sauvetage dans les remblais, dès que les fronts de taille reçoivent une certaine étendue.

Les tailles droites des Chevalières présentent tous les inconvénients des anciennes tailles chassantes en dressants (cf. n° 791). Cette méthode ne peut d'ailleurs s'employer que dans les bons terrains et les couches régulières. Elle a l'inconvénient de réduire l'effet utile de l'ouvrier à veine, et de rendre le boisage plus coûteux, puisqu'il faut soutenir le remblai.

808. Il faut enfin éviter de réserver, au dessus des étages en exploitation, des massifs de charbon qui pourraient empêcher le drainage du grisou de se produire.

Dans le cas où l'on a plusieurs couches voisines simultanément en exploitation, on a soin de pousser en avant, de plusieurs mois, les travaux de la couche la moins grisouteuse et la moins sujette aux éboulements. Lorsque cette couche est l'inférieure d'un faisceau en plateure, les cassures produites par son exploitation provoquent le drainage du grisou dans les suivantes.

Dans le but de faciliter l'évacuation du grisou, on maintiendra en bon état au moins deux voies de retour d'air en communication avec la taille. Pour la même raison, on donnera de larges sections aux voies de retour d'air et l'on mettra les portes de répartition du courant sur les voies d'entrée et non sur les retours d'air, afin d'éviter les renversements du courant, en cas de dégagement abondant.

Pour prévenir les éboulements dans les chantiers, on renforcera les boisages et on limitera la hauteur des étages.

Pour prévenir l'obstruction des tailles par projection de menu, on maintiendra les remblais à la plus grande distance du front de taille, compatible avec l'activité du courant nécessaire pour éviter l'accumulation du grisou; enfin on évitera tout encombrement des tailles qui pourrait mettre obstacle à la retraite du personnel.

809. Dans les travaux préparatoires, les mesures préventives sont surtout caractérisées par l'emploi de canars soufflants; les courants entrant et sortant sont séparés par trois portes dont une s'ouvrant en sens inverse des deux autres ou par deux portes seulement, munies de cliches solides. Des portes fermées au moyen de cliches seront de même pratiquées dans les cloisons d'aérage, pour permettre aux ouvriers de passer d'un compartiment dans l'autre.

On peut aussi employer avec avantage deux lignes de canars soufflants dont l'un atteint le front de taille et l'autre reste en arrière de plusieurs mètres, de manière à ne pas être obstrué en cas de projection de charbon menu.

Si l'on n'a qu'une ligne de canars, il convient d'y pratiquer, de distance en distance, des guichets ou des glissières permettant d'y faire des prises d'air. On a aussi préconisé, pour faciliter les sauvetages, l'emploi d'une tuyauterie d'air comprimé munie tous les 10 m. d'ajutages dirigés vers le sol et constamment ouverts. Cette tuyauterie bouchée à son extrémité serait munie, en deça des portes de séparation, d'une valve que l'on puisse manœuvrer par une corde longeant la conduite.

810. Quant au percement des communications d'aérage en veine, elles doivent réglementairement s'établir, autant que possible, en descendant; mais on sait que cette manière de procéder peut entraîner de telles difficultés que l'on doit souvent procéder par montage, ce qui se fait alors par une taille qui ne dépasse pas 5 m., avec deux voies réunies de distance en distance par des traverses munies de portes doubles, de manière à permettre aux ouvriers de passer d'une voie dans l'autre en cas d'accident. Cette taille est aérée par canars soufflants et précédée de 3 trous de sondage. Son avancement sera réduit à 1 m. par 24 heures.

811. ***Exploitation des filons métalliques par gradins renversés***. — La méthode des gradins renversés est généralement appliquée dans les filons métalliques dont l'inclinaison est ordinairement considérable.

Dans les filons minces et moyens, on donne aux gradins une faible hauteur, 1^m.80 par exemple, et une très grande longueur, 7 à 8 m., afin de pouvoir faire usage des explosifs sans danger pour les ouvriers qui travaillent aux gradins voisins (fig. 552).

La première entaille qui remplace ici le havage, se fait dans la salbande du filon.

Le remblai suit en gradins droits, recouverts souvent

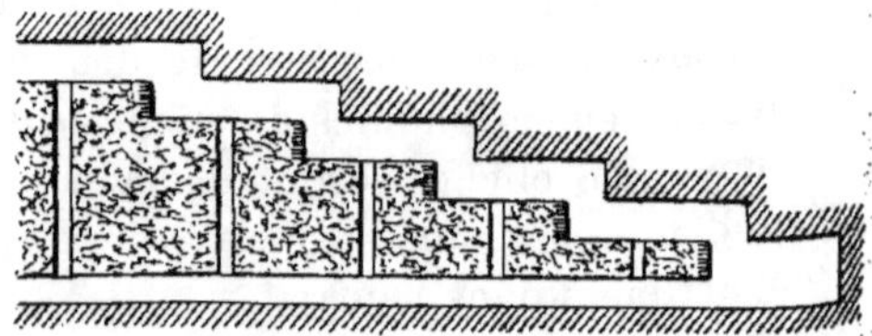

Fig. 552.

de planches, pour faciliter le triage et obliger à reprendre tous les morceaux à la main, de sorte qu'il n'y ait pas de matière utile perdue. Quelquefois on remplace ces planches par une couche d'argile, et dans le cas de minerais précieux, on peut même recueillir cette argile pour la faire passer à la préparation mécanique.

A chaque gradin correspond une cheminée ménagée dans le remblai, par où les produits descendent à la voie de roulage. Au gradin inférieur, on charge directement les wagonnets à la pelle.

La production n'est guère aussi intensive, dans les mines métalliques que dans les mines de houille, et il arrive souvent que l'on ne travaille pas en même temps à chaque gradin. Ceux-ci avancent donc d'une manière indépendante les uns des autres, ce qui est sans inconvénient, car les conditions d'aérage sont très différentes de celles des mines de houille. La même cheminée sert pendant longtemps. Le remblai ne suit pas immédiatement, ce qui n'est d'ailleurs pas nécessaire, puisqu'en l'absence du grisou, l'aérage peut être moins actif.

Le remblai se termine provisoirement par un mur en pierre sèche; il arrive cependant que certains filons donnent beaucoup de matière stérile, dès le premier triage dans la mine; dans ce cas, on est quelquefois obligé de faire descendre ces matières, comme le minerai, par les cheminées, pour les faire ensuite remonter au jour. Comme les terrains sont généralement solides, il n'y a souvent de boisages que dans la galerie de roulage.

812. La méthode des gradins renversés s'emploie aussi pour l'exploitation des filons puissants (Harz supérieur).

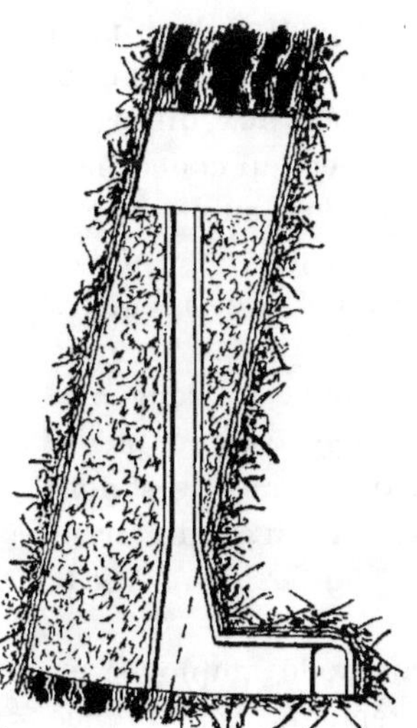

Fig. 553.

La galerie de roulage s'établit alors dans une des salbandes ou dans le mur et la longueur des gradins est assez grande pour ne pas devoir multiplier les cheminées. Aux mines de Clausthal, elle est de 10 à 20 mètres pour une hauteur de 3 m. en moyenne.

Lorsque cette hauteur est plus grande, on subdivise parfois le gradin en deux parties dont l'inférieure est en avance sur l'autre.

Les cheminées sont ménagées verticalement dans les remblais et maçonnés en moëllons (fig. 553). Elles se terminent par un élargissement qui aboutit à la galerie de roulage.

Cette construction étant coûteuse, on ne peut multiplier les cheminées, comme dans les filons minces ou moyens. On se contente d'établir une cheminée maçonnée pour deux gradins. Le filon étant puissant, l'exploitation de ces deux gradins dure assez longtemps pour justifier cette dépense.

813. *c.* Méthode par tailles en gradins droits. — La méthode par gradins droits (*Strossenbau*) s'applique parfois, dans les mines métalliques, filons riches et peu puissants (fig. 554).

Les gradins ont 2 m. de hauteur, et se suivent à 2 à 3 m. de distance.

Le remblai suit le front de taille à une faible distance et doit être soutenu par des boisages et des planchers d'autant plus solides que le gîte est plus voisin de la verticale. Cette méthode est donc caractérisée par une grande consommation de bois.

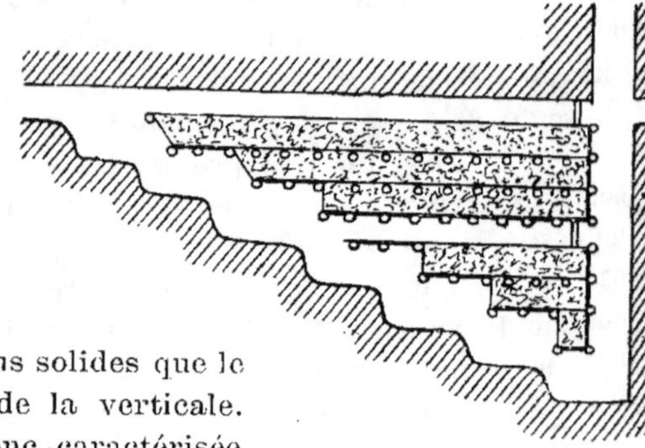

Fig. 554.

Elle présente aussi l'inconvénient que le travail de l'ouvrier n'est pas aidé par la gravité, que l'ouvrier piétine le minerai abattu, que les transports doivent se faire à bras de gradin en gradin et en général que les ouvriers travaillant aux différents gradins sont solidaires les uns des autres en ce qui concerne le transport. Ce sont ces inconvénients qui ont fait supprimer ce système, sauf dans certaines mines de métaux précieux où l'on peut faire sur chaque gradin un triage très soigné et recueillir les moindres parcelles de matière.

Dans les mines de houille du Nord de la France, on rencontre quelques rares exemples d'applications de ce système, dans des couches dont les terrains encaissants sont très mauvais et dont le charbon est trop ébouleux pour être exploité en gradins renversés. (Douchy, Veine Solferino de 1ᵐ.59; Anzin, Petite veine de 0.70).

Rappelons à titre de comparaison la méthode employée en Belgique dans certaines mines à dégagements instantanés (cf. n° 807).

814. 5. Méthode par traçage et dépilage. — Les méthodes par traçages et dépilages remblayés sont très diffé-

rentes suivant qu'elles s'appliquent : *a*) aux gîtes minces ou moyens que l'on exploite *entre toit et mur*; *b*) aux gîtes puissants que l'on est obligé de débiter *par tranches*.

815. a. Traçages et dépilages remblayés entre toit et mur. — L'ancienne exploitation des plateures du Centre en Belgique se rattachait à ce type.

Cette exploitation comprenait un traçage par lequel on circonscrivait un massif de 100 à 150 m. de largeur suivant l'inclinaison, compris entre une voie d'aérage et une taille chassante remblayée, poussée au bas de l'étage jusqu'à la limite du champ d'exploitation à partir de la communication d'aérage.

Le dépilage se faisait en retour, par tailles montantes successives de 16 m.; on n'attaquait une taille montante que lorsque la précédente était arrivée à la voie d'aérage et l'on abandonnait les voies thiernes devenues inutiles.

La raison d'être de cette méthode était le peu de résistance des terrains; la production était très retardée par la durée du traçage et très restreinte par suite du peu de points d'attaque.

Aussi n'a-t-on pas tardé à modifier cette méthode, en subdivisant la relevée de 100 à 150 m. par une taille chassante intermédiaire; on circonscrivait ainsi deux massifs de 50 à 75 m. dont on prenait l'inférieur par trois tailles montantes à la fois, en s'éloignant du puits. Le massif supérieur était ensuite dépilé par trois tailles montantes en revenant vers le puits.

816. *Méthode Westphalienne (Stossbau).* — Les méthodes avec remblais se sont développées en Westphalie, dès que l'on a mis en exploitation les couches minces ou impures qui donnent par elles-mêmes du remblai; on a d'abord appliqué aux plateures les méthodes belges par tailles chassantes.

L'exploitation avec remblais, rapportés au besoin de l'extérieur, ne s'est toutefois développée que vers 1880, lorsque les affaissements du sol prirent des proportions inquiétantes. Elle gagna de plus en plus d'importance, lorsque l'on reconnut les avantages du remblai au point de vue de l'aérage, dans les mines grisouteuses, de l'exploitation plus complète du gisement, de la sécurité du personnel, de la prévention des incendies souterrains, etc.

Le remblai faisant défaut, on utilisa comme tel, dans les couches de moyenne puissance, les résidus du triage et du lavage, les laitiers de hauts-fourneaux, etc.

817. Indépendamment des méthodes belges qui sont encore appliquées dans quelques charbonnages à couches minces, il s'est ainsi développé, en Westphalie, une méthode spéciale qui embrasse aujourd'hui la majorité des cas où l'on exploite par remblais et qui convient spécialement aux couches assez puissantes. C'est une méthode par traçages restreints et dépilages par taille remblayée le long d'une paroi en ferme *(Stossbau)*.

Cette méthode s'applique à des couches de toute inclinaison; la forme seule de la taille de dépilage varie avec celle-ci : la plus ordinaire est celle de la taille chassante qui d'ailleurs s'applique dans des conditions très variables. C'est même une des raisons pour lesquelles ce système est si généralement répandu aujourd'hui en Westphalie, quelles que soient l'inclinaison et la puissance de la couche.

818. Le traçage se borne à établir alternativement des plans inclinés à charbon et à remblai sur toute la hauteur de l'étage ou du sous-étage, ou sur une partie seulement de cette hauteur (fig. 555).

Le dépilage des massifs ainsi tracés se fait par une succession de tailles prises isolément à partir d'un plan incliné à remblai R, vers les plans inclinés à charbon C. Ces derniers sont toujours accompagnés d'un montage pour la circulation du personnel. Chaque taille est accompagnée d'une voie qui s'ouvre au-dessus

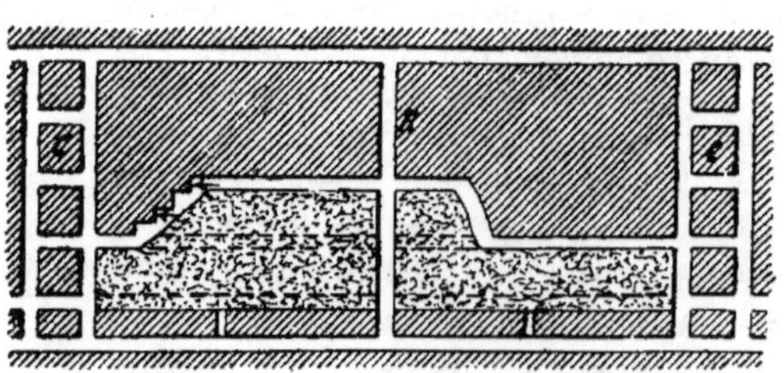

FIG. 555.

d'elle contre le ferme. Les produits de chaque taille vont aux plans inclinés à charbon par la voie maintenue ouverte au-dessus de la taille précédente et reçoivent de même le remblai par la voie qui s'ouvre, au fur et à mesure de l'avancement, contre le ferme au-dessus de la taille. On donne à ces voies une pente favorable au transport du remblai, comme au transport du charbon. Un plan incliné à charbon reçoit ainsi latéralement les produits des deux tailles, de même qu'un plan incliné à remblai fournit du remblai à deux tailles situées latéralement de part et d'autre.

819. Lorsque les inclinaisons sont très faibles, il arrive qu'on ne fait pas la distinction entre les plans inclinés à remblai et à charbon (fig. 556). Les plans inclinés servent indifférem-

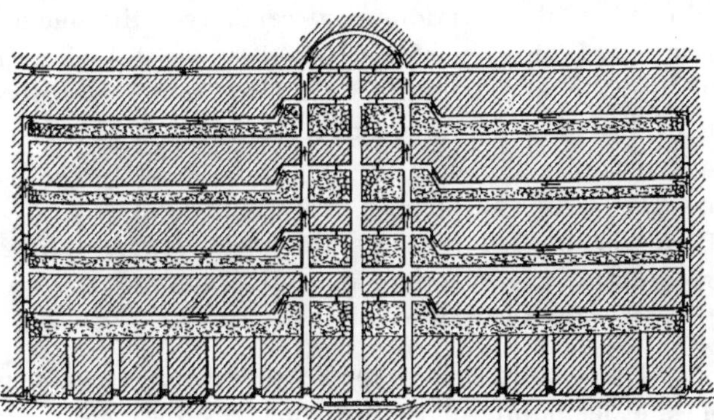

Fig. 556.

ment à l'un ou à l'autre de ces services. Dans ce cas les voies de transport sont maintenues strictement horizontales; on a l'inconvénient d'avoir un transport en remontant le long de la taille, mais cet inconvénient n'est pas grave, eu égard à la faible inclinaison et à la hauteur de la taille qui est peu considérable.

820. Le développement du front de taille varie beaucoup avec les circonstances. Tantôt il ne dépasse pas 2 m., soit la hauteur d'une galerie, tantôt et notamment en dressants, il varie de 10 à 30 m. Les fronts de faible hauteur s'emploient d'ailleurs aussi en dressants, dans le cas de mauvais terrains ou de charbons ébouleux.

En moyenne, la hauteur des tailles est de 5 à 10 m. en allure plate et de 10 à 20 m. en allure inclinée ou en dressants. La hauteur est moindre en allure plate, parce que le remblayage non aidé par la pesanteur est d'une exécution plus difficile. La hauteur des tailles en dressants augmente la production de

menu. Les houilles à coke en dressants s'exploitent en conséquence souvent par tailles de plus grande hauteur.

Le dépilage se fait en général par une seule taille droite, même
pour les fortes inclinaisons; mais pour de très hauts fronts de
taille en dressants, on le fait aussi par quelques gradins renversés (voir fig. 555 à la gauche du plan incliné R) et même
parfois par quelques gradins droits.

821. Au fur et à mesure de l'avancement du dépilage, le plan
incliné à remblai, partiellement remblayé, diminue de longueur
par le bas. D'autre part toute la hauteur des plans à charbon
n'est utilisée que quand on exploite la partie supérieure de
l'étage. Les plans inclinés à charbon peuvent en conséquence ne
pas être tracés d'emblée sur toute leur hauteur; on les allonge
alors par le haut au fur et à mesure du dépilage.

L'air venant de la voie de fond de l'étage est dirigé par des
portes obturatrices, monte par les plans inclinés au charbon,
pour se rendre aux tailles.

822. Dans cette méthode, l'exploitation procède par tailles
isolées et les points d'attaque sont très disséminés. Pour avoir
une grande production, il faut donc multiplier ces tailles et
avoir par suite de nombreux massifs tracés ou prendre simultanément plusieurs tailles isolées à différents niveaux sur
une même hauteur d'étage (fig. 556). On multiplie ainsi les points
d'attaque.

Lorsque ce système est appliqué dans des faisceaux de
couches rapprochées, on fait souvent communiquer les différents niveaux avec un puits intérieur, comme dans l'exploitation
sans remblai (cf. n° 739). On peut dans ces conditions arriver à
des productions considérables, malgré la dissémination des
points d'attaque.

Cette méthode ne laissant pas de voies intermédiaires
ouvertes, permet de remblayer plus complètement que les méthodes belges. Si l'on manque de remblai, on peut d'ailleurs ne
remblayer que partiellement, en maintenant ouvertes certaines
voies intermédiaires.

Elle a permis d'exploiter économiquement certaines couches
qui autrefois étaient abandonnées, comme trop minces ou trop
rapprochées d'autres couches pour pouvoir être déhouillées

sans remblai. Dans les couches assez puissantes, le prix de revient est généralement plus élevé que dans les méthodes sans remblai.

823. Exploitation avec remblais incomplets. — Dans les bassins où le grisou n'oblige pas à faire des remblais complets, on emploie souvent des *systèmes mixtes* où les traçages horizontaux se font par tailles remblayées, laissant entre elles des piliers en direction qui sont ensuite dépilés sans remblai, en revenant vers un plan incliné qui reste en ferme jusqu'à la fin du dépilage.

Cette méthode est quelquefois employée en Westphalie et dans le Nord de la France, mais elle ne peut s'appliquer qu'avec des charbons assez résistants.

Cette méthode peut également s'appliquer avec tailles montantes remblayées et piliers intermédiaires en inclinaison que l'on dépile en descendant sans remblai.

824. Dépilages dans les filons métalliques. — L'application des dépilages remblayés entre toit et mur se présente fréquemment dans l'exploitation des filons métalliques.

Un traçage préalable divise le filon en *lopins* rectangulaires dont on peut évaluer aisément la contenance. Ce traçage est indispensable, dans les mines métalliques, pour connaître la quantité de minerai *en vue*. Les filons étant en général voisins de la verticale, les lopins sont ensuite dépilés par tailles en gradins renversés, avec ou sans cheminées pour l'écoulement des produits. Ces gradins peuvent être disposés de différentes manières, propres à accélérer ou à ralentir le dépilage (fig. 557, 558, 559).

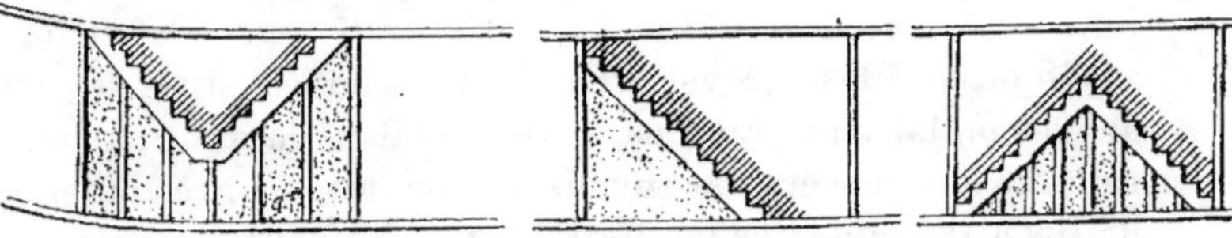

FIG. 557.   FIG. 558.   FIG. 559.

825. *b*. TRAÇAGES ET DÉPILAGES REMBLAYÉS PAR TRANCHES. — Les couches de plus de 3 à 4 m. de puissance ne peuvent être exploitées entre toit et mur. On doit par suite les diviser par *tranches*. Ces tranches peuvent être *inclinées*, c'est-à-dire prises parallèlement au toit et au mur, *horizontales* ou *verticales*.

Les couches puissantes ne donnant pas de remblai par elles-mêmes, on est obligé d'exploiter spécialement dans la mine certaines couches stériles pour servir de remblais, ou de faire venir ces derniers de la surface.

L'introduction des méthodes par tranches remblayées dans l'exploitation des couches puissantes a généralement eu pour but de supprimer les feux souterrains qui étaient la suite inévitable des éboulements provoqués par les anciennes méthodes sans remblai.

826. Les remblais que l'on introduit dans la mine doivent être bien choisis. L'argile est peu convenable, parce qu'elle se tasse ; mais elle présente la propriété d'empêcher l'accès de l'air. On peut utiliser cette propriété dans les mines sujettes aux incendies spontanés, en faisant des corrois d'argile ou des embouages dans les remblais. On fait également usage de corrois d'argile pour empêcher la filtration de l'eau à travers le remblai.

Les schistes pyriteux doivent être écartés, comme donnant lieu à des échauffements, notamment lorsque les remblais sont humides ; les cailloux de rivière ont l'inconvénient de ne pas se tasser et de laisser passer les gaz. Les laitiers et cendres d'usine, les résidus de laverie fournissent en général de bons remblais.

En Pennsylvanie, dans l'exploitation par tranches horizontales, on a même eu recours aux matières boueuses prises à la surface et introduites dans la mine par des trous de sonde, dans le but d'exploiter plus complètement que par la méthode des piliers abandonnés (cf. n° 719). Ce système a été récemment appliqué en Silésie (Myslowitz et autres mines), avec des sables, argiles ou laitiers granulés introduits dans la mine par un courant d'eau à travers des tuyaux de conduite en grès ou en fonte de 168 à 187 mm. Ces matières se tassent dans les vides par la pesanteur et les eaux décantées sont remontées à la surface par les machines d'épuisement.

827. Lorsque les profondeurs sont peu considérables, on laisse simplement descendre le remblai de la surface par une

cheminée; mais à mesure que la profondeur d'exploitation augmente, le problème de la descente du remblai se complique : il a été résolu de différentes manières.

Dès 1864, on employait à Blanzy des balances avec frein énergique et câble d'équilibre (cf. n° 570).

A St-Etienne, on a donné au câble d'équilibre un poids plus grand qu'au câble de la balance, de manière à produire un excès de puissance au départ, se transformant en résistance à partir du milieu de la course. Cette disposition a été ensuite modifiée, en attachant sous les cages des chaînes dont le poids est double de celui du câble et qui sont amarrées au milieu du puits (Puits de la Pompe).

On n'a pas tardé à munir les puits à remblais de véritables machines d'extraction d'autant plus puissantes qu'avec les taquets à soulèvement, il fallait soulever la cage chargée de remblais pour relever les taquets au départ. L'emploi de taquets à abaissement permet de résoudre ce problème, sans l'emploi de machines de force exagérée.

Les machines d'extraction à remblai sont souvent à bobines et câbles plats, de manière à rendre les moments égaux au départ et à l'arrivée. Le système Koepe a de même été appliqué à Montrambert pour la descente du remblai.

Pour combattre l'accélération, on fait usage de la contre-vapeur, de freins hydrauliques (Blanzy) ou de freins à ailettes se mouvant dans de l'eau. Ce dernier système, connu dans la Loire sous le nom de régulateur Villiers, est le plus répandu.

Au puits de la Pompe à St-Etienne, profond de 600 m. on utilise l'excès de puissance créée par la descente du remblai pour actionner des compresseurs d'air.

828. Dans l'exploitation des couches puissantes, on peut souvent remblayer en même temps que l'on exploite. Les wagons apportant le remblai quittent alors la taille avec un chargement de charbon. C'est ce que l'on a désigné, à la Grand' Combe, sous le nom de *roulage circulaire* ou *continu*. Les wagons chargés de remblais entraient autrefois dans la mine par une galerie à flanc de coteau supérieure et les wagons chargés de charbon sortaient au niveau inférieur, puis remontaient à vide au moyen des plans bisautomoteurs (cf. n° 475).

Le volume de remblai à introduire dans la mine est de 40 à 50 °/₀ de celui du charbon extrait, tandis que le poids est égal à celui de la houille extraite.

Lorsque le même puits sert à l'extraction du charbon et à la descente du remblai, un wagon de remblai descendant équilibre donc deux wagons de charbon à la remonte. Comme il faut exactement un wagon de remblai pour deux wagons de charbon, il n'est pas besoin dans ce cas de machines spéciales pour la descente du remblai.

829. *a*. Méthode par tranches inclinées. — On divise la couche en tranches inclinées successives, que l'on exploite comme si chacune d'elles était une couche d'épaisseur ordinaire.

La division du gîte en tranches inclinées n'est praticable que dans les couches de faible inclinaison, à cause de la difficulté de maintenir le remblai en place sous de fortes inclinaisons. Pour les inclinaisons très faibles, toutefois, la division en tranches inclinées n'est pas non plus sans présenter des difficultés, à cause de la grande longueur des recoupes horizontales entre le mur et le toit de la couche.

La méthode par tranches inclinées est plus particulièrement avantageuse, lorsque la couche est divisée naturellement en plusieurs bancs par des parties stériles. Chaque tranche correspond dans ce cas à l'un des bancs de la couche et les intercalations stériles restent en place.

830. Tel est le cas de la couche *Grand' Baume*, aux mines de la Grand' Combe.

Cette couche présente de haut en bas la composition suivante, qui est d'ailleurs loin d'être constante dans l'étendue de la concession :

$2^m.00$ banc supérieur.

$2^m.00$ rocher.

$2^m.15$ banc dit des *Planches* ou du *Lard*.

$0^m.30$ nerf blanc.

$2^m.10$ banc moyen (sans désignation).

$0^m.30$ nerf noir.

$6^m.00$ banc inférieur.

Le banc supérieur est traité comme une couche indépendante de l'exploitation des bancs inférieurs. L'exploitation de ces derniers se fait simultanément par 4 ou 5 tranches inclinées : le banc inférieur se prend, par exemple, en 3 tranches de 2 m.; puis le banc moyen et le banc des Planches forment chacun une tranche, ayant pour toit le stérile qui reste en place.

L'indépendance de l'exploitation du banc supérieur permet de pousser cette exploitation en avant des tranches inférieures, de manière à drainer le grisou qu'elles pourraient contenir.

L'exploitation des tranches inclinées se fait de bas en haut, c'est-à-dire que dans chaque tranche les dépilages sont en avance sur ceux de la tranche immédiatement supérieure.

Les voies d'introduction des remblais et de roulage du charbon sont établies en première tranche, de même que les plans inclinés faisant communiquer ces voies entre elles.

Ces plans inclinés sont tracés de 30 en 30 m. En 2e tranche, on utilise un plan incliné de 1re tranche, en le relevant et le recarrant, et ainsi de suite.

Les dépilages se font ordinairement en tailles chassantes de 12 à 15 m. avec voies intermédiaires reliant chaque taille au plan incliné. Quand la pente est trop forte pour permettre l'établissement d'une voie au front de taille pour le roulage circulaire, on dispose les chantiers en tailles montantes, de sorte que l'échange du remblai contre le charbon puisse se faire au front de taille même, ce qui nécessite toutefois un bon toit.

831. L'exploitation par tranches inclinées correspond en somme à l'exploitation simultanée de plusieurs couches très voisines.

Quant les fronts de taille des différentes tranches ne se suivent pas de très près, il peut être plus avantageux d'exploiter successivement ces tranches de haut en bas que de bas en haut. En exploitant de bas en haut, on expose en effet le charbon des tranches supérieures à se disloquer, ce qui peut provoquer des incendies; de plus les boisages appuyés sur les remblais sont moins résistants; dans l'exploitation de haut en bas, la pression produite par les remblais sur les boisages est moindre que celle des tranches du charbon supérieur. Quand on exploite de haut en bas, on a soin d'établir le remblai sur une couche d'argile damée de 0^m.40 qui servira de toit aux chantiers de la tranche immédiatement inférieure et empêche l'infiltration de l'air. C'est ainsi que la 15ᵉ couche du puits Mars, à St-Etienne, divisée par des nerfs stériles, est exploitée par trois tranches inclinées successives de haut en bas.

On n'exploite à Saint-Etienne, par tranches inclinées successives de bas en haut que les couches de moyenne épaisseur que l'on peut prendre en deux ou trois tranches, et lorsqu'il n'y a pas de grisou.

Dans certains cas, on n'exploite même la seconde tranche que longtemps, 15 ans par exemple, après la première, lorsque les remblais se sont complètement tassés. Cette dernière méthode a surtout pour but de régulariser l'aérage qui est conduit dans chaque tranche, comme dans une couche spéciale.

La méthode des tranches inclinées n'est applicable que dans des couches d'épaisseur très constante; car si l'épaisseur variait, il en résulterait une variation du nombre de tranches ou une variation de la hauteur des chantiers en dernière tranche.

Les variations d'inclinaison sont de même un obstacle à l'emploi de cette méthode. Nous avons vu en effet qu'à partir d'une inclinaison un peu grande, elle n'est plus applicable.

Il en résulte qu'on trouve en somme de rares occasions d'appliquer la méthode des tranches inclinées.

832. *b*. MÉTHODE PAR TRANCHES HORIZONTALES. — L'exploitation par tranches horizontales est la méthode classique d'exploitation des amas (fig. 560). On trace une première tranche horizontale de 2 m. à 2ᵐ.50 à la base de l'étage, en faisant une galerie de contour pour reconnaître exactement la forme de l'amas, et une galerie transversale suivant le plus grand axe de ce dernier. On dépile ensuite, par tailles remblayées *en travers*, de part et d'autre de cette transversale, jusqu'à la galerie de contour.

La première tranche étant exploitée, on prend une seconde tranche, en s'élevant sur les remblais de la première.

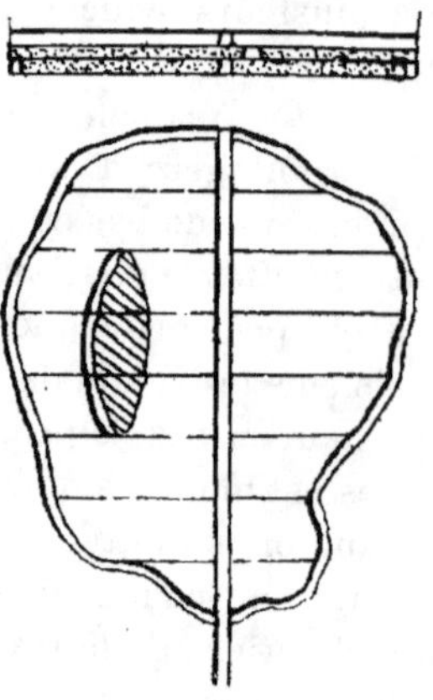

Fig. 560.

Mais pour cette seconde tranche et les suivantes le traçage se borne à la galerie transversale; la galerie de contour est devenue inutile, puisque la forme de l'amas est connue. On a soin de ne pas placer les transversales successives dans le même plan vertical.

Cette méthode permet de ne pas abattre les parties stériles de l'amas : les ouvrages en travers s'arrêtent à ces parties et l'on établit au revers une galerie de contour, d'où partent d'autres ouvrages en travers qui vont jusqu'aux limites de l'amas.

833. Dans les amas irréguliers de charbon, tels qu'il s'en présente quelquefois dans des crochons renflés, on procède de même, en reconnaissant l'allure au moyen d'une galerie de contour en première tranche, puis en traçant dans les tranches suivantes une simple galerie médiane et en dépilant par tailles en travers.

Dans les filons métalliques épais et dans les couches de houille puissantes, les tranches successives se prennent généralement de bas en haut. On n'exploite par tranches horizontales de haut en bas que si l'on craint la dislocation du charbon et les incendies.

Dans l'exploitation des couches de houille puissantes, on ne dépasse guère le nombre de 6 tranches par étage. Ce nombre dépend surtout de l'inflammabilité, de la dureté du charbon et de la rapidité que l'on veut donner au dépilage. Les tranches ont généralement $2^m.5o$ d'épaisseur.

834. La méthode par tranches horizontales a été employée dans la Grande Couche du Creusot à partir de 1840, à la suite des incendies provoqués par l'emploi de la méthode des piliers abandonnés. Cette couche très irrégulière rentre plutôt dans le type des amas que dans celui des couches réglées.

Les puits d'extraction et à remblais ont été placés du côté du toit, parce que le mur de la couche est composé de grès aqui-fère (fig. 561). De ces puits partent des travers bancs qui limitent un étage de 18 à 20 m. de hauteur; de ces travers-bancs partent à leur tour des galeries au rocher parallèles à la direction, réunies tous les 150 mètres par des plans inclinés pp', creusés également au rocher.

L'étage est divisé en trois sous-étages qui sont exploités

successivement de haut en bas, chacun d'eux étant déhouillé par trois tranches horizontales successives de bas en haut.

On recoupe la couche par un travers-banc partant du plan incliné, au niveau du premier tiers de l'étage, en partant du dessus. Ce niveau correspond à celui de la première tranche horizontale à déhouiller.

Le traçage de cette tranche se fait au moyen de galeries en direction au toit et au mur, reliées par des transversales laissant entre elles des piliers de charbon de 8^m.5o. On dépile ensuite ceux-ci par tailles en travers remblayées qui n'ont pas plus de 2^m.5o à 3 m. de large, lorsque les charbons sont ébouleux. On s'élève ensuite sur les remblais pour prendre de même la seconde, puis la troisième

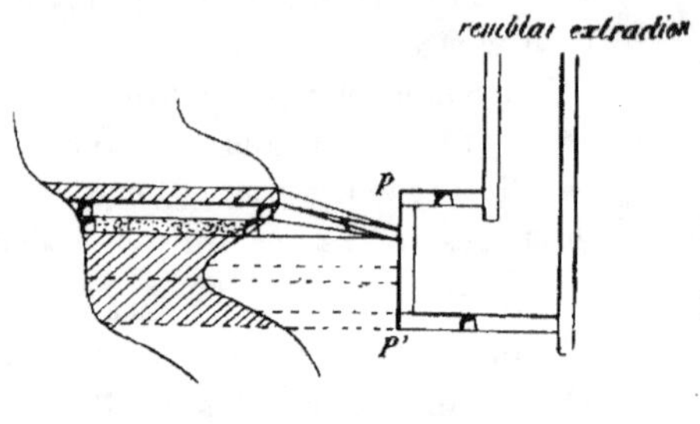

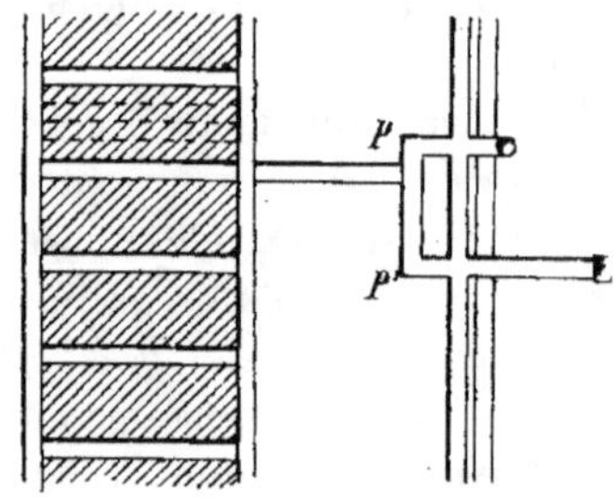

Fig. 561.

et dernière tranche. Pour l'exploitation de celles-ci, on relève le toit du travers-banc qui aboutit au plan incliné, et l'on remblaie partiellement le mur, de manière à modifier l'inclinaison de ce travers-banc dans les limites où le roulage reste possible.

Le grand développement des travaux préparatoires au rocher a ici pour but de localiser les incendies éventuels ; ils diminuent le danger du grisou et des poussières, et lorsque la couche donne de l'eau, ces travaux au rocher s'exécutent à sec.

835. L'emploi de l'air comprimé à Blanzy a amené une intéressante variante de cette méthode, permettant de faire des postes simultanés à remblai et à charbon, au moyen d'un puits unique servant à la descente du remblai et à l'extraction du charbon.

Les couches assez irrégulières atteignent parfois 18 m. de puissance. L'inclinaison varie de 15° à 25°.

On exploite par étages de 15 m. et par tranches horizontales de bas en haut.

Le traçage des tranches horizontales est plus sommaire que dans l'exemple précédent : il se compose d'une seule galerie de niveau au milieu de la couche, sauf dans les quartiers grisouteux où l'on trace deux galeries de niveau parallèles ; ce traçage se complète par des transversales, se terminant en cul-de-sac au toit et au mur de la couche. On dépile entre ces transversales par tailles chassantes, en retour vers un plan incliné muni d'un treuil à air comprimé qui sert à la remonte du remblai et à la descente du charbon. Pendant le dépilage, on trace la galerie de niveau de la tranche immédiatement supérieure, en l'attaquant en plusieurs points, par de petits montages au mur et ainsi de suite.

Cette méthode permet d'accélérer beaucoup le déhouillement de chaque tranche, condition reconnue, à Blanzy, comme étant la meilleure pour éviter les incendies, parce qu'elle permet de disloquer le moins possible et d'exposer, pendant peu de temps, au contact de l'air la tranche horizontale immédiatement supérieure à celle en exploitation. Les remblais suivent de très près le déhouillement, ce qui est de plus une condition favorable au bon aérage et à l'économie des boisages.

836. L'application de la méthode des tranches horizontales ne diffère guère d'une mine à une autre que par le plus ou moins grand nombre de tranches en exploitation simultanée et par la manière de pratiquer les dépilages. Le dépilage se fait : a) par tailles chassantes ; b) par tailles en travers.

a. Le dépilage peut se faire par une seule taille chassante avec voies de niveau au toit et au mur, servant au roulage et à l'aérage ; mais quand la puissance horizontale est grande, ce mode de dépilage est trop lent. Quand la puissance est moyenne, cette taille a moins de développement et s'il n'y a pas de grisou, on peut même se contenter d'une seule voie de niveau pour la desservir.

Les tailles chassantes peuvent se prendre en s'éloignant du plan incliné qui fait communiquer les tranches entre elles ou en retour vers ce plan ; mais dans ce dernier cas, il faut un traçage plus développé. Il est d'ailleurs à remarquer que dans l'exploitation des couches puissantes, les champs d'exploitation sont beaucoup moins étendus en direction que dans l'exploitation des couches minces.

b. Les dépilages en travers affectent des dispositions différentes, suivant la nature des charbons et l'allure des couches.

Comme exemple de dépilage en *couches puissantes en plateures*, nous prendrons celui de la Grande Couche de Commentry (10 à 15 m. de puissance moyenne); on procède par sous-étages de 3 tranches horizontales prises de haut en bas. Suivant la largeur de la traversée horizontale, on trace 1 à 3 galeries de niveau en direction avec transversales et l'on dépile par tailles en travers dont le front est dirigé, en tenant compte de la direction des clivages. On exploite simultanément deux sous-étages consécutifs, mais de telle sorte que les chantiers ne se superposent pas.

Lorsque les charbons sont durs, on peut prendre des tailles en travers de 60 à 70 m.; dans les charbons de dureté moyenne, on ne dépasse pas 3o à 4o m. et enfin dans les charbons tendres, on ne dépasse pas 15 m.

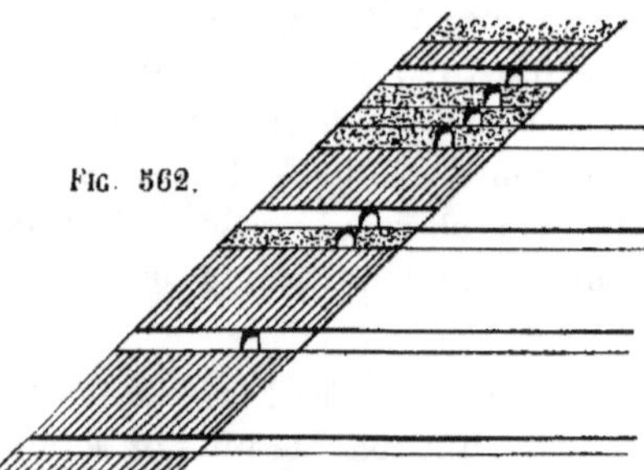

Fig. 562.

Dans les *couches puissantes en dressants*, la pression est ordinairement très grande et l'on évite les grands champs d'exploitation, ainsi que les sous-étages de grande hauteur.

La Grande Couche de Montrambert, peu grisouteuse, de 10 à 12 m. de puissance, à 45° d'inclinaison, s'exploite par étages de 5o m., divisés en 4 sous-étages exploités de haut en bas par 5 tranches de 2^m50 prises de bas en haut dans chaque sous-étage. On exploite simultanément dans trois sous-étages (fig. 562). Quand le charbon est moyennement dur, la galerie de niveau est tracée plus près du mur que du toit (fig. 563). On ne la met pas sur le mur même, parce que les schistes du

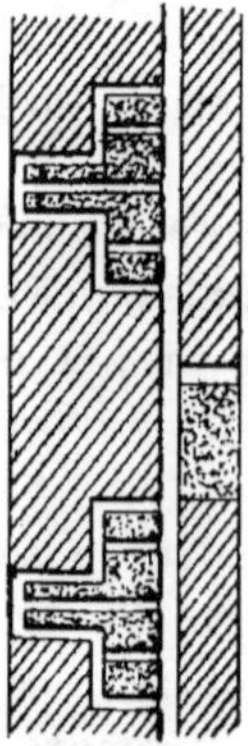

Fig. 563.

mur gonflent. Les dépilages se font de part et d'autre de cette galerie.

Vers le toit, on procède par tailles en travers de 7 à 8 m. occupant chacune 2 ouvriers. On multiplie les points d'attaque suivant les besoins de la production; les tailles peuvent se suivre à 3 m. de distance, de manière à ne pas laisser au charbon le temps de s'écraser, ce qui favorise, la production de gros. Du côté du mur, on dépile par une seule taille chassante.

837. En charbon dur et à nerfs, la méthode par tranches horizontales est moins économique que la méthode par tranches inclinées, surtout en traçage, parce que les havages recoupent les intercalations stériles et parce que la pesanteur n'intervient pas en faveur de l'ouvrier.

Dans les charbons moyennement durs, les conditions d'abatage sont égales dans les deux systèmes; il en est de même par conséquent de la production par ouvrier.

Le boisage des tailles est généralement plus coûteux en tranches horizontales, mais non le boisage des galeries et des plans inclinés qui souffrent moins que dans la méthode des tranches inclinées.

Le roulage est facile, même dans des couches d'allure irrégulière.

Le remblayage est plus difficile qu'en tranches inclinées.

L'aérage est plus défectueux, plus difficile à conduire, mais le drainage du grisou est plus efficace.

La méthode des tranches horizontales est absolument indépendante de l'inclinaison et de l'irrégularité de la couche. C'est ce qui lui fait donner la préférence dans la plupart des cas.

838. **Rabattages**. — La méthode des rabattages constitue une transition entre la méthode des tranches horizontales et celle des tranches verticales. Un type bien caractérisé de cette méthode est celui des mines de Bézenet (Allier). On y exploite une couche très irrégulière par étages de 24 m. et par tranches horizontales en montant.

Le traçage d'une tranche (fig. 564) se fait par une galerie de niveau au toit et par des traverses de 2 m. à 2m30 allant jusqu'au mur et limitant des massifs de 15 m. de large. Ces traverses se continuent par un petit montage sur le mur aboutissant à une seconde galerie de niveau dont le toit est à 6 m. au-dessus du mur de la première.

Le traçage s'appuie donc sur deux galeries de niveau distantes verticalement de 6 m. Pour dépiler, on élargit d'abord les traverses jusque 4 m., puis on rabat, en enlevant au-dessus de la traverse élargie, un massif de 4 m. de hauteur sur 4 m. de largeur et en revenant du mur au toit. On fait suivre de très près le front de taille

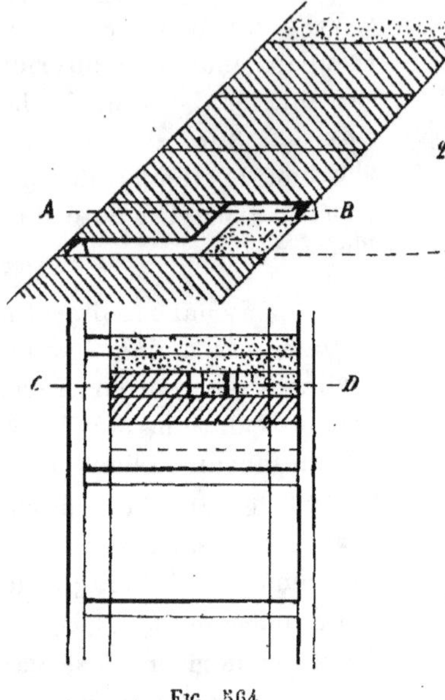

Fig. 564.

par un remblai bien serré. Le dépilage continue ainsi à se faire en deux fois, d'abord par ouvrages en travers de 4 m. de large sur 2 m. de haut, puis par rabattages.

Cette méthode a pour résultat de porter à 6 m. l'épaisseur des tranches horizontales, sans augmenter l'importance des traçages.

Le charbon étant dur, les tranches successives ne se disloquent guère; il arrive cependant, comme dans toutes les exploitations par tranches horizontales prises de bas en haut, que la dernière tranche de l'étage est fort réduite et ne donne presque pas de charbon, parce qu'elle s'affaisse avec les remblais de l'étage précédent. En charbon tendre, cette méthode serait inapplicable.

839. *c*. MÉTHODE DES TRANCHES VERTICALES. — La méthode des tranches verticales est très exceptionnelle. On exploitait autrefois ainsi, à Firmy (Aveyron), une couche très inclinée et sujette aux incendies, que l'on cherchait à dénuder à la fois

sur une très petite surface, par étages de 12 m., en traçant deux galeries de niveau à remblai et à charbon au milieu de la couche,

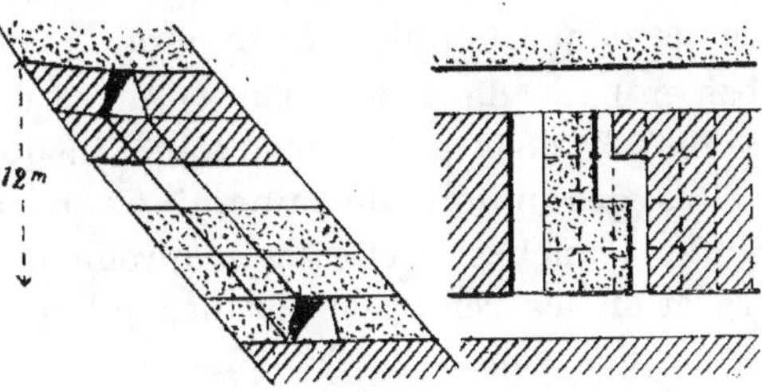

limitant la hauteur d'étage et réunies de 100 en 100 mètres par des cheminées suivant l'inclinaison (fig. 565).

On dépilait entre celles-ci par tranches verticales de 3 m. de

Fig. 565.

large et de toute la puissance de la couche, prises en montant et suivies immédiatement du remblai. Cette méthode qui rentrerait plutôt dans la catégorie des dépilages entre toit et mur, est très défectueuse, car elle ne permet qu'une très faible production, ne donne que du menu et rend l'aérage difficile.

840. ***Exploitation du gisement d'Almaden.*** — La méthode des tranches verticales trouve une application plus correcte aux mines de mercure d'Almaden, en Espagne, où la grande valeur du minerai permet de faire des remblais partiels en maçonnerie. La teneur moyenne est de 7 à 9 % de mercure.

Le gisement se compose de trois couches de quartzite presque verticales, imprégnées de cinabre, d'une puissance maxima de 8 à 10 m. et d'une étendue très restreinte en direction (180 à 200 m.) (fig. 566).

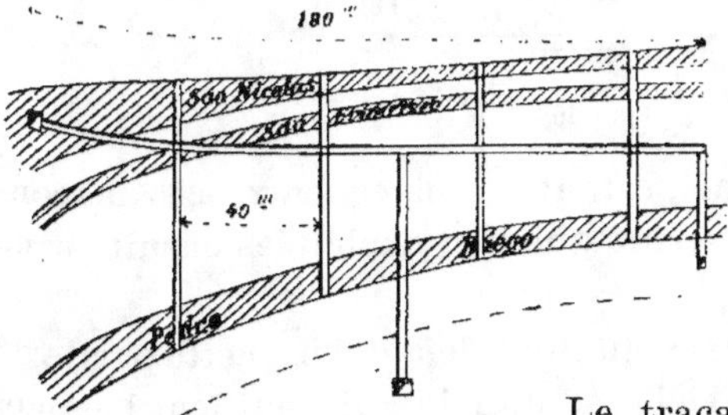

Fig. 566.

On exploite par étages successifs de 25 à 30 m. en descendant; l'exploitation arrivée à 313 m. au 11ᵉ étage, témoigne d'une augmentation constante de la richesse du gîte en profondeur.

Le traçage se fait dans la partie médiane de la couche où l'on établit une galerie de niveau, avec cheminées de 40 en 40 m., allant rejoindre la galerie de niveau de l'étage précédent.

On exploite ensuite une tranche verticale de 2 m. de large au

12

milieu du filon, par gradins renversés sans remblai, à partir d'une de ces cheminées (fig. 568); les ouvriers se tiennent pour cela sur des paliers en bois. Le vide laissé par cette exploitation est soutenu par des bois et de petits piliers de minerai.

On prend alors de bas en haut, de part et d'autre de ce vide, des tranches verticales de 3^{m}34 de large jusqu'au toit et jusqu'au mur, laissant entre elles des piliers de minerai de mêmes dimensions (fig. 567). Ces tranches verticales se prennent en regard l'une de l'autre et on les remplace par des piliers en maçonnerie supportés sur des voûtes et s'étendant du toit au mur, en ne laissant ouverts que quelques passages à différents niveaux (fig. 569).

Fig. 567.

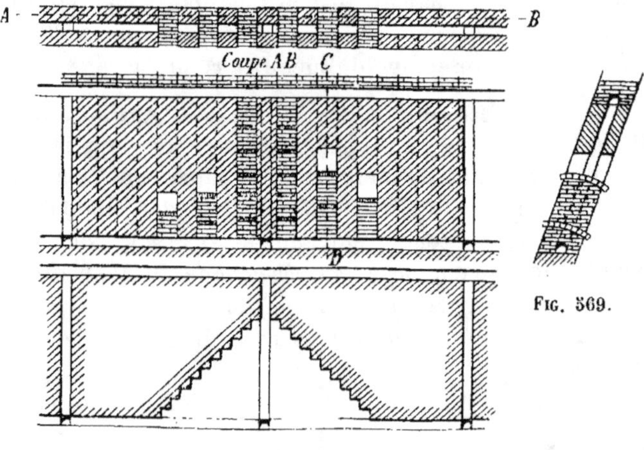

Fig. 569.

Fig. 568.

Les piliers de minerai restant en place entre ces maçonneries constituent des *réserves* qui sont exploitées ensuite sans remblai.

Le prix élevé des boisages qui font défaut dans cette partie de l'Espagne, et la grande richesse du minerai justifient l'emploi de cette méthode exceptionnelle. Le prix de revient du minerai est en effet très élevé. Les ouvriers ne travaillent que 4 à 4 ¹/₂ h. par jour et 2 à 3 jours seulement par semaine, à cause de l'insalubrité des vapeurs mercurielles. Leur salaire est de 4 à 5 fr. par jour de travail.

841. 6. Méthode par simples galeries. — Cette dernière classe d'exploitations avec remblais n'est au fond qu'un cas particulier de la méthode par tranches horizontales. Elle s'applique à des gîtes n'ayant guère plus que la largeur d'une galerie de mine. Tels étaient la plupart des gîtes de minerai de fer de contact qui sont entièrement exploités aujourd'hui en Belgique jusqu'au niveau des eaux. L'exploitation se faisait par petits puits creusés jusqu'au minerai qu'on exploitait, à partir du fond, par de simples galeries prises de part et d'autres du puits sur toute la largeur du gîte. On soutenait ces galeries par un boisage et on les remblayait en revenant et en déboisant. Chaque galerie correspond ainsi à une tranche horizontale prise en chassage. Les gangues plus ou moins ébouleuses obtenues en seconde tranche d'un côté du puits, étaient utilisées pour remblayer de l'autre côté la première tranche, et ainsi de suite en s'élevant jusqu'à l'affleurement (fig. 570).

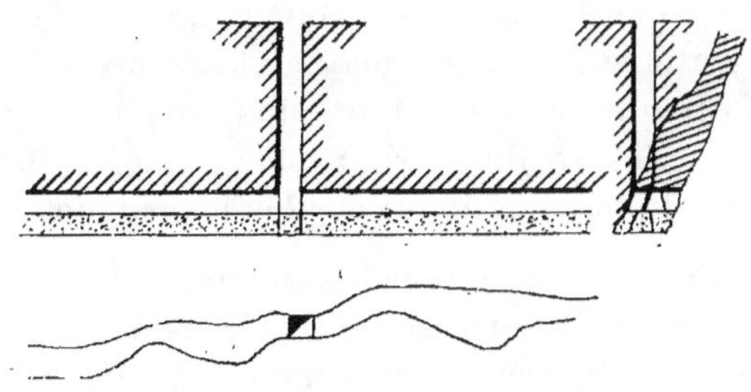

Fig. 570.

On exploite quelquefois encore de la sorte des filons métalliques peu puissants ou des parties en étreinte.

Remarquons l'analogie avec l'exploitation westphalienne par traçage et dépilage avec remblai, lorsque les tailles n'ont que la hauteur ou la largeur d'une galerie (cf. n° 820).

Influence de l'exploitation souterraine sur la surface.

842. L'influence de l'exploitation se manifeste à la surface du sol par des effondrements, des cassures, des affaissements qui peuvent provoquer des inondations, des tarissements de puits, des dégradations et même parfois des secousses analogues à celles d'un tremblement de terre.

Les éboulements du toit (foudroyages) qui suivent l'exploitation à peu de distance, ne doivent pas être confondus avec ces affaissements en masse. Ces éboulements ne s'étendent pas en général, par suite du foisonnement, à grande distance de la couche exploitée, à moins toutefois qu'il ne s'agisse de couches puissantes, exploitées sans remblai à de faibles profondeurs. Dans ces conditions spéciales, on observe parfois des effondrements en entonnoir s'étendant jusqu'à la surface (Haute-Silésie).

Des effondrements superficiels peuvent aussi se produire par suite de l'exploitation de couches en dressants, notamment lorsque le mur ou le toit est formé de schistes tendres. Ces effondrements sont dûs alors au glissement du massif de sûreté généralement réservé près de la surface.

D'après des recherches faites à Seraing, dans nos exploitations de couches minces remblayées, les dislocations cessent en général à une distance de la couche égale à dix fois son ouverture. Les affaissements en masse qui se produisent au delà de ces éboulements, sont d'autant plus sensibles que les roches éboulées ou les remblais sont plus compressibles et que les terrains sont plus plastiques et plus homogènes.

843. On a souvent cherché à déterminer théoriquement les limites superficielles des zones exposées aux affaissements par suite de l'exploitation d'une couche de houille. Mais ce problème est d'une solution difficile, car les affaissements ne se produisent pas suivant des lois invariables.

Une observation faite par l'ingénieur Toillez, en 1838, a été cependant généralisée sous le nom de *loi de la normale* et a longtemps servi de règle pour tracer ces zones, normalement à la surface de la couche exploitée, à la limite des parties fermes et des vides ou du remblai.

Dans cette hypothèse, on suppose que la partie affaissée ait glissé sur le plan d'une cassure normale qui se serait produite en cette limite.

On trouve en effet de nombreuses vérifications expérimentales de ce tracé dans des terrains en plateure et même dans des terrains inclinés jusqu'à 50°. Pour de telles inclinaisons, il est bien difficile cependant d'admettre que tout un massif rocheux ait pu glisser sur le plan incliné formé par la cassure normale; car les pierres *bien dressées* ne commencent elles-mêmes à glisser que sous un angle de 39 à 40° (Perronnet). De plus il est difficile de comprendre, en supposant la masse homogène, que la rupture se fasse suivant un plan oblique qui présente une résistance moindre qu'un plan vertical.

Ces objections n'ont pas échappé aux partisans les plus convaincus de la loi de la normale et l'on a fréquemment essayé d'établir mathématiquement la théorie des affaissements du sol.

844. Nous avons vu plus haut (cf. n° 699) que les règles théoriques établies par M. Tournaire pour calculer les dimensions des piliers à réserver dans les carrières souterraines, supposent que l'on ait à soutenir un plafond indéfini ou limité par un périmètre d'encastrement. Si ce plafond n'est pas soutenu, il se rompra par flexion et il y aurait lieu de déterminer ses sections dangereuses; la difficulté de ce problème s'accroît encore, si l'on suppose le plafond incliné, comme c'est le cas le plus général pour le toit d'une couche de houille. Ce problème peut cependant se simplifier, si l'on considère qu'entre deux voies de niveau, le dit plafond est rectangulaire et présente une très grande longueur par rapport à sa largeur; on peut admettre en effet que sa longueur est limitée par des joints, des fissures, des lignes de moindre résistance; le problème est ainsi ramené à la recherche des sections dangereuses d'une poutre encastrée à ses extrémités et chargée d'un poids uniformément réparti.

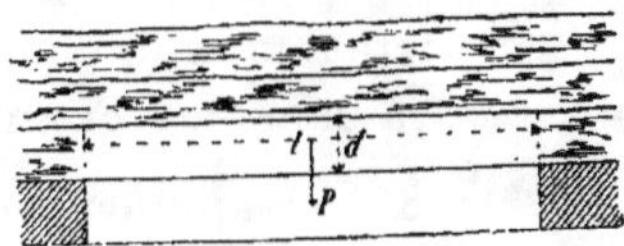

FIG. 571.

845. Pour une poutre droite encastrée de longueur l mesurée entre les sections d'encastrement, d'épaisseur d et de largeur b (fig. 571), la charge uniformément répartie qui produira la rupture, est :

$$P = k \frac{2\,bd^2}{l},$$

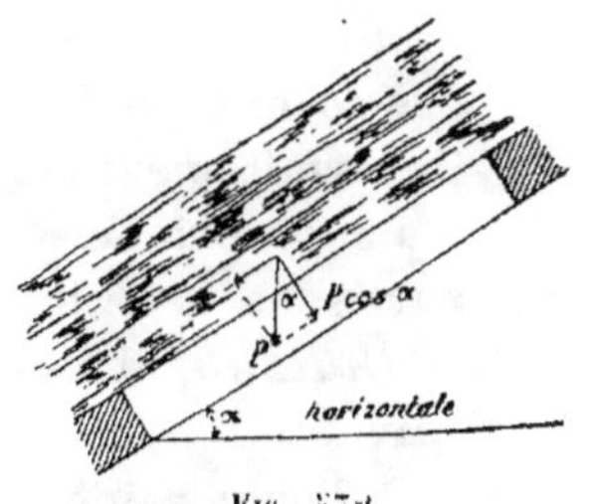

FIG. 572.

k étant le coefficient de rupture par flexion de la roche.

Pour une poutre inclinée, c'est la composante normale de ce poids qui constitue la charge à considérer (fig. 572) ; en appelant l'inclinaison α, on écrira donc :

$$P\cos\alpha = k\,\frac{2\,bd^2}{l}.$$

$$P = bdl \times D,$$

D étant poids du mètre cube de roche, soit pour le grès 2500 k.

Le coefficient de rupture par flexion du grès serait, d'après Weisbach, de 445000 kil. par m².

La rupture se produira donc pour une longueur :

$$l = \sqrt{\frac{k.\,2bd^2}{bd\;D\cos\alpha}}$$

soit pour le grès : $\qquad l = \sqrt{356\,\dfrac{d}{\cos\alpha}}.$

Cette longueur est indépendante de la largeur b ; elle est proportionnelle à $\sqrt{d}$ pour une inclinaison donnée. On voit que pour des épaisseurs de bancs de $0^m.30$ à $0^m.90$, il ne faut pas un porte-à-faux bien considérable pour provoquer la rupture. Celle-ci se produit au milieu du banc et dès lors le banc n'étant plus encastré que par une de ces extrémités, il faudra un porte-à-faux moindre encore pour provoquer la rupture qui se fera dans la section normale d'encastrement.

846. L'application de la théorie précédente au cas considéré soulève toutefois deux objections : 1° Elle suppose que la roche est d'une homogénéité parfaite, ce qui n'existe pas dans la nature ; 2° les coefficients de résistance à la rupture par flexion des roches qui forment le toit des couches de houille sont très imparfaitement connus.

La théorie ci-dessus semble toutefois donner raison aux partisans de la loi de la normale ; en l'exposant, en 1867, dans le *Glückauf* d'Essen, M. J. von Sparre présentait l'objection suivante.

Si l'on considère un banc incliné, la masse dont le poids tend à amener la rupture par flexion, n'est pas limitée par des normales à la couche, mais bien par des verticales aux points d'appui (fig. 573).

Or en considérant ces limites ver-ticales, les sections d'encastrement se modifient et il est facile de voir que le plan de rupture de la limite supérieure recule, tandis que celui de la limite inférieure avance [1]. Ces cassures se propageant de banc en banc se dessi-neront suivant des lignes brisées qui affectent à la partie supérieure la forme de gradins droits et à la partie inférieure celle de gradins renversés. L'ensemble de ces cassures partielles for-mera une cassure générale qui s'écartera de la normale, en se rapprochant plus ou moins de la verticale (fig. 574).

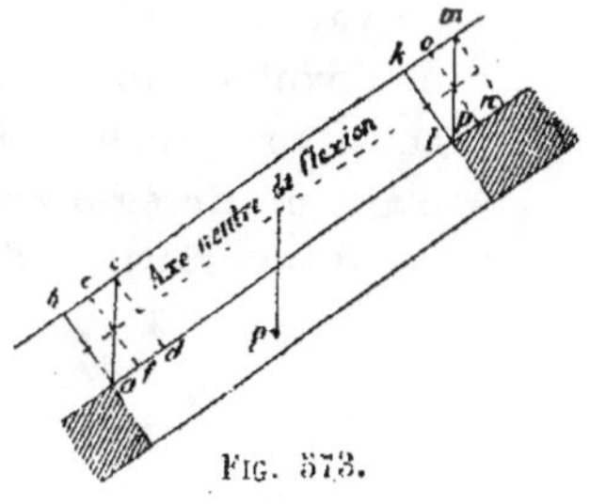

FIG. 573.

Le problème se complique, de plus de ce que vers le bas le banc incliné est comprimé, tandis que vers le haut, il est soumis à un effort de traction, ce qui a pour effet de déplacer les sections dangereuses.

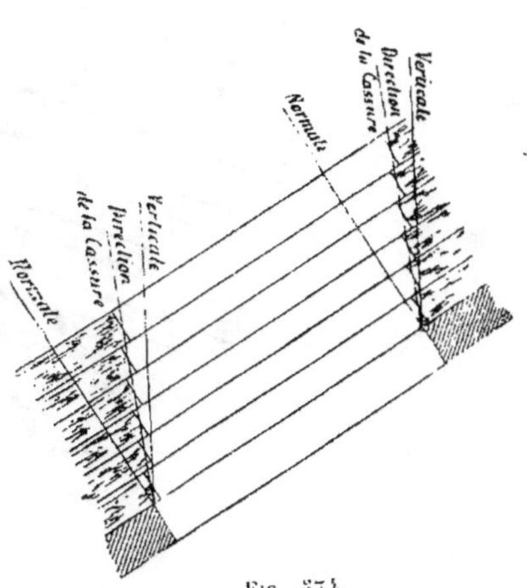

FIG. 574.

847. Pour rechercher expérimentalement les lois de propa-gation des affaissements, M. Fayol a placé dans une caisse à parois de verre des couches d'argile, de sable, de plâtre reposant sur des planchettes que l'on pouvait enlever pour provoquer l'affaissement des couches supérieures. D'après les croquis publiés par M. Fayol [2], on a observé des flexions sans rupture, avec décollement des couches, diminuant progressive-ment et cessant à une certaine hauteur. L'ensemble de ces dislocations est limité par une courbe en forme de voûte para-bolique. Cette courbe commence normalement à la couche

[1] Voir DWELSHAUVERS-DERY. Résistance des matériaux.
[2] *Bulletin de la Société d'industrie minérale*, 2e série, t. XIV.

exploitée, mais ne tarde pas à s'infléchir (fig. 575). La ligne suivant laquelle elle atteint la surface dépend de la profondeur de l'exploitation, mais s'écarte d'autant plus de la normale que cette profondeur est plus grande. Cette courbe s'infléchit d'ailleurs irrégulièrement dans un sens ou dans l'autre, lorsqu'il y a des variations d'inclinaison.

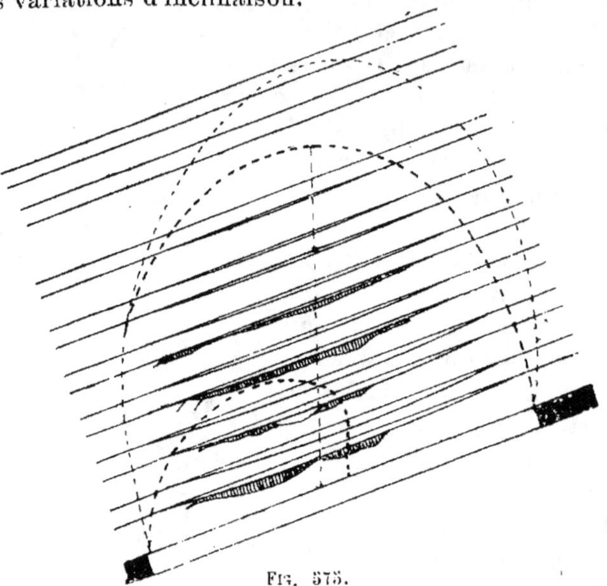

Fig. 575.

A propos des affaissements qui avaient mis sous l'eau une partie des terrains voisins de la ville d'Oberhausen, M. von Sparre avait déjà émis l'idée que les affaissements du sol pouvaient résulter de flexions sans rupture; mais ne considérant pas la diminution d'amplitude due au décollement des bancs, il avait conclu que la flexion se produisant à partir des sections d'encastrement, la limite des affaissements *par flexion* devait se propager en hauteur suivant la normale, tandis que celle des affaissements *par rupture* se propageait entre la normale et la verticale.

848. On voit que les considérations théoriques, quelque peu précises d'ailleurs qu'elles puissent être, expliquent que l'on observe des dégradations tantôt dans la direction de la normale, tantôt dans une direction plus ou moins rapprochée de la verticale.

Il ne faut donc pas généraliser l'une de ces hypothèses plutôt que l'autre et il faut en outre avoir égard aux déviations qu'une cassure première doit nécessairement subir, lorsque les bancs changent d'inclinaison ou sont recouverts de terrains meubles. En admettant par exemple que la rupture se fasse suivant des plans normaux aux bancs traversés, elle doit subir, à chaque changement d'inclinaison, des déviations normales à cette dernière, ce qui complique singulièrement le problème de la recherche des limites superficielles de la zone d'affaissement. Ce problème devient même inextricable, lorsque les affaissements peuvent provenir de l'exploitation de plusieurs couches superposées.

Il faut aussi tenir compte des cassures préexistantes ; il est évident que les cassures dûes à l'exploitation rencontrant une fissure naturelle ou artificielle préexistante, doivent être déviées par celle-ci. Les affleurements des failles ou des crains présentent donc toujours, pour la surface, des sections dangereuses.

849. Les cassures aboutissant à des morts-terrains de consistance différente du terrain houiller, sont aussi déviées dans ceux-ci. G. Dumont admettait que dans les morts-terrains horizontaux, les cassures se propagent d'abord suivant la verticale et, dans la couche la plus rapprochée du sol, suivant un angle

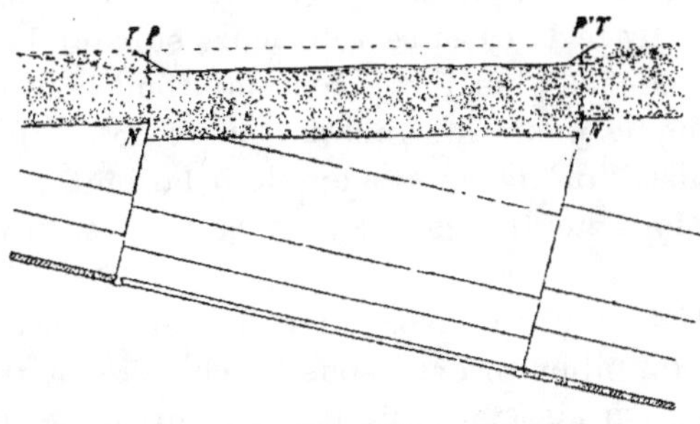

Fig. 576.

qui aurait pour limite le talus naturel des terrains meubles. Mais dans les terrains superficiels, il y a souvent affaissement sans cassure, les terrains meubles suivant simplement dans ce cas le mouvement des couches sous-jacentes (fig. 576).

S'ils contiennent des sables boulants, on peut observer des effondrements superficiels, dus à l'écoulement de ces sables dans les vides souterrains (Silésie).

En Westphalie, on admet que dans les marnes crétacées, les cassures dévient suivant un angle de 70° avec l'horizontale et que pour une épaisseur de marne de 200 m. ces cassures n'atteignent plus la surface, bien qu'il puisse encore s'y montrer des dénivellations. On peut, en effet, suivre à la surface, en Westphalie, le relief des espontes entre certains charbonnages, malgré 200 m. de marne.

850. Toutes ces circonstances doivent être soigneusement pesées, lorsqu'il s'agit de déterminer l'origine des dégradations attribuées à l'exploitation ou de définir les limites des massifs de sûreté à réserver pour protéger certaines constructions de la surface. Dans l'un ou l'autre cas, il est prudent de considérer comme suspecte toute la zone comprise entre la verticale et la normale.

On aurait même observé, paraît-il, dans le Hainaut, des dégradations au delà de la normale, à la limite supérieure des travaux; on les attribue au porte-à-faux occasionné par une première fracture normale ou verticale. C'est ce que l'on a désigné, dans le Hainaut, sous le nom d'*influence en comble*. Cette influence en comble est également admise en Westphalie où l'on trace empiriquement la cassure qui se produit à la partie supérieure d'une taille, sous un angle de 75° avec l'horizontale, alors que, pour des inclinaisons de 15 à 35°, on trace la cassure inférieure suivant la normale. Pour des inclinaisons plus fortes, on maintient la cassure inférieure à 55°, comme pour une inclinaison de 35°. En Westphalie, on admet aussi l'influence en comble à la limite, en direction, des exploitations houillères, en y traçant la cassure sous un angle de 75°.

En Silésie, où l'on observe très nettement les affaissements à la limite du pilier réservé sous les chemins de fer, on distingue une zone d'affaissement limitée par un angle de 63 à 80° avec l'horizontale et une zone de ruptures limitée par un angle de 79 à 87° avec la verticale. Cette zone de ruptures se manifeste par des cassures multiples en relation avec la flexion des couches sous-jacentes.

851. Quant à l'amplitude des affaissements, on admet, en Westphalie, qu'elle est donnée par la formule :

$$a = fp \cos \alpha$$

où p est la puissance de la couche exploitée, α son inclinaison et f un coefficient variable avec l'inclinaison et la présence ou l'absence du remblai.

Avec remblai, $f = 0.40$, pour $\alpha = 0$ à 10°.

$\qquad\qquad\qquad 0.30 \qquad\qquad 10$ à 35°.

$\qquad\qquad\qquad 0.25 \qquad\qquad > 35°$.

Sans remblai, f peut atteindre 0.80.

852. Les constructions qui se trouvent à l'intérieur d'une zone d'affaissement, descendent d'une pièce et ne subissent généralement pas de dommages sérieux ; car il ne se produit de cassures à l'intérieur de la zone que si l'exploitation a été incomplète et si l'on y a laissé des piliers, à la limite desquels peuvent se produire des ruptures. Les constructions les plus exposées sont celles qui se trouvent à la limite de ces zones.

Dans les questions relatives aux affaissements, il faut surtout faire grande attention aux coïncidences de dates : l'affaissement suit en général l'exploitation après un temps plus ou moins long que l'on peut quelquefois constater dans des terres incultes : c'est ainsi que dans les steppes de la Russie méridionale, on suit aisément la trace des voies de niveau souterraines. L'affaissement peut aussi se manifester pendant un temps plus ou moins long.

Il faut enfin avoir égard à l'existence d'anciens travaux voisins de la surface qui peuvent propager et aggraver les dégradations. L'influence des vieux travaux se fait notamment sentir, lorsqu'on vide les bains qu'ils contiennent ; l'eau servait en effet dans ce cas de support aux terrains supérieurs.

853. Il ne faut jamais d'ailleurs perdre de vue les nombreuses causes d'affaissement étrangères à l'exploitation. Telles sont la dissolution et l'entraînement de matières solides par les courants d'eau, les assèchements de couches susceptibles de retrait [1], la vétusté des constructions, les fondations défectueuses, les mauvais matériaux, la charge inégale du terrain

---

[1] Von Dechen a montré que les affaissements de la ville d'Essen n'étaient dus qu'indirectement à l'exploitation des houillères voisines et avaient pour cause directe le retrait des marnes asséchées par les épuisements (*Revue univ. des mines*, 1re série, t. XXVIII, 1870).

produite par l'accolement d'une construction pesante à une construction plus légère, etc.

L'influence des épuisements est notamment à considérer. On a calculé que la mine *Pluto*, en Westphalie, extrait par minute 4/3 m³ d'eau contenant 12.5 °/₀ de matières solides dissoutes (la marne westphalienne est salifère). Pour un épuisement de 700.000 m³, on enlève donc au sol 87.500 kg. de matières solides qui, à 2.5 de densité, représentent 35.000 m³, sans compter les particules solides entraînées, qui sont loin d'être négligeables [1].

------

[1] Voir sur la question qui fait l'objet de ce chapitre : *Des affaissements du sol produits par l'exploitation houillère*, mémoire adressé à l'Administration communale de Liége, par G. DUMONT (Liége 1871) et *Des affaissements du sol attribués à l'exploitation houillère* Réponse de l'Union des charbonnages, etc. au mémoire précédent (Liége 1875).

SECTION IV.

Administration.

ÉTABLISSEMENT DES PRIX DE REVIENT.

854. Dans l'exploitation de la houille, les prix de revient sont variables suivant les conditions locales du gisement le prix de la main d'œuvre et des matériaux.

Toutes les dépenses constituant les prix de revient se décomposent en trois éléments :

1° Main d'œuvre;
2° Consommations diverses;
3° Frais généraux.

855. 1° MAIN D'ŒUVRE. — La main d'œuvre constitue la plus grosse dépense. En Belgique, la main d'œuvre entre pour plus de 60 % dans le prix de revient de la houille. Cette proportion atteint 70 %, lorsque les salaires sont élevés, comme par exemple aux Etats-Unis.

La main d'œuvre d'un charbonnage se divise en main d'œuvre de *fond* et de *surface*.

En Belgique, on travaille ordinairement en deux postes : de *jour* et *de nuit*; c'est d'ailleurs l'organisation la plus ordinaire dans les exploitations avec remblai; l'abatage du charbon se fait le jour et le remblai la nuit.

856. Au fond, le *poste de jour* comprend :

1° Un *chef mineur* ou *maître ouvrier* (Liége), *chef porion* (Hainaut), *maître mineur* ou *gouverneur* (France), *overman* (Angleterre). Le *Steiger* en Allemagne est un employé d'un ordre plus élevé; il sort d'une École de mineurs et tient le milieu entre notre chef mineur et notre ingénieur directeur de travaux. Le chef mineur, homme d'expérience pratique, se trouve sous la direction immédiate de l'ingénieur directeur de travaux, généralement diplômé d'une École des mines. Ce dernier a la haute main sur tout le personnel et s'occupe notamment de tout ce qui touche aux salaires. Le chef mineur doit rester étranger à toute question de ce genre et ne s'occuper que de faire exécuter, avec intelligence et ponctualité, les ordres du directeur de travaux. La discipline si nécessaire dans les travaux du fond dépend essentiellement de cette division du travail.

2° Les *surveillants* (Liége), *porions* (Hainaut), *contremaîtres chefs de poste* (France) sont les subordonnés du chef mineur. Il n'y a ordinairement qu'un chef mineur par puits, tandis qu'il y a des surveillants en plus ou moins grand nombre, suivant que la mine est ou non grisouteuse.

Dans une mine à grisou, il y a un surveillant par chantier, lors même que le chantier ne comprend qu'un très petit nombre de tailles. On compte souvent, dans ce cas, un surveillant par 25 ou 30 ouvriers. Quelquefois il y a un surveillant spécial pour le roulage, dit *porion de trait*; alors la surveillance du chantier s'arrête au travers-banc.

En cas de travaux dérogeant aux prescriptions des règlements sur la police des mines, l'autorité administrative exige parfois l'adjonction d'un surveillant spécial non intéressé dans le travail.

3° Les *chefs de taille*, dans le bassin de Liége, sont de véritables entrepreneurs dirigeant une brigade d'ouvriers; lorsqu'il y a des absents, le surveillant du chantier leur fournit des ouvriers pour compléter la brigade. Ce jour-là ces ouvriers supplémentaires sont payés d'après la moyenne de l'entreprise.

4° Les *ouvriers mineurs, ouvriers à veine, piqueurs* (France) font le havage, l'abatage, le dépeçage du charbon et le boisage de la taille; on peut ici pousser plus ou moins loin la division du travail. Si le gîte s'y prête, par exemple dans les plateures, on peut faire exécuter le havage par des *haveurs* spéciaux, pendant le poste de nuit ; on peut aussi avoir des *boiseurs* de taille spéciaux.

5° Les *bouteurs* approchent le charbon de l'endroit où se fait le chargement dans les wagonnets.

6° Les *chargeurs* sont au nombre de un ou deux par taille, suivant la production de celle-ci. Ils doivent charger tout ce que les mineurs produisent.

7° Les ouvriers du transport, *rouleurs, traîneurs, hiercheurs* (Liége), *scloneurs* (Borinage), *conducteurs de chevaux* doivent enlever tout ce qui est chargé à wagonnets.

8° Les *accrocheurs* aux plans inclinés sont quelquefois préposés à la manœuvre des freins (*freineurs, moulineurs*); les *accrocheurs au puits*, ancienne dénomination datant du temps où l'on accrochait les berlaines au câble, sont aujourd'hui les ouvriers préposés aux recettes du fond.

9° Les *ouvriers en service général* sont les *marqueurs* qui s'occupent du contrôle de la main d'œuvre, les *serveurs*, jeunes ouvriers qui transportent les lampes éteintes et rallumées, ainsi que les bois (*serveurs-lampes* et *serveurs-bois, galibots* (France), les *lampistes* à la *caterie* (réduit où l'on peut rallumer les lampes dans le fond de la mine), les *palefreniers*, les *poseurs de rails*, les ouvriers aux *réparations*, aux *travaux préparatoires* et de *recherches*, (*bacneurs, avaleurs*, etc.).

857. A la surface, le poste de jour comprend :

1° Les *surveillants* de surface.

2° Les *receveurs* au puits (*rascoyeurs*, Liége), les ouvriers qui font les transports au jour (*gaillotteurs*, Liége), les ouvriers des culbuteurs, du triage, du lavoir (*basculeurs, classeurs, trieurs, nettoyeurs, laveurs*).

3° Les ouvriers spéciaux, tels que *chauffeurs, machinistes, toqueurs, lampistes, forgerons, ajusteurs, charpentiers, menuisiers, charrons, maçons, manœuvres, voituriers*.

4° Les ouvriers des magasins (*magasinier, garde-magasin*),

5° Le surveillant des ventes au détail (*maculaire*).

6° Le portier.

858. Au fond, le poste de nuit comprend :

1° Un *maître ouvrier de nuit*, en sous ordre du chef mineur du poste de jour.

2° Les *bosseyeurs* ou *mineurs au rocher* (France), les *remblayeurs*, (*ristapleurs* (Liége), *releveurs de terre* (Hainaut)), *haveurs*, *boiseurs* aux tailles et aux voies, les *traîneurs de pierres, sondeurs* ou *foreurs*.

3° Les ouvriers en service général : *serveurs de nuit*, ouvriers aux réparations (*raccomodeurs*, France).

859. A la surface, il n'y a en général, pendant le poste de nuit, que les chauffeurs et les machinistes, quelques manœuvres et un garde.

Cependant grâce à l'éclairage intensif que permet l'électricité, on peut effectuer certains travaux à la surface pendant la nuit : on peut par exemple prolonger le triage et le lavage pendant une partie de ce poste, etc.

860. Les ouvriers descendent dans la mine dans l'ordre où ils doivent travailler, à moins toutefois que les brigades ne se composent d'ouvriers de plusieurs catégories qui se réunissent au pied du puits, comme c'est l'habitude dans le bassin de Liége.

Dans le Hainaut, les ouvriers à veine descendent souvent une heure ou deux avant les chargeurs et les rouleurs et remontent de même, sauf dans les dressants où les cheminées pleines de la veille permettent de transporter dès le commencement de la journée.

Avant de remonter, le maître ouvrier de nuit a fait une tournée dans la mine ; il s'est assuré que tout était en ordre. Il remonte le dernier et rend compte de l'état des lieux au chef mineur du jour qui va descendre.

Après un chômage, on doit toujours faire visiter la mine par un surveillant (*porion de corvée*) qui descend avant le personnel, en compagnie d'un serveur.

861. Telle est l'organisation qui prévaut en Belgique. On a quelquefois cherché à la modifier, en travaillant en deux postes de jour au lieu du poste de jour et de nuit. L'abatage et le remblai se font alors simultanément, mais dans des tailles différentes ; il faut donc avoir à sa disposition un nombre de tailles doubles, ce qui augmente les frais d'entretien. On peut réaliser ainsi certaines économies, parce qu'on diminue le nombre d'ouvriers en service

général ; mais l'inconvénient le plus grave de ce mode de travail est de ralentir les travaux préparatoires qui ordinairement se poursuivent jour et nuit. On ne pourrait en aucun cas tolérer des intermittences complètes de travail dans des mines très grisouteuses.

Un système analogue fut essayé en 1898 au Charbonnage du Hasard, mais avec une disposition spéciale de tailles chassantes qui permettait de faire le remblai en même temps que l'abatage, et un petit poste de nuit exclusivement occupé des réparations et des travaux préparatoires.

Les essais de travail en deux postes de 8 heures au charbon, se relayant *pic en mains*, et un poste au remblai (travail à double poste) ont toujours échoué en Belgique et en France pour les raisons suivantes :

1° La perturbation qui en résulte dans les habitudes des ménages ouvriers ;

2° L'impossibilité pour le premier poste de prolonger son travail, de faire *un quart* de plus, s'il le désire ;

3° La diminution de la production et la réduction des salaires qui en est la conséquence.

4° La sécurité moindre, par suite du dégagement plus abondant du grisou résultant d'un avancement plus rapide et du partage de la responsabilité du boisage entre deux équipes.

En cas de presse cependant, on peut extraire jour et nuit, à condition d'avoir un nombre suffisant de tailles disponibles, mais la surveillance du poste de nuit à la surface est toujours difficile. Dans certains cas, on pourrait avoir avantage à travailler jour et nuit dans deux étages différents.

862. Dans les exploitations sans remblai, il y a beaucoup moins de différences entre le poste de jour et le poste de nuit et l'on peut, avec moins d'inconvénients, extraire pendant ces deux postes ; mais il reste toujours l'inconvénient d'ajourner certaines réparations et de devoir interrompre parfois le travail pour celles-ci, si les dimanches et jours de fête ne suffisent pas. L'exploitation sans remblai permet en général une production plus grande par jour, ainsi qu'une plus grande production moyenne par ouvrier, parce qu'on emploie proportionnellement un plus grand nombre d'ouvriers à veine.

863. L'effet utile de l'ouvrier mineur mesuré par la production moyenne annuelle dépend :

1º Des conditions du gisement, telles que puissance, allure, nature des roches encaissantes, etc.

2º De l'organisation du travail ;

3º Des qualités personnelles de l'ouvrier.

Si l'on considère une longue série d'années, on reconnaît que ce rendement ne cesse de s'accroître, grâce aux progrès de l'art des mines ; c'est, comme l'a dit M. E. Harzé, ce qui constitue *l'effet utile de l'ingénieur*. Il n'en est pas de même, lorsque l'on se borne à considérer un petit nombre d'années. On observe souvent alors une diminution de l'effet utile moyen, au cours des périodes de prospérité et de hauts salaires, diminution qui résulte de causes multiples et notamment de ce que dans les périodes de grande production, on fait appel à des ouvriers de moindre habileté professionnelle et de ce que d'autre part les ouvriers gagnant plus, exagèrent les jours de chômage.

En Belgique, la durée effective du travail des ouvriers à veine varie suivant les districts. Tandis que dans les mines à dressants du bassin de Liége munies de puits de service, elle ne dépasse pas 5 h. 3o pour les ouvriers à veine, elle est de 12 h. pour ces mêmes ouvriers, dans les mines en plateures du Centre. La durée du travail des ouvriers à veine entraîne pour les traîneurs qui doivent enlever le produit de l'abatage, une durée de travail respective de 6 h. 3o et de 14 heures. Ces chiffres résultent d'une enquête remontant à plusieurs années.

864. Le taux des salaires est réglé par la loi de l'offre et de la demande.

Le salaire varie en général avec le bénéfice de l'exploitant, c'est-à-dire avec la différence du prix de vente et du prix de revient. Dans le Pays de Galles, les exploitants s'étaient mis d'accord avec les ouvriers sur l'institution d'une *échelle mobile* qui réglait cette proportionnalité ; mais ce système n'a pu être maintenu, les ouvriers ne se montrant pas satisfaits de la progression adoptée. Dans d'autres districts anglais, on a adopté, de commun accord entre patrons et ouvriers, l'institution de Comités mixtes de conciliation, présidés par une personnalité indépendante et réglant la hausse ou la baisse des salaires par rapport à un salaire de base.

En Belgique, la statistique prouve que, sans qu'il existe de convention à cet égard, les salaires augmentent ou baissent de 10 % environ, lorsque le prix moyen du charbon varie de 10 à 15 fr., tandis que, lorsque ce prix est inférieur à 10 fr. ou supérieur à 15 fr., la variation n'est plus que de 5 % en moins ou en plus.

865. Le mode de rétribution doit intéresser l'ouvrier à produire le plus et le mieux possible. On peut adopter différents modes de rétribution du travail :

1° *Travail à la journée.* Ce système a le grave inconvénient de mettre l'intérêt de l'ouvrier non consciencieux en conflit avec celui du patron ; mais on ne peut toujours l'éviter dans les mines, parce que certains travaux ne sont pas susceptibles d'être autrement rétribués. Tels sont les travaux d'entretien ou de réparation, les travaux exceptionnels, tels que creusement d'une chambre de machines, de l'emplacement d'un serrement, les travaux irréguliers ou dangereux en général.

2° *Travail à la tâche.* Ce système ne tient aucun compte de l'habileté professionnelle ; car la tâche étant la même pour tous les ouvriers d'une même catégorie, le salaire est égal pour tous ; le mauvais ouvrier est payé comme le bon et ce dernier ayant fini sa tâche en moins de temps que le premier, n'est pas libre de profiter de son habileté pour faire plus. Ce système ne présente donc d'avantages qu'au point de vue de la simplification des relevés des salaires.

Dans certaines méthodes d'exploitation, que ce système est indispensable rappelons toutefois pour obtenir la régularité de l'avancement de la taille, par exemple dans les tailles en gradins renversés où chaque ouvrier doit avancer de la même quantité pour que le front de taille avance toujours parallèlement à lui-même (cf. n° 793).

Dans des couches irrégulières, la tâche peut être déterminée périodiquement, pour l'ensemble des ouvriers à veine, par le chef mineur ou le surveillant, de manière à maintenir un salaire à peu près constant à l'ouvrier.

Dans le travail à la tâche, l'ouvrier n'est nullement intéressé à la production ; mais s'il ne fait pas sa tâche, il est *carré*, c'est-à-dire mis à l'amende pour une fraction de son salaire (1/5 au plus d'après la loi belge).

3° *Travail à pièces ou à marché.* Dans ce système, l'ouvrier peut produire autant que ses forces et son habileté le lui permettent, entre les limites de temps fixées pour la descente et la remonte du personnel. Ce système stimule l'intelligence et l'activité, car chacun est rémunéré suivant son travail. C'est le système le meilleur et le plus répandu en Belgique, tout au moins dans les plateures.

Ce mode de rétribution peut ne pas être individuel, mais s'appliquer à un ensemble d'ouvriers concourant au même travail. Il porte alors le nom de *travail à l'entreprise*. C'est généralement le cas, pour l'ensemble des travaux d'une taille. On conclut avec le chef de taille pour une durée d'au moins 15 jours ; dans le Borinage, on conclut souvent même pour 8 jours ; mais une durée insuffisante de l'entreprise expose l'ouvrier à voir réduire son salaire, au moment même où son effet utile augmente.

Les entreprises sont l'objet de conventions verbales ou écrites avec le directeur de travaux, réservant les cas de dérangements et de force majeure en général.

Le chef de taille constitue une caution, ordinairement créée par une retenue de 2 à 5 %, pour le cas où ses ouvriers quitteraient le travail.

Pour certains travaux, on peut procéder par *adjudication* (creusement de bacnures ou de puits, bosseyements, chassages, montages, etc.). Pour les travaux à la veine, le *marchandage* est préférable.

Les entreprises sont plus ou moins complètes : la brigade peut comprendre, outre l'abatage, le boutage, le chargement, le roulage et même l'entretien des voies jusqu'au plan incliné le plus voisin ou jusqu'au point de la bacnure desservie par chevaux.

Ces divers travaux peuvent aussi être l'objet d'entreprises différentes rendues solidaires les unes des autres : l'entreprise de transport doit s'engager à enlever tout ce qui est produit par l'entreprise d'abatage. Les entreprises solidaires se contrôlent et se surveillent mutuellement.

Le travail à marché ou à l'entreprise a toujours pour effet de réduire la surveillance et le contrôle à un minimum déterminé par la sécurité du travail et par la bonne qualité du produit. Il suffit en effet de controler et de vérifier le résultat obtenu.

866. La base d'une entreprise d'abatage peut être la *surface* déhouillée ou le *nombre* de berlaines produites.

L'inconvénient de prendre comme base la surface déhouillée est que cette surface peut affecter des formes géométriques irrégulières qui échappent au controle de l'ouvrier. La loi belge exige que l'ouvrier puisse, dans tous les cas, établir un contrôle sur le mesurage de son travail. De plus, dans ce système, l'ouvrier n'a pas d'intérêt à séparer le plus possible le charbon des pierres destinées au remblai.

Le système d'entreprises basées sur le nombre de berlaines produites est préférable, parce que le contrôle est plus facile. L'ouvrier recueille, dans ce cas, tout le charbon abattu, mais peut d'autre part avoir une tendance à augmenter la proportion de pierres contenues dans le charbon ou à remplir insuffisamment les berlaines. Il faut donc plus de surveillance, mais cette dernière est facile. Les berlaines contenant trop de pierres ou mal remplies sont simplement déduites du nombre total.

Dans certains bassins, on a institué des primes à la propreté du charbon ou à la proportion de gros que l'on fait charger à part; ces primes n'existent pas en Belgique, parce que la valeur des catégories dépend surtout des manutentions de la surface (triage et lavage).

Dans des exploitations rudimentaires (petites mines russes et espagnoles), on met quelquefois à l'entreprise l'exploitation entière de la mine. Ce système est toujours dangereux, car, sous une apparence de prix de revient avantageux, il entraîne comme conséquence le gaspillage de la richesse minérale, l'insuffisance des mesures de sécurité et l'exploitation du personnel ouvrier par l'entrepreneur.

Il faut distinguer de ce dernier cas celui de l'*exploitation à forfait*, telle qu'elle se pratiquait dans le Couchant de Mons où l'exploitation par couche ou par faisceau de couches était remise à des Sociétés payant une redevance par valeur ou par tonne des charbons extraits. Cela revient, dans ce cas, à une véritable location au profit du concessionnaire, analogue à celle des mines dont la loi, dans certains pays, attribue la propriété au propriétaire du sol (Angleterre, Russie, Hongrie [houilles et lignites], Toscane, Sicile, etc.).

867. **Contrôle de la main d'œuvre.** — Le contrôle de la main d'œuvre consiste à constater que l'ouvrier est descendu, qu'il est allé travailler et qu'il continue à travailler.

Le contrôle de la descente se fait par les lampes. L'ouvrier est porteur d'un jeton sur lequel est inscrit le numéro de sa lampe. L'ouvrier remet ce jeton à la lampisterie en échange de cette lampe, et l'on suspend le jeton au crochet qui portait cette dernière.

L'ouvrier se fait inscrire de plus par un *marqueur* qui dresse des listes d'ouvriers, avec numéros en regard, et qui prend note en même temps du chantier où se rend chaque ouvrier, de sorte que l'on sait toujours, par le contrôle des lampes, le nombre et le nom des ouvriers qui sont descendus, et, par les registres, le chantier où ils travaillent. Ce chantier est déterminé par les surveillants qui distribuent les tâches, en complétant et répartissant le personnel au pied des puits (c'est ce qui s'appelle, dans le pays de Liége, *atteler l'herna*).

On se contente souvent de ces contrôles du lampiste et du marqueur qui doivent correspondre. Ce sont les seuls efficaces en cas d'accident. Mais, souvent, on fait faire un nouveau contrôle à l'intérieur des travaux par un *marqueur ambulant* qui parcourt les tailles et prend note des ouvriers qui se trouvent dans chacune d'elles.

Les carnets des maîtres-ouvriers, surveillants, chefs de taille sont contrôlés par les listes tenues par les marqueurs.

Le contrôle à la sortie se fait par l'échange des lampes contre les jetons déposés à la lampisterie.

Le plus ou moins de complication de ces contrôles dépend du développement du travail à pièces.

868. **Prix de revient de la main d'œuvre par taille.** Le meilleur guide pour la direction des travaux consiste à établir, à intervalles réguliers, le prix de la main d'œuvre

dans chacune des tailles exploitées. On dresse pour cela des tableaux qui permettent de comparer l'exploitation des différentes tailles. On trouvera ci-contre la disposition d'un tableau de ce genre.

Il faut en outre répartir sur la production totale le personnel en service général dont l'énumération est faite dans un tableau spécial :

	Nombre.	Salaire.
Accrocheurs,	»	»
Serveurs,	»	»
Poseurs de rails,	»	»
Palefreniers,	»	»
Surveillants,	»	»
Rallumeurs,	»	»
Bacneurs,	»	»
Ouvriers aux réparations générales, etc.	»	»

La production de chaque taille est contrôlée par les cachets que les chargeurs à la taille accrochent à chaque berlaine; ces cachets portent le numéro de la taille correspondante. Ils sont recueillis par les ouvriers de la recette du jour et enfilés sur des broches auprès du puits, de manière qu'à la fin de chaque journée, on peut compter le nombre de berlaines produites par chaque taille.

Connaissant la production et la dépense de main d'œuvre afférant à chaque taille, on en déduit le prix de la main d'œuvre par tonne dans la dite taille.

COUCHE .... TAILLE N° ....

DATES de la quinzaine	Surface exploitée		Production	Chef de taille		Haveurs-mineurs		Bouteurs 1e cl.		Bouteurs 2e cl.		Bouteurs 3e cl.		Ros-seyeurs		Remblayeurs 1e cl.		Remblayeurs 2e cl.		Remblayeurs 3e cl.		Boiseurs		Sondeurs		Ouv. aux répar.		Chargeurs		Traineurs		Conducteurs		Nombre total d'ouvriers	
	Haut'	Avanc'		n.	sal.	n.	sal.	n.	sal.	n.	sal.	n.	sal.	n.	sal.	n.	sal.	n.	sal.	n.	sal.	n.	sal.	n.	sal.	n.	sal.	n.	sal.	n.	sal.	n.	sal.	jour	nuit (1)
Lundi { Jour { Nuit																																			
Mardi { Jour { Nuit																																			
Mercredi { Jour { Nuit																																			
etc.																																			

(1) n = nombre — sal = salaire.

Ces opérations ne se font pas par les employés de la comptabilité; il importe, en effet, de posséder ces renseignements promptement et à intervalles réguliers, tandis que la comptabilité ne pourrait les fournir que tardivement, après passation des écritures.

Il y a certaines difficultés à obtenir exactement ces renseignements en temps utile, dans les mines où le travail a l'entreprise est très développé, parce que le salaire exact n'est connu qu'à la fin de chaque entreprise. Comme il ne s'agit pas ici de pièces comptables, mais d'un simple renseignement approximatif propre à guider le directeur de travaux, on peut adopter, sans inconvénient pour les diverses entreprises, la moyenne des salaires de la semaine ou de la quinzaine précédente.

Si l'on remarque de grands écarts dans le prix de la main-d'œuvre de l'une des tailles, ces tableaux permettent de se rendre compte d'où l'écart provient. On peut encore y ajouter une colonne relative à la dépense en bois de chaque taille, parce que c'est là encore un élément important et variable du prix de revient général.

869. 2° Consommations diverses. — Les consommations diverses sont les suivantes, rangées dans l'ordre de leur importance :

1° *Bois.* — Le bois est la plus forte de ces consommations. La dépense en boisages dépend de la nature des roches encaissantes et de l'allure. Elle s'élève en Belgique de fr. 0.50 à 0.70 par tonne dans les plateures et jusqu'à fr. 1.60 dans les dressants.

2° *Charbons.* — Les charbons consommés par la mine pour le chauffage des chaudières et des locaux habités sont quelquefois simplement déduits de l'extraction, sous prétexte qu'on utilise des produits invendables, charbons barrés, poussiers, schlamms. Cette manière de faire tend à disparaître, depuis que les progrès de la préparation mécanique permettent de transformer toute l'extraction en produits vendables. Il vaut mieux compter les charbons ainsi consommés comme livrés à la mine à leur prix de revient.

L'utilisation des flammes perdues des fours à coke pour le

chauffage des chaudières diminue cette consommation ; elle est devenue la règle dans certains bassins ; tel est celui de West-phalie où la fabrication du coke doit souvent être alimentée, pour produire la vapeur nécessaire à la mine.

Les économies de combustible ont une grande importance, car les charbonnages consomment en moyenne 9 à 10 °/₀ de leur production brute pour leurs propres usages. La proportion en Belgique est de 2 millions de tonnes sur 22 millions de tonnes de production brute.

3° *Huiles, graisses et chandelles.*

4° *Paniers, balais, brouettes.*

5° *Fers, fontes et aciers* (clous, rails, chaînes, outils, etc.).

6° *Cordages, cuirs, courroies, vêtements imperméables, caoutchouc, bourrages, couvertures, mèches de lampes.*

7° *Explosifs.* — Cette consommation est souvent payée par les ouvriers, les explosifs étant au nombre des objets de consommation qu'en Belgique la loi permet de fournir aux ouvriers au prix coûtant. Cette dépense est souvent très importante, surtout dans les mines métalliques.

8° *Matériaux de construction* (briques, chaux, sable, ciment, béton, pierres, ardoises, tuiles, etc.).

9° *Alimentation des chevaux* (avoine, foin, paille).

10° *Objets divers* (couleurs, médicaments, etc.).

870. Les objets de consommation sont pour la plupart conservés dans des magasins desservis par un *garde-magasin* ou *magasinier.*

Les achats doivent se faire de manière à assurer la bonne qualité et le bon marché de chaque marchandise.

Pour réunir ces deux conditions, on a recours ordinairement à des adjudications restreintes à quelque bons fournisseurs, en se réservant la faculté de choisir parmi les soumissionnaires.

Pour obvier aux abus qui pourraient provenir d'une entente entre acheteur et vendeur, les soumissions doivent être approuvées par le directeur-gérant, sur le rapport du directeur de travaux ; le magasinier est simplement chargé de la réception de la marchandise. Il vérifie le poids de toutes les marchandises et tient des écritures, comme un commerçant de détail.

Pour contrôler l'emploi des marchandises en magasin, il les délivre en détail contre des bons extraits d'un registre à souches et signés par le directeur des travaux ou le chef de service. Le livre de magasin ouvre autant de comptes qu'il y a de marchandises. Le magasinier y inscrit les entrées et les sorties avec leurs dates.

On fait souvent passer fictivement par le magasin toutes les matières consommées, afin d'avoir un contrôle aussi complet que possible de ces dernières.

Tous les trois mois, on dresse un inventaire approximatif et tous les ans, un inventaire général du magasin.

Ce dernier doit être disposé de manière à faciliter l'inventaire, en observant que certaines marchandises devront être pesées et d'autres simplement comptées.

871. 3° FRAIS GÉNÉRAUX. — Les frais généraux sont en partie portés régulièrement au prix de revient et en partie inscrits au passif du compte annuel de profits et pertes. Ils se composent des postes suivants :

1° *Frais d'administration générale* comprenant dans les Sociétés anonymes : 1° Les appointements des Conseils d'administration et du Collège des commissaires. Ces frais sont ordinairement prélevés en tout ou en partie par un tantième sur les bénéfices, et portés à la fin de l'année au passif du compte de profits et pertes. 2° Le traitement du directeur-gérant, comprend une partie fixe, passée par mois au prix de revient, et un tantième variable avec les bénéfices, porté comme ci-dessus au passif du compte de profits et pertes. 3° Les traitements afférant aux services technique, financier et commercial, dont les agents font partie de l'administration générale, sous les ordres du directeur-gérant.

Le *service technique* se compose, dans les grands charbonnages, d'un ingénieur en chef ayant sous ses ordres un chef de service du fond ou directeur de travaux et un chef de service de la surface, qui se trouvent en relations directes avec les maîtres-ouvriers, surveillants, etc. S'il y a plusieurs siéges d'exploitation, chacun de ces siéges peut avoir à sa tête un ou deux ingénieurs divisionnaires. Ce service comprend en outre des géomètres et des dessinateurs.

Le *service financier* comprend un chef comptable, les employés de la comptabilité et le magasinier.

Le *service commercial* ressort directement du directeur-gérant aidé d'agents commerciaux; ceux-ci voyagent ou sont à résidence fixe. Ils reçoivent une commission de 1 à 3 % du produit des ventes, suivant qu'ils sont responsables (*ducroire*) d'une partie plus ou moins grande du paiement.

La réunion des charbonnages d'une même région en Syndicat ou Comptoir de vente simplifie beaucoup ce service. Le Syndicat ou le Comptoir, représenté par un directeur et des agents commerciaux, est alors chargé du service commercial de tout le groupe; il en résulte une certaine économie par la suppression des frais d'intermédiaires.

La complication plus ou moins grande de l'administration dépend de l'importance de la mine. Dans les charbonnages peu productifs, le personnel administratif peut être limité à un directeur-ingénieur et à un comptable.

Il faut ajouter éventuellement, aux frais d'administration générale, les indemnités de logement, de chauffage et d'éclairage, les frais de représentation, etc.

2° *Frais de voyage.*

3° *Frais de bureaux* et menus frais, tels que impressions, chargements, ports de lettres et télégrammes, téléphone, annonces, abonnements, etc.

4° *Redevances et impôts.* Les redevances à l'Etat sont réglées par la loi dont les différences dans des pays voisins méritent d'être signalées : en Belgique et en France, elles sont de fr. 0.10 par hectare et de 5 % au maximum du *produit net*. Ce maximum n'est pas atteint en Belgique et la redevance ne dépasse pas actuellement, avec centimes additionnels, 3.125 % du produit net. La base de l'évaluation du produit net est la quantité *extraite*, multipliée par le prix de vente moyen, ce qui donne le *produit brut*. Pour obtenir le *produit net*, on en soustrait les dépenses d'exploitation, sans tenir compte des dépenses extraordinaires.

Les contestations sont tranchées par un *Comité d'évaluation*; il est notamment admis en Belgique que les constructions de maisons ouvrières doivent être comptées comme dépenses directement relatives à l'exploitation.

En France, l'Etat perçoit avec les centimes additionnels 6 % du produit net; mais ce produit est calculé en prenant pour base, non pas les quantités *extraites*, mais les quantités *vendues*.

En Prusse, depuis 1895, l'Etat ne perçoit plus de redevances sur les mines, en raison des charges créées par l'assurance obligatoire.

Les redevances au propriétaire du sol sont définies en Belgique par les actes de concession : la redevance fixe est au minimum de fr. 0.25 par hectare et la redevance proportionnelle, de 1 à 3 % du produit net. Ces redevances sont illusoires, là où la propriété est très divisée. En France, il n'existe plus de redevance proportionnelle au propriétaire du sol pour les nouvelles concessions.

Il existe parfois des redevances spéciales, antérieures à la loi de 1810, qui n'ont pas cessé d'être dues, redevance du 80ᵉ panier, cens d'arène, etc. Il peut paraître étrange que le cens d'arène puisse rester dû par des charbonnages qui exploitent à des profondeurs telles que les anciennes arènes sont absolument sans influence sur leurs épuisements. Le cens d'arène est dans ce cas, réclamé en vertu des termes de la *Paix de Saint-Jacques* de 1487, qui décide que ce cens est dû pour les travaux exécutés par rapport à une arène, « *tant desseur que dessous* » (cf. n° 6).

La loi belge de 1837 a réservé la concessibilité des mines de fer et comme cette question est restée en suspens depuis lors, on n'a plus concédé de mines de fer en Belgique. L'exploitation de ces mines appartient donc au propriétaire du sol qui peut céder ses droits moyennant une redevance par tonne, dite *dérentage* ou *tocage*, analogue à la *royalty* des mines anglaises ou au *canon* des mines espagnoles ou italiennes.

Les impôts se divisent : 1° en contributions foncière et personnelle dues à l'Etat, comme sur toute propriété; impôt sur le revenu en Angleterre, en Allemagne et en Russie; impôt sur le revenu des titres ou parts de Société en France; 2° en contributions dues à la Province, perçues en Belgique par centimes additionnels à la redevance proportionnelle payée à l'Etat; en France, le département perçoit des centimes additionnels aux contributions foncière et personnelle ; 3° en impositions communales : les communes se sont ingéniées en Belgique à rechercher les bases d'impôts les plus diverses pour frapper l'industrie des mines, centimes additionnels à la redevance proportionnelle, taxes par tête d'ouvrier, par cheval-vapeur, par mètre carré de surface de chauffe, par hectare de concession, par tonne extraite, etc., etc. Les communes belges sont, en effet, constitutionnellement libres d'établir tels impôts qu'elles jugent convenables, sous réserve d'approbation royale, sur l'avis des Députations permanentes. Ces dernières ont en général exempté de la taxe par cheval-vapeur les moteurs destinés à l'aérage et à l'épuisement. En France, les seules impositions communales sont les octrois.

5° *Locations et dommages*. En Belgique, en France et en Prusse, les exploitants obtiennent le droit d'expropriation pour établir des voies de transport. Pour toute autre occupation de terrain, ils doivent s'entendre avec le propriétaire du sol qui a le droit de réclamer le double de la valeur du terrain.

La situation n'est pas la même dans d'autres pays, tels que l'Angleterre et la Russie, où ces droits d'expropriation n'existent pas.

Les questions de dommages résultant des dégradations de la surface, de l'assèchement des puits domestiques, etc., sont réglées à l'amiable ou par voie d'arbitrage ou de jugements; l'arbitrage domine dans le Hainaut où il existe des Commissions arbitrales en permanence. La loi prussienne fait à cet égard une distinction qui n'existe pas en Belgique et en France : elle exonère l'exploitant des dommages causés à des bâtiments installés à une époque où le dommage pouvait être prévu, soit postérieurement à l'exploitation.

6° *Frais de banque, escomptes et intérêts*. Les paiements de fournitures de charbon se font ordinairement à termes variables, avec ou sans escompte. La mine doit donc être à même de faire des avances, en attendant qu'elle reçoive le montant de ses ventes. C'est pourquoi l'exploitant doit posséder du *capital roulant*. Si ce dernier est insuffisant, il doit recourir à l'emprunt qui peut se faire par voie d'obligations dont les intérêts et l'amortissement constituent une des charges financières de la mine, ou par un crédit de banque : si le crédit de la Société est suffisamment établi, la banque peut consentir des avances, moyennant un certain taux d'intérêt et de commission, et jusqu'à concurrence d'une certaine somme; d'autre part, elle fait, ordinairement le mouvement de fonds de la mine, c'est-à-dire qu'elle reçoit les traites par lesquelles les acheteurs acquittent leurs dettes; il en résulte des frais d'escompte, pertes de place, changes, en partie compensés par les intérêts que portent les sommes déposées à la banque. Bref le compte-courant solde au débit ou au crédit du charbonnage.

Ce débit ou ce crédit se retrouve dans les soldes créditeur ou débiteur du bilan.

7° *Frais d'entretien* des bâtiments, des routes, etc.

8° *Amortissements* d'immobilisations ou de travaux préparatoires. Ces derniers sont portés directement au prix de revient, dès que la mine est en exploitation régulière. Les autres amortissements sont portés au débit du compte de profits et pertes à la fin de l'exercice, parce qu'ils dépendent du bénéfice disponible.

9° *Frais des institutions patronales*, sur lesquelles nous reviendrons dans le chapitre de l'administration ouvrière.

872. Etablissement des bénéfices. — Dans l'établissement des prix de revient, la comptabilité fait le groupement des dépenses, de manière à mettre en évidence l'influence de certaines d'entre elles. Ce groupement se fait en répartissant les dépenses en *frais directs ou proportionnels à la production*, et *frais indirects ou fixes*. Cette distinction permet de déterminer la production minima qui est nécessaire pour que la mine ne soit pas en perte.

Soit p_v le prix de vente par tonne;

f_d les frais directs par tonne;

F les frais fixes mensuels;

x le nombre de tonnes extraites et supposées vendues.

Le bénéfice mensuel sera $B = x\,(p_v - f_d) - F$.

On voit que pour $B = o$, on aura

$$x = \frac{F}{p_v - f_d}.$$

Cette valeur représente la production mensuelle minima, en dessous de laquelle la mine serait en perte.

Les frais fixes F comprennent en premier lieu les frais généraux qui peuvent être répartis mensuellement, les travaux préparatoires, l'épuisement, etc. Dans l'établissement des prix de revient, on se contente souvent d'y comprendre les frais généraux et les travaux préparatoires; les autres frais fixes, tels que ceux d'épuisement, ne peuvent aisément être isolés et n'apparaissent au prix de revient que sous forme de salaires et de fournitures.

On voit, d'après la formule, qu'il y a intérêt à produire le plus possible, puisqu'on diminue ainsi l'influence des frais fixes sur le prix de revient; seulement il y a l'écueil de faire baisser le prix de vente par un excès de production. C'est cet écueil que cherchent à éviter les Syndicats, lorsqu'ils déterminent périodiquement la production que les mines syndiquées sont admises à fournir. Les mines syndiquées s'engagent à participer en temps normal au Syndicat pour un certain tonnage, en rapport avec leurs moyens de production. Le Syndicat fixe d'autre part mensuellement les quantités qu'il peut placer, en réduisant au besoin, d'un certain pourcentage, le chiffre normal de participation des mines syndiquées; mais cette réduction n'est pas toujours effective. Elle constitue une limite que chaque syndiqué peut dépasser à ses risques et périls, sans que le Syndicat puisse s'engager à placer cet excédent.

873. *Contrôle des ventes et des stocks*. — Les charbons extraits sont immédiatement expédiés ou emmagasinés. Lorsque l'expédition suit immédiatement l'extraction, le pesage des wagons fournit le contrôle des quantités expédiées.

Les wagons de charbons sont chaulés, pour éviter les vols en cours de route; mais le pesage à l'arrivée est la seule garantie du destinataire.

874. Les ventes au détail par charrettes sont contrôlées, en Belgique, par l'employé spécial dit *maculaire* (cf. n° 857).

Cet employé tient un registre à souche comprenant trois colonnes : la 1re forme la souche; la 2e et la 3e sont détachées et délivrées au voiturier. Ce dernier remet la 2e au portier de la houillère, à titre de *Bon de sortie*; la 3ᵉ est remise à l'acheteur et sert de quittance, lorsque le paiement se fait au comptant. Le prix des ventes au détail est toujours sensiblement plus élevé que celui des ventes au wagon, parce qu'il est plus difficile de se mettre à l'abri des abus qui se manifestent sous forme de bon poids, pourboires, etc.

Quant aux charbons mis en tas, ils sont cubés, mais de manière à obtenir une contenance des magasins un peu inférieure à la contenance réelle, afin de ne pas avoir de déchet à la fin de l'exercice.

875. Le tableau p. 209 résume les prix de revient relevés par moyennes de 4 et de 2 ans dans quelques houillères du bassin de Liége. Les groupements des dépenses n'étant pas entièrement les mêmes, il est assez difficile de comparer les prix de revient d'exploitations même voisines. Il faudrait pour cela un commentaire relatif aux influences locales. Aussi ne donnons-nous ce tableau qu'à titre d'exemple.

876. ***Cédules mensuelles.*** — La plupart des Sociétés anonymes charbonnières adressent chaque mois à leurs administrateurs des tableaux-cédules qui permettent de juger rapidement de la situation du charbonnage pendant le mois et depuis le commencement de l'exercice.

On trouvera pages 210 et 211 la forme des tableaux en usage aux charbonnages de la Société générale pour favoriser l'industrie nationale, qui ont été adoptés par un grand nombre de Sociétés belges et étrangères, avec les modifications nécessitées par les circonstances locales.

Prix de revient.

	Puits exploitant principalement des dressants			Puits exploitant principalement des plateures			
Production en tonnes par puits	100.000	60.000	40.000	100.000	130.000	130.000	120.000
FRAIS DIRECTS :							
Salaires du fond	fr. 5 72	5 90	7 33	5 46	4 24	4 05	4 40
» de la surface	0 75	1 25	0 60	1 29	0 70	0 70	0 57
Bois	1 25	1 40	1 46	0 69	0 84	0 88	0 80
Fers	0 04	0 03	0 04	0 08	0 06	0 07	0 06
Huiles, graisses, etc.	0 64	0 53	0 36	0 67	0 29	0 25	0 18
Consommation de charbon { extraction	0 42	0 44			0 25	0 15	0 17
exhaure	0 21	0 22	0 27	0 72	0 08	0 08	0 07
aérage	(1)	(1)			0 09	0 04	0 05
divers					0 04	0 06	0 01
Total des frais directs	9 03	9 77	10 06	8 91	6 69	6 28	6 31
FRAIS INDIRECTS :							
Travaux prép. (salaires)	(Compris dans les salaires du fond.)				0 30	0 56	0 32
Frais généraux { Appointements					0 10	0 10	0 10
Caisse de prévoyance et de secours	0 71	15	0 40	0 96	0 24	0 25	0 25
Dégradations					0 30	0 35	0 31
Divers					0 86	0 40	0 53
Amortissements	0 54	0 85	0 80	1 50	0 78	0 58	1 52
	1 25	1 00	1 20	2 46	2 58	2 24	3 03
Totaux	10 26	10 77	11 28	11 37	9 27	8 52	9 34

(¹) Compris dans les chiffres précédents.

TABLEAU Nº 1.   **Etat général de l'Exploitation.**

DATES	Charbons extraits — Tonnes	FRAIS DIRECTS.															
		Salaires du fond	Moyenne par tonne	Consommations de magasin au fond	Moyenne par tonne	Salaires de la surface	Moyenne par tonne	Consommation de magasin à la surface	Moyenne par tonne	Salaires du triage lavage	Moyenne par tonne	Charge-ments à wagons	Moyenne par tonne	Fourni-tures des Ateliers	Moyenne par tonne
Mois de........															
Reports antérieurs															
Au 1er															

Suite du Tableau nº 1

	SUITE DES FRAIS DIRECTS.						Total des frais directs d'extrac-tion	Moyenne par tonne	FRAIS INDIRECTS.							
	Consom-mation charbon	Moyenne par tonne	Amortisse-ment du matériel	Moyenne par tonne	Dépenses diverses	Moyenne par tonne			Travaux prépa-ratoires	Moyenne par tonne	Trans-ports	Moyenne par tonne	Frais généraux	Moyenne par tonne	Total	Moyenne par tonne

— 210 —

TABLEAU Nº 2.   **Total des Reports, des Achats et de la Production.**

DATES	Charbons repris de l'exercice précédent		Moyenne par tonne	Charbons achetés		Moyenne par tonne	Charbons extraits		Moyenne par tonne	TOTAUX		Moyenne par tonne
	Tonnage	Valeur		Tonnage	Valeur		Tonnage	Valeur		Tonnage	Valeur	
Mois d........												
Reports antérieurs.												
Au 1er												

TABLEAU Nº 3. **Ventes, Consommations, Existences.**

DATES	Ventes		Moyenne par tonne	Ventes aux fours à coke (¹)		Moyenne par tonne	Consommations		Moyenne par tonne	Total des Ventes		Moyenne par tonne	Charbons en stock		Moyenne par tonne	TOTAUX		Moyenne par tonne
	Tonn.	Valeur		Tonn.	Valeur		Tonn.	Valeur		Tonn.	Valeur		Tonn.	Valeur		Tonn.	Valeur	
Mois d...........																		
Reports antérieurs ...																		
Au 1er...........																(1)		

(¹) Ou à la fabrique d'agglomérés.

TABLEAU Nº 4. **Résultats.**

DATES	Dépenses	Moyenne par tonne	Produits	Moyenne par tonne	Bénéfices	Moyenne par tonne	Pertes	Moyenne par tonne
Mois d...........								
Reports antrs ...								
Au 1er...........					(3)		(3)	

Résumé.

	Frs.	Cent.
Moyenne générale des Produits par tonne .		
Moyenne générale des Dépenses par tonne.		
Moyenne générale des Bénéfices pʳ tonne (2)		
Moyenne générale des Pertes par tonne 2).		

PREUVE :

$$\frac{\text{Tonnage (1)}}{\text{à fr. (2)}} = (3)$$

A ces cédules, se trouvent souvent annexés d'autres tableaux donnant l'état détaillé des salaires, des entrées et sorties de magasin d'objets d'approvisionnement, des frais généraux. Des cédules analogues peuvent être dressées, s'il y a lieu, pour la fabrication du coke et des agglomérés.

877. *Bilan*. — Le bilan annuel d'une Société anonyme charbonnière comprend :

1º A l'*actif*.

a) La valeur actuelle (amortissements antérieurs déduits) des immeubles : concessions et terrains, immobilisations diverses, telles que puits et premiers travaux préparatoires, bâtiments et machines.

b) La valeur des meubles dont une partie sont devenus immeubles par destination, tels que chemins de fer et matériel.

c) Les valeurs réalisables :

Stock de charbons ;

Magasin d'objets de consommation ;

Comptes débiteurs divers ;

Encaisse métallique et portefeuille d'effets ;

Fonds publics représentant parfois une partie de la réserve.

2º Au *passif*.

a) Les engagements de la Société envers elle-même : capital et réserve.

b) Les engagements de la Société envers des tiers : obligations, emprunt hypothécaires, comptes créditeurs divers.

La différence entre l'actif et le passif constitue le bénéfice brut ou la perte ; cette différence vient équilibrer la balance. Le bénéfice s'inscrit au passif, la perte à l'actif.

Le bilan est accompagné du compte de *profits et pertes* comprenant deux colonnes : à droite les *profits*, c'est-à-dire le solde à nouveau de l'exercice précédent augmenté du bénéfice de l'exercice courant et des recettes diverses qui n'ont pas leur origine dans l'exploitation du charbon : produit de locations, intérêts de fonds publics, ventes de vieux matériaux, fabrications accessoires, telles que briques, etc.

A gauche s'inscrivent les *pertes*, c'est-à-dire la répartition des profits.

Cette répartition comprend, comme nous l'avons dit (cf. nº 871) certains frais généraux qu'on prélève à la fin de l'exercice ; c'est notamment le cas pour les amortissements qui viendront diminuer la valeur des premiers postes de l'actif au bilan de l'année suivante, les tantièmes de l'administration et du personnel, etc. En outre de ces postes, la colonne comprend les sommes portées à la réserve, le dividende et le solde à nouveau.

ÉVALUATION D'UNE MINE.

878. L'évaluation d'une mine est un problème dont les données sont très complexes.

La valeur d'une mine résulte de la capitalisation du revenu qu'elle peut donner pendant un certain nombre d'années, en tenant compte des immobilisations nécessaires pour obtenir ce revenu.

Le choix du taux de capitalisation est une question d'appréciation qui dépend du plus ou moins d'aléa de l'entreprise; on peut dire à priori que ce taux sera plus élevé pour une exploitation de filons métalliques que pour une mine de houille, plus élevé enfin pour l'exploitation d'un amas que d'un filon métallique; on peut admettre que l'aléa augmente avec la difficulté de cuber la matière exploitable.

Il sera plus élevé aussi pour une mine de houille grisouteuse, exposée à l'inondation ou à d'autres circonstances qui peuvent affecter sa productivité, telles que réparations d'immeubles, etc.

On peut se trouver en présence de deux cas :

879. 1° *La mine est en exploitation régulière depuis plusieurs années.* — Les données reposent alors sur l'expérience de ces années d'exploitation.

Les prix de revient et les prix de vente sont connus, ainsi que les bénéfices réalisés. On en déduit le bénéfice moyen par tonne pendant une série d'années, soit par exemple 10 ans, en éliminant les résultats de celles que l'on juge trop anormales. En appliquant ce bénéfice à la production moyenne de la même période, on obtient le revenu moyen correspondant à cette production. Si l'on jugeait possible d'augmenter cette dernière, le revenu devrait être augmenté, non seulement en raison de l'augmentation de la production, mais encore en raison de la réduction du prix de revient qui en résulterait, en s'assurant qu'il n'y a pas, d'autre part, des circonstances de nature à augmenter le prix de revient ou à diminuer le prix de vente.

Le point le plus délicat est de déterminer la durée probable de la mine, en tenant compte d'une certaine production annuelle; les travaux existants fournissent ordinairement à cet égard des données que l'on peut utiliser pour cuber le gisement, en faisant les hypothèses les plus probables sur sa continuité.

Rappelons encore que le champ de ces hypothèses est très différent suivant qu'il s'agit de couches sédimentaires, de filons ou d'amas.

880. Le capital C correspondant au revenu r pour un taux de capitalisation t s'obtient par la formule d'intérêts composés :

$$C = \frac{r\left[\left(1 + \frac{t}{100}\right)^n - 1\right]}{\left(1 + \frac{t}{100}\right)^n \frac{t}{100}}.$$

On voit que si la durée n de la mine est très grande, on peut écrire par approximation : $C = \frac{r}{t}\,100$.

De ce capital, il faut déduire les immobilisations nécessaires pour maintenir la production à la hauteur considérée, en tenant compte de la valeur *actuelle* des sommes à dépenser pendant une série d'années. Soit un certain capital S à dépenser en n' annuités égales ; on peut, pour simplifier, écrire que la valeur actuelle V de ce capital correspond à la somme qui, avec ses intérêts accumulés reproduirait S en $\frac{n'}{2}$ années, de manière à compenser la perte d'intérêt des sommes dépensées pendant la première moitié du temps par l'intérêt des sommes que l'on dépensera pendant la seconde moitié.

$$V = \frac{S}{\left(1 + \frac{t'}{100}\right)^{\frac{n'}{2}}}$$

t' est ici le taux d'intérêt ordinaire.

La valeur actuelle de la mine sera donc :

$$M = C - V.$$

Il y aurait lieu d'ajouter, à la valeur ainsi trouvée, celle que conserveraient les terrains, les bâtiments et les machines après l'épuisement complet de la mine. Cette éventualité est généralement trop éloignée pour qu'il y ait lieu d'en tenir compte, à moins toutefois que la concession ne soit d'une durée très limitée, comme c'est le cas dans les pays où les concessions constituent des locations temporaires, par exemple en Russie où le maximum est de 30 ans pour les terrains appartenant aux Communes de paysans.

881. 2° *La mine n'a pas encore été exploitée.* — La méthode est la même, mais le problème devient d'autant plus indéterminé que la solution repose sur des éléments plus hypothétiques ; on se trouve en effet exclusivement alors en face de probabilités.

L'étude géologique d'où doit résulter le cubage de la matière exploitable, ne peut être basée que sur la reconnaissance des affleurements ou sur certains travaux de recherche ; or, nous avons vu combien ces travaux sont ordinairement insuffisants pour démontrer d'une manière évidente l'importance et l'étendue d'un gisement exploitable, surtout lorsqu'il s'agit de gîtes filoniens et à plus forte raison d'amas qui échappent à toute loi de continuité (cf. n° 611 et suivants).

Lorsqu'on est arrivé à faire une hypothèse plausible sur la *quantité* de matière exploitable, on doit juger de la *qualité* de cette matière au moyen d'analyses sur échantillons. On peut ainsi déterminer le *prix de vente* probable, en s'entourant de renseignements commerciaux sur les débouchés possibles, les conditions de concurrence, etc.

A cette étude commerciale succédera une étude technique dont le but est de déterminer *le prix de revient* probable, ce qui ne peut se faire que par analogie avec celui de mines présentant des conditions analogues de gisement, en tenant compte des différences dans le coût de la main d'œuvre, des bois, etc.

On arrive ainsi par différence à évaluer le bénéfice probable par tonne ; pour déterminer le revenu probable, il faut encore chercher la quantité qu'il sera possible de produire et de vendre annuellement.

On fera ensuite choix du taux de capitalisation qui sera en général plus élevé que dans le premier cas, en raison même de l'aléa plus grand résultant des probabilités sur lesquelles tout le calcul est basé.

On procédera comme ci-dessus pour déterminer la valeur de la mine, en déduisant de la valeur du capital obtenu, la valeur actuelle du capital correspondant aux installations à créer. Parmi ces installations, on aura soin de prévoir celles qui pourraient être nécessaires pour attirer sur place la population ouvrière qui fait souvent défaut dans le cas de créations nouvelles.

II. — ADMINISTRATION OUVRIÈRE.

882. *Contrat de travail.* — Les conditions générales du *contrat de travail* sont déterminées en Belgique par la loi et par les *Règlements d'ateliers*. L'usage a consacré, dans ces règlements, un préavis réciproque de 8 à 15 jours pour rupture du contrat, à moins de motifs graves à apprécier par les tribunaux. Telle serait spécialement, dans les mines, la transgression des mesures de police relatives à la sécurité; le renvoi immédiat de l'ouvrier se justifie dans ce cas sans préjudice aux poursuites judiciaires.

883. *Paiement des salaires.* — La loi sur le paiement des salaires oblige, en Belgique, à payer, au moins deux fois par mois et à 16 jours au plus d'intervalle, tout salaire inférieur à 5 francs. On paie ordinairement par quinzaine. Dans le bassin de Mons, on paie tous les huit jours; mais les paiements trop fréquents ont pour effet de multiplier les jours de chômage qui suivent les jours de paie, avec toutes leurs conséquences : « *Saturday, wages day, drink day, crime day* », disait Lord Bramwell. On paie généralement 5 à 6 jours après l'échéance, *jours de plume* nécessaires pour dresser les listes de paie. Le dernier jour de la quinzaine, on fait connaître aux ouvriers, au moment du marquage, le salaire auquel ils ont droit, afin que les réclamations puissent se produire en temps utile.

884. Le paiement se fait au bureau de la mine, en présence d'un employé de la comptabilité et du chef mineur. On remet quelquefois à l'ouvrier, comme contrôle, un bulletin de paie indiquant le montant de ce qu'il reçoit. Cette mesure est notamment utile, en ce qui concerne les chefs d'entreprise.

On évitera autant que possible de faire des paiements globaux à un entrepreneur; on paiera plutôt à chaque ouvrier, d'après la moyenne de l'entreprise, sauf à donner une prime spéciale au chef d'entreprise, d'accord avec ses ouvriers.

Les contestations relatives au salaire sont vidées par les Justices de paix ou par les *Conseils de prud'hommes*, dans les localités où il en existe. Ces Conseils constituent des juridictions spéciales créées, en 1806, par l'industrie Lyonnaise, pour aplanir les différends entre ouvriers ou entre patrons et ouvriers. Ils sont donc antérieurs à la Constitution belge, ce qui explique le maintien de cette juridiction spéciale en Belgique. Ces tribunaux sont composés d'un nombre égal de patrons et d'ouvriers, nommés par leurs pairs.

Le salaire doit être intégralement payé en monnaie; le patron ne peut faire de retenues sur le salaire qu'en ce qui concerne le logement, la jouissance d'un terrain, les outils ou instruments de travail, certains matériaux (explosifs, huiles), un costume spécial, et à condition que ces objets soient fournis au prix de revient.

885. Les ouvriers belges sont en général porteurs d'un livret délivré par l'Administration communale. Ce livret est devenu facultatif depuis 1883, mais est resté dans les mœurs, en ce qui concerne les mines. Le patron ne peut y inscrire que les dates d'entrée et de sortie de l'ouvrier. Le livret constitue ainsi, pour ce dernier, un état de services qu'il serait souvent difficile de reconstituer, en l'absence de ce document.

886. *Institutions patronales.* — Indépendamment du salaire direct, les ouvriers mineurs reçoivent en général un salaire indirect, du chef des *institutions patronales.*

Celles-ci ont pour objet des soins physiques ou moraux.

Les *soins physiques* se rapportent au logement, aux consommations, à l'hygiène ou à la santé de l'ouvrier.

887. *Logements ouvriers.* — Dans les agglomérations industrielles, les logements sont chers et peu hygiéniques. D'autre part, dans les localités peu peuplées où l'on crée une mine, les logements peuvent manquer. Il en résulte un devoir et une nécessité, pour l'exploitant, de créer au voisinage des mines des logements salubres et à prix réduit. On y parvient au moyen d'*hôtels ouvriers* ou de *maisons ouvrières.*

Les hôtels ne sont à conseiller que si l'on a une population ouvrière nomade dont l'habitation ordinaire se trouve à une certaine distance des mines. Au début d'une exploitation il peut même être nécessaire, pour loger la population ouvrière, de créer des casernes ou même de simples baraquements, en attendant que l'on puisse établir de véritables cités ouvrières.

Celles-ci sont seules propres à donner de la stabilité à la population, surtout en faisant usage des combinaisons qui permettent de rendre l'ouvrier, au bout d'un certain temps, propriétaire de sa maison, ou en lui facilitant la construction de celle-ci par des avances en terrain, matériaux, etc.

Une maison ouvrière composée de quatre chambres, grenier et jardin vaut, en Belgique, 2400 francs et se loue de 8 à 12 francs par mois.

Là où les logements sont insuffisants, il peut être nécessaire d'attirer la population ouvrière par des locations plus réduites. C'est ainsi que dans les *corons* du Nord et du Pas-de-Calais, les locations sont de 2 à 6 fr. par mois, c'est-à-dire à peine suffisantes pour couvrir les frais d'entretien et de contributions.

La construction des habitations ouvrières est favorisée en Belgique par des mesures législatives. C'est ainsi que la Caisse d'épargne de l'Etat est autorisée à faire des prêts pour construction de maisons ouvrières, que celles-ci sont exemptées d'impôts pendant un temps, etc.

Il existe de plus des Comités de patronage officiels qui ont surtout pour but de contrôler la salubrité et la propreté des habitations ouvrières.

Une autre forme des mesures prises en faveur des ouvriers pour leur permettre d'habiter dans des conditions meilleures qu'à la mine, consiste en abonnements à très bas prix consentis par le chemin de fer de l'Etat belge. Ces abonnements sont fixés aux taux suivants par semaine (six jours), pour un voyage par jour aller et retour :

fr. 0.95 de 1 à 5 kil.

2.25   à   50 kil.

3.15   »   100 kil.

888. *Magasins d'objets de consommation*. — L'ouvrier achetant à crédit paie souvent très cher, parce que le commerçant doit compter sur les débiteurs insolvables ; pour remédier à cet état de choses, les établissements industriels peuvent, en Belgique, être autorisés par les Députations permanentes à créer des magasins, à condition de vendre au prix de revient ou, ce qui est équivalent, de partager intégralement le bénéfice entre les acheteurs. Les magasins qui sont autorisés à adopter cette dernière formule, sont dits *magasins coopératifs* et l'autorisation ne leur est donnée qu'à condition de constituer d'emblée le maximum de la réserve exigé par la loi sur les Sociétés. Les magasins coopératifs ainsi entendus diffèrent des associations coopératives proprement dites, issues de l'initiative individuelle des associés. Tout autre magasin est proscrit par la loi, comme favorisant le *truck system* dont les abus ont été stigmatisés dans un roman célèbre de Disraeli, intitulé *Sybil*.

889. *Hygiène des mineurs*. — La situation hygiénique des ouvriers mineurs n'est pas, contrairement à l'opinion générale, plus mauvaise que celle des autres ouvriers. D'après un relevé fait en Angleterre sur 102 professions, les houilleurs occupent le 38ᵉ rang dans l'ordre croissant de mortalité. Pour une moyenne de 1000 prise sur l'ensemble, les houilleurs fournissent une mortalité de 925, y compris les accidents qui sont ici la cause de décès la plus importante. En effet, si 100 est la moyenne des accidents pour l'ensemble des professions, les houilleurs en subissent 237. Une autre cause de décès qui dépasse la moyenne, est l'altération des voies respiratoires; mais en revanche les autres maladies, notamment la phtisie et l'alcoolisme, font beaucoup moins de ravages chez les mineurs anglais que dans les autres professions.

En France, il y a de même moins de conscrits exemptés pour infirmités dans les arrondissements industriels, si ce n'est pour mutilations, hernies, maladies des yeux, etc.

L'*ankylostomasie* fait d'autre part de grands ravages dans la population des mines belges, françaises et allemandes et ne peut être combattue que par des soins de propreté individuels.

890. *Bains et lavoirs*. — Les *soins hygiéniques* consistent dans l'installation de *bains* et de *lavoirs*. Un certain nombre de charbonnages en Belgique possèdent des bains à l'usage des ouvriers, consistant en cabines avec baquets ou bassins cimentés et robinets à eau chaude et froide. Ce système tend toutefois à disparaître pour être remplacé par des salles de douches qui sont plus hygiéniques et demandent une moindre consommation d'eau.

L'ouvrier mineur est ainsi dispensé de se laver chez lui dans des locaux exigus et si le lavage des vêtements est combiné avec cette installation, il retourne à son logis revêtu d'un costume propre. Chaque ouvrier possède deux costumes portant son numéro. En sortant du puits, il se présente à un guichet où on lui remet un costume propre. Il va se laver et changer, puis rapporte à un autre guichet son costume de travail qu'il retrouvera le lendemain propre et sec.

Certains charbonnages fournissent gratuitement deux vêtements complets à leurs ouvriers. Ceux-ci ne les paient que s'ils quittent le charbonnage ou si ces costumes sont usés, avant le temps prescrit pour leur durée selon la nature du travail.

En Allemagne, les hommes se déshabillent et s'habilllent ordinairement dans une salle commune, contiguë à celle des douches, de manière à soustraire les vêtements à l'humidité. Cette salle est garnie d'armoires à deux compartiments, fermés par un même cadenas, pour le costume sale et pour le propre. Mais ce matériel est très encombrant et difficile à maintenir en état de propreté (800 armoires doubles à la mine Constantin-le-Grand, près de Bochum). La question a été résolue très simplement par M. E. Tomson, au charbonnage Gneisenau, par la suspension des vêtements au moyen de crochets, de cordes et de poulies au plafond de la salle. Cette disposition qui aère les vêtements et évite les vols est devenue depuis lors très générale en Westphalie. Elle tend à se répandre en Belgique et en France.

Au Mansfeld et au Harz, il existe de plus des bains de vapeur établis par les corporations minières, comme moyen curatif des affections rhumatismales très fréquentes dans ces districts miniers.

891. *Soins médicaux*. — Nos règlements sur la police des mines exigent que chaque houillère ait en magasin les médicaments et moyens de secours immédiatement nécessaires en cas d'accident.

Les boîtes de secours doivent contenir des ouates hydrophiles, des bandes antiseptiques, des attelles, de l'acide phénique, de l'iodoforme, du sublimé corrosif, etc.

Pour instruire le personnel des mines sur les premiers soins à donner aux blessés avant l'arrivée du médecin, on peut procéder par voie de conférences. En trois séances d'une heure et demie avec exercices sur des mannequins, les porions et employés de charbonnages peuvent être mis au fait; les conférences de ce genre données à Charleroi par le Dr Gallez sont résumées dans deux petits Manuels relatifs l'un aux mines, et l'autre aux usines (1878). Il existe aussi un Manuel de ce genre du Dr Troisfontaines, de Liége (1890).

La Commission française du grisou a chargé l'Académie de médecine de Paris de préparer une instruction spéciale sur les asphyxies et les accidents du grisou. Cette instruction a été rédigée et publiée en 1882 par le Dr P. Regnard [1].

En Westphalie, la question a été résolue, en envoyant un certain nombre d'élèves de l'Ecole des mineurs de Bochum suivre un enseignement clinique dans les hôpitaux de la ville, de manière à former des aides chirurgiens.

Les mines possèdent des lits de blessés pour transporter ceux-ci et les remonter au jour par les cages d'extraction. L'un des meilleurs types est celui des Houillères de Saint-Etienne : tous les puits y sont munis d'un brancard spécial en forme de

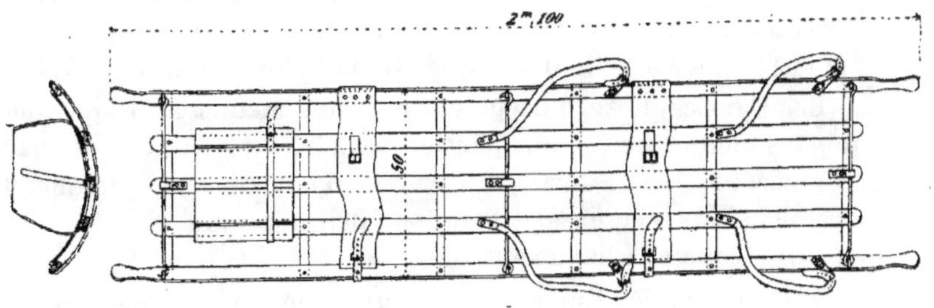

FIG. 577.

gouttière flexible (fig. 577) qui peut être amené jusqu'au lieu de l'accident, même si ce lieu est d'un accès difficile. Le blessé y est étendu et maintenu par des courroies, de manière à être redressé pour être introduit dans la cage.

892. En cas d'accident, les premiers frais sont supportés par les *Caisses de secours* qui sont obligatoires en Belgique dans tous les charbonnages affiliés à une des *Caisses de prévoyance* établies en faveur des ouvriers mineurs ; c'est-à-dire dans la presque totalité des mines belges [2].

---

[1] Commission française du grisou. Pièces annexées, 2o fascicule. Paris, 1882.

[2] Les seules exceptions sont 5 charbonnages du district de Mons, 2 de Liége, 1 de Namur et les mines métalliques de la Vieille-Montagne. Ces exploitations, dont les concessions sont antérieures à 1839, possèdent des Caisses privées qui jouent le même rôle.

Les Caisses de secours sont entièrement alimentées par les Sociétés (Mons et Charleroi), ou par retenues sur les salaires et par versements égaux des Sociétés (Centre), ou entièrement par retenues sur les salaires. Le bassin de Liége réunit les trois systèmes : 4 Caisses de secours y sont exclusivement alimentées par des retenues, 30 exclusivement par versements des Sociétés et 3 par le système mixte ; un charbonnage de ce bassin a de plus remplacé la Caisse de secours par son affiliation à une Société d'assurance.

La gérance des Caisses de secours dépend du système adopté pour leur alimentation ; suivant ce système, la gérance appartient entièrement aux Sociétés, à un comité mixte présidé par le directeur, ou aux ouvriers ; dans ce dernier cas, l'administration de la Caisse est celle d'une Société de secours mutuels.

Les Caisses de secours paient les soins médicaux, et quelquefois les médicaments, une partie (la moitié) du salaire, allouent des secours en nature (pain et charbon), servent quelquefois des pensions viagères, subsidient des hôpitaux et même des écoles (Mons et Charleroi).

Quelquefois les Caisses de secours étendent leur action aux malades et aux familles des ouvriers. Les malades ne reçoivent en général que le quart du salaire.

Dans la plupart des charbonnages, le service des malades est distinct de celui des Caisses de secours. Les charbonnages possèdent alors des Caisses spéciales de malades, alimentées par retenues sur les salaires et gérées par les ouvriers, sous la présidence du directeur (Mons et Centre).

Ordinairement le charbonnage agrée un certain nombre de médecins appartenant à différentes communes, parmi lesquels l'ouvrier blessé ou malade peut choisir. Le médecin est payé par ouvrier traité et non par visite. Le contrôle se fait, en remettant à l'ouvrier blessé ou malade des bons de consultation extraits d'un registre à souche. Quelquefois les médecins reçoivent un traitement fixe.

A Liége, les secours distribués par les Caisses de secours s'élèvent en moyenne à 25 fr. 60 par tête d'ouvrier des établissements affiliés.

Lorsque les blessures entraînent une incapacité de travail

durable ou une invalidité définitive, les Caisses de secours cessent leur action et la victime tombe à charge des Caisses de prévoyance.

893. La première Caisse de prévoyance en faveur des ouvriers mineurs fut fondée à Liége, le 26 mai 1812, par souscription publique, à la suite des accidents du Horloz et du Beaujonc (1811 et 1812). Il y avait eu 68 ouvriers tués au Horloz par un coup de feu et 92 ouvriers surpris au Beaujonc par un coup d'eau ; 70 furent sauvés, grâce à l'héroïsme de H. Goffin et de son fils qui soutinrent leur courage, en leur persuadant qu'on viendrait les secourir. Après cinq jours, en effet, on est venu les rejoindre par un percement de 35 m. effectué par le puits Mamonster.

L'institution sombra, lors de la chute de l'Empire ; mais la souscription primitive laissa un capital donnant un revenu annuel de 2.484 francs qui alimente encore aujourd'hui la Caisse de Liége. Celle-ci fut refondée la première, en 1839, sous l'influence de A. Visschers. Aujourd'hui il existe, en Belgique, 6 Caisses de prévoyance dont une à Liége, 3 dans le Hainaut, 1 à Namur et 1 dans le Luxembourg. Ces Caisses sont indépendantes les unes des autres et ont des Statuts différents. L'affiliation est rendue obligatoire pour toutes les concessions accordées depuis 1839.

La moyenne des secours annuels alloués en 1900 est de 150 fr. 82. Ce chiffre insuffisant provient surtout de ce que les Caisses de prévoyance ont pris à leur charge l'entretien des vieillards et des infirmes, pour lesquels les secours moyens ont atteint 127 fr. 47 en 1900.

En ce qui concerne les vieillards, quelques établissements ont cherché à augmenter les pensions des vieux ouvriers, en leur allouant un supplément de 6 à 10 fr. par mois ; d'autres ont affilié leurs ouvriers à la Caisse de retraite de l'Etat, en retenant 1 % sur le salaire et en faisant un versement égal (Soc. Cockerill, Conduites d'eau). L'écueil de cette mesure est qu'elle n'est pas générale et que l'ouvrier quittant l'établissement et cessant ses versements réguliers perd le bénéfice de ceux-ci et des sommes versées à son crédit par la Société. L'ouvrier porteur d'un livret individuel peut à vrai dire continuer ses versements, mais l'insouciance et l'apathie sont souvent les plus fortes.

Le grand avantage des Caisses de prévoyance belges est que leur administration est très économique. Elle n'a coûté en 1900 que 48.662 fr. 82 ; soit sur 133.313 ouvriers, fr. 0.36 par ouvrier affilié, ou 1.7 % des pensions et secours distribués.

Chaque Caisse est gérée par une Commission administrative présidée par le Gouverneur de la Province et comprenant l'Inspecteur général des mines, des membres exploitants et des membres ouvriers.

La réparation des accidents du travail sera prochainement régie en Belgique par une loi nouvelle ; mais il est intéressant de constater que l'industrie charbonnière seule s'est occupée jusqu'ici de cet objet par sa propre initiative.

894. ***Soins intellectuels et moraux.*** — La direction d'un charbonnage a aussi le devoir de prendre soin de l'intellectualité et de la moralité de ses ouvriers.

Au premier rang des soins qu'elle peut prendre dans cet ordre d'idées, se trouvent les moyens de faciliter et même d'enseigner l'épargne.

Certaines Sociétés possèdent des Caisses d'épargne privées ; mais ces Caisses étant souvent mises en défiance, il vaut mieux faciliter l'affiliation des ouvriers à la Caisse d'épargne sous la garantie de l'Etat ; celle-ci ne présente qu'un seul écueil, c'est la trop grande facilité de retirer les sommes versées. A vrai diré, les déposants ont aussi les plus grandes facilités pour effectuer leurs versements, puisqu'ils sont reçus en Belgique à chaque bureau de poste.

L'épargne est enseignée dans nos écoles, grâce à l'initiative prise en 1866 par le professeur Laurent et le système des Caisses d'épargne scolaires s'est répandu, de Belgique, dans le monde entier.

La direction d'un charbonnage doit aussi se préoccuper de la fréquentation des écoles par les enfants des ouvriers et subsidier au besoin des écoles ou même en créer là où elles font défaut : crèches, écoles gardiennes (système Frœbel) et écoles primaires. Pour celles-ci, il faut chercher à concilier la fréquentation de l'école avec les exigences du travail. C'est ce que l'on a su réaliser en Angleterre par le système du demi-temps. Ce système n'a donné lieu en Belgique qu'à des essais infructueux.

Le patronage peut également agir efficacement sur l'instruction des ouvriers, en créant des écoles d'adultes, écoles du soir et du dimanche, dont le but est d'empêcher l'ouvrier d'oublier ce qu'il a appris à l'école primaire; des écoles de couture, écoles ménagères, ouvroirs, où les filles d'ouvrier s'initient aux travaux du ménage; enfin des écoles d'un ordre supérieur, écoles professionnelles, industrielles, écoles de mineurs destinées à former des maîtres ouvriers, des géomètres, des surveillants instruits.

895. Le patron peut enfin exercer une influence sur les récréations de ses ouvriers, en favorisant la création de Cercles, Sociétés de musique, Sociétés dramatiques, Sociétés de gymnastique, bibliothèques, conférences, Sociétés d'excursion, et surtout en combattant, par tous les moyens en son pouvoir, l'alcoolisme qui est la plaie de la population ouvrière en Belgique.

SECTION V.

Aérage, Eclairage et Sauvetage.

A. — **Aérage.**

896. Les progrès de l'aérage des mines, dans les vingt dernières années, sont dus à l'organisation de l'étude du grisou dans tous les pays de mines de charbon : Belgique, France, Angleterre, Prusse, Saxe, Autriche, par des Commissions dites du grisou, devenues généralement permanentes.

La situation générale au point de vue des accidents de grisou ne s'améliore que lentement, parce que l'intensité des catastrophes s'accroît en raison de la profondeur des mines. Ce ne sont pas cependant les accidents dus au grisou qui sont les plus meurtriers. La statistique suivante du nombre de tués par 10.000 ouvriers occupés dans les mines de houille (fond et surface réunis) le démontre :

Périodes.	BELGIQUE.		FRANCE.		ANGLETERRE.		PRUSSE.	
	Accid. dûs au grisou.	Accid. en général.	Accid. dûs au grisou.	Accid. en général.	Accid. dûs au grisou.	Accid. en général.	Acc. dûs au grisou.	Acc. en général
1851-60	4.22	29.32	5 21	34.04	9.92	40.71	1.76	20.54
1861-70	3.44	26 05	6.54	29.61	7.10	33.29	4.12	28.64
1871-80	4 87	24.50	4.94	22.18	5.57	23.54	2.87	28.96
1881-90	3.64	19.32	5.95	18.03	3 13	19.40	5.17	29.34
1891-00	2.61	13.91	0.65	11.84	1.83	14.29	2.45	24.74

Cette statistique montre en outre que dans les anciens pays houillers, tels que la Belgique, la France et l'Angleterre, la sécurité générale des mines va en s'améliorant d'une manière notable. Il n'en est pas de même en Prusse où le développement rapide de l'exploitation houillère et l'augmentation de la profondeur des mines a accru les causes d'accidents en général.

Les accidents du grisou ont d'ailleurs ce caractère particulier de produire parfois de nombreuses victimes. Un seul accident suffit donc pour hausser la moyenne. C'est ainsi que la moyenne décennale 1891-1900 est accrue en Belgique par le seul accident d'Anderlues, alors qu'en France la moyenne de 1881-1890 était plus élevée encore par suite de divers accidents survenus dans la Loire. On constate partout d'autre part une décroissance marquée des accidents de tous genres.

897. *Composition de l'air des mines.* — La composition normale de l'air atmosphérique est en volumes :

$$\text{Azote} \dots \dots 78.10$$
$$\text{Oxygène} \dots \dots 20.93$$
$$\text{Argon} \dots \dots 0.94$$
$$\text{Anhydride carbonique} \dots 0.03$$

En moyenne, abstraction faite de l'anhydride carbonique et de l'argon qui peuvent être en proportions variables, on peut admettre :

$$\text{Azote} \dots \dots 79$$
$$\text{Oxygène} \dots \dots 21$$

Les résultats de 19 analyses de l'atmosphère des mines de Saarbruck et de Westphalie, faites au laboratoire de Bochum par le Dr Schondorff, ont donné :

	Minimum.		Maximum.
Azote	78.147	à	79.900
Oxygène . . .	19.281	à	20.810
CO_2	0.120	à	1.003
CH_4	0.133	à	1.389

L'air des mines subit donc une altération qui peut être évaluée par heure ou par kilom. de galeries.

Au puits Albert (Saarbruck) où circulait un volume d'air de 8^{m3}.02 par seconde, l'altération par heure était la suivante :

$$\text{Oxygène} \quad - \quad 154^{m3}.84$$
$$CO_2 \quad + \quad 68\ .47$$
$$CH_4 \quad + \quad 401\ .25$$

En rapportant cette altération au kilomètre de galeries, on obtient :

$$\text{Oxygène} \quad - \quad 23^{m3}.29$$
$$CO_2 \quad + \quad 9\ .89$$
$$CH_4 \quad + \quad 63\ .49$$

L'ensemble de ces chiffres exprime ce que le Dr Schondorff appelle le *tempérament chimique* de la mine.

D'après la Commission prussienne du grisou, l'altération de l'air ne doit pas être telle que les retours d'air contiennent plus de $1 \frac{1}{2}$ % de $CO^2 + CH^4$.

L'altération de l'air dans les mines consiste comme on le voit :

1° en absorption d'oxygène.

2° en mélange de gaz étrangers.

898. ***Absorption d'oxygène.*** — Les causes d'absorption d'oxygène sont :

a. La respiration des hommes et des animaux : un homme consomme par heure 24 litres O et produit 21,6 litres CO^2 ; un cheval consomme dans le même temps 100 litres O et produit 90 litres CO^2.

b. L'éclairage : une lampe brûlant 15 gr. d'huile à l'heure consomme 26,5 litres O et produit 16.9 litres CO^2.

c. L'emploi des explosifs.

d. La combustion lente du charbon, les oxydations des sulfures, protoxydes, etc.

Cette dernière cause est de beaucoup la plus importante et a souvent pour conséquence la production d'incendies spontanés. Ces phénomènes, autrefois exclusivement attribués à la sulfatisation des pyrites, doivent, d'après les expériences de MM. H. Fayol, P. Mahler et autres, être attribués pour la plupart à la combustion lente du charbon qui se produit même en l'absence complète de pyrites.

D'après M. P. Mahler, une houille grasse augmente de 10 % de son poids en 8 jours, par suite de cette absorption ; une houille anthraciteuse, de 2 % de son poids seulement en un mois. La température à une influence sur la rapidité de cette augmentation de poids.

On ne peut méconnaître toutefois l'existence d'échauffements locaux dûs aux sulfatisations, tels que ceux qui élèvent à plus de 50° la température des mines de Comstock et de certains chantiers abandonnés du Rammelsberg, et qui produisent fréquemment l'échauffement des remblais pyriteux et humides. Mais l'absorption d'oxygène provenant des sulfatisations est ordinairement sans importance, comparativement à celle que produit la combustion lente de la houille.

L'absorption d'oxygène provoque, dans les charbons altérés à l'air, par exemple dans les charbons d'affleurement, la présence de l'acide ulmique et ces charbons donnent souvent la réaction caractéristique des tourbes et des lignites (coloration brune d'une dissolution étendue de potasse), en même temps qu'ils perdent en plus ou moins grande partie leurs propriétés collantes. C'est un point dont il faut se préoccuper dans les recherches de mines : tant que des charbons d'affleurement donnent la réaction ci-dessus, on ne peut conclure à leur qualité grasse ou maigre.

899. ***Mélange de gaz étrangers***. — L'absorption d'oxygène entraîne en général la production d'anhydride carbonique et d'un excès d'azote. Parmi les gaz étrangers qui contribuent à la viciation de l'air des mines de houille, il faut citer surtout le grisou; l'oxyde de carbone, l'anhydride sulfureux sont accidentels et ne proviennent que de la combustion du charbon, du grisou ou des pyrites. L'acide sulfhydrique peut également provenir de l'altération de ces dernières; mais il est plus souvent, avec l'ammoniaque, un produit de la décomposition des matières organiques qui peuvent se trouver dans la mine. On a signalé des dégagements d'H_2S dans des mines de soufre (Sicile) et même dans des mines de charbon. D'autres gaz sont plus rares encore, tels sont l'hydrogène dont des dégagements ont été signalés dans des mines de sel, les vapeurs de mercure, d'arsenic, etc.

Nous examinerons spécialement, dans ce qui va suivre, la viciation de l'air produite par l'anhydride carbonique, l'excès d'azote et le grisou.

900. ***Anhydride carbonique.*** — L'anhydride carbonique désigné par les mineurs liégeois sous le nom de *pouteure* (du latin *putire*) a une densité de 1.5 par rapport à l'air. Il gagne en conséquence le fond des excavations où il se sépare de l'air avec assez de netteté.

Une proportion de 0.1 °/₀ de CO_2 rend l'air malsain; à 8 °/₀, l'air devient asphyxiant. Pour 5 à 6 °/₀, l'air devient impropre à la combustion. Les lampes au repos s'éteignent à 10 °/₀ de CO_2; mais les lampes en mouvement brûlent difficilement même à 4 °/₀ de CO_2.

L'asphyxie ne se produisant qu'à 8 %, en portant une lumière devant soi lorsqu'on pénètre dans d'anciens travaux, on peut être prévenu du danger.

Les dosages de CO_2 faits dans les retours d'air donnent en général des proportions bien inférieures à ces chiffres.

Les plus fortes ont été reconnues en Saxe et atteignaient 0.736 %; en Westphalie, on n'a trouvé que 0.47 %.

L'anhydride carbonique en excès est vénéneux, mais à un degré beaucoup moindre que l'oxyde de carbone.

L'asphyxie se produit sans douleur; mais pour peu qu'elle se prolonge, il est très difficile de rappeler la victime à la vie, à cause de l'intoxication qui en est la conséquence. L'asphyxie par l'anhydride carbonique laisse des troubles organiques qui persistent pendant plusieurs jours.

Nous avons vu ci-dessus que les causes d'absorption d'oxygène ont pour effet de remplacer ce gaz par CO_2 dans l'atmosphère des mines. Il faut y ajouter les causes suivantes de production directe d'anhydride carbonique : la décomposition des carbonates par les acides, par exemple par l'acide sulfurique provenant de la combustion des pyrites, les sources naturelles de CO_2, telles qu'il en existe dans certains pays (pouhons de l'Ardenne et de l'Eifel). On a constaté, dans le midi de la France (Brassac, Rochebelle, Bessèges), des dégagements importants d'anhydride carbonique dans des mines de houille. A Rochebelle (Gard), ces dégagements ont pris depuis 1879 un caractère analogue aux dégagements instantanés de grisou du bassin belge. Le gaz carbonique fait irruption avec bruit et projette dans les chantiers des quantités considérables de charbon pulvérisé. L'irruption du 25 mars 1885 a donné lieu à une projection de charbon de 405 t. et a rendu l'air irrespirable dans 12000 m. de galeries; le dégagement a duré 8 heures [1]. La fréquence de ces dégagements a nécessité des mesures de précautions spéciales.

Dans les petites mines métalliques où l'aérage est insuffisamment assuré, on constate souvent des accumulations de CO_2 après un chômage, notamment en été; il en résulte parfois

---

[1] *Revue universelle des mines*, 2e série, t. XXI.

des accidents analogues à ceux qui se produisent dans les égouts, les puits domestiques, les caves mal aérées, etc. Il est de règle de ne pénétrer dans ces puits après un chômage qu'en ayant soin d'y faire descendre d'abord une lampe suspendue à un décamètre à roulette. On prend aussi la précaution d'y projeter de l'eau pour mettre l'air en mouvement. La meilleure mesure à prendre est en tout cas de ventiler le puits, de manière à diluer l'anhydride carbonique en proportions inoffensives.

L'absorption de l'anhydride carbonique par la chaux ou les alcalis caustiques, telle qu'elle se pratique dans les bateaux sous-marins, n'est pas pratique à cause de la difficulté de mélanger le gaz avec ces réactifs liquides. Dans des sauvetages, on a cependant employé utilement, pour absorber l'anhydride carbonique, la chaux pulvérisée ainsi que des eaux alcalines ou ammoniacales.

901. ***Excès d'azote.*** — *L'azote* en excès est aussi le résultat de la réduction de la quantité d'oxygène contenue dans l'air. Quand la proportion d'azote atteint 85 %, au lieu de 79 (teneur moyenne normale), l'air devient impropre à la respiration. Les lumières sont déjà difficiles à entretenir à 83 ou 84 d'azote. L'asphyxie due à l'azote ne laisse pas, quand on en revient, de traces semblables à l'asphyxie par l'anhydride carbonique.

902. ***Grisou.*** — Le *grisou* (*Schlagende Wetter*, *fire damp*) a été mentionné pour la première fois en Angleterre par Robert Plot, en 1686, dans *Natural history of Staffordshire* et, en Belgique, en 1696, par l'historien liégeois Fisen.

On donne communément le nom de *grisou* aux mélanges détonants qui se rencontrent dans certaines mines de houille. Ces mélanges sont composés d'air (partie comburante) et d'hydrocarbures (partie combustible). Mais on réserve plus souvent le nom de *grisou* aux gaz dont le dégagement donne lieu à la formation du mélange détonant. Ces gaz consistent, pour la majeure partie, en méthane, formène ou hydrure de méthyle, CH^4 (gaz des marais) ; on y a quelquefois constaté de faibles proportions (2 à 4 %) d'autres hydrocarbures plus lourds de la même série $C^n H^{2n+2}$ et surtout de l'éthane C^2H^6 (Blanzy, Ronchamp, Saarbruck, Basse-Silésie, Obernkirchen), dont le point d'inflammation est inférieur à celui du méthane.

La présence de l'éthane parait augmenter l'explosibilité du mélange, ce qui donnerait peut être l'explication du danger spécial de certains grisous que l'on prétend avoir constatés en Angleterre et que l'on désigne sous les qualificatifs de *quick* ou *sharp*. La présence de l'éthane dans certains grisous acquiert une probabilité d'autant plus grande que la constatation de ce gaz, dans les poussières de charbon explosibles, a été faite par le Dr Bedson de Durham.

La présence d'hydrocarbures autres que CH^4 et d'hydrogène a été toutefois attribuée par M. H. Le Chatelier au chauffage des échantillons préalable à leur analyse ou à des erreurs de calcul.

Certaines analyses de grisou ont donné de plus de l'hydrogène en liberté. Ces grisous se rapprocheraient alors des gaz naturels des Etats-Unis. Enfin M. Schondorff croit à la présence, dans certains grisous, d'un oxysulfure de carbone (COS).

La densité du méthane est o.717, chiffre que l'on peut prendre, en conséquence, comme minimum de la densité des gaz hydrocarburés qui se dégagent de la houille. Cette densité peut atteindre jusque o.96 par mélanges d'autres gaz (CO^2 en très faible proportion, CO, azote souvent en assez grande quantité).

L'argon a été constaté dans toutes les analyses de grisou faites en France par M. Th. Schlœsing fils, à peu près dans la même proportion que dans l'air atmosphérique, même en prenant les plus grandes précautions pour qu'il n'y ait aucun mélange d'air atmosphérique dans la prise d'essai ; c'est ce qui a fait dire que cet air était emprisonné dans le charbon depuis sa formation ; ce serait donc de l'*air fossile*. Certains échantillons français ont donné 3.38 d'argon pour 100 d'azote. La présence de l'argon dans le grisou vient confirmer l'hypothèse généralement admise que l'azote du grisou n'est pas d'origine organique.

903. En vertu de sa légèreté, le grisou gagne le toit des excavations, se rassemble dans les cloches, dans les montages. Il se mélange à l'air par diffusion, mais celle-ci s'accomplit lentement. On compte que dans une galerie ordinaire, il faut 3 ou 4 heures pour que la diffusion soit complète. Comme le dégagement peut être beaucoup plus rapide, la dilution par simple diffusion est insuffisante ; de là le danger d'une stagnation ou d'un ralentissement du courant provoqué, par exemple,

par l'ouverture d'une porte directrice de l'aérage. Pour diluer le grisou, il faut agiter l'air, d'où l'ancienne pratique d'agiter l'air (*wahî*) au moyen d'une étoffe, avant de faire usage des explosifs, pratique absolument condamnable d'ailleurs puisqu'on ne doit tirer qu'après avoir constaté l'absence du grisou.

Lorsque la diffusion est obtenue, elle subsiste : le grisou ne se sépare plus de l'air, ne se *liquate* pas.

904. Le grisou n'est pas vénéneux ; il présente une faible odeur éthérée que l'on a comparée à celle de la pomme de reinette ; on prétend que sa respiration guérit de l'ivresse ; on prétend aussi qu'il donne au visage l'impression d'une toile d'araignée, ce que l'on explique par l'impression des filets de gaz comprimé s'échappant d'un réseau de fissures. Il est incolore, mais certains prétendent avoir vu le réseau dont ils ont ressenti l'impression, ce qui pourrait s'expliquer par des différences de refrangibilité de l'air et des filets de grisou.

Le grisou est asphyxiant, mais les suites d'une asphyxie momentanée ne sont pas graves. L'asphyxie par le grisou se produit dans les cas de dégagements instantanés. Elle est d'ailleurs peu fréquente par suite de la légèreté spécifique de ce gaz, parce que la victime tombe étourdie dans un air plus dense et plus pur où elle se ranime ; c'est le contraire qui se produit lors d'une asphyxie par l'anhydride carbonique.

905. Le grisou est légèrement soluble dans l'eau ; à la température ordinaire 100 vol. d'eau dissolvent 3.5 vol. de méthane, ce qui explique la présence de ce gaz constaté à Saarbruck et à Saint-Etienne dans des eaux de mine.

Le méthane a été liquéfié à une température de $-100°$ C et à une pression de 50 atm. (Dewar), à $-11°$ C et 180 atm. (Cailletet), à $+28°$ et 350 atm. (Pictet). Au dela de 28°, il n'est plus liquéfiable.

La composition du grisou parait varier avec les couches et leur âge relatif ; mais la loi de ces variations, si elle existe, est inconnue.

906. ***Combustion du grisou.*** — Les propriétés les plus intéressantes du grisou sont celles qui se rapportent à sa combustion. Le grisou brûle avec une flamme bleu pâle ; la couleur

de la flamme du méthane pur est d'un bleu très caractérisé; mais cette couleur est plus ou moins oblitérée par la présence d'autres gaz. Lorsque l'atmosphère de la mine contient moins de 3 % de méthane en volume, la température de la flamme d'une lampe de mine augmente; de 3 à 6 %, la combustion du méthane vient former une *auréole* bleuâtre au contact de la flamme. On dit alors que la lampe *marque*. Il paraît que ce phénomène ne se produit pas au même degré pour les grisous désignés en Angleterre sous les qualificatifs de *quick* ou *sharp*, dont l'auréole est peut être oblitérée par la présence de l'éthane. Ces grisous seraient d'autant plus dangereux qu'ils marquent moins à la lampe.

A partir de 4 % de grisou, on perçoit parfois des crépitements ou de petites explosions au contact de la flamme.

La flamme marque de plus en plus jusqu'à 6 %, proportion pour laquelle le mélange commence à devenir inflammable, avec ou sans explosion suivant les circonstances. Le chiffre de 6, 10 % est considéré comme la limite d'inflammabilité du méthane. Le maximum de violence de l'explosion correspond à un peu plus de 12 % de grisou, proportion à partir de laquelle l'explosibilité diminue jusqu'à près de 17 %.

A partir de cette dernière proportion, le mélange cesse d'être détonant, mais il devient de plus en plus asphyxiant et à 33 % de grisou, les lumières s'éteignent.

Il est à remarquer que ces chiffres ne sont pas susceptibles d'une grande précision, parce qu'ils dépendent de plusieurs éléments : de la température du corps qui met le feu, de la durée du contact avec ce corps, de la température, de l'état d'agitation de l'air, etc.

907. *Température d'inflammation.* — MM. Mallard et Le Chatelier ont déterminé la température d'inflammation du méthane qui est de 650° C. Mais en dessous de cette température, il peut y avoir combustion lente du grisou, notamment en présence de corps poreux. A titre de comparaison, voici les températures d'inflammation de quelques autres gaz, d'après les mêmes expérimentateurs :

$$
\begin{array}{ll}
\text{Oxyde de carbone} & 655° \\
\text{Hydrogène} & 655° \\
\text{Gaz d'éclairage } C^2H^4 & 550°
\end{array}
$$

Le gaz d'éclairage est donc beaucoup plus inflammable que le grisou ; les expériences faites sur le gaz d'éclairage prêtent donc à des conclusions trop rigoureuses, quand on les applique au grisou, c'est pourquoi MM. Mallard et Le Chatelier ont opéré, dans leurs expériences sur les explosifs et sur les lampes, au moyen de méthane artificiel, au lieu d'opérer, comme on le faisait autrefois, sur du gaz d'éclairage.

908. **Retard à l'inflammation.** — Le grisou présente une particularité qui sert de base à la théorie des explosifs de sécurité (cf. n° 39). C'est le *retard à l'inflammation*, consistant en ce qu'il faut un contact d'une certaine durée avec un corps en ignition, pour que l'inflammation se produise.

Ce retard diminue, à mesure que la température de la source de chaleur augmente. A 650°, il est de 10″ environ ; à 1000°, il est d'une seconde seulement.

Pour d'autres gaz combustibles, tels que l'hydrogène et l'oxyde de carbone, le retard à l'inflammation n'est pas appréciable.

Le retard à l'inflammation du grisou peut être démontré par l'expérience suivante de MM. Mallard et Le Chatelier. Si l'on projette de bas en haut un jet de grisou à l'intérieur d'un creuset de fonte rougi renversé verticalement, le jet de grisou s'enflamme, parce que les gaz restent assez longtemps en contact avec le fond du creuset. En retournant le creuset et en projetant le jet de grisou de haut en bas, il n'y a pas inflammation, parce que le contact se renouvelle constamment.

Davy avait déjà reconnu par expérience que le grisou projeté sur un fer chauffé au rouge blanc ne s'enflamme pas ; il en avait conclu qu'il fallait une température supérieure au rouge blanc ou une flamme, pour mettre le feu au grisou. Cette conclusion était erronée, car si le contact est suffisamment prolongé, la chaleur rouge suffit, et l'on a vu des inflammations de grisou se produire au contact des toiles rougies d'une lampe de sûreté ou d'un cigare allumé.

909. **Mode d'inflammation** — Tous les feux nus peuvent provoquer des inflammations de grisou : tels sont les flammes des lampes et des explosifs, les foyers souterrains, les incendies, etc. L'emploi des explosifs est la principale cause d'inflammation dans les mines à grisou ; ce gaz peut venir au contact de

la flamme, soit par une mine débourrant, soit par des fissures créées par l'action même de l'explosif, soit encore par le mode d'amorçage. De là des règlements de police sévères, interdisant complètement ou partiellement l'emploi des explosifs dans les mines à grisou.

Les étincelles peuvent également mettre le feu au grisou. D'après des expériences faites à Paris et à Blanzy, en 1890, les étincelles produites par le choc des outils sur la pierre n'enflamment pas le grisou, quoiqu'elles mettent le feu au gaz d'éclairage. Cependant on peut opposer à ces expériences les explosions provoquées autrefois dans le district de Durham par les rouets à silex qui servaient à l'éclairage.

L'inflammation du grisou peut se produire par l'étincelle électrique. Des expériences faites en 1897 à Schalke ont donné quelques indications sur les conditions dans lesquelles se produit l'inflammation par l'électricité. Ces expériences ont démontré que toute étincelle visible est dangereuse, mais que le voltage a une influence prépondérante.

L'incandescence électrique peut aussi provoquer l'inflammation, mais plus difficilement qu'une étincelle de rupture [1].

910. ***Vitesse de propagation de la flamme.*** — Les expériences de MM. Mallard et Le Châtelier ont établi pourquoi l'explosion la plus violente ne correspond pas au mélange de parties chimiquement équivalentes de méthane et d'oxygène, soit au mélange de 9,8 vol. pour cent de méthane dans l'air atmosphérique. L'explosion la plus violente correspond au maximum de vitesse de propagation de l'inflammation. Davy avait déjà observé que la flamme du grisou met un certain temps pour traverser un tube d'une certaine longueur et avait ainsi découvert l'influence refroidissante des toiles métalliques, principe des lampes de sûreté. MM. Mallard et Le Châtelier ont mesuré la vitesse de propagation de la flamme du grisou, par la méthode expérimentale de Bunsen qui consiste à faire écouler le gaz sous une vitesse constante à travers l'ouverture d'un diaphragme en laiton. En allumant le gaz en cette ouverture,

---

[1] Voir *Rev. universelle des mines*, 3e série, t. 43, 1898.

si la flamme se projette en avant, c'est l'indice d'une vitesse d'écoulement plus grande que la vitesse de propagation; si la flamme est aspirée, c'est l'indice d'une vitesse d'écoulement inférieure à la vitesse de propagation. On peut donc, en équilibrant ces vitesses, déterminer la vitesse de propagation par la mesure de la vitesse d'écoulement. Le gaz est, dans ce cas, maintenu allumé au moyen d'un jet d'hydrogène, normal au courant. Les résultats de cette expérience peuvent être représentés par un diagramme dont les abscisses correspondent aux pourcentages de grisou et les ordonnées aux vitesses par seconde correspondantes (fig. 578).

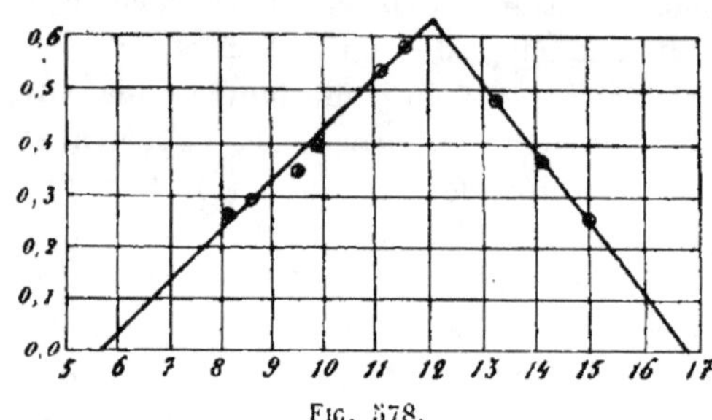

Fig. 578.

On voit par ce diagramme que la limite d'inflammabilité du grisou correspond exactement à 5.8 % de méthane en volume et que la vitesse de propagation croit jusqu'à $0^m.62$ par seconde pour 12.20 % de méthane, puis décroît jusqu'à 16.8 %, limite où toute inflammation cesse. Entre 5.8 et 12.20 %, on passe donc du danger nul au danger le plus grand.

Avec l'hydrogène, la vitesse maxima est de $4^m.30$ pour 40 % de ce gaz. Elle est de $1^m.25$ pour 17 % de gaz d'éclairage.

911. La vitesse de propagation dépend de différentes circonstances : en premier lieu de l'influence de gaz inertes en mélange, tels que l'azote et l'anhydride carbonique. Ces gaz et surtout l'anhydride carbonique diminuent la vitesse d'inflammation : 5 % d'anhydride carbonique diminuent cette vitesse de 1/3. Les quantités de CO_2 contenues habituellement dans l'air des mines ne peuvent en aucun cas la diminuer sensiblement. D'après Davy, 14.28 % de CO_2 empêcheraient toute inflammation de grisou.

En raison de cette assertion, des moyens préventifs ont été proposés, basés sur le mélange de fortes proportions d'anhydride carbonique dans l'air au moment du tir des mines.

912. La vitesse de propagation dépend aussi de l'état d'agitation de l'air, comme le prouve l'expérience suivante. Si l'on allume un mélange détonant de méthane et d'air contenu dans un tube de verre horizontal fermé à l'un des bouts, la marche du phénomène dépend du point où le feu est mis. Si le point d'inflammation est à l'orifice du tube, la flamme se propage lentement et sans explosion jusqu'au fond. Si l'allumage se fait au fond du tube (au moyen d'une étincelle électrique par exemple), il y a au contraire une explosion violente qui se propage avec une vitesse d'environ 20 m. par seconde. En assimilant ce tube à une galerie de mine, on peut s'expliquer la différence de violence des explosions, suivant que l'inflammation s'est produite à l'entrée ou au fond d'un chantier. Dans le premier cas, l'inflammation se propage avec la vitesse correspondant à la teneur de l'air en grisou, soit au maximum de $0^m.62$ par seconde, tandis que dans le second cas, cette vitesse peut être centuplée par l'agitation de l'air.

913. **Température de combustion.** — La pression produite par l'explosion du méthane en vase clos est par expérience de 8 atmosphères. On peut en déduire la température de combustion sous volume constant par la formule :

$$\frac{p}{t} = \frac{P}{T}$$

ou p et t représentent la pression et la température initiales, P et T la pression et la température finales.

On trouve dans ces conditions, d'après MM. Mallard et Le Châtelier, $T = 2150°$ centigr.

A l'air libre, c'est-à-dire sous pression constante, cette température doit être corrigée, en tenant compte de la différence de chaleur spécifique sous volume constant et sous pression constante. Elle n'est plus que de $1850°$ [1].

914. **Produits de la combustion.** — La combustion complète d'un vol. CH^4 demande 2 vol. d'oxygène (soit environ 10 vol. d'air) et produit un vol. $CO^2 + 2$ vol. H^2O. Ces derniers se

---

[1] MALLARD et LE CHATELIER. *Ann. des mines*, 7e série, t. IV, 1883.

condensant, la contraction est de deux volumes sur trois, c'est-à-dire du double du volume primitif de CH^4.

C'est sur ce principe qu'est basée l'analyse eudiométrique du grisou.

Pour une quantité supérieure à 9.8 % de CH^4 dans l'air, il y a insuffisance d'oxygène ; les produits de la combustion sont de l'oxyde de carbone, de l'hydrogène et du méthane non brûlés.

Après une explosion de 12 % de méthane, on a trouvé dans l'air les éléments suivants d'un mélange toxique et irrespirable :

$$\begin{array}{lr}
CO^2 \ldots \ldots & 4.8 \\
CO \ldots \ldots & 3.9 \\
H. \ldots \ldots & 3.5 \\
Az \ldots \ldots & 82.2 \\
\hline
\text{Total.} \ldots & 94.4
\end{array}$$

915. Les gaz qui restent dans la mine après une explosion de grisou (*Nachschwaden, afterdamp*), doivent leur toxicité à l'oxyde de carbone. Une proportion de 0.05 % CO dans l'air provoque le vertige au bout d'une demi heure, 0.1 % l'impossibilité de se mouvoir, 0.2 % l'évanouissement, tandis que les lampes continuent à brûler.

C'est un fait bien connu qu'on a souvent trouvé, à la suite d'explosions de grisou, des victimes ayant leurs lampes allumées à côté d'elles et l'on en a conclu avec raison à la mort par intoxication.

L'empoisonnement se décèle par la couleur carminée de l'hémoglobine du sang, plus ou moins saturée de CO.

Les explosions auxquelles prennent part des poussières sont encore plus dangereuses à ce point de vue, car elles augmentent les proportions d'oxyde de carbone.

Les expériences faites par le Dr J. Haldane, professeur de physiologie à l'université d'Oxford, sur les victimes de diverses explosions de grisou et de poussières, ont démontré que l'intoxication par l'oxyde de carbone avait été la principale cause de mort, lors de ces catastrophes, bien que la teneur de l'atmosphère après l'explosion ne dépassât généralement pas 1.8 % CO. Mais avec cette teneur, la perte de connaissance se produit au bout de 8 à 10 minutes et la mort en un laps de temps de 40 minutes à une heure. Le délai utilisable pour le sauvetage est donc très court. Comme moyens curatifs, le Dr Haldane indique la respiration artificielle, l'emploi de cordiaux, les injections d'éther, l'application de la chaleur artificielle et les installations d'oxygène (¹).

Le Dr Haldane recommande aussi d'emporter, dans les sauvetages, un animal à sang chaud de petite taille (souris en cage ou dans un tamis de lampe) beaucoup plus sensible que l'homme à l'influence de CO. L'évanouissement de la souris serait l'indice d'un danger imminent.

916. *Effets des explosions de grisou*. — Lorsqu'il y a simplement inflammation du grisou, la flamme se propage à faible vitesse et il ne peut en résulter que des brûlures. Il arrive que les ouvriers respirent la flamme, ce qui est démontré par les brûlures internes. Les expériences du Dr Regnard, de Paris, sur des chiens ont démontré qu'il pouvait ainsi se produire d'affreuses blessures internes, que l'on a quelquefois attribué à l'explosion du grisou dans les poumons.

Lorsqu'il y a explosion, on observe généralement deux chocs successifs : le choc direct et le choc en retour.

L'explosion est caractérisée par une augmentation de pression due non seulement à la production instantanée d'un grand volume de gaz, mais encore à la dilatation de ce volume sous l'influence de la température de combustion. Dans des expériences faites dans la galerie d'essai des explosifs à Neunkirchen, on a constaté, au moyen de manomètres, des pressions de 1.50 à 2 atmosphères avec grisou seul et de 2.75 à 3 atm. avec poussières de charbon.

Le choc direct se manifeste parfois au jour, par une colonne de flamme, de fumée ou de poussières sortant du puits, et dans la mine, par la destruction des obstacles que l'explosion rencontre, portes, wagonnets, etc. Les hommes peuvent même être tués ou blessés par projection contre le sol ou contre une paroi.

Si la vitesse du courant est inférieure à 0^m62 par seconde, l'inflammation peut se propager en sens inverse du courant

______

(¹) Voir Annales des mines de Belgique, t. 2, 1897 ; Id. de France, 9e série, t. XIV et XIX.

d'air, lorsque la résistance est moindre dans ce sens, et il y a renversement du courant.

Le choc en retour est dû à la raréfaction de l'air qui se produit en arrière de la masse gazeuse en mouvement, et à la contraction provenant de la condensation de la vapeur d'eau et du refroidissement des gaz.

Il arrive alors que cette raréfaction fasse sortir les gaz explosibles contenus dans les remblais où les vides de la mine et que ces gaz produisent une nouvelle explosion au contact des boisages incendiés ou des flammes qui, notamment dans le cas d'un coup de poussières, peuvent faire retour.

A Oaks-Colliery, on a observé ainsi 17 explosions successives du 12 au 19 décembre 1896.

Le dernier effet d'une explosion de grisou est l'asphyxie par l'oxyde de carbone. C'est cette cause qui produit le plus de victimes, parce les éboulements empêchent de leur porter secours en temps utile et que ce temps est strictement compté.

917. *Gisement et dégagement du grisou*. — Le grisou provient de la décomposition des matières organiques qui ont donné naissance au charbon. Il se dégage du charbon ou des roches encaissantes.

Le grisou peut se dégager des houilles, quelle que soit leur nature; ce sont généralement les houilles grasses bitumineuses qui sont les plus grisouteuses. Les houilles sèches, même à hautes teneurs en matières volatiles, sont souvent sans grisou; c'est ainsi que les charbons flénus n'en contiennent que des traces. Il en est de même des houilles à gaz de Westphalie, tandis que celles de Saarbrück sont très grisouteuses. Les houilles maigres sont souvent aussi sans grisou. Cependant les houilles maigres du bassin de la Wurm (Aix-la-Chapelle) sont grisouteuses. Il en est de même des anthracites de Pennsylvanie.

L'influence des conditions du gisement est prédominante. La compacité des roches encaissantes, des terrains de recouvrement, l'eau qui y est contenue, maintiennent le grisou sous pression dans certaines couches, tandis que dans d'autres la perméabilité du recouvrement en a favorisé le dégagement. C'est pourquoi le grisou augmente généralement en profondeur et se rencontre avec plus d'abondance dans les couches d'allure tourmentée, dans les plissements qui gênent le dégagement naturel. C'est ainsi que dans le bassin de la Wurm, d'allure tourmentée, le grisou se rencontre dans des couches maigres et demi-grasses, tandis qu'il n'y en a pas dans les charbons gras du bassin voisin de l'Inde (Eschweiler) qui est plus régulier.

Le grisou s'accumule surtout dans les selles, dans les renflements, dans le charbon déliteux. Il est quelquefois en relation avec les failles et les crains; mais peut-être n'est-ce qu'un effet de la plus grande facilité de dégagement, lorsque le charbon manque de compacité. Il arrive que certaines limites naturelles, telles que failles ou dykes, divisent les gisements en parties grisouteuse et non grisouteuse.

918. Quand le front de taille est mis à nu, le grisou se dégage en brisant les cellules où il était renfermé, ce qui produit un bruit analogue à celui de l'eau qui bout. C'est ce que l'on a appelé le *chant* du grisou; on dit aussi que le gaz *frise*. Ce bruit provient de ce que le grisou se trouve sous tension dans les cellules de la houille. On a fait de nombreuses expériences pour mesurer cette tension dans la masse du charbon. L'expérience consiste à forer dans le charbon un trou de mine et à y introduire un tube métallique isolé par un bourrage, de manière à ménager au fond du trou une chambre de dégagement dont les dimensions doivent être constantes, si l'on veut faire des expériences comparatives.

M. Simon, à Liévin, emploie pour cela un tube de cuivre d'un cent. de diam. sans joints; sa flexibilité permet de l'introduire dans le trou, même dans un chantier étroit. On mesure la pression en mettant un manomètre à l'extrémité de ce tube.

M. Lindsay Wood, en Angleterre, a mesuré ainsi des pressions de 33 atmosph. (mine Boldon). En Belgique, MM. Schorn, Watteyne et Macquet ont mesuré, dans le Couchant de Mons, des pressions de 42.5 atm.

La répartition des pressions est très irrégulière, en différents points rapprochés d'un même front de taille, à tel point qu'on a constaté la présence de massifs perméables au grisou au milieu de massifs imperméables. La pression augmente avec la profondeur du trou et la compacité du charbon. Ces observations ont été vérifiées par M. P. Petit, à la mine du Treuil (St-Etienne), et par M. Simon, à Liévin. Ces expérimentateurs ont relevé des courbes de pressions et de débits, ces dernières en substituant au manomètre un compteur à gaz. Les pressions observées ont été fort inférieures aux précédentes, 3.5 atm. au maximum à St-Etienne et 7.5 atm. à Liévin ; mais ces observations ont démontré que si la pression diminue très lentement dans le charbon compact, par exemple dans les galeries de traçage, il n'en est pas de même dans les tailles et les dépilages, où les fissures produites par l'exploitation drainent le grisou. M. P. Petit (¹) et M. Simon (²) concluent de là à l'inefficacité des traçages, et surtout des sondages au grisou, pour saigner les couches à dégagement instantané. Mais M. P. Petit croit que des sondages, avec mesures de pression et de débit instituées méthodiquement, sont néanmoins des moyens préventifs d'une grande utilité, parce qu'ils peuvent avertir immédiatement d'une anomalie dans la répartition des pressions ou dans le débit du gaz. Ces mesures ont été en conséquence instituées d'une manière courante aux Houillères de St-Etienne, dans les chantiers où il est possible de les appliquer (cf. n° 805).

919. Lorsque le dégagement se fait régulièrement et proportionnellement à l'étendue des surfaces mises à nu, il est dit *normal*. Ce dégagement se produit aussi bien par les surfaces fraîchement mises à nu que par les surfaces anciennes. On ne remarque guère de différence, dans la teneur en grisou des retours d'air, les jours de travail et les jours de chômage. Le dégagement normal du grisou facilite le travail d'abatage et l'on constate souvent que, pendant une suspension de travail de 12 heures, le front de taille a avancé tout d'une pièce de quelques centimètres.

Les dégagements normaux fournissent parfois des quantités énormes de grisou. D'après les analyses de M. Schondorff faites régulièrement sur les retours d'air de la mine Serlo à Saarbruck (mine très grisouteuse), on a constaté que cette mine a produit par 24 heures :

(¹) *Bull. de la Soc. de l'Industrie minérale*, 2e série, t. VIII, 1894.
(²) *Ann. des mines*, 9e série, t. VIII, 1895.

De mars à septembre 1889, 21.827 m³ à 17.511 m³ de grisou.
De septembre 1889 à juin 1890, 17.511 m³ à 20.426 m³ »
De juin 1890 à décembre 1890, 20.426 m³ à 24.321 m³ »
De décembre 1890 à déc. 1891, 24.321 m³ à 13.638 m³ »

On voit par ces chiffres que dans une même mine, les variations ne sont pas très considérables. A la mine Serlo, ces variations étaient exclusivement en relation avec le développement des chantiers dans la couche *Max*. Mais les quantités varient beaucoup d'une mine à une autre. Il est des mines où la production de grisou représente une valeur calorifique plus élevée que la production de charbon.

920. Il est intéressant de comparer le dégagement de grisou au tonnage du charbon extrait dans le même temps.

C'est ainsi qu'à Aix-la-Chapelle, on a trouvé que le dégagement du grisou représente 10 à 67 m³; à Saarbrück, 0.5 à 60 m³ par t. de houille extraite. Ce rapport peut avoir une valeur pratique au point de vue du classement absolu des mines à grisou, sans tenir compte de leurs conditions d'aérage.

Le dégagement du grisou continue après l'abatage et même après l'extraction de la houille, comme le prouvent les explosions qui se produisent dans les soutes de navire et les magasins de charbon mal aérés.

921. Indépendamment des *dégagements normaux*, on distingue les *dégagements instantanés*, phénomène atteignant son maximum d'intensité dans le midi du Hainaut, mais qui a été également constaté, avec un degré moindre d'instantanéité, à Bésséges, à St-Etienne et en Angleterre (cf. n° 804).

Ce phénomène, désigné en Belgique sous le nom de *volcan*, est caractérisé par une véritable explosion du front de taille sous la pression des gaz et par une projection de charbon menu en quantités parfois considérables. Lors du dégagement instantané qui s'est produit à l'Agrappe, le 17 avril 1879, il y eut renversement du courant et le gaz brûla pendant 3 heures à l'orifice d'un puits d'extraction de 3ᵐ.60 de diamètre. La flamme s'éleva à 50 m. de hauteur et l'on a évalué la vitesse du courant gazeux à 4 ou 5 m. par seconde. On estime qu'il se dégagea ainsi 4 à 500.000 m³ de grisou en 3 heures; on a trouvé, après cet accident, 420 tonnes de charbon menu, dans les galeries voisines du chantier où le dégagement s'était produit. Ce phénomène se produit souvent sans inflammation du grisou, mais l'asphyxie par le grisou et la poussière de charbon n'en cause pas moins de nombreuses victimes.

La capacité du vide produit dans la couche n'est pas toujours considérable, ce qui s'explique par la présence de massifs pour ainsi dire explosibles, au milieu de massifs de houille compacte, comme le constatent les expériences manométriques.

Les dégagements instantanés ne se sont produits en Belgique qu'à partir de 1847 et à des profondeurs de plus de 360 m.; ils paraissent localisés dans certaines mines au sud du Bassin. Ils sont généralement en rapport avec des dérangements (failles, plis), où la porosité et la pression des terrains sont en général plus grandes. Ils ne s'annoncent par aucun signe précurseur et peuvent se succéder à peu de distance, en des points voisins d'un même chantier. Les plus violents se sont produits en travaux préparatoires, notamment en travers-bancs. Ils augmentent de violence avec la profondeur. Ils paraissent en relation avec la présence de la *houille daloïde* ou *fusain (danty coal)*.

922. A. de Vaux émit l'idée qu'aux pressions énormes que ces dégagements paraissent démontrer, le grisou devait se trouver dans la houille à l'état liquide, sinon même solide.

Les hautes pressions nécessaires pour la liquéfaction du méthane pourraient justifier cette hypothèse; les hydrocarbures plus lourds que le méthane se liquéfient à des pressions moindres : l'éthane à 45 atm. et à $+ 35°$ C; le propane est liquide à la pression ordinaire entre 25 et 30° C. Ces corps pourraient donc être entraînés à l'état liquide ou vésiculaire par le méthane gazeux.

On a prétendu que le charbon projeté par un dégagement instantané était *froid comme glace*; l'aspect gras et luisant des houilles grisouteuses au moment de l'abatage, la présence d'une huile très volatile reconnue par Chandelon dans des rognons de sidérose des houillères, celle d'hydrocarbures solides dans le terrain houiller ont été invoqués en faveur de l'hypothèse du grisou liquide. Mais l'augmentation de la température en profondeur contredit cette hypothèse : il existe en effet une profondeur où la température des roches dépasse la température limite à laquelle la liquéfaction du méthane n'est plus possible (cf. n° 905), quelle que soit d'ailleurs la pression, ce qui peut expliquer l'accroissement de tension des dégagements avec la profondeur.

Les expériences du professeur Bedson sur l'explosibilité des poussières de charbon ont démontré d'autre part que certaines houilles contenaient le méthane à l'état occlus, ce qui permettrait d'expliquer la plupart des phénomènes qui accompagnent les dégagements instantanés. Nous y reviendrons à propos des explosions de poussières. (Cf. n° 931.)

923. Sauf certains schistes bitumineux, les roches du terrain houiller, autres que la houille, ne sont pas grisouteuses ; mais le grisou se dégage parfois avec violence des roches encaissantes et notamment des grès, sous forme de *soufflards* (*blowers*, *sudden outbursts*) ([1]). Les fissures du grès sont alors en rapport direct avec une couche grisouteuse qui est l'origine du dégagement. Ce phénomène se présente plus souvent au mur qu'au toit des couches. Les conditions les plus favorables sont l'imperméabilité du toit du banc de grès. On rencontre parfois des grès dont les fissures sont imprégnées de grisou, formant ainsi de vrais niveaux *grisoutifères*. En Angleterre, ce phénomène se présente fréquemment, lors du foudroyage du toit qui suit le dépilage dans les exploitations sans remblai (cf. n° 724) ; le grisou provient alors d'une couche supérieure.

Les soufflards de grisou ont généralement une durée limitée, analogue à celle de la vidange d'un réservoir de gaz. Quelquefois le dégagement, après avoir diminué d'intensité, persiste pendant plusieurs années. Cela dépend évidemment de la forme et de l'étendue du réservoir. Des soufflards de grisou ont été captés pour amener ce gaz à la surface et faire des expériences sur du grisou naturel (Neunkirchen, Consolidation, l'Agrappe), pour chauffer des chaudières (Kœnigsgrube, à Aix-la-Chapelle), pour éclairer la surface (Gosson) ou même les chargeages (Angleterre).

924. Le grisou ne se montre pas exclusivement dans les couches de houille primaire. Il devient de plus en plus rare à mesure que l'âge géologique des combustibles minéraux est

---

([1]) Il ne faut pas confondre cette expression usitée en Angleterre avec celle de dégagements instantanés qui en Belgique exprime tout autre chose.

plus récent. Très abondant dans les charbons liasiques de la Hongrie, il est assez rare dans les lignites d'âge tertiaire. Le grisou existe cependant dans les lignites de Bohême où il a occasionné plusieurs catastrophes. On a signalé la présence de gaz explosifs dans les mines de sel dès 1664, à Hallstadt, soit même avant leur première mention dans la houille; mais la composition des grisous du sel paraît différer de celle du grisou de la houille; ce sont des mélanges de méthane et de carbures hydriques plus hydrogénés, analogues aux gaz des gisements de pétrole et aux gaz naturels exploités aux Etats-Unis. En Chine, on se sert de temps immémorial de sources de gaz combustibles provenant de forages pour raffiner le sel. On a souvent signalé les relations géogéniques qui existent entre les gisements salins et ceux de pétrole. Les mines d'ozokérite de Boryslaw donnent aussi des dégagements analogues.

On a également observé la présence du grisou dans les mines de soufre de Sicile, dans les mines de strontianite exploitées, dans le crétacé, au dessus du houiller en Westphalie, et enfin dans certaines mines métalliques, dans le Harz, à Pontpéan, dans des mines de mercure, dans des mines de fer en Belgique. La plupart du temps, il ne faut y voir que le résultat d'une formation de gaz des marais (CH_4) par la décomposition d'anciens boisages. Cependant il est des cas où l'origine filonienne du grisou ne peut guère être mise en doute, par exemple à Pontpéan [1].

On a eu également, dans des exploitations d'argile plastique en France, des explosions de gaz hydrocarburés qui paraissent dûes à la décomposition de végétaux fossiles et à l'imperméabilité de l'argile [2]. Des explosions du même genre ont eu lieu dans les exploitations de terres plastiques d'Andenne, généralement à la rencontre d'anciennes galeries dont les boisages avaient sans doute subi une décomposition.

925. *Influences agissant sur le dégagement du grisou.* — *Pression barométrique.* — L'influence des variations de la pression barométrique sur le dégagement du grisou a été l'objet de longues controverses.

MM. Galloway et Scott ont été les premiers à mettre en

---

[1] *Annales des mines*, 9° série, t. VIII, 1895.
[2]   Id.   Id.

relation les courbes des variations barométriques avec les explosions de grisou relevées en Angleterre. Les résultats de cette première étude furent en somme peu concluants; car ils trouvèrent que sur 100 explosions de grisou, 50 seulement coïncidaient avec des baisses barométriques.

L'influence des variations de pression barométrique sur le dégagement du grisou a été contestée par la Commission française du grisou, en ce sens qu'elle n'admit la possibilité de cette influence que sur le grisou contenu dans les remblais ou les anciens travaux.

Des expériences nombreuses furent instituées, notamment à Karwin (Moravie) et à Aix-la-Chapelle, avec des résultats plus ou moins favorables à l'une ou à l'autre hypothèse.

Cette question peut être considérée comme absolument tranchée aujourd'hui dans le sens de l'opinion de la Commission française, par les expériences instituées dans plusieurs mines par la Commission autrichienne du grisou. On n'a jamais observé d'influence sur le dégagement là où il n'y avait ni vides, ni vieux remblais. L'influence est au contraire manifeste, là où il en existe. Or on peut admettre, d'après les calculs de M. Ad. Firket, que dans les mines belges, même remblayées, il reste 30 % de vides.

En Angleterre, les *goaves* ont une telle importance que la loi de 1872 y prescrit, avec raison, les observations barométriques comme guides de la marche des appareils de ventilation. D'autre part la Commission anglaise du grisou a contesté absolument l'utilité des avertissements donnés par les stations météorologiques qui seraient de nature à engendrer une fausse sécurité et à endormir la responsabilité des exploitants.

926. *Température.* — MM. Galloway et Scott ont établi de même la concordance de 22 % des explosions survenues en Angleterre avec des variations de température. Il est à remarquer que les variations de la température extérieure ne se font guère sentir dans la mine. Les expériences faites par la Commission autrichienne du grisou ont démontré que l'influence des variations de température sur le dégagement du grisou était nulle, mais l'observation des différences de températures à l'intérieur et à l'extérieur de la mine peut avoir son intérêt, parce que ces différences ont une influence capitale sur l'aérage naturel

qui coexiste toujours avec l'aérage artificiel. Dans ce dernier cas, la constatation des variations de température peut être également une source utile d'indication pour régler la marche des ventilateurs.

L'observation des températures intérieures peut présenter un intérêt à un autre point de vue. Ces températures peuvent en effet atteindre une valeur qui rend le travail débilitant; les ouvriers mettent alors leur corps à nu, en tout ou en partie, et en cas d'inflammation de grisou, ils sont d'autant plus exposés aux brûlures. La ventilation doit donc, surtout dans les mines à grisou, être réglée de manière à ne pas atteindre des températures élevées.

927. *Humidité de l'air.* — L'humidité de l'air de la mine ne dépend pas de l'humidité de l'air à la surface. L'observation de l'humidité de l'air à l'intérieur de la mine ne présente d'intérêt qu'au point de vue des mines poussiéreuses.

928. *Perturbations atmosphériques.* — Les perturbations atmosphériques ne sont à considérer que par l'influence qu'elles peuvent exercer sur l'aérage naturel. Il en est ainsi des vents plongeants qui peuvent agir sur les puits d'aérage.

929. *Tremblements de terre.* — La possibilité d'une influence des tremblements de terre sur le dégagement du grisou a été admise, en 1875, par M. de Rossi, directeur de l'Observatoire sismographique de Rome. Cette hypothèse serait basée sur l'observation d'une corrélation statistique des accidents de grisou avec les mouvements du sol et sur la simultanéité des explosions de grisou souvent observée en des localités très distantes.

L'étude des tremblements de terre, dans leurs rapports avec les dégagements de grisou, a été organisée à Anzin. Un tromomètre fut installé à Douai dans le but de mesurer les mouvements ou ondulations microsismiques et les mettre en rapport avec les dégagements de grisou dosés journellement dans le retour d'air d'une couche grisouteuse de la fosse d'Hérin. Les observations ainsi faites par MM. de Chancourtois et Chesneau ont été publiées aux *Annales des mines* ([1]). M. Chesneau en a conclu à une coïncidence entre l'intensité des mouvements

---

([1]) *Annales des mines*, 8e série, t. IX et XIII, 1886 et 1888.

microsismiques et des dégagements de grisou, notamment dans les maxima maximorum et les minima minimorum. On semble aussi avoir reconnu, dans ces expériences, certaine coïncidence entre ces mouvements et les baisses barométriques.

D'autre part, des observations faites à l'Université de Tokio (Japon) ont établi l'indépendance complète des variations de la pression atmosphérique et des mouvements sismiques [1].

Les observations françaises n'ont pas été continuées, parce qu'un violent dégagement de grisou survenu à la fosse d'Hérin, en décembre 1886, semble avoir purgé de grisou cette fosse dont les retours d'air n'ont plus donné que des fluctuations insignifiantes dans le pourcentage de grisou.

L'aire microsismique dans laquelle les mouvements du sol peuvent avoir une influence, est d'une détermination difficile, car l'observation de cette aire dépend de la sensibilité des instruments. M. Beaupain a, d'autre part, démontré que les coïncidences observées entre les tremblements de terre et les accidents de grisou ne dépassent pas les limites des probabilités ordinaires. Il y a lieu, au surplus, de tenir compte dans les bassins houillers des mouvements du sol, dus aux affaissements, non moins importants que les mouvements sismiques (cf. n° 842). Ces mouvements sont en effet enregistrés par les tromomètres et il importe d'avoir égard à cette observation, au point de vue de l'installation de stations météorologiques endogènes. Il faut installer l'observatoire dans la mine à l'abri des mouvements externes, soit plus bas que les exploitations en cours. L'installation d'un observatoire de ce genre à l'Agrappe est décidée.

On a aussi signalé l'influence possible des variations du magnétisme terrestre, la corrélation des bruits naturels observés au bord de la mer (*mistpoeffers* de la mer du Nord, *barisal guns* du Gange) avec les vibrations terrestres, etc.

830. ***Explosibilité des poussières***. — Lyell et Faraday ont constaté les premiers, en 1844, à la suite de l'explosion de Haswell, que des poussières de charbon avaient pris part à l'inflammation du grisou. L'analyse des poussières déposées sur les boisages de la mine a prouvé que ces poussières étaient réduites à l'état de coke.

---

[1] *Revue universelle des mines*, 3e série, t. XIII.

Les mêmes faits furent observés en France et, en 1855, l'ingénieur du Souich avait émis l'idée que, dans les inflammations de grisou, les poussières servent de véhicule à la flamme.

A la suite de ces constatations, M. Galloway fit d'importantes études de laboratoire sur l'inflammation des poussières de charbon et en conclut que ces poussières peuvent rendre explosive une atmosphère contenant des proportions de grisou inférieures à 1 °/₀, et même que certaines poussières étaient explosibles par elles-mêmes.

De nombreuses expériences, dans des conditions aussi semblables que possible à celles de la mine, ont été instituées en Angleterre, en Belgique, en Prusse, en Saxe et en Autriche. Les ingénieurs se sont divisés, à la suite de ces expériences et de ces discussions, en *poussiéristes* et *antipoussiéristes*. Les premiers qui sont aujourd'hui les plus nombreux, admettent les conclusions de M. Galloway auxquelles ils ajoutent la suivante : c'est que les poussières aggravent en général les explosions de grisou, par suite de l'allongement des flammes.

Les expériences faites par M. Hall, en 1890-1893, en laissant descendre des poussières dans un puits abandonné sans grisou, où l'on amorçait électriquement à une certaine profondeur des cartouches chargées d'explosifs divers, ont beaucoup contribué à répandre la doctrine poussiériste.

Les expériences faites dans la galerie d'essai de Schalke ont conduit à cette même conclusion que les poussières de charbon sont inflammables et même que certaines poussières s'enflamment avec explosion, surtout lorsque l'explosif employé donne une longue flamme, comme c'est le cas pour la poudre noire. Il est remarquable que dans toutes les expériences faites sur les poussières, ce sont toujours celles des mines les plus dangereuses qui ont donné lieu au plus grand nombre d'inflammations et d'explosions (Pluto, Neu-Iserlohn en Prusse, l'Agrappe en Belgique, etc.).

931. Une nouvelle explication de l'explosibilité des poussières a été donnée par les expériences du professeur Bedson de Durham [1]. En chauffant pendant longtemps certaines poussières de charbon, M. Bedson y a constaté, outre

---

[1] *Ann. des mines de Belgique*, t. I.

l'occlusion du méthane, celle des carbures lourds de la série C^nH^{2n+2} (éthane, etc.) ; il en a conclu que ces carbures ne s'en dégagent pas à la température ordinaire, en même temps que le méthane. Ces hydrocarbures lourds se trouvant à l'état d'occlusion dans la poussière, pourraient, en se dégageant par l'action de la chaleur, augmenter la violence de l'explosion, si même ils ne suffisaient pas à la provoquer. On a toutefois objecté aux expériences du professeur Bedson que les conditions dans lesquelles elles ont été faites, ne sont pas celles d'une inflammation de poussière, et notamment que le chauffage prolongé a pu provoquer dans ces dernières une transformation chimique des carbures hydriques qu'elles contiennent.

Plusieurs explosions récentes ont été exclusivement attribuées aux poussières de charbon, en Angleterre et en Allemagne. C'est pourquoi l'on se préoccupe beaucoup aujourd'hui des moyens de supprimer les poussières dans les mines grisouteuses.

932. ***Arrosage***. — Le seul moyen pratique est l'arrosage.

A la mine des Six-Bonniers, à Seraing, on pratique l'arrosage d'une manière sommaire en installant, au sommet des tailles poussiéreuses en dressants un réservoir de 150 à 160 litres de capacité d'où un tuyau flexible amène l'eau à chaque gradin. Tous les quarts d'heure, on y produit une chasse d'eau pulvérisée pendant une demi-minute. La quantité d'eau ainsi injectée est insuffisante pour abattre entièrement la poussière ; on ne consomme, en effet, pas plus de 2 à 300 litres d'eau pour une production de 30 à 40 t. de charbon par 24 k. Or on estime que pour noyer la poussière de charbon, il faut y mélanger 50 % d'eau. Il s'agit d'ailleurs, dans cet exemple, de rendre les conditions du travail plus faciles et l'air plus respirable, plutôt que de supprimer le danger des poussières.

933. Depuis 1898, l'arrosage a été rendu obligatoire dans les couches grisouteuses de la Westphalie, au moyen de canalisations d'eau sous pression permettant un arrosage local, là où la sécheresse peut faire craindre l'incendie des poussières de charbon. Le charbon abattu est ainsi maintenu à l'état humide et l'on évite la formation de poussières, pendant les manutentions et le chargement.

L'état d'humidité dans lequel sont maintenues toutes les galeries de la mine, n'est pas cependant sans inconvénient au point de vue des conditions de résistance de la roche. On a également attribué à cette humidité permanente l'extension prise par l'ankylostomasie dans certaines houillères westphaliennes.

Ces canalisations sont très coûteuses d'établissement et d'entretien. A Saarbrück, la dépense de l'arrosage varie de fr. 0.08 à 0.18 à la tonne. Pour réduire cette dépense, on a cherché à Saarbrück à combiner l'arrosage avec l'emploi de la force hydraulique à l'intérieur de la mine (mine Kœnig).

934. Dans le pays de Galles, on pratique l'arrosage au moyen d'un mélange d'air comprimé et d'eau que l'on admet dans la galerie au moyen d'un pulvérisateur qui règle l'arrosage jusqu'à l'état de brouillard invisible.

On se contente généralement en Belgique d'arroser, avant le tirage des mines, jusqu'à 20 ou 30 m. de ces dernières.

On a prétendu qu'une zone d'humidité suffisait pour arrêter une inflammation de grisou et l'on a cité le coup de feu de Mardy (Pays de Galles) du 23 décembre 1885, comme ayant été limité dans ses effets par l'arrosage. Mais on peut citer des exemples du contraire : c'est ainsi que le coup de grisou de Reschitza (18 déc. 1896) s'est propagé jusqu'à la surface malgré l'humidité du puits.

935. A Saarbrück (mines Camphausen et Kreuzgräben), on a réussi à empêcher la production de la poussière dans certaines tailles, en injectant de l'eau, sous pression de 8 à 10 atmosphères, dans les pores même du charbon, au moyen de trous d'un mètre de profondeur creusés de 3 en 3 m. le long du front de taille pendant le poste de nuit (procédé Meissner). Ce procédé réussit, quand la houille est tendre, poreuse et non fissurée, et lorsque le mur n'a pas de tendance au gonflement.

936. On a essayé sans résultats de mélanger les poussières de charbon avec des sels de potasse déliquescents.

Le balayage doit dans tous les cas être proscrit comme moyen d'enlever la poussière du charbon dans la mine, parce qu'il ne fait que la soulever.

937. **Indicateurs de grisou**. — L'indicateur de grisou le plus simple est la lampe de sûreté. Dans un mélange grisouteux,

la lampe s'échauffe et la flamme s'entoure d'une auréole bleue caractéristique, dont la hauteur correspond à la proportion du grisou se trouvant dans l'atmosphère.

Mais cette hauteur dépend aussi de la construction de la lampe, de la nature de l'huile employée, de la température et de la vitesse du courant d'air; elle n'est pas influencée par la proportion d'anhydride carbonique existant dans l'air. Des indications précises ne sont donc relatives qu'à une lampe de construction donnée et employée dans des conditions identiques.

Avec la lampe Mueseler-type alimentée à l'huile végétale, un expérimentateur exercé peut reconnaître la présence de 2 % de grisou, à condition de réduire le pouvoir éclairant de la flamme, d'y faire *petit feu*.

A partir de 2 % de grisou, l'auréole devient de plus en plus visible, jusqu'à atteindre 7 à 8 mill. de hauteur pour 3 % de grisou. A 4 % de grisou, l'auréole s'étend jusqu'à la base du cône de la cheminée; à 5 %, elle pénètre dans la cheminée; à 6 %, elle s'évase; à 7 %, il y a explosion et la lampe s'éteint.

La lampe Mueseler ne permet donc pas de déceler nettement des proportions inférieures à 2 ou 3 % de grisou dans l'atmosphère de la mine. Or il serait désirable de disposer d'un appareil aussi portatif, mais plus sensible, et d'un emploi aussi rapide et aussi sûr.

938. On a cherché à rendre la lampe de sûreté plus sensible, en diminuant l'éclat de la flamme qui oblitère l'auréole. M. Steavenson a proposé pour cela d'entourer la flamme d'un verre bleu de cobalt; mais comme l'auréole est bleue elle-même, elle devient d'autant moins visible.

MM. Mallard et Le Chatelier ont proposé l'emploi d'une lampe à hydrogène dont la flamme était recouverte par des écrans et se détachait sur un fond noir. Cette lampe décelait 0.25 % de grisou, mais elle était peu portative, par suite de l'appareil producteur d'hydrogène qui remplaçait le réservoir.

M. Clowes emploie également la flamme de l'hydrogène; un petit réservoir d'hydrogène comprimé fixé à la lampe permet, au moment de l'expérience, de substituer une flamme d'hydrogène à la flamme de l'huile. L'hydrogène est amené par un tube latéralement à la mèche, qu'on peut éteindre après l'inflammation de l'hydrogène; le verre de la lampe (système Gray-

Ashworth) est gradué et donne directement le pourcentage de grisou par la hauteur de l'auréole.

939. M. Pieler a remplacé la flamme de l'hydrogène par celle de l'alcool et créa ainsi le premier appareil pratique pour le dosage de faibles proportions de grisou. C'est une lampe Davy à mèche d'Argant, où la flamme de l'alcool est cachée sur 30 mm. par un tube dont le bord supérieur sert de repère. Cette lampe décèle nettement 0.5 % de grisou. Mais de même que la lampe Davy, elle est dangereuse dans une atmosphère explosive, même pour une faible vitesse du courant.

940. La lampe Pieler a été perfectionnée à Lens par M. Dinoire (fig. 579) qui l'a munie d'un double tamis en toile métallique et munie d'une cuirasse aux deux extrémités de laquelle se trouvent des guichets GG servant à l'entrée et à la sortie de l'air. Pour expérimenter, on ouvre une porte pratiquée dans cette cuirasse, du côté opposé au courant : sur le revers de cette porte, est inscrite la graduation qui dépend toutefois du degré de l'alcool employé et de la température de l'atmosphère.

La lampe est ainsi rendue plus sûre, bien que l'ouverture de la cuirasse soit encore sujette à caution ; ses indications gagnent en précision. Mais dès que la proportion de grisou dépasse 3 %, cette lampe s'échauffe et l'alcool distille. Elle

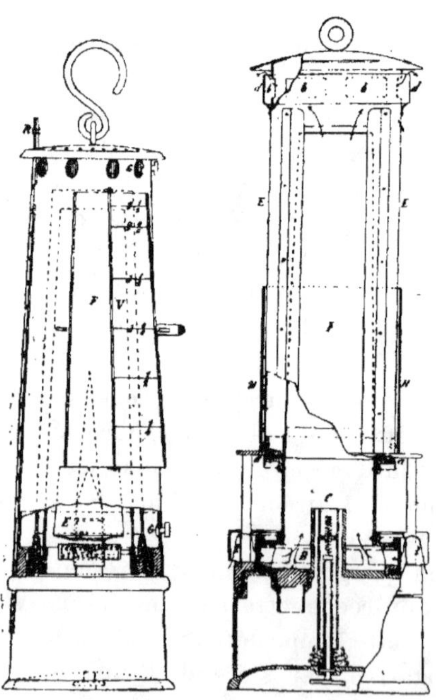

FIG. 579.   FIG. 580.

ne peut donc convenir que pour mesurer les faibles proportions de grisou.

941. M. Chesneau a donné à la lampe Pieler la forme définitive sous laquelle elle est aujourd'hui employée (fig. 580).

M. Chesneau l'a munie, afin d'augmenter sa sûreté, d'une cuirasse E avec fenêtre en mica F le long de laquelle se trouve l'échelle graduée; d'autre part l'alimentation d'air se fait à la partie inférieure de la lampe, à travers une double toile métallique B; la sortie des produits de la combustion se fait en *b* au haut de la cuirasse, de sorte que la lampe est parcourue par un courant d'air ascendant qui en prévient l'échauffement; des écrans I et *d* empêchent le courant d'influencer l'alimentation. Un écran *c* entoure la flamme et un cylindre H mobile, pourvu d'une échancrure, protège le bas de la fenêtre en mica contre l'action du courant d'air. Un tampon de coton empêche l'alcool de s'écouler par le porte-mèche, si la lampe se renverse.

Cette lampe convient pour déceler des teneurs en grisou de 0.2 à 2.5 %. Elle ne s'éteint qu'à 8 % de grisou. M. Chesneau ajoute à un litre d'alcool méthylique (de 92°5, à 15°C, à l'alcoomètre Gay-Lussac) 1 gramme d'azotate de cuivre cristallisé et 1 gramme de bichlorure d'éthylène (liqueur des hollandais $C^2H^4Cl^2$). L'acide chlorhydrique qui se dégage, transforme l'azotate en chlorure de cuivre, ce qui donne une auréole bleu verdâtre très nette. Aussi cette lampe est-elle d'une sensibilité très grande; elle marque à partir de 0.1 % de grisou.

Citons encore, à titre de curiosité, la lampe *chantante* du D\ Irwine qui mettait en vibration un tube mince en cuivre, lorsqu'elle s'échauffait dans le grisou. La hauteur du son était un indice de la proportion de grisou, mais par sa construction même, cette lampe ne méritait pas le nom de lampe de sûreté.

L'inconvénient de toutes les lampes est leur grande hauteur qui empêche souvent d'expérimenter au toit des galeries où il serait précisément nécessaire de doser la teneur en grisou.

942. On a cherché à remplacer les lampes, comme indicateurs de grisou, par des appareils fondés sur divers principes de physique qui permettent de reconnaître un changement de la densité de l'air. Un défaut commun à la plupart de ces appareils est qu'un mélange de vapeur d'eau ou une élévation de température agit dans le même sens qu'un mélange de grisou et qu'un mélange de CO^2 agit en sens inverse. Pour que ces appareils présentent quelque précision, il faut donc éliminer ces trois influences, en lavant le gaz à la potasse caustique, en le faisant passer dans un

flacon sécheur et en maintenant l'appareil à une température constante.

Le premier appareil de ce genre fut l'indicateur Ansell (1865) basé sur l'endosmose. Une plaque de porcelaine poreuse sépare de l'atmosphère grisouteuse une capacité contenant de l'air pur. Le méthane pénètre dans cette capacité par endosmose et y augmente la pression proportionnellement à la teneur jusqu'à un certain maximum. On mesure cette pression au manomètre; un contact électrique peut actionner une sonnerie, lorsque la teneur atteint une proportion dangereuse.

Cet indicateur, comme d'ailleurs tous les appareils densimétriques, n'est pas portatif et doit être établi à poste fixe. Sans méconnaître l'intérêt d'un appareil qui permettrait d'enregistrer les variations de teneur en grisou en un point donné de la mine, l'utilité d'un appareil portatif est incomparablement plus grande.

943. On a aussi proposé des indicateurs basés sur la variation de la perte de poids que subit un corps volumineux, tel qu'une sphère, en passant d'une atmosphère d'une certaine densité dans une atmosphère moins dense.

944. M. P. Fuchs se sert d'un appareil densimétrique où l'on mesure, à l'aide d'un manomètre multiplicateur à tube incliné, la différence en poids de deux colonnes de 5 à 6 m. de hauteur d'air pur et d'air grisouteux. L'échelle du manomètre indique le pourcentage de grisou. Cette indication est susceptible d'un enregistrement photographique, lorsque la colonne d'air grisouteux aspire d'une manière continue l'air d'un chantier. Un appareil de ce genre a été établi à la mine Hibernia en Westphalie (¹).

945. On a aussi proposé des indicateurs acoustiques, tel que celui de M. G. Forbes composé d'un tube où l'on peut mesurer la longueur de la colonne d'air vibrant à l'unisson d'un diapason. Cette longueur varie avec la densité de l'air et par conséquent avec la proportion de grisou.

946. Le forménophone de M. E. Hardy est basé sur un principe analogue. Si l'on fait passer simultanément de l'air pur et de l'air grisouteux dans deux tuyaux à anche absolument sem-

---

(¹) *Bulletin de la Société belge de Géologie*, t. XV, p. 449.

blables, la densité des deux colonnes d'air mises en vibrations étant différente, on observe le phénomène des battements : suivant la différence de densité, le nombre de battements sera différent et permettra de mesurer le pourcentage de grisou.

947. M. Liveing a proposé un indicateur photométrique qui n'est pas sans intérêt au point de vue de l'éclairage électrique des mines; car son principe permet d'adjoindre un indicateur de grisou aux lampes électriques, qui ne marquent pas comme les lampes ordinaires. Si par un même courant électrique, on porte à l'incandescence deux spirales en fil de platine de même résistance, placées l'une dans l'air pur et l'autre dans l'atmosphère grisouteuse, l'éclat de la spirale plongée dans le grisou l'emporte, par suite de la combustion lente de ce gaz. En mesurant la différence de pouvoir éclairant des deux spirales, on peut juger de la teneur en grisou de l'atmosphère. Cette mesure se fait sur une échelle graduée le long de laquelle se déplace un prisme triangulaire jusqu'à ce que ses deux faces opposées soient également éclairées. Le courant est produit au moyen de quelques tours de manivelle. Cet appareil est indépendant des causes d'erreur qui affectent les densimètres, mais ses indications peuvent être faussées par l'altération inégale des deux spirales, ce qui peut toutefois se corriger en changeant de place le zéro de la graduation.

M. Léon a obtenu une plus grande sensibilité, en substituant à la mesure photométrique celle de la différence de résistance électrique de deux fils de platine chauffés par un même courant et placés l'un dans le grisou, l'autre dans l'air pur [1].

948. *Prises d'essai.* — Indépendamment des mesures faites dans la mine, on peut procéder à l'analyse de prises d'essai prélevées dans les retours d'air partiels. C'est, en effet, dans ceux-ci qu'il peut être utile de contrôler les proportions de grisou, plutôt que dans le retour d'air général où l'on ne peut mesurer que des moyennes. On n'est pas parvenu toutefois à créer un appareil d'analyse portatif qui soit pratique; il faut donc dans ce cas recourir aux essais de laboratoire. Il existe, dans plusieurs houillères françaises, des laboratoires spéciaux

---

[1] *Comptes rendus de l'Académie des Sciences*, t. CXXXII (Séance du 10 juin 1901).

établis dans le but de suivre journellement les variations de teneur en grisou des retours d'air.

Les prises d'essai se font au moyen d'éprouvettes en verre, de section rectangulaire pour pouvoir se placer facilement les unes à côté des autres dans un sac en cuir. Ces éprouvettes sont munies de deux tubulures avec robinet à trois voies pour l'écoulement de l'eau et l'aspiration du gaz. La forme allongée de ces éprouvettes et la longueur de leur tubulure supérieure permet de faire ces prises d'essai dans les anfractuosités du toit.

949. M. P. Petit a installé, aux Houillères de St-Etienne, des appareils autocapteurs qui font automatiquement, en un point donné d'une galerie, une série de prises d'essai successives de même volume chacune, dans un temps donné, soit pendant une heure, de manière à relever d'une manière continue les variations de teneur en grisou en ce point (¹).

Le schema (fig. 581) donne le principe de cet appareil. Les

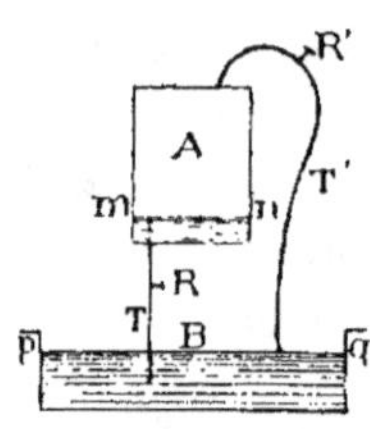

Fig. 581.

deux vases superposés A et B sont réunis par deux tubes T et T' munis de robinets. Le tube T sert à l'écoulement de l'eau contenue en A ; le tube T' à l'adduction du gaz. Quand le niveau est descendu en mn dans le vase A, il obture T' dans le vase B et le vase A renferme une prise de gaz d'un volume déterminé.

Pour pratiquer ainsi plusieurs prises d'essai successives, M. Petit emploie l'autocapeur dont le schema est représenté (fig. 582). La clepsydre régulatrice A ne communique avec l'extérieur que par le tube K. Le vase B est vide et ouvert. Les prises d'essai se font dans une série d'éprouvettes 1, 2... n situées à des niveaux différents, tels que le couvercle de chaque éprouvette corresponde au niveau de la prise d'eau de l'éprouvette précédente dans le vase A. Ces éprouvettes sont remplies d'eau ; il suffit, pour y faire des prises d'essai successives, de laisser écouler, vers le vase B, par les robinets r_1, r_2... r_n l'eau qu'elles contiennent, en même temps que l'eau contenue dans le vase A par le robinet R_e. L'écoulement des volumes d'eau contenus dans l'éprouvette 1 et dans le vase A

(¹) *Ann. des mines*, 9ᵉ série, t. IX, 1896.

produit, dans le vase B, l'obturation de la tubulure q_1, en même temps que celle de la tubulure t_1, comme dans le schema précédent, et ainsi de suite. La durée de la prise d'essai dépend de l'ouverture plus ou moins grande du robinet R_e.

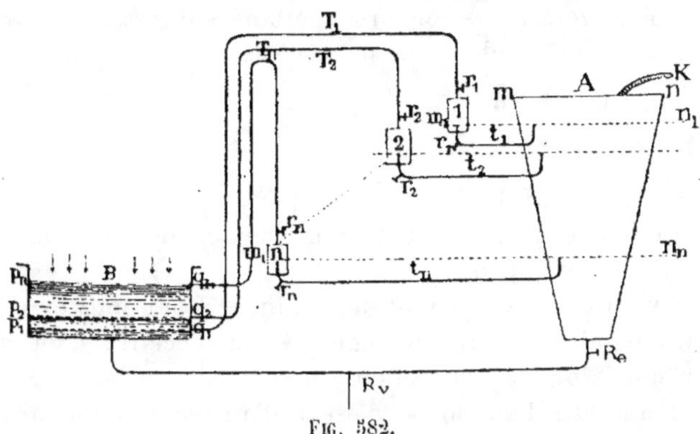

Fig. 582.

950. Analyse de l'air des mines. — Il ne manque pas de procédés d'analyse des gaz, mais il importe d'employer des méthodes qui puissent donner une information rapide et suffisamment exacte pour le but qu'on se propose. Tels sont :

1° Les *procédés eudiométriques.* Ces procédés ont été surtout étudiés par M. Coquillon qui a construit un grisoumètre donnant une approximation de 0.01 %. En brûlant le grisou au moyen d'une spirale de platine portée au rouge blanc, on sait, d'après la réaction bien connue, que la contraction du volume gazeux primitif est double du volume de méthane contenu dans le mélange. Au lieu de mesurer la diminution de volume, on peut mesurer la diminution de pression sous volume constant (Le Chatelier) [1]. Ces procédés eudiométriques donnent des résultats satisfaisants, mais ne sont en général pas assez rapides.

2° Le *procédé par limites d'inflammabilité.* Ce procédé, indiqué par l'ingénieur américain Th. Shaw [2], a été successivement perfectionné, en France, par MM. Le Chatelier, Lebreton, Rateau et Poussigue, au point d'être devenu d'un emploi courant et pratique.

---

[1] *Ann. des mines,* 9e série, t. II, 1892.
[2] *Ann. des mines,* 8e série, t. XIX, 1891.

Soit N la proportion-limite d'inflammabilité du gaz d'éclairage et N' celle du méthane dans l'air pur.

N varie de 7.9 à 8.3 %, suivant la composition du gaz.

$N' = 6.1$ %.

Soient n et n' les teneurs combinées de gaz d'éclairage et de méthane qui rendent une prise d'essai inflammable.

On a la relation :
$$\frac{n}{N} + \frac{n'}{N'} = 1.$$

d'où
$$n' = \left(1 - \frac{n}{N}\right)N'.$$

Connaissant n, N et N', on peut en déduire n', teneur en méthane de la prise d'essai.

Avant d'opérer, il faut déterminer N par une expérience de tarage faite sur un mélange de gaz d'éclairage et d'air sans grisou ; alors $n' = o$ et l'on a $n = N$.

L'analyse d'une prise d'essai d'air se fait au moyen de la burette Le Chatelier, de forme spéciale et graduée en dixièmes de centimètres cubes (fig. 583).

On introduit bulle à bulle dans cette burette un certain nombre n de cent. cubes de gaz d'éclairage, puis on complète le volume de 100 cent. cubes au moyen du gaz de la mine. En présentant à l'orifice de l'éprouvette renversée une allumette ou un morceau de pierre ponce imbibée d'alcool enflammé, on vérifie s'il y a inflammation. S'il n'y a pas inflammation, on recommence l'expérience, en augmentant la proportion de gaz d'éclairage jusqu'à ce que l'inflammation se produise à l'orifice de l'éprouvette. Si d'autre part après inflammation, la flamme descendait jusqu'au fond de celle-ci, cela indiquerait un excès de gaz d'éclairage, en supposant bien entendu que la proportion de méthane ne soit pas suffisante pour rendre l'air de la mine inflammable sans gaz réactif. L'introduction du gaz et

Fig. 583.

de la prise d'essai dans la burette se fait bulle à bulle sur une cuve à eau, par les moyens ordinaires employés dans les laboratoires pour le transvasement des gaz.

Lorsque le mélange s'enflamme, on a :
$$n' = \left(1 - \frac{n}{N}\right)N'.$$

Pour réduire n' en proportion centésimale x par rapport à l'air, on écrira :

$$\frac{x}{100} = \frac{n'}{100-n}$$

d'où en éliminant n' :

$$x = \frac{N'}{N} \cdot \frac{100}{100-n} (N-n) = A (N-n).$$

Le coefficient A est sensiblement constant et égal à o.8.

Soit par exemple :

$$N = 8.1 \text{ et } n = 7.5 \text{ cent. cubes}$$
$$x = 0.8 (8.1-7.5) = 0.48 \,^{\circ}/_{\circ}.$$

951. Au lieu d'opérer sur un volume égal à 100 centimètres cubes, on peut opérer sur un volume quelconque V.

En posant $100-n = V$, on aura :

$$x = \frac{N'}{N} \cdot \frac{100}{V} (N-n) = B (N-n).$$

Le volume V étant arbitraire, on peut le prendre tel que $B = 1$, alors

$$x = N-n$$

C'est sur ce principe qu'est basée l'éprouvette de M. Lebreton [1].

M. Rateau a construit sur ce même principe une burette dont la graduation donne directement, avec une approximation suffisante, la teneur en grisou de la prise d'essai [2].

952. Pour échapper à l'inconvénient de la variabilité de la limite d'inflammabilité du gaz d'éclairage, M. Poussigue emploie le grisou lui-même comme réactif.

Si l'on avait du méthane pur, en prenant n de ce réactif, la formule deviendrait :

$$\frac{n}{N'} + \frac{n'}{N'} = 1$$

d'où

$$n' = N'-n.$$

Mais en prenant du grisou à un soufflard, on a du méthane plus ou moins mélangé d'air, de sorte qu'il faut faire une expérience de tarage, comme pour le gaz d'éclairage. Mais cette expérience est facile: sachant que la proportion limite d'inflam-

---

[1] *Ann. des mines*, 9ᵉ série, t. VI, 1894.

[2] Id. Id.

mabilité du méthane pur est de 6.1 %, d'après le nombre de centimètres cubes de grisou capté introduit dans l'éprouvette, on juge du degré de dilution du méthane dans ce grisou.

En opérant sur une éprouvette de 200 cent. cubes, la limite d'inflammabilité du méthane pur correspond à 12.2 cent. cubes; si la limite d'inflammabilité du grisou capté correspond à 14.5, cela indique que 14.5 c. c. de ce grisou contiennent 12.2 c. c. de méthane, soit 0.841.

En revenant à la formule :

$$\frac{n}{N} + \frac{n'}{N'} = 1$$

où

$$N = 14.5$$

et

$$N' = 12.2.$$

On a :

$$\frac{n}{14.5} + \frac{n'}{12.2} = 1$$

et

$$\frac{x}{100} = \frac{n'}{200 - n}$$

En éliminant n' :

$$x = \frac{12.2}{14.5} \cdot \frac{100}{200 - n} \, (14.5 - n).$$

On ne peut conclure absolument de ces essais que x soit la teneur en méthane de la prise d'essai, car la partie combustible du gaz peut contenir d'autres hydrocarbures et même de l'hydrogène ; mais on peut en conclure que la prise d'essai se comporte comme un mélange à x % de méthane. C'est plutôt une mesure du degré explosif de l'air de la mine qu'une véritable analyse.

Le mélange de CO_2 ou un excès d'azote ayant une influence sur la limite d'inflammabilité, cette méthode ne s'applique pas aux prises d'essai faites dans les vieux travaux pour lesquelles il faut recourir à d'autres méthodes d'analyse après lavage de la prise d'essai à la potasse caustique pour absorber CO_2.

953. ***Insuffisance des moyens chimiques pour détruire le grisou.*** — On a proposé de détruire le grisou, en employant des réactifs chimiques; mais, comme tous les carbures hydriques de la série de la paraffine, le méthane a peu d'affinités chimiques. Il n'est guère décomposé que par le chlore et le brôme; on a proposé l'emploi du chlorure de chaux, mais la réaction ne se produit qu'à l'aide de la chaleur ou de la lumière; de plus

les produits de la décomposition sont toxiques. Il n'est donc pas possible de recourir pratiquement à ce moyen de destruction.

On a proposé de détruire le grisou par combustion. C'était le procédé employé dans nos mines grisouteuses, à l'époque où le *pénitent*, revêtu de vêtements mouillés, allait, en rampant sur le sol mettre le feu au grisou, avant le travail, dans les anfractuosités du toit, à l'aide d'une chandelle fixée à une longue perche. Le pénitent payait souvent de la vie ce dangereux métier.

En Saxe, on employait, jusqu'il y a peu de temps encore, les *lampes éternelles*, lampes à feu nu à poste fixe destinées à brûler le grisou au fur et à mesure de son dégagement. Indépendamment du danger qu'il présente, ce moyen est inefficace; car une lampe placée dans une atmosphère contenant 5 % de méthane ne brûle par heure que 18 litres de grisou (Mallard et Le Châtelier), quantité insignifiante vis-à-vis de la production de grisou des mines dangereuses (cf. n° 919).

On a proposé aussi de brûler le grisou par des conducteurs électriques interrompus de distance en distance, de manière à provoquer le jaillissement d'étincelles. Ce système est sujet aux mêmes objections que le précédent. Tous ces procédés seraient extrêmement dangereux en cas d'afflux anormal, atteignant la limite d'inflammabilité et auraient en tout cas pour inconvénient de charger d'anhydride carbonique l'atmosphère de la mine.

954. **Ventilation.** — En présence de l'impuissance des moyens chimiques, il faut avoir recours aux moyens physiques, c'est-à-dire à la ventilation qui permet, à la fois, de diluer le grisou dans une quantité d'air propre à le rendre inoffensif et d'abaisser la température de l'atmosphère des mines, de manière qu'elle ne soit pas débilitante.

Celle-ci est d'autant plus pénible que les mines sont plus humides. L'homme supporte en effet des températures de 60° dans une atmosphère sèche, alors que des températures de 25° sont pénibles et des températures de 35 à 40°, absolument insupportables, dans une atmosphère humide. Les causes d'élévation de la température dans les mines correspondent à toutes les combustions que nous y avons signalées, respiration des hommes et des animaux, éclairage, emploi des explosifs, combustions lentes; il y a de plus à considérer l'influence de la profondeur qui est très sensible.

En Amérique, on a, dans des cas exceptionnels, combattu l'échauffement, en introduisant, dans la mine, de la glace artificielle; mais en général l'emploi des réfrigérants est trop coûteux et la ventilation suffit pour maintenir dans de bonnes limites la température des mines.

Aujourd'hui les progrès de la ventilation des mines sont tels que M. E. Harzé, dans une statistique rétrospective de l'industrie houillère ([1]), a constaté la disparition de l'*anémie des houilleurs* qui décimait autrefois la population de nos mines. D'autre part, l'énergie de la ventilation a augmenté dans une forte proportion les emphysèmes pulmonaires (cf. n° 889.)

Certains moyens préconisés au point de vue de la lutte contre le grisou, tels que la compression de l'air, pour empêcher tout dégagement, le captage du grisou, pour l'amener par canalisation à la surface, n'ont pas besoin d'être discutés; car ils procèdent de l'ignorance la plus complète de ce qu'est une mine et des conditions de gisement et de dégagement du grisou.

955. ***Théorie de la ventilation.*** — La ventilation des mines est basée sur les lois de l'hydrodynamique qui peuvent être appliquées à l'air des mines, parce que les variations de pression y sont très faibles et par conséquent en général négligeables. On peut donc y considérer la densité de l'air comme constante.

Les principes de la ventilation sont basés : 1° sur le théorème de Toricelli; 2° sur celui de Daniel Bernoulli.

956. ***Théorème de Toricelli.*** — L'écoulement d'un liquide par un orifice en mince paroi se fait avec une vitesse v, qui mesurée dans la section contractée de la veine fluide, est égale à $\sqrt{2gH}$.

$H = \dfrac{v^2}{2g}$ est donc la hauteur correspondante à la vitesse v. Cette hauteur est exprimée en mètres du liquide qui s'écoule; elle est mesurée à partir du niveau du liquide, supposé constant, jusqu'à l'axe de la section contractée.

La même loi se vérifie pour l'écoulement d'un gaz sous pression constante.

([1]) *Ann. des mines de Belgique*, t. I, p. 498.

Dans la formule $v = \sqrt{2g\mathrm{H}}$, H représente, dans ce cas, la différence des pressions par unité de surface, à l'intérieur et à l'extérieur du vase, mesurée par la hauteur d'une colonne du gaz qui s'écoule.

Cette différence peut être mesurée également par une colonne d'eau h ; les hauteurs H et h sont entre elles en raison inverse des poids δ du m³ de gaz et 1000 kg. du m³ d'eau : H$\delta = h$. 1000.

H et h sont exprimés en mètres. Or un nombre de mètres multiplié par mille est égal à un nombre de millimètres et l'on écrira H$\delta = h$ mm.

Pour l'air à 0° et à la pression normale, $\delta = 1$k.293 ; à la température ordinaire, on prend souvent par approximation $\delta = 1.2$.

Le produit Hδ est égal à un poids p kg. par m² ; on écrira en conséquence : $\mathrm{H} = \dfrac{p}{\delta}$.

957. *Théorème de D. Bernoulli.* — Le théorème de D. Bernoulli (Traité d'hydrodynamique de 1738) vise un cas particulier de la conservation de l'énergie. Il se résume dans la formule :

$$\frac{p}{\delta} + \frac{v^2}{2g} + z = \text{constante.}$$

p est la pression du fluide en kil. par m² ;

δ la densité du fluide (poids du m³) ;

v la vitesse par seconde en mètres ;

g la gravité ;

z l'altitude du point considéré au-dessus d'un plan de comparaison.

Les termes $\dfrac{p}{\delta}$ et $\dfrac{v^2}{2g}$ représentent, comme nous venons de le voir, des hauteurs de fluide :

$\dfrac{p}{\delta}$ est la hauteur représentative de la pression p en colonne de fluide de densité δ. C'est la *hauteur piézométrique, charge de tension ou statique* (Rankine), ou *pression morte* (Ser).

$\dfrac{v^2}{2g}$ est la hauteur correspondant à la vitesse v, mesurée en colonne de fluide de même densité. C'est la *charge dynamique* (Rankine), ou *pression vive* (Ser).

Ces hauteurs sont mesurées en mètres, de même que l'altitude,

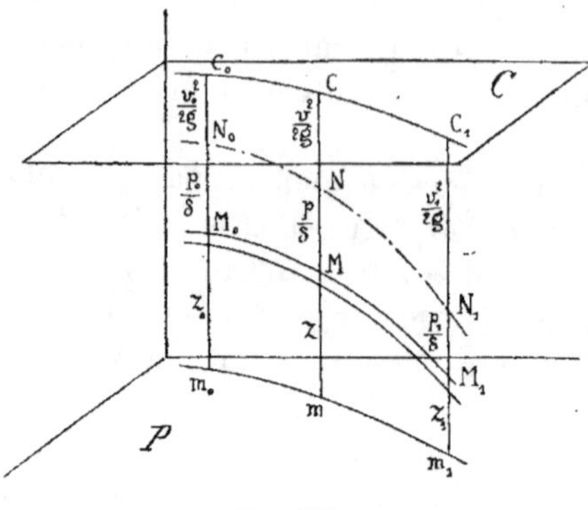

Fig. 584.

Le théorème de Bernoulli est donc susceptible d'une interprétation graphique (fig. 584). En chaque point M_0 M M_1 d'un filet fluide, portons sur la verticale des longueurs $M_0 N_0$, $M N$, $M_1 N_1$ égales aux hauteurs piézométriques, nous obtiendrons des points $N_0 N N_1$ dont le lieu géométrique est la *ligne piézométrique*.

Si, au dessus de cette ligne, nous portons, sur les mêmes verticales, des hauteurs égales à $\dfrac{v^2}{2g}$, l'équation montre que le lieu géométrique des sommets $C_0 C C_1$ est une ligne comprise dans un plan horizontal, dit *plan de charge*, parallèle au plan de comparaison. La somme des trois éléments géométriques représentatifs des hauteurs est la *charge totale*. La représentation graphique est plus claire, en supposant que le filet fluide se meuve dans un plan vertical, on obtient ainsi le diagramme fig. 585.

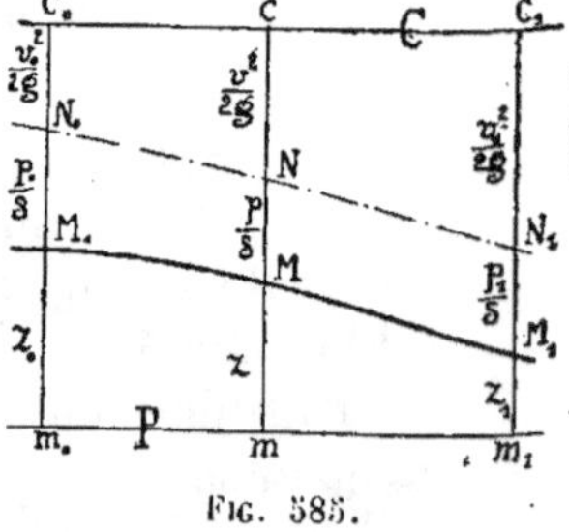

Fig. 585.

Cette interprétation suppose un *fluide parfait*, sans viscosité, dont les molécules glisseraient les unes sur les autres et sur les parois sans frottement. Or l'air n'est pas dans ce cas. En tenant compte de ces frottements, on aura, entre les points M_0 et M_1 du filet fluide, une perte d'énergie h, dont il faut tenir compte.

On écrira, en conséquence, comme suit, l'égalité des charges totales aux points M_0 et M_1 :

$$\frac{p_0}{\delta} + \frac{v_0^2}{2g} + z_0 = \frac{p_1}{\delta} + \frac{v_1^2}{2g} + z_1 + h$$

h est la *perte de charge* entre les points M_0 et M_1 mesurée en colonne du même fluide (fig. 586).

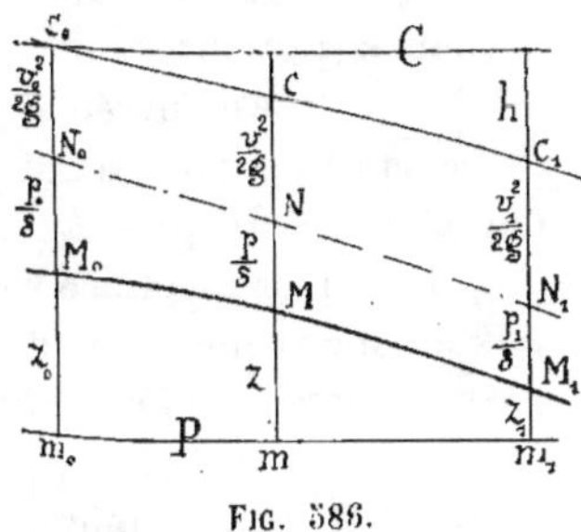

FIG. 586.

Remarquons que le plan de comparaison est arbitraire, on peut donc réduire au minimum les altitudes, en faisant passer ce plan par un des points du filet fluide. Les variations d'altitude sont en général assez faibles pour pouvoir être négligées dans les questions d'aérage des mines, vis-à-vis de la hauteur $\dfrac{P_0}{\delta}$ représentative de la pression atmosphérique et l'on écrira simplement :

$$\frac{p}{\delta} + \frac{v^2}{2g} = \text{constante } (^1).$$

958. Une mine peut être aérée par *aspiration* ou par *compression*. Dans le premier cas, on entretient à l'orifice de sortie une raréfaction telle que la pression atmosphérique suffise pour vaincre la résistance, c'est-à-dire la perte de charge.

Dans le second cas, on entretient à l'orifice d'entrée un excès de pression capable de vaincre cette même résistance.

Le résultat étant absolument le même, nous supposerons dans ce qui suit, sauf avis contraire, que la mine est aérée par aspiration, comme c'est le cas pour le plus grand nombre d'entre elles. La différence de pression qui permet de vaincre les résistances de la mine, est dans ce cas une *dépression*.

959. ***Expression théorique de la dépression***. — Représentons par un diagramme développé dans un même plan les courbes des charges statique et dynamique, entre un point situé dans l'atmosphère près du puits d'entrée d'air et à la sortie de la mine. Ces courbes seront très irrégulières, en raison

---

(^{1}) Le théorème de Toricelli peut se déduire de cette expression ; le fluide étant au repos à la pression P_0, on a $\dfrac{P_0}{\delta} = \dfrac{p}{\delta} + \dfrac{v^2}{2g}$; d'où $\dfrac{v^2}{2g} = \dfrac{P_0}{\delta} - \dfrac{p}{\delta} = H.$

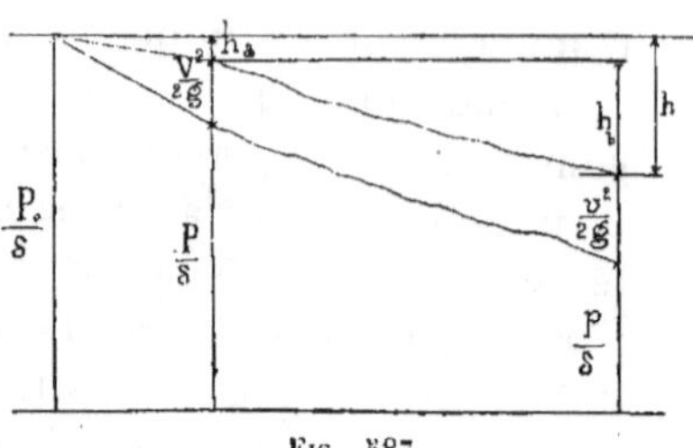

Fig. 587.

même des irrégularités du parcours (fig. 587).

Dès l'orifice d'entrée, il y a une certaine perte de charge, parce que l'air pris au repos dans l'atmosphère s'est mis en mouvement et a du vaincre de ce chef certaines résistances. A cette petite perte de charge h_a, s'en ajoutent d'autres successivement, de sorte que la perte de charge totale devient h. Ces pertes successives proviennent : 1º des frottements ; 2º des changements brusques de section ; 3º des coudes.

D'après Girard, d'Aubuisson et Péclet, les pertes de charge dues au frottement, dans une conduite rectiligne, peuvent être exprimées en m. d'air par une somme de termes :

$$\Sigma\,\beta\,\frac{PL}{A}\,\frac{v^2}{2g}$$

ou β est un coefficient dépendant de la nature des parois de la conduite (pour des tuyaux en tôle et en fer blanc, $\beta = 0.006$), P le périmètre, A la section, L la longueur de la conduite, v la vitesse.

Les changements brusques de section produisent des changements de vitesse ; en supposant qu'en passant d'une section A à une section a, la vitesse v devienne V, la perte de charge peut être représentée, d'après le théorème de Bélanger, par $\dfrac{(V-v)^2}{2g}$, hauteur correspondante à la vitesse perdue.

En observant que d'après la loi de continuité, on a $Va = vA$ et par conséquent $V = v\,\dfrac{A}{a}$, les pertes de charge dues aux changements brusques de section peuvent être représentées par une somme de termes :

$$\Sigma\,\frac{v^2}{2g}\left(\frac{A}{a}-1\right)^2.$$

Les pertes de charge dues aux coudes peuvent de même être représentées, d'après Rankine, St-Venant, P. Petit, par une somme de termes :

$$\Sigma\, \gamma\, \frac{v^2}{2g}$$

Le coefficient γ dépend de l'angle du coude, du diamètre de la conduite, de sa longueur développée, du rayon de courbure.

On a donc une perte de charge totale en m. d'air :

$$\Sigma\, \beta\, \frac{PL}{A}\, \frac{v^2}{2g} + \Sigma\, \frac{v^2}{2g}\left(\frac{A}{a}-\mathrm{I}\right)^2 + \Sigma\, \gamma\, \frac{v^2}{2g}.$$

Comme toutes les vitesses sont fonctions l'une de l'autre, en vertu de la loi de continuité du fluide, on voit que la perte de charge totale est fonction du carré d'une seule d'entre elles.

960. **Déterminations expérimentales.** — On peut à priori déterminer, dans une certaine mesure, la perte de charge ou, en d'autres termes, la résistance à vaincre pour faire circuler par seconde un volume Q d'air dans une galerie ou dans un puits.

On peut en effet écrire que la perte de charge h exprimée en mill. d'eau ou en kil. par $m^2 = \beta'\, \frac{PL}{A^3}\, Q^2 \times \delta$.

D'après M. Elwen, on peut prendre $\beta' = 0.0116$ dans les puits et $= 0.0255$ dans les galeries boisées.

Faisant rentrer $\delta = 1.2$ dans la constante, Devillez adopte :

$$h = k\, \frac{PL}{A^3}\, Q^2$$

formule d'où il a déduit par expériences :

$k = 0.0018$ pour l'ensemble d'une mine.

$= 0.0027$ pour un chantier isolé.

$= 0.0004$ pour une partie de galerie ou de puits de section uniforme et muraillée.

Ces coefficients ont été vérifiés expérimentalement par M. Murgue qui a trouvé :

			Petite section.	Section normale.
Galerie voûtée rectiligne.			0.00055	0.00033
»	id.	à parois nues.	0.00122	0.00094
»	id.	boisée.	0.00238	0.00156
»	voûtée sinueuse.		—	0.00051
»	»	à courbure continue.	—	0.00062

M. P. Petit a étudié spécialement la résistance au mouvement de l'air dans les puits, qui ne peuvent être assimilés aux galeries par leur forme et par leur encombrement: guidages, tuyauteries, chutes d'eau, etc.; il a obtenu des coefficients variant de

0.0001029 à 0.0012675 en puits sec guidé par câbles.

0.0010510 à 0.0023880 » » guidé en bois.

0.0011351 à 0.0013220 » » avec guidonnage Briart.

On voit par ces chiffres quelle importance présentent, aux grandes profondeurs, les puits de grands diamètres et peu encombrés, au point de vue de la résistance à la circulation de l'air. Les puits nus ont donné plus de résistance que les puits muraillés et surtout que les puits bétonnés.

Ces divers coefficients démontrent l'avantage, au point de vue de l'aérage, des sections régulières, des galeries autant que possible rectilignes, voûtées et muraillées, au lieu de galeries à parois nues.

Ces formules démontrent aussi l'avantage des grandes sections, car le cube de la section augmente beaucoup plus vite que le périmètre. C'est pourquoi l'on obtient souvent un résultat meilleur, au point de vue de l'aérage, en diminuant les résistances de la mine, qu'en augmentant la puissance des appareils de ventilation.

961. **Dépression**. — Si l'on place un manomètre à l'air libre à l'extrémité de la galerie de retour d'air, soit par exemple sur le canal qui conduit au ventilateur, on lit à ce manomètre une *dépression* qui est l'expression de la perte de charge, augmentée ou diminuée par l'influence de l'*aérage naturel*. On entend sous ce nom l'action retardatrice ou accélératrice exercée sur le courant par les échanges de chaleur qui se produisent dans la mine le long du parcours de l'air.

Ces échanges de chaleur peuvent vaincre en tout ou en partie les résistances énumérées ci-dessus, et il arrive, dans des mines peu développées, que l'aérage naturel suffise pour produire la circulation de l'air. Dans la plupart des cas, l'aérage naturel favorise ou contrarie la circulation : les échanges de chaleur augmentent ou diminuent la perte de charge, de telle sorte que le manomètre mesure une hauteur qui est en réalité une *perte de charge apparente*.

962. La mesure de la dépression peut se faire de deux manières :
1° Soit (fig. 588) un manomètre à eau A dont l'extrémité est

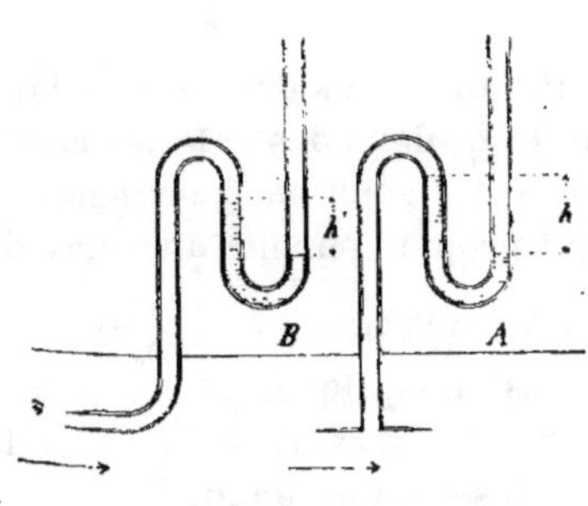

Fig. 588.

introduite dans la galerie de telle sorte que son orifice inférieur soit perpendiculaire au courant ; la branche recourbée débouche dans l'atmosphère extérieure ; celle-ci se trouvant en repos, la charge totale se confond avec la charge statique $\dfrac{P_0}{\delta}$.

Le manomètre mesure dans ce cas en mill. d'eau la différence des charges statiques ou des pressions mortes, soit h mm. $= P_0 - p$.

Nous appellerons h mm. la *dépression statique*.

2° Soit l'extrémité inférieure du manomètre B recourbée de telle sorte que l'embouchure soit opposée au courant d'air, à la manière du tube de Pitot employé pour mesurer la vitesse d'un courant d'eau ([1]).

L'expérience prouve que dans ce cas, le manomètre mesure en millimètres d'eau la différence des charges totales :

$$h' = P_0 - \left(p + \frac{v^2}{2g}\, \delta \right).$$

Nous appellerons h' la *dépression dynamique*.

On voit que $h = h' + \dfrac{v^2}{2g}\, \delta$.

La différence entre h et h' est égale à la charge dynamique ou pression vive. Cette différence est loin d'être négligeable : soit la dépression statique $= 40$ mill. dans une galerie de 4 m² et le débit par seconde 36 m³ : $v = 9$ m. La pression vive $\dfrac{v^2}{2g}\, \delta = 4$ mill. 86.

([1]) Dans un courant d'eau, le tube de Pitot mesure en mill. d'eau le terme $\dfrac{v^2}{2g}\, \delta$, affecté d'un coefficient k que l'on prend ordinairement $= 1.15$.

Dans les expériences ordinaires, on mesure généralement la dépression statique, bien qu'il soit plus correct de mesurer la dépression dynamique.

La différence peut être insignifiante dans des galeries larges, mais elle peut atteindre jusque 18 °/₀ dans des galeries étroites.

La dépression dynamique h' est rigoureusement égale à la perte de charge, par conséquent proportionnelle au carré de la vitesse ou du débit (cf. n° 959) ; h étant égal à $h' + \dfrac{v^2}{2g} \delta$, on voit qu'il en est de même de la dépression statique.

Quelle que soit la dépression que l'on mesure, celle-ci est donc proportionnelle au carré de la vitesse ou du débit.

963. **Tempérament**. — Le rapport $\dfrac{Q^2}{h}$ ou $\dfrac{Q^2}{h'}$ est donc constant et peut être considéré comme l'unité de mesure de la résistance d'une mine au mouvement de l'air.

Ce rapport a été appelé par Guibal le *tempérament de la mine* [1]. Plus ce tempérament est faible, plus la mine est difficile à aérer [2]. Le tempérament des mines belges est compris entre 4 et 25.

964. *Orifice équivalent*. — M. Murgue a transformé la

---

[1] Cours de ventilation des mines, p. 339.

[2] Les nouvelles formules des pertes de charge en hydrodynamique tendraient à démontrer que pour les faibles vitesses, au lieu de la formule $h = cv^2$, il faudrait prendre $h = av + bv^2$ (Arson) ou $h = cv^x$ (Flamant).

Une expérience faite par M. Rateau, à la mine de Montrambert, lui a donné $h = c\,Q^{1.75}$.

Dans ce cas, le tempérament $\dfrac{Q^2}{h}$ ne serait plus constant et varierait avec le débit.

D'autre part, des expériences faites par M. Murgue ont donné $h = cv^{1.9267}$; avec des vitesses de 5 à 6 m. par seconde ; M. Petit a trouvé $h = cv^{1.916}$; ces valeurs sont tellement voisines de $h = cv^2$ qu'il n'y a pas lieu en pratique de renoncer à la loi de proportionnalité de la perte de charge au carré de la vitesse et par conséquent à la notion du tempérament de la mine, tel que l'a défini Guibal. M. Paul Habets a montré que la valeur $h = c\,Q^{1.75}$ trouvée par M. Rateau à Montrambert pouvait s'expliquer par l'influence de l'aérage naturel. (*Revue universelle des mines*, 3e série, t. XXVII, 1894).

notion du tempérament de la mine en une autre moins abstraite, sous le nom d'*orifice équivalent* de la mine (¹).

L'orifice équivalent est l'orifice en mince paroi qui débite le même volume Q sous la même dépression de h mill. que la mine considérée.

Soit S cet orifice. La vitesse dans la section contractée étant $\sqrt{2gH}$, la vitesse dans la section S est $\mu\sqrt{2gH}$; le coefficient de contraction au passage d'un orifice d'environ 1 m² de section $\mu = 0.65$, d'après d'Aubuisson et Péclet; ce chiffre a été vérifié expérimentalement par M. Murgue.

La valeur du coefficient de contraction μ a été vérifiée de nouveau par M. Petit, au moyen de guichets de formes diverses placés sur des conduites, en mesurant directement la perte de charge, c'est-à-dire la différence de pression, entre deux sec-tions assez éloignées du guichet pour qu'il n'y ait en la première aucune inflexion des filets fluides et que ceux-ci soient revenus à un complet épanouissement après la section con-tractée (fig. 589).

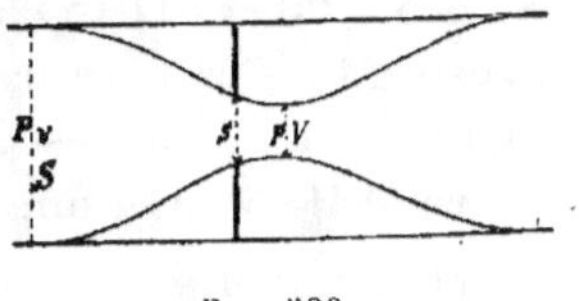

Fig. 589.

Cette perte de charge $h = \dfrac{(V - v)^2 \, \delta}{2g}$.

La loi de continuité du fluide donne : $V \mu s = v S$

d'où
$$\mu = \frac{S}{s} \cdot \frac{1}{1 + \sqrt{\dfrac{2gh}{\delta v^2}}}.$$

Telle est l'expression utilisée par MM. Murgue et Petit pour déterminer le coefficient μ.

M. Petit a trouvé pour guichets circulaires : $\mu = 0.63$

$$\text{carrés} \qquad 0.64$$

$$\text{rectangulaires} \qquad 0.65$$

Chiffres très voisins de la valeur 0.65 de d'Aubuisson et Péclet. Si l'on mesurait la différence de pression de part et d'autre du guichet, on trouverait une perte de charge plus grande,

(¹) *Essai sur les machines d'aérage. Bulletin de la Soc. d'industrie miné-rale*, 2e série, t. II, 1873.

parce qu'il n'y aurait pas de récupération de force vive par l'effet d'ajutage et par conséquent le coefficient serait moindre.

Le débit $Q = \mu\, S \sqrt{2g\,H} = 0.65\, S \sqrt{2g\,\dfrac{h^{\,\mathrm{m/m}}}{1.2}}$

d'où l'orifice équivalent $S = 0.38\, \dfrac{Q}{\sqrt{h^{\,\mathrm{m/m}}}}$.

On peut déterminer l'orifice équivalent d'une mine par expérience, en faisant passer l'air par un guichet à l'air libre dont on fait varier l'ouverture jusqu'à ce que le ventilateur débite par ce guichet le volume Q sous la dépression h mill.

On divise les mines en mines *larges* et *étroites*, suivant que S est $>$ ou $<$ 1 m². Les mines belges sont en général voisines de 1 m² ([1]). En Angleterre, les mines mesurent souvent 2 à 3 m² d'orifice équivalent.

965. **Travail utile**. — Le travail utile est celui qui a pour résultat de vaincre les résistances. Ces résistances étant exprimées par H mètres d'air, le travail utile en kilogrammètres sera $Q\,H\,\delta = Q h$ mm.

966. *Corollaires*. — Des formules ci-dessus, on peut tirer quelques conclusions pratiques importantes :

1° De $\dfrac{Q^2}{h} = c$, on tire $Q = c\sqrt{h}$.

Le débit est proportionnel à la racine carrée de la dépression : pour doubler le débit, il faut donc quadrupler la dépression.

2° De $T_u = Q h$ et de $Q = c\sqrt{h}$

on tire : $\qquad T_u = c' h^{\frac{3}{2}} = \dfrac{Q^3}{c'}$.

Le travail utile est proportionnel à la puissance $^3/_2$ *de la dépression ou au cube du débit* : pour doubler le volume, il faut faire un travail 8 fois plus grand.

Ces formules sont souvent employées pour comparer une mine à elle-même dans des conditions différentes de débit et de dépression.

967. Le débit ne doit pas être exagéré, pour que la vitesse ne devienne pas nuisible, en refroidissant trop l'atmosphère,

---

([1]) Les tempéraments de 4 à 25 correspondent aux orifices équivalents de 0 m² 76 à 1 m² 90.

en soulevant la poussière et en rendant l'éclairage dangereux. Un excès de vitesse peut aussi avoir pour effet d'augmenter le danger des explosions, en transportant rapidement les gaz enflammés à de grandes distances du foyer de l'explosion.

La vitesse doit rester dans les limites de $0^m.60$ à 1 m. Une vitesse de $1^m.20$ est sensible, quand on marche contre le courant.

En Belgique, le débit varie ordinairement entre 20 et 30 m³ par seconde. En Angleterre, on cite des débits de plus de 100 m³, mais tout ce volume ne passe pas dans la mine et une partie va directement du puits d'entrée au puits de sortie d'air.

968. *Détermination expérimentale du travail utile.* — Pour déterminer expérimentalement le travail utile, il faut mesurer la dépression h et le volume Q, dans une station de jaugeage.

969. *Mesure de la dépression.* — La dépression se mesure au moyen d'un manomètre plongeant dans la section de jaugeage et débouchant à l'air libre. La section de jaugeage est souvent établie dans le canal qui relie le puits de sortie d'air au ventilateur.

L'expérience démontre que la dépression varie en différents points d'une même section. Pour en tenir compte, on divise cette section en un grand nombre d'éléments s de grandeur mesurable sur chacun desquels on mesure une dépression h. Si S est la section totale de la station de jaugeage, on prend la moyenne $\dfrac{\Sigma\, sh}{S}$.

Pour mesurer la dépression dynamique, on donne à l'embouchure du manomètre la forme du tube de Pitot, en biseautant l'extrémité libre et en observant que cette extrémité se termine en un plan bien perpendiculaire courant (fig. 588 B). Pour mesurer la dépression statique, on recommande de munir l'extrémité droite du manomètre d'une plaque de garde biseautée, pour éviter l'influence des remous (fig. 588 A). Si la mesure se fait en un seul point de la section, on choisira pour cela une niche où l'air de la galerie pénètre par des fentes disposées dans le sens du courant.

970. La mesure de la dépression au moyen d'un manomètre à eau n'est pas assez rigoureuse pour des expériences délicates.

Les ménisques ne permettent de faire la lecture qu'au mill.
près ; de plus celle-ci ne peut se faire qu'en comptant le
nombre de divisions de l'échelle comprises entre les deux
ménisques. Or, avec certains appareils de ventilation, il se
produit des pulsations dans le courant qui font naître des oscillations dans le liquide et qui rendent la lecture difficile ; on

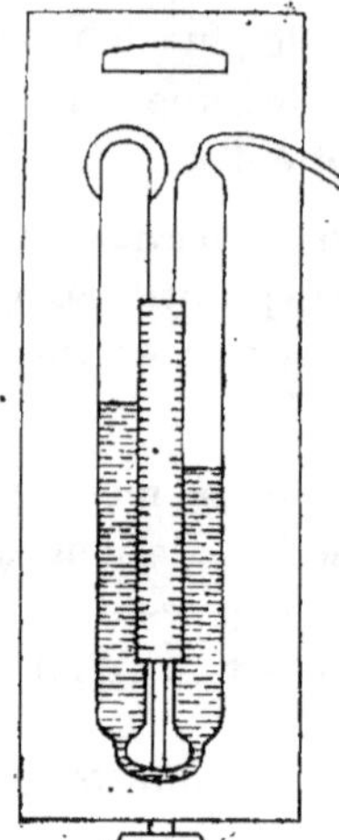

y a remédié en rétrécissant le passage entre
les deux branches du manomètre, au moyen
d'un bouchon soutenu par des épingles.

Le manomètre Daglish employé dans les
mines anglaises est construit de manière à
donner plus de précision. Il se compose de
tubes verticaux d'au moins $0^m.02$ de diamètre
avec communication inférieure par un tube
rétréci ; la branche qui s'ouvre à l'air est également rétrécie (fig. 590). L'échelle est rendue
mobile verticalement au moyen d'une vis pour
amener le zéro en regard du point le plus bas.
Avec cet appareil, on lit la dépression à $0^{mm}.1$
près.

Pour augmenter la précision de la lecture,
on peut remplacer les tubes manométriques
par des caisses rectangulaires à parois de

Fig. 590.

verre (Atkinson).

971. On a cherché, dans différents manomètres, à *multiplier* la
lecture directe, afin d'obtenir une approximation plus grande.
Le plus simple est le manomètre *multiplicateur* de la Commis-

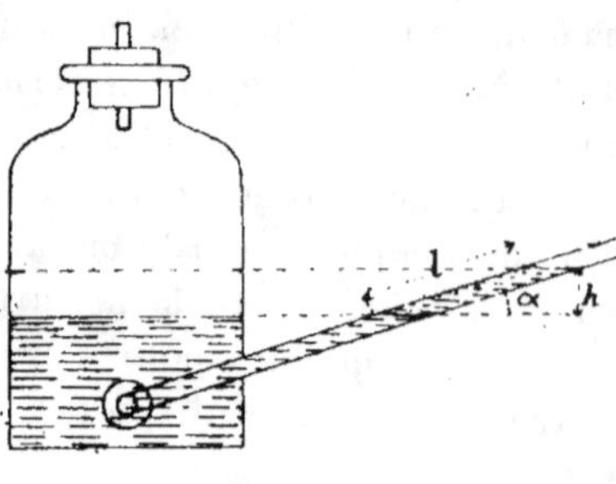

sion prussienne du grisou dont
les branches sont formées,
d'une part, d'un flacon d'assez
grande section et, d'autre part,
d'un tube étroit incliné dont
les indications, mesurées le
long du tube, sont par suite
égales à la dépression divisée
par le sinus de l'angle d'inclinaison (fig. 591).

Fig. 591.

972. Dans des expériences délicates, comme celles qui ont
pour but de déterminer les coefficients de contraction ou les

constantes de la formule du frottement de l'air sur les parois, on peut se trouver dans le cas de devoir mesurer la perte de charge entre deux points d'une conduite ou d'une galerie. On emploie généralement dans ce cas le manomètre de M. Murgue qui donne une très grande précision.

C'est un tube en U dont les branches sont formées par deux flacons calibrés de même hauteur, mais de section différente, reliés dans le bas par un tube de caoutchouc. Les tubulures supérieures sont reliées par caoutchouc à des tubes en plomb ou en fer débouchant, normalement au courant, dans les points dont on veut déterminer la différence de pression. Les lectures se font sur le flacon de plus petite section, au moyen d'un microscope grossissant 5o fois, monté sur un cathétomètre.

La tubulure du petit flacon étant en relation avec le point ou la pression est la plus faible, la dénivellation se fait presqu'entièrement dans le petit flacon. On détermine, une fois pour toutes, le coefficient par lequel il faut la multiplier pour tenir compte de l'abaissement du niveau dans le grand flacon. On apprécie à l'aide de cet appareil $^1/_{100}$ de mill. d'eau. Cet appareil a été employé par MM. Murgue et Petit dans leurs très délicates expériences [1].

973. On emploie aussi les manomètres à cloche flottante qui mesurent la dépression d'une manière indirecte.

Le plus ancien appareil de ce genre est celui de de Vaux. Cet appareil *pèse* en réalité la dépression, au lieu de la mesurer directement. Il se compose d'une cloche se mouvant dans une cuve annulaire avec fermeture hydraulique (fig. 5g2).

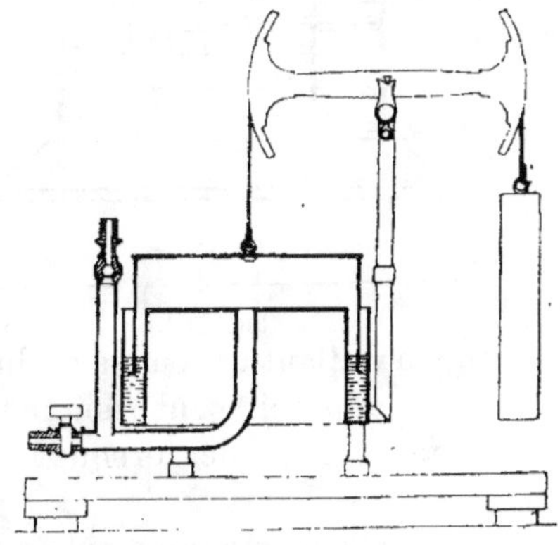

Fig. 5g2.

Lorsque le dessous de cette cuve communique avec l'air extérieur, la cloche est équilibrée par un contrepoids.

---

[1] Bulletin de la Soc. d'industrie minérale, 3e série, t. VII et t. XIV.

Fait-on communiquer le dessous de la cloche avec l'air raréfié de la mine, la cloche s'abaisse et pour l'équilibrer de nouveau, il faut ajouter un poids additionnel p au contrepoids.

Ce poids p mesure la dépression ; il est égal en effet à Sh $^{m/m}$, S étant la surface de la cloche. Suivant cette surface, on sait donc le nombre de grammes à ajouter par mill. de dépression, et l'on peut déterminer cette dernière avec l'approximation que permet la pesée.

974. On emploie souvent dans les mines des manomètres enregistreurs pour contrôler la régularité de la marche des ventilateurs et par suite le travail des machinistes, et pour se rendre compte des circonstances qui peuvent avoir influé à un moment donné sur l'aérage.

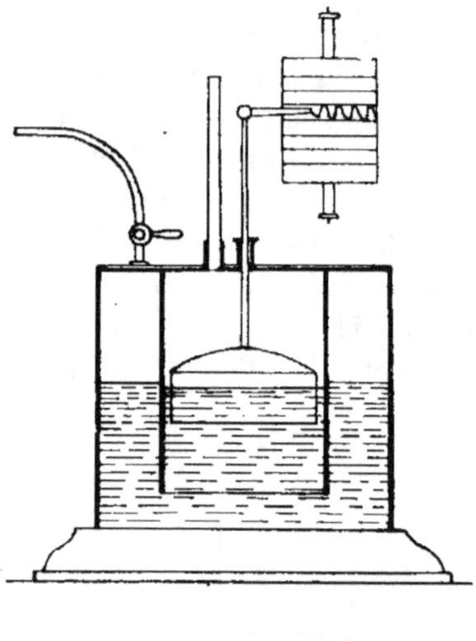

Fig. 593.

Ces appareils sont de tout point analogues au *mouchard* des usines à gaz. Un flotteur suit les oscillations du liquide manométrique et trace un diagramme sur un papier quadrillé qui tourne à la vitesse d'un tour par 24 heures par un mouvement d'horlogerie (fig. 593). Cette feuille est relevée tous les jours à la même heure par un surveillant et remise au bureau de la mine.

Cet appareil peut donner des signaux d'alarme par un contact électrique, lorsque la dépression tombe en dessous d'un minimum.

En Allemagne, on emploie souvent dans le même but l'appareil Ochwadt à deux flotteurs réunis par un bras de levier (fig. 594) dont l'inclinaison permet de mesurer à $^2/_{10}$ de mill. près la dépression qui se lit amplifiée sur un cadran.

975. *Mesure du débit.* — La mesure du débit constitue le jaugeage du courant d'air, opération qui doit marcher de pair avec la détermination de la teneur en grisou, au moyen de la

lampe de sûreté ou des moyens plus perfectionnés que nous avons énumérés, pour se rendre compte du degré de sécurité que la mine présente.

Pour mesurer le débit, il faut mesurer la vitesse dans la station de jaugeage de section donnée.

On choisit pour cela une section facile à mesurer, soit celle d'une galerie muraillée ou revêtue de madriers jointifs avec cadres en fer, soit celle de l'extrémité de la cheminée du ventilateur.

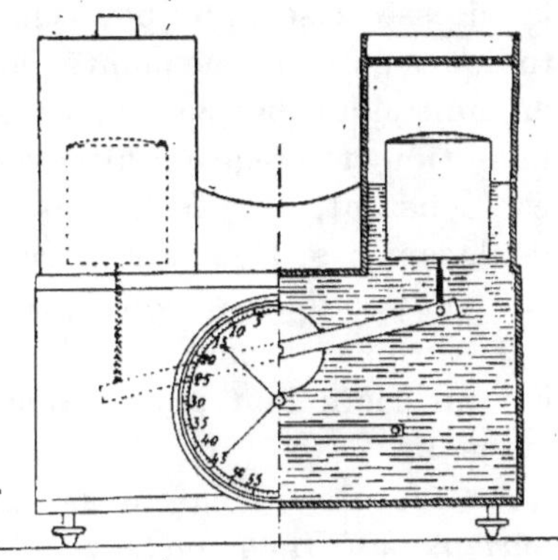

Fig. 594.

976. La vitesse n'est pas uniforme dans une même section et la répartition des vitesses y est plus capricieuse encore que celle des dépressions. M. Murgue a tracé des courbes d'égale vitesse dans différentes parties d'une mine et montré combien ces courbes se déplacent avec facilité sous diverses influences [1], telles que coudes, bifurcations, boisages, etc. C'est là une des grandes difficultés des jaugeages.

Il y a différents moyens d'y remédier :

1° On divise la section de jaugeage en parties égales par des fils ou par des lattes biseautées. On prend ensuite la vitesse dans chaque division et l'on en déduit la vitesse moyenne. Cette méthode est malheureusement peu expéditive; mais dans les opérations qui réclament de la précision, c'est la seule possible.

Lorsqu'une précision extrême n'est pas recherchée, on peut opérer comme si la section était subdivisée, en prenant la moyenne d'un plus ou moins grand nombre d'observations faites en divers points d'une même section.

2° M. Murgue a vérifié que *dans une même section, la vitesse*

---

[1] Bulletin de la Soc. de l'Industrie minérale, 3ᵉ série, t. VII, 1893.

en un point quelconque varie comme la vitesse moyenne. Si dans une section ordinaire de jaugeage, nous connaissons, par des expériences préalables, le rapport de la vitesse moyenne à la vitesse prise en un point de cette section, il suffira d'opérer toujours en ce même point, pour en déduire la vitesse moyenne, en multipliant par ce rapport connu. Il faut, bien entendu, que la section de jaugeage ait été choisie en un point où le régime est constant, c'est-à-dire où les courbes d'égale vitesse ne se déplacent pas. Il est à remarquer qu'il est souvent difficile de trouver une telle section à proximité des ventilateurs.

3° On peut prendre la vitesse maxima et multiplier celle-ci par un coefficient pour obtenir approximativement la vitesse moyenne.

La mesure de la vitesse s'obtient au moyen de *flotteurs aériens* ou d'*anémomètres*.

977. 1° *Flotteurs aériens.* — Les flotteurs aériens sont la fumée de la poudre ou un gaz d'odeur pénétrante, telle que celle de l'éther. L'odeur d'un gaz est seule applicable, si l'on se trouvait dans un milieu grisouteux. On allume la poudre ou l'on brise une fiole d'éther à une extrémité d'une galerie de longueur connue. On juge, au moyen d'une montre à secondes, du moment où l'on voit arriver la fumée à l'autre extrémité, ou du moment où l'on y perçoit l'odeur; on en déduit la vitesse du courant.

Lorsqu'on se sert de la fumée, celle-ci forme un cône et il est difficile d'apprécier exactement le moment où il convient d'arrêter l'expérience. Il est bon de faire l'expérience à plusieurs observateurs pour prendre des moyennes d'appréciation. La vitesse ne doit pas être trop grande; le parcours doit être d'autre part assez long et aussi régulier que possible. Ces moyens ne conviennent qu'à défaut d'appareils spéciaux.

Il en est de même du procédé quelquefois employé dans les mines du Nord de l'Angleterre, qui consiste à marcher dans le sens du courant en portant verticalement une bougie allumée. Lorsque la flamme reste verticale, on marche à la vitesse du courant.

978. 2° *Anémomètres.* — Les anémomètres se divisent en plusieurs catégories.

979. a) *Anémomètres à ailettes.* — Les anénomètres à ailettes reposent sur le même principe que le moulinet de Woltmann appliqué à la mesure de la vitesse des courants d'eau. Le prototype de ces anénomètres est celui de Combes, composé d'un moulinet très léger à quatre ailettes planes en clinquant ou en mica, inclinées à 45°, dont l'axe peut être embrayé à distance avec un compteur de tours pendant la durée de l'expérience. L'appareil est posé sur une latte biscautée. Il faut deux observateurs. L'un mesure le temps et l'autre posté en aval du courant embraie au commencement de l'expérience et désembraie à la fin, au moyen de fils assez longs pour que l'observateur puisse s'effacer, de manière à ne pas obstruer la section de la galerie.

Pour remédier à l'inconvénient de l'obturation partielle de cette section, on choisit parfois comme station de jaugeage, l'orifice de la cheminée du ventilateur autour duquel on construit une petite galerie où circule l'opérateur.

On a soin d'embrayer lorsque la vitesse est acquise et de débrayer en pleine vitesse. Le nombre de tours n en une ou deux minutes étant lu sur l'appareil, la vitesse correspondante est donnée par $v = a + bn$, à condition qu'elle dépasse o^m.5o par seconde; a et b sont des constantes dépendant de la construction et de l'état d'entretien de l'appareil. Pour les vitesses inférieures à o^m.5o, la formule serait $v = a + bn + \dfrac{c}{v}$, d'après M. Rateau. Plus l'anénomètre est sensible, plus les constantes $a\ b\ c$ sont sujettes à variation. Il suffit d'un changement d'inclinaison des ailettes, d'une détérioration pour les modifier. Il s'ensuit que ces appareils doivent être fréquemment tarés.

980. Le tarage des anénomètres se fait en les faisant mouvoir à une vitesse déterminée dans une atmosphère en repos. Mais les mesures données par les anénomètres ainsi tarés sont toujours un peu supérieures à la réalité.

Dans une atmosphère en repos, l'anénomètre tourne moins vite que dans un courant d'air, pour une vitesse de translation strictement égale à celle de ce courant. C'est ce que l'on a appelé le paradoxe de Dubuat qui en avait déjà fait l'observation, en 1818, en opérant sur de l'eau. Elle a été renouvelée sur les courants d'air, par MM. Aguillon, Fumat et Murgue, par l'ouverture d'une porte directrice de l'aérage. Pour diluer le grisou, il faut agiter l'air, d'où l'ancienne pratique d'agiter l'air (*wahî*) au moyen d'une étoffe, avant de faire usage des explosifs, pratique absolument condamnable d'ailleurs puisqu'on ne doit tirer qu'après avoir constaté l'absence du grisou.

Lorsque la diffusion est obtenue, elle subsiste : le grisou ne se sépare plus de l'air, ne se *liquate* pas.

904. Le grisou n'est pas vénéneux ; il présente une faible odeur éthérée que l'on a comparée à celle de la pomme de reinette ; on prétend que sa respiration guérit de l'ivresse ; on prétend aussi qu'il donne au visage l'impression d'une toile d'araignée, ce que l'on explique par l'impression des filets de gaz comprimé s'échappant d'un réseau de fissures. Il est incolore, mais certains prétendent avoir vu le réseau dont ils ont ressenti l'impression, ce qui pourrait s'expliquer par des différences de refrangibilité de l'air et des filets de grisou.

Le grisou est asphyxiant, mais les suites d'une asphyxie momentanée ne sont pas graves. L'asphyxie par le grisou se produit dans les cas de dégagements instantanés. Elle est d'ailleurs peu fréquente par suite de la légèreté spécifique de ce gaz, parce que la victime tombe étourdie dans un air plus dense et plus pur où elle se ranime ; c'est le contraire qui se produit lors d'une asphyxie par l'anhydride carbonique.

905. Le grisou est légèrement soluble dans l'eau ; à la température ordinaire 100 vol. d'eau dissolvent 3.5 vol. de méthane, ce qui explique la présence de ce gaz constaté à Saarbruck et à Saint-Etienne dans des eaux de mine.

Le méthane a été liquéfié à une température de — 100° C et à une pression de 50 atm. (Dewar), à — 11° C et 180 atm. (Cailletet), à + 28° et 350 atm. (Pictet). Au dela de 28°, il n'est plus liquéfiable.

La composition du grisou parait varier avec les couches et leur âge relatif ; mais la loi de ces variations, si elle existe, est inconnue.

906. **Combustion du grisou**. — Les propriétés les plus intéressantes du grisou sont celles qui se rapportent à sa combustion. Le grisou brûle avec une flamme bleu pâle ; la couleur

de la flamme du méthane pur est d'un bleu très caractérisé; mais cette couleur est plus ou moins oblitérée par la présence d'autres gaz. Lorsque l'atmosphère de la mine contient moins de 3 °/₀ de méthane en volume, la température de la flamme d'une lampe de mine augmente; de 3 à 6 °/₀, la combustion du méthane vient former une *auréole* bleuâtre au contact de la flamme. On dit alors que la lampe *marque*. Il paraît que ce phénomène ne se produit pas au même degré pour les grisous désignés en Angleterre sous les qualificatifs de *quick* ou *sharp*, dont l'auréole est peut être oblitérée par la présence de l'éthane. Ces grisous seraient d'autant plus dangereux qu'ils marquent moins à la lampe.

A partir de 4 °/₀ de grisou, on perçoit parfois des crépitements ou de petites explosions au contact de la flamme.

La flamme marque de plus en plus jusqu'à 6 °/₀, proportion pour laquelle le mélange commence à devenir inflammable, avec ou sans explosion suivant les circonstances. Le chiffre de 6, 10 °/₀ est considéré comme la limite d'inflammabilité du méthane. Le maximum de violence de l'explosion correspond à un peu plus de 12 °/₀ de grisou, proportion à partir de laquelle l'explosibilité diminue jusqu'à près de 17 °/₀.

A partir de cette dernière proportion, le mélange cesse d'être détonant, mais il devient de plus en plus asphyxiant et à 33 °/₀ de grisou, les lumières s'éteignent.

Il est à remarquer que ces chiffres ne sont pas susceptibles d'une grande précision, parce qu'ils dépendent de plusieurs éléments : de la température du corps qui met le feu, de la durée du contact avec ce corps, de la température, de l'état d'agitation de l'air, etc.

907. *Température d'inflammation*. — MM. Mallard et Le Chatelier ont déterminé la température d'inflammation du méthane qui est de 650° C. Mais en dessous de cette température, il peut y avoir combustion lente du grisou, notamment en présence de corps poreux. A titre de comparaison, voici les températures d'inflammation de quelques autres gaz, d'après les mêmes expérimentateurs :

$$
\begin{array}{lr}
\text{Oxyde de carbone} & 655° \\
\text{Hydrogène} & 655° \\
\text{Gaz d'éclairage } C^2H^4 & 550° \\
\end{array}
$$

983. On construit aujourd'hui des anémomètres plus robustes et aussi légers que l'anémomètre Combes ; tel est l'anémomètre Casartelli à ailettes planes multiples en aluminium, qui donne directement par sa graduation le terme bn.

Pour avoir la vitesse, il faut ajouter une constante inscrite sur l'appareil, ce qui suppose que sa formule ne change pas. Dans des expériences précises, on se servira de cet appareil, en vérifiant sa formule par le tarage. L'anémomètre Casortelli est représenté fig. 596, fixé sur l'appareil de tarage.

984. L'anémomètre Biram est de plus grandes dimensions (o.25 de diamètre) (fig. 597). Cet appareil est moins sensible que le précédent, mais ses indications suffisent pour les jaugeages ordinaires.

Les ailettes planes, au nombre de 8 à 12, sont en laiton, en aluminium ou en ébonite ; on embraie ou désembraie le compteur, en poussant sur un petit levier près de l'anneau qui sert de poignée.

Autrefois le Biram était sans embrayage ; on tenait compte de l'inertie, dans la mise en marche de l'appareil, en le retournant simplement au moment où l'on terminait l'expérience et l'on admettait que le nombre de tours en moins au départ

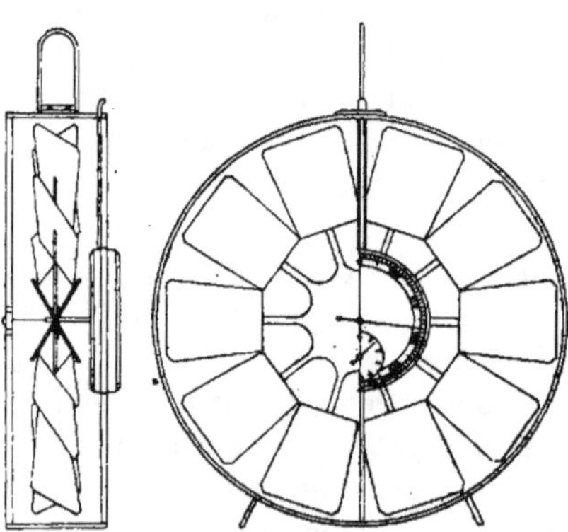

Fig. 597.

était compensé par le nombre de tours en trop jusqu'à l'arrêt de l'appareil.

Cet anémomètre est d'un emploi très pratique pour un jaugeage rapide.

Si la section est subdivisée, on arrive à faire 36 stations en 3 minutes. Si la section n'est pas subdivisée, on opère en faisant stationner successivement l'anémomètre pendant 6 à 10 secondes en différents points de la section ; on le tient face au courant au bout d'une latte en bois, en le maintenant dans un plan perpendiculaire au courant.

985. b) *Anémomètres pendulaires.* — Le type de ces appareils est l'anémomètre Dickinson (fig. 598) qui se compose d'un cadre dans lequel se meut sur une charnière A B un volet équilibré V; un niveau à bulle N permet de placer horizontalement l'assise du cadre.

Le volet s'incline plus ou moins sous l'influence du courant. Cette inclinaison se marque sur un cadran directement gradué en mètres de vitesse par seconde. C'est un indicateur, plutôt qu'un mesureur de vitesses. Il sert surtout à constater les variations de vitesse en un point donné. Dans le Lancashire, il se trouve pour cela entre les mains des surveillants ou

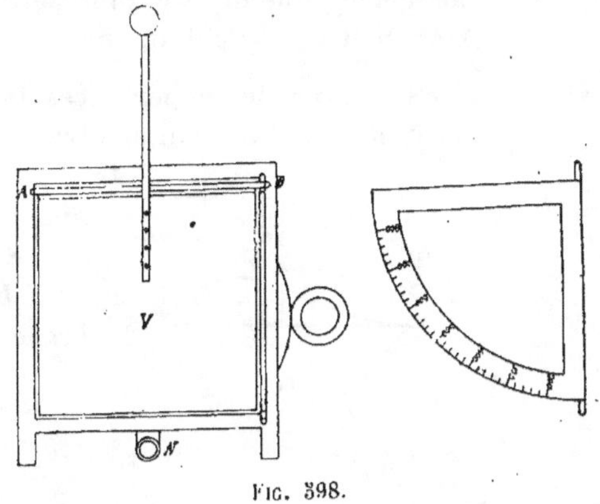

Fig. 598.

est installé à poste fixe près des foyers d'aérage dont il permet de régler l'alimentation. Un contact électrique donne un avertissement par sonnerie, si la vitesse descend à un certain minimum.

M. Le Chatelier a construit un appareil analogue, très sensible, en remplaçant le volet par une feuille de papier encastrée à une extrémité au centre d'un cadran gradué. Cette feuille résiste par son élasticité à la flexion produite par le courant d'air. Cet appareil permet de contrôler de très faibles variations du courant.

986. c) *Mesures manométriques.* — On peut mesurer indirectement la vitesse au moyen du manomètre. Le manomètre à tube droit combiné avec le manomètre à tube de Pitot fournit un moyen de mesurer la vitesse; l'indication de ce manomètre est en effet proportionnelle au terme $\dfrac{v^2}{2g}\,\delta$. C'est ce que l'on appelle le tube de Darcy (fig. 599).

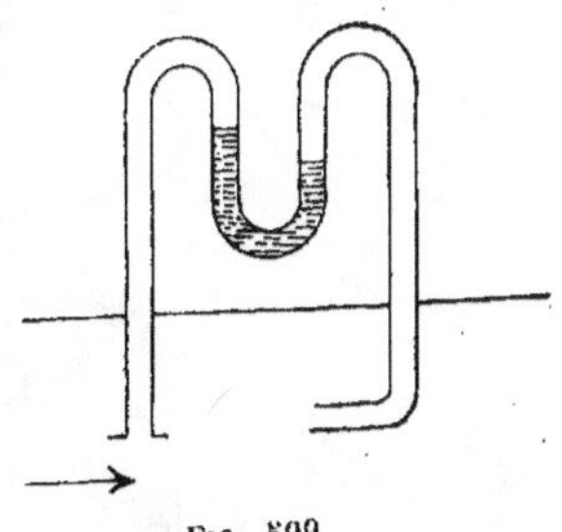

Fig. 599.

M. Murgue a fondé sur ce principe un enregistreur des volumes d'air, en remplaçant le manomètre par les compartiments inégaux d'une cloche en zinc plongeant dans une cuve en fonte remplie d'eau ; un flotteur suit les dénivellations du liquide manométrique dans le plus petit des deux compartiments et les transmet au style d'un enregistreur.

987. Dans des expériences faites à Créal (Gard), M. Murgue s'est servi d'un manomètre à orifice parallèle au courant, qui

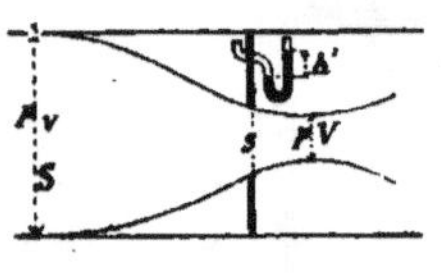

FIG. 600.

était placé sur une porte à guichet de section s, installée dans une galerie de section S (fig. 600). On mesure ainsi une hauteur h mill. d'eau correspondant à la différence des hauteurs piézométriques

$$\frac{h}{\delta} = \frac{P}{\delta} - \frac{p}{\delta}.$$

L'état de l'air dans la section S qui précède la porte, est caractérisée par la pression P en kil. par m² et par la vitesse v. Dans la section contractée μs, l'état de l'air est caractérisé par la pression p et la vitesse V.

En vertu du théorème de Bernoulli, on a :

$$\frac{P}{\delta} + \frac{v^2}{2g} = \frac{p}{\delta} + \frac{V^2}{2g}$$

et en vertu de la loi de continuité du fluide

$$Sv = \mu s \, V.$$

On en déduit

$$\frac{h}{\delta} = \frac{V^2}{2g} - \frac{v^2}{2g} = \frac{V^2}{2g}\left(1 - \frac{\mu^2 s^2}{S^2}\right)$$

$$V = \sqrt{\frac{2gh}{\delta\left(1 - \frac{\mu^2 s^2}{S^2}\right)}}.$$

$$Q = \mu s \sqrt{\frac{2gh}{\delta\left(1 - \frac{\mu^2 s^2}{S^2}\right)}}.$$

988. M. Murgue déduit aussi le débit de la mesure de la perte de charge h entre deux points d'une même galerie :

$$h = \frac{\beta}{g} \cdot \frac{PL}{A}\, v^2 \delta = k v^2.$$

k est déterminé par une expérience préalable. Pour mesurer de très faibles dépressions h, M. Murgue avait installé sur la galerie du ventilateur de Bessèges, comme appareil de contrôle, un manomètre de grande précision du type décrit au n° 972.

989. Il faut encore citer l'anémomètre multiplicateur de Bourdon basé sur une curieuse propriété du tube de Venturi (ajutage convergent-divergent).

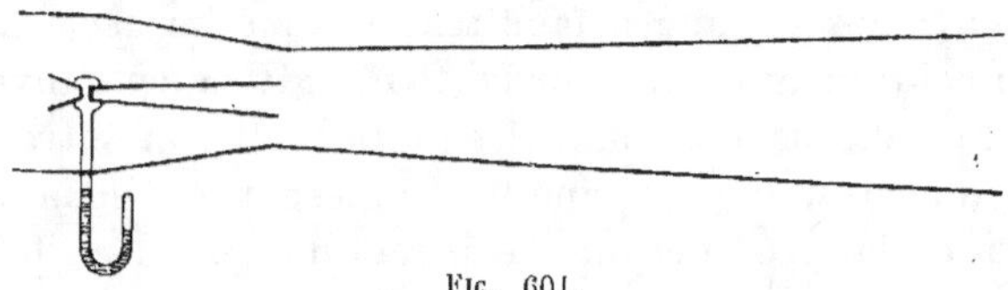

Fig. 601.

Dans un ajutage cylindrique, il y a contraction, puis épanouissement de la veine fluide et l'écoulement se fait à gueule-bée.

Dans la section contractée, il y a accélération de vitesse et par conséquent diminution de pression.

Un ajutage convergent-divergent reproduit la forme de la veine contractée dans un ajutage cylindrique et l'expérience prouve qu'on lit, sur un manomètre débouchant dans la section étroite, une hauteur en millim. d'eau très supérieure à $\frac{v^2}{2g}\delta$, en vertu de la succion qui s'y produit (fig. 601).

En emboitant plusieurs tubes de Venturi l'un dans l'autre, de sorte que l'un débouche dans la section contractée de l'autre, on lit sur le manomètre placé sur le dernier tube une amplification considérable du terme $\frac{v^2}{2g}\delta$.

Ainsi pour une vitesse de 3 m. qui correspond à $\frac{v^2}{2g}\delta = 0.^{m}/^{m}6$, on lit :

au 1er tube 2 m/m 1 ;
au 2me » 7 m/m 5 ;
au 3me » 28 m/m.

Le manomètre peut être gradué de manière à donner directement la vitesse.

19

990. La circulation de l'air dans les mines se produit sous l'influence de causes naturelles, de causes artificielles ou de causes naturelles et artificielles combinées.

991. ***Aérage naturel.*** — L'aérage naturel se produit sous l'influence des causes naturelles suivantes :

1° La température des roches : celle-ci augmente avec la profondeur, mais ne varie pas avec la saison à partir d'une certaine profondeur ; la température de l'air au contraire est variable ; de là, des échanges de chaleur entre l'air et les roches qui peuvent se transformer en mouvement.

2° Le mélange, avec l'air, de gaz plus légers (vapeur d'eau, grisou) : ces mélanges facilitent la marche ascensionnelle de l'air ; celui de gaz plus lourds (CO_2) agit en sens inverse.

3° Les chutes d'eau dans les puits : celles-ci entraînent l'air à la manière d'une trompe ou agissent en sens inverse du courant ; la présence de l'eau facilite en outre les échanges de chaleur.

4° L'action des vents plongeants peut, d'après Cornet, avoir certaine influence, en agissant sur les puits de sortie d'air ; mais cette influence est peu importante en général ; car les puits sont recouverts de bâtiments. Le vent peut quelquefois être utilisé pour provoquer la circulation de l'air dans de petites mines, au moyen de manches dont on tourne l'embouchure du côté d'où vient le vent.

992. ***Ventilation naturelle des puits isolés.*** — En hiver, les roches de la mine étant plus chaudes que l'air, l'air s'échauffe au contact des parois et la circulation s'établit, parce que l'air échauffé remonte, faisant place à un courant d'air froid qui tend à descendre dans l'axe du puits. Ces deux courants pouvant se contrarier, on les régularise généralement par un tuyau ou une cloison ; la circulation s'établit dans un sens ou dans l'autre par une cause accessoire, par exemple par des chutes d'eau le long des parois.

En été, l'air extérieur étant plus chaud, l'air de la mine perd sa force ascensionnelle et il y a stagnation ; cet état est d'autant plus dangereux que l'anhydride carbonique s'accumule au fond du puits par son poids. De là les accidents d'asphyxie qui surviennent en été, dans les puits isolés des minières, après un chômage. Pour les éviter, il faut toujours se faire précéder d'une lumière suspendue à une corde ; si la flamme s'éteint, on peut provoquer un mouvement de l'air, en projetant de l'eau dans le puits.

En été, il est préférable de recourir à des moyens artificiels, manche à vent, foyer, ventilateur, etc. Au delà d'une certaine profondeur, il faut, même en hiver, recourir à des moyens de ce genre.

993. *Ventilation naturelle des puits communicants*. — Supposons d'abord les orifices de ces puits au même niveau (fig. 602).

En hiver, les roches étant plus chaudes que l'air extérieur, la circulation s'établira dans un sens ou dans l'autre, comme dans un puits unique cloisonné, par une cause accessoire (chutes d'eau, mélange de gaz, différence de résistance, etc.) et la circulation se maintiendra par suite de l'échauffement progressif de l'air. En été, le mouvement s'arrêtera.

Fig. 602.

Une différence de niveau entre les orifices, même peu importante, si la profondeur est faible, permettra de réaliser l'aérage naturel, l'été comme l'hiver (fig. 603). Une cheminée surmontant l'un des puits peut dans certains cas suffire.

En hiver, l'air reste à une température plus haute dans tout le puits dont l'orifice

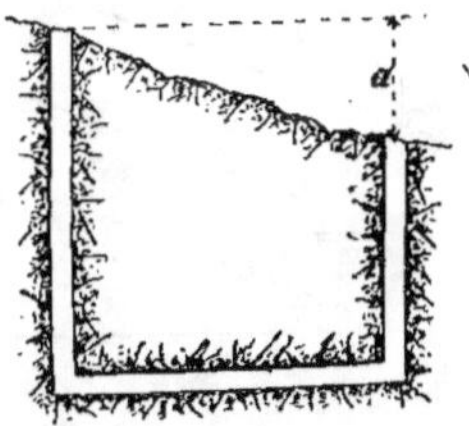

Fig. 603.

est le plus élevé; la colonne d'air a qui surmonte l'orifice le plus bas, étant plus froide et par suite plus dense, la circulation s'établit naturellement de l'orifice inférieur vers l'orifice supérieur. En été, c'est le contraire qui se produit; la température dans le puits à orifice élevé étant inférieure à celle de la colonne d'air a, il y a renversement du courant et l'aérage s'établit en sens inverse, si la charge motrice est suffisante pour vaincre les résistances.

Toutefois entre ces deux périodes, il se produit une stagnation qui peut durer un certain temps, et lorsque la température extérieure est variable, comme aux changements de saison, il arrive que le renversement se fasse plusieurs fois. De telles circonstances seraient extrêmement dangereuses dans les mines à grisou ; aussi, en supposant même que la charge motrice soit suffisante, doit-on y proscrire absolument l'aérage naturel, car il faut y assurer la circulation de l'air dans un seul et même sens, quelle que soit la saison.

994. L'aérage naturel coexiste toujours avec l'aérage artificiel. Supposons qu'il soit favorable : la dépression h à produire artificiellement sera diminuée de la dépression h_n produite par l'aérage naturel et l'on aura $h = h_r — h_n$, expression dans laquelle h_r représente la dépression réelle et h la dépression apparente (cf. nᵒ 961) qui se confond ici avec la dépression artificielle à produire.

Si nous traçons un diagramme (fig. 604) en prenant comme abscisses les carrés des volumes et comme ordonnées les pertes de charge réelles h_r, on aura une ligne droite passant par l'origine dont l'inclinaison α sera donnée par $tg\,\alpha = \dfrac{h_r}{Q^2}$

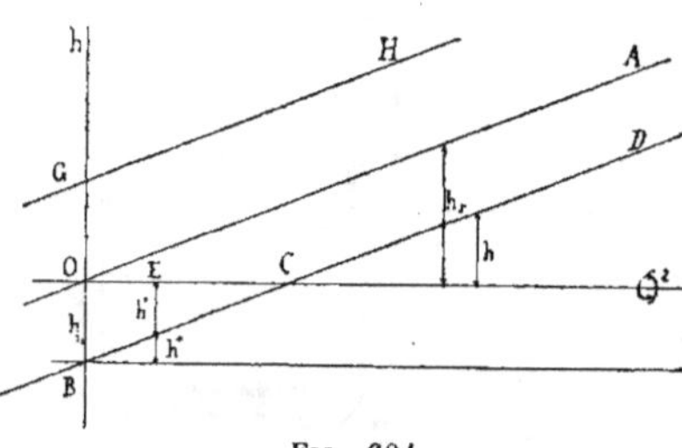

Fig. 604.

Supposant la dépression naturelle constante, quel que soit le volume : le diagramme des dépressions apparentes h est une droite BD, parallèle à celle des dépressions réelles, qui coupera l'axe des x en un point C correspondant à une ordonnée de la droite OA égale à OB = h_n.

Ce point de l'axe des x correspond à un débit q qui sera celui que pourrait donner l'aérage naturel agissant seul.

Si l'on supprime tout aérage artificiel, un manomètre installé sur une porte à guichet mesurera une compression correspondant à l'ordonnée h_n, au moment où l'on fermera ce guichet. Ce moyen peut être employé pratiquement pour mesurer la dépression naturelle.

Si l'aérage naturel était défavorable, on aurait de même une droite GH interceptant sur l'axe des ordonnées une hauteur OG correspondant à h_n.

995. En pratique, le diagramme des valeurs de h n'est pas représenté par une droite, parce que la dépression produite par l'aérage naturel n'est pas constante. En effet les échanges de chaleur seront d'autant moins efficaces que le volume d'air traversant la mine sera plus considérable et la valeur de h_n va en diminuant, quand le volume augmente. Le diagramme de la dépression apparente est une courbe asymptotique à la droite des dépressions réelles. C'est ce que l'expérience démontre du reste : le diagramme (fig. 605) représente la courbe tirée des expériences faites à Montrambert (cf. n° 963, note 2).

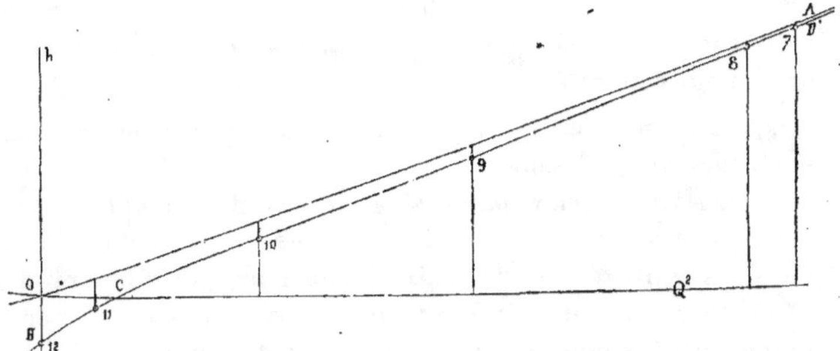

Fig. 605.

996. **Aérage artificiel.** — L'aérage artificiel peut être produit par une cause physique, telle que l'action directe de la chaleur, ou par une action mécanique.

Aérage physique.

997. **Action d'une source de chaleur.** — L'action directe de la chaleur s'exerce au moyen d'un foyer F installé au pied du puits de sortie d'air (fig. 602).

En supposant les deux orifices de la mine à la même altitude, la charge motrice créée résulte de la différence de densité de deux colonnes d'air de températures t et T. Soit δ et δ' les poids du m³ d'air aux températures t et T ; soit A la profondeur des puits.

On aura
$$A\delta - A\delta' = H\delta.$$

H exprime en colonne d'air de température t, la charge ou la hauteur motrice :

$$H = \frac{A(\delta - \delta')}{\delta}.$$

a étant le poids du m³ d'air à o, on a

$$\delta = \frac{a}{1 + \alpha\, t} \text{ et } \delta' = \frac{a}{1 + \alpha\, T}.$$

En remplaçant δ et δ' par ces valeurs, on obtient :

$$H = \frac{A\, \alpha\, (T - t)}{1 + \alpha\, T}\ (^1).$$

On voit que la charge motrice créée n'augmente pas proportionnellement à la différence de température T — t, car T figure au dénominateur. Cette charge motrice est théoriquement proportionnelle à la profondeur des puits, mais pratiquement il n'en est pas ainsi, parce que toute la colonne ne peut être également échauffée.

998. Les sources de chaleur employées pour produire l'aérage par échauffement sont :

1° Les *toque-feux*, paniers en fer contenant des charbons ardents, que l'on descendait autrefois, à l'aide d'une chaîne, dans les puits de sortie d'air, jusqu'à une profondeur de 5 à 15 m. Ce moyen était appliqué en été, dans des mines peu profondes et sans grisou, où la faible charge motrice de la dépression naturelle suffisait pour activer l'aérage en hiver.

2° Les *calorifères* en fonte établis au pied d'une cheminée d'aérage et alimentés par l'air extérieur. Ce moyen employé à Seraing vers 1830 a été supprimé, à la suite d'un accident causé par l'inflammation du grisou sur les fissures du calorifère.

4° Les *foyers* sont le seul moyen d'aérage par échauffement suffisamment énergique pour produire un résultat important. Ils ont été et sont encore employés en Angleterre, mais deviennent de plus en plus rares sur le continent.

999. **Foyers d'aérage.** — Les foyers d'aérage consistent en une simple grille établie au pied du puits d'aérage. La surface de la grille est déterminée, en raison du volume d'air que l'on veut obtenir.

(¹) La formule donnée par Péclet, pour le tirage des cheminées, est

$$H = \frac{A\, \alpha\, (T - t)}{1 + \alpha\, t}.$$

Dans cette formule, la hauteur H est calculée en air de température T.

La charge de charbon est peu épaisse, afin de présenter peu de résistance au passage de l'air et obtenir une meilleure combustion.

Le chauffeur charge le foyer par parties suivant les nécessités de la ventilation, en se guidant d'après les indications d'un anémomètre (cf. 985). Le puits est généralement muraillé, quelquefois même garni de maçonnerie réfractaire jusqu'à une certaine hauteur.

En Angleterre, les foyers sont souvent établis dans une couche de houille. Il faut alors soigneusement les isoler des parois et ménager autour d'eux une circulation d'air (fig. 606).

Il en existe de très grandes dimensions : celui de Hetton se compose de quatre grilles formant un foyer à portes unilatérales de 7m50 de long sur 1m80 de large; celui d'Eppleton (fig. 606) mesure 18m25 de long sur 3m34 de large. Cette largeur oblige à le charger des deux côtés et par une extrémité. Les portes latérales sont en quinconce; devant chaque porte se trouve une niche à charbon pratiquée dans la paroi.

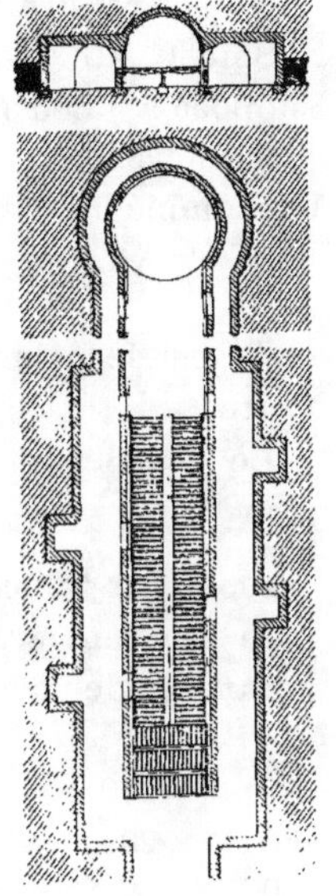

Fig. 606.

1000. Voici quelques résultats d'expériences faites sur des foyers anglais :

	Newcastle.	Hetton.	Eppleton.
Q	47 m³	79 m³.	96m³20
h mill. d'eau.	25 m/m	37 m/m	81 m/m
Orifice équivalent	3m²57.	5 m².	4.06
Travail utile	15.7 chev.	39 chev.	104
Consommation par 24 h.	8.400 k.	19.680 k.	—
Id. par ch. utile et par heure.	22 k.	21 kil.	—

1001. L'utilisation de la chaleur dans ces appareils dépend de divers éléments et principalement de la sécheresse ou de l'humidité des puits.

La température moyenne T ne peut dépasser 3o à 4o° C, quand on extrait par le puits d'air, comme c'est souvent le cas en Angleterre ; une température plus élevée endommagerait les câbles et rendrait impossible la circulation du personnel.

Soit C kil. par 24 heures la consommation de combustible supposé à 7.000 calories de pouvoir calorifique par kilogramme.

Recherchons le coefficient k d'utilisation du combustible consommé :

$$k \, C \, 7.000 = Q\delta \times 3600 \times 24 \times 0.237 \, (T - t) ;$$

0.237 est le calorifique spécifique de l'air sous pression constante.

Le coefficient k ainsi calculé varie, suivant les cas, de 16 à 80 °/₀.

1002. Le tableau suivant donne des résultats d'expériences pour une température T = 3o°, étendus par le calcul à des températures de 6o et de 100° :

T	$T-t$ $(t=10°)$	$Q = c \sqrt{\dfrac{T-t}{1+\alpha T}}$	$h = c' \dfrac{T-t}{1+\alpha T}$	$Tu = Qh$
30	20	42 m³	18.5 m/m	777 kilg.
60	50	63.2	40	2528
100	90	77.5	64	4650

Les volumes croissent comme 1 : 1.5 : 1.84, les dépressions comme 1 : 2.16 : 3.46 et le travail utile comme 1 : 3.3 : 6.6.

1003. On voit qu'une élévation de température est loin de produire des effets proportionnels. Mais ces calculs sont théoriques, car le volume ne peut augmenter sans cesse : il doit nécessairement décroître, après avoir atteint un maximum ; car la dilatation de l'air augmentant le volume, les résistances croissent en raison de l'accroissement de vitesse dans le puits de sortie. Il arrive donc un moment où l'accroissement de résistance l'emporte sur l'augmentation de charge motrice produite ; des expériences faites à Dowlais ont démontré qu'il en était ainsi et M. Murgue en a donné l'élégante démonstration théorique suivante, basée sur la notion de l'orifice équivalent.

Après échauffement de t à T, le débit Q devient :

$$Q' = Q \, \frac{1 + \alpha T}{1 + \alpha t} = Qx.$$

Le poids du mètre cube δ à t^o devient à T^o :

$$\delta' = \delta \cdot \frac{1 + \alpha t}{1 + \alpha T} = \frac{\delta}{x}.$$

Soit s l'orifice équivalent de la mine jusqu'au foyer, $h^{\,m/m}$ la dépression correspondante;

s' l'orifice équivalent du puits d'air, $h'^{\,m/m}$ la dépression correspondante.

D'après la formule de l'orifice équivalent :

$$Q = \mu s \sqrt{2g\,\frac{h}{\delta}} \quad \text{et} \quad Q' \text{ ou } Qx = \mu s' \sqrt{2g\,\frac{h'}{\delta'}}$$

d'où

$$h = \frac{Q^2\delta}{\mu^2 s^2 . 2g} \quad \text{et} \quad h' = \frac{Q^2 x^2 \delta'}{\mu^2 s'^2 2g}.$$

En remplaçant δ' par $\dfrac{\delta}{x}$,

il vient :

$$h' = \frac{Q^2 x \delta}{\mu^2 s'^2 . 2g}.$$

$$h + h' = \frac{Q^2 \delta}{\mu^2 . 2g}\left(\frac{1}{s^2} + \frac{x}{s'^2}\right)$$

D'autre part, A étant la profondeur du puits, on a d'après le le n° 997 :

$$h + h' = A\,\frac{\alpha(T-t)\delta}{1 + \alpha T} = A\delta\left(1 - \frac{1}{x}\right)$$

$$\text{et } Q = \mu \sqrt{\frac{2g\,A\,(x-1)}{x\left(\dfrac{1}{s^2} + \dfrac{x}{s'^2}\right)}}$$

En égalant à o la dérivée du terme $\dfrac{x-1}{x\left(\dfrac{1}{s^2} + \dfrac{x}{s'^2}\right)}$,

on trouve :

$$x^2 - 2x - \frac{s'^2}{s^2} = 0.$$

$$x = 1 + \sqrt{1 + \frac{s'^2}{s^2}}$$

d'où l'on déduit le volume :

$$Q\ max. = \frac{\mu\sqrt{2g\mathrm{A}} \times s'}{1 + \sqrt{1 + \dfrac{s'^2}{s^2}}}$$

et la température T correspondante.

1004. Les foyers ne peuvent en aucun cas être employés dans les mines grisouteuses. En Angleterre, on les tolère encore dans certaines mines peu grisouteuses, sous condition de les alimenter au moyen d'air pris dans un quartier non grisouteux ou suffisamment mélangé d'air pur.

A Anzin, on a employé autrefois des foyers (dits *français*) alimentés par de l'air frais pris directement à la surface par un puits spécial (puits aux échelles). Le foyer était dans ce cas séparé du courant principal par trois portes.

Dans tous les cas, on a soin de faire déboucher les gaz venant du foyer à une assez grande hauteur, dans le puits de sortie, pour qu'il n'y ait aucun danger d'inflammation.

1005. En Belgique, les foyers d'aérage ont complètement disparu ; en Westphalie, il n'en subsiste plus que quelques rares spécimens.

Ce sont en somme des appareils qui n'ont en leur faveur que la simplicité et l'économie d'installation et d'entretien. Ils conviennent spécialement aux mines larges où il n'est pas besoin de grandes dépressions pour faire circuler de grands volumes d'air ; c'est le cas du plus grand nombre de mines anglaises.

La consommation de combustible est en tout cas plus grande que celle d'une machine produisant le même effet, mais le combustible qu'on y brûle est en général de peu de valeur.

En cas d'accident, les foyers ne permettent pas, comme le font les ventilateurs, de rétablir promptement l'aérage, car ils sont souvent inaccessibles après une explosion.

1006. On emploie quelquefois la *vapeur*, comme moyen d'échauffer la colonne de sortie. On peut placer dans ce but les conduites de vapeur des machines souterraines dans le puits d'air, si l'on ne craint pas d'augmenter les résistances par la dilatation de l'air qui en résulte.

L'ingénieur Gonot avait proposé, en 1841, d'utiliser à la fois la chaleur de la vapeur et son faible poids spécifique, en produisant un dégagement de vapeur au pied du puits; mais les inconvénients de la condensation rendent ce procédé illusoire, comme l'ont démontré les expériences dont il a été l'objet.

Aérage mécanique.

1007. **Aérage aspirant ou soufflant.** — Les appareils d'aérage mécanique peuvent agir par aspiration ou par compression. Dans le premier cas, l'une des extrémités du circuit est à la pression atmosphérique a et la machine entretient à l'autre extrémité une pression $a - h$. Dans le second cas, c'est cette dernière extrémité qui est à la pression a, tandis que la machine entretient à l'autre extrémité une pression $a + h$. La dépression ou la compression h correspond, dans l'un et l'autre cas, aux résistances de la mine.

1008. On a fait valoir les avantages suivants en faveur de la compression :

1° On est certain du volume d'air Q que l'on introduit dans la mine, tandis qu'en aspirant un volume Q, il n'y entre qu'un volume inférieur, la différence provenant des gaz qui vicient l'air de la mine.

2° L'air soufflé occupant un volume moindre que l'air aspiré, il y a moins de vitesse et par conséquent moins de travail à effectuer.

3° Si l'on veut, à un moment donné, augmenter le volume, on augmente la compression ou la dépression. C'est notamment le cas quand se produit une baisse barométrique; en augmentant alors la dépression, on favorise d'autant la tendance au dégagement des gaz contenus dans les vides et les remblais.

Tous ces avantages de la compression sont en somme insignifiants, eu égard aux faibles dépressions qui sont en général nécessaires pour faire circuler l'air dans la mine. Une fois le régime, c'est-à-dire l'équilibre de pression, établi dans la mine et les vides des remblais, l'influence d'une dépression atmosphérique se fera notamment sentir très sensiblement de la même manière sur ceux-ci, que ce régime ait été établi par dépression ou par compression.

1009. D'autre part, on peut soutenir qu'en cas d'arrêt, un ventilateur soufflant est plus dangereux qu'un ventilateur aspirant, parce que la pression baissera dans la mine aussitôt après l'arrêt du ventilateur.

Si le ventilateur est installé comme d'ordinaire à la surface, la compression a d'autre part l'inconvénient très sérieux d'exiger que le puits d'entrée d'air qui sert à l'extraction, soit muni de sas ou d'appareils spéciaux permettant d'y faire arriver le courant d'air du ventilateur, sans que l'extraction y mette obstacle.

Cette difficulté a été tournée en Saxe d'abord, puis en Silésie, en plaçant le ventilateur soufflant au fond du puits d'extraction. Le ventilateur aspire alors dans le puits et refoule dans les travaux. Mais lorsqu'il n'y a pas de raison majeure pour en agir ainsi, il y a un inconvénient sérieux à rendre les ventilateurs plus difficilement accessibles, en cas d'accident ou d'incendie.

1010. L'aérage soufflant est nécessaire dans les mines où existent des incendies permanents, comme en Saxe, en Silésie, dans l'Aveyron, etc., lorsque ces incendies sont entretenus par des communications avec la surface. L'aérage soufflant a dans ce cas l'avantage de préserver la mine de l'invasion des fumées et des gaz qui sont au contraire refoulés vers la surface, tandis que l'aérage aspirant les attirerait dans la mine.

Dans les mines où les feux sont fréquents, on a quelquefois disposé des ventilateurs pour souffler ou aspirer à volonté, dans le but de pouvoir au besoin aborder un incendie de deux côtés.

On a aussi appliqué, dans le bassin de St-Etienne, des ventilateurs soufflants combinés à des calorifères, dans le seul but d'envoyer dans les puits d'extraction une partie d'air chaud qui se mélange à l'air appelé, pour débarrasser le puits en hiver des glaçons qui y rendent la circulation dangereuse.

1011. L'aérage par compression est d'un fréquent usage local, dans les travaux préparatoires ou en certains points de la mine aérés par des courants spéciaux qui y sont amenés par des *canars* ou tuyaux d'aérage (aérage secondaire, complémentaire, séparé).

L'aérage par refoulement au moyen de *canars* soufflants en

bois, zinc, tôle ou tôle ondulée a l'avantage d'amener l'air frais jusqu'au front de taille ou au point même que l'on veut spécialement aérer.

L'aérage secondaire s'obtient, par l'emploi de petits ventilateurs actionnés par la vapeur, l'air comprimé, l'eau ou l'électricité, suivant la force motrice dont on dispose dans la mine. A défaut de force motrice inanimée, on peut avoir recours aux ventilateurs à bras, mais ceux-ci doivent autant que possible être proscrits.

En dehors de ces cas spéciaux, l'aérage se fait très généralement par aspiration.

1012. Les appareils mécaniques d'aérage se divisent en : 1° éjecteurs ou injecteurs; 2° ventilateurs.

APPAREILS ÉJECTEURS OU INJECTEURS.

1013. Les éjecteurs ou injecteurs d'air agissent en vertu de l'entraînement produit par jets de vapeur, d'air comprimé ou d'eau sous pression. Ce système fut appliqué autrefois à Wigan au moyen de 18 jets de vapeur débouchant dans des canaux de maçonnerie, au pied d'un canal incliné qui conduisait au puits de retour d'air. La dépense de vapeur était énorme, pour un effet très restreint, et la condensation de la vapeur contrariait le courant ascendant.

Pour remédier à cet inconvénient, l'ingénieur Méhu construisit à Anzin un appareil analogue à 6 jets de vapeur, placé à la sortie du puits de retour d'air; le résultat était extrêmement faible. On a quelquefois dans le même but lancé une décharge de vapeur dans une cheminée d'aérage, de manière à en augmenter le tirage naturel. Ce procédé a été notamment employé à Blantyre, en Ecosse, comme moyen de sauvetage.

1014. *Aspirateur Kœrting.* — Le seul appareil en usage basé sur ce principe est l'aspirateur Kœrting qui peut servir comme appareil principal de ventilation ou comme appareil secondaire, dans l'aérage des travaux préparatoires.

Lorsqu'on emploie cet aspirateur, comme appareil principal, on l'installe à la surface. Un jet de vapeur amené par un tuyau *d* débouche au pied et dans l'axe d'une cheminée divergente qui s'ouvre par une série d'ajutages multiples dans le canal de retour d'air de la mine (fig. 607).

On obtient ainsi un certain débit, mais au prix d'une consommation de vapeur au moins trois fois plus élevée que celle d'une machine à vapeur, comme le prouvent les expériences suivantes, faites au charbonnage de Gosson-Lagasse :

Pressions de vapeur.	Dépression h en mm. d'eau.	Vol. par H Q	Travail utile $\dfrac{Q\,h}{75}$	Cons. de combustible en 6 heures (1)	Id. résidus déduits.	par chev. heure.	Vol. par kil. de combust.
1 atm.	13.5 m/m	4 m³ 94	0. ch 9	258 k.	211	40 k.	443 m³
1 ½	19	6. 07	1. 54	440	355	38	368
2	23	6. 88	2. 11	550	461	37	521
2.65	29.5	7. 78	3. 06	660	552	31	305
3	32.5	8. 19	3. 51	—	—	—	—

On voit que les dépressions obtenues sont à peu près dans le rapport des pressions de vapeur, mais que les consommations de combustible sont excessives. C'est donc un appareil de puissance très limitée et très couteux de consommation. Mais il a l'avantage d'une grande simplicité, d'un entretien pour ainsi dire nul et d'une installation économique. Il est toujours prêt à fonctionner, puisqu'il suffit d'y admettre la vapeur. Ce sont là des qualités précieuses pour un appareil de réserve ou de secours, et c'est comme tel que certains charbonnages du bassin de Liége l'ont installé (Sars-au-Berleur, Hasard, Gosson-Lagasse, La Haye).

1015. L'aspirateur Kœrting trouve une application plus rationnelle dans l'aérage des travaux préparatoires, dans les mines qui disposent d'air comprimé. Ce sont alors des appareils de petites dimensions et d'un emploi

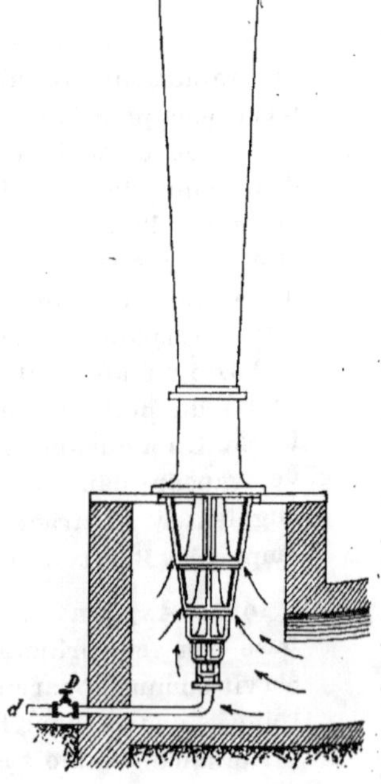

Fig. 607

---

(1) Durée de chaque expérience.

commode pour produire un courant aspirant ou soufflant dans une conduite d'aérage aboutissant au front du chantier (fig. 608). Le volume d'air entraîné dépend de la résistance, c'est-à-dire de la longueur de la conduite.

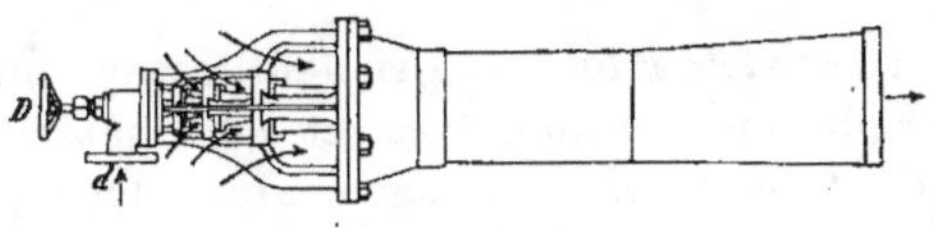

FIG. 608.

Les chiffres suivants montrent les résultats qu'ils permettent d'obtenir, si l'on dispose d'air comprimé à 3 atmosphères de pression effective.

Numéro de l'appareil	Diamètre minimum des conduites mm	Rendement en m³ par minute (¹)		Diamètre du tuyau à air comprimé mm	Poids de l'appareil kg
		Conduites courtes m³	Conduites de 100 m. de long m³		
1	150	20 — 25	15	20	22
2	210	40 — 50	30	25	35
3	300	80 —100	60	35	75
4	400	150 —180	110	45	135

Ces appareils consomment à vrai dire beaucoup d'air comprimé, mais leur emploi est, dans tous les cas, plus avantageux que l'emploi direct de cet air, comme moyen d'aérage (cf. n° 145), qui est un vrai gaspillage de force motrice. En effet, si l'on emploie directement 1 litre d'air comprimé à 2 ¹/₂ atm., on ne dispose pour l'aérage que de 2 ¹/₂ litres d'air à la pression ordinaire, tandis qu'un litre d'air comprimé utilisé dans un Kœrting produit un appel d'air de 7 ¹/₂ litres qui s'ajoutant aux 2 ¹/₂ litres qu'il produit par sa détente, donne en tout 10 litres d'air. Il est évident toutefois qu'on obtiendrait plus encore, en se servant d'un aéromoteur pour faire tourner un ventilateur.

1016. En l'absence d'air comprimé, on peut alimenter les Kœrting par de l'eau sous pression qui a en même temps l'avantage d'humecter l'air des mines poussiéreuses. Dans la Basse-Silésie (mine Melchior), en dépensant par heure 5.6 à

8.1 m³ d'eau à 20 atm. (220 m. de profondeur), on a obtenu un appel de 0 m³ 35 à 0 m³ 47 par seconde, à l'extrémité d'une conduite de 1000 m. Le rapport du volume d'air à la dépense d'eau par heure est donc de 210 à 220.

Ventilateurs.

1017. **Classification.** — Les ventilateurs ont été divisés par M. Murgue en *volumogènes* et *déprimogènes*, expressions qui sont entrées dans le langage courant, bien qu'elles soient en somme peu satisfaisantes, car toute machine d'aérage a pour but de faire circuler dans la mine un certain volume d'air sous une certaine dépression. Les expressions de ventilateurs *statiques* et *dynamiques* rendent mieux compte de leurs propriétés, mais ne sont guère aussi usitées.

Les premiers sont ceux qui extraient de là mine un volume calculable géométriquement par coup ou par tour ; ce sont de véritables *pompes*. Les seconds sont les ventilateurs proprement dits.

I. Ventilateurs volumogènes.

1018. Dans les volumogènes, l'air est extrait par tranches, aussitôt séparées de l'atmosphère de la mine par des cloisons qui l'empêchent d'y rentrer. Lorsqu'ils s'arrêtent, ces cloisons forment obturation complète. La fermeture du puits, en cas d'arrêt du ventilateur, a souvent été reprochée à cette classe d'appareils qui est d'ailleurs de moins en moins employée.

Les volumogènes se divisent en : 1° pompes à soupapes ; 2° pompes rotatives ; 3° cagniardelles ou vis hydropneumatiques.

Devillez les a désignés sous le nom de ventilateurs à *capacité variable*, qui rend compte de son fonctionnement.

1019. 1° **Pompes à soupapes.** — Le type primordial de ces machines est l'ancienne pompe de l'Espérance (Seraing). Cette machine est devenue classique à la suite des expériences de L. Trasenster, qui doivent être considérées comme un premier essai d'étude théorique des appareils de ventilation des mines (1).

---

(1) Recherches théoriques et expérimentales sur les machines destinées à l'aérage des mines. *Ann. des Trav. publics*, t. III, 1845.

La pompe se composait de 2 cuves en bois cerclées de fer de 3^m54 de diamètre, dans lesquelles se mouvaient des pistons en tôle, sous l'action d'un cylindre à vapeur et d'un balancier (fig. 609).

Les fonds des cuves présentaient des clapets d'aspiration au nombre de 20 et de même chacun des pistons portait 20 clapets de refoulement. Cette machine était sans volant. La course variait de 1^m90 à 1^m60, suivant la vitesse qui correspondait à une moyenne de 13 coups par minute.

Dans des expériences sur ce ventilateur, Combes avait trouvé un effet utile de 22 %,

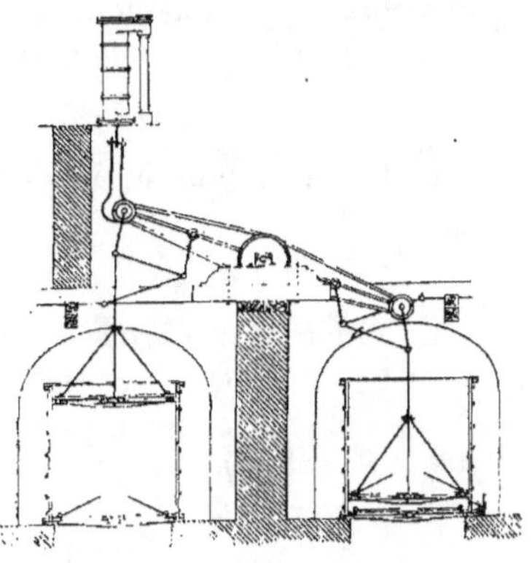

Fig. 609.

chiffre qui dénotait des résistances passives énormes. Ce sont ces résistances passives que L. Trasenster a analysées par expériences.

1020. En plaçant un manomètre sur la paroi de l'une des cuves près du fond de celle-ci (voir la cuve de droite, fig. 609), ce manomètre marquait à l'aspiration une hauteur égale à la dépression h de la mine, augmentée de la résistance des clapets d'aspiration, soit $h + h'$, si l'on représente par h' le nombre de mill. d'eau correspondant à la résistance des clapets d'aspiration. Au refoulement, on lisait au même manomètre une compression h'' correspondante à la résistance des clapets de refoulement.

On peut évaluer par h''' mill. d'eau les résistances passives provenant des frottements de l'appareil. Le travail des frottements est alors représenté par Qh''' et si l'on obtient une expression numérique de ce travail, on peut en déduire h'''. Un essai au frein, lorsque la pompe marchait à vide (puits ouvert), donnait cette expression numérique. On pouvait aussi l'obtenir, en laissant tomber la vapeur jusqu'à ce que la machine s'arrêtât; en mesurant la pression de la vapeur en ce moment, on calculait le travail Qh''' correspondant.

L. Trasenster a de plus déterminé le rendement volumétrique k de l'appareil. Q étant le volume engendré par seconde, le volume pratiquement extrait était kQ; le travail utile est donc kQh tandis que le travail transmis par la vapeur est

$$Q (h + h' + h'' + h''').$$

L'effet utile par rapport au travail transmis est donc :

$$E_u = \frac{kQh}{Q (h + h' + h'' + h''')}.$$

L. Trasenster a trouvé dans ses expériences :

$$Q = 8^{mc}725.$$
$$k = 0.92.$$
$$h = 45^{m/m} 4.$$
$$h' = 63^{m/m}.$$
$$h'' = 43.3$$
$$h''' = 30.3.$$

$$h' + h'' = 106^{m/m} 2.$$

D'après ces chiffres :

$$\frac{kQh.}{Q (h + h' + h'' + h''')} = 0.23,$$

soit à peu près le chiffre de Combes.

Cette analyse a montré par où la machine était perfectible.

1021. Pour diminuer la résistance des clapets, il a suffi de les équilibrer ou de les alléger. Au Mont Cenis, où un système analogue a été appliqué pour la ventilation du tunnel en construction, on les a remplacés par des soupapes lenticulaires très légères en tôles de laiton.

Pour diminuer le frottement, les pistons ont été remplacés par des cloches se mouvant dans des cuves à eau annulaires. Une machine à cloches et clapets équilibrés, établie à Marihaye, a donné 54 % d'effet utile par rapport au travail transmis.

Le système des cloches a été repris dans le percement des tunnels du Mont Cenis et du Gothard, avec moteurs à colonne d'eau. On a employé de même à Cwm-Avon (Pays de Galles), sous le nom de ventilateur Struve, une pompe à double effet à deux cloches conjuguées de 5^m50 de diamètre et 2^m14 de course.

1022. Ces dimensions ont été dépassées dans diverses installations.

Dans le Hainaut, on a construit sous le nom d'aspirateur Mahaut, des pompes horizontales à simple et à double effet, avec pistons glissant sur rails et conduits par une machine à vapeur sans volant, placée entre deux cuves conjuguées et dans le même axe que celles-ci.

Les caisses formant corps de pompes avaient jusque 4 m. sur 4 m. de section et les pistons 4^m5o de course.

Au Horloz, a longtemps fonctionné un aspirateur du même genre (aspirateur Goffin) composé de deux cylindres conjugués en tôle de 4 m. de diam. et 3^m5o de course, avec fonds coniques sur lesquels se trouvaient des clapets multiples. Les pistons étaient mûs par deux machines à traction directe dont les jeux de fer se commandaient réciproquement.

Le ventilateur Nixon établi à Navigation Colliery (Cardiff) se compose de deux cuves conjuguées de 9^m14 sur 6^m1o de section avec 2^m13 de course. Les pistons roulaient sur rails au moyen de galets; ils étaient mûs par une machine rotative à 2 volants de 6 m. de diamètre avec deux manivelles à angle droit.

Le volume théorique d'une cuve était de 119 m³. Ces cuves étant à double effet, engendraient par tour un volume de 476 m³.

Le volume théorique était de 57 m³ par seconde, mais ce volume était réduit par les rentrées d'air à 34 m³, de sorte que le rendement volumétrique n'était que de 0.59. Les pertes étaient dues principalement à la multiplicité des clapets.

En Amérique, on a proposé de faire mouvoir dans une galerie plâtrée un wagon faisant piston, de manière à créer une pompe d'aérage de 100 m. de course.

1023. La vogue des pompes d'aérage et spécialement des pompes à piston était due à ce que ces appareils assuraient en apparence l'extraction d'un volume correspondant au volume engendré, quelle que fût la dépression à produire. Mais les rendements volumétriques devenant de plus en plus défectueux à mesure que l'on augmentait les volumes, on y a renoncé presque partout.

1024. 2° **Pompes rotatives**. — Comme type de ces pompes, nous décrirons le *ventilateur Fabry* qui existe encore dans quelques charbonnages du bassin de Liége.

Ce ventilateur (fig. 610) se compose de deux axes parallèles tournant à des vitesses rendues rigoureusement égales par deux roues d'engrenages. Chacun de ces axes porte trois ailes composées de deux cloisons perpendiculaires l'une à l'autre.

Fig. 610.

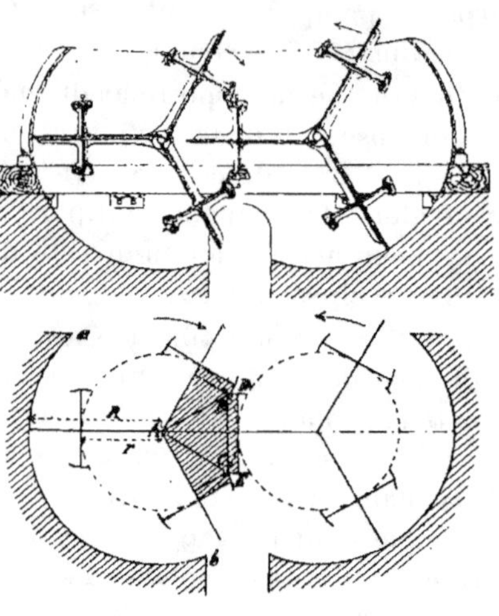

Fig. 611.

L'extrémité de ces ailes tourne, avec 2 à 3 centimètres de jeu, dans un coursier en maçonnerie plâtrée qui doit avoir un développement égal à la distance de deux ailes, soit de 120° au minimum.

La cloison transversale se termine par des arcs d'épicycloïde qui viennent au contact les uns des autres vers le milieu de l'appareil de manière à empêcher l'air de rentrer.

La cloison radiale sépare de l'atmosphère de la mine les tranches d'air qui en sont extraites.

1025. Le volume théorique engendré pour un tour par la rotation d'une aile est $\pi R^2 l$, R étant le rayon et l la largeur du coursier. Pour les deux axes, on aura $2\pi R^2 l$; mais ce volume n'est pas entièrement extrait. La partie hachurée de la fig. 611 représente un espace mort de section S qui se reproduit trois fois pour chaque axe, soit en tout 6 fois, et qui doit être déduit de $2\pi R^2 l$ pour obtenir le volume théorique V par tour.

On a donc $V = 2\pi R^2 l — 6 S l$.

On voit par la figure 611 que la surface hachurée est égale à 2 fois le triangle ABC plus 2 fois le rectangle BCDE.

La surface du triangle $ABC = \dfrac{r}{2} \sqrt{r^2 - \dfrac{r^2}{4}} = \dfrac{r^2}{4} \sqrt{3}$.

La surface du rectangle $BCDE = r\left(r - \dfrac{r}{2}\sqrt{3}\right)$

$$S = 2\left[\frac{r^2}{4}\sqrt{3} + r^2 - \frac{r^2}{2}\sqrt{3}\right] = 2\left[r^2 - \frac{r^2}{4}\sqrt{3}\right]$$

$$V = 2l\left(\pi R^2 - 12\left(r^2 - \frac{r^2}{4}\sqrt{3}\right)\right) = 2l\left(\pi R^2 - 3.402\,r^2\right).$$

On prend quelquefois approximativement $V = 2l.\pi\,(R^2 - r^2)$.

1026. Les dimensions du ventilateur Fabry sont limitées, parce qu'avec de trop grandes dimensions, les ailes se déforment et les axes fléchissent.

Ordinairement :
$$R = 1.73$$
$$r = 1$$
$$l = 2$$
$$V = 24\ \text{m}^3.$$

Le volume théorique par seconde, n étant le nombre de tours par minute, sera :

$$Q = \frac{Vn}{60} = 0^{\text{m3}}.4\,n,$$

soit pour 30 tours $\qquad Q = 12\ \text{m}^3,$

» 35 tours $\qquad Q = 15\ \text{m}^3.$

On ne peut dépasser 35 tours, parce que l'appareil se détériorerait sous l'effort de la force centrifuge.

1027. Le volume pratique Q' est sensiblement moindre, par suite du jeu à l'extrémité des ailes, au contact des épicycloïdes, etc.

Si o est l'orifice équivalent des rentrées d'air, celles-ci sont égales à

$$Q - Q' = \mu o \sqrt{2g\frac{h}{\delta}} = a\sqrt{h},$$

en réunissant toutes les constantes en une seule α,

$$\alpha = \frac{Q - Q'}{\sqrt{h}}.$$

D'après les expériences faites par Jochams et L. Trasenster [1], $\alpha =$ en moyenne 0.5.

Soit $h = 16^{\text{m}}/^{\text{m}}$.

Pour 30 tours, $Q' = 12\ \text{m}^3 - 0.5 \times 4 = 10\ \text{m}^3.$

---

[1] *Ann. des Trav. publics*, t. XI, 1853, et XV, 1857.

Le rendement volumétrique de l'appareil k est $= 0.834$ [1].

1028. Le *volume pratique est proportionnel au nombre de tours.*

En effet, si l'on pose $h = cQ'^2$, il vient $Q' = Q - Q'\alpha\sqrt{c}$

d'où
$$Q' = \frac{Q}{1 + \alpha\sqrt{c}} = \frac{n\mathrm{V}}{60\,(1 + \alpha\sqrt{c})} \cdot$$

1029. *La dépression est proportionnelle au carré du nombre de tours*; en effet :

$$h = \frac{cn^2\mathrm{V}^2}{\left[60\,(1 + \alpha\sqrt{c})\right]^2} \cdot$$

Ces deux propositions ne se vérifient toutefois que si l'on fait abstraction de l'aérage naturel, car en tenant compte de ce dernier, on aurait non pas $h = cQ'^2$, mais $h + h_n = cQ'^2$.

1030. Comme on est limité dans la vitesse à donner à ces appareils, on en a quelquefois établi, sur un même puits, plusieurs dont les volumes s'ajoutent. Il faut cependant remarquer que deux ventilateurs tournant au même nombre de tours ne donnent pas un volume d'air double de ce que donnerait un seul de ces ventilateurs à cette même vitesse; car si l'on veut doubler le volume, il faut quadrupler la dépression, ce qui double le terme $\alpha\sqrt{h}$ à soustraire.

1031. Le travail théorique est Qh.

Le travail utile $Q'h = \left(Q - \alpha\sqrt{h}\right) h$.

---

[1] On voit que si Q était $= \alpha\sqrt{h}$, Q' serait $= o$: il n'y aurait pas d'air extrait et l'appareil jouerait le rôle d'obturateur; ceci n'est pas à craindre, car en supposant un appareil de 12 m³ de volume théorique, il faudrait que l'on eût 12 m³ $= 0.5\sqrt{h}$, ce qui donnerait $h = 576$ mm., dépression absolument exagérée. Mais des effets de ce genre peuvent se produire, lorsque l'on a plusieurs ventilateurs fonctionnant à des vitesses différentes sur un même puits. Si l'un des ventilateurs ralentissait sa marche au point de ne plus donner par exemple que 4m³, il suffirait d'une dépression de 64 mm. pour qu'il fût réduit au rôle d'obturateur et pour une dépression plus forte, il laisserait rentrer de l'air dans la mine.

Les frottements propres à ces ventilateurs peuvent être évalués, comme ci-dessus, en une colonne d'eau h', par une expérience au frein de Prony; le travail transmis à l'appareil est donc $Q (h + h')$ et l'effet utile par rapport au travail transmis est :

$$E_u = \frac{(Q - \alpha \sqrt{h})\, h}{Q\,(h + h')}$$

En admettant que le travail transmis fût de 0.52 du travail théorique de la vapeur dont la pression avait été mesurée sur une conduite, L. Trasenster a trouvé

$$h' = 21\ ^{m/m}.$$

1032. Cette expression de l'effet utile est susceptible d'un maximum.

Recherchons la valeur de h correspondant au maximum. Posons $h = x^2$, l'expression de l'effet utile devient :

$$E_u = \frac{(Q - \alpha x)\, x^2}{Q\,(x^2 + h')}.$$

En égalant la dérivée première à 0, on trouve :

$$x^3 + 3h'x = \frac{2Qh'}{\alpha}.$$

En posant $\alpha = 0.50$, $h' = 21$ mm. conformément aux expériences de L. Trasenster, et $Q = 12\ m^3$, cette équation devient :

$$x^3 + 63x = 1008.$$

On voit que x est compris entre 7 et 8.

$$\text{Soit } x = 8$$
$$h = 64 \text{ mm}.$$

Pour cette dépression, l'effet utile maximum est 0.50.

Mais entre $h = 25$ et 200 mm., l'effet utile ne varie qu'entre 0.40 et 0.50.

1033. L'expression ci-dessus de l'effet utile par rapport au travail transmis ne doit pas être confondue avec celle du rendement mécanique.

Ce dernier serait :

$$\rho^m = \frac{(Q - \alpha \sqrt{h})\, h}{Q\,(h + h') + Tf}.$$

Tf représentant le travail des frottements de la machine et des transmissions ; le dénominateur de la fraction correspond au travail indiqué.

On peut déterminer h' et Tf au moyen de deux expériences.

1034. La forme des ailes du ventilateur Fabry a quelquefois varié ; cette forme ne change pas la formule du volume théorique qui dépend du volume engendré. Les ailes ont une ossature en fer recouverte de tôles ou de bois ; elles doivent être construites de manière à présenter la plus grande stabilité.

Le moteur doit être disposé de manière à avoir une égalité rigoureuse de vitesse aux deux axes. Cette égalité de vitesse est obtenue, comme nous l'avons vu, par des engrenages qui jouent le rôle de volants. Quand le moteur ne conduit qu'un seul des deux axes, des chocs sont à craindre ; on les évite en faisant l'un des deux engrenages à dents de bois. Pour remédier à l'inconvénient des chocs, on a souvent attaqué simultanément les deux axes par des cylindres oscillants (fig. 612). Les engrenages dans ce cas ne font qu'établir la solidarité de ces derniers.

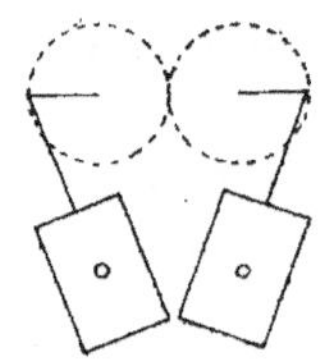

Fig. 612.

Colson a employé dans le même but une disposition qui se rencontre encore dans un certain nombre de charbonnages : un cylindre vertical commande par une traverse deux bielles en retour qui attaquent chacun des arbres par une manivelle (fig. 613) ; cette disposition donne lieu à des porte-à-faux qui engendrent des chocs et des dislocations.

Ces moteurs à pleine pression donnent lieu à une grande consommation de vapeur.

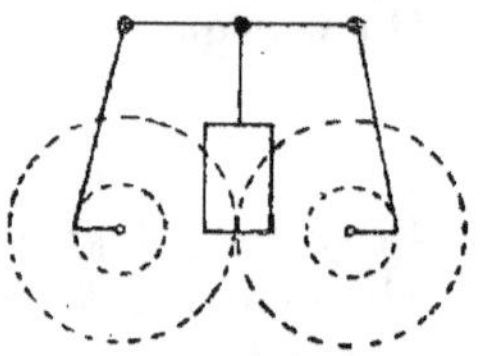

Fig. 613.

1035. Par rapport aux pompes à piston le ventilateur Fabry présente l'avantage de la continuité et de la régularité ; mais ses effets sont très limités et il ne permet pas, en cas de besoin, d'augmenter dans de grandes limites le volume extrait. Aussi disparait-il de plus en plus des mines assez étendues pour réclamer un aérage énergique.

1036. *Ventilateur Root.* — Le principe en a été conservé dans le ventilateur Root, appareil de grandes dimensions appliqué au charbonnage de Chilton, en Angleterre.

Cet appareil comprend deux axes sur lesquels tournent des noyaux cylindriques pro-duisant l'obturation, avec le concours d'ailes termi-nées en arcs de cercle.

$$R = 3.81$$
$$r = 2.47$$
$$l = 3.96.$$

Avec un nombre de tours de 16.7 par minute, $Q = 45 \text{ m}^3 7$.

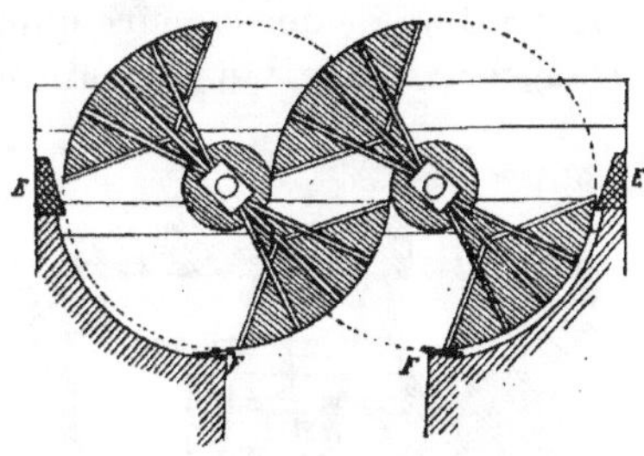

Fig. 614.

D'après des expériences faites sur ce ventilateur, $Q' = 39 \text{ m}^3 5$ pour $h = 82$ mm., ce qui donne un rendement volumétrique $k = 0.865$.

Ce rendement est supérieur à celui du ventilateur Fabry à cause de la vitesse qui est moindre, bien que le volume soit plus grand, et à cause des précautions prises pour régler le jeu des ailes au moyen de cales mobiles E et F.

Le coursier n'a ici qu'un développement de 90°, ce qui favorise la sortie de l'air par rapport au coursier du ventilateur Fabry qui a un développement de 120°.

Le moteur est une machine à deux cylindres attaquant les axes par engrenages coniques.

1037. *Ventilateur Lemielle.*— Le ventilateur Lemielle a eu quelques années de vogue en Belgique à côté du ventilateur Fabry. C'était également une pompe rotative de grandes dimen-sions et à faible vitesse.

Cet appareil donnait pratiquement 20 m³ pour 11 à 12 tours. Tant que l'appareil était neuf, son rendement volumétrique était assez satisfaisant; mais ce rendement ne tardait pas à décroître, parce que l'usure amenait des rentrées d'air énormes. D'après des expériences, le coefficient α variait de 0.30 à 1.10. Ces venti-lateurs étaient très coûteux d'installation et leurs grandes dimensions empêchant de leur donner de grandes vitesses, les résultats n'étaient pas en rapport avec les frais d'installation, et aujourd'hui il n'en existe plus en Belgique. C'est pourquoi nous nous dispensons d'en donner la description ([1]).

1038. 3° *Cagniardelle* (*vis hydropneumatique*). — La cagniardelle constitue une dernière classe de volumogènes. Le ventilateur de ce genre qui a fonctionné à l'Escouffiaux, se composait d'une vis d'archimède de 5 m. de diamètre montée

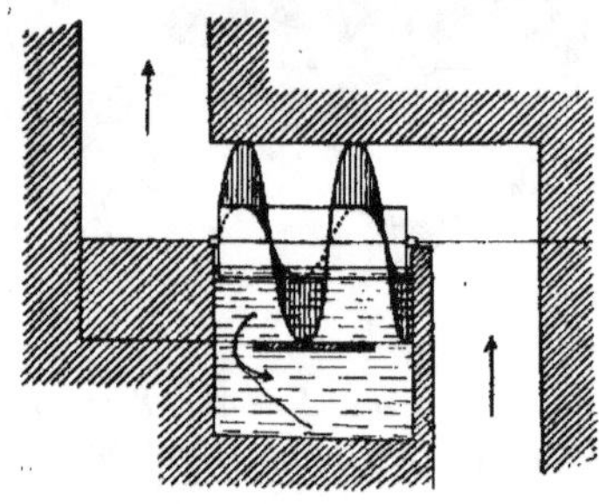

Fig. 615.

sur un noyau de 1^m8o. La longueur de l'arbre était de 5 m. et le pas de l'hélice de 3^m8o. L'appareil était plongé dans un bassin rempli d'eau. Cette eau forme obturation, en baignant l'axe sur o^m2o de hauteur; l'hélice doit avoir une longueur de plus d'un tour, afin d'emprisonner entre deux spires un certain volume d'air qu'elle rejette ensuite dans l'atmosphère. Elle tourne dans un tambour en tôles ou en maçonnerie avec 3 cent. de jeu. Pour une vitesse de 20 tours par minute, on avait $Q = 14^{m3}24$. Cet appareil de très grandes dimensions ne donnait donc pas plus de volume que le ventilateur Fabry.

Le rendement mécanique était très faible à cause des résistances créées par le frottement et par la mise en mouvement de l'eau.

1039. *Théorie générale des ventilateurs volumogènes.* — Dans ses *Essais sur les machines d'aérage* ([2]) qui ont si vivement contribué à mettre de la clarté dans la théorie des appareils de ventilation, M. Murgue a donné une théorie générale des ventilateurs volumogènes basée sur la notion de l'orifice équivalent.

Cette théorie a mis sous une forme nouvelle celle que L. Trasenster avait établie expérimentalement sur les pompes d'aérage, un grand nombre d'années auparavant; elle précise

---

([1]) Voir *Revue universelle*, 1re série, t. 39.
([2]) *Bulletin de la Société de l'Industrie minérale*, 2e série, t. II, IV et IX.

mieux certaines influences et, de plus, facilite la comparaison des ventilateurs volumogènes et déprimogènes. Voici le résumé de cette théorie.

L'orifice équivalent de la mine est donné par :

$$S = 0.38 \frac{Q'}{\sqrt{h}}$$

d'où
$$h = 0.14 \frac{Q'^2}{S^2}.$$

Le travail utile $T_u = Q'h = 0.14 \frac{Q'^3}{S^2}.$

Le travail moteur se compose des éléments suivants :
1° Du travail utile que nous venons de calculer ;
2° Du travail des rentrées d'air ;
Soit o l'orifice équivalent des rentrées d'air q.

$$q = Q - Q'$$

d'où
$$o = 0.38 \frac{q}{\sqrt{h}}$$

et le travail des rentrées d'air est $0.14 \frac{q^3}{o^2}.$

Le ventilateur est ainsi considéré comme débitant un volume utile Q' par l'orifice S et un volume q en sens inverse par l'orifice o.

On peut exprimer q en fonction de Q' ; pour une même dépression h, les volumes sont entre eux comme les orifices équivalents :

$$\frac{q}{Q'} = \frac{o}{S}, \text{ d'où } q = Q' \frac{o}{S}$$

et le travail des rentrées d'air devient $0.14 \frac{Q'^3 o}{S^3}.$

3° Du travail des résistances que l'air éprouve à traverser le ventilateur ;

On peut considérer le ventilateur comme ayant lui-même un orifice équivalent $\sigma = 0.38 \frac{Q'}{\sqrt{h'}}$, h' étant la perte de charge absorbée par le passage de l'air dans le ventilateur.

Le travail des résistances de l'air sera donc $0.14 \frac{Q'^3}{\sigma^2}.$

Dans cette classe de ventilateurs, l'orifice de passage σ est en rapport avec les dimensions de l'appareil. Le travail des résistances étant en raison inverse du carré de l'orifice de passage, il y a plus d'avantage à augmenter les dimensions des ventilateurs volumogènes, en leur donnant de faibles vitesses, que de leur donner de petites dimensions, en les faisant tourner à grande vitesse.

4° Du travail des frottements Tf.

Le travail moteur est donc

$$T_m = 0.14\, Q'^3\left(\frac{1}{S^2} + \frac{o}{S^3} + \frac{1}{\sigma^2}\right) + Tf$$

et le rendement mécanique

$$\rho_m = \frac{0.14\,\dfrac{Q'^3}{S^2}}{0.14\, Q'^3\left(\dfrac{1}{S^2} + \dfrac{o}{S^3} + \dfrac{1}{\sigma^2}\right) + Tf}$$

formule qui présente une grande analogie avec celle que L. Trasenster a déduite de ses expériences sur la pompe de l'Espérance (cf. n° 1020).

1040. **Courbes caractéristiques des volumogènes. —** 1° *Courbe des volumes.* — De la proportion :

$$\frac{Q - Q'}{Q'} = \frac{o}{S}$$

on tire :

$$Q' = \frac{QS}{S + o}.$$

En prenant S comme abscisses et Q' comme ordonnées, la courbe caractéristique des volumes est une hyperbole ayant pour asymptote la parallèle à l'axe des x tracée à la hauteur Q (fig. 616). On voit que le volume augmente rapidement aussi longtemps que l'orifice équivalent reste de faible dimension.

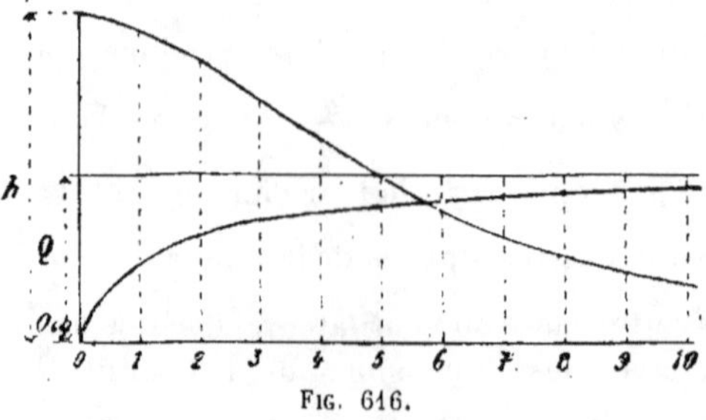

FIG. 616.

Les ventilateurs volumogènes conviennent donc particulièrement aux mines étroites.

2° *Courbe des dépressions* :

$$h = 0.14 \frac{Q'^2}{S^2} = 0.14 \frac{Q^2 S^2}{S^2 (S + o)^2} = 0.14 \frac{Q^2}{(S + o)^2}.$$

Si l'on prend S comme abscisses et h comme ordonnées, on obtient une courbe du 3ᵉ degré ; la dépression converge vers zéro pour un orifice équivalent infini, car h est maximum pour $S = o$ (fig. 616).

3° *Courbe des rendements mécaniques*. — Cette courbe se trace de même en prenant S comme abscisses et affecte la forme (fig. 617).

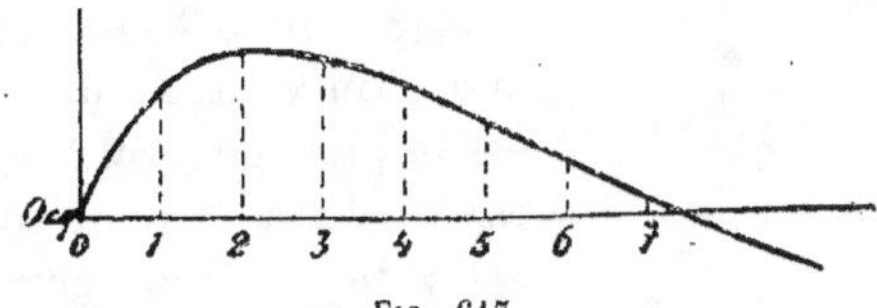

Fig. 617.

1041. Le caractère principal des ventilateurs volumogènes est que l'on est certain du volume engendré, mais ce volume est toujours très limité. Ce sont en général des appareils qui demandent beaucoup d'entretien et beaucoup de surveillance. Leur prix d'installation est en général élevé, en égard à leur effet limité.

II. — Ventilateurs déprimogènes.

1042. Les ventilateurs *déprimogènes* agissent sur l'air au moyen de roues cloisonnées ou garnies d'aubes, tournant sur leur axe. Ces ventilateurs, à la faible différence des précédents présentent donc comme caractère de laisser le puits ouvert en cas d'arrêt.

Ils mettent tous en jeu la force centrifuge dans une plus ou moins grande mesure.

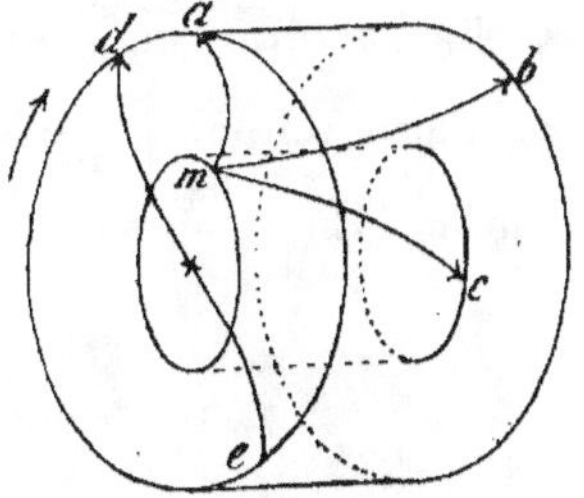

Fig. 618.

Suivant la trajectoire parcourue par une molécule d'air, on peut les classer de la manière suivante (fig. 618) :

1º Les ventilateurs *centrifuges* proprements dits dans lesquels la trajectoire *ma* reste dans un plan perpendiculaire à l'axe de rotation ;

2º Les ventilateurs *hélico-centrifuges* dans lesquels la trajectoire *mb* s'éloigne de l'axe, sans rester dans un plan perpendiculaire à ce dernier ;

3º Les ventilateurs *hélicoïdes* dans lesquelles la trajectoire *mc* est une hélice cylindrique ;

4º Les ventilateurs *centripètes-centrifuges* ou la trajectoire *ed* est une courbe dirigée de la circonférence vers le centre, puis du centre vers la circonférence.

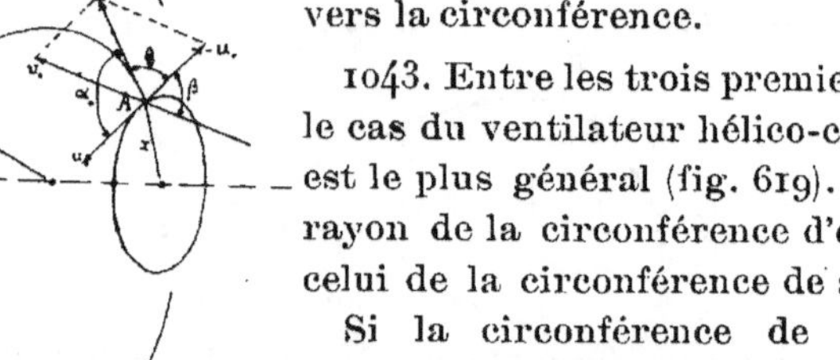

FIG. 619.

1043. Entre les trois premiers types, le cas du ventilateur hélico-centrifuge est le plus général (fig. 619). Soit x le rayon de la circonférence d'entrée, y celui de la circonférence de sortie.

Si la circonférence de rayon y est dans le même plan que celle du rayon x, le ventilateur est centrifuge ; si $y = x$, le ventilateur est hélicoïde.

Nous verrons dans la suite les hypothèses à faire dans le cas du ventilateur centripète-centrifuge.

1043. Comme nous l'avons vu ci-dessus (cf. nº 959) l'air arrive à la fin de son trajet dans la mine, c'est-à-dire au ventilateur, avec une pression p kil. par m. carré et une vitesse v par seconde.

La charge totale en colonne d'air est $\frac{p}{\delta} + \frac{v^2}{2g}$, et à ce moment l'air a subi une perte de charge h provenant des résistances de la mine. En désignant $\frac{P_0}{\delta}$ la pression atmosphérique, on a :

$$\frac{P_0}{\delta} = \frac{p}{\delta} + \frac{v^2}{2g} + h \ (\text{1}).$$

Le ventilateur se compose de 3 parties (fig. 620) : l'*ouïe* O, la *roue* R et l'*amortisseur* A. Dans l'*ouïe* supposée tronconique l'air passe de l'état représenté par $p\,v$ à l'état représenté par $p_0\,v_0$ après avoir subi une nouvelle perte de charge h_1 et l'on a :

$$\frac{p_0}{\delta} + \frac{v_0{}^2}{2g} + h_1 = \frac{p}{\delta} + \frac{v^2}{2g} \ (2).$$

L'air entrant dans la roue à l'état $p_0 \ v_0$ est entraîné dans le mouvement de rotation de celle-ci et prend une vitesse relative w_0 (fig. 619).

La direction de cette vitesse est celle dans laquelle un observateur entraîné dans le mouvement de rotation, verrait la trajectoire décrite par la molécule. On sait que la direc-

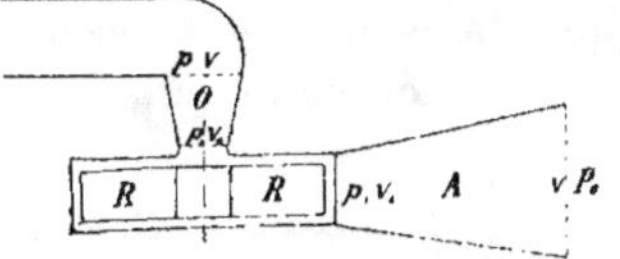

Fig. 620.

tion de la vitesse relative s'obtient en composant la vitesse absolue v_0 avec la vitesse tangentielle u_0 prise en sens inverse (fig. 619).

Si l'on s'impose la condition qu'il n'y ait pas de choc à l'entrée, la direction w_0 ainsi obtenue sera celle du premier élément de l'aile, et l'on a :

$$w_0{}^2 = v_0{}^2 + u_0{}^2 - 2u_0 \ v_0 \ cos\beta \ (3),$$

β étant l'angle que fait la vitesse absolue v_0 avec la vitesse tangentielle.

1044. On sait que l'on peut appliquer au mouvement relatif le théorème des forces vives, en ne faisant intervenir, dans ce cas spécial, que la force d'inertie du mouvement d'entraînement, qui pour un mouvement de rotation uniforme n'est autre que la force centrifuge [1].

On transformera donc de même le théorème de Bernoulli qui dérive du théorème des forces vives. En appelant u_1 la vitesse tangentielle à la circonférence extérieure vives ; et h'_1 la perte de charge éprouvée par l'air dans la traversée du ventilateur, on écrira :

$$\frac{p_0}{\delta} + \frac{w_0{}^2}{2g} + \frac{u_1{}^2 - u_0{}^2}{2g} = \frac{p_1}{\delta} + \frac{w_1{}^2}{2g} + h_2,$$

expression dans laquelle $\dfrac{u_1{}^2 - u_0{}^2}{2g}$ représente l'augmentation de charge totale due à la force centrifuge.

---

[1] Voir HATON DE LA GOUPILLIÈRE. Cours de machines, I, p. 31 et *Revue universelle des Mines*, 3e série, t. XXVII, p. 66.

Si nous traçons, à la suite du diagramme qui exprime la perte de charge jusqu'à l'entrée de la roue, le diagramme des charges totales en mouvement relatif ainsi déterminées, nous traduirons l'action de la force centrifuge par une augmentation de hauteur de la première ordonnée de ce nouveau diagramme (fig. 621), qui permet de matérialiser schématiquement les variations des pressions statiques et des pressions dynamiques en mouvement relatif dans la roue du ventilateur.

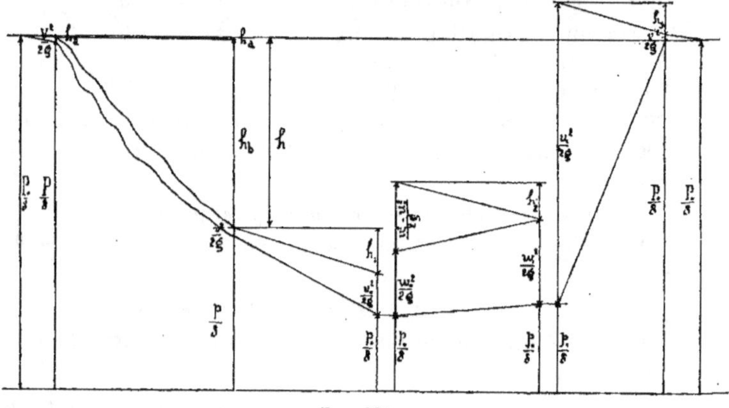

Fig. 621.

1045. On peut démontrer directement [1] que l'augmentation de charge totale due à la force centrifuge est représentée par

$$\frac{u_1^2 - u_0^2}{2g} .$$

En effet, de la vitesse relative w_0 à w_1, l'augmentation de force vive relative est $\frac{m}{2}(w_1^2 - w_0^2)$, m étant la masse de la molécule.

Or cette augmentation de force vive est égale à la somme des travaux des forces en jeu. Si nous appelons ω la vitesse angulaire, x et y les rayons d'entrée et de sortie, le travail de la force centrifuge est égal à :

$$\frac{m}{2} \omega^2 (y^2 - x^2) = \frac{m}{2}(u_1^2 - u_0^2).$$

---

[1] Voir SER. Essai d'une théorie de ventilateurs à force centrifuge *(mémoires de la Société des Ingénieurs civils, 1878)*.

Le travail dû à la variation des pressions statiques est égal au produit du volume de la molécule par la différence des pressions statiques exprimées en kil. par m. carré, soit à :

$$\frac{mg}{\delta}\left(p_0 - (p_1 + \delta h_2)\right)$$

expression qui ne préjuge d'ailleurs pas le signe de la différence. Si $p_1 + \delta h_2$ est $> p_0$, on aura de ce chef un travail négatif, c'est-à-dire résistant.

On a donc :

$$\frac{m}{2}(w_1^2 - w_0^2) = \frac{m}{2}(u_1^2 - u_0^2) + \frac{mg}{\delta}(p_0 - p_1 - \delta h_2)$$

d'où :

$$\frac{(u_1^2 - u_0^2)}{2g} = \frac{p_1}{\delta} + \frac{w_1^2}{2g} + h_2 - \left(\frac{p_0}{\delta} + \frac{w_0^2}{2g}\right)$$

Or le second membre de cette égalité représente la différence des charges totales à la sortie et à l'entrée de la roue. L'augmentation de charge totale produite par la force centrifuge est donc égale à $\dfrac{u_1^2 - u_0^2}{2g}$.

1046. A la sortie de l'aube, pour passer de la vitesse relative w_1, dirigée suivant le dernier élément de l'aile, à la vitesse absolue v_1, il faut composer w_1 avec la vitesse tangentielle u_1 et l'on a

$$v_1^2 = w_1^2 + u_1^2 - 2u_1 w_1 \cos\gamma,$$

en appelant γ l'angle du dernier élément de l'aile avec la tangente.

D'où $\qquad w_1^2 = v_1^2 - u_1^2 + 2u_1 w_1 \cos\gamma.$ (5)

Reprenons maintenant le diagramme en mouvement absolu (fig. 621). L'air arrive à l'amortisseur sous l'état représenté par p_1 et v_1 : l'amortisseur le fait passer de cet état à celui représenté par la pression atmosphérique P_0 et une vitesse absolue v' qui doit être aussi faible que possible, puisque cette vitesse qui a été acquise au détriment de la force motrice, est perdue.

L'air subit en traversant l'amortisseur une dernière perte de charge h_3, de telle sorte que l'on a :

$$\frac{p_1}{\delta} + \frac{v_1^2}{2g} = \frac{P_0}{\delta} + \frac{v'^2}{2g} + h_3 \quad (6)$$

L'effet produit par la roue du ventilateur est, en dernière analyse, d'augmenter la charge totale de l'air d'une quantité :

21

$$H = \frac{p_1}{\delta} + \frac{v_1^2}{2g} - \left(\frac{p_0}{\delta} + \frac{v_0^2}{2g}\right) + h_2.$$

En remplaçant $\frac{p_1}{\delta} + \frac{v_1^2}{2g}$ et $\frac{p_0}{\delta} + \frac{v_0^2}{2g}$ par leurs valeurs tirées de (6) et (2), il vient :

$$H = \frac{P_0}{\delta} + \frac{v'^2}{2g} + h_3 - \frac{p}{\delta} - \frac{v^2}{2g} + h_1 + h$$

et en remplaçant $\frac{P_0}{\delta}$ par sa valeur (1) :

$$H = h + h_1 + h_2 + h_3 + \frac{v'^2}{2g}.$$

L'augmentation de charge créée par le ventilateur égale donc à la somme de toutes les résistances, augmentée de la pression dynamique correspondant à la vitesse perdue.

1047. Si dans l'équation (4), on remplace w_0^2 et w_1^2 par leurs valeurs, on obtient :

$$\frac{u_1^2}{2g} - \frac{u_0^2}{2g} = \frac{p_1}{\delta} + \frac{v_1^2}{2g} - \frac{u_1^2}{2g} + \frac{2u_1 w_1 \cos \gamma}{2g} + h_2 - \frac{p_0}{\delta} - \frac{v_0^2}{2g} - \frac{u_0^2}{2g}$$
$$+ \frac{2u_0 v_0 \cos \beta}{2}.$$

En simplifiant et en groupant les termes, on obtient :

$$\frac{p_1}{\delta} + \frac{v_1^2}{2g} - \left(\frac{p_0}{\delta} + \frac{v_0^2}{2g}\right) + h_2 = \frac{u_1^2}{g} - \frac{2u_1 w_1 \cos \gamma}{2g} - \frac{2u_0 v_0 \cos \beta}{2g}.$$

Le premier membre est égal à H; on a donc :

$$H = \frac{u_1^2}{g} - \frac{u_1 w_1 \cos \gamma}{g} - \frac{u_0 v_0 \cos \beta}{g}, \quad (7)$$

expression générale de la charge créée par un ventilateur déprimogène. C'est ce que nous appellerons la *dépression théorique*.

1048. On simplifie souvent cette expression, en supposant que l'angle $\beta = 90°$, c'est-à-dire que les filets d'air entrent dans le ventilateur normalement à la circonférence de l'ouïe. On se base pour cela sur des expériences faites avec de la fumée dont on a vu les filets entrer dans le ventilateur suivant le rayon (Ser). Dans cette hypothèse :

$$H = \frac{u_1^2}{g} - \frac{u_1 w_1 \cos \gamma}{g}, \quad (8)$$

expression ordinaire de la dépression théorique, adoptée par Ser, ainsi que par MM. Murgue, Rateau, etc.

Si le dernier élément de l'aile est dirigé suivant le rayon de circonférence extérieure, $\cos \gamma = 0$ et l'on a :

$$H = \frac{u_1^2}{g} \quad (9)$$

expression souvent considérée comme un type *idéal* auquel on compare les dépressions *effectives*.

1049. **Rendements**. — On distingue, pour un ventilateur déprimogène :

1° Le *rendement manométrique* qui est le rapport de la dépression effective à la dépression théorique :

$$R_m = \frac{h}{H}.$$

Si h est mesuré en mill. d'eau :

$$R_m = \frac{h^{\,m/m}}{H\delta}.$$

On voit que ce rendement diffère suivant la manière de mesurer h; (cf. n° 962) les rendements manométriques donnés par divers auteurs ne sont donc pas toujours comparables. Nous supposerons que h est mesuré avec un manomètre recourbé en tube de Pitot.

2° Le *pouvoir manométrique*, expression choisie par M. Rateau pour désigner le rapport de h à la valeur typique $\frac{u_1^2}{g}$ de la dépression théorique :

$$P_m = \frac{g h}{u_1^2}.$$

Si h est mesuré en mill. d'eau :

$$P_m = \frac{g h^{\,m/m}}{u_1^2 \delta}$$

Ce rapport exprime le *pouvoir déprimant* du ventilateur, eu égard à sa vitesse périphérique.

Plus ce pouvoir est élevé, plus faible sera la vitesse périphérique nécessaire pour obtenir une dépression donnée, ce qui est une condition de marche favorable pour les mines où la dépression doit être grande.

3° Le rendement mécanique :

$$\rho_m = \frac{Q h^{\,m/m}}{\text{Trav. indiqué}} = \frac{Q h}{Q H \delta + T f}.$$

Si l'on fait abstraction du travail des frottements, on a :

$$\frac{Qh}{QH\delta} = \frac{h}{H\delta}$$

et le rendement mécanique se confond, dans cette hypothèse, avec le rendement manométrique.

Si l'on voulait prendre le rendement par rapport au travail transmis, il faudrait une expérience au frein de Prony sur l'arbre de la roue du ventilateur, ce qui est souvent difficile à réaliser, ou au dynamomètre de transmission, dans le cas d'une transmission par courroies.

1050. On vérifie par expérience que dans les ventilateurs déprimogènes :

1º *Le volume Q est proportionnel à la vitesse périphérique* ωR_1 ;

2º *La dépression effective h, étant proportionnelle au carré du volume, est proportionnelle au carré de la vitesse périphérique.*

1051. *Le débit Q est indépendant des dimensions des ventilateurs.* — En effet Q étant proportionnel à ωR_1, on peut obtenir le même débit avec un petit ventilateur faisant un grand nombre de tours ou avec un grand ventilateur faisant un nombre de tours modérés.

Les petits ventilateurs ont à vrai dire l'avantage de permettre plus facilement l'augmentation de la vitesse périphérique et par conséquent du volume et de la dépression ; les transmissions par courroie permettent de plus d'employer des moteurs à détente variable, donnant une bonne utilisation de la vapeur.

Ils ont aussi l'avantage de demander des frais d'installation moindres et d'être d'un déplacement facile et peu coûteux.

Mais les rendements mécaniques sont souvent défectueux, à cause des pertes de charge intérieures qui croissent avec la vitesse, bien que d'autre part la légèreté du ventilateur soit favorable à la diminution des résistances passives.

Les grands ventilateurs à allure modérée présentent d'autre part l'avantage d'une plus grande sécurité de marche et d'un entretien moins coûteux. L'attaque directe ne permet pas une aussi grande économie de vapeur que les transmissions par courroie ; on aura toujours recours à celles-ci, là où l'on voudra pouvoir faire varier, à l'occasion, le nombre de tours pour augmenter le débit.

1052. Dans les ventilateurs à force centrifuge d'un même type, le rayon extérieur varie comme la racine carrée de l'orifice équivalent de la mine. C'est un fait d'expérience qui peut se démontrer comme suit :

$$H = \frac{u_1^2}{g} - \frac{2u_1 w_1 \cos \gamma}{2g} = \frac{u_1^2}{g}\left(1 - \frac{w_1 \cos \gamma}{u_1}\right).$$

Soit AR_1^2, la section de sortie du ventilateur prise normalement à l'extrémité des ailes :

$$w_1 = \frac{Q}{AR_1^2}$$

$$H = \frac{u_1^2}{g}\left(1 - \frac{Q}{u_1 R_1^2}\frac{\cos \gamma}{A}\right).$$

H est donc fonction de $\dfrac{Q}{R_1^2}$.

Soient deux ventilateurs de rayons R_1 et R'_1, débitant Q et Q' à la même vitesse périphérique :

H sera constant, si $\qquad \dfrac{Q}{Q'} = \dfrac{R_1^2}{R'^2_1}$;

mais si H est constant, les volumes sont entre eux comme les orifices équivalents :

$$\frac{Q}{Q'} = \frac{O_{eq}}{O'_{eq}} \; ; \; \text{donc} \; \frac{O_{eq}}{O'_{eq}} = \frac{R_1^2}{R'^2_1} \; \text{et} \; \frac{R_1}{\sqrt{O_{eq}}} = \text{const.}$$

Cette règle est fort utile au point de vue du choix d'un ventilateur d'un type donné pour une mine dont on connaît l'orifice équivalent.

Toutes les dimensions du ventilateur d'un même type sont alors modifiées proportionnellement à R_1^2.

1053. **_Courbes caractéristiques._** — On peut tracer, pour les déprimogènes, des courbes caractéristiques analogues à celles des ventilateurs volumogènes, qui rendent de grands services pour juger de l'adaptation d'un ventilateur à une mine donnée.

Soit l'orifice équivalent de la mine :

$$S = 0.38 \frac{Q}{\sqrt{h}}$$

Soit h' $^{m/m}$ la dépression due au passage de l'air dans le ventilateur

$$h' = h_1 + h_2 + h_3,$$

expressions où toutes les pertes de charge sont exprimées en mill. d'eau.

L'orifice de passage du ventilateur est :

$$\sigma = 0.38 \, \frac{Q}{\sqrt{h'}}.$$

On a donc
$$S\sqrt{h} = \sigma\sqrt{h'}$$

et
$$h' = h \, \frac{S^2}{\sigma^2}$$

Si l'on fait abstraction de la vitesse perdue v', supposée aussi réduite que possible, on peut écrire

$$H\hat{o} = h + h_1 + h_2 + h_3 = h + h'$$

$$H\hat{o} = h \left(1 + \frac{S^2}{\sigma^2} \right).$$

d'où
$$h = \frac{\sigma^2 + S^2}{\sigma^2} \, H\hat{o} \, (^1).$$

On voit que le rendement manométrique R_m (cf. n° 1040) a pour valeur

$$\frac{\sigma^2}{\sigma^2 + S^2}$$

En prenant S comme abscisses, la *courbe des dépressions* AB

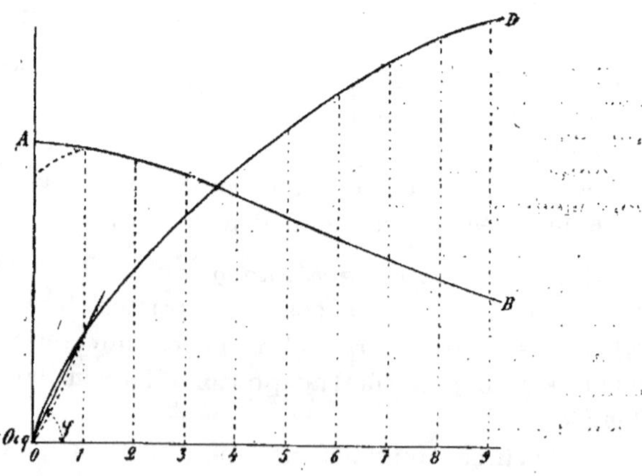

Fig. 622.

(fig. 622) est du 3e degré. Pour $S = o$, on a $h = H\hat{o}$ et pour $S = \infty$, $h = o$.

1054. Le volume :

$$Q = \frac{S}{0.38} \sqrt{h} = \frac{S}{0.38} \sqrt{\frac{\sigma^2}{\sigma^2 + S^2} H\delta} = \frac{\sigma}{0.38} \sqrt{\frac{H\delta}{\frac{\sigma^2}{S^2} + 1}}.$$

Cette équation donne, pour les volumes, une courbe du 4e degré. Pour $S = o$, $Q = o$ et pour $S = \infty$, $Q = \frac{\sigma}{0.38} \sqrt{H\delta}$.

La courbe OD des volumes passe donc par l'origine et devient à l'infini parallèle à l'axe des S. La hauteur à laquelle se trouve l'asymptote, est d'autant plus grande que σ, orifice de passage du ventilateur, est lui-même plus grand.

1055. On se sert fréquemment de ces courbes caractéristiques dans l'étude pratique des ventilateurs. Les courbes tracées expérimentalement par points s'écartent des courbes théoriques, pour les valeurs de S inférieures à l'orifice équivalent de la mine pour laquelle le ventilateur a été construit.

En pratique, la courbe des dépressions s'élève ordinairement à partir de l'ordonnée correspondant à $S = o$, comme le montre la ligne pointillée, jusqu'à un certain maximum à partir duquel elle reprend son allure théorique.

De même la courbe des volumes prend dans sa première partie une allure sinusoïdale; il est facile de voir que le point où cette allure cesse, correspond à l'ordonnée maximum de la courbe des dépressions. En effet, si l'on trace par l'origine des coordonnées des sécantes d'inclinaison variable à la courbe, le point où la sécante devient tangente à la courbe expérimentale donne l'angle φ maximum; on a donc dans ce cas :

$$\text{tang. } \varphi = \frac{Q}{S} \text{ max.}$$

Or
$$\frac{Q}{S} = \frac{\sqrt{h}}{0.38}.$$

Le maximum de $\frac{Q}{S}$ correspond donc aussi au maximum de h.

Les écarts des courbes pratiques et théoriques sont dus à ce que l'orifice de passage du ventilateur ne peut être considéré comme constant pour de très faibles débits, parce que l'écoulement ne se fait pas à gueule-bée, condition d'application des formules théoriques.

L'orifice de passage du ventilateur ne peut être considéré comme ayant une valeur constante qu'au delà du point de dépression maximum où la courbe effective rejoint la courbe théorique.

1o56. Le rapport $\dfrac{S}{\sigma}$ peut servir de mesure à l'appropriation du ventilateur à la mine qu'il aère. Ce rapport ne doit pas être inférieur à $\dfrac{1}{2}$. On a en effet, pour $\dfrac{S}{\sigma} = \dfrac{1}{2}$ un rendement manométrique $\mathrm{R}m = \dfrac{\sigma^2}{\sigma^2 + S^2} = $ o.8o, qui peut en général être considéré comme satisfaisant.

Il ne faut en aucun cas confondre σ avec la section géométrique du ventilateur. L'orifice de passage des ventilateurs déprimogènes est en effet indépendant, dans une certaine mesure, des dimensions de ces appareils.

1o57. ***Comparaison des courbes caractéristiques des volumogènes et des déprimogènes.*** — La courbe des volumes d'un ventilateur volumogène est une hyperbole (cf. n° 1o4o) qui s'élève très rapidement à partir de l'origine, et tend vers une asymptote parallèle à l'axe des abscisses à une hauteur égale au volume théorique Q, parfaitement défini, de ce ventilateur. Celle des déprimogènes est du 4° degré et tend également vers une asymptote parallèle à l'axe des abscisses, mais la hauteur à laquelle se trouve cette asymptote, dépend surtout de l'orifice de passage du ventilateur et de sa dépression théorique. Ces courbes se couperaient en un point correspondant à l'orifice équivalent pour lequel les deux ventilateurs considérés auraient le même débit. Ce point sera toujours assez voisin de l'origine; en deçà de ce point, le volumogène peut l'emporter sur le déprimogène; mais son volume étant très limité, le champ de son adaptation est très étroit.

Pour les petites mines étroites, les volumogènes peuvent donc avec raison être préférés aux déprimogènes; mais pour les mines profondes de grand développement, les déprimogènes peuvent seuls donner des volumes suffisants, avec faible ou grande dépression, suivant que la mine est large ou étroite.

La comparaison des courbes de rendement mécanique conduirait aux mêmes conclusions.

La simplicité de la construction justifie également la préférence que l'on donne aujourd'hui très généralement aux déprimogènes.

1° Ventilateurs centrifuges.

1058. Forme des ailes. — Rappelons que dans les ventilateurs centrifuges, les filets fluides sont censés par définition se mouvoir dans un plan perpendiculaire à l'axe.

Reprenons la formule générale (8) :

$$H = \frac{u_1^2}{g} - \frac{u_1 w_1 \cos \gamma}{g}.$$

Si nous supposons le ventilateur dépourvu d'amortisseur, la vitesse perdue sera la vitesse de sortie v_1 (5) :

$$v_1^2 = w_1^2 + u_1^2 - 2u_1 w_1 \cos \gamma.$$

La valeur de l'angle γ varie avec la forme des ailes du ventilateur.

1059. 1° Soit

$$\gamma = o \,;\; \cos \gamma = 1.$$

$$H = \frac{u_1^2}{g} - \frac{u_1 w_1}{g}.$$

$$v_1 = w_1 - u_1.$$

L'aile dans ce cas se termine tangentiellement à la circonférence extérieure, en sens inverse du mouvement. La vitesse perdue v_1 peut être considérée comme un minimum, mais elle ne peut devenir égale à zéro ; car si $w_1 = u_1$, $H = o$.

C'est dans le but de réduire la vitesse perdue v_1 que cette disposition fut adoptée par Combes dans un des premiers ventilateurs de mines à force centrifuge, qui a fonctionné au Grand-Hornu. C'était un ventilateur de petit diamètre $(R_1 = o^m.85)$ tournant à 4 ou 500 tours (fig. 623).

Les rendements de ce ventilateur étaient très faibles. Le rendement manométrique R_m n'était que de 7 à 15 % et le rendement mécanique ρ_m ne dépassait pas 20 %, ce qu'il faut attribuer aux remous qui se produisaient autour du ventilateur et entre les ailes, au nombre de trois seulement et fortement divergentes.

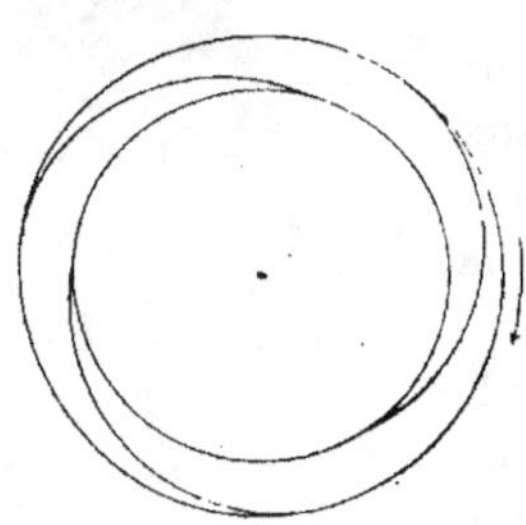

Fig. 623.

1060. 2° Soit $\gamma = 90$, $\cos \gamma = o$.

$$H = \frac{u_1^2}{g}$$

$$v_1{}^2 = w_1{}^2 + u_1{}^2.$$

Les ailes se terminent radialement à la circonférence extérieure (fig. 624). La dépression théorique est égale à $\dfrac{u_1{}^2}{g}$; dans ces ventilateurs, le *rendement manométrique* est donc égal au *pouvoir manométrique*.

1061. 3° Soit $\gamma > 90°$, $cos \gamma$ devient négatif et la dépression théorique augmente. Les ailes sont dans ce cas recourbées en avant dans le sens du mouvement. Le pouvoir manométrique est très élevé et peut même dépasser l'unité ; le ventilateur a un pouvoir déprimant considérable eu égard à sa vitesse périphérique, propriété déjà reconnue par E.-D. Farcot. Mais il ne s'ensuit pas que le rendement manométrique soit nécessairement très élevé, parce que le pouvoir manométrique est pris par rapport à une dépression idéale qui peut être très différente de la dépression théorique.

1062. **Forme des canaux entre les ailes.** — Dans les premiers ventilateurs à force centrifuge, les canaux compris entre les ailes allaient en augmentant fortement de section vers la sortie. Ces ventilateurs n'étant pas enveloppés, il en résultait des remous d'autant plus sensibles que la divergence des ailes était plus grande.

Prenons comme exemple un ventilateur centrifuge à ailes radiales et à deux ouïes, tel que l'ancien ventilateur Letoret (1841). L'air se comprimait derrière une aile et se raréfiait devant la suivante, comme le montre la fig. 624 ; il en résultait des remous importants, que l'on pouvait mettre en évidence, en projetant à la périphérie du ventilateur de petits

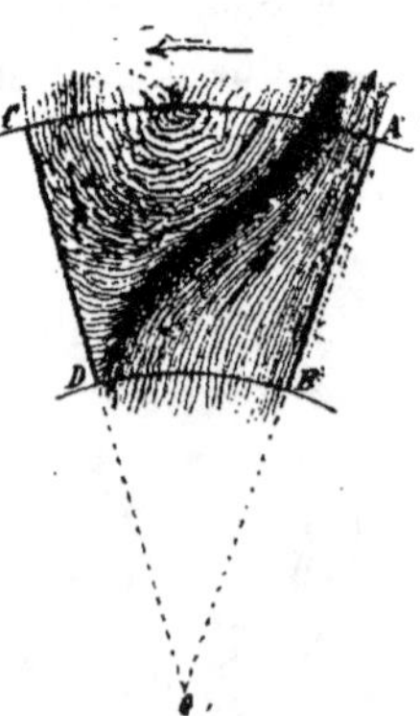

Fig. 624.

morceaux de papier qui étaient attirés entre les ailes. Le ventilateur tournant à l'air libre entre deux parois, les flocons de neige fournissaient la même évidence.

Il en résultait de grandes pertes ; le rendement manométrique, égal ici au pouvoir manométrique, puisque les ailes étaient radiales, n'était, d'après M. Murgue, que de 0.327. Le rendement mécanique ne pouvait être meilleur.

Les dimensions de ce ventilateur étant :

$$R_0 = 0.80$$
$$R_1 = 2 \text{ m.}$$
$$l = 1.50 ;$$

les sections successives traversées par l'air étaient :

2 ouïes : $2 \pi R_0^2 = 4^{m2}019,$

Cylindre d'entrée : $2 \pi R_0 l = 7^{m2}.53,$

Cylindre de sortie : $2 \pi R_1 l = 18^{m2}.84.$

Le seul moyen d'éviter les remous est d'obtenir l'égalité des vitesses relatives dans le ventilateur.

Ceci peut se faire, 1° en donnant une largeur constante l à la roue ; 2° en faisant varier cette largeur.

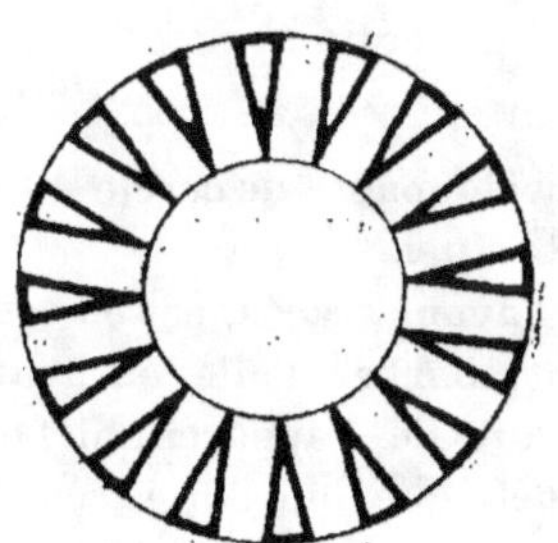

FIG. 625.

1063. 1° *La largeur l est constante.* — Une première solution consiste à épaissir les ailes vers la périphérie de manière à conserver aux canaux une même section (fig. 625) ; cette solution a pour inconvénient d'alourdir le ventilateur.

Une seconde solution consiste à donner aux ailes une courbure déterminée par la condition d'égalité des vitesses relatives w_0 et w_1.

On démontre comme suit que la courbe qui satisfait à cette condition, est une *développante de cercle* (fig. 626).

La section d'entrée normale à la direction v_0 est $2\pi R_0 l$. La section de sortie normale à la direction w_1 de la vitesse relative est

$$2\pi R_1 \cos (90 - \gamma) l$$
$$= 2\pi R_1 \sin \gamma l.$$

Les volumes passant par ces sections étant égaux, on a :

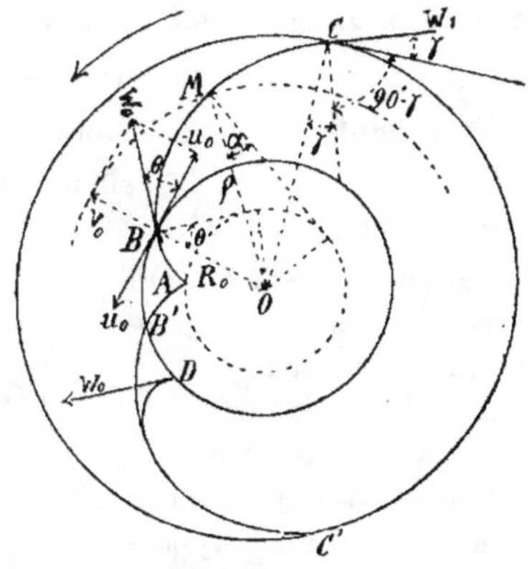

FIG. 626.

$$2\pi R_0 l \, v_0 = 2\pi R_1 \sin \gamma \, l \, w_1 \qquad \text{ou} \qquad R_0 v_0 = R_1 \sin \gamma \, w_1 \ (1).$$

En appelant θ l'angle de la vitesse relative w_0 avec la vitesse tangentielle u_0 prise en sens contraire, on a :

$$v_0 = u_0 \, tg\theta \quad \text{et} \quad w_0 = \frac{u_0}{\cos\theta}.$$

En posant $w_1 = w_0$ et en remplaçant en (1) v_0 et w_1 par ces valeurs, il vient :

$$R_0 \, u_0 \, tg\,\theta = R_1 \sin\gamma \, \frac{u_0}{\cos\theta},$$

d'où
$$R_0 \sin\theta = R_1 \sin\gamma.$$

On aurait de même :

$$R_0 \sin\theta = \rho \sin\gamma'.$$

On peut donc écrire d'une manière générale :

$$\rho \sin\gamma = \text{constante},$$

ce qui est l'équation polaire d'une développante de cercle ABC dont le rayon du cercle de base $= R_0 \sin\theta$.

La courbure de l'aile, comme nous l'avons tracée, est en sens inverse du mouvement. Si l'on veut courber l'aile en avant pour augmenter le pouvoir déprimant de l'appareil, il faut prendre la développante de cercle symétrique, que l'on raccorde avec une courbe dont le premier élément est tangent à w_0, en rétrécissant le moins possible le canal à l'entrée.

1064. 2° *La largeur l varie*. — Soit l la largeur à l'entrée et l_1 la largeur à la sortie. En faisant égales les sections normales à la vitesse relative, à l'entrée et à la sortie, on a :

$$2\pi R_0 \, l w_0 \sin\theta = 2\pi R_1 \, l_1 w_1 \sin\gamma.$$

En posant $w_0 = w_1$, il vient

$$R_0 \, l \sin\theta = R_1 \, l_1 \sin\gamma.$$

Soit x la largeur à une distance y de l'axe. On aura de même, en supposant l'aile plane :

$$R_0 \, l \sin\theta = xy \sin\gamma.$$
d'où $xy = $ constante.

L'aile est dans ce cas limitée par une hyperbole équilatère (fig. 627).

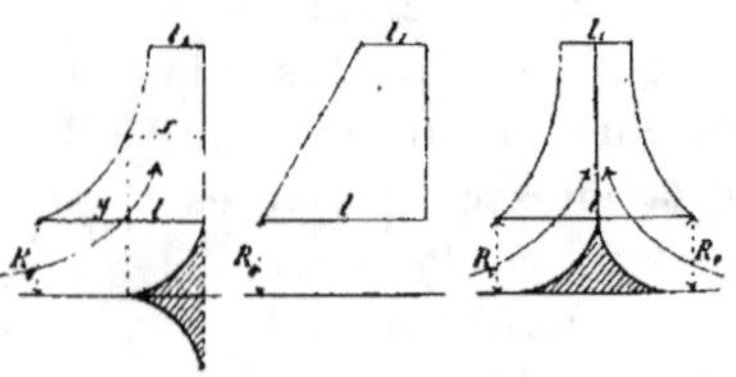

FIG. 627.   FIG. 629.   FIG. 628.

On a souvent construit des ventilateurs de ce genre à ailes planes radiales. Dans ce cas γ et $\theta = 90°$ et

$$xy = R°l.$$

Pour qu'il y ait égalité de section à l'entrée circulaire de l'ouïe et à l'entrée cylindrique de la roue, on aura :

$$\pi\, R_0{}^2 = 2\pi R_0 l$$

D'où
$$R° = 2l.$$

S'il y a deux ouïes, $\qquad 2\pi R_0^2 = 2\pi R_0 l$

D'où
$$R_0 = l \ \text{(fig. 628)}.$$

Ces ventilateurs rentrent déjà dans la catégorie des hélicocentrifuges, car les filets fluides n'y restent pas dans un plan perpendiculaire à l'axe. Ils sont généralement dirigés à l'entrée du ventilateur par une surface conoïde.

Pour simplifier la construction, on donne souvent à l'aile la forme trapézoïdale (fig. 629).

On combine souvent la courbure des ailes avec la variation de la largeur, de manière à obtenir une section sensiblement constante.

1065. *Ventilateur Lambert à enveloppe et parois mobiles*. — Pour supprimer les remous, on n'a pas tardé à reconnaître la nécessité d'envelopper les ventilateurs.

Ch. Lambert construisit un ventilateur avec enveloppe cylindrique et parois mobiles avec la roue. Ce ventilateur était formé d'un tambour en tôle à ailes radiales présentant, immédiatement à l'extrémité de chaque aile, des fentes transversales par où l'air comprimé par l'aile s'échappait à gueulebée (fig. 630). Cette disposition supprimait les remous et par conséquent les rentrées d'air représentés fig. 624; ce ventilateur devait donc avoir et avait réellement un rendement

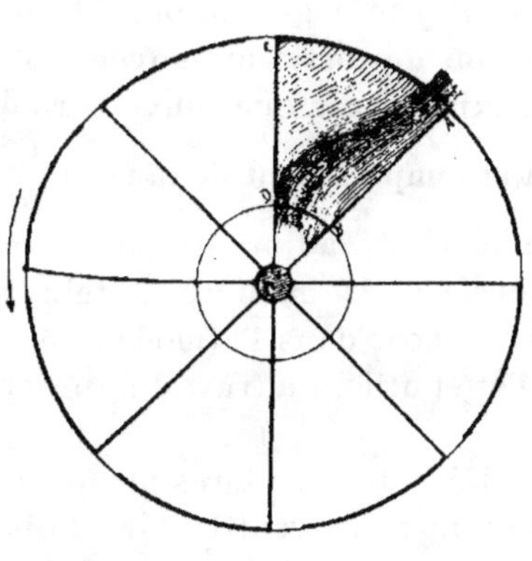

FIG. 630.

mécanique très supérieur aux anciens ventilateurs non enveloppés.

La construction en a été modifée de manière à lui donner un grand diamètre avec une solidité suffisante. Au lieu de fentes transversales théoriquement plus efficaces, on a muni simplement le tambour d'une fente circulaire et l'on a placé entre les ailes radiales des ailerons de petites dimensions à la périphérie.

On a construit de ces ventilateurs de $6^m.5o$ à 10 m. de diamètre. Ils ne sont plus employés aujourd'hui; mais il en existe encore dans le Hainaut qui sont maintenus à titre de réserve.

Voici des résultats d'expériences faites sur un ventilateur Lambert, de 10 m. de diamètre et $2^m.4o$ de large, à Marcinelle :

$$n \quad = 120 \qquad 112 \text{ tours.}$$
$$h \quad = 74 \text{ mm.} \quad 78 \text{ mm.}$$
$$Q \quad = 22^{m3}.82 \quad 16^{m3}.55.$$
$$\rho_m \quad = 0.4o \text{ à } 0.5o.$$
$$R_m = P_m = 0.45 \text{ à } 0.5o.$$

Ces rendements ne sont pas élevés par suite de la vitesse perdue à la sortie du ventilateur.

1066. **Ventilateurs à enveloppe cylindrique fixe et amortisseur.** — Dès 1855, Guibal avait muni d'une enveloppe cylindrique fixe un ventilateur à force centrifuge à ailes radiales, installé à l'Escouffiaux. Cette enveloppe était interrompue sur un quart environ de la circonférence pour laisser sortir l'air. Les remous et rentrées d'air persistaient, parce que l'écoulement par cette ouverture ne se produirait pas à gueule-bée. Guibal ferma alors partiellement la section de sortie au moyen d'une *vanne* articulée et conclut de ces expériences que l'ouverture de sortie devait être réglée suivant le tempérament de la mine $\dfrac{Q^2}{h}$.

C'est alors qu'il eut l'heureuse idée d'y adjoindre un *amortisseur* en forme de cheminée évasée, de manière à éteindre la vitesse de l'air, au moment de le lancer dans l'atmosphère, et de récupérer ainsi, au profit de l'effet utile, un travail antérieurement perdu.

'Aujourd'hui l'on a modifié de différentes manières les formes de l'enveloppe et de l'amortisseur; mais le ventilateur Guibal reste encore l'un des ventilateurs de mines à force centrifuge les plus répandus.

1067. **Ventilateur Guibal.** — Le ventilateur Guibal (fig. 631)

est monté sur un arbre en fer forgé portant des moyeux octogonaux en fonte. Les palettes, en bois ou en tole, sont supportées
par deux ou trois pans de charpente, formés en prolongeant les
côtés de l'octogone des moyeux au moyen de fers plats. Ces
côtés prolongés se coupent en six points servant de consolidation. Le premier élément de l'aile est ainsi incliné à 45° sur la
tangente au cercle intérieur. Les palettes se redressent dans le
sens du mouvement, en approchant de la circonférence extérieure, de manière à se terminer normalement à celle-ci.

Le coursier est excentré sur un quart de circonférence, à

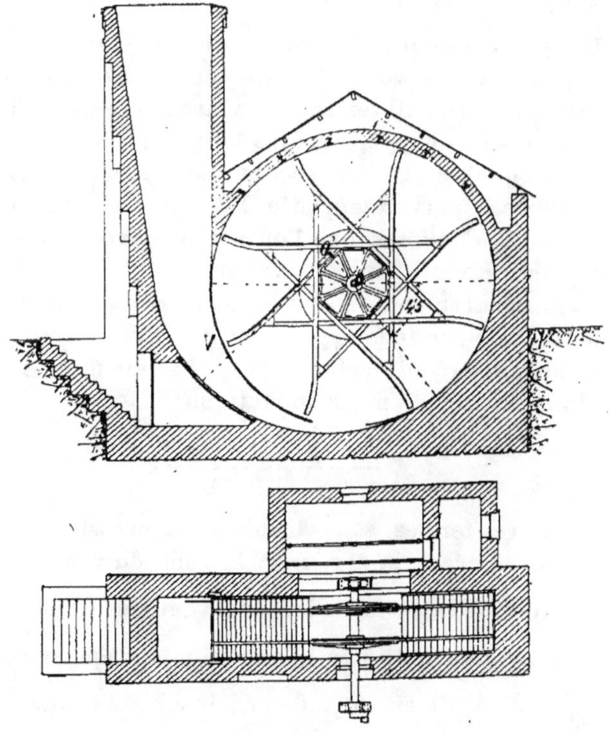

Fig. 631.

partir d'un point situé sur un rayon faisant un angle de 45° avec
l'horizontale. A l'avant, ce coursier est fermé par une vanne V,
composée d'un rideau de planches glissées dans des rainures

circulaires. La partie inférieure est biseautée et quelquefois échancrée en triangle pour éviter les vibrations qui font un bruit désagréable. On règle, au moyen de cette vanne, la section de sortie de l'air, suivant le tempérament de la mine. Une double porte donne accès à la vanne au pied de la cheminée. Celle-ci a 7 à 9 m. de hauteur et s'évase sous l'angle d'épanouissement naturel de la veine fluide, qui est de 8°; un sas à air donne accès à l'ouïe qui est généralement unique.

Ce ventilateur se construit sur des dimensions très variables. Le diamètre varie de $4^m.50$ à 15 m., mais la largeur ne varie que de $2^m.50$ à 4 m. Le nombre d'ailes est au minimum double du nombre de mètres du diamètre.

1068. Le fonctionnement du ventilateur Guibal est différent de celui des autres ventilateurs à force centrifuge, parce que l'air ne peut sortir librement à sa circonférence. L'air appelé par l'ouïe se comprime contre la paroi fixe de l'enveloppe jusqu'à ce qu'il arrive à la section de sortie qui livre passage à la tranche la plus comprimée. L'air sort ainsi au pied de la cheminée par bouffées, que l'on perçoit aisément par le bruit produit par la vibration de la vanne.

La vitesse absolue de sortie v_1 est ici très sensiblement égale à la vitesse tangentielle u_1.

La cheminée réduit cette vitesse de sortie à v'. Il en résulte une augmentation de pression statique

$$\frac{P_0 - p_1}{\delta} = \frac{v_1^2 - v'^2}{2g}.$$

En d'autres termes, sans cheminée, la pression statique que l'air doit vaincre à la sortie de la roue du ventilateur, serait $\frac{P_0}{\delta}$, tandis que, avec cheminée, le ventilateur décharge l'air dans un espace raréfié où la pression statique n'est que $\frac{p_1}{\delta}$; cette pression va en augmentant jusqu'à l'orifice de la cheminée, en même temps que la vitesse s'éteint.

La compression produite par la roue du ventilateur peut donc être moindre et l'ensemble du ventilateur, roue et amortisseur, permet de combler une dépression plus grande que si la roue travaillait seule.

1069. L'expérience démontre l'augmentation de pression dans la cheminée. En plaçant des manomètres à diverses hauteurs sur celle-ci, on lit en effet des dépressions de plus en plus faibles.

On a eu souvent l'occasion d'expérimenter un même ventilateur Guibal avec et sans cheminée.

Nous rapporterons une expérience de ce genre, faite en 1865 à Crachet-Picquery par MM. Gilles et Franeau.

Sans cheminée			Avec cheminée.			
n.	h.	T. indiqué	n.	h.	h réduit [1]	T. indiqué
43	$14^{mm}.5$	7ch.15	38	17	21.8	5ch.
57	28	17.9	62	41	34.7	15.9
70	39	47	89	85	57.5	43.6

On voit par ces expériences que l'on a obtenu par la cheminée des augmentations de dépression de 20 à 34 %.

1070. M. Murgue a donné les rendements suivants, comme moyenne des expériences qu'il a relevées :

	$R_m = P_m$	ρ_m
Sans cheminée	0.560	0.284
Avec cheminée droite. . .	0.606	0.379
Avec cheminée évasée . .	0.650	0.467

Voici d'autres expériences de rendement mécanique qui montrent l'influence des différentes parties du ventilateur.

	ρ_m		
	min.	max.	moyen.
Sans enveloppe	0.16	0.22	0.19
Avec enveloppe	0.09	0.31	0.20
Avec enveloppe et cheminée, sans vanne . . .	0.26	0.57	0.42
Avec enveloppe, vanne et cheminée.	0.38	0.61	0.50

1071. *Calibrage du ventilateur Guibal.* — Pour déterminer les dimensions d'un ventilateur déprimogène, on se donne, par expérience, la valeur du rendement manométrique.

---

[1] Au nombre de tours de la 1re expérience, en tenant compte de ce que h est proportionnel au carré du nombre de tours.

Dans ce calcul, Guibal part d'une expression de la dépression théorique différente de la nôtre [1].

Soit $\dfrac{u_1^2 - u_0^2}{2g}$ la dépression comblée par la force centrifuge; soit s la section d'ouverture de la vanne et S la section du sommet de la cheminée.

La vitesse qui est u_1 dans la section s, devient $u_1 \dfrac{s}{S}$ au sommet de la cheminée et la vitesse perdue $v' = u_1 \dfrac{s}{S}$. La cheminée crée par conséquent une hauteur génératrice « *profitable à l'appel de l'air dans la mine* » (Guibal), qui a pour valeur $\dfrac{u_1^2}{2g}\left(1 - \dfrac{s^2}{S^2}\right)$.

Guibal ajoute cette hauteur génératrice à la dépression comblée par la force centrifuge, de sorte que la dépression théorique totale est suivant lui :

$$H = \frac{u_1^2 - u_0^2}{2g} + \frac{u_1^2}{2g}\left(1 - \frac{s^2}{S}\right) = \frac{u_1^2}{g}\left[1 - \frac{1}{2}\left(\frac{s^2}{S^2} + \frac{R_0^2}{R_1^2}\right)\right].$$

D'après Guibal, le rendement manométrique pris par rapport à cette formule serait égal par expérience à 0.837.

La formule de la dépression théorique donnée par Guibal serait donc plus approchée de la réalité que notre formule générale qui se réduit au premier terme $\dfrac{u_1^2}{g}$ et pour laquelle on ne peut admettre que 0.65.

En admettant le coefficient de Guibal :

$$h^{\,m/m} = 0.837\, \frac{u_1^2}{g}\left[1 - \frac{1}{2}\left(\frac{s^2}{S^2} + \frac{R_0^2}{R_1^2}\right)\right]\delta. \quad (1)$$

1072. L'ouverture de la vanne s varie avec le tempérament de la mine; on la détermine expérimentalement, en l'ouvrant « *jusqu'à ce que l'on obtienne le volume maximum q par tour du ventilateur* » *(Guibal)*

$$q = \frac{Q.60}{n}.$$

On peut d'ailleurs déterminer l'ouverture de la vanne par le calcul.

---

[1] *Cours de ventilation des mines*, p. 503.

En tenant compte de la contraction de la veine fluide au passage de la section s :

$$Q = \mu s u_1$$

d'où

$$s = \frac{Q}{\mu u_1}.$$

L'expérience donne $s = 1.75$ à $2 \dfrac{Q}{u_1}$.

En admettant la plus grande de ces valeurs, cela revient à prendre $\mu = 0.50$, au lieu de la valeur 0.65 admise par M. Murgue pour un orifice en mince paroi.

On peut donc poser :

$$s = \frac{Q}{0.50\, u_1} = \frac{Q}{0.50 \dfrac{\pi D n}{60}},$$

en désignant par D le diamètre à l'extrémité des ailes. Guibal déduit toutes les dimensions de son ventilateur du tempérament de la mine $\theta = \dfrac{Q^2}{h}$

d'où

$$Q = \sqrt{\theta h}.$$

$$s = \frac{\sqrt{\theta h}}{0.50\, u_1} = \frac{\sqrt{\theta h}}{0.50 \dfrac{\pi D n}{60}} \quad (2)$$

Guibal adopte par expérience les proportions suivantes :
$\dfrac{s}{S} = \dfrac{R_0}{R_1} = \dfrac{1}{3}$; l'expression de la dépression (1) devient alors

$$h = 0.000234\, n^2 D^2 \ (3).$$

En introduisant cette valeur dans celle de s (2), on trouve $s = 0.585 \sqrt{\theta}$.

La section $s = l \times L$.

Guibal prend arbitrairement $l = 0.08$ à 0.10 D et la largeur $L = 0.25$ D, d'où $s = 0.02\, D^2$.

L'équation $D^2 = \dfrac{0.585}{0.02} \sqrt{\theta}$ donne la valeur du diamètre en fonction du tempérament. On remarquera l'analogie de cette expression avec $\dfrac{R_1^2}{\sqrt{O_{eq}}} = \text{const.}$ (cf. n° 1052).

Le nombre de tours se déduit de (3) :

$$n = \sqrt{\frac{h}{0.000234\ D^2}} = \frac{65.36}{D} \sqrt{h}.$$

Connaissant le volume à produire et le tempérament de la mine, on en déduit h ou réciproquement.

Guibal donne les exemples suivants d'application :

$\theta = 4$	$\theta = 30$
$l = 0.08\,D$	$l = 0.08\,D$
$L = 0.25\,D$	$L = 0.25\,D$
$D = 5.408 \sqrt[4]{\theta} = 7^m65$	$D = 12^m65$
$l = 0^m.612$	$l = 1^m.01$
$L = 1^m.91$	$L = 3^m.16$
Si $h = 60$ m/m,	Si $h = 120$ m/m,
$Q = 15\,m^3 30,$	$Q = 60\,m^3,$
$n = 66.18.$	$n = 56.65.$

Le rapport du volume débité au volume engendré par tour
$$= 0.163 \qquad\qquad = 0.160.$$

1073. D'après notre formule générale de la dépression théorique, on aurait :

$$H = \frac{u_1^2}{g}.$$

En admettant le rendement manométrique de 0.65, mesuré par M. Murgue par rapport à cette formule, on en déduit

$$h = 0.65\,\frac{u_1^2}{g}\,\delta = 0.08\,u_1^2 \ (4).$$

M. Gosseries part de cette formule pour déterminer les dimensions du ventilateur Guibal.

M. Gosseries s'impose la condition que l'ouverture de la vanne se rapproche de la forme carrée et pose $s = L^2$; mais $s = \dfrac{Q}{0.50\,u_1}$.

En remplaçant u_1 par sa valeur tirée de (4), il vient

$$L = 0.75\,\sqrt[4]{\theta}\,;$$

M. Gosseries prend

$$L = 0.8\,\sqrt[4]{\theta}.$$

Cette manière de déterminer la largeur du ventilateur est préférable à la méthode précédente qui donne inutilement des largeurs trop grandes et par conséquent des diamètres trop grands, lorsqu'on suit la règle de proportionnalité donnée par Guibal.

M. Gosseries détermine le diamètre en fonction du volume, en se donnant la vitesse de l'air dans l'ouïe, soit par exemple 15 m. Dans ce cas :

$$Q = \frac{\pi d^2}{4} \times 15.$$

$$d = 0.30 \sqrt{Q}.$$

Or $D = 3d$; on a donc :

$$D = \sqrt{\frac{Q}{1.25}} \ (^1).$$

Si le ventilateur est à deux ouïes, le diamètre D est réduit dans le rapport de $\dfrac{1}{\sqrt{2}}$.

Car on a :

$$Q = \frac{2\pi d_1^2}{4} \times 15 = \frac{\pi d^2}{4} \times 15,$$

d'où

$$2 d_1^2 = d^2$$

et

$$D = 3d_1 = \frac{3d}{\sqrt{2}}.$$

Dans l'hypothèse $h = 0.08 u_1^2$, on a, pour déterminer le nombre de tours : $h = 0.000218 \, n^2 D^2$.

Le rapport entre le volume débité et le volume engendré par tour est voisin de 0.50, dans les ventilateurs Guibal calculés par cette méthode. Si l'on considère que la section carrée de l'ouverture $s = L^2$ correspond au maximum de levée de la vanne, ce ventilateur pourra être adopté pour des tempéraments plus faibles, en abaissant simplement cette dernière.

Le tracé du raccordement de l'enveloppe cylindrique avec la paroi courbe de la cheminée se fait au moyen d'un arc de cercle tracé du centre O' (fig. 631) déterminé sur le diamètre faisant un angle de 45° avec l'horizontale, de telle sorte que la

---

(^{1}) Voir *Rev. univ. des mines*, 3e sér., t. XXXV. Calcul des dimensions d'un ventilateur Guibal à une ouïe, par E. GOSSERIES et 4e série, t. I. Note sur les dimensions des ventilateurs Guibal, par L. THIRIART.

hauteur d'ouverture de la vanne soit égale à L un peu en dessous de la levée maxima de la vanne.

La valeur caractéristique $\dfrac{R_1{}^2}{\sqrt{O_{eq}}}$ varierait d'après ces calculs de 4.5 à 7 ; mais le mode de fonctionnement spécial du ventilateur Guibal enlève à cette caractéristique la valeur pratique qu'on lui reconnaît dans les autres ventilateurs à force centrifuge.

1074. Le rendement mécanique est :

$$\rho_u = \frac{T_u}{T_u + T_r}.$$

En posant le travail résistant $T_r = K n^2$ et en posant de plus $n^2 = A h$ pour un diamètre donné, on a :

$$\rho_m = \frac{Qh}{Qh + K A h} = \frac{\sqrt{\theta}}{\sqrt{\theta} + \dfrac{K A}{\sqrt{h}}} \quad (5).$$

Pour D = 7 m., A = 87.20 ;
 »   9 m., » 52.72 ;
 »   12 m., » 30.

Guibal déduit K par expérience de la formule 5, quand A est connu ; pour D = 7 m., K = 0.175.

On voit que le rendement mécanique augmente, dans une certaine mesure, avec la dépression et avec le tempérament de la mine.

1075. Les ventilateurs construits d'après les règles précédentes atteignent des rendements mécaniques de 60 à 65 %.

Le ventilateur Guibal est de plus caractérisé par la constance des rendements manométrique et mécanique pour de grandes variations de tempérament. C'est ce que montrent les courbes caractéristiques tracées expérimentalement, en prenant comme abscisses les orifices équivalents.

La figure 632 montre les courbes caractéristiques d'un ventilateur Guibal de 6 m. de diamètre tournant à 120 tours par minute installé au charbonnage de Sacré-Madame. Ce ventilateur a été calculé par la méthode de M. Gosseries :

$$d = 2^m70 \text{ et } L = 1^m20.$$

Ces courbes sont rapportées aux racines carrées des tempéraments $\dfrac{Q}{\sqrt{h}}$ ou aux orifices équivalents $0.38\,\dfrac{Q}{\sqrt{h}}$.

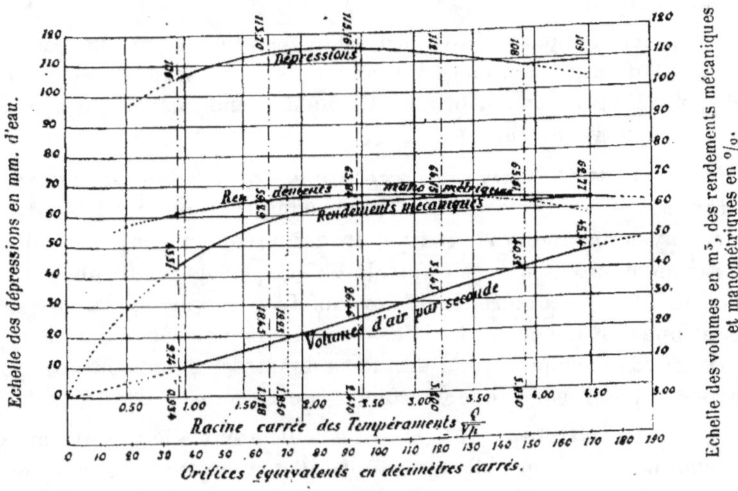

FIG. 632.

On voit que le débit de ce ventilateur augmente presque proportionnellement à l'orifice équivalent, que la dépression est maxima pour un orifice de 0.7 à 0.8 et que le rendement mécanique est maximum et presque constant pour des orifices de 0.9 à 1ᵐ70. On en déduit que ce ventilateur s'adapte bien aux mines caractérisées par ces orifices et notamment à la dernière où il donne un volume de 45ᵐ³8 sous 109 mm. de dépression avec un rendement mécanique de 63 %, tandis que la dépression maxima de 114 mm. ne correspondrait qu'à un volume de 26ᵐ³4 environ et à un rendement de 63.34 % sur une mine d'un mètre à peine d'orifice équivalent.

1076. Le ventilateur Guibal a l'avantage d'être de construction simple et robuste, de demander peu d'entretien et de réparations, grâce à sa vitesse modérée qui ne dépasse guère 60 à 80 tours pour les appareils de dimensions moyennes (9 m. de diamètre). Dans ces conditions, on peut attaquer le ventilateur directement, ce qui produit une grande économie dans l'installation. Cependant il est préférable de recourir à une transmission par courroie ou par câbles, si l'on veut être maître de modifier la vitesse et si l'on veut économiser la vapeur. La transmission par courroie devient indispensable pour les Guibal de petites dimensions qui doivent tourner à un plus grand nombre de tours.

Mais on ne peut réduire beaucoup les dimensions du ventilateur Guibal, ni augmenter beaucoup sa vitesse, à cause même de son fonctionnement propre. On ne descend guère en dessous d'un diamètre de 6 m.

1077. *Ventilateurs à enveloppe spiraloïde et amortisseur*. — Pour éviter les effets de compression de l'air contre une enveloppe cylindrique fixe, on donne souvent aujourd'hui à cette enveloppe une forme spiraloïde qui permet à l'air de sortir sur toute la circonférence de la roue. L'enveloppe spiraloïde se continue par une cheminée. Cette enveloppe peut être tracée de manière à provoquer une diminution de vitesse et concourt alors, avec la cheminée, à jouer le rôle d'amortisseur.

1078. *Ventilateur Kley*. — Le ventilateur Kley jouit d'une certaine vogue en Allemagne où il a souvent été mis en parallèle avec le Guibal. Il se distingue de ce dernier par un distributeur spiraloïde qui fait entrer l'air presque tangentiellement dans la roue du ventilateur. Il s'ensuit que la direction du premier élément de l'aile est fort voisin de celle du rayon. Les ailes rétrécies à leur extrémité se terminent normalement à la circonférence extérieure, de sorte que les ailes ont une très faible courbure; en effet dans la valeur de la dépression théorique, le terme en $\cos \gamma$ est égal à zéro. Le terme en $\cos \beta$ n'est pas nul, mais comme β est très petit, $\cos \beta$ est très voisin de l'unité; la dépression théorique est donc approximativement

$$H = \frac{u_1{}^2}{g} - \frac{u_0 v_0}{g}.$$

L'air sort sur toute la circonférence dans un coursier spiraloïde. M. Kley s'autorise de ce fait pour réduire la largeur de l'appareil.

Les résultats obtenus en Allemagne ont été en général favorables.

Les premiers ventilateurs Kley avaient 9 m. de diamètre à l'exemple du Guibal. Aujourd'hui on leur donne de dimensions moindres.

Au charbonnage de Zollverein, un ventilateur Kley de 4 m. a remplacé un Guibal de 9 m., en conservant la même machine motrice. Le ventilateur Kley avait 2^m.40 de diamètre à l'ouïe, 0.50 de largeur.

A 130 tours, on a obtenu Q $=$ 30^{m3} pour $h =$ 42 mm.

Le Guibal donnait à 44 tours Q $=$ 26^{m3}8 pour $h =$ 33 mm. avec la même force motrice.

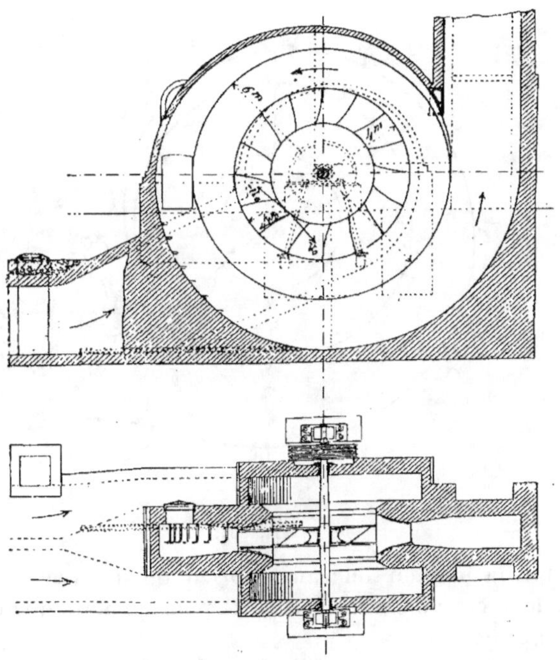

Fig. 633.

La fig. 633 représente un ventilateur Kley de 4 m. de diamètre installé à la mine Bismark. La partie évasée du coursier spiraloïde a 6 m. de diamètre.

1079. Ventilateur Ser, modifié par MM. Geneste et Herscher. — Comme exemple du tracé et du calibrage des ventilateurs de petit diamètre, nous choisirons le ventilateur Ser modifié par MM. Geneste et Herscher. Dans ce ventilateur, l'air est appelé par deux ouïes et la roue est divisée en deux par une cloison transversale, ce qui revient à avoir deux roues agissant parallèlement, accouplées *en quantité*; un cône directeur placé sur l'axe dirige de chaque côté les filets d'air normalement à l'entrée. Pour que la vitesse reste constante, dans le coursier spiraloïde limité par l'enveloppe et supposé de largeur uniforme, on trace ce coursier, en prenant sur chaque rayon prolongé une longueur proportionnelle au volume débité depuis l'origine de la spirale (fig. 634).

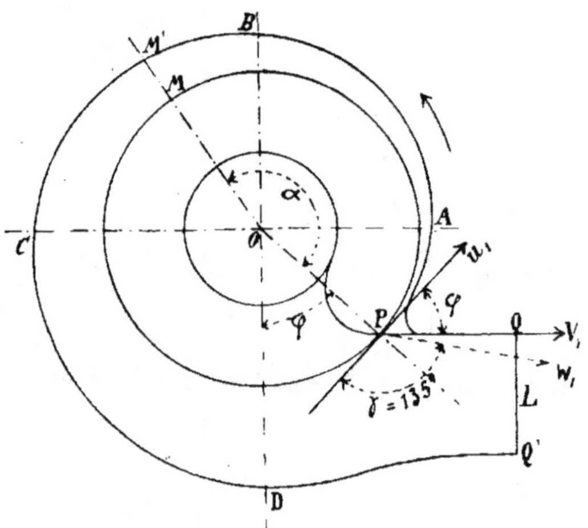

FIG. 634.

Soit L la hauteur du canal horizontal qui recueille tout le débit de la circonférence; on aura, pour un point quelconque M' de la spirale :

$$MM' = L\,\frac{\alpha}{2\pi}.$$

Ser se donne la section du canal horizontal :

$$L \times l = 1.64\,\frac{Q}{v_1},$$

v_1 étant la vitesse absolue de sortie. On tire L de cette équation, après s'être donné l et avoir déterminé v_1 en fonction du volume Q.

Le point P origine de la spirale se détermine de telle manière que la vitesse v_1 soit dirigée en ce point suivant l'horizontale.

Soit φ l'angle de la vitesse v_1 avec la vitesse tangentielle u_1, on aura :

$$Sin\ \varphi = Sin\ \gamma\ \frac{w_1}{v_1}.$$

On se donne $\gamma = 135°$. Nous verrons ci-dessous (n° 1081) comment on détermine $\frac{w_1}{v_1}$; φ est donc connu. En traçant un rayon faisant avec la verticale un angle au centre $= \varphi$, ce rayon coupe la circonférence à l'origine de la spirale.

D'après la formule $L \times l = 1.64\frac{Q}{v_1}$, on voit que la section $L \times l$ est apte à recueillir un plus grand volume que $\frac{Q}{v_1}$. La vitesse va donc déjà en diminuant dans le coursier spiraloïde. La pression statique y augmente et le coursier joue déjà le rôle d'amortisseur.

Les ailes du ventilateur Ser au nombre de 32 étaient tracées en développante de cercle courbée dans le sens du mouvement et raccordées au premier élément faisant, comme dans le Guibal, un angle $\theta = 45°$ avec la tangente.

1080. Le bord de l'aile étant oblique à l'axe de rotation, les vitesses tangentielles u_0, u'_0, u''_0 vont en augmentant à mesure qu'on s'éloigne du plan milieu de l'aile; la vitesse v^0 restant d'autre part constante, l'angle du premier élément avec la vitesse tangentielle correspondant à u_0 ira en diminuant; car en chaque point, on a :

$$v_0 = u_0\ tg\ \theta$$
$$v_0 = u'_0\ tg\ \theta', \text{etc.}$$

MM. Geneste et Herscher en ont déduit que la première partie de l'aile doit être enroulée sur une surface conique qui se raccorde à la surface cylindrique à base de développante de cercle qui forme la seconde partie de l'aile (fig. 635). Dans ce cas, les centres $c\,c'\,c''$ des circonférences tracées par les points $A\,E\,B$ de vitesses tangentielles $u_0\ u'_0\ u''_0$ doivent se trouver sur le rayon de courbure de la développante normale au point de raccordement L; ils se projettent donc sur une ligne droite qui n'est autre que l'axe du cône oblique sur lequel s'enroule la première partie de l'aile.

Pour augmenter le pouvoir déprimant du ventilateur, MM. Geneste et Herscher forcent la courbure des ailes dans le sens du mouvement, au-delà de la forme donnée par la développante de cercle et comme ils rétrécissent ainsi les canaux à la sortie, ils compensent ce rétrécissement par une augmentation

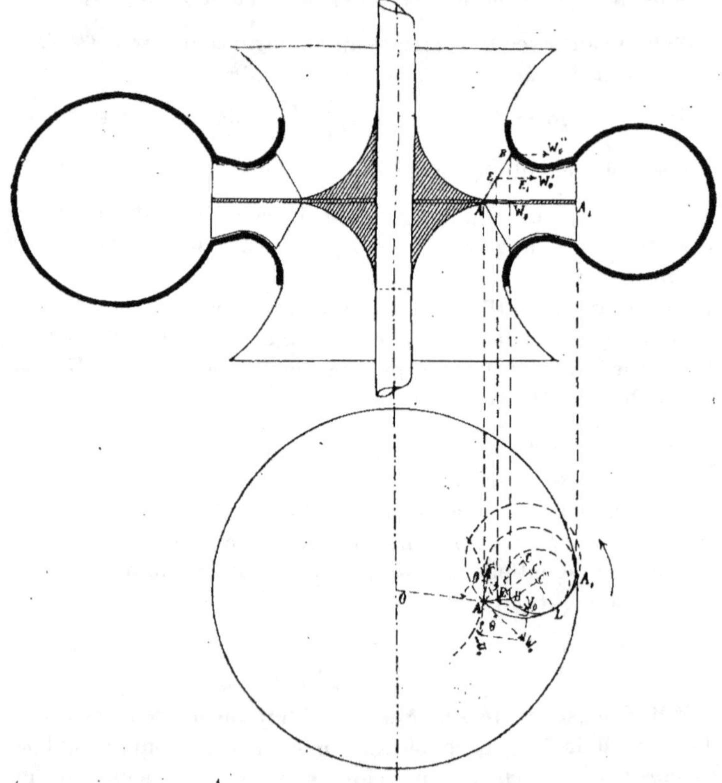

Fig. 635.

de la largeur des ailes. Pour accentuer l'effet amortisseur du coursier, ce dernier n'est pas de largeur uniforme, mais est tracé en forme de volute et pour réduire le périmètre par rapport à la section, ce coursier a reçu une section circulaire.

On construit de ces ventilateurs de 0^m675 à 2^m40 de diamètre tournant à des vitesses qui atteignent 600 tours par minute.

Dans le ventilateur Geneste-Herscher, la valeur caractéristique $\dfrac{R_1}{\sqrt{O_{eq}}} = 1.50$ à 2.

1081. *Calcul d'un ventilateur Ser.* — Nous donnons ici le calcul de ce ventilateur, parce que la méthode donnée par Ser est générale et applicable à tout ventilateur à force centrifuge, sauf à y introduire les conditions qui caractérisent chaque type.

Le ventilateur Ser est en effet le premier qui ait été construit d'après une théorie générale des ventilateurs à force centrifuge publiée par Ser, sous forme d'Essai, en 1878 (Mémoires et comptes rendus de la Soc. des Ing. civils), puis reproduite par le même auteur dans son Traité de physique industrielle de 1888.

Les données sont le volume Q à faire circuler sous une dépression effective de h mill. d'eau dans une mine dont l'orifice équivalent est connu.

La dépression théorique exprimée en colonne d'air est

$$H = \frac{\omega^2 R_1^2}{g} - \frac{w_1 \omega R_1 \cos \gamma}{g} \quad (\text{Cf n}^\circ 1047).$$

Si l'on pose la condition $w_1 = w_0$ (ailes en développante de cercle) (Cf n° 1063), on a :

$$w_1 = w_0 = \frac{\omega R_0}{\cos \theta}$$

D'où
$$H = \frac{\omega^2 R_1^2}{g}\left(1 - \frac{R_0 \cos \gamma}{R_1 \cos \theta}\right).$$

Le rendement manométrique étant R_m.

$$h^{\,m/m} = R_m \delta H$$

$$h^{\,m/m} = R_m \delta \frac{\omega^2 R_1^2}{g}\left(1 - \frac{R_0 \cos \gamma}{R_1 \cos \theta}\right).$$

On tire de cette égalité :

$$\omega R_1 = \sqrt{\frac{hg}{R_m \delta \left(1 - \frac{R_0 \cos \gamma}{R_1 \cos \theta}\right)}}.$$

Ser prend $\dfrac{R_0}{R_1} = 0.50$, $\theta = 45^\circ$, $\gamma = 135^\circ$ et $R_m = 0.60$.

La vitesse tangentielle ωR_1 peut donc être calculée numériquement.

Le volume $\qquad Q = 2\pi R_0{}^2 v_0.$

v_0 étant $= \omega R_0 \, tg\,\theta,$

$$Q = 2\pi\omega R_0{}^3 tg\,\theta.$$

En multipliant et divisant par $R_1{}^3$

$$Q = \frac{2\pi\omega R_0{}^3 tg\,\theta R_1{}^3}{R_1{}^3}$$

d'où $\qquad R_1{}^2 = \dfrac{Q}{2\pi \left(\dfrac{R_0}{R_1}\right)^3 \omega R_1 \, tg\,\theta}.$

$\dfrac{R_0}{R_1}$ et ωR_1 étant connus, on calcule numériquement R_1.

Connaissant R_1 et ωR_1 ou en déduira ω et l'on calculera successivement R_0, v_0, $w_0 = w_1$, v_1 et l'angle δ.

1082. Le pouvoir manométrique est très élevé dans les ventilateurs de ce genre, il dépasse souvent l'unité. Mais le rendement mécanique est en général inférieur à celui du Guibal.

Leur principal avantage est la facilité d'installation et de déplacement, due à leurs petites dimensions; ils partagent au surplus ces avantages et ces inconvénients avec un grand nombre d'autres types de ventilateurs de petits diamètres, à allure rapide.

Nous ne mentionnerons parmi ceux-ci que ceux qui sont d'un emploi courant et présentent quelque particularité.

1083. *Ventilateur Schiele.* — Ce ventilateur est très répandu en Angleterre et dans les mines de lignite de la Bohême. Il est double et les ailes divisées par une cloison sont radiales ou légèrement courbes; elles vont en se rétrécissant à la périphérie (cf. n° 1064).

Le coursier en tôle est de section rectangulaire ou trapézoïdale. Le diamètre varie de 1^m25 à 4^m50 et le nombre de tours de 300 à 80; le pouvoir manométrique $P_m = R_m = 0.35$ à 0.37 et le rendement mécanique ne dépasse guère 0.50. Ce ventilateur convient surtout aux mines larges.

1084. *Ventilateur Capell.* — Ce ventilateur est très répandu en Angleterre et en Allemagne. Il en existe quelques spécimens en Belgique. La construction de ce ventilateur est très spéciale.

Il se compose de deux roues concentriques rendues solidaires par deux parois et une cloison médiane en tôle. Ces ailes sont courbées en sens inverse du mouvement ; les ailes des deux roues ne se font suite que dans de très petits modèles. Dans les ventilateurs de mine proprement dits, l'aile de la roue intérieure est reliée par une partie cylindrique à l'aile la plus voisine de la roue extérieure (fig. 636).

D'après l'auteur, les deux roues agiraient comme deux ventilateurs centrifuges accouplés en tension.

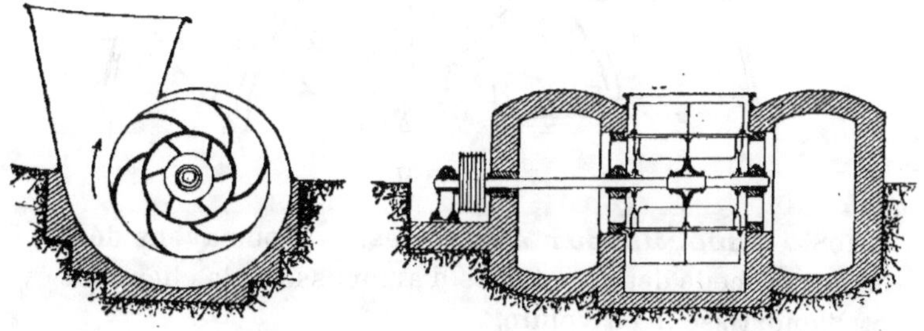

FIG. 636.

La roue intérieure par son tracé est analogue à la roue d'un ventilateur Lambert (cf. n° 1065) débitant dans la roue d'un ventilateur à ailes recourbées en sens inverse du mouvement, soit à faible pouvoir déprimant ; mais d'après la construction de M. Capell, le diamètre des ouïes est égal au diamètre entier de la roue intérieure, celle-ci ne peut donc agir que très partiellement comme ventilateur et il faut plutôt considérer ses palettes comme des directrices. Dans les plus grands ventilateurs de ce genre, la maison Dinnendahl de Steele donne aujourd'hui aux ailes de la roue intérieure la forme plane et radiale ; une palette oblique qui les précède ne peut laisser aucun doute sur leurs fonctions de directrices. Dans ce nouveau modèle les ailes de la couronne extérieure sont épaissies à leur extrémité et légèrement courbées en avant (fig. 637). Le coursier est spiraloïde et se termine par une courte cheminée évasée. Ce ventilateur a 2^m.75 à 4^m.5o de diamètre avec 1^m.3o à 1^m.6o de largeur totale ; le diamètre des ouïes est de 1^m.4o à 2^m.26. Le nombre de tours est de 18o à 3oo. Le pouvoir manométrique ne dépasse pas o.49 à o.53, mais le rendement mécanique est plus grand que dans les ventilateurs précédents. On cite des rendements atteignant 70 à 84 %. D'après les résultats publiés dans les prospectus de la maison Dinnendahl, $\dfrac{R_1}{\sqrt{O_{cq}}} = 1.25$ à 133.

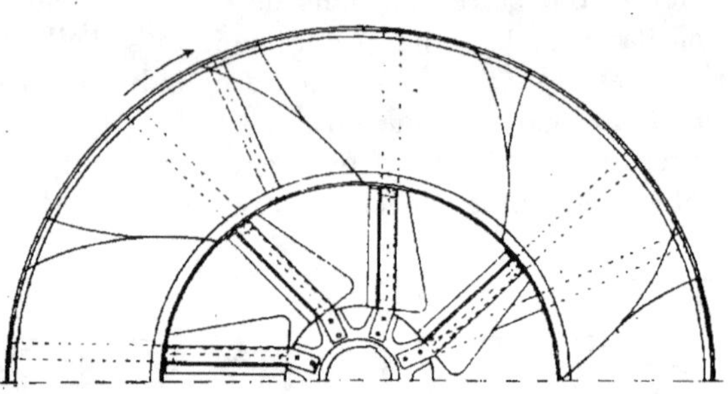

Fig. 637.

1085. *Amortisseur à disques.* — Nous avons décrit dans ce qui précède deux systèmes d'amortisseur, la cheminée évasée et l'amortisseur en volute.

Il en existe un troisième imaginé par Rittinger, c'est l'*amortisseur à disques*, formé simplement par deux disques parallèles et annulaires, faisant suite aux parois entre lesquelles tourne la roue. L'espace compris entre ces disques augmentant de section vers la circonférence extérieure donne lieu, comme la cheminée évasée ou la volute, à une diminution de la vitesse qui se transforme en pression.

L'avantage de ce système est la réduction des surfaces exposées au frottement. L'effet des coups de vent extérieurs y est moindre que sur une cheminée évasée, d'autant plus que l'appareil peut s'ouvrir dans un local fermé d'où l'air s'échappe par des claires-voies.

Ce système d'amortisseur a été principalement appliqué dans les ventillateurs centrifuges à axe vertical des systèmes Kraft et Harzé.

1086. Le ventilateur Kraft a été appliqué d'abord au percement du Mont-Cenis ; un appareil du même genre a été installé à la houillère Marie de la Société Cockerill (fig. 638).

Le ventilateur Kraft présente, à la suite de l'ouïe, une couronne distributrice dans laquelle se trouvent des palettes fixes qui dirigent l'air suivant un certain angle à l'entrée de la roue. Les ailes sont épaissies de manière à présenter des canaux de section constante.

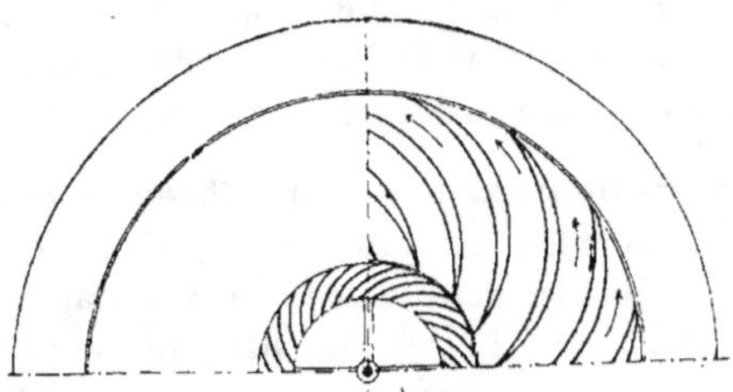

Fig. 638.

1087. M. E. Harzé a reconnu que les amortisseurs à disques entièrement libres donnent lieu à un évasement trop rapide qui provoque des décollements de la veine fluide avec remous et rentrées d'air. Pour les éviter, M. E. Harzé a placé dans l'amortisseur des directrices, à courbure calculée, pour éviter les chocs.

L'amortisseur est suivi d'une cheminée annulaire de peu de hauteur. Cette disposition ne supprimant pas entièrement les remous, M. Harzé y a remédié en bouchant une partie des canaux formés par ces directrices, ce qui revient, en quelque sorte, à placer

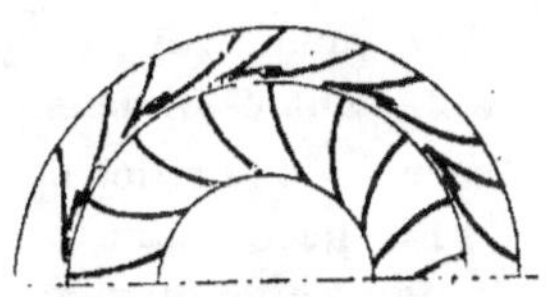

Fig. 639.

des cheminées évasées multiples au pourtour du ventilateur.

On comprend que ces ventilateurs puissent recevoir de faibles largeurs, en raison de la grande section de sortie de l'air et que leur construction puisse être ainsi rendue très légère. Le ventilateur Harzé installé au Gosson a 8 m. de diamètre extérieur, l'ouïe a 3 m. de diamètre et la largeur n'est que de $0^m.60$. Ce ventilateur a 18 ailes et l'amortisseur contient 8 directrices.

1088. ***Amortisseur compound.*** — L'amortisseur en volute présente l'inconvénient de donner lieu à un choc du courant sortant de la roue, contre des masses d'air animées de vitesses moindres. Il en résulte évidemment une perte d'énergie mécanique. Pour diminuer cette perte, M. Rateau a intercalé un amortisseur à disques, entre l'amortisseur en volute et la roue du ventilateur. L'air arrive ainsi dans l'amortisseur en volute avec une vitesse déjà réduite. Cet amortisseur double a reçu de M. Rateau le nom d'amortisseur compound. Le ventilateur Kley représenté fig. 633 présentait déjà une disposition de ce genre, car le coursier spiraloïde se compose de deux parties : la première évasée et la seconde droite.

1089. **Accouplement des ventilateurs centrifuges.** — On peut accoupler les ventilateurs centrifuges en tension ou en quantité. Lorsque ces ventilateurs sont accouplés en tension, la théorie, comme l'expérience, démontre que la dépression totale est égale à la somme des dépressions produites par chaque ventilateur.

Soit S l'orifice équivalent de la mine $= 0.38 \dfrac{Q}{\sqrt{h}}$.

Chaque ventilateur donnant la moitié de la dépression, c'est comme s'il aspirait sur un orifice $= 0.38 \dfrac{Q}{\sqrt{\dfrac{h}{2}}} = S\sqrt{2} = 1.41\,S$.

Or nous avons vu que pour un type donné de ventilateur, R_1 et les autres dimensions de l'appareil croissent comme la racine carrée de l'orifice équivalent $\sqrt{1.41\,S} = 1.9\sqrt{S}$.

En accouplant les ventilateurs en tension, on sera donc conduit à employer deux appareils de plus grandes dimensions que celles d'un ventilateur unique aspirant sur la mine S. Il en résulte une installation coûteuse.

1090. Il en est autrement des ventilateurs accouplés en quantité. Dans ce cas, les volumes produits par chacun d'eux s'ajoutent.

Chaque ventilateur débitant $\dfrac{Q}{2}$, c'est comme s'il aspirait sur un orifice $= 0.38 \dfrac{Q}{2\sqrt{h}} = \dfrac{S}{2}$.

L'installation n'a donc dans ce cas rien d'exagéré et cette disposition est souvent avantageuse, parce qu'en cas de besoin, on peut assurer l'aérage de la mine, en forçant la marche d'un seul des deux appareils.

2° VENTILATEURS HÉLICO-CENTRIFUGES. — Dans les ventilateurs hélico-centrifuges, les filets d'air s'éloignent de l'axe, en suivant une trajectoire qui les fait sortir de la roue dans un plan différent de celui d'entrée.

Les canaux de ces ventilateurs ont une forme propre à réaliser cette condition. Tous les ventilateurs à cône directeur, Geneste-Herscher, Schiele, etc. pourraient être classés dans cette catégorie.

1091. **Ventilateur Waddle**. — Comme type mieux caractérisé, nous citerons le ventilateur Waddle où la roue est composée de canaux formés par des ailes courbes et par deux parois latérales courbes elles-mêmes et tournant avec la roue. Les ailes sont courbées en sens inverse du mouvement, ce qui n'est pas favorable au pouvoir déprimant de l'appareil.

Ce ventilateur non enveloppé tourne dans une fosse creusée en contrebas du sol ; il ne possède pas d'enveloppe. On lui a donné en Angleterre de très grandes dimensions : $13^m.50$ à Celynen (Pays de Galles). Ce ventilateur, tournant à raison de 50 à 52 tours, donné Q = 69 à $73\,m^3$ pour $h = 70$ à 77 mm. avec un pouvoir manométrique de 0.457 et un rendement mécanique de 0.50 à 0.52.

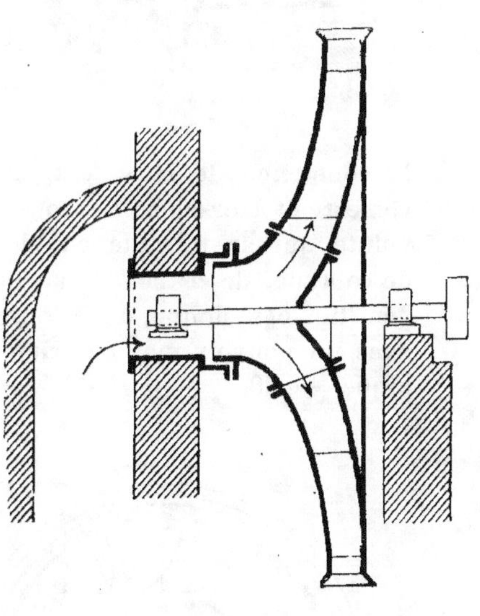

FIG. 640.

1092. **Ventilateur Geisler.** — On peut rapprocher de cette dernière construction celle du ventilateur Geisler qui est assez répandu en Allemagne. Il ne reçoit pas en général un diamètre dépassant 4^m50 et tourne dans un coursier spiraloïde allant en s'élargissant et se terminant par une cheminée évasée. Une intéressante particularité de ce ventilateur est qu'il peut

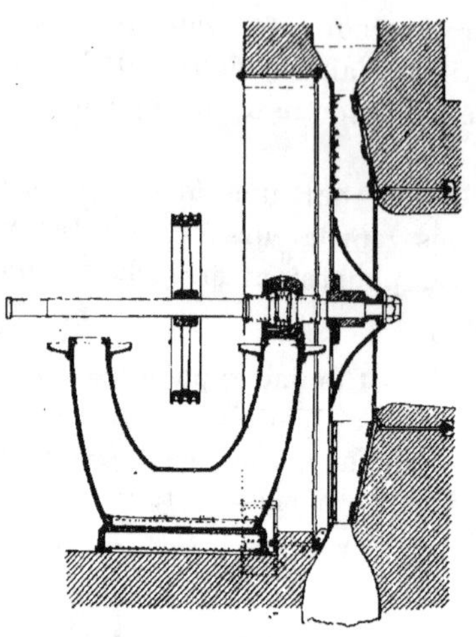

FIG. 641.

être retiré de son coursier pour réparations ou nettoyage (fig. 641).

1093. ***Ventilateur Pelzer.*** — Le ventilateur Pelzer fréquemment employé en Allemagne rentre, plus nettement encore que les précédents, dans la catégorie des hélico-centrifuges.

Il comprend une roue à parois latérales coniques et à ailettes planes se raccordant à des palettes directrices courbes faisant saillie dans l'ouïe; leur courbure initiale est déterminée de manière à maintenir la constance de $v_0 = \omega R_0 \, \mathrm{tg}\, \theta$, comme dans le ventilateur Geneste et Herscher. La roue est suivie d'un amortisseur en volute qui se termine en cheminée évasée. Un ventilateur de ce type, de $2^m.5o$ de diamètre, aux charbonnages d'Alstaden (fig. 642) donne, à 268 tours, $Q = 16^{m3},11$ pour $h = 90$ mm. avec un pouvoir manométrique $= 0.60$ et un rendement mécanique $= 0.48$.

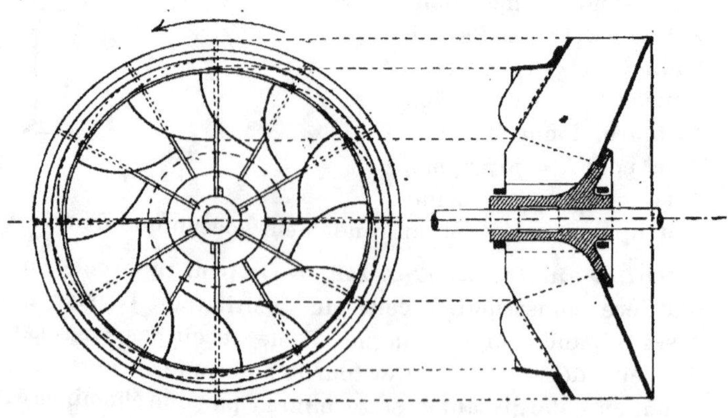

1094. *Ventilateur Rateau*. — Le ventilateur Rateau se distingue par sa construction qui a pour effet d'éviter les résistances passives et de maintenir l'homogénéité du courant d'air. (fig. 643).

L'air est amené à l'ouïe par un ajutage convergent; la roue porte un cône distributeur qui dirige l'air dans le sens des canaux de manière à supprimer tous coudes brusques.

Les ailes sont fixées par des cornières sur un disque en fonte en forme de tore conoïde, faisant suite au cône directeur d'entrée. La paroi opposée est fixe et présente une surface engendrée par $1/4$ d'ellipse tournant autour de l'axe.

Les ailes ont pour forme une surface gauche spéciale courbée en avant, de manière à exalter le pouvoir manométrique.

Cette surface est déterminée de manière que $v_0 = \omega R_0 \operatorname{tg} \theta$ soit constant. Les ailes, au nombre de 24 à 3o, sont en tôle d'acier et leur forme spéciale est obtenue très simplement par emboutissage à la presse hydraulique sur une matrice en fonte. Dans les ventilateurs Rateau de petites dimensions, le bord des ailes correspondant à l'entrée est biseauté et les têtes de rivets sont fraisées, de manière à diminuer les frottements.

Une paroi fixe en tôle empêche les remous de se former en arrière de la partie mobile.

L'amortisseur compound est composé d'un amortisseur à disque de forme spiraloïde auquel font suite un amortisseur en volute et une cheminée évasée. Cet amortisseur compound est construit en maçonnerie dans la partie inférieure, tandis que la partie supérieure est métallique.

Ce ventilateur est commandé par courroie; il fonctionne sans bruit, ce qui témoigne de l'absence de chocs.

Les chiffres suivants montrent les résultats obtenus au moyen de ventilateurs Rateau de différentes dimensions :

$$
\begin{aligned}
R_1 &= \quad 0.70 \quad\quad 1.00 \quad\quad 1.40 \quad\quad 2.00 \\
R_0 &= \quad 0.42 \quad\quad 0.60 \quad\quad 0.84 \quad\quad 1.20 \\
n &= \quad\ 410 \quad\quad\ 287 \quad\quad\ 205 \quad\quad\ 95 \\
u &= \quad\ \ 3\text{o} \quad\quad\ \ 3\text{o} \quad\quad\ \ 3\text{o} \quad\quad\ \ 3\text{o} \\
Q &= \ 10^{\text{m}3}.5 \quad\quad 21 \quad\quad\ 42 \quad\quad\ 84 \\
h &= \quad\ 108 \quad\quad\ 108 \quad\quad\ 108 \quad\quad\ 108 \\
O_{eq} &= \quad 0.38 \quad\quad 0.76 \quad\quad 1.52 \quad\quad 3.03
\end{aligned}
$$

$$
\frac{R_1}{\sqrt{O_{eq}}} = \quad 1.15.
$$

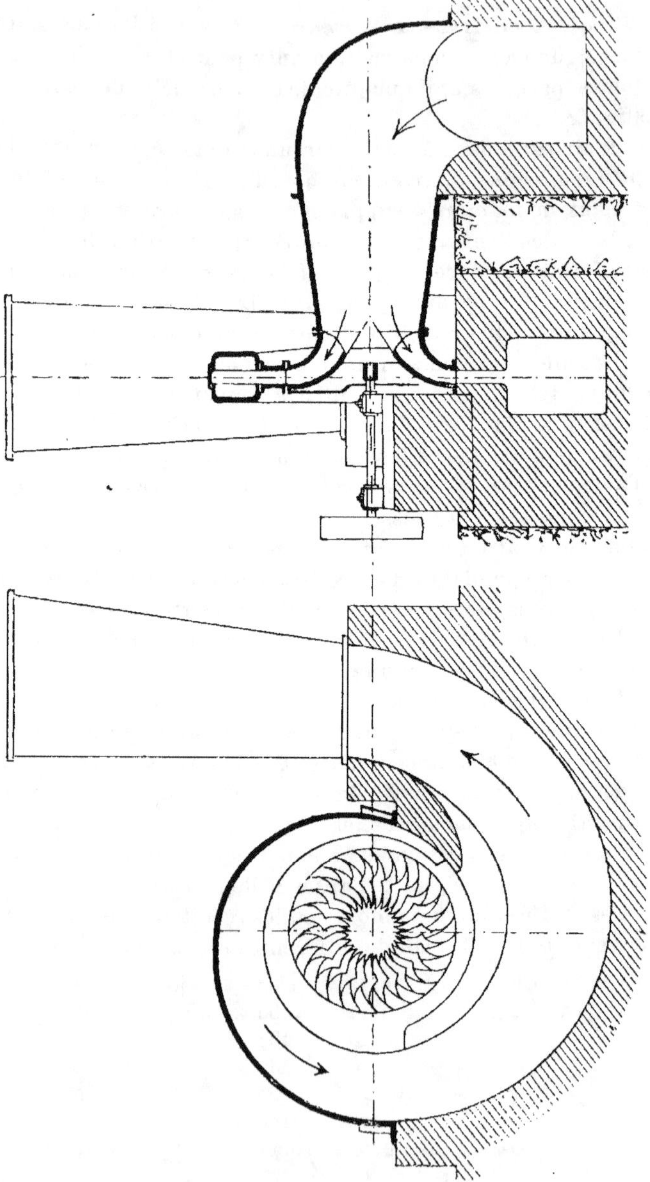

Fig. 643.

Le pouvoir manométrique atteint 1.05, grâce à la courbure des ailes et le rendement mécanique est très élevé.

Un ventilateur Rateau de $2^m.80$ installé au charbonnage du Xhorré a donné $\rho_m = 0.70$ à 0.73, et $P_n = 0.90$ à 0.94.

On reproche au ventilateur Rateau, si remarquable à tous égards, son mode de construction, en vertu duquel la roue est en porte à faux à l'extrémité de l'axe porté par deux paliers, de manière à laisser entièrement libre l'entrée de l'air. Cette disposition, commune d'ailleurs aux ventilateurs Waddle, Geisler, Pelzer, peut engendrer des craintes au point de vue de la solidité et de la résistance de la construction.

Une butée permet à l'axe de résister aux efforts longitudinaux. Les paliers doivent être abondamment graissés.

On lui reproche aussi la complication des maçonneries dans lesquelles doivent être ménagées les parties inférieures des amortisseurs et de la cheminée ; mais ces maçonneries forment un bloc unique très résistant.

Il résulte de tout ceci que le ventilateur Rateau est coûteux d'installation. M. Rateau en a modifié la construction de manière à le rendre d'un prix plus abordable, mais aux dépens des rendements.

Le nouveau ventilateur Rateau ressemble dès lors beaucoup au ventilateur Pelzer, a part la forme des ailes.

1095. 3° VENTILATEURS HÉLICOÏDES. — Dans les ventilateurs hélicoïdes les filets d'air sortent de la roue dans un plan différent de celui d'entrée, tout en restant à la même distance de l'axe. Ceci n'est cependant qu'une hypothèse théorique, car les molécules d'air, entraînées dans le mouvement de rotation de la roue, sont soumises à l'action de la force centrifuge et s'écartent nécessairement de l'axe dans une certaine mesure.

1096. Le type de ces ventilateurs est la *vis pneumatique* installée autrefois par l'ingénieur Motte au charbonnage de Sauwartan (Ouest de Mons). Ce ventilateur était formé d'une simple vis en tôle de $0^m.80$ de diamètre, tournant dans une enveloppe cylindrique fixe à raison de 750 tours par minute.

En tenant compte de la force centrifuge, la trajectoire des molécules d'air s'écarte en réalité de l'axe et il y a compression contre l'enveloppe ; il y a donc dépression et rentrée d'air le long de l'axe. La rentrée d'air a lieu à partir du rayon pour lequel la vitesse relative de sortie devient nulle.

Pour s'opposer à cette rentrée, on donne à la vis un noyau cylindrique assez fort, formant obturation vers le centre.

Les résultats donnés à Sauwartan par cet appareil étaient très faibles. A 750 tours, on avait $Q = 2^{m3}\ 152$ et $h = 6^{m/m},3$. Le rendement mécanique ne dépassait pas 0.17 à 0.20. Le pouvoir manométrique était extrêmement réduit.

1097. On a modifié ce système, en diminuant la longueur de l'appareil et en multipliant le nombre d'ailes de forme héli-coïdale.

Le ventilateur Pasquet était ainsi constitué. Il avait $1^{m}.30$ de diamètre; à 330 tours, il donnait $Q = 8^{m3}\ 8$ et $h = 30^{m/m}$. Le rendement mécanique était 0.27.

1098. L'inconvénient des surfaces hélicoïdales est la variation d'inclinaison qu'elles présentent du centre de la circonférence.

Dans la vis Motte, l'inclinaison de 80° au noyau atteignait 7 à 8° à la circonférence.

Cette grande différence d'inclinaison favorise les rentrées d'air vers le centre. Pour y remédier, Lesoinne avait adopté, dans des ventilateurs de ce genre, la courbure des ailes de moulin à vent, surface gauche présentant une inclinaison de 7 à 8° à la circonférence extérieure et de 18 à 19° seulement au noyau. Le ventilateur Lesoinne comprenait 6 à 10 ailes. Il était fréquemment employé autrefois pour seconder l'aérage naturel en été. C'était un appareil de faible pouvoir manométrique (0.27 au maximum) et de faible rendement mécanique.

1099. On a aussi construit des ventilateurs de ce genre à ailes planes d'une inclinaison constante de 10 à 12° (ventilateurs de cabaret). Leur rendement est d'autant plus défectueux que ces appareils donnent lieu à plus de chocs.

1100. M. Rateau a enfin construit des ventilateurs hélicoïdes à axe vertical, avec directrices et diffuseur-amortisseur. Les ailes, de même que les directrices, ont une forme cylindrique à base d'arc de cercle. La vitesse est de 575 à 600 tours pour un diamètre de $1^{m}.60$.

La figure 644 représente une section faite dans la roue, dont les palettes A sont implantées dans une surface conique *cd*. Cette roue est précédée de directrices fixes *m*. A la suite de la roue se trouve une cheminée annulaire évasée D.

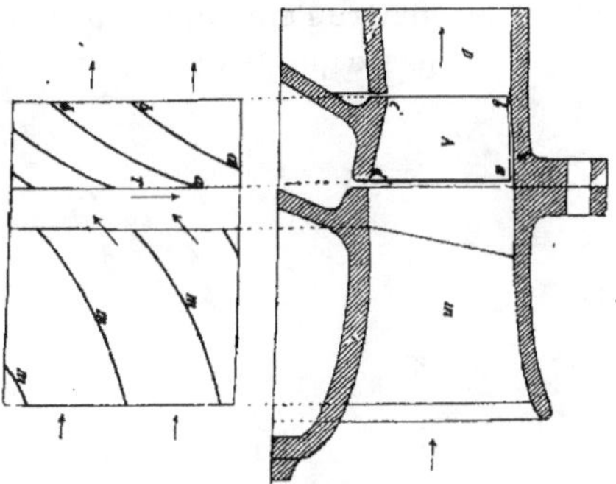

Fig. 644.

1101. Cette classe de ventilateurs ne convient qu'aux mines larges où ils permettent d'obtenir un grand débit sous une faible dépression ; ils trouvent des emplois dans la ventilation des locaux fermés, des tunnels et des navires, où ils présentent l'avantage d'être peu encombrants et peuvent être mus à grande vitesse par commande électrique.

1102. 4° VENTILATEUR CENTRIPÈTE-CENTRIFUGE. — Le ventilateur diamétral de M. Mortier appartient seul jusqu'ici à cette catégorie.

Il se compose d'une double roue tournant dans une enveloppe métallique fixe (fig. 645) s'ouvrant à la périphérie, d'un côté pour recevoir l'air de la mine et de l'autre pour débiter cet air dans une cheminée évasée formant amortisseur. Les deux roues sont séparées par une cloison médiane.

Des noyaux solides fixés aux parois latérales de l'enveloppe fixe divisent chaque moitié de l'appareil en deux parties. Les ailettes qui se meuvent au-dessus de ces noyaux, étant animées d'un mouvement inverse de celui du courant qui traverse diamétralement l'appareil en dessous des noyaux, ceux-ci soustraient le courant d'air traversant l'appareil à l'influence des ailettes supérieures. La section d'entrée d'air est plus grande que la section de sortie et les milieux de ces sections se trouvent sur une corde passant un peu en dessous de l'axe.

La partie inférieure du coursier forme une vanne, articulée

en B, qui peut plus ou moins s'écarter de la roue, de manière à permettre l'entraînement d'un volume d'air supplémentaire qui ne passe pas par la roue. Cette vanne fournit un moyen de

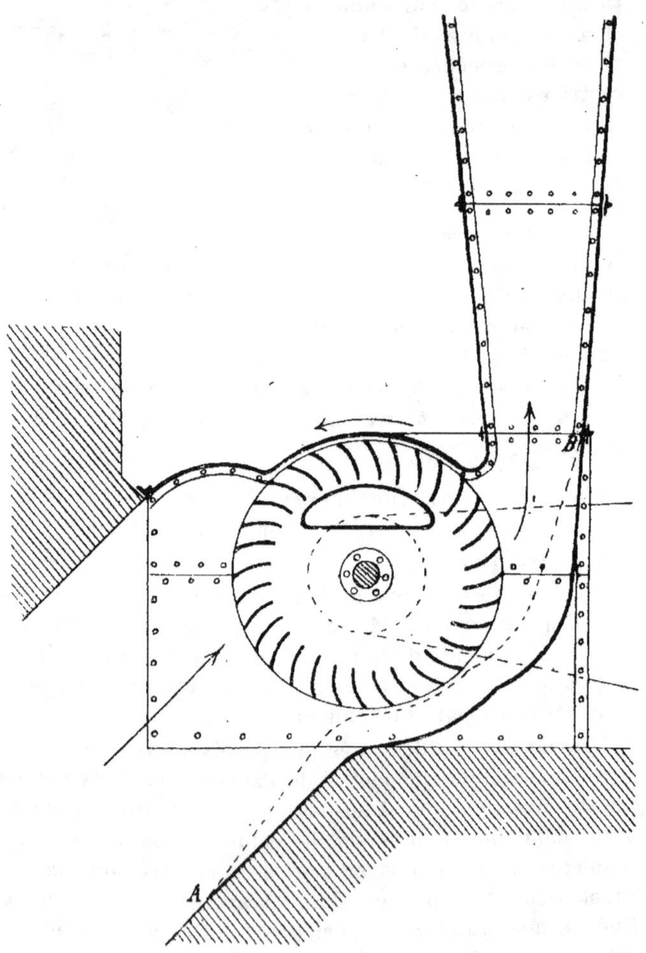

Fig. 643.

réglage, en cas de variation dans l'orifice équivalent de la mine.

1103. L'air entrant dans les aubes de l'appareil avec une vitesse v_0 (fig. 646), dont la direction est déterminée par la courbure du canal d'entrée, prend une vitesse relative w_0 et

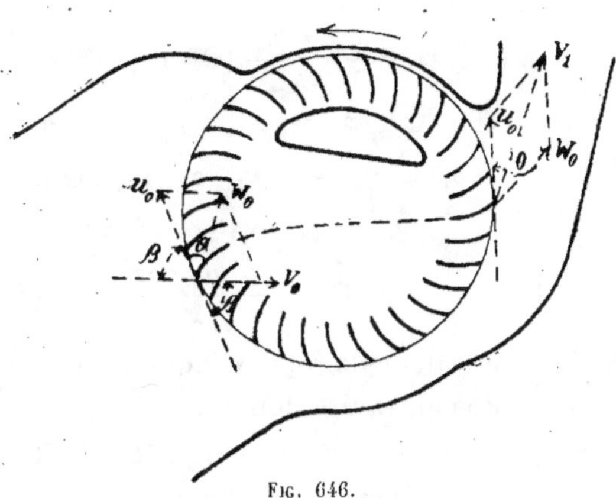

FIG. 646.

conserve sa pression p_0, si l'on fait abstraction des pertes de charge à l'intérieur du ventilateur. Les ailes se terminent normalement à la circonférence intérieure.

Dans son mouvement centripète, l'air doit vaincre l'action de la force centrifuge qui agit pour diminuer la charge totale. Dans la partie centrale de l'appareil, les actions centripètes et centrifuges se compensent; nous n'en tiendrons pas compte et nous passerons au mouvement centrifuge entre les ailes du ventilateur vers la sortie. Ici la charge totale augmente exactement de la même quantité qu'elle a diminué dans le mouvement centripète, de sorte que la pression statique reste la même à la sortie et à l'entrée; il n'y a donc à considérer que la vitesse relative de sortie $(w_1 = w_0)$. Celle-ci se combinant avec la vitesse tangentielle qui est égale à u_0 donne une résultante v_1 qui s'amortit dans la cheminée évasée jusqu'à devenir théoriquement nulle à l'orifice de celle-ci.

En conservant nos notations antérieures, la vitesse d'entrée v_0 fait avec la vitesse u_0 un angle β et la vitesse relative w_0 fait avec la vitesse u_0, prise en sens contraire, un angle θ.

On a donc les relations :

$$\frac{v_0}{\sin \theta} = \frac{u_0}{\sin (\theta + \beta)} = \frac{w_0}{\sin \beta}.$$

En supposant que la pression reste constante dans la traversée de l'appareil et en faisant abstraction de la perte de charge, la dépression théorique sera :

$$H = \frac{v_1{}^2 - v_0{}^2}{2g} \quad (\text{Cf. } n^o \ 1047.)$$

$$v_0{}^2 = u_0{}^2 + w_0{}^2 - 2u_0 \, w_0 \cos \theta.$$

$$v_1{}^2 = u_0{}^2 + w_0{}^2 + 2u_0 \, w_0 \cos \theta.$$

$$v_1{}^2 - v_0{}^2 = 4u_0 \, w_0 \cos \theta.$$

D'où

$$H = \frac{2u_0 \, w_0 \cos \theta}{g}.$$

Cherchons la valeur de β pour laquelle H est maximum.

L'équation de continuité donne :

$$Q = w_0 \, \alpha \, r \, L = w_0 \, \alpha \, R \, L \sin \theta$$

où L est la largeur du ventilateur, r et R les rayons extrêmes des ailes, α l'angle du centre correspondant au secteur d'entrée.

En appelant l_0 la hauteur du canal d'entrée, on peut aussi écrire par approximation :

$$Q = v_0 \, l_0 \, L ;$$

d'où

$$\frac{v_0}{w_0} = \frac{\sin \theta}{\sin \beta} = \frac{\alpha \, r}{l_0} = \frac{\alpha \, R \sin \theta}{l_0}.$$

On en conclut que lorsque les rayons et la courbure des ailes sont donnés, $\dfrac{\sin \theta}{\sin \beta} = \text{constante} = \dfrac{1}{K}.$

$$H = \frac{2u_0{}^2}{g} \frac{K \sin \theta \cos \beta}{\sin \theta \cos \beta + K \sin \theta \cos \theta} = \frac{2u_0{}^2}{g} \frac{K \cos \theta}{\cos \beta + K \cos \theta}$$

expression dont la plus grande valeur correspond à $\beta = 90^\circ$.

L'air doit donc entrer suivant un rayon et le canal d'entrée doit être infléchi en conséquence.

Dans ce cas, $H = \dfrac{2u_0{}^2}{g}.$

On admet généralement $\beta = 70^\circ$ et l'on fait $\theta = 40^\circ$.

En supposant que la roue soit composée de n canaux, la section d'entrée d'un de ces canaux, normale à la courbure des ailes, est :

$$\frac{2\pi\ \mathrm{R}\ l}{n}\ \times \sin\theta.$$

La section de sortie vers le centre est $\dfrac{2\pi\ r\ l}{n}$

En s'imposant la condition que ces sections soient égales pour que w_1 soit $= w_0$, $\mathrm{R}\sin\theta = r$.

$$u_0 = \frac{v_0\sin(\theta+\beta)}{\sin\theta} = \frac{v_0\sin 110}{\sin 40} = \frac{v_0\,0.940}{0.643}.$$

$$u_0 = \frac{v_0}{0.68}.$$

$$w_0{}^2 = v_0{}^2 + u_0{}^2 - 2u_0\,v_0\cos\beta.$$

En posant $v_0 = 0.68\,u_0$ et $\cos\beta = \cos 70 = 0.34$, on voit que $u_0 = w_0$.

On a donc
$$\mathrm{H} = \frac{2u_0{}^2}{g}\cos\theta = 1.53\,\frac{u_0{}^2}{g}.$$

1104. On arriverait au même résultat, en partant de la formule générale :

$$\mathrm{H} = \frac{u_1{}^2}{g} - \frac{u_1\,w_1\cos\gamma}{g} - \frac{u_0\,v_0\cos\beta}{g}.$$

En remplaçant u_1 par : $u_0 = w_1 = w_0$ et v_0 par $0.68\,u_0$, et en faisant $\cos\beta = 0.342$, on a :

$$\cos\gamma = -\cos\theta = -0.766.$$

$$\mathrm{H} = \frac{u_0{}^2}{g}\left(1 - \frac{2}{3}\,0.342 + 0.766\right) = \frac{u_0{}^2}{g}\,1.53.$$

1105. La vitesse absolue de sortie v_1 est donnée par :

$$v_1{}^2 = u_0{}^2 + w_0{}^2 + 2u_0\,w_0\cos\theta = u_0{}^2 + u_0{}^2 + 2u_0{}^2\cos 40.$$
$$= 2u_0{}^2(1 + 0.7),$$

d'où
$$v_1 = 1.88\,u_0 = 2.82\,v_0.$$

On voit donc qu'il y a multiplication de vitesse.

La condition $r = \mathrm{R}\sin\theta$ donne $r = 0.643\,\mathrm{R}$, règle de construction nécessaire pour obtenir la multiplication ci-dessus. On prend souvent $r = 0.70\,\mathrm{R}$. Une autre valeur des angles β et θ correspondrait à une multiplication moindre ou plus grande.

La dépression théorique dépassant ici $\dfrac{u_0{}^2}{g}$, on devrait s'attendre à un pouvoir déprimant considérable. Les expériences faites en Westphalie ont donné comme maximum 1,1 et 0,94, et une moyenne de 0,76.

Le fait que la pression statique est la même à l'entrée et à la sortie garantit contre toute rentrée d'air, à part celle que provoque le mouvement des ailes à la partie supérieure du ventilateur.

1106. Le ventilateur Mortier se construit sous des dimensions de 0^m.60 de diamètre sur 0^m.60 de largeur, jusqu'à 2^m.40 de diamètre sur 1^m.90 de largeur.

Un ventilateur Mortier de ces dernières dimensions donne $Q = 55^{m3}$ pour $h = 136^{m/m}$, à 290 tours, avec un rendement mécanique $= 0,68$, pour un orifice équivalent de 1^{m2} 80.

Le rapport $\dfrac{R.}{\sqrt{O_{cq}}}$ est égal dans ce type à 1,75.

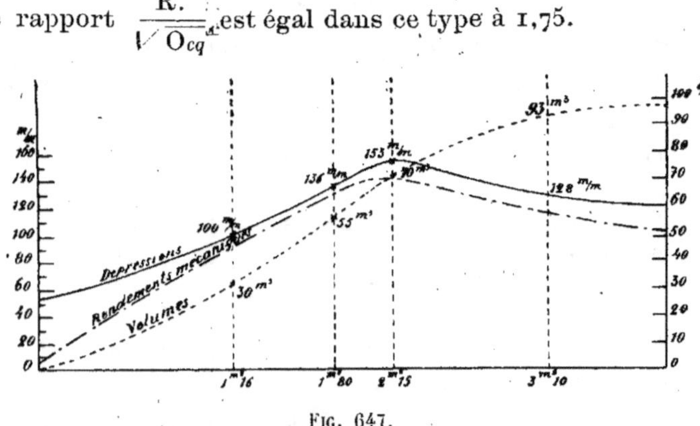

FIG. 647.

La fig. 647 donne le résultat d'expériences faites à Lens sur un ventilateur Mortier de 2^m.40 de diamètre sur 1^m.90 à la vitesse de 290 tours. Le rendement mécanique ne dépasse pas celui des autres types de ventilateurs. La moyenne des expériences faites en Westphalie a donné 0.546.

1107. **Expérimentation des ventilateurs.** — La plupart des expériences publiées par Devillez, Guibal et les anciens auteurs avaient simplement pour but de constater les volumes et les dépressions obtenus, en faisant varier le nombre de tours d'un ventilateur.

Ces expériences démontraient que, pour une mine donnée, les volumes sont proportionnels aux carrés des nombres de tours et les dépressions proportionnelles aux racines carrées de ces nombres.

Si les résultats obtenus s'écartent parfois des deux lois ci-dessus, cela provient en général, abstraction faite des erreurs d'expérience, de l'influence perturbatrice de l'aérage naturel.

Lorsqu'on détermine, en même temps, les rendements mécaniques, on constate en général que ceux-ci augmentent avec le nombre de tours, jusqu'à ce que le travail utile atteigne une certaine limite correspondant au travail moteur pour lequel l'installation de force motrice a été prévue.

1108. M. Murgue a inauguré un autre mode d'expérimentation généralement adopté aujourd'hui. Il consiste à mesurer le volume et la dépression obtenus en faisant varier l'orifice équivalent de la mine, au moyen d'une porte à guichet, à partir de zéro, jusqu'à mettre l'ouie du ventilateur en communication aussi directe que possible avec l'atmosphère. Si l'on veut se mettre absolument à l'abri de l'influence de l'aérage naturel, on peut même expérimenter le ventilateur sur un orifice en mince paroi. On trace, d'après ces expériences, les courbes caractéristiques des volumes et des dépressions. Les expériences se font à des nombres de tours différents, mais on cherche autant que possible à ne pas s'écarter de la vitesse périphérique normale, qui pour la plupart des ventilateurs est de 20 à 35 m. On ramène ensuite le volume et la dépression au même nombre de tours au moyen des lois de proportionnalité ci-dessus énoncées.

On dresse alors deux tableaux. Le premier se rapporte aux *Résultats observés*. Voici les entêtes des colonnes de ce tableau :

Nº de l'exp.	Conditions de l'expér.	Nombre de tours par minute		Dépr. h	Vol. Q	Tu. Qh	T. ind.
		Machine	Ventilat.				

Le second se rapporte aux *Résultats calculés*. Voici les entêtes de ses colonnes :

No de l'exp.	Orifice équivalent	Volume	Dépression ramenés à la vitesse normale	Dépr. théor. H	$\dfrac{u^2}{g}$	Rend. man.	Pouv. man.	Rend. méc.

Indépendamment des courbes caractéristiques des volumes et des dépressions, on peut tracer d'autres courbes ayant aussi pour abscisses les orifices équivalents, soient par exemple celles des rendements mécaniques, des rendements manométriques, etc.

L'ensemble de ces courbes permet de juger de l'adaptation du ventilateur à la mine ou à comparer entre eux différents types de ventilateurs, au point de vue de leur adaptation à une mine donnée.

Pour juger de l'adaptation d'un ventilateur à une mine donnée, on examinera si l'ordonnée correspondant à l'orifice équivalent de cette mine donne un volume satisfaisant pour la dépression correspondante. Si l'ordonnée de dépression maximum correspond à l'orifice équivalent de la mine que l'on considère, on obtiendra le rendement manométrique maximum qui correspond généralement aussi au rendement mécanique maximum, lorsque la machine motrice travaille à sa force.

Nous avons donné (fig. 632) les courbes caractéristiques d'un ventilateur Guibal de 6 m. et (fig. 647) celles d'un ventilateur Mortier.

On remarquera que certains systèmes donnent des courbes caractéristiques très surbaissées, de sorte que les maxima ne varient guère pour des orifices équivalents très différents, tandis que d'autres systèmes donnent des courbes présentant des sommets plus accusés, ce qui indique un champ d'adaptation moins vaste. Ces derniers sont en général les ventilateurs de petit diamètre à allure rapide ([1]).

([1]) Voir expériences de M. Macquet sur un ventilateur Rateau (*Rev. Univ.* 3e série, t. **XX**); de M. François sur le Ser (*Bull. de l'Ind. des min.*, t. **XV**, 2e série 1886); de M. Murgue sur le Guibal (Id. t. **X**); sur les ventil. anglais (Id. t. **XIII**); de la Commission prussienne du grisou (t. III, 3e série); sur les vent. de Westphalie. (*Ann. des mines*, t. X, 1886.)

La proportionnalité du rayon et des autres dimensions d'un même type de ventilateur à la racine carrée de l'orifice équivalent peut être déduite des courbes caractéristiques de différents ventilateurs d'un même type.

EXTRACTION PAR LE PUITS D'AÉRAGE.

1109. Dans le but d'augmenter la production, il arrive fréquemment que l'on arme le puits d'aérage, de manière à faire par ce puits une partie de l'extraction (cf. n° 231). A moins d'y établir un compartiment étanche de retour d'air, le puits d'aérage doit, dans ce cas, être fermé, de manière à empêcher les rentrées d'air, au moment des manœuvres des cages d'extraction.

Les moyens employés pour réaliser cette fermeture sont les suivants :

1110. 1° **Clapets Briart.** — Le puits est fermé par un couvercle ou clapet au travers duquel passe le câble d'extraction (fig. 648). Ce câble passe ordinairement lui-même à travers un coulisseau qui suit les oscillations du câble et recouvre l'ouverture centrale du clapet principal (fig. 649).

Au dessus du canal d'accès au ventilateur, le puits est revêtu d'une gaine en bois dans laquelle le fond de la cage fait obturation, au moment où elle arrive au jour. Cette obturation remplace celle du clapet qui, en ce moment est soulevé par une pièce attachée au câble au dessus de la cage, de manière à rendre libre l'orifice du puits.

Lorsque la cage arrivant au jour soulève le clapet, il en résulte un choc nuisible au câble. On peut amortir ce choc jusqu'à un certain point, en équilibrant le clapet par des contrepoids ou des ressorts qui sont habituellement soulevés ou comprimés par suite de la dépression régnant sous le clapet.

On peut aussi remplacer le coulisseau central par un petit clapet qui est enlevé d'abord ; l'équilibre de pression s'établissant alors sur le grand clapet, le choc sur ce dernier est fort atténué (disposition Galloway, Pays de Galles).

Lorsque les clapets Briart sont appliqués avec des taquets à soulèvement, il peut arriver, au moment du soulèvement de la cage, que l'obturation cesse et qu'il y ait rentrée d'air ; les clapets

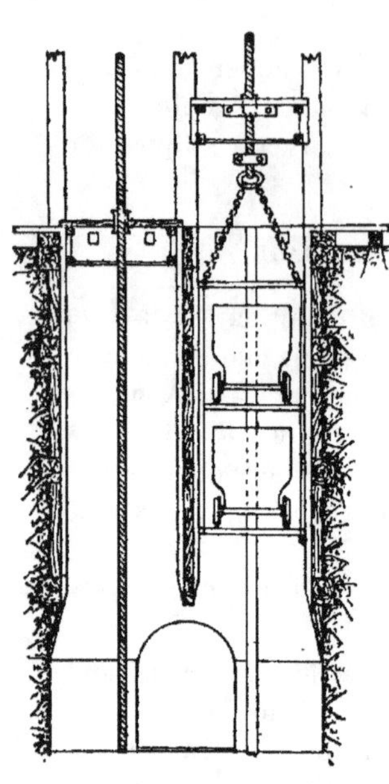

Fig. 648.

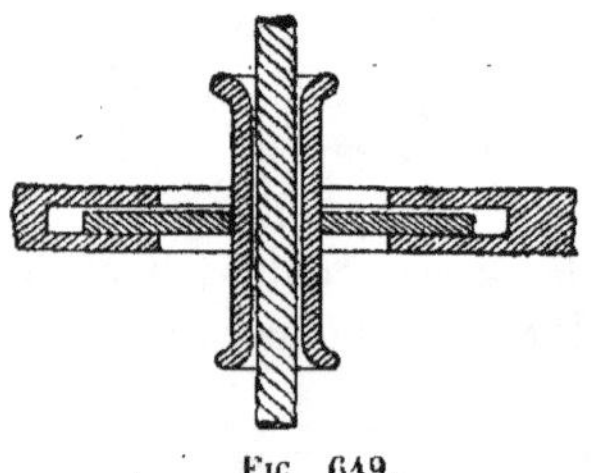

Fig. 649.

à abaissement sont à ce point de vue préférables, mais on peut remédier à l'inconvénient signalé, en munissant la cage d'un double fond.

Les clapets Briart sont aujourd'hui très fréquemment employés, parce qu'ils fournissent la solution la plus simple du problème, mais on leur reproche d'user les câbles et de donner de grandes rentrées d'air après quelque temps de service.

IIII. 2° *Recette étanche avec sas à air*. — En munissant le puits d'aérage d'un sas à l'intérieur duquel se fait la recette, les manœuvres s'effectuent sous la dépression due au ventilateur. Ceci est facile à réaliser, lorsque la recette se fait par une galerie, à une certaine profondeur en dessous de l'orifice du puits qui peut dans ce cas être muni de clapets Briart, formant obturateurs fixes dans lesquels passent simplement les câbles. Deux portes dans la galerie de recette constituent entre elles le sas.

Quand la recette doit se faire au niveau de l'orifice du puits, on peut surmonter le puits d'une tour étanche en bois ou en métal (fig. 650), au pied de laquelle on établit de même une galerie artificielle formant sas. Ce sas doit être double, afin d'être disposé pour l'extraction des wagons pleins allant en C au triage et la rentrée en B des wagons vides. Un second sas inférieur O sert à la circulation du personnel et à la descente des bois. Un réservoir M sert à l'écoulement des eaux.

L'inconvénient est que les manœuvres se font sans que le mécanicien voie les cages, mais cet inconvénient n'est pas grave et existe dans nombre d'installations normales. Cette disposition est toutefois loin de présenter la simplicité de la précédente.

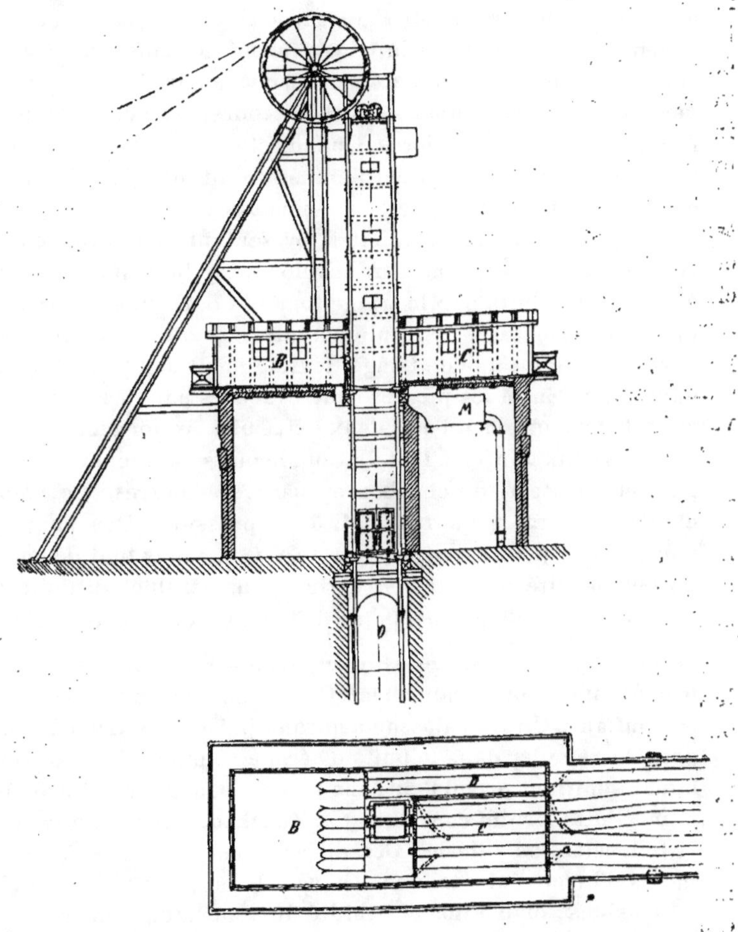

Fig. 650.

1112. 3° *Bâtiment de recette et triage étanche*. — La solution précédente ne peut être adoptée dans le cas où le puits d'aérage est destiné à une extraction intensive. Celle-ci devient en effet impossible, en raison des pertes de temps occasionnées par l'ouverture et la fermeture des portes du sas, qui est d'ailleurs d'autant moins étanche que cette manœuvre se répète plus souvent. C'est dans ces conditions que M. Bentrop, ayant à établir un puits d'aérage, avec double machine d'extraction, à la mine Neumühl, près d'Oberhausen, se résolut à placer, non seulement la recette, mais le triage lui-même dans un bâtiment étanche, d'où les wagonnets n'ont pas à sortir. Les menus provenant du triage tombent dans des tours, fermées à la partie inférieure par des glissières. Quand celles-ci sont ouvertes pour évacuer les menus, ces derniers suffisent pour produire une obturation suffisante. Les tout-venants sont évacués par un tambour distributeur à ailettes, présentant toujours deux de celles-ci engagées dans son enveloppe cylindrique. Les gros charbons produits par le triage tombent dans une caisse à eau formant fermeture hydraulique. Ils sortent de cette caisse portés par une table de triage flexible, dont l'extrémité plonge dans l'eau. Enfin les pierres sont évacuées par des tours pourvues de fermetures à leurs deux extrémités et formant sas.

Après deux années d'installation, le puits de Neumühl produit par jour 1.800 t. de charbon et 500 t. de pierres. Le volume d'air est de 125 m³ à 120 mill. de dépression. Des jaugeages n'ont donné qu'une rentrée d'air de 2 ¹/₄ °/₀, mais tout dépend ici de l'étanchéité d'une construction considérable, difficile non seulement à réaliser, mais plus difficile encore à maintenir.

1113. **4° *Ventilateurs souterrains*.**—Enfin on peut installer le ventilateur souterrainement. Ce ventilateur peut être aspirant ou soufflant. Un ventilateur aspirant puise l'air dans la mine pour le refouler dans le puits d'aérage (Shamrock). Un ventilateur soufflant prend l'air dans le puits pour le refouler dans la mine (Puits Arnim et Wilhelm, à Zwickau, mines Deutschland et Schlesien, en Silésie). Ces dispositions présentent d'autant moins d'inconvénients que les ventilateurs sont de moindres dimensions; mais l'inaccessibilité du ventilateur, en cas d'accident, peut faire naître un danger.

Au Bois de Luc, on projette d'établir un ventilateur aspirant à 530 m. qui refoulera dans le puits d'aérage disposé pour l'extraction; dans le but d'éviter que cet air vicié n'arrive à la recette, on se propose de créer un second retour d'air à 37 m. de profondeur avec un second ventilateur aspirant, dont la marche sera réglée de manière à empêcher l'air de la mine de monter à la recette et même à aspirer un peu d'air de la surface.

1114. Il a été fait à Monceau-Fontaine d'intéressantes expériences sur l'influence que la circulation des cages dans le puits d'air exerce sur l'aérage.

Les cages étant immobiles aux deux puits, le débit était de 18 m³ 14. Les cages étant en mouvement au puits d'extraction et immobiles au puits d'aérage, le débit était de 18 m³ 19. Les cages étant en mouvement au puits d'aérage et immobiles au puits d'extraction, le débit était de 18 m³ 35. Enfin les cages étant en mouvement aux deux puits, le débit tombait à 17 m³ 80. On peut donc en conclure que l'influence perturbatrice exercée sur l'aérage par l'extraction par le puits d'aérage est peu sensible.

Aménagement général de l'aérage.

1115. Nous nous occuperons dans ce dernier chapitre des questions multiples qui sont à résoudre au point de vue de l'aménagement général de l'aérage.

1116. 1° *Détermination du volume d'air*. — Les bases de cette détermination sont nombreuses, mais difficiles à préciser. Le volume d'air doit être suffisant pour noyer le grisou dans une quantité d'air pur, propre à le rendre inoffensif et suffisante pour que la température ne soit ni pénible, ni débilitante, et pour que la vitesse ne dépasse pas 2 m. à 2^{m}50 au maximum.

Les bases ordinairement appliquées sont le nombre d'ouvriers, la production ou l'étendue des travaux. Dans un local fermé, il est facile de fixer un chiffre, en tenant compte du nombre de personnes et de lumières : Morin indique celui de 100 m³ par heure et par personne ; mais dans une mine, le nombre de personnes, de chevaux, de lumières est parfois la cause de viciation de l'air la moins importante. En Belgique, le règlement du 28 avril 1884 se borne à dire qu'il faut un courant suffisant d'air pur et l'on s'en tient généralement à une instruction aux ingénieurs en chef datée du 15 septembre 1873, qui indique la base de 30 à 50 litres par seconde et par ouvrier du poste le plus nombreux, ou 30 à 40 litres par seconde et par tonne extraite en 24 heures.

Dans des autorisations de dérogation aux règlements, on

impose comme maximum, en Belgique, par ouvrier du poste le plus nombreux, 75 litres par seconde, mesurés à l'entrée de la galerie.

Ce chiffre est fortement dépassé dans les mines profondes où il faut lutter contre l'accroissement de température :

Au n° 11 de Marcinelle (986 m.), on dispose de 109 l. par sec.
 » 10 de l'Agrappe (1000 m.),   »   123 l. »
 » 18 des Produits (1150 m.),   »   269 l. »

Pour que le travail soit tolérable dans les mines profondes, il convient que la température ne dépasse pas 40° au sommet de la dernière taille avec une vitesse de 2 m. à $2^m.50$. (Une certaine vitesse du courant est nécessaire pour rafraîchir l'ouvrier par l'évaporation de la transpiration.) M. S. Stassart estime que dans un chantier à 1500 m. de profondeur, il faudra compter sur 273 l. par ouvrier à veine, 120 par ouvrier de fond, 9^{m3} par 100 tonnes extraites.

En France, les règlements exigent en m^3 par seconde $^1/_{10}$ à $^1/_{20}$ de l'extraction journalière en tonnes, ce qui revient de 50 à 100 litres par tonne extraite.

En Westphalie, les règlements exigent 33 litres par seconde et par ouvrier et 165 litres par seconde et par cheval du poste le plus nombreux.

1117. La Commission prussienne du grisou avait proposé une base plus rationnelle, en demandant que le volume d'air fût déterminé de telle sorte que la proportion d'anhydride carbonique et de méthane dans le retour d'air général ne dépassât pas 1.5 %. D'après l'avis de M. Le Châtelier, cette proportion serait trop forte, parce que 1.5 % de gaz dans le retour d'air général supposerait une teneur dangereuse dans certains retours d'air partiels. M. Le Châtelier ne voudrait pas admettre plus de 0.50 % CH^4 dans le retour d'air général, décelés au moyen de lampes grisoumétriques.

1118. Dans l'évaluation du volume, il faut tenir compte des pertes d'air que l'on constate dans toutes les mines, mais plus spécialement dans celles où les courants entrant et sortant sont séparés par des portes, comme c'est fréquemment le cas dans les mines anglaises où les grands volumes de 100 m^3 et même de 170 m³ (Seeham), constatés à l'entrée, sont loins de pouvoir être constatés aux chantiers.

Il en est de même dans une mesure moindre, en Belgique, notamment lorsque les puits d'entrée et de sortie de l'air sont rapprochés.

Des expériences de Hamal et Schorn [1] montrent que les pertes à travers les fissures du terrain sont très appréciables.

Au puits n° 7 de Bellevue, ils ont jaugé :

Profondeur.	Volume.	Dépression.
surface.	5m350	31.50 m/m.
390 m.	3m330	
430 m.	2m352	5.8 m/m.

Ces chiffres indiquent une perte de 55 % entre la surface et le fond du puits. La perte entre deux points est d'autant plus grande que la différence de pression entre ces points est plus grande. C'est ce qui explique que la perte par les remblais entre la voie de roulage et la voie d'aérage d'un étage n'est pas importante, parce que la différence de pression n'est elle même pas considérable.

1119. 2° **Division du courant d'air.** — Autrefois les chantiers successifs d'une mine de houille étaient alimentés par un seul et même courant, partant d'une galerie à travers bancs pour revenir à cette même galerie, divisée longitudinalement par une cloison.

Aujourd'hui l'on divise le courant d'air en autant de branches qu'il y a de chantiers et les différentes subdivisions du courant se réunissent dans une galerie unique de retour d'air. Cette disposition présente des avantages importants au point de vue de la réduction de la force motrice employée à la ventilation et au point de vue de la sécurité de la mine.

1120. A) *Economie de force motrice.* — La perte de charge dans une galerie de longueur L, de périmètre P et de Section A est donnée par :

---

[1] *Annales des travaux publics de Belgique*, t. XXII.

$$h_1 = K\,\frac{PLQ^2}{A^3},$$

d'où
$$Q = \sqrt{\frac{h_1 A^3}{KPL}}.$$

Soit le courant divisé en n parties de longueur $\dfrac{L}{n}$. Le volume Q se partage entre ces n galeries de sorte que chacune reçoit $q = \dfrac{Q}{n}$.

La perte de charge est dans ces conditions
$$h_2 = K\,\frac{PLq^2}{nA^3}, \; = K\,\frac{PLQ^2}{n^3A^3},$$

d'où
$$h_1 = n^3 h_2.$$

On voit que les dépressions à créer sont, dans ce cas, en raison inverse du cube du nombre de divisions.

1121. Ce qui précède suppose que chaque division du courant d'air ait la même longueur. Il n'en est pas ainsi en pratique et il en résulte que les divisions du courant présenteront des résistances très inégales. L'aérage devant être réglé pour la plus grande résistance, il faut, pour que chaque circuit reçoive un volume d'air convenable, créer sur chacun des résistances artificielles. C'est ce qui se fait au moyen de *portes de répartition*; un guichet pratiqué à la partie supérieure de la porte permet d'en régler l'ouverture de passage. Ce guichet doit avoir toute la largeur de la porte; son ouverture est maintenue par un cadenas. Dans les mines à grisou et notamment dans les mines à dégagements instantanés, ces portes seront placées sur les galeries de roulage. Elles y gènent, il est vrai, la circulation; mais d'autre part, en cas d'accident, il importe que les galeries d'aérage restent libres pour permettre l'évacuation des gaz nuisibles et éviter le renversement du courant d'air. Les portes placées sur les voies d'aérage peuvent de plus y provoquer la présence d'accumulations de grisou.

1122. Indépendamment des portes de répartition, il existe aussi, dans les mines, des *portes d'obturation* employées pour établir la séparation entre deux courants. Elles doivent fermer bien hermétiquement. En Westphalie, elles sont souvent munies à cet effet d'une garniture de caoutchouc s'appliquant sur un cadre métallique.

Ces portes sont souvent doubles ou même triples. Sur les voies où le roulage est actif, elles doivent être doubles et leur intervalle forme sas. Il importe donc que l'une des deux portes soit fermée, quand on ouvre la seconde. Ces portes sont toujours disposées sur gonds inclinés, de manière à retomber d'elles-mêmes. Quelquefois un gamin est préposé à l'ouverture et à la fermeture des portes. Ces portes sont alors désignées sous le nom de *portes gardées*. Dans le bassin de St-Etienne, il existe plusieurs systèmes de portes doubles rendues solidaires au moyen de mécanismes, en vertu desquels une des portes se ferme dès que l'autre s'ouvre.

1123. B) *Sécurité*. — La sécurité provenant de la division du courant provient de la moindre vitesse de l'air, de l'assainissement plus parfait des chantiers et de la localisation des accidents éventuels.

Le courant ne doit pas en général dépasser une vitesse de $2^m.5o$. Dans les bacnures d'entrée d'air, on peut cependant admettre une vitesse plus grande, parce que l'air n'est pas vicié ; d'ailleurs les sections, qui sont en général assez grandes, s'opposent à ce que la vitesse prenne une valeur dangereuse.

En ce qui concerne l'assainissement des chantiers, la division du courant d'air est favorable, puisque chaque chantier reçoit un courant non encore vicié, contrairement à ce qui se produirait si la division n'existait pas. L'absence de division obligerait de plus à aérer par rabat-vent les chantiers de retour, ce qui est toujours dangereux dans les mines à grisou.

Enfin l'indépendance des chantiers, au point de vue de l'aérage, localise les accidents et empêche notamment qu'une perturbation de l'aérage, affectant l'un des chantiers, s'étende à tous les autres.

1124. 3° **Sens du courant**. — Tout renversement est évidemment nuisible, puisqu'il fait affluer l'air vicié dans la mine. Les renversements de courant ne se produisent que dans les mines à aérage naturel ou après un coup de feu.

1125. **4° *Courant ascensionnel.*** — L'augmentation de température, la vapeur d'eau et le grisou tendant à diminuer la densité de l'air circulant dans la mine, l'air a une tendance naturelle à s'élever. Si l'aérage n'est pas ascensionnel, il en résulte une augmentation de résistance. De plus le grisou s'accumule dans les parties hautes, comme au fond d'une cloche, et ne se mélange à l'air que par diffusion.

Mais il y a des cas où il est difficile d'éviter, sinon un rabat-vent, du moins un aérage descendant : par exemple dans les travaux préparatoires effectués par montage, dans les successions de dressants et de fausses plateures, dans les cas où la pression des terrains empêche la création d'une galerie d'aérage, dans ceux où l'on veut éviter le percement d'une longue bacnure, etc. L'emploi de l'aérage descendant sera, dans ces cas, subordonné à la présence du grisou en plus ou moins grande abondance et aux précautions spéciales qui pourront être prescrites.

1126. **5° *Aérage des travaux préparatoires.*** — Dans l'aérage des travaux préparatoires, il faut éviter le mélange des courants entrant et sortant. On y obvie en divisant en deux la galerie par une cloison en bois, en briques ou en toile goudronnée; on crée ainsi un *royon* de retour d'air. Les cloisons ne peuvent être tolérées que dans les travaux où l'on ne saurait s'en passer.

Le règlement belge exige que les deux puits soient foncés au même niveau, avant d'entreprendre aucun travail en veine; de cette manière, on peut ne pas avoir recours à la cloison qui devrait être placée dans le cas d'un puits unique. La cloison ne sert d'ailleurs que jusqu'à ce que la communication d'aérage soit établie dans une couche; le royon devient alors inutile. Les cloisons en briques sont en tout cas préférables aux cloisons en bois; mais quelqu'elles soient, il est bien difficile de leur donner une étanchéité suffisante et en cas d'explosion, elles peuvent se renverser et rendre la situation critique.

Si les débits ne sont pas considérables, on peut se contenter d'établir, dans la galerie, un *kerné*, succession de coffres en bois de $0^m.35$ sur $0^m.60$, s'emboitant les uns dans les autres, ou simplement des *canars*, tubes en tôle ou en zinc de 0ᵐ.20 à 0ᵐ.5o de diamètre, quelquefois elliptiques pour moins encombrer la section des galeries. En Allemagne, on emploie souvent des tuyaux en tôle ondulée, plus résistants et plus légers, malgré leur diamètre, qui doit être un peu plus grand que celui des tuyaux lisses, pour compenser l'augmentation de perte de charge résultant de l'ondulation.

Quelquefois encore on procède aux travaux préparatoires en veine au moyen de galeries jumelles séparées par un remblai bien serré.

1127. L'emploi des canars est souvent combiné à celui des portes à guichets pour forcer l'air à aérer le fond d'un percement en cul-de-sac (fig. 651).

Nous avons vu (cf. n° 964) qu'un guichet donne lieu à une perte de charge :

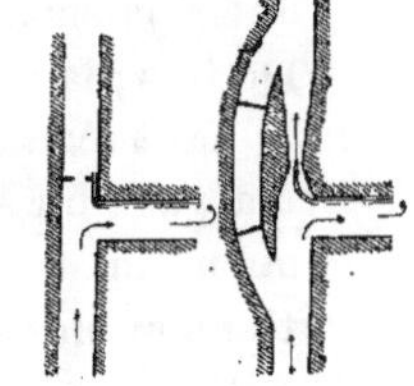

$$h = \frac{(V - v)^2}{2g}\, \delta = \frac{v^2 \left(\dfrac{S}{\mu s} - 1\right)^2}{2g}\, \delta.$$

M. Petit a remplacé, aux mines de St-Etienne, certaines portes à guichet par des coffrages en bois en forme d'ajutage convergent-divergent ; la perte de charge est moindre, mais ce système ne peut être appliqué que si la galerie ne sert pas au roulage ; il faudra, dans ce cas, une galerie latérale avec 2 portes (fig. 652).

1128. 6° **Le serrage des remblais** a une grande importance pour éviter les pertes d'air. Dans les dressants, ce serrage se produit naturellement à la partie inférieure de la taille, mais il n'en est pas de même dans les plateures où le tassement produit, le long du toit, des vides qu'il faut chercher à combler au moyen de matières menues.

1129. 7° **Le remblai doit suivre de près le front de taille,** afin que les ouvriers soient baignés dans le courant d'air frais. Il faut s'imposer pour cela de ne pas laisser une distance de plus de deux avancements journaliers entre le front de taille et le remblai. On peut quelquefois diriger l'air dans les tailles, au moyen de toiles. Il faut en tout cas éviter de créer des rétrécissements qui donnent lieu à des augmentations de vitesse.

1130. 8° ***Maintien de la section des galeries de retour d'air***. — Il ne faut jamais laisser les galeries de retour d'air diminuer de section, parce qu'il en résulte des pertes de charge notables. Il est bon d'y maintenir des voies ferrées pour le transport des pierres qui proviendraient de leur remise à dimension.

1131. 9° ***Plans et registres spéciaux d'aérage***. — Il est utile d'avoir des plans spéciaux d'aérage indiquant la direction des courants et de leurs subdivisions, la situation des portes, la section des galeries, les stations de jaugeage, de rallumage des lampes éteintes dans les travaux, etc. On peut rendre ces plans synoptiques, en teintant différemment les courants d'air pur et d'air vicié, et en donnant aux traits qui les représentent une épaisseur proportionnelle aux volumes qu'ils comportent. De tels plans sont précieux pour l'organisation d'un sauvetage. Il faut également tenir, dans chaque mine, des registres d'aérage où sont consignés les jaugeages, qui doivent se faire au moins une fois par mois, pour se rendre compte des variations subies par les résistances de la mine, ainsi que les observations barométriques et grisoumétriques.

B. — Eclairage.

1132. L'éclairage des travaux souterrains se fait au moyen des gaz hydrocarburés provenant de la résine, du suif, des huiles végétales ou minérales, ou au moyen de l'électricité.

L'éclairage est *fixe* ou *mobile*. L'éclairage ne peut être fixe qu'en certains points. Chaque ouvrier devant s'éclairer individuellement, l'éclairage mobile est de beaucoup le plus répandu.

L'éclairage se fait à *feu nu*, à ciel ouvert et dans les mines sans grisou, ou au moyen de *lampes de sûreté* dans les mines grisouteuses.

1133. ***Eclairage à feu nu***. — A la surface, on emploie quelquefois des torches de résine. On y substitue avec avantage les gazéificateurs Seigle, au moyen desquels on fait barboter dans de l'huile lourde un jet d'air comprimé qui se charge de gaz hydrocarburés et vient brûler sous pression à l'extrémité d'un ajutage.

Dans les travaux souterrains, on emploie le suif, les huiles végétales ou minérales. Le suif s'emploie sous formes de chandelles ou dans des réservoirs où plonge une mêche (*crassets* ou *crachets*).

Les chandelles de suif sont de 24 à 30 au kil. On les fixe souvent dans une pelote d'argile plastique, maintenue très près de la mêche pour empêcher celle-ci de couler. L'argile permet de fixer la chandelle à un boisage, contre la roche ou même au chapeau, qui peut porter pour cela un bouton en bois.

La pelote d'argile est quelquefois remplacée par un support cylindrique en métal, avec poignée et pointe pour fixer la chandelle au boisage ou au chapeau, qui porte dans ce cas deux œillets.

Dans les puits humides, on place la chandelle dans une niche en fer blanc ouverte ou munie d'un verre qui présente toutefois l'inconvénient de s'encrasser et d'assombrir la lumière. Il est toujours prudent de mettre deux chandelles dans une même niche.

Les crassets où l'on brûle du suif ont l'inconvénient de donner beaucoup de fumée et de chaleur.

L'emploi de l'huile est à ce point de vue préférable. Le choix entre l'huile végétale et minérale est une question de prix; on fait souvent des mélanges, dans un but d'économie.

1134. Les lampes à feu nu sont de diverses formes qui se distinguent les unes des autres par leur solidité, leur légèreté et leur prix. La capacité du réservoir doit permettre d'alimenter la flamme pendant 12 heures. Elles sont munies d'un crochet en fer permettant de les porter et de les fixer au boisage ou même au rocher. Pour travailler dans les puits humides, on recouvre la flamme d'un petit toit en fer blanc qui la protège contre les gouttes d'eau, mais qui intercepte la clarté vers le haut. Elles sont munies de mouchettes et parfois d'un réflecteur. La forme du réservoir est généralement plate, cylindrique allongée ou analogue au réservoir d'une lampe de sûreté. La forme plate, de section ovoïde, est en somme la plus commode.

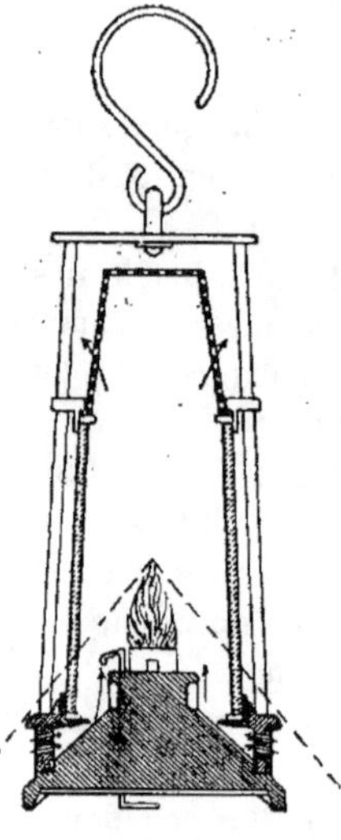

Fig. 653.

1135. En Belgique, on a remplacé les lampes à feu nu, dans les mines non grisouteuses du Centre, par la lampe Bainbridge, type anglais à flamme couverte, qui ne peut d'ailleurs en rien prétendre au titre de lampe de sûreté (fig. 653). La flamme est entourée d'un long verre conique; l'alimentation d'air est inférieure à ce verre et les produits de la combustion s'échappent à la partie supérieure par une toile métallique de 100 mailles au cent. carré. Cette lampe pèse o k. 970 ; elle a, sur les anciens crassets employés dans le Centre, l'avantage de donner moins de fumée et de chaleur et en outre de réduire de ²/₃ la consommation d'huile. Elle consomme par heure 4,9 grammes d'huile de blanc de baleine à 60 francs les mille kil.

1136. ***Éclairage de sûreté.*** — Les lampes à feu nu doivent être absolument proscrites dans les mines à grisou.

Pour éclairer celles-ci, on a proposé de nombreuses sources de lumière : corps et mélanges phosphorescents, chaux, écailles d'huîtres calcinées (phosphore de Canton), peinture Balmain au sulfure de calcium (employée pour des bouées visibles à 90 m. de distance en mer), mercure agité dans le vide dans un tube de verre, etc. Tous ces moyens sont insuffisants.

Il faut encore signaler les rouets en acier tournant sur silex, employés en 1760 à Whitehaven, puis dans le bassin de Newcastle, et supprimés en 1825, à la suite d'un accident de grisou dû à leurs étincelles, survenu aux houillère de Hebburn.

1137. ***Lampe Davy.*** — Le principe de la lampe de sûreté a été trouvé par Sir Humphrey Davy, en 1815, par l'étude des propriétés refroidissantes des tubes et des toiles métalliques. L'action refroidissante des tubes est telle que si l'on considère la flamme produite par un mélange de grisou à 11 %, sa vitesse de propagation diminue, à partir de $0^m.50$, dans un tube de $0^m.05$ de diam., jusqu'à devenir nulle, dans un tube de $0^m.0032$, où la flamme s'éteint après avoir pénétré de $0^m.030$. On peut donc substituer à un tube un trou de $0^m.0032$, foré dans une tôle de $0^m.03$ d'épaisseur.

Les premières lampes de Davy étaient en effet enveloppées d'une tôle perforée, dont l'action refroidissante ne permettait pas à la flamme de passer à l'extérieur. Mais cette tôle perforée présentait une trop grande proportion de parties pleines interceptant la lumière.

Pour y remédier, Davy y substitua une toile métallique dont les mailles jouent le même rôle que les trous de la tôle perforée. Les toiles métalliques sont définies par leur nombre de mailles au centimètre carré ; leur pouvoir éclairant par le rapport des vides à la surface totale. Le côté du carré de chaque maille étant a et le diamètre du fil étant d, le vide de chaque maille est $(a - d)^2$ et le rapport des vides à la surface totale est $\dfrac{(a - d)^2}{a^2}$.

Dans la toile de 144 mailles au centimètre carré, ce rapport est de 0.36 ; dans celle de 225 mailles au centimètre carré, il est de 0.40.

L'échauffement de la toile métallique réduit et peut même annuler son action refroidissante. C'est ainsi qu'au rouge sombre (650°), aucune toile métallique n'est de sûreté, quelle que soit la finesse de ses mailles. Rappelons que 650° est la température d'inflammation du grisou.

La vitesse de propagation de la flamme produite par une explosion de grisou à l'intérieur de la lampe dépend de la nature et des proportions du mélange explosif. Plus cette vitesse est grande, plus la sécurité diminue. L'agitation de l'air a aussi une influence, car elle peut augmenter la vitesse de propagation de la flamme. C'est ainsi qu'un courant d'air suffisamment rapide, un mouvement de la lampe, peuvent provoquer le passage de la flamme à travers une toile qui serait de sûreté dans un air calme.

1138. La lampe Davy définitive se compose d'un réservoir en fer surmonté d'une enveloppe cylindrique en toile métallique, renforcée à la partie supérieure qui entoure la flamme (fig. 634). Le tout est ordinairement maintenu par une armature

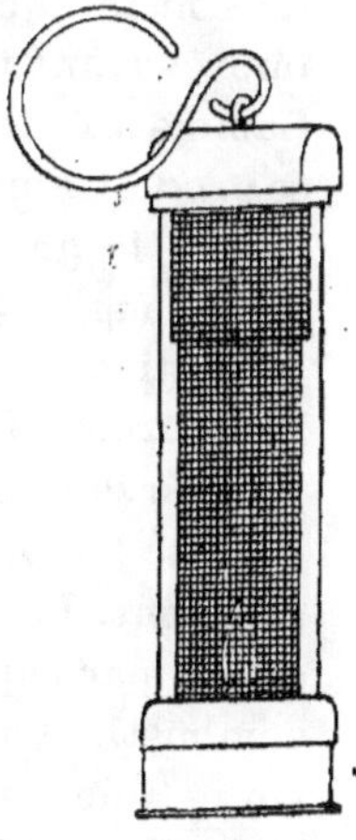

FIG. 634.

à barreaux, qui empêche d'enlever la toile métallique. Il existe d'ailleurs de nombreuses variantes dans la construction de ces lampes.

L'alimentation d'air se fait latéralement, à travers la toile métallique; les produits de la combustion s'échappent par le haut de l'enveloppe, de sorte que les mailles du dessus peuvent être plus larges qu'à la partie inférieure; dans certaines lampes Davy, on remplace même la toile métallique du dessus par une calotte en tôle de cuivre perforée, moins sujette à l'usure

Pour que la lampe Davy soit de sûreté, il faut que la toile métallique ait 225 mailles au centimètre carré et encore n'est-elle de sûreté que pour une faible vitesse du courant d'air. Des expériences ont montré que dans un mélange de gaz d'éclairage et d'air, la lampe Davy cesse d'être de sûreté pour une vitesse de 1^m50 par seconde, et que dans le grisou, la sûreté de la lampe cesse dans un courant de 1^m70 à 2 m. de vitesse. Or ces vitesses peuvent être facilement atteintes dans les mines.

On augmente la sécurité de la lampe, en la munissant d'une double toile métalllique, mais il en résulte naturellement une plus grande absorption de lumière.

1139. Quand le grisou prend feu dans la lampe, l'enveloppe en toile métallique se remplit de flamme. Si à ce moment l'ouvrier imprévoyant jette sa lampe, il peut en résulter un passage de flamme à l'extérieur. Il faut au contraire, lorsque ce phénomène se produit, abriter la lampe, pour arrêter l'accès de l'air extérieur; car si le grisou continue à brûler dans l'enveloppe, celle-ci peut rougir et perdre ses propriétés protectrices, surtout si l'agitation de l'air déplace les produits de la combustion qui l'entourent. La lampe Davy ne résiste pas dans ces conditions plus de 20 minutes.

Cette lampe présente également l'inconvénient de s'encrasser aisément. La région de l'enveloppe voisine de la mêche s'encrasse par capillarité. L'huile et la poussière forment une pâte combustible qui obscurcit la lumière et peut même prendre feu. On nettoie les toiles métalliques en les flambant; mais on peut ainsi les oxider et provoquer la formation de trous qui suppriment toute sécurité.

Les toiles métalliques de la lampe Davy sont d'ailleurs fort exposées à se trouer par suite de coups de pic, chutes de pierres, etc.

Son seul avantage est la facilitéq u'elle offre pour déceler le grisou, mais cet avantage est largement compensé par ses inconvénients. Les accidents de grisou n'ont pas rigoureusement disparu après l'introduction de la lampe Davy. Aussi fut-il proposé un prix, en Angleterre, pour un perfectionnement de cette lampe. La lampe Upton et Roberts, primée en 1835, a perdu aujourd'hui tout intérêt pratique; mais elle est intéressante, parce que l'on y voit pour la première fois un verre entourant la flamme, une cuirasse protégeant la toile métallique contre les courants d'air, ainsi qu'un système d'alimentation inférieure, fréquemment usité aujourd'hui.

En 1838, apparut en France la lampe Du Mesnil que son poids et son volume condamnaient d'avance, mais où l'on trouve, pour la première fois, la cheminée intérieure que nous verrons réapparaître dans la lampe Mueseler.

1140. **Lampe Mueseler.** — La lampe Mueseler qui ne cesse de compter parmi les meilleures lampes de sûreté, fit son apparition, à Liége, en 1841.

Cette lampe (fig. 655) se compose d'un réservoir cylindrique de plus grand diamètre que celui de la lampe Davy, surmonté d'un verre; au dessus du verre, un diaphragme horizontal en toile métallique porte en son centre une cheminée intérieure conique. Cette cheminée est recouverte d'une enveloppe en toile métallique; le tout est réuni et maintenu par une armature métallique.

Cette armature forme une cage à 4 barreaux de fer à la partie supérieure et à 6 barreaux de laiton poli, propres à réfléchir la lumière, à la partie inférieure. Le verre doit résister au choc et à la chaleur, c'est pourquoi l'on emploie du verre recuit. Dans ces conditions, ce verre se brise difficilement; une goutte d'eau froide, un choc peuvent l'étoiler, mais les morceaux restent en place. Le verre est muni à ses extrémités de douilles

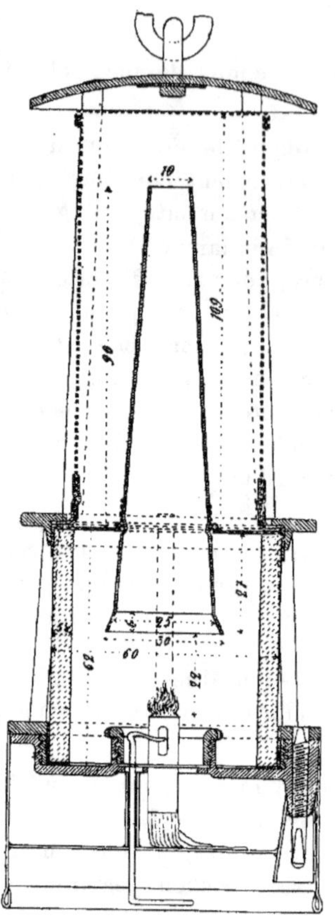

FIG. 655.

en laiton pour obtenir une certaine élasticité au contact des pièces serrantes.

1141. Il importe que ce serrage soit très parfait, pour ne pas nuire à la sécurité de la lampe. C'est pourquoi, en Angleterre, le verre est serré, au moyen d'une virole, se vissant dans l'écrou qui réunit l'armature au réservoir (fig. 656).

1142. Le caractère de la lampe Mueseler réside dans son mode d'alimentation. L'air pénètre dans la lampe au-dessus du verre, en passant par deux

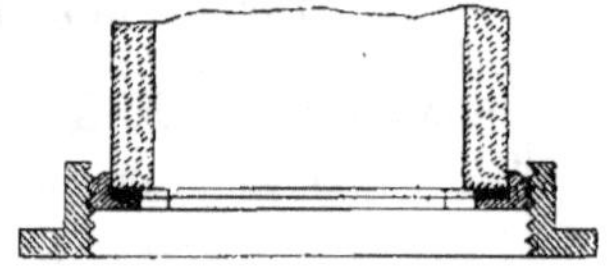

FIG. 656.

toiles métalliques successives, et les produits de la combustion s'échappent par la cheminée et la partie supérieure de l'enveloppe en toile métallique. Si le grisou vient à faire explosion dans la lampe, la section de la cheminée est insuffisante pour évacuer les produits de la combustion. Ceux-ci tendent à franchir le diaphragme en toile métallique et s'opposent à l'alimentation d'air frais. Il s'ensuit que la lampe Mueseler s'éteint dans un mélange explosif.

1143. Les avantages de cette lampe sont les suivants :

1° Sa sécurité résulte du fait de l'extinction dans les mélanges grisouteux et de la double garantie que présentent les deux toiles métalliques.

2° Ces toiles sont assez éloignées du réservoir pour ne pas se graisser ; il en résulte que leur nettoyage est facile ; il suffit de les brosser, ce qui ne les expose pas aux détériorations auxquelles la toile de la lampe Davy est sujette.

3° La lampe Mueseler est plus économique que la Davy au point de vue de la consommation d'huile. On a constaté autrefois que les rapports des consommations d'huile de ces deux lampes étaient de $\frac{58}{63}$ gr. dans le Hainaut et de $\frac{82}{89}$ gr. par jour dans le Bassin de Liége ([1]).

4° La lampe Mueseler résiste à des courants de 3 à 4 m. par seconde. Un léger courant d'air active même la combustion, mais ralentit l'extinction de la lampe dans un mélange grisouteux. Un courant de plus de 3 à 4 m. chasse la flamme à travers les toiles métalliques. Revêtue d'une cuirasse, la lampe Mueseler résiste à des courants de 13 à 14 m. par seconde.

1144. Les inconvénients sont d'autre part les suivants :

1° La lampe Mueseler s'éteint, lorsqu'on l'incline, parce que l'alimentation tend à se renverser. Les produits de la combustion s'élevant verticalement s'accumulent sous le diaphragme et s'opposent à l'entrée de l'air frais qui tend alors à s'introduire par la cheminée. En redressant à temps la lampe et en soufflant sur elle, on peut rétablir la circulation primitive. Un balancement lent n'a pas le même effet qu'une inclinaison durable, parce que les effets se neutralisent.

2° Dans un courant ascendant, la lampe Mueseler s'éteint, parce que ce courant empêche l'alimentation d'air et produit une tendance au renversement, par la succion qui se produit sur l'enveloppe en toile métallique. Cet inconvénient se produit notamment, lors de la descente aux échelles. On peut y porter remède, en munissant la lampe d'un abat-jour en fer blanc.

3° Dans un courant descendant, il y a également tendance au renversement et la sûreté de la lampe diminue. Il en est de même dans les courants obliques ou tourbillonnants.

4° Lors d'une explosion interne, il peut arriver que malgré l'extinction de la lampe, le gaz continue à brûler sous le

---

([1]) *Annales des Travaux publics*, t. XV.

diaphragme. Ce peut être une cause d'accident, parce que le verre peut se briser ou le diaphragme rougir. Dans un courant d'une certaine vitesse, la flamme est alors plus facilement chassée à l'extérieur des toiles métalliques.

5° La lampe Mueseler éclaire mal au dessus et en dessous d'elle, par suite de l'ombre portée par le chapeau et par le réservoir.

6° Au point de vue de la recherche du grisou, la lampe Mueseler est peu favorable, parce que l'auréole pénètre dans la cheminée et que l'on ne peut mesurer sa hauteur. On corrige souvent ce défaut en faisant *petit feu*, c'est-à-dire en réduisant la flamme à un point lumineux; mais alors la lampe devient moins sûre, parce qu'un plus grand volume de gaz peut s'accumuler dans la lampe, et même dans la cheminée intérieure, avant que l'explosion interne se produise; celle-ci devient donc plus dangereuse. Le miroitement du verre empêche d'ailleurs de voir nettement l'auréole.

1145. L'administration belge des mines a déterminé minutieusement les dimensions que la lampe Mueseler doit posséder pour présenter le maximum de sécurité. Ces dimensions constituent la *lampe Mueseler type*, seule autorisée en Belgique, par le règlement du 28 avril 1884, dans les mines à grisou de 2e et 3e catégories.

La lampe Mueseler type présente les dimensions suivantes (voir fig. 655) :

Diamètre extérieur du verre : 60 mm. avec tolérance de 1 mm. en plus ou en moins.

Epaisseur du verre : 5 1/2 mm. avec tolérance de 1/2 mm. en moins ou 2 en plus.

Hauteur maxima du verre, y compris la douille inférieure : 62 mm.

Diamètre maximum intérieur de la cheminée à la base : 30 mm.

Id. id. id. à la naissance de l'évasement : 25 mm.

Hauteur de l'évasement : 26 mm.

S'il n'y a pas d'évasement, le diamètre maximum de la base est de 26 mm.

Diamètre de l'orifice supérieur : 10 mm.

Cette dernière dimension est considérée comme la plus importante, car c'est elle qui règle l'écoulement des produits de la combustion. On a constaté que les lampes Mueseler de construction anglaise, dont la cheminée à un orifice supérieur de 14 mm., transmettent l'inflammation à l'extérieur pour des vitesses inférieures à 3 à 4 m.

Hauteur de la cheminée au dessus du diaphragme : 90 mm. avec tolérance de 2 mill. en plus ou en moins.

Hauteur de la cheminée en dessous du diaphragme : 27 mill. avec mêmes tolérances.

Hauteur de la base de la cheminée au sommet du porte-mêche : 22 mill. avec tolérance de 2 mill.

Hauteur de la toile métallique enveloppe : 109 mill.

Cette toile est de 144 ou 225 mailles au cent. carré, avec fil de $^1/_3$ mill. dans le premier cas et de $^1/_4$ mill. dans le second.

1146. Les autres lampes autorisées en Belgique par le règlement de 1884 sont les suivantes :

1° La lampe dite *de porion*, autorisée dans les mines à grisou de première catégorie, peut être dérivée de la lampe Mueseler par suppression du diaphragme et de la cheminée intérieure. Pour augmenter sa sécurité, on la munit d'une double enveloppe en toile métallique de 144 mailles au cent. carré. Les courants entrant et sortant ne sont pas séparés : il en résulte que le gaz explosif qui pénètre dans la lampe, se mélangeant aux produits de la combustion, atténue la violence d'une explosion interne; mais cette lampe ne s'éteint pas brusquement, lorsque cette explosion se produit. Elle ne résiste pas non plus dans des courants d'air rapides. Elle porte en Belgique le nom de lampe de porion, en raison de la facilité qu'elle présente au point de vue de la recherche du grisou.

Le type primitif de cette lampe, en Belgique, est la lampe Boty qui ne différait de la lampe de porion actuelle que parce que l'alimentation s'y faisait, à la base du verre, par une couronne en cuivre percée de trous capillaires. Cette couronne s'encrassait aisément, ce qui l'a fait supprimer. La lampe de porion est très répandue en Angleterre sous le nom de lampe Clanny.

2° La lampe Mueseler-Godin, autorisée pour les chefs-mineurs, surveillants, ouvriers employés aux réparations des puits, se distingue de la Mueseler en ce que la cheminée intérieure y est prolongée inférieurement par un cône en verre, s'arrêtant à quelque distance du réservoir. Les courants entrant et sortant y sont donc nettement séparés. Cette lampe peut s'incliner sans s'éteindre, mais le verre intérieur se noircit et, comme il est plus mince que l'autre, il se brise aisément.

3° Les surveillants et boute-feu d'avaleresse sont seuls autorisés à se servir encore de la lampe Davy.

1147. Les lampes exclusivement alimentées aux essences minérales ne sont autorisées jusqu'ici en Belgique qu'à titre d'essai, par crainte des vapeurs hydrocarburées qui pourraient se dégager du réservoir.

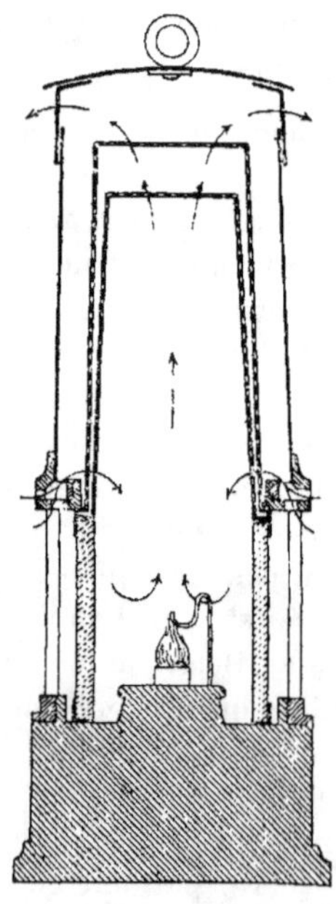

Fig. 657.

On tolère cependant des mélanges d'huile végétale et minérale qui sont plus économiques que l'huile végétale pure.

1148. ***Lampe Marsaut.*** — En France, la faveur des exploitants de mines à grisou se partage entre la lampe Mueseler et la lampe Marsaut. Certains charbonnages employent aussi la lampe Fumat.

La Lampe Marsaut est analogue à la lampe belge de porion avec double ou triple toile ; elle est recouverte d'une cuirasse pourvue de fentes à la partie inférieure, pour l'introduction de l'air, et de trous à la partie supérieure, pour l'évacuation des produits de la combustion (fig. 657). Cette lampe ne s'éteint pas, quand on l'incline ; comme toute lampe cuirassée, elle résiste aux courants rapides, ainsi qu'aux courants ascendants, descendants ou obliques, mais elle ne s'éteint pas brusquement dans le grisou.

M. Marsaut a déterminé strictement par expérience les dimensions qu'il convient de donner à cette lampe pour obtenir le maximum de sécurité.

Il insiste notamment sur l'avantage que présente un faible volume intérieur par rapport à la surface des toiles métalliques, avantage déjà reconnu, en Angleterre, pour la lampe Davy dont

le diamètre est fort inférieur à celui de nos lampes de sûreté.
Il insiste aussi sur l'élévation du porte-mèche au-dessus du
fond de la lampe, qui permet la formation d'un coussin d'air
vicié pour amortir la violence d'une explosion interne; M. Marsaut rappelle à ce propos l'expérience de MM. Mallard et
Le Chatelier qui ont obtenu des explosions moins violentes, en
enflammant un mélange explosif, contenu dans un tube fermé à
un bout, près de l'orifice de ce dernier.

Il est à remarquer que cette conclusion ne s'applique pas
à la lampe Mueseler, parce qu'en élevant le porte-mèche, on
rapproche la flamme de la base de la cheminée et que l'on
facilite ainsi la sortie des produits de la combustion.

En conséquence des observations précédentes, M. Marsaut
a muni sa lampe d'un verre très épais et d'une mèche de gros
calibre, qui contribuent à diminuer sa capacité intérieure.

La lampe Marsaut est de construction plus simple et plus
robuste que la lampe Mueseler, mais son poids et son prix sont
plus élevés. Elle pèse 1 k. 60, tandis que la Mueseler ne pèse que
1 k. 25. On reproche à la cuirasse d'empêcher de voir les toiles
métalliques. On peut à vrai dire rendre la cuirasse amovible;
mais lorsqu'elle est enlevée, on se trouve en présence d'une
lampe moins sûre en somme que la Mueseler.

1149. *Lampe Wolf à benzine.* — En Allemagne, la lampe
la plus répandue est la lampe Wolf, lampe de porion à simple
ou double toile, alimentée à la benzine qui imbibe de l'ouate
contenue dans le réservoir : 12 gr. d'ouate absorbent 100 gr. de
benzine. L'avantage de cette lampe est son pouvoir éclairant
considérable et constant, ainsi que la facilité du nettoyage. La
sécurité dépend des dimensions des différentes parties de la
lampe, de là le nom de lampe *normale*, donné par la Commission
prussienne du grisou, à un type dont les dimensions ont été
rigoureusement déterminées par expérience.

La lampe Wolf est à alimentation supérieure, comme notre
lampe de porion, ou à alimentation inférieure. Cette dernière
est représentée fig. 658.

L'air pénètre dans la lampe par de nombreuses chicanes et par
une double toile métallique. Le verre est surmonté d'une double
toile métallique qui peut être protégée par une cuirasse, semblable à celle de la lampe Marsaut, ou par une simple armature.

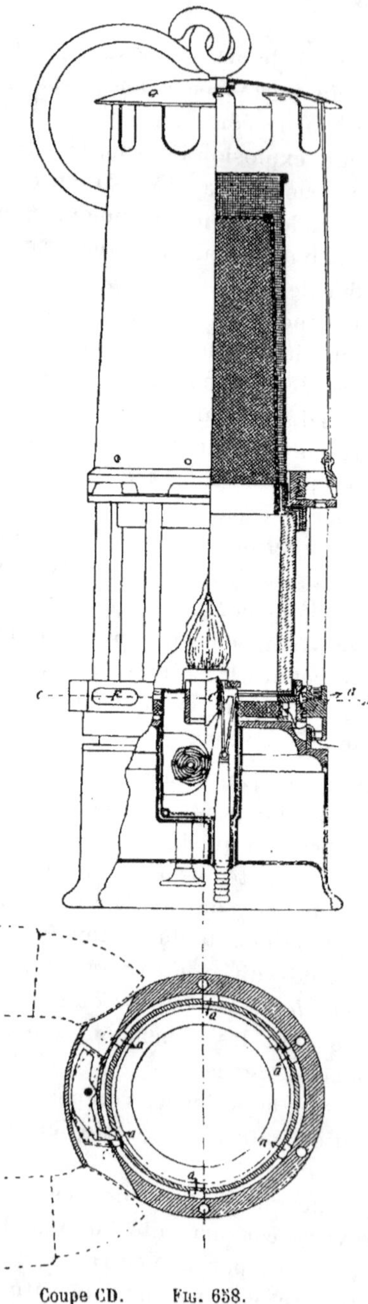

Coupe CD.   Fig. 658.

A la suite d'expériences de la Commission française du grisou, la lampe Wolf, ainsi que les lampes Mueseler, Marsaut et Fumat, transformées en lampes à essence, viennent d'être admises dans les mines grisouteuses, par une circulaire datée du 9 janvier 1903.

1150. La manipulation de la benzine n'étant pas sans danger, il faut éviter le contact de cette essence et de l'air et empêcher tout excès de remplissage des lampes. C'est ce qu'on réalise au moyen de l'appareil fig. 659. Un récipient placé sur un socle en fonte èst muni sur son pourtour de trois petits réservoirs a en verre, de contenance correspondant à la consommation journalière d'une lampe. Chacun de ces réservoirs communique avec le récipient par un robinet à 3 voies c dont les positions 1 et 2 correspondent au remplissage du réservoir et de la lampe. Un tube t part du réservoir a, s'élève à la hauteur du récipient, puis redescend exactement au niveau b de l'ajutage que l'on fait pénétrer dans le pot de la lampe à remplir. Ce tube sert à l'échappement de l'air pendant le remplissage du réservoir a; il présente en s une petite soupape qui se ferme dès que ce réservoir est rempli.

Il sert également à l'échappement de l'air pendant le remplissage du pot de la lampe et comme son extrémité *b* plonge dans ce pot au même niveau que l'ajutage, en cas d'excès de remplissage, cette extrémité se ferme et l'écoulement ne peut plus avoir lieu.

Les lampisteries à benzine doivent en tout cas être isolées des autres bâtiments de la mine.

L'emploi de la benzine donne une économie de 5o °/₀ par rapport à l'huile végétale sans mélange.

1151. *Expérimentation des lampes de sûreté*. — Le passage de la flamme, à travers les toiles métalliques des lampes de sûreté peut être provoqué : 1° par la vitesse du courant d'air, sans qu'il y ait explosion interne, (c'est ce que les allemands caractérisent par l'expression *Durchblasen*) ; 2° par la violence d'une explosion interne (*Durchschlagen*).

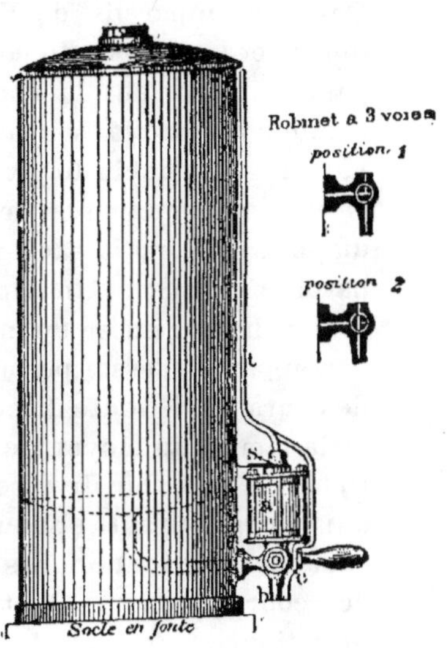

Fig 639.

De là deux modes d'expérimentation, pour éprouver la résistance que les lampes présentent dans l'une ou l'autre de ces circonstances.

Les expériences dans des courants animés de vitesses plus ou moins grandes ont d'abord été faites en Angleterre sur des mélanges détonants de gaz d'éclairage et d'air ([1]).

Ces expériences se font, en soumettant les lampes à l'action du courant dans un canal en bois ou en tôle de 0ᵐ3o de hauteur sur 0ᵐ2o à 0ᵐ25 de large, en face de fenêtres en verre épais permettant d'observer. Le canal est placé dans une chambre obscure et muni de clapets de sûreté.

On sait que les expériences faites sur le gaz d'éclairage sont trop rigoureuses, comparativement aux expériences sur le

---

([1]) *Annales des Trav. publics*, t. **XXVI**.

grisou (cf. n° 907). Aussi a-t-on souvent répété depuis lors ces expériences, en formant le mélange détonant au moyen de méthane artificiel (Mallard et Le Chatelier) ou de grisou capté, comme on le fait actuellement à la station d'essais, établie à Frameries par l'administration belge des mines. Dans les appareils de Frameries, le dosage du mélange détonant et la vitesse du courant sont réglés par un jeu de soupapes placées sur la conduite d'arrivée du grisou et par la manœuvre de la soupape et de l'aiguille d'un aspirateur Kœrting. Le débit du grisou et de l'air sont déduits de l'observation manométrique des pressions de part et d'autre d'un diaphragme, en faisant passer le gaz par un orifice à mince paroi (cf. n° 987). Un appareil mélangeur permet d'obtenir une grande homogénéité du mélange de gaz.

L'appareil d'essai permet d'observer l'action sur les lampes de courants de toute direction. On fixe pour cela le réservoir de la lampe au moyen de vis calantes dans un anneau susceptibles de recevoir diverses inclinaisons. On peut aussi déterminer des courants obliques ou verticaux, en intercalant sur le canal des parties obliques ou verticales, pour étudier l'influence des courants montant et descendant et des changements de direction.

L'appareil de Frameries permet de plus d'expérimenter les systèmes de rallumage intérieur, commandés dans ce cas par une tige que l'on peut manœuvrer de l'extérieur.

La lampe Mueseler résiste à d'assez grandes vitesses, quand le courant est horizontal. Elle résiste moins bien aux courants verticaux, obliques ou tourbillonnants. Une Commission officielle a enregistré, en 1868, en Belgique [1], sur 226 expériences, dans le gaz d'éclairage, dont 111 à des vitesses inférieures à 6 m., 2 cas d'explosion à 3^m5o de vitesse, et 9 cas d'explosion à 4^m5o de vitesse, dont 2 dans des courants inclinés. Dans des expériences faites en Angleterre avec du grisou, on a reconnu que la Davy cesse d'être de sûreté à 2 m. de vitesse, à moins d'être revêtue d'une cuirasse. Dans ce dernier cas, elle résiste jusqu'à 3 et 4 m., tandis que la Mueseler cuirassée résiste à des courants

---

[1] *Ann. des Trav. publics*, t. 31.

de 13 à 14 m. et la Marsaut à 20 m. de vitesse. La Marsaut résiste en outre mieux aux courants obliques et verticaux. Il en est de même de la lampe Wolf à alimentation inférieure.

1152. Un genre spécial d'expériences, dans un milieu stagnant, a été imaginé par M. Marsaut. Il consiste à plonger la lampe de bas en haut dans une cloche de 25 litres ouverte par le bas et remplie de gaz d'éclairage, puis à la retirer brusquement dans l'air ambiant. La lampe est portée pour cela sur un socle mobile équilibré et guidé, de manière à la plonger dans le gaz d'éclairage en l'élevant et à l'en retirer, en la faisant descendre.

Si on laisse la lampe assez longtemps plongée dans le gaz, elle s'éteint faute d'aliment ; mais lorsqu'on la retire à temps, il s'y forme instantanément, par suite de l'entrée d'air, un mélange détonant et il peut s'y produire une explosion interne assez violente pour que la flamme en soit chassée avec propagation externe de l'explosion.

Avec la lampe Mueseler, M. Marsaut a obtenu dans ces conditions, à Bessèges, une inflammation externe sur 60 expériences. Les conditions les plus favorables à l'explosion externe sont celles où l'on fait *petit feu* dans la lampe. Il est à remarquer que cette expérience correspond à la pratique suivie pour rechercher la présence du grisou au toit des galeries de mines.

La lampe Marsaut résiste en général très bien à cette expérience, par suite sans doute de la moindre division des courants.

1153. A l'Ecole des mines de Paris, on a enfin observé comment se comportent les lampes dans une petite chambre vitrée, remplie d'un mélange explosif stagnant ou de très faible vitesse et placée sous la hotte d'un laboratoire. On peut faire durer l'expérience pendant plusieurs heures et c'est ainsi que l'on a reconnu que, dans ces conditions qui répondent dans une certaine mesure à celles de chantiers mal aérés, le méthane brûle presque indéfiniment dans la lampe après l'extinction de la flamme en suite de l'explosion.

1154. Il est encore intéressant d'expérimenter le pouvoir éclairant des lampes de mine. Ce pouvoir augmente en effet la sécurité du mineur, notamment au point de vue des éboulements ; une lampe bien éclairante supprime de plus toute tentation d'ouvrir celle-ci pour mieux y voir.

D'après diverses expériences, on a déterminé comme suit les pouvoirs éclairants des lampes de sûreté :

Davy : 0.1 à 0.19 de bougie-type (45 $^{m/m}$ de flamme).

Lampe de porion : 0.59   id.

Lampe Marsaut : 0.68.

Lampe Mueseler : 0.69.

Lampe Wolf à benzine : 1.00.

Lampe à feu nu : 1.40.

Ces pouvoirs éclairants sont des moyennes prises après un certain temps d'allumage. Les pouvoirs initiaux sont plus élevés; mais pour les lampes alimentées au moyen d'huile végétale, même en mélange avec des huiles minérales, la chute du pouvoir éclairant est rapide.

Il faut en tout cas exiger des fabricants un pouvoir éclairant d'au moins 0.60.

1155. ***Fermeture des lampes de sûreté***. — La fermeture des lampes préoccupe avec raison les exploitants. Partout où l'on introduit des fermetures perfectionnées, on remarque qu'un plus grand nombre de lampes sont renvoyées au rallumage à la surface, ce qui prouve à l'évidence qu'auparavant il y avait de nombreuses infractions à la défense de rallumer dans la mine les lampes éteintes. Ces infractions sont peut-être moins nombreuses en Belgique que partout ailleurs; car malgré des systèmes de fermeture souvent imparfaits, les accidents dus aux lampes y sont très peu fréquents.

La fermeture généralement employée en Belgique se compose d'une simple vis à tête carrée dont la manœuvre fait saillir un piton qui réunit le réservoir à la cage. Il faut une clef pour ouvrir la lampe, mais cette clef est si simple qu'on peut trop aisément y suppléer. On a plus rarement recours à de vraies serrures à plusieurs lançants, dites *indécrochetables*, pour lesquelles il faut des clefs spéciales.

Les fermetures perfectionnées rentrent dans trois catégories:

1° La première se caractérise par ce que l'on ne peut ouvrir la lampe sans qu'elle s'éteigne. A cet effet, le dévissage de la lampe ou la simple manœuvre de la vis de fermeture fait rentrer la mèche dans le réservoir, ou bien un contrepoids ou tout autre dispositif empêche d'ouvrir la lampe sans la renverser sens dessus dessous. Ces dispositifs dont le fonctionnement est d'ailleurs en général peu certain, assurent la sécurité au moment de l'ouverture de la lampe; mais ils ne résolvent pas le problème, car ils n'empêchent pas de la rallumer.

2° D'autres fermetures permettent de constater si la lampe a été ouverte. La fermeture au moyen d'un rivet de plomb à tête étampée d'une marque spéciale, proposée il y a longtemps par G. Arnould, inspecteur général des mines belges, est aujourd'hui l'un des systèmes les plus répandus. Le rivet est horizontal ou vertical.

Pour répondre au reproche de devoir allumer plus tôt les lampes, afin de pouvoir les river, M. Dinoire, ingénieur à Lens, a imaginé un ingénieux dispositif qui permet de placer le rivet avant d'allumer la lampe (fig. 660). Le rivet réunit à cet effet un des barreaux de l'armature qui est à cet effet de section rectangulaire, avec un piton à ressort. L'armature munie de ce piton se vissant sur le réservoir, le piton glisse dans une crémaillère à dents obliques d'un côté et droites de l'autre; si l'on essaie de dévisser sans cisailler le rivet, ce piton bute contre la partie droite d'une dent de la crémaillère. En cisaillant le rivet le piton reprend sa liberté et le ressort le fait sortir de l'endenture.

Une disposition analogue est celle de MM. Viala et Catrice représentée fig. 661 : un piton à ressort ferme la lampe, en faisant saillie entre les dents d'une crémaillère faisant partie de l'armature. La rivure se fait sur une pièce qui permet au piton de s'abaisser, en tournant sur son axe.

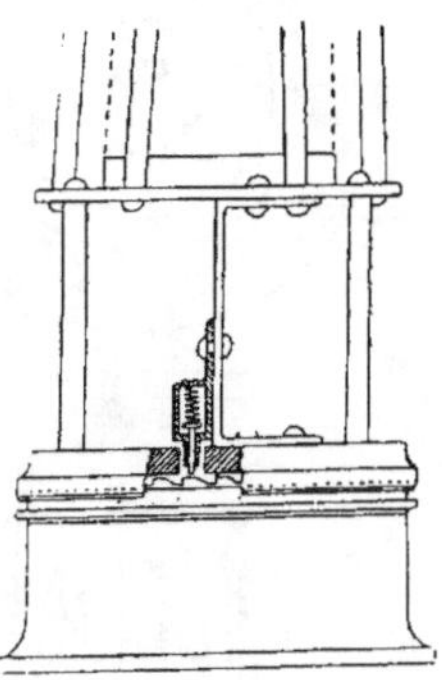

Fig. 660.

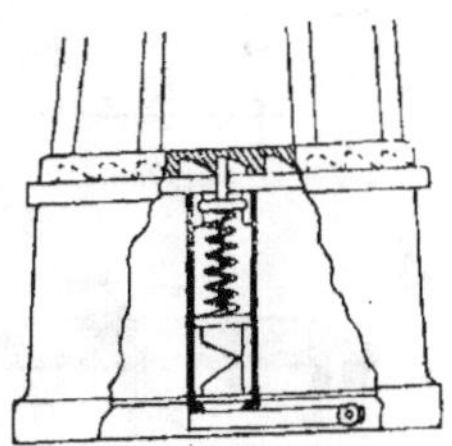

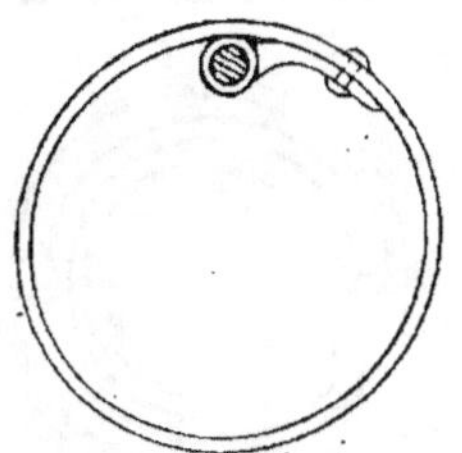

Fig. 661.

3° Enfin on a cherché à résoudre le problème par l'emploi d'appareils spéciaux nécessaires pour ouvrir la lampe et que l'ouvrier ne peut avoir à sa disposition.

A cette catégorie appartient la fermeture magnétique des lampes Wolf où un aimant en fer à cheval s'appuyant sur deux pièces en fer doux F est nécessaire pour retirer une pièce à ressort qui réunit le réservoir à l'armature (fig. 658) en faisant saillie dans une encoche *a*.

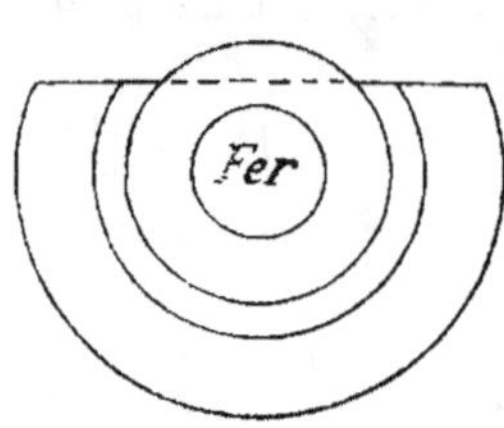

La fermeture magnétique Debus (fig. 662 en grandeur naturelle) adoptée à la Société Cockerill, en est une variante. Elle est constituée par un bouchon dont la tête cylindrique faisant saillie relie l'armature au réservoir. Ce bouchon porte trois crochets à ressort qui empêchent de le retirer. En faisant agir un aimant sur le noyau en fer doux qui forme l'axe du bouchon, l'aimantation de cette pièce fait rentrer les crochets et le bouchon peut être retiré.

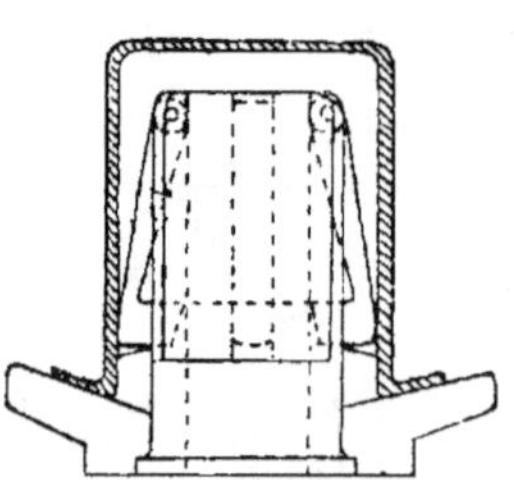

Fig. 662.

Telle est encore la fermeture hydraulique Cuvelier où le retrait de la vis de fermeture est empêché par un ressort analogue au tube spiral d'un baromètre anéroïde (fig. 663). Il faut une pression hydraulique de 58 kil. par cent. carré à l'intérieur de ce tube pour libérer la vis.

On a aussi construit de ces fermetures où la pression d'une pompe à air permet de retirer la vis.

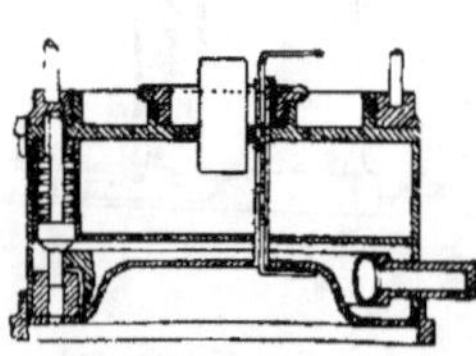

1156. Rallumage des lampes. — Dans les mines qui ne sont pas particulièrement dangereuses, on procède au rallumage des lampes éteintes dans les travaux, en un endroit de la mine (*catterie*) spécialement désigné, près du puits d'entrée d'air.

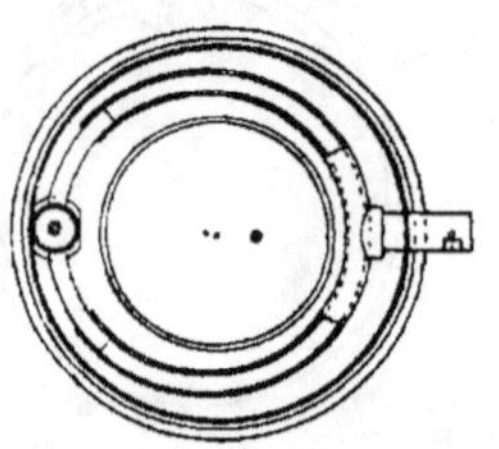

Fig. 663.

Pour les mines à dégagement instantané, le rallumage au jour est prescrit par les règlements de police. On a souvent dans ce cas des dispositifs spéciaux pour le transport des lampes allumées par les cages. On les transporte dans des caisses à ressorts, afin de les soustraire aux chocs sur les taquets. On conserve toujours aux envoyages des lampes allumées en réserve.

Pour éviter le rallumage à la surface, on s'est préoccupé de rechercher les moyens d'allumer les lampes sans les ouvrir.

Les procédés électriques essayés à cet effet sont restés jusqu'ici sans résultats.

On a mieux réussi, en employant des bandes de papier à amorces fulminantes ou fusantes sur lesquelles on fait agir une griffe à friction r (système Wolf, fig. 658) dont le mouvement de bas en haut amène l'amorce à proximité de la mêche et dont le mouvement descendant met le feu à l'amorce, la bande étant retenue par la crémaillère c'. Ce procédé réussit avec la benzine, mais non avec les huiles végétales. Le système Wolf est très employé dans ces conditions en Allemagne et commence à se répandre en France où il est admis, depuis le 9 janvier 1903, dans les mines grisouteuses. Dans d'autres systèmes analogues, l'allumage des amorces s'obtient par percussion.

1157. ***Entretien des lampes.*** — L'entretien des lampes est un point très important, au point de vue de la sécurité; car le moindre défaut d'ajustage peut rendre une lampe dangereuse.

Le nettoyage et l'entretien des lampes, et quelquefois même leur fabrication, se font à la mine.

L'ouvrier reçoit à la lampisterie la lampe allumée et fermée. Quelquefois un surveillant assiste à la distribution et vérifie si les lampes sont en bon état et bien fermées, ce qui se fait en soufflant ou en aspirant, pour voir si le verre ferme hermétiquement.

En Angleterre, on essaie quelquefois les lampes, en les plaçant allumées dans l'axe d'un serpentin qui amène des jets de gaz et entre les spires duquel l'air a accès. En cas de défectuosité, il y a inflammation externe.

Lorsque l'ouvrier a reçu sa lampe, il en est responsable et doit la rapporter allumée et fermée.

Le nettoyage des toiles métalliques demande un soin particulier, parce qu'il peut en résulter des altérations.

Le brossage a sec suffit pour les toiles de lampes Mueseler ou Marsaut. On emploie souvent pour cela des brosses mécaniques rotatives nettoyant la toile extérieurement et intérieurement.

1158. ***Lampes électriques.*** — L'électricité se prête difficilement à un éclairage portatif. On ne peut recourir dans ce cas, à une source fixe d'électricité, parce que les conducteurs sont encombrants et dangereux. Il faut donc que chaque lampe soit munie d'une source d'électricité portative, pile primaire ou secondaire. Ce sont les piles secondaires ou accumulateurs qui paraissent fournir la meilleure solution du problème.

La lampe Sussmann (fig. 664), dite à accumulateur sec, a été essayée avec succès en Belgique aux Charbonnages de Strépy-Bracquegnies et de Crachet-Picquery (Charbonnages belges). Cette lampe se compose de trois parties a, b, c.

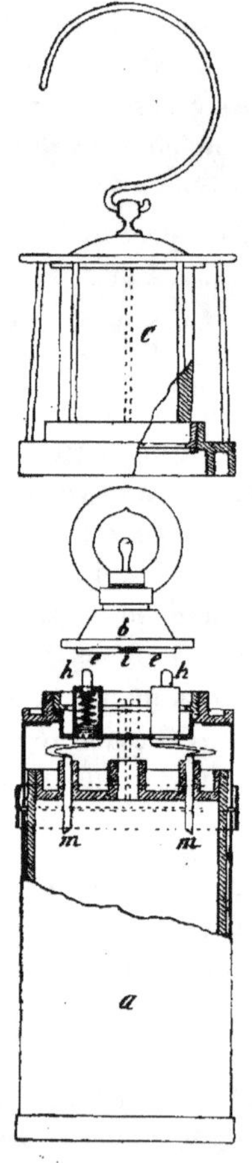

FIG. 664.

L'accumulateur contenu dans une boîte rectangulaire a, en ébonite, de 125 sur 65 et 65 mm. a pour électrolyte de la pâte à papier légèrement imbibée d'acide sulfurique dont le renouvellement s'opère avec facilité. Le tout est contenu dans une double enveloppe en ébonite et en tôle. La boîte a est surmontée d'une petite ampoule à incandescence avec réflecteur, portée par un socle b établissant en e les contacts avec les bornes à ressort h h. Les pièces e sont isolées par une bande d'ébonite i. Un verre cylindrique épais c enveloppe l'ampoule, maintenu par une armature métallique vissée et munie de la fermeture à rivet de plomb de M. Dinoire (cf. n° 1156), de manière à empêcher de mettre l'ampoule à nu.

Le poids de cette lampe est de 2 kil. 15.

En régime normal, elle fonctionne 12 à 16 heures avec un pouvoir éclairant qui n'atteint pas toutefois celui de la lampe à.

benzine. Ce pouvoir éclairant va naturellement en diminuant au fur et à mesure de l'emploi.

La tension est de 4 volts.

Ces lampes résolvent la question de l'éclairage de sûreté, même dans les milieux irrespirables ; mais on leur reproche, comme à toutes lampes à incandescence, de ne pas déceler la présence du grisou. On a proposé pour cela de les munir d'un petit indicateur photométrique analogue au système Liveing (cf. n° 947).

1159. *Éclairage fixe.* — Dans les mines non-grisouteuses, l'éclairage fixe se fait au moyen de feux nus, crachets ou pots à feu. L'éclairage fixe des chargeages se fait, en Belgique, dans les mines à grisou, au moyen de grandes lampes Mueseler, avec réflecteur et réservoir latéral à niveau constant, dont les dimensions sont aussi strictement déterminées que pour l'éclairage portatif.

On emploie quelquefois aussi ces lampes à la surface, aux abords des puits, parce qu'elles ne sont pas influencées par les courants d'air et parce qu'elles sont économiques, au point de vue de la consommation d'huile.

Dans les mines à dégagements instantanés, on éclaire la recette au moyen de réverbères alimentés d'air extérieur.

1160. Le problème de l'éclairage fixe est mieux résolu par l'éclairage électrique, au moyen de lampes à arc, à l'air libre, et par incandescence, dans les locaux et galeries.

L'éclairage du fond peut être réalisé, dans des cas exceptionnels, au moyen de lampes à arc, par exemple dans les ardoisières d'Angers, où l'on exploite encore par vastes chambres souterraines de plus de 2.000 m² de superficie, (cf n° 701) dont la sécurité ne peut être assurée que par un éclairage intense permettant la surveillance des parois (¹) ; de même aux mines de Mechernich (Eifel) où l'on exploite par éboulement les grès bigarrés plombifères, l'emploi des lampes à arc a augmenté, depuis 1883, la production par ouvrier, non moins que la sécurité du travail (cf. n° 758).

(¹) *Ann. des mines*, 7ᵉ série, t. XVII, 1880.

26

Le seul obstacle à l'emploi général de l'électricité, pour l'éclairage des chargeages et des voies principales, est la présence éventuelle du grisou, peu probable d'ailleurs lorsqu'il s'agit du chargeage du puits d'entrée d'air.

C. — **Sauvetage.**

1161. *Incendies souterrains.* Les incendies souterrains sont occasionnés par les lampes, les foyers, les explosifs, l'inflammation du grisou, etc. Les incendies locaux peuvent s'étendre aux couches de houille. Celles-ci peuvent également prendre feu spontanément ou par la sulfatisation de remblais pyriteux et humides.

Il existe des incendies souterrains alimentés depuis des siècles en France, Ecosse, Silésie, Saxe, etc., avec roches présentant des altérations métamorphiques, houilles transformées en coke, minéraux artificiels produits par sublimation. Ces phénomènes sont bien connus dans le Centre et le Midi de la France (Decazeville, Aubin, Commentry, etc.) où l'on rencontre des couches de houille spécialement inflammables.

1162. Les mesures préventives consistent, dans ces cas spéciaux, à choisir des systèmes d'exploitation convenables, exploitation à ciel ouvert, remblais complets au moyen de matériaux venus de l'extérieur, aérage soufflant. On évitera la présence du charbon et des pyrites dans les remblais, les éboulements du toit, lorsqu'il contient des lits charbonneux, ainsi que l'écrasement des piliers de charbon.

Dans certains cas, on peut éviter les incendies, en supprimant complètement les remblais ; dans le cas, par exemple, où l'on n'aurait à sa disposition que des matières pyriteuses, dans une couche humide, et où l'on n'aurait pas à craindre l'éboulement du toit.

1163. Les moyens d'éteindre les incendies souterrains sont variables suivant les circonstances :

1° On peut étouffer l'incendie, en empêchant l'accès de l'air au moyen de digues imperméables en argile ou de muraillements. On fait ainsi la part du feu, mais ces constructions sont souvent très difficiles à établir, à cause de la température élevée et des gaz irrespirables. C'est dans ce cas que l'utilité de ventilateurs réversibles se justifie, pour attaquer successivement le feu de deux côtés opposés. On se sert aussi d'appareils respiratoires et l'éclairage doit se faire au moyen de lampes de sûreté, même dans les mines non grisouteuses, car il peut se produire des mélanges détonnants par distillation du charbon. Si l'on ne peut pénétrer dans les travaux, on se contente parfois de boucher le puits d'entrée d'air; mais ce moyen est extrêmement dangereux, dans les mines à grisou, car il provoque presque immanquablement des explosions (Wynnstay, Anderlues).

2° On peut essayer de noyer la partie incendiée; mais il est rare que l'on puisse suffisamment circonscrire cette dernière, pour ne pas noyer toute la mine. On peut cependant parfois y parvenir au moyen de serrements. On peut même être obligé de recourir à l'inondation complète de la mine, mais cela peut être long et difficile, notamment lorsque l'incendie éclate à un étage supérieur, ou lorsque la mine est très étendue ou en communication avec une autre. M. H. Fayol a pratiqué avec succès l'embouage des feux, en introduisant de la boue liquide par des trous de sonde : l'eau noie dans ce cas l'incendie et l'argile empêche l'accès de l'air.

3° On peut essayer d'étouffer l'incendie, en le noyant dans l'anhydride carbonique. Ce moyen a été employé, en 1844, à l'Agrappe. On a installé sur le puits d'entrée d'air, un calorifère dont les produits de combustion descendaient dans le puits qui était muni d'une fermeture hydraulique; on s'assurait que la mine était noyée d'anhydride carbonique, lorsqu'une lumière s'éteignait au puits de sortie. Lorsqu'on a recours à ce moyen, il faut attendre longtemps avant de rentrer dans les travaux, parce que le feu peut se ranimer au contact de l'air. On a souvent réussi à éteindre un incendie, pris au début, au moyen d'extincteurs à eau chargée d'anhydride carbonique (ancien puits de Bellevue, à Liége) ; on a aussi proposé l'emploi de l'anhydride carbonique liquide. Dans une mine d'anthracite de Pennsylvanie, on a étouffé un incendie, en envoyant pendant un an dans la mine la vapeur de 40 chaudières.

4° Enfin il arrive qu'on puisse procéder à l'arrachage du charbon incandescent, mais il est très exceptionnel qu'on puisse réussir par ce moyen ; car il faut réduire l'aérage au strict nécessaire pour les hommes qui attaquent le feu au moyen de lances à eau, et il arrive généralement que le feu gagne plus vite que l'arrachage.

1164. ***Travaux de sauvetage.*** — Les sauvetages doivent être organisés dans des circonstances si diverses qu'il est pour ainsi dire impossible de donner à cet égard des indications générales. L'organisation d'un sauvetage est essentiellement différente, selon qu'il s'agit d'éboulements ou d'explosions.

Dans le premier cas, la seule règle à suivre, lorsqu'un homme est enseveli sous un éboulement, est d'attaquer ce dernier par le haut, en faisant parvenir à l'homme des liquides nutritifs, lorsque cela est possible. Il y a des exemples de puisatiers qui ont ainsi résisté pendant 20 à 3o jours.

Dans les cas d'explosions de grisou, la question du sauvetage dépend en général du prompt rétablissement de l'aérage.

L'essentiel est en tout cas de ne jamais exposer d'homme pour un sauvetage éventuel, car l'asphyxie des sauveteurs vient trop souvent augmenter le nombre de victimes. Il faut agir méthodiquement, avec sangfroid, et ne jamais permettre que les sauveteurs soient mis en danger.

1165. Après une explosion, on pénétrera dans la mine, dans le sens du courant d'air, en replaçant les portes détruites ou en leur substituant des toiles goudronnées.

Il arrive souvent qu'après une explosion, le courant se renverse et alors le rétablissement de l'aérage est plus difficile.

On a préconisé, dans les mines dangereuses, l'emploi de portes de sûreté, portes flottantes soutenues horizontalement par un bois peu stable, destiné à être renversé par l'explosion, en même temps que la porte permanente, que la porte de sûreté est, dans ce cas, appelée à remplacer (système Verpilleux, Saint-Etienne). Mais il ne faut pas compter, en cas d'accident, sur des dispositions d'un automatisme aussi douteux.

En Angleterre, on a disposé dans des maçonneries des portes de rechange destinées à remplacer les portes ordinaires, lors du rétablissement de l'aérage.

Il est bon, dans des puits dangereux, d'avoir un ventilateur de réserve, en cas de destruction du ventilateur, ainsi qu'une voie d'échelles dans chaque puits.

1166. Il est exigé par les règlements que toutes les mines possèdent les moyens de porter les premiers secours aux blessés, ainsi que des brancards permettant leur transport par les cages. Il est nécessaire en outre d'instruire le personnel des premiers secours à donner en cas d'accident (cf. n° 891.

Enfin l'on a préconisé la création, dans les mines, de lieux de refuge avec dépôts de vivres ; mais il serait difficile, dans de grandes exploitations, de les multiplier suffisamment pour qu'ils soient efficaces.

Notons encore les précautions rigoureuses qui doivent être prises pour le transport des cadavres en décomposition. Il faut pour éviter toute contamination, obliger les hommes à se servir d'antiseptiques appropriés.

Les constatations faites en Angleterre par le Dr Haldane ont démontré que 90 % des victimes des explosions de grisou périssent par asphyxie et que celle-ci n'est pas immédiate ; mais qu'avant l'asphyxie complète, les forces musculaires faiblissent à tel point que la fuite est impossible (cf. n° 915). Ces constatations donnent un nouvel intérêt aux procédés de pénétration dans les milieux irrespirables.

1167. ***Pénétration dans les milieux irrespirables.*** — Dès 1812, l'Académie de Bruxelles avait proposé, pour la solution de cette question, un prix de 2000 fr. qui ne fut pas décerné ; mais depuis lors un certain nombre de tentatives ont été faites, sans aboutir toutefois à une solution entièrement satisfaisante, malgré les progrès réels qui ont été réalisés plus récemment dans cet ordre d'idées.

Les procédés de pénétration dans les milieux irrespirables reposent sur différents principes.

1168. 1° Pilâtre des Roziers avait déjà cherché les moyens de mettre l'homme, plongé dans un milieu irrespirable, en communication avec l'air extérieur, au moyen d'un tuyau. Ceci n'est possible qu'à de faibles distances, à cause de la résistance que rencontre l'aspiration à travers un tube étroit. Cette distance dépend évidemment du diamètre de ce tube. Le *respirateur* Denayrouze basé sur ce principe permet de s'aventurer à 3o mètres dans les gaz, à l'aide d'un pince-nez et d'un ferme-bouche. Cet appareil est muni de deux soupapes d'aspiration et d'expiration, formées de deux lames minces de caoutchouc qui se disjoignent par la respiration de l'homme. Le tuyau faisant suite au respirateur est en caoutchouc et maintenu ouvert par une hélice métallique.

Cet appareil peut rendre des services pour pénétrer dans des carnaux de chaudières ou d'appareils à air chaud; il ne peut trouver son emploi dans les mines, que dans des excavations restreintes, telles que montages, etc.

1169. 2° Pour permettre d'aller à de plus grandes distances, on peut mettre l'homme en communication avec de l'air comprimé pris sur une canalisation ou produit par une pompe à air. C'est ce dernier moyen qu'emploient les scaphandriers qui plongent sans danger jusqu'à 25 à 30 m. de profondeur. Ces moyens sont très fréquemment employés dans les mines pour la réparation des pompes noyées, guides, boisages, cuvelages; ils l'ont même été pour le creusement des puits. (Cf. n° 310.)

En ce qui concerne les sauvetages, ce procédé n'est pas pratique puisqu'il oblige à traîner derrière soi un long tuyau, ce qui devient une impossibilité, en cas d'éboulements et d'obstruction, indépendamment du danger qu'il ferait courir à l'homme, en cas d'avarie du tuyau. Ce procédé peut tout au plus être employé, dans les mines, pour lutter contre des feux.

1170. 3° Pour supprimer toute communication par tuyau, on a songé à munir le sauveteur d'un réservoir d'air portatif (appareils *aérophores*).

L'appareil Galibert qui fait quelquefois partie du matériel de sauvetage en cas d'incendie, appartient à cette catégorie. Il se compose d'un sac imperméable de 130 litres où l'homme aspire et dans lequel il expire les produits de la respiration. L'homme n'utilise en effet que 4 % de l'oxygène qu'il respire, mais l'air contenu dans la sac se vicie de plus en plus par la présence de l'anhydride carbonique. La respiration devient donc de plus en plus pénible jusqu'à ce que l'air contienne 7.5 % de ce gaz, proportion à laquelle il cesse d'être respirable. Avec une certaine habitude, on peut se servir de cet appareil pendant 15 à 20 minutes, mais la respiration devient déjà très pénible après 10 minutes. L'appareil est de plus gênant par son volume, ce qui l'exclut dans tous les cas du matériel des mines.

Pour lutter contre les feux, à Commentry, M. H. Fayol a muni ses ouvriers d'un sac, en forme de soufflet, porté sur le dos au moyen de bretelles (fig. 665.) Ce sac contient 180 litres d'air et pèse 8 kil. Il permet de travailler aux feux pendant 12 à 15 minutes.

Afin de diminuer le volume de ces appareils portatifs, on a proposé de les remplacer par des réservoirs d'air comprimé à haute pression (20 à 25 atm.), avec

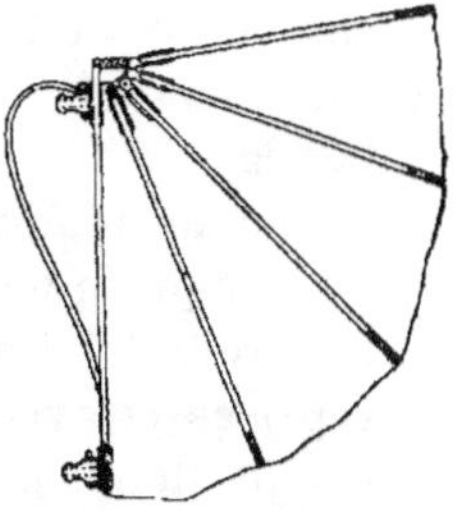

Fig. 665.

détendeur analogue à celui des scaphandriers (cf. n° 310). Mais ces hautes pressions exigent des réservoirs en acier et ces appareils ne sont pas pratiques par suite de leur poids. L'aérophore Rouquayrol-Denayrouze pesait 12 kil. et permettait de vivre pendant 15 à 20 minutes dans les gaz irrespirables.

1171. 4° Les seuls appareils qui aient jusqu'ici donné quelque résultat pratique, en cas de sauvetages, sont les appareils où l'air respirable est régénéré par absorption de l'anhydride carbonique et addition d'oxygène. Ces appareils peuvent être désignés sous le nom d'*aérogènes* par opposition aux appareils précédents.

Le premier appareil de ce genre fut construit par Th. Schwann, professeur de physiologie à l'Université de Liége, qui en déposait la description à l'Académie de Belgique, en un pli cacheté, en 1854.

L'appareil primitif réalisait les conditions de la régénération de l'air respirable, en absorbant l'anhydride carbonique par de la chaux sodée et en ajoutant aux produits de la respiration l'oxygène manquant, que l'on prenait dans un petit réservoir d'air comprimé de 4 à 6 atmosphères. Cet appareil pesait 28 kilog., mais permettait de vivre 3 heures sans communication avec l'air extérieur ; l'expérience en fut faite par Ch. Demanet à l'Université de Liége. L'aspiration et l'expiration se faisaient dans un sac imperméable.

Schwann, présenta en 1878, à l'Exposition de Paris, cet appareil modifié par la substitution au réservoir d'air comprimé d'un sac imperméable de 30 litres contenant de l'oxygène pur. Le poids de l'appareil était ainsi réduit à 13 kg. et la durée de son emploi à une heure. C'était à cette époque une hardiesse, car on prétendait que l'oxygène pur était toxique. Aujourd'hui tout le monde est d'accord sur l'innocuité de la respiration de l'oxygène.·

Peu de temps après parut, en Angleterre, l'appareil Fleuss dont le principe était absolument le même que celui du second appareil de Schwann. Cet appareil fut employé, à diverses reprises et avec succès, dans des mines anglaises, à la suite d'explosions ou d'incendies souterrains.

Il fut essayé et perfectionné dans le bassin de Saarbrück où cependant il ne réussit pas à entrer dans la pratique.

Plus récemment un appareil aérogène de MM. Walcher et Gärtner fut essayé en Allemagne et en Autriche. Cet appareil se composait d'un sac en toile imperméable, porté sur la poitrine, à la partie supérieure duquel se trouvait un réservoir d'oxygène comprimé et une bouteille de liquide caustique que l'on brisait au moment de se servir de l'appareil, pour en imbiber les parois au moyen du liquide destiné à absorber l'anhydride carbonique.

On reconnut bientôt que la forme de cet appareil était gênante et que l'absorption était très incomplète.

C'est dans ces conditions que la firme O. Neupert succ., à Vienne, avec le concours de MM. J. Mayer et Pilar d'Ostrau, a créé un aérogène nouveau qui parait actuellement le plus pratique de ces appareils.

Le sac de l'appareil précédent y est remplacé par un capuchon avec masque s'appliquant hermétiquement sur le visage et par une courte pélerine à double enveloppe dans l'intérieur de laquelle se fait l'aspiration et l'expiration au moyen de deux tubes munis de soupapes. Dans la double enveloppe de la pélerine se trouvent, pour absorber l'anhydride carbonique, des batons de potasse caustique qui jouent en même temps le rôle de déshydratant. L'équipement se complète par deux bouteilles d'1 ½ litre d'oxygène comprimé à 100 atm., portées en bandoulière. L'oxygène se rend par un tuyau dans la pélerine pour régénérer l'air expiré. Tout cet équipement pèse environ 7 kg. et les expériences faites en Moravie et en Westphalie se sont montrées très favorables (¹). L'appareil Neupert fait actuelle-

---

(¹) *Annales des mines de Belgique*, t. II.

ment partie du matériel de sauvetage de plusieurs mines, mais il faut se garder de lui demander plus qu'il ne peut donner et notamment de vouloir se servir de cet appareil pendant un plus long temps que ne le permet la provision d'oxygène que l'on porte avec soi. En cas de danger, il est préférable de renoncer à s'en servir que de s'exposer, comme ce fut le cas à Recklinghausen, le 11 mars 1900, où deux hommes ont été asphyxiés, pour s'être aventurés dans les gaz d'un incendie souterrain, avec des bouteilles d'oxygène insuffisamment remplies.

SECTION VI.

Epuisement.

1172. *Origine des eaux dans les mines.* — Les eaux superficielles pénètrent dans les mines :

1° *Par les roches perméables*, gravier, sables, roches meubles en général.

2° *Par les roches fissurées*, généralement dures, telles que grès et calcaire. Plus un terrain houiller contient de grès, plus les eaux y sont abondantes ; il en est de même des calcaires, dans les bassins houillers qui en contiennent (Donetz) ; lorsqu'une galerie à travers-bancs recoupe un banc calcaire, il se produit souvent une venue d'eau très forte qui devient normale, quand toutes les fissures du calcaire se sont vidées. La perméabilité du calcaire est bien caractérisée, en Belgique, par les rivières et les ruisseaux qui se perdent dans les chantoirs (agolinas) et dont le cours est en partie souterrain, comme celui de la Lesse dans la grotte de Han.

3° *Par les cassures naturelles*, failles ou crains qui sont souvent aquifères. Il arrive quelquefois que les failles et les crains ne donnent pas d'eau ; cela provient de ce que, dans des terrains compressibles ou argileux, les cassures se bouchent à la longue.

4° *Par les cassures artificielles* qui sont le résultat de l'exploitation. Il arrive aussi que ces cassures se bouchent dans les terrains argileux ou schisteux.

5° *Par les anciens travaux voisins des affleurements.* Un exemple frappant d'infiltration de ce genre a été fourni à St-Etienne, par l'Ondaine et par différents cours d'eau qui coulaient sur les affleurements de certaines couches. On a été obligé de les dériver et de les rejeter au mur de ces dernières pour supprimer les infiltrations.

1173. L'influence de la nature des terrains de recouvrement sur la venue d'eau des mines est très sensible. Le bassin de Liége en présente des exemples caractéristiques. Dans les charbonnages recouverts par l'argilite hervienne, la venue est très faible et constante, par suite de l'imperméabilité de cette couche.

Dans ceux où le gravier de la Meuse recouvre immédiatement le terrain houiller, la venue est assez grande, mais très constante, parce que le gravier reste également imbibé en toute saison.

Dans ceux où le terrain houiller affleure, les venues d'eau affectent au contraire des maxima et minima très prononcés à la fin de l'hiver et de l'été.

Le passage des *bas* aux *hauts niveaux* se fait en un temps très variable à la fin de l'hiver. On peut passer du simple au double en 15 jours, tandis que d'autres fois l'influence du dégel ne se fait sentir dans la mine qu'après plusieurs mois.

La présence d'anciens travaux peut introduire des perturbations dans ces règles générales.

Dans les exploitations sous-marines, la venue d'eau est en général d'une constance remarquable, parce que les sédiments marins jouent le même rôle que le gravier des rivières.

1174. **Venues d'eau.** — Les quantités d'eau qui se rencontrent dans les mines, sont très variables. Elles dépendent de l'étendue des travaux, sans cependant lui être proportionnelles. On comprend, en effet, qu'il arrive un moment où les venues d'eau ne peuvent plus augmenter, parce que toutes les sources sont mises en communication avec la mine. Elles n'augmentent pas en général avec la profondeur, parce qu'en profondeur, on ne recoupe pas de nouvelles sources ; la venue d'eau diminue même quelquefois, parce que les eaux sont retenues aux niveaux supérieurs.

Dans certaines mines, on réserve un massif protecteur (*investison*) dans le but de réduire les quantités d'eau à extraire. Ces massifs doivent être déterminés, en tenant compte de la propagation probable des cassures provenant de l'exploitation (cf. n° 842 et suiv.).

1175. Dans nos houillères, la venue d'eau dépasse rarement 4 à 5 m³ par minute ; elle descend parfois à un demi m³ et même moins. En Westphalie, la moyenne est plus élevée : elle est de 1 m³74 et dans certaines mines (Gneisenau, Courl, Erin), elle s'élève à 11 et 16 m³ par minute).

Les mines absolument sèches sont rares ; on peut citer comme telles, en Europe, les mines de soufre des Romagnes, exploitées dans des terrains tertiaires très argileux.

1176. Dans les mines métalliques, en revanche, il n'est pas rare de rencontrer des venues excessives. C'est ainsi qu'à la mine du Bleiberg, qui exploitait un filon traversant le calcaire carbonifère et le terrain houiller, la venue d'eau régulière était de 33 m³ par minute et atteignait 45 m³ après la fonte des neiges ou après de grandes pluies ; pour diminuer cette venue formidable, on a cimenté sur 4 kilomètres le lit de la Gueule et sur 12 kilomètres celui de ses affluents, qui coulaient parallèlement au filon, sur des couches de calcaire à nu.

1177. Quant on rencontre une venue d'eau, il arrive souvent qu'après un certain temps, cette venue diminue, ce qui est l'indice évident d'un réservoir qui se vide. Elle devient ensuite constante, c'est à dire égale à l'alimentation de ce réservoir. La somme des venues constantes est la *nourriture d'eau* de la mine qui peut rester très faible, même après un coup d'eau important.

1178. *Jaugeages.* — Le jaugeage des venues d'eau, dans les mines, se fait de deux manières :

1° *Par entonnement* ou *empotement* : on reçoit la venue d'eau dans une capacité connue, tonneau ou réservoir, et l'on note le temps nécessaire pour la remplir. On en déduit la venue par minute. Ce procédé est simple et exact, mais il est souvent d'une application difficile à cause de la situation de la source qui s'écoule sur le sol de la galerie, de telle sorte qu'il est impossible de la recueillir.

2° Dans ce cas, on procède par calcul, en établissant, dans la galerie, une digue en argile avec déversoir. Ce dernier est formé d'une feuille de tôle, présentant une échancrure rectangulaire (fig. 666); derrière ce barrage, s'établit bientôt une nappe

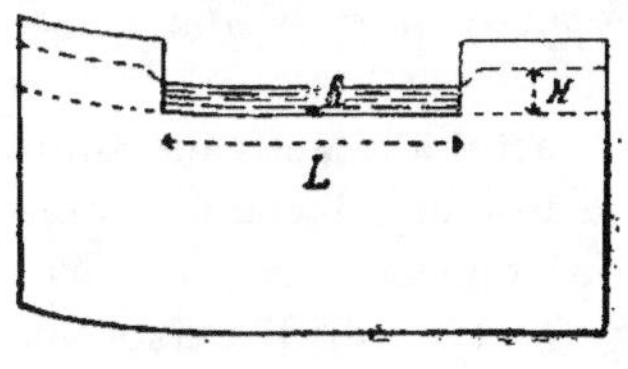

Fig. 666.

de hauteur constante. L'eau prend deux niveaux différents dans le réservoir et dans la section du déversoir ; soient H et h la hauteur de ces niveaux, mesurée au-dessus de l'arête du déversoir ; la dépense d'eau sera :

$$Q = \mu \, L \, h \, \sqrt{2g\mathrm{H}}.$$

L étant la largeur du déversoir, μ un coefficient variable avec la charge, la largeur, etc., que l'on peut prendre égal à 0.405 dans les limites pratiques. On peut d'ailleurs se dispenser de mesurer H et h, en admettant que pour une largeur du déversoir égale au $^4/_5$ de celle du réservoir, H $= 1.178\,h$, et que pour une largeur moindre, H $= 1.250\,h$.

La mesure de ces hauteurs d'eau est assez difficile à la lueur des lampes de mine. Un moyen pratique est de plonger dans l'eau jusqu'à la hauteur voulue un mètre noirci de suie ou saupoudré d'argile du côté de la graduation. En ayant soin de ne pas l'y laisser trop longtemps, l'eau délave la graduation jusqu'à la division qui marque la hauteur à mesurer.

1179. La *composition chimique* des eaux de mines est très variable. Ce sont parfois des eaux de source très pures, tandis que dans d'autres cas, ces eaux sont plus ou moins chargées de matières étrangères. Dans les mines qui contiennent des sulfures, les eaux sont souvent sulfatisées et corrosives. Il arrive même qu'elles ne peuvent servir à l'alimentation des chaudières. Dans certaines localités, cet inconvénient peut devenir assez sérieux pour que l'on cherche à réduire l'emploi de la vapeur au strict nécessaire. (Bassin de Fünfkirchen, en Hongrie). Dans certaines houillères du Donetz, on extrait séparément au jour, les eaux provenant des couches les moins pyriteuses, pour servir à la production de vapeur.

Dans quelques mines de cuivre, les eaux sont suffisamment chargées de sulfate de cuivre pour pouvoir être traitées par cémentation. Les anciennes mines d'Anglesey ne sont plus exploitées autrement. Enfin on rencontre parfois dans les mines des eaux chlorurées et iodurées.

Dans un grand nombre de mines de Westphalie, les eaux sont salées, ce qu'il faut attribuer aux gisements de sel gemme contenus dans les morts terrains du nord de cette région. Au charbonnage de Stein et Hardenberg (Dortmund), il existe un établissement de bains chlorurés, fondé sur l'emploi de ces eaux.

Les eaux rencontrées dans plusieurs mines du Hainaut sont également plus ou moins salées ; il en est de même des eaux du torrent d'Anzin, qui ont conservé la salure de la mer aachénienne.

1180. Au point de vue de leur assèchement, il faut distinguer les mines exploitées au-dessus du niveau des vallées et celles exploitées en contrebas de ce niveau. Les premières peuvent être asséchées par galeries d'écoulement; les secondes ne peuvent l'être que par moyens mécaniques.

GALERIES D'ÉCOULEMENT.

1181. Les galeries d'écoulement s'emploient toujours dans les mines exploitées à flanc de coteau ; en pays accidentés, elles peuvent même être utilisées pour démerger des mines exploitées par puits, à condition de leur donner une longueur suffisante.

1182. **Avantages et inconvénients.** — Elles présentent les avantages suivants par rapport aux moyens mécaniques :

1° Elles sont toujours suffisantes, à condition que leur orifice soit à l'abri des inondations.

2° Elles assèchent le terrain sur toute la hauteur comprise au-dessus de leur niveau et permettent par suite d'exploiter *jusqu'au gazon*. Lors même que l'exploitation s'étend au-dessous de leur niveau, elles débarrassent les travaux inférieurs d'infiltrations superficielles, à condition de prendre les précautions voulues pour que les eaux ne s'infiltrent pas dans le sol même de ces galeries, en les conduisant au moyen de rigoles en bois, fonte ou ciment, tout au moins dans les parties perméables, par exemple à la rencontre de couches ou de filons déjà exploités, ou en ménageant sous leur niveau un massif protecteur d'au moins 50 m.

3° Les galeries d'écoulement diminuent la hauteur à laquelle il faut élever les eaux provenant des parties profondes. On réalise ainsi une économie de force motrice. C'est ce que faisaient les anciens exploitants liégeois au moyen des *arènes*, galeries d'écoulement creusées généralement dans des couches affleurant à la base des collines situées au nord de la ville.

Les arènes liégeoises permettaient un *abattement* d'environ 8o m. Le creusement d'une arène faisait la *conquête* du terrain situé au dessus de son niveau, mais donnait aussi le droit d'exploiter, à une certaine profondeur en dessous de ce niveau : « tant deseur que dessous », portait la *Paix de Saint-Jacques*.

Dans certains massifs montagneux, on a successivement ouvert des galeries d'écoulement à différents niveaux. C'est ainsi qu'au Harz, une première galerie avait été creusée, au XVIe siècle, à 76 m. de profondeur sous le plateau de Clausthal (614 m. d'altitude) ; la deuxième, à 120 m. de profondeur, a été terminée en 1685 ; la troisième à 146 m. en 1693 ; la galerie Georges, de 19 kilomètres de longueur, creusée à 298 m. de profondeur et débouchant près de Grund, a été terminée en 1799 ; enfin la galerie Ernest-Auguste, de 33 kil. 638 m. de longueur, débouche à Gittelde, en dehors du massif hercynien, à l'altitude de 188 m. 70 ; elle a été percée, à 408 m. de profondeur sous le niveau du plateau, de 1851 à 1864. Cette galerie de 1^m75 sur 2^m60 présente une inclinaison de $^1/_2$ mm. par mètre; elle a été attaquée par 18 chantiers différents et a coûté 3.270,000 fr. ; elle a permis la suppression de 15 roues hydrauliques, servant auparavant à l'épuisement des eaux, à partir du niveau de la galerie Ernest-Auguste jusqu'à celui de la galerie Georges.

Les travaux des mines de Clausthal s'étendent actuellement à la profondeur de 8 à 900 m. sous le plateau, soit à 4 ou 500 m. en dessous de cette galerie.

Des galeries d'écoulement de cette importance ne se justifient que pour l'exploitation d'un gisement très important dont la propriété n'est pas divisée, comme c'est le cas au Harz dont les mines appartiennent à l'Etat. C'est encore le cas à Freiberg (Saxe), où la galerie de *Rothschœnberg*, à 225 m. de profondeur, achevée en 1876, mesure 47,5 kil. de longueur ; à Schemnitz (Hongrie), où la galerie Joseph II, commencée en 1782, mesure 22 kil. avec ses ramifications ; à la Compagnie des mines du Mansfeld, où le *Schlüsselstolln*, creusé de 1809 à 1879, mesure 32 kil., etc.

4° Les galeries d'écoulement profondes permettent d'utiliser des forces hydrauliques de plus en plus grandes. C'est ainsi que de temps immémorial, on a utilisé au Harz les forces hydrauliques créées au niveau des galeries d'écoulement, au moyen de vastes réservoirs creusés à cet effet dans les parties élevées du massif.

Actuellement encore la force hydraulique est utilisée au puits *Kaiser Wilhelm II*, près de Clausthal, à la profondeur de 36o m., pour actionner l'outillage mécanique de ce puits, machine d'extraction souterraine, fahrkunst, compresseur, dynamos, tandis qu'au puits *Kœnigin-Marie*, elle est utilisée, à ce même niveau, pour l'épuisement des eaux des parties les plus profondes de la mine, jusqu'au niveau de la galerie Ernest-Auguste.

L'utilisation des forces hydrauliques du Harz subit actuellement une transformation par le développement des transports d'énergie électrique. On y remplace les anciennes roues hydrauliques souterraines par des turbines actionnant des dynamos, pour fournir la force aux ateliers de préparation mécanique et en général aux installations de la surface.

5° Les dépenses d'entretien d'une galerie d'écoulement sont, pour ainsi dire, nulles; l'entretien se borne, en effet, au maintien de la section de la galerie par des revêtements appropriés, au nettoyage, etc.

6° Les galeries d'écoulement peuvent être utilisées comme moyens de transport : au Harz, la galerie Ernest-Auguste, rendue navigable dans certaines parties, amenait le minerai par bateau au pied du puits de *Bremerhœhe*; aujourd'hui cette navigation souterraine a disparu.

Ailleurs les galeries d'écoulement débouchent dans les vallées où se trouvent les voies principales de transport par eau ou par fer; dans certains cas, ces galeries ont été principalement construites en vue du transport. Les eaux s'écoulent à côté des voies, dans une rigole; lorsqu'elles sont très abondantes, on peut planchéier la galerie et les laisser s'écouler en dessous du plancher.

7° Enfin les galeries d'écoulement peuvent être utilisées comme moyen de reconnaissance.

1183. Le creusement d'une galerie d'écoulement un peu longue est toutefois une opération très coûteuse, dont le prix doit être comparé à celui des moyens mécaniques, en tenant cômpte de l'amortissement, des avantages accessoires que la galerie peut fournir (économie de transport, etc.), du temps nécessaire pour le creusement, de la hauteur démergée, etc. L'emploi de la perforation mécanique permet aujourd'hui d'aborder des problèmes de ce genre, qui eussent été considérés autrefois comme pratiquement insolubles.

Il est important, dans le creusement d'une galerie d'écoulement, de ne pas exagérer la pente, afin de ne pas diminuer la hauteur démergée, si la galerie atteint une certaine longueur (cf. n° 687).

Quant aux dimensions, elles dépendent des usages de la galerie. S'il ne s'agit que de l'écoulement des eaux, ces dimensions peuvent être très restreintes. C'est ainsi que les anciennes arènes du pays de Liége étaient creusées à très petite section; mais il faut ajouter qu'elles sont anjourd'hui devenues inaccessibles.

Moyens d'épuisement mécaniques.

1184. Epuisement par la machine d'extraction. — Lorsque la venue d'eau est peu importante et que l'on peut distraire la machine d'extraction de son service ordinaire pendant le temps nécessaire, on se sert de cette machine pour extraire les eaux, soit pendant quelques heures par jour ou pendant un jour par semaine.

Il faut, dans ce cas, disposer d'un réservoir ou d'un puisard de capacité suffisante pour emmagasiner la venue d'eau pendant l'extraction normale.

On se sert, pour l'épuisement, de tonnes guidées ou de caisses. Les tonnes en bois ont l'inconvénient de mal utiliser la section du puits. Les caisses en tole ont une grande capacité pour un faible poids mort ; mais elles ont l'inconvénient de devoir être substituées aux cages, ce qui exige une disposition spéciale des guides (cf n° 492).

On peut éviter cet inconvénient, en extrayant l'eau au moyen de wagonnets spéciaux de grande capacité (10 hectol.), munis de soupapes, encagés de la même manière que les wagonnets chargés de charbon ou de pierres. Ce procédé permet en outre de faire la vidange au point le plus convenable et non aux abords du puits.

1185. Les caisses, aussi bien que les tonnes guidées et les wagonnets, se remplissent par le fond, au moyen d'une soupape munie d'une tige qui vient buter contre un obstacle ; au jour, on les reçoit sur un tiroir, sorte de bac incliné fermé de trois côtés et muni de galets, que l'on amène au dessus du puits. La tige de la soupape vient buter sur le fond de ce tiroir et l'eau s'écoule dans une rigole.

Les caisses peuvent aussi être munies d'une soupape latérale d'écoulement, s'ouvrant au moyen d'un levier butant contre un obstacle à l'arrivée au jour, ou d'un tuyau à charnière, maintenu verticalement par une clavette dans une rainure pendant la translation de la caisse et se rabattant à l'arrivée, de manière à conduire l'eau dans la rigole d'écoulement.

1186. En Pennsylvanie, dans le district des anthracites, ce mode d'épuisement est pour ainsi dire le seul usité ; mais les tonnes d'épuisement y atteignent des capacités de 6 à 12 m³. Le remplissage de la tonne se fait par les clapets du fond et la vidange par le haut ; la tonne bascule à la manière d'un skip en arrivant à la surface (cf. n° 484). La figure 667 montre comment s'exécute cette manœuvre. Indépendamment des mains courantes guidées comme à l'ordinaire, la tonne porte un patin p qui glisse sur un troisième guide. A l'arrivée au jour, ce guide est remplacé par deux rails sur lesquels la tonne roule au moyen de deux galets, jusqu'à ce qu'elle bascule en tournant autour d'un axe inférieur, guidé verticalement. Les positions successives de la cage se voient, en I, II, III, dans la figure.

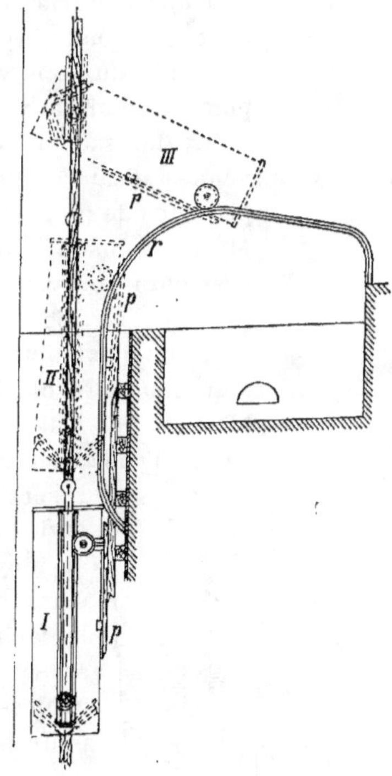

Fig. 667.

Un compartiment de puits, ainsi qu'une machine d'extraction spéciale, est souvent consacré à ce mode d'épuisement qui s'emploie jusqu'à 450 m. de profondeur pour un épuisement de 17.000 m³ par 24 heures, avec tonnes de 12 m³.

1187. Le principal avantage de l'emploi de la machine d'extraction pour l'épuisement est de dispenser d'un moteur spécial ; la machine d'extraction constitue, dans tous les cas, une réserve utile, dans l'éventualité de coups d'eau ou d'accidents à l'appareil d'épuisement.

D'autre part, cet emploi présente les inconvénients suivants : 1° il rend les puits humides, parce que les soupapes ne sont jamais étanches ; 2° il exige une main d'œuvre coûteuse ; 3° la machine d'extraction consomme plus de charbon qu'une machine spéciale d'épuisement, pour un même travail utile.

1188. *Epuisement par tonnes en avaleresse.* — L'épuisement à la tonne se fait couramment dans les avaleresses où la benne d'extraction reçoit l'eau et les pierres. Ce système ne peut toutefois convenir au-delà d'une venue de 200 litres par minute. Pour une venue supérieure, il faut avoir recours aux pompes ; mais aux grandes profondeurs, l'emploi des pompes, en avaleresse, présente de grandes difficultés pour les fortes venues d'eau, à cause de l'encombrement qui résulte de la présence de pompes multiples. (Cf. nᵒˢ 3o3 et ss.) C'est pourquoi M. E. Tomson a imaginé, en 1892, d'installer des réservoirs suspendus, où viennent puiser des tonnes spéciales de grande capacité (fig. 668). Ces tonnes sont élevées au jour par la machine d'extraction définitive. Les réservoirs sont alimentés d'une manière continue par pulsomètre, éjecteur, ou préférablement par une pompe à air comprimé ou électrique, pour éviter l'échauffement du chantier de travail. A Preussen, les

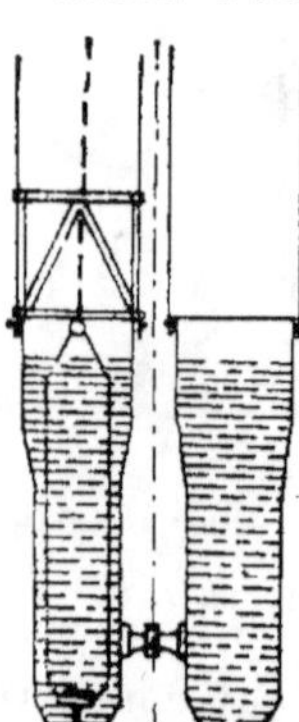

réservoirs présentaient une capacité de 15 m³. Ils étaient suspendus à 4 m. environ au-dessus du fond, au moyen de cables de 20 mm. en fil de fer, qui servaient en même temps de guides aux tonnes dont la capacité était de 6 m³ ; celles-ci se remplissaient et se vidaient par une soupape inférieure. Les câbles-guides s'enroulent à la surface sur des treuils pour faire descendre progressivement les réservoirs. Au puits Ministre Achenbach, le procédé Tomson a permis de maîtriser une venue de 2 à 3 m³ par min. entre 35o et 45o m. de profondeur.

Ce procédé, couramment appliqué aujourd'hui en Allemagne, a permis de reculer la limite des creu-

Fig. 668.

sements de puits à niveau vide jusqu'à des venues de 4 m³ à 100 m. et de 8m³ à 5o m. (cf. n° 3o8), et ces chiffres peuvent même être dépassés. Il permet de passer rapidement, en cas de besoin, du creusement à niveau vide au creusement à niveau plein ; car tous les engins étant suspendus, il est facile de les retirer et de dégager entièrement le puits pour procéder à l'installation du trépan ou de la drague.

Il permet de plus d'obtenir en avaleresse des avancements de 2 ½ à 3 m. par jour, qu'on ne pourrait atteindre, dans ces conditions, avec le secours de pompes ordinaires. Au puits n° 5 des mines de sels potassiques d'Aschersleben, on a fait ainsi 286 m. 4o de puits, revêtu et guidé, en 252 jours, avec cuvelage en fonte de 18 m. 6o à 216 m. de profondeur, au prix de fr. 2187,5o par mètre [1].

POMPES.

1189. Pour des venues d'eau importantes, en marche normale, on a recours à l'emploi d'un moteur spécial avec pompes.

Les pompes de mines sont ordinairement à piston ; cependant depuis quelque temps, l'usage des pompes centrifuges tend à se répandre, avec l'emploi de l'électricité comme transmission. Nous y reviendrons en traitant de cette question spéciale.

Au point de vue de la construction, les pompes à piston se divisent en pompes *à piston creux* et *à piston plein*. Au point de vue du fonctionnement, chacune de ces catégories se divise à son tour en pompes *à simple* et *à double effet*.

POMPES A PISTON CREUX.

1190. 1° **Pompes à piston creux et à simple effet.** — A) *Pompe aspirante et soulevante.* — La pompe aspirante et soulevante (fig. 66g.) se compose des parties suivantes : 1° La *crépine* A (*sucette, reniflard, narines*), pièce percée de trous par où se fait l'aspiration, ou simple tuyau dont la base est enveloppée d'un panier ou d'une claire-voie ;

Fig. 669.

[1] Voir *Revue Universelle des mines*, 3e série, t. XXI, 1893 et t. LIX, 1902.

2° Le *tuyau d'aspiration* B (*aspirants* dans le Hainaut) ne doit pratiquement pas dépasser 7 m. ; son diamètre est souvent les ³/₄ de celui du corps de pompe ;

3° La *soupape dormante* ou *secret* C ;

4° La *chapelle* ou *tampon* D, capacité plus large que le tuyau d'aspiration, fermée latéralement par le *tampon* proprement dit, qui permet de visiter et même de retirer la soupape dormante ;

5° Le *corps de pompe* E (*buselure* ou *travaillante*), partie alésée dans laquelle se meut le piston ;

6° Le *piston* F, appelé aussi *boule* ou *seau* ;

7° La colonne *élévatoire, soulevante* ou *ascendante* G ;

8° La tige du piston ou *tire-boute* H ;

9° Le *dégorgeoir* ou *gueule* I.

Pour toutes réparations, on retire le piston par la colonne élévatoire. C'est pourquoi l'on donne souvent à celle-ci un diamètre supérieur de ¹/₁₀ à celui du corps de pompe.

Dans les pompes de grand diamètre, la visite du piston se fait aussi par une chapelle spéciale, à moins que la chapelle inférieure ne soit assez grande pour visiter la soupape dormante et le piston.

1191. Les pompes aspirantes et soulevantes présentent la propriété de pouvoir être réparées, lors même qu'elles sont noyées ; dans ce cas, on retire par la colonne élévatoire, non seulement le piston, mais encore la soupape dormante, qui est munie à cet effet d'un anneau et lestée par une masse de plomb. C'est par suite de cette propriété qu'on les emploie presque toujours à la base de tout appareil d'épuisement, composé de pompes étagées.

1192. B) *Pompe Colson.* — Une intéressante variante de la pompe aspirante et soulevante a été construite par Colson (fig. 670). Le piston est formé d'un tube animé, par une double tige, d'un mouvement de va et vient. La soupape dormante est à la partie supérieure de la pompe et joue en même temps le rôle de soupape de retenue.

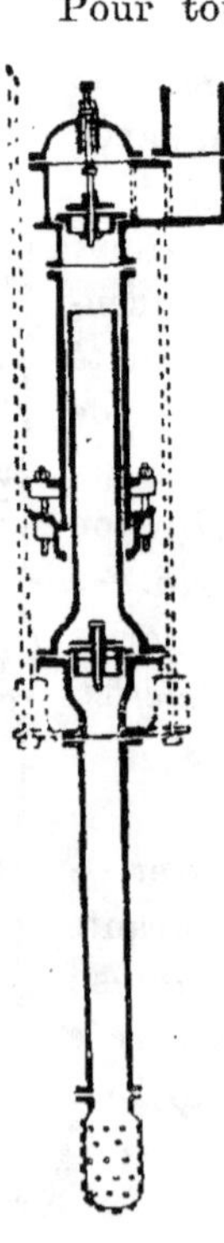

Fig. 670.

Il existe au puits du Many (Marihaye), une machine Colson dont les deux tiges à mouvement alternatif actionnent chacune une pompe de ce genre. Le courant d'eau ascensionnel est dans ce cas continu, comme dans une pompe à double effet et la section de la colonne soulevante peut être réduite en conséquence.

1193. Une pompe aspirante et soulevante élève les eaux à une hauteur de 40 à 45 m. ; on ne dépasse généralement pas cette hauteur, à cause de la résistance insuffisante du piston creux et de l'usure des bourrages qui est proportionnelle à la pression.

1194. Les pompes d'avaleresse appartiennent souvent à ce type. On les emploie suspendues à des chaînes ou à des tirants, d'où le nom de *jeux volants* qu'on leur donne ; mais elles ne s'emploient guère dans ce cas pour plus de 20 à 25 m. de hauteur ; lorsque l'avaleresse dépasse cette profondeur, on installe un nouveau jeu volant. C'est ce qu'on appelle faire une *répétition*. Pour les pompes d'avaleresse, on ne dépasse guère le diamètre de 0^m40. Si la venue d'eau exigeait un plus grand diamètre, il faudrait doubler ou tripler le nombre de pompes de chaque répétition, ce qui ne tarde pas à produire l'encombrement du puits. Comme construction, les pompes destinées spécialement aux avaleresses ne présentent guère de particularités. Les corps de pompe sont en général très épais, parce qu'ils s'usent rapidement et doivent subir de fréquents alésages. Ces pompes sont souvent entièrement dépourvues de chapelles, de telle sorte que le piston, ainsi que la soupape dormante, se retirent toujours, en cas de réparation, par le haut de la colonne. Elles sont enfin munies, pour suivre les progrès du creusement, d'une crépine à allongement télescopique, enveloppée de vieux câbles pour résister aux projections des coups de mine.

Les qualités qui les font préférer en avaleresse, sont leur légèreté et la facilité d'installation que permet leur suspension dans le puits, au moyen de chaînes ou de câbles. De plus l'effort moteur s'y produisant de bas en haut, la tige est toujours soumise à la traction, ce qui ne fatigue pas les chaînes ou les tirants qui servent à les suspendre.

1195. On emploie aussi ce genre de pompes au pompage du pétrole ; lorsque le pétrole ne jaillit pas en *fontaine*, on fait descendre, dans le trou de sonde, une pompe aspirante et soulevante, dont on actionne souvent la tire-boute au moyen du levier de battage de l'appareil de sondage. Plusieurs pompes de ce genre peuvent aussi être actionnées d'un point central par des tiges de connexion.

1196. **Indices de dérangement**. — Une pompe aspirante et soulevante doit donner, à chaque coup, son volume théorique diminué d'un déchet, évalué à 10 ou 20 %. A chaque ascension du piston, l'eau s'élève et s'écoule au dégorgeoir. A la descente du piston, le niveau reste constant ; il doit même y avoir un léger écoulement par suite de l'immersion de la tige.

Si ces conditions ne se réalisent pas, c'est l'indice d'un dérangement, ayant occasionné une fuite au piston ou à la soupape, ou d'une aspiration d'air. Dans ce dernier cas, on dit que la pompe *travaille à humage*. Ce défaut est facile à reconnaître, car on voit apparaître les bulles d'air à la surface et le moteur a de plus une tendance à s'accélérer, par diminution de la résistance.

On distingue aisément s'il y a une fuite au piston ou à la soupape. Lorsque le coup d'eau diminue à l'ascension, c'est l'indice d'une fuite au piston. Lorsqu'il diminue à la descente, c'est l'indice d'une fuite à la soupape, qui permet à l'eau de retourner au puisard.

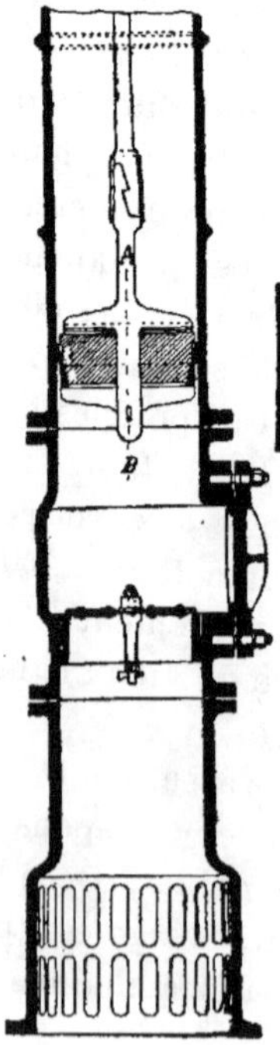

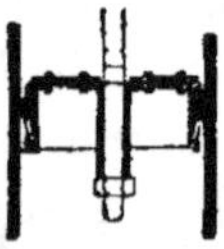

1197. **Détails de construction**. — Nous ajouterons quelques détails de construction, en nous limitant provisoirement aux organes spéciaux des pompes à piston creux ; les autres organes, tels que soupapes, chapelles, etc., seront examinés à la suite de l'étude des pompes à piston plein, qui présentent des types plus variés.

1198. *Corps de pompe*. — Les corps de pompe sont en fonte et alésés sur la hauteur de la course (fig. 671.)

Si l'on se trouvait éloigné des ateliers de construction, ou si

FIG. 671.

Coupe AB.

l'on avait à épuiser des eaux très corrosives, on pourrait construire des pompes en bois, au moyen d'arbres forés, ou, pour
de grands diamètres, au moyen d'arbres coupés en deux longitudinalement, dont les deux moitiés sont évidées et réunies par
des frettes en fer. Les pompes en bois présentent l'avantage
d'une grande légèreté, mais s'usent rapidement. Dans les avaleresses, on a quelquefois employé des tuyaux en bois, à cause de
leur légèreté, en mettant à l'intérieur une mince feuille de
laiton, peu altérable aux eaux acides.

Pour de très petits diamètres, on emploie des pompes en
bronze ; telles sont les pompes à pétrole dont le diamètre
descend quelquefois à $0^m,05$ (cf. n° 1195).

1199. *Piston.* — Les pistons creux doivent être construits de
manière à ne pas étrangler le passage de l'eau, afin de réduire
les variations de force vive. La difficulté consiste à réaliser
cette condition, sans nuire à leur solidité.

La forme la plus ordinaire est à deux clapets. Le corps du
piston est ordinairement en fonte, ou en bronze dans le cas
d'eaux corrosives. Le bourrage (fig. 671, coupe AB) se compose
d'un cuir conique embouti, maintenu par un anneau en fer à la
base du piston. A l'ascension, ce cuir est pressé contre les
parois du corps de pompe, par une force correspondant à la
hauteur de la colonne soulevée. A la descente, l'eau passe
librement par les clapets et au pourtour du piston. Ce bourrage
est peu coûteux et d'un remplacement facile.

Les clapets sont formés d'un disque en cuir consolidé, au-
dessus et au-dessous, par des plaques en tôle. La plaque supérieure étant plus grande que la plaque inférieure, il en résulte
un recouvrement, à l'influence duquel on attachait autrefois
une importance exagérée. La charnière du clapet est formée par
le cuir même, maintenu suivant le diamètre par une pièce en T
qui fait corps avec la tire-boute; à cette pièce fait suite une
tige rectangulaire qui traverse le corps du piston et le dépasse.
Une traverse clavetée sur cette tige maintient en place les
différentes parties du piston. Le démontage est ainsi très
facile. Un arrêt limite quelquefois l'ouverture des clapets.

On construit aussi des pistons creux à un seul clapet pour
diminuer l'étranglement,

Au Bleiberg, où la venue d'eau nécessita des pompes d'un mètre de diamètre, on fut d'autre part obligé de multiplier les clapets. Les pistons présentaient 8 creux triangulaires séparés par des cloisons radiales. Ces creux étaient recouverts deux à deux par des clapets fixés suivant les rayons. (fig. 672).

Lorsque les eaux sont fortement chargées de graviers, comme c'est souvent le cas dans les avaleresses, les bourrages s'usent très rapidement, parce qu'il se loge des pierres entre le corps du piston et le bourrage. Les pierres se posant aussi sur le siège des clapets empêchent leur fermeture, ce qui donne lieu à des fuites. On remédie à ces inconvénients par des constructions spéciales.

FIG. 672.

Dans le piston Le Testu, le siège des clapets a la forme d'un grillage conique ; ce siège est recouvert de quatre clapets en cuir dont l'ensemble forme un cornet conique qui fait bourrage en dépassant le siège (fig. 673). Les deux inconvénients signalés ci-dessus sont évités : les pierres qui se déposent sur le clapet, glissent sur la surface du grillage conique et s'échappent par les trous de ce grillage. Mais ce système ne s'applique pas à des diamètres de plus de 0^m50, parce que l'usure du cuir met rapidement les clapets hors de service. C'est pourquoi l'on a formé le bourrage d'un anneau spécial en cuir, de remplacement facile, en conservant le dispositif des clapets Le Testu (fig. 674). L'on a pu ainsi donner aux pistons jusqu'à $0^m,80$ de diamètre (Gelsenkirchen). Pour des épuisements permanents, ces pistons spéciaux ont toutefois l'inconvénient de donner à la pompe

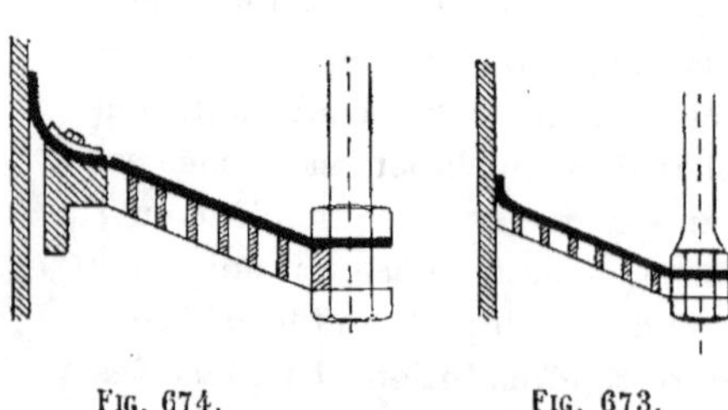

FIG. 674. FIG. 673.

un plus grand déchet.

1200. 2° **Pompe à piston creux et à double effet.** — *Pompe Rittinger* — Le seul appareil de cette catégorie est la pompe Rittinger : proposée, en 1849, par son auteur comme pompe d'avaleresse, elle est plus fréquemment employée aujourd'hui comme pompe permanente, dans les grandes installations d'épuisement avec maîtresse-tige.

Cette pompe (fig. 675) se compose de trois tubes télescopiques, dont les deux extrêmes nos 1 et 3 sont fixes et l'intermédiaire n° 2 est mobile. Le tube n° 2 est muni d'une soupape formant piston creux. Le tube n° 3 forme la base de la colonne élévatoire. Le tube n° 1 contient la soupape dormante, en dessous de laquelle s'embranche un redoublement latéral, lorsque la pompe reçoit l'eau d'une pompe inférieure. Le tube mobile est muni de deux tourillons latéraux T, auxquels s'attachent les tiges A (fig. 676).

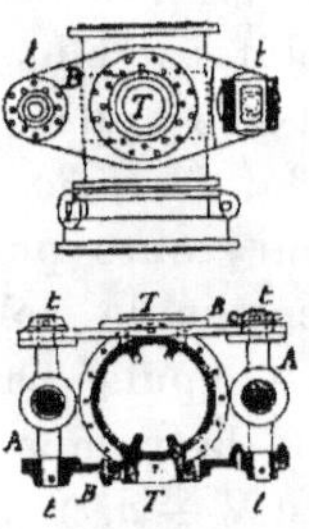

FIG. 676.

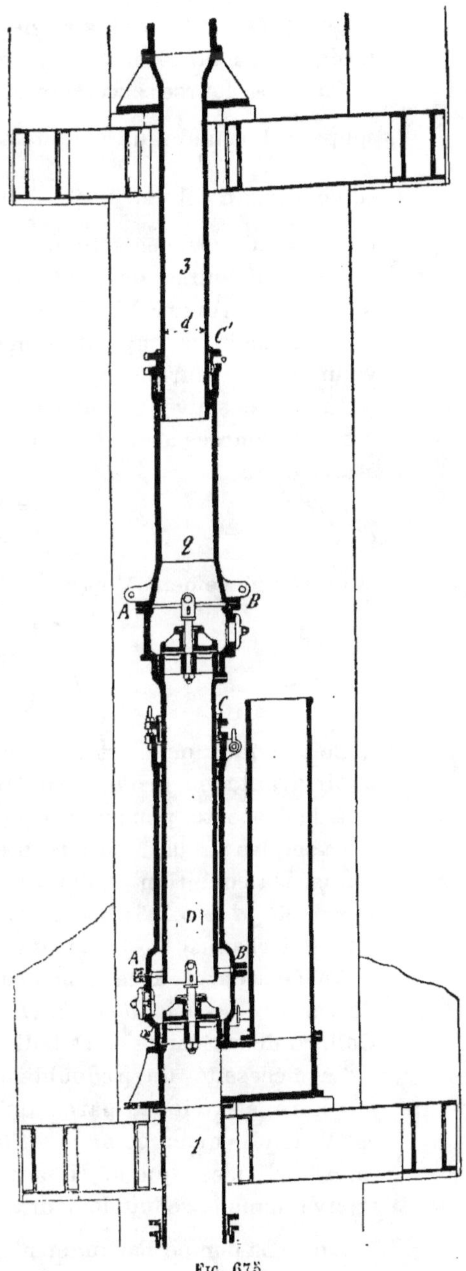

FIG. 675.

Les tubes n°s 2 et 3 ont des diamètres différents que nous désignerons par D et d; soit l la course.

Dans la course ascendante, le piston aspire, à travers la soupape dormante, un volume $V = \dfrac{\pi\,D^2\,l}{4}$ et expulse, par le tube supérieur, un volume $v = \dfrac{\pi\,d^2\,l}{4}$, car la capacité supérieure au piston diminue de ce volume.

Dans la course descendante, la soupape dormante reste fermée et le volume V, précédemment aspiré, passe à travers le piston; mais la capacité supérieure n'augmentant que d'un volume v, il y aura un volume expulsé égal à $V - v$.

On se pose souvent comme condition que les volumes expulsés, dans les courses ascendante et descendante, soient égaux, c'est-à-dire que :

$$v = V - v$$

d'où
$$V = 2v$$

et en remplacement V et v par leurs valeurs :

$$D^2 = 2\,d^2,$$

$$d = \frac{D}{\sqrt{2}} = 0\ 707\ D.$$

Cette condition n'est pas toujours réalisée, parce qu'on peut avoir avantage à produire un travail utile différent à l'ascension et à la descente, pour mieux équilibrer le moteur.

Exemples : à la houillère Ste-Marguerite (Liége), se trouve réalisée la condition du débit égal à l'ascension et à la descente, $D = 0.53$; $d = 0.375$; $l = 1.50$. Il en est de même au Mansfeld (puits Urbanus) $D = 0.90$; $d = 0.64$; $l = 3.14$.

Au Gosson et à la Concorde, le débit est plus faible à la descente : $D = 0.40$; $d = 0.30$; $l = 1.50$. Il en est de même au siège Collard de la Société Cockerill : $D = 0.36$; $d = 0.30$; $l = 1.50$.

La nécessité du redoublement, pour toute pompe intermédiaire, s'explique, parce qu'à l'ascension le volume aspiré est V, tandis qu'en ce moment le volume expulsé par la pompe inférieure n'est que v. Il faut donc que la pompe supérieure trouve, dans le redoublement, le volume $V - v$.

1201. La pompe Rittinger n'a pas de chapelles. Celles-ci constituent toujours en effet des points faibles qu'il est désirable d'éviter. Immédiatement au-dessus des soupapes se trouvent des joints A B qu'il suffit de déboulonner, pour soulever la partie supérieure au moyen d'un cabestan ou des tiges, de manière à faire apparaître la soupape.

1202. La pompe Rittinger doit la faveur dont elle a longtemps joui, aux avantages suivants :

1° Elle ne présente que des corps cylindriques, ce qui lui donne une grande solidité et permet de donner aux étages 100 mètres et plus de hauteur.

2° Ses dimensions étant moindres que celles d'une pompe à simple effet de même débit, il en résulte une économie d'espace.

3° La colonne élévatoire, dans le cas d'égalité de débit à l'ascension et à la descente, n'a que la moitié de la section de celle d'une pompe à simple effet. D'ailleurs les efforts étant répartis sur les deux courses, il y a réduction de tous les organes pour une même quantité d'eau élevée.

4° L'eau se meut constamment en ligne droite ; il en résulte nécessairement moins de résistances et l'on peut par conséquent admettre une vitesse plus grande.

1203. La pompe Rittinger présente d'autre part les inconvénients suivants :

1° Elle exige une grande précision dans le montage et par suite une grande stabilité des parois du puits, qui doivent supporter les poutres d'assise des deux tubes d'une manière absolument invariable.

2° La pompe Rittinger ne peut être noyée, car on ne peut ici retirer les soupapes par la colonne élévatoire dont le diamètre est inférieur à celui des soupapes.

3° Cette pompe exige deux bourrages qui doivent être soigneusement entretenus, mais qui sont facilement accessibles.

POMPES A PISTON PLEIN.

1204. 1° ***Pompes à piston plein à simple effet.*** — Les pompes à piston plein à simple effet sont *foulantes* ou *élévatoires*. Les premières (fig. 677) aspirent à l'ascension du piston et refoulent à la descente ; les secondes (fig. 678) aspirent à la descente du piston et soulèvent la colonne d'eau à l'ascension.

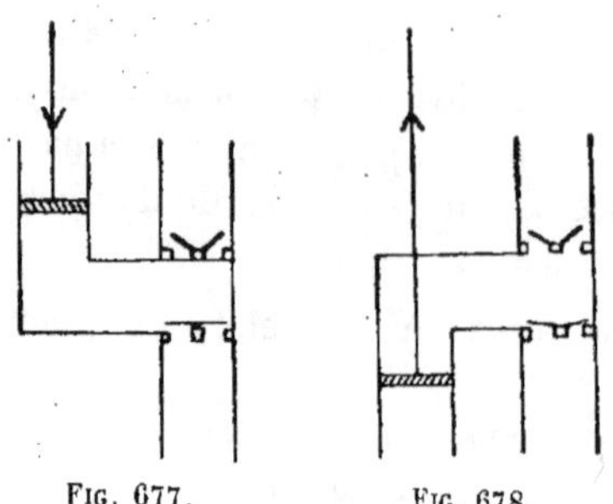

FIG. 677.   FIG. 678.

1205. *Pompes foulantes*. — Les pompes foulantes sont de beaucoup les plus employées et conviennent plus spécialement pour les eaux de mines souvent boueuses. Ces pompes sont toujours à piston plongeur. Ce genre de piston, originaire du Cornwall, ne touche le corps de pompe que par une très petite surface alésée.

Le piston est soigneusement tourné à la surface extérieure. Il traverse, à la partie supérieure du corps de pompe, une boîte à bourrage.

Le piston est ainsi lubrifié extérieurement par la graisse qui imprègne le bourrage et par l'eau, ce qui le préserve d'oxydation. L'intérieur du corps de pompe qui n'est pas alésé, est par cela même peu attaquable.

Les pompes foulantes à simple effet sont *verticales* ou *horizontales*.

1206. *Pompe foulante verticale*. — Les pompes foulantes verticales (fig. 679) sont surtout employées avec maîtresse-tige.

Le piston P est en fonte ou en acier ; il est creux et d'une seule pièce ; une ouverture au fond, fermée par un tampon, facilite la coulée des pistons de grand diamètre. Quelquefois on donne, dans ce cas, une surépaisseur au fond du piston.

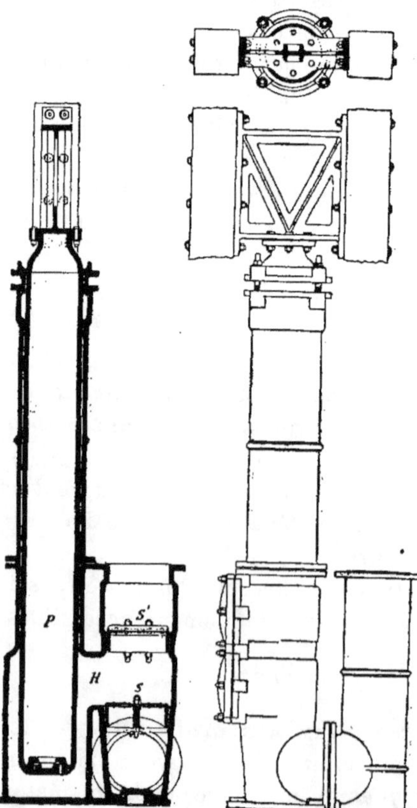

FIG. 679.

Cette pompe est caractérisée par la *pièce en H*, tuyau horizontal *H*, qui réunit le corps de pompe à la colonne ascensionnelle. Toutes les parties de la pompe doivent présenter des sections libres sensiblement égales à celle du piston plongeur, afin de ne pas produire de changements de vitesse. C'est pourquoi le soubassement du corps de pompe a une section double de celle du piston plongeur, car il est surtout important de ne pas avoir d'étranglement à la jonction de la pièce en H avec le corps de pompe ; les soupapes d'aspiration S et de refoulement S', sont situées au pied de la colonne ascensionnelle.

La pièce en H est souvent venue de fonte avec le soubassement du corps de pompe. Quand les diamètres sont très grands, on subdivise la pièce ne H, afin d'avoir des parties moins volumineuses à manœuvrer dans les puits. C'est ainsi que la partie horizontale peut être coulée à part et boulonnée de part et d'autre au moyen de collets, que le soubassement du corps de pompe lui-même peut former une pièce spéciale. Il faut toutefois faire le moins possible de subdivisions, car la pièce en H est toujours une partie faible et par suite peu résistante aux chocs ou aux coups de bélier.

1207. Les chocs proviennent, comme nous le verrons, des conditions dynamiques de sollicitation du piston, ou d'une aspiration d'air ; dans ce dernier cas l'air se loge à la partie supérieure du corps de pompe et se comprime à la descente du piston ; la résistance étant moindre que celle de la colonne liquide, il y a accélération du piston et la soupape de refoulement s'ouvre tardivement. La colonne liquide qui était en repos, reçoit instantanément alors une violente impulsion. Ce choc est d'autant plus considérable que la masse d'eau est plus grande ; c'est même une raison pour ne pas exagérer la hauteur des jeux de pompes foulantes verticales.

L'air qui se loge ainsi à la partie supérieure du corps de pompe, ne tarde pas à être expulsé par le bourrage. Pour faciliter son expulsion, on a quelquefois placé la communication horizontale de la pièce en H à la partie supérieure du corps de pompe au lieu de la mettre à la hauteur du soubassement ; mais cela conduit à augmenter le diamètre entier du corps de pompe dont la section doit être double de celle du piston, pour que les sections libres soient partout égales. Il en résulte aussi une petite augmentation dans la hauteur d'aspiration. On peut encore établir une communication par un tube à robinet, entre le haut du corps de pompe et la colonne ascensionnelle.

1208. *Pompe foulante horizontale.* — Les pompes foulantes horizontales sont plus simples. Elles sont employées dans les machines souterraines qui refoulent l'eau d'un jet à la surface. Elles doivent en conséquence présenter une très grande solidité. On les construit souvent aujourd'hui en acier coulé, de même que les conduites de refoulement.

Les pompes foulantes horizontales à simple effet sont généralement doubles et comme leur jeu est alternatif, le refoulement est continu, comme si la pompe était à double effet; la section de la colonne ascensionnelle peut alors être réduite de moitié par rapport à celle d'une pompe unique à simple effet.

Le corps de pompe reçoit en général une forme ovoïde limitée par des surfaces paraboloïdes, afin de faire varier les sections comme la vitesse du piston, qui suit généralement dans ce cas le mouvement d'une manivelle ; le piston est effilé de manière à présenter moins de résistance au refoulement et à ne pas créer de choc par le changement brusque de section.

Quand le piston se termine par une partie plate, l'eau ne suit pas immédiatement le mouvement du piston et a une tendance à s'en détacher. La forme effilée, préconisée par Farcot, acquiert d'autant plus d'importance que ces pompes reçoivent une plus grande vitesse.

1209. Dans la disposition Girard (fig. 680, pompe de Bernissart), le piston plongeur est commun aux deux corps de pompe dont les boîtes à bourrage BB' sont opposées. Ce piston unique est conduit par une tige attelée directement au moteur, ce qui nécessite une troisième boîte à bourrage B''. Le tuyau d'aspiration S' débouche au milieu d'une des faces latérales du corps de pompe ovoïde, tandis que le tuyau de refoulement S s'embranche au-dessus du corps de pompe. Ces deux tuyaux s'ouvrent ainsi dans la plus grande section de ce dernier.

1210. Dans la disposition dite *américaine*, généralement adoptée aujourd'hui (Soc. Cockerill, Ateliers de la Meuse, Maison Beer), les deux corps de pompe sont accolés par le fond. Les deux pistons sont reliés entre eux par un étrier (fig. 680, pompe de la Louvière). Cette disposition présente l'avantage d'une plus grande stabilité ; les bourrages sont plus accessibles et sont réduits au nombre de deux au lieu de trois.

Dans l'un et dans l'autre cas, on place au bas de la colonne ascensionnelle une soupape de retenue qui permet les réparations de la pompe sans vider la colonne.

1211. Les avantages généraux des pompes à piston plongeur sont les suivants :

1° Le piston est toujours accessible ;

2° Les bourrages sont faciles à entretenir ;

3° Lorsque les sections sont bien calibrées, il n'y a pas de variations de vitesse ;

4° Le frottement est très réduit, parce qu'il s'exerce sur une faible surface ;

5° Ces pompes demandent peu de réparations ;

6° Elles présentent une grande résistance qui permet d'atteindre de très grandes hauteurs de refoulement.

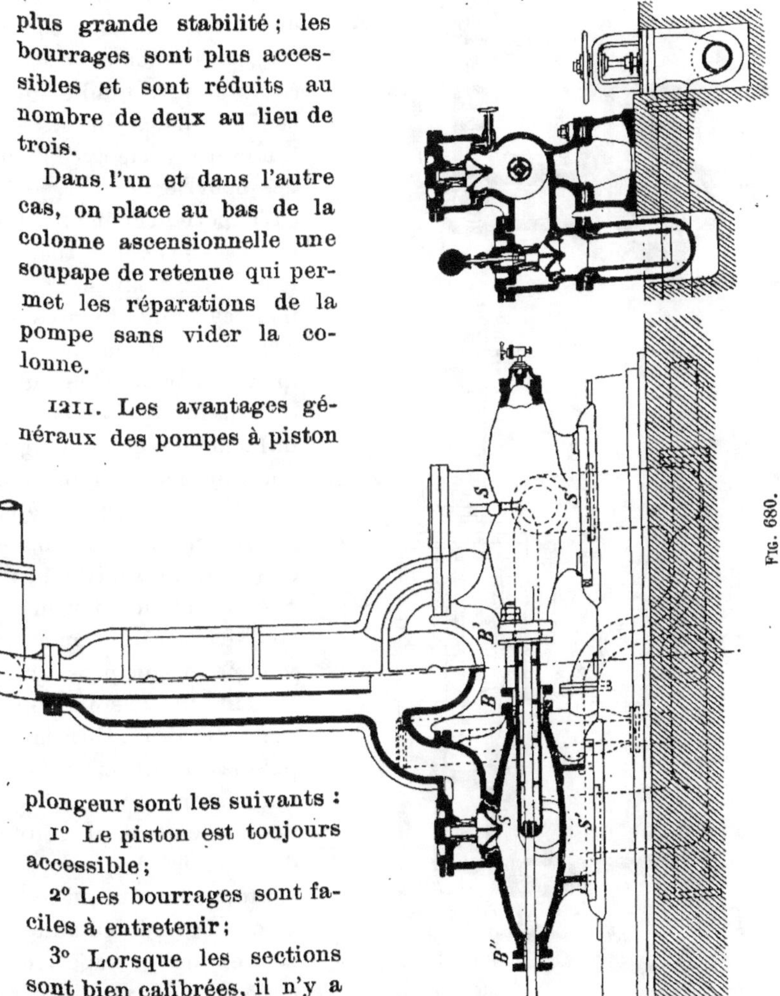

FIG. 680.

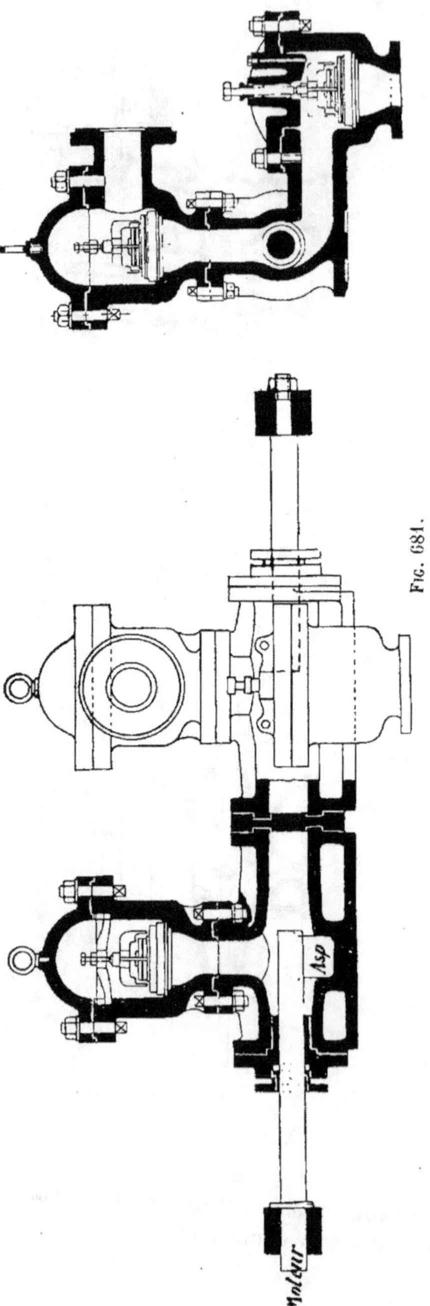

1212. Le rendement des pompes foulantes est considérable : il atteint souvent 95 %. Ce rendement est facile à maintenir, tandis que le rendement des pompes à piston creux varie avec l'usure des bourrages.

L'expérience démontre que, dans les premiers temps de leur fonctionnement, ces pompes donnent souvent 1 à 3 % de plus que le rendement théorique, ce qui est dû à la force vive, en vertu de laquelle la colonne liquide continue à se mouvoir, après que le piston est arrêté. Il en résulte que la soupape d'aspiration s'ouvre, avant que le piston ait repris sa course inverse, et un certain volume d'eau passe directement de l'aspiration au refoulement. Comme les pompes à piston creux ne fournissent que 80 à 90 % de rendement, il convient de donner à la pompe aspirante soulevante qui se trouve au bas de la colonne, une section de $1/20$ supérieure à celle des jeux de pompes foulantes placés au dessus d'elle.

1213. *Indices de dérangement.* — Si à la descente du piston, on n'obtient pas le volume théorique, cela dénote un défaut de la soupape d'aspiration qui laisse fuir l'eau. Si d'autre part l'eau baisse dans la colonne à l'ascension du piston, cela provient évidemment d'un défaut à la soupape de refoulement.

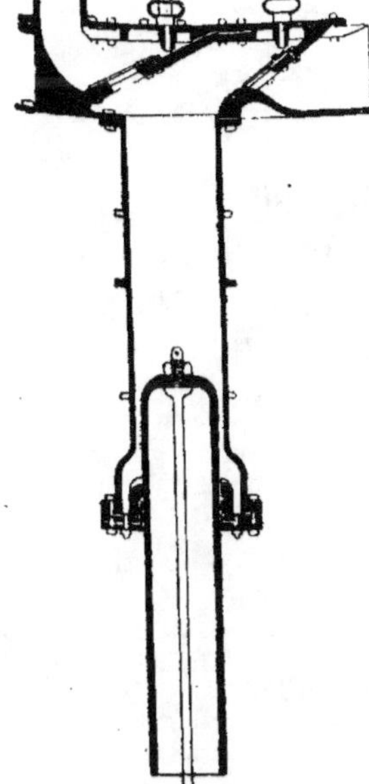

Fig. 682.

1214. *Pompes élévatoires.* — Les pompes élévatoires ont l'avantage de faire travailler la maitresse-tige exclusivement par traction. L'air aspiré est de plus complètement expulsé avec l'eau élevée. Ces pompes ont été employées avec piston plat, vers 1830, dans la machine à colonne d'eau de Huelgoat ; la hauteur d'élévation était de 155 mètres.

A Freiberg, vers 1840, fut substitué au piston plat un piston plongeur renversé, relié à la maîtresse-tige par un étrier (fig. 682) ; le bourrage de ce plongeur était toutefois dans une position défectueuse et cette pompe demandait beaucoup d'entretien, à cause des boues qui se rassemblaient au fond du corps de pompe près du bourrage.

M. Guinotte a remédié à ces inconvénients dans les pompes élévatoires de Bascoup, dites *renversées*, où le corps de pompe est mobile et joue le rôle de piston (fig. 683). Cette disposition demande deux bourrages au lieu d'un, mais ces bourrages sont situés dans de bonnes conditions et les boues qui se déposent au fond du corps de pompe, peuvent être évacuées par une soupape spéciale.

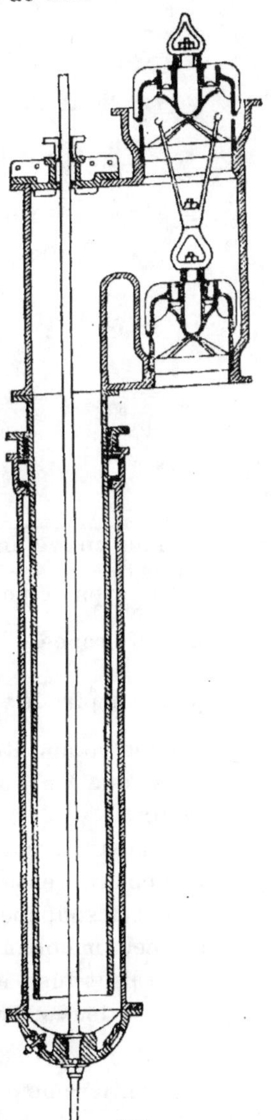

Fig. 683.

ERRATA page 436.

10ᵉ et 13ᵉ lignes :

au lieu de : $\dfrac{\pi\,d^2}{4}\,l$, il faut lire : $\dfrac{\pi\,(D^2 - d^2)}{4}\,l$.

12ᵉ ligne :

au lieu de : $\dfrac{\pi\,(D^2 - d^2)}{4}\,l$, il faut lire : $\dfrac{\pi\,d^2}{4}\,l$.

refoule un volume $\dfrac{\pi\,D^2\,l}{4}$ dont une partie $\dfrac{\pi\,d^2\,l}{4}$ passe dans le petit corps de pompe. Le tuyau de refoulement reçoit donc la différence $\dfrac{\pi(D^2 - d^2)\,l}{4}$. Dans la course inverse, le **gros** piston aspire le volume $\dfrac{\pi\,D^2\,l}{4}$ et le petit refoule $\dfrac{\pi\,d^2\,l}{4}$. Comme dans la pompe Rittinger, on peut calibrer ces pistons de telle sorte que les volumes refoulés dans les deux courses soient égaux.

Comparativement aux doubles jeux de pompe à simple effet, la pompe différentielle a l'avantage de n'exiger que deux soupapes, mais ces soupapes sont de beaucoup plus grandes dimensions et par cela même moins résistantes.

On peut aussi adopter la disposition dite *américaine*, en accolant les deux corps de pompe par les fonds (cf. n° 1210).

1216. ***Détails de construction***. — *Soupapes*. — Lorsqu'elles sont entièrement libres, le mouvement des soupapes dépend de celui du piston. Quand le piston est conduit par une manivelle, on démontre qu'une soupape supposée sans masse, mais soumise à la pression constante d'un ressort, de telle sorte que la vitesse de l'eau au passage de la soupape soit constante, s'ouvre un peu après le commencement de la course et se ferme un peu après la fin de celle-ci. A la fin de la course du piston, l'eau est encore en pleine vitesse, d'où résultent souvent des chocs.

Si nous considérons une soupape formée d'un simple disque circulaire plat, l'eau passe d'une section circulaire à travers une section cylindrique ; pour qu'il n'y ait pas de variations de vitesse, les sections de passage circulaire et cylindrique doivent être égales. On aura donc, r et R étant les rayons de l'ouverture du siège et de la soupape, et h sa levée :

$$2 \pi R h = \pi r^2$$

$$\text{d'où } h = \frac{r^2}{2R}$$

On voit que la levée h dépend du diamètre de la soupape. Cette règle est applicable à tous les systèmes de soupapes. Si l'on suppose $r = R$, $h = \frac{r}{2}$; la levée serait alors proportionnelle au diamètre [1].

1217. La surface supérieure πR^2 de la soupape, plus grande que la surface inférieure πr^2, recouvre en partie le siége. On a longtemps soutenu qu'il fallait un excès de force, une *surpression*, pour provoquer la levée de la soupape. L. Trasenster avait déjà émis l'avis que l'influence du recouvrement était nulle, en se basant sur l'existence d'une mince lame d'eau entre les surfaces en contact. L'eau, disait-il, agit à la manière d'un coin, en s'introduisant entre ces surfaces pour soulever la soupape [2]. Les expériences de M. Riedler ont confirmé cette conception théorique. Plus de 100 diagrammes pris sur des pompes de divers systèmes n'ont pas montré traces de surpression [3].

1218. On donne à la partie mobile un poids tel que la levée soit suffisante et la fermeture rapide. C'est surtout pour les soupapes d'aspiration que ce poids doit être convenablement

---

[1] *Das Pumpenventil*, par O. H. Mueller, Leipzig, 1900.

[2] *Revue universelle des mines*, 1re série, t. XXXI.

[3] Voir *Revue universelle des mines* 2e série, t. XV, le résumé des expériences de M. Riedler.

1215. 2° **Pompe à piston plein et à double effet.** — *Pompe différentielle.* — La pompe foulante horizontale à double effet est connue sous le nom de *pompe différentielle*; elle est à deux corps de pompe et à pistons de diamètres différents (fig. 684). Les conduites d'aspiration et de refoulement dont

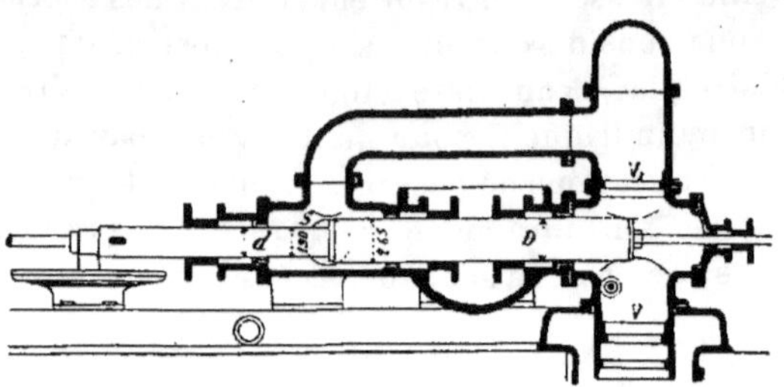

Fig. 684.

l'emplacement est marqué en V et V_4, s'ouvrent dans le corps de pompe où se meut le piston de plus grand diamètre D. Au-dessus de la soupape de refoulement V_4, se trouve une communication avec le second corps de pompe. Le gros piston refoule un volume $\dfrac{\pi\, D^2\, l}{4}$ dont une partie $\dfrac{\pi\, d^2\, l}{4}$ passe dans le petit corps de pompe. Le tuyau de refoulement reçoit donc la différence $\dfrac{\pi(D^2 - d^2)l}{4}$. Dans la course inverse, le gros piston aspire le volume $\dfrac{\pi\, D^2\, l}{4}$ et le petit refoule $\dfrac{\pi\, d^2\, l}{4}$. Comme dans la pompe Rittinger, on peut calibrer ces pistons de telle sorte que les volumes refoulés dans les deux courses soient égaux.

Comparativement aux doubles jeux de pompe à simple effet, la pompe différentielle a l'avantage de n'exiger que deux soupapes, mais ces soupapes sont de beaucoup plus grandes dimensions et par cela même moins résistantes.

On peut aussi adopter la disposition dite *américaine*, en accolant les deux corps de pompe par les fonds (cf. n° 1210).

1216. **Détails de construction.** — *Soupapes.* — Lorsqu'elles sont entièrement libres, le mouvement des soupapes dépend de celui du piston. Quand le piston est conduit par une manivelle, on démontre qu'une soupape supposée sans masse, mais soumise à la pression constante d'un ressort, de telle sorte que la vitesse de l'eau au passage de la soupape soit constante, s'ouvre un peu après le commencement de la course et se ferme un peu après la fin de celle-ci. A la fin de la course du piston, l'eau est encore en pleine vitesse, d'où résultent souvent des chocs.

Si nous considérons une soupape formée d'un simple disque circulaire plat, l'eau passe d'une section circulaire à travers une section cylindrique ; pour qu'il n'y ait pas de variations de vitesse, les sections de passage circulaire et cylindrique doivent être égales. On aura donc, r et R étant les rayons de l'ouverture du siège et de la soupape, et h sa levée :

$$2 \pi\, Rh = \pi\, r^2$$
$$\text{d'où } h = \frac{r^2}{2R}$$

On voit que la levée h dépend du diamètre de la soupape. Cette règle est applicable à tous les systèmes de soupapes. Si l'on suppose $r = R$, $h = \frac{r}{2}$; la levée serait alors proportionnelle au diamètre [1].

1217. La surface supérieure πR^2 de la soupape, plus grande que la surface inférieure πr^2, recouvre en partie le siége. On a longtemps soutenu qu'il fallait un excès de force, une *surpression*, pour provoquer la levée de la soupape. L. Trasenster avait déjà émis l'avis que l'influence du recouvrement était nulle, en se basant sur l'existence d'une mince lame d'eau entre les surfaces en contact. L'eau, disait-il, agit à la manière d'un coin, en s'introduisant entre ces surfaces pour soulever la soupape [2]. Les expériences de M. Riedler ont confirmé cette conception théorique. Plus de 100 diagrammes pris sur des pompes de divers systèmes n'ont pas montré traces de surpression [3].

1218. On donne à la partie mobile un poids tel que la levée soit suffisante et la fermeture rapide. C'est surtout pour les soupapes d'aspiration que ce poids doit être convenablement

---

[1] *Das Pumpenventil*, par O. H. Mueller, Leipzig, 1900.

[2] *Revue universelle des mines*, 1re série, t. XXXI.

[3] Voir *Revue universelle des mines* 2e série, t. XV, le résumé des expériences de M. Riedler.

déterminé, car la soupape de refoulement est solidaire de la colonne liquide qui pèse sur elle. Il faut d'ailleurs tenir compte de la hauteur d'aspiration. Il est toujours avantageux d'alimenter les soupapes d'aspiration en charge, ce qui est facile à réaliser dans les machines souterraines à vapeur.

1219. Les soupapes sont *à simple* ou *à double siége*.

1220. *Soupapes à simple siége.* — Pour les épuisements d'importance moyenne, comme débit et comme profondeur, les soupapes les plus usitées sont à *clapets* (fig. 671) et de construction analogue à celle des pistons creux des pompes aspirantes et soulevantes (cf. n° 1199). Le cuir forme charnière; il est fixé par une traverse diamétrale au moyen de deux boulons ; des butoirs limitent la levée des clapets. Pour des diamètres de 0ᵐ,30 à 0ᵐ,40, les siéges des soupapes à clapets sont fixés à la base de la chapelle, à moins qu'elles ne soient disposées de manière à pouvoir être retirées par la colonne. La chapelle reçoit une section double de celle de l'ouverture de la soupape. Les clapets, au nombre de deux, sont souvent inclinés, de manière à donner une grande ouverture pour un faible déplacement.

Dans les petits épuisements, les soupapes sont quelquefois à un seul clapet ou à deux clapets à charnières opposées, pour augmenter la section de passage. Dans ce cas, les charnières sont quelquefois métalliques, ce qui est moins avantageux que les charnières en cuir qui font ressort.

1221. Pour les grandes pressions (machines d'épuisement souterraines), on emploie souvent des soupapes à *ressort* (fig. 685) formées d'un simple disque métallique guidé par une tige centrale et quelquefois par des ailerons inférieurs, auxquels on donne souvent une certaine obliquité pour faire tourner la soupape et renouveler les surfaces en contact. Il faut que ce guidage engendre aussi peu de frottement que possible. Ces soupapes ont un siége conique ou plat. Les soupapes à siége plat sont souvent simplement guidées par une tige fixe solidaire du siége, ce qui réduit le frottement au minimum. La soupape à siége conique exige une levée plus grande que celle à siége plat, pour une même section

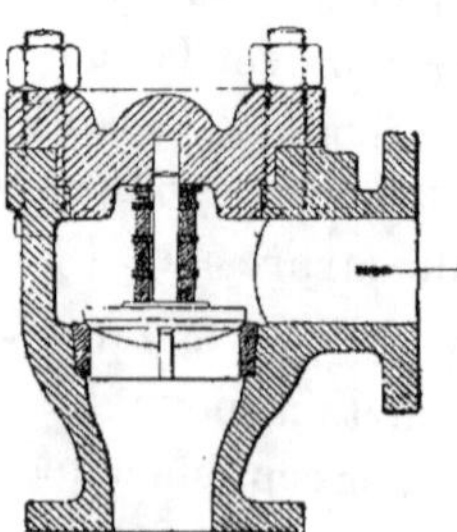

Fig. 685.

normale au siége ; car α étant l'inclinaison du siége sur la verticale, pour une levée h de la soupape, la hauteur de la section de passage devient $h \sin \alpha$.

1222. *Soupapes à double siége.* — Les soupapes à double siége peuvent être simplement formées d'un anneau métallique plat, muni d'une feuille de cuir à la surface de contact avec le siége (fig. 686). Elles sont guidées sur une tige centrale solidaire du siége. Ces soupapes ont une double section cylindrique d'écoulement.

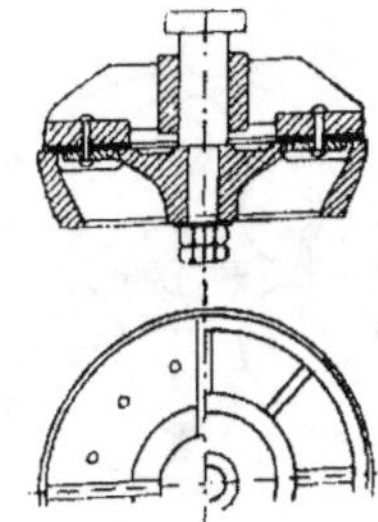

Fig. 686.

1223. Les soupapes du typé Hornblower dont les deux siéges sont à des niveaux différents, jouissent de la même propriété. Ces soupapes sont formées d'une cloche guidée et portant sur deux siéges garnis de caoutchouc vulcanisé ou simplement métalliques (fig.687). Cette disposition qui, augmente sensiblement le poids de la soupape, n'est plus guère employée. On la rencontre dans les pompes renversées du système Guinotte (fig. 683). Les soupapes d'aspiration et de refoulement superposées ayant leurs siéges soumis à des efforts de sens contraire, ces siéges sont rendus solidaires par un système de tringles. A Bascoup, ces soupapes ont un diamètre de $0^m,56$; le diamètre du siége supérieur est de $0^m,3\mathfrak{g}2$. Dans cette pompe, on a supprimé les chapelles et l'on retire les deux soupapes simultanément par le haut.

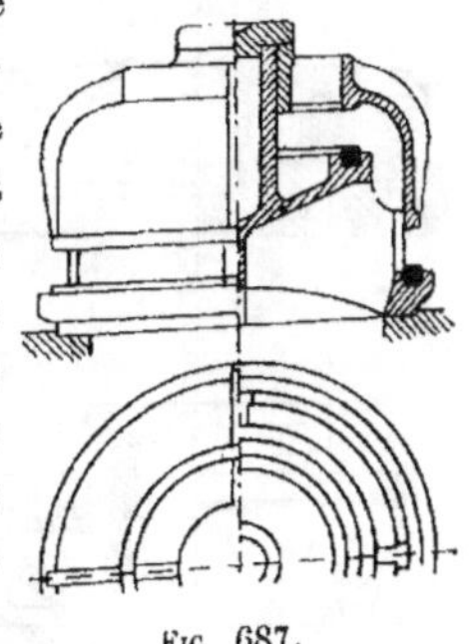

Fig. 687.

1224. *Soupapes multiples.* — Dans les appareils d'épuisement à grand débit, on cherche à réduire autant que possible la levée des soupapes pour éviter les chocs. Cette considération conduisant à des diamètres qui ne sont plus pratiques, on multiplie le nombre des soupapes. On construit des soupapes multiples à disques circulaires ou annulaires.

1225. Dans le premier cas (fig. 688), la meilleure disposition correspond à 7 soupapes dont une centrale et 6 au pourtour, parce que c'est celle qui exige le moins d'augmentation de

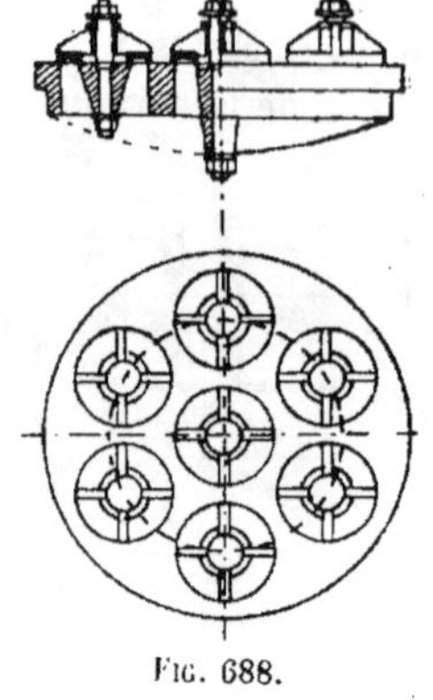

Fig. 688.

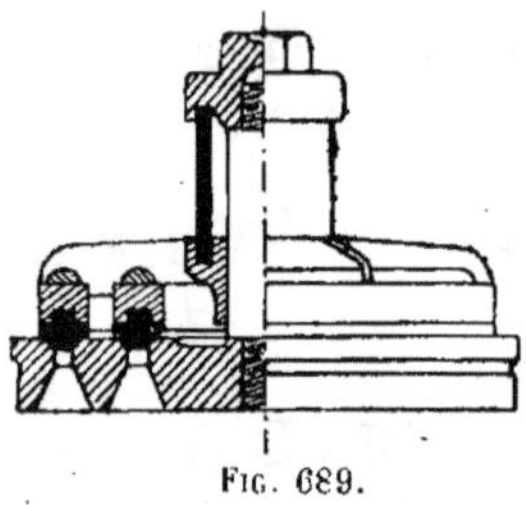

Fig. 689.

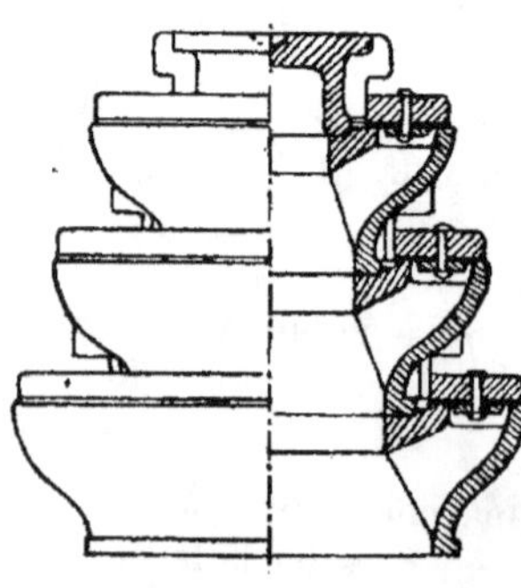

Fig. 690.

largeur de la chapelle ; celle-ci peut d'ailleurs recevoir une très faible hauteur, parce que le maniement de ces petites soupapes demande peu d'espace.

1226. Les soupapes multiples annulaires sont dans un même plan ou dans des plans différents.

Le premier système, adopté par la maison Ehrardt et Sehmer, est représenté fig. 689 : les anneaux garnis de caoutchouc vulcanisé reposent sur des siéges annulaires à parois coniques ; les anneaux sont invariablement liés à une pièce centrale guidée par une tige, avec ressort en caoutchouc. Ces soupapes permettent une vitesse de plus de 200 coups par minute.

Les soupapes annulaires situées dans des plans différents, dites soupapes *étagées* (fig. 690), sont fréquemment employées malgré l'inconvénient d'exiger des chapelles de grande hauteur. Elles sont généralement usitées dans les pompes Rittinger, où cet inconvénient est moindre. Des arrêts limitent l'excursion de chaque soupape annulaire ; cette construction donne toutefois lieu à un grand nombre de joints.

1227. *Soupapes gouvernées.* — Dans le but d'accélérer la marche des pompes, comme aussi de réduire la résistance des soupapes et de supprimer les inconvénients dus à un trop grand retard à leur fermeture, M. Riedler a préconisé, en 1878, l'emploi de soupapes dites *gouvernées*, qui se lèvent librement, mais dont la fermeture s'effectue sans choc par l'action d'une came qui rapproche la soupape de son siége, à la fin de la course. Cette came prend son mouvement sur l'arbre même de la machine motrice (fig. 691). La levée initiale peut ainsi être réglée à volonté. Ce système, malgré sa complication, est assez répandu aujourd'hui dans des machines d'épuisement souterraines avec

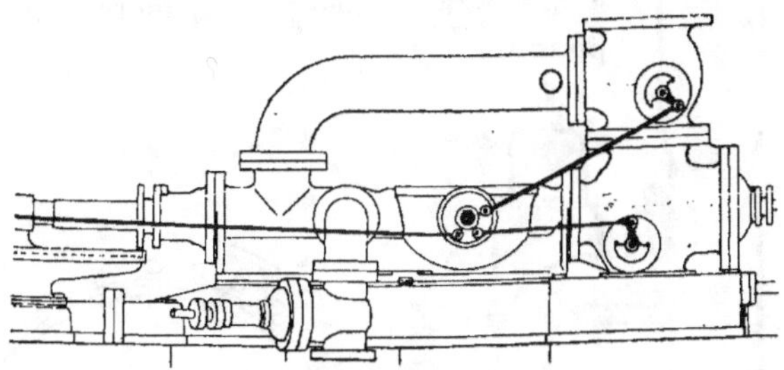

FIG. 691.

pompes différentielles, notamment pour les soupapes d'aspiration. Il permet des vitesses atteignant 100 coups par minute. La fig. 692 montre en coupe une disposition de ce genre.

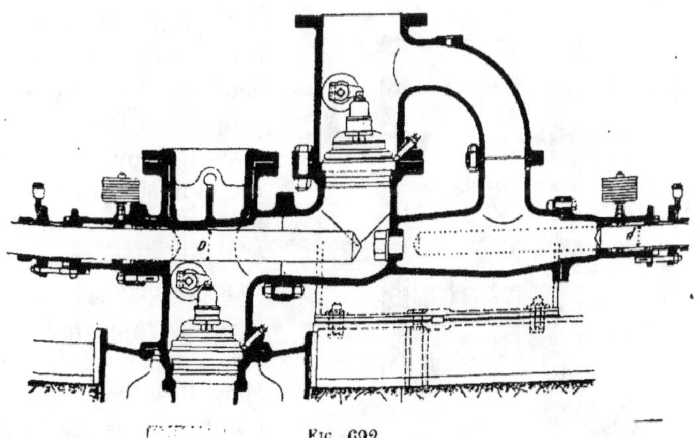

FIG. 692.

1228. *Soupape Riedler.* — Les pompes, dites *express*, de M. Riedler sont des pompes différentielles du type ci-dessus décrit (cf. n° 1215) qui se distinguent en ce que la soupape d'aspiration est annulaire et concentrique au grand piston (fig. 693). L'aspiration se fait dans une bache B qui entoure le corps de pompe ; lorsque le piston marche de gauche à droite, la soupape d'aspiration garnie de bois ou d'ébonite se déplace en sens inverse de la marche du piston. Elle est ramenée sur son siége, à la fin de la course, par la tête même du piston. On peut atteindre ainsi des vitesses de 3oo tours, en réduisant la course à 0ᵐ,10 ou 0ᵐ,15, de manière à ne pas dépasser un mètre de vitesse au piston.

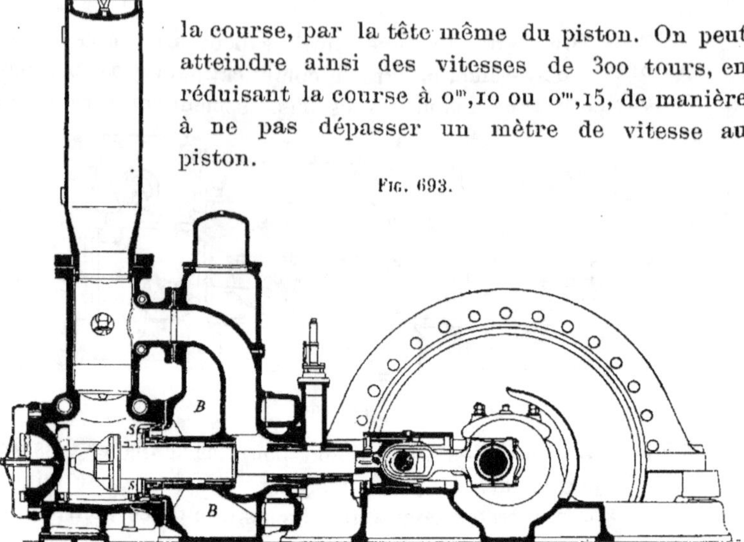

Fig. 693.

La fig. 694 montre cette disposition à plus grande échelle. On voit en *s* la soupape Riedler ; en *p* le piston muni du butoir *g* qui agit sur la soupape ; la soupape de refoulement est à deux disques annulaires et à ressorts.

1229. *Chapelles.* — Dans les pompes verticales, les chapelles constituent des points faibles. La fermeture ne peut en effet se faire que par un tampon plat et par conséquent de forme peu favorable pour résister aux efforts de sens contraire auxquels les chapelles sont alternativement exposées.

Le tampon est à collets, en dedans ou en dehors.

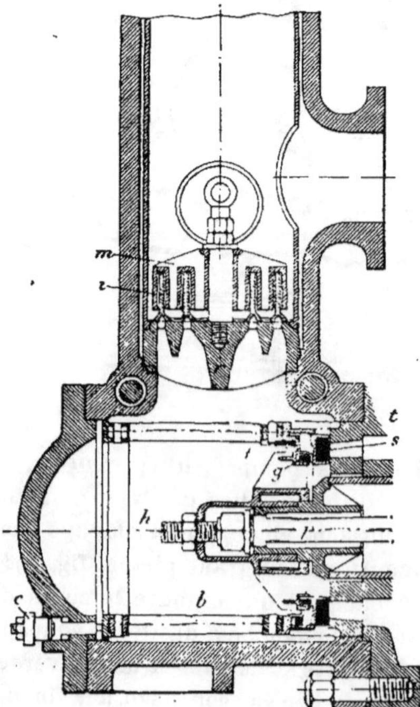

Fig. 694.

Lorsque les collets sont en dedans, la fermeture se fait au moyen d'une vis et d'un étrier, comme celle d'un trou d'homme. Le joint est rendu étanche au moyen de tresses de chanvre goudronné ou d'une feuille de caoutchouc. Lorsque les collets sont en dehors, l'obturateur est fixé par des boulons passant dans des échancrures et non dans des trous, pour faciliter l'enlèvement du tampon, qui peut se faire, dans ce cas, sans ôter les boulons de la dernière rangée. Ces tampons sont en fer et à nervures intérieures.

Les chapelles se placent ordinairement à l'opposé du corps de pompe. Cependant les dispositions du puits peuvent obliger à les placer latéralement.

Dans les pompes Rittinger, et en général dans les pompes de grand diamètre, on pratique de simples regards au niveau des soupapes, permettant de constater l'état de celles-ci, qui en cas de besoin sont retirées en déboulonnant un joint.

Dans les pompes horizontales des machines souterraines, il n'y a pas de chapelles proprement dites. Les soupapes sont rendues accessibles par un couvercle boulonné ; au refoulement, ce couvercle est quelquefois en forme de calotte sphérique et sert de réservoir d'air (fig. 680 et 681).

1230. *Tuyaux.* — Les tuyaux sont ordinairement en fonte et formés de cylindres à collets de 3 à 4 mètres de longueur ; les collets sont quelquefois renforcés par des consoles et les tuyaux par des nervures annulaires extérieures.

L'épaisseur des tuyaux de fonte se calcule par la formule :

$$e^{\,m/m} = \frac{n\,D}{200} + 10$$

où n représente la pression en atmosphères et D le diamètre en millimètres ; on calcule de même l'épaisseur des corps de pompes, en prenant une constante de 12 mm. au lieu de 10 mm. On fait varier l'épaisseur de 10 en 10 m. ou de 20 en 20 m.

Les tuyaux en fonte ont l'inconvénient d'être lourds et poreux, mais ils sont peu oxydables et présentent une grande stabilité.

En avaleresse, on emploie quelquefois des tuyaux en toles rivées ; ces tuyaux ont au moins $0^m,25$ à $0^m,30$ de diamètre pour permettre la rivure. Les rivures sont une cause de fuites, mais celles-ci cessent rapidement par l'oxydation. On construit ainsi des tronçons partiels d'assez grande longueur qui s'assemblent au moyen de collets. Ces tuyaux sont plus légers et moins fragiles, mais plus oxydables que les tuyaux de fonte.

Pour les petits diamètres qui conviennent aux pompes à double effet, on emploie souvent des tuyaux en fer étiré de 5 mètres, assemblés par bouts mâle et femelle et boulons. On les goudronne à chaud pour les préserver de l'oxydation. On emploie ces tuyaux jusque $0^m,12$ à $0^m,15$ de diamètre. On les essaie à la presse hydraulique, au double de la pression, avant la pose ; leur longueur étant plus grande que celle des tuyaux de fonte, il y a moins de joints et le prix n'en est guère plus élevé.

Lorsque les eaux sont très corrosives, on est quelquefois obligé d'avoir recours à des tuyaux en bois, arbres forés assemblés par pénétration, avec interposition de tresses de chanvre. On peut aussi remédier à la corrosion de la fonte par des chemises en bois ou en cuivre placées à l'intérieur des tuyaux (Cornwall). En Silésie, on a essayé dans le même but des tuyaux émaillés intérieurement, mais l'on a du y renoncer à cause du prix ; on a préféré établir dans la mine des installations d'épuration d'eau, qui nécessitent toutefois des bassins assez étendus pour y laisser déposer la chaux précipitée.

1231. Les assemblages des tuyaux de fonte doivent être très soignés, les joints des collets dressés au tour, avec portées annulaires saillantes creusées de rainures circulaires (fig. 695). Ces portées annulaires sont mises en contact, avec interposition d'un cercle de fer garni de tresses, simplement goudronnées, dans les avaleresses, ou enduites de minium, dans les installations définitives.

Fig. 695.

On peut aussi comprimer du plomb dans les rainures ; mais la rouille suffit souvent pour produire un joint étanche. On emploie aussi des anneaux de cuivre de formes diverses, matés dans les joints ou de simples rondelles en caoutchouc vulcanisé.

Pour les très fortes pressions, telles que celles qu'on obtient dans les pompes foulantes souterraines, on assemble les tuyaux de fonte par bouts mâle et femelle, avec joint en caoutchouc interposé.

Pour les tuyaux en fer étiré, on forme les bouts mâle et

femelle par des frettes soudées et on les réunit par collets mobiles et boulons. On construit souvent aujourd'hui les tuyaux en acier coulé. Généralement on les calibre pour que la vitesse soit de $1^m,5o$ à 4 m.

1232. **Dimensions.** — Les pompes de grand diamètre présentant des difficultés d'installation, on ne dépasse pas en général $o^m,8o$ et l'on s'en tient ordinairement à $o^m,5o$ ou $o^m,6o$. Les progrès réalisés au point de vue de la vitesse dispenseront à l'avenir de recourir à des diamètres exagérés. Dans les pompes souterraines à grande vitesse, on en est arrivé à réduire le diamètre à $o^m,2o$ ou $o^m,25$.

Avec maîtresses-tiges et machines à traction directe, la course des pompes est de 3 à 4 m., mais ces machines ne donnent pas plus de 6 à 7 coups par minute. Avec maîtresses-tiges et machines rotatives, la course est de 2 m. à $2^m,5o$; ces machines peuvent donner 10 à 12 coups par minute.

Avec les machines souterraines sans maîtresse-tige, les courses sont beaucoup moindres : de $o^m,45$ à 1 m. aux vitesses ordinaires de 5o à 6o tours par minute, elles descendent à $o^m.2o$ à $o^m.15$ dans les pompes, dites *express*, qui font jusque 3oo tours par minute.

Dans les pompes à maîtresse-tige, il faut autant que possible ne pas exagérer la hauteur des étages. Ceux-ci sont en général de 5o à 8o mètres, à moins que des raisons spéciales n'obligent à les augmenter. Les machines souterraines foulent d'autre part d'un jet à la surface. Les plus grandes hauteurs de refoulement sont en Belgique de 576 m. à La Louvière et en Allemagne de 775 m. aux puits Monopol et Rhein-Elbe III. L'aspiration de ces pompes ne dépasse pas 4 m. Les pompes à vapeur et à condensation sont généralement alimentées en charge.

Pour les pompes aspirantes et soulevantes, il convient de ne pas dépasser 3o à 4o mètres avec 7 mètres au plus d'aspiration.

On met quelquefois au bas de la colonne deux pompes aspirantes, dont l'une de réserve.

Si l'on disposait d'assez grands réservoirs pour ne pas craindre que la pompe de fond pût être noyée, on pourrait employer sans inconvénient une pompe foulante à la base de la colonne, mais on ne lui donne dans ce cas qu'un mètre au plus d'aspiration pour éviter tout travail à humage.

1233. Maîtresses-Tiges. — Lorsque le moteur d'épuisement est établi à la surface, la transmission de la force aux pompes se fait par maîtresse-tige. Celle-ci peut être construite pour résister alternativement à la compression et à la traction ou pour résister exclusivement à la traction.

Lorsque les pompes sont soulevantes ou élévatoires, la maîtresse-tige n'est soumise qu'à la traction ; mais avec des pompes foulantes, à moins de placer, en dessous des pompes, sur la maîtresse-tige des *poids tendeurs*, celle-ci est soumise à des efforts alternatifs, très nuisibles aux assemblages. On la construit alors généralement en bois et quelquefois en fer profilé. Lorsqu'elle reste constamment soumise à la traction, on la construit en fer ou acier rond.

1234. Maîtresses-tiges en bois. — Les maîtresses-tiges en bois sont en chêne ou en sapin rouge.

Les résistances du chêne et du sapin rouge sont presque égales. Il en est de même des prix. Les résistances sont les suivantes :

	Chêne.	Sapin.	
Écrasement .	424 kg.	500 kg.	par c².
Traction . .	814 »	858 »	»

On adopte généralement comme charge de sécurité, pour le calcul d'une maîtresse-tige, 40 à 60 kg. par centimètre carré, suivant la qualité du bois. Le sapin donne des pièces plus longues et plus droites que le chêne : 10 à 15 m. de long sur 0^m,28 à 0^m,32 et exceptionnellement 0^m,40 d'équarrissage.

1235. Les maîtresses-tiges sont *simples* ou *multiples*.

1236. *Maîtresse-tige simple.* — Pour les pompes de 0^m,20 à 0^m,40, il suffit d'une maîtresse-tige simple, formée de pièces de bois assemblées longitudinalement à fausse coupe, à trait de Jupiter (fig. 696) ou simplement bout

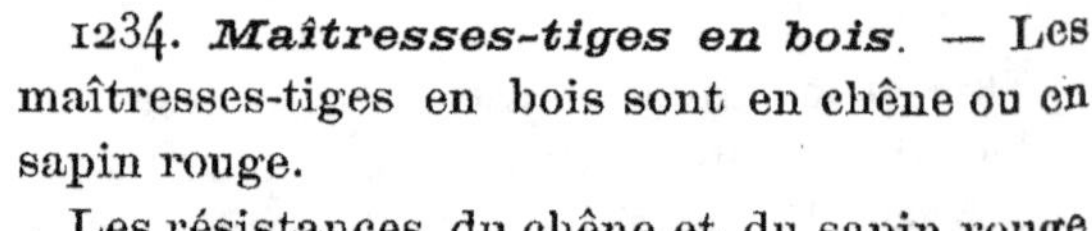

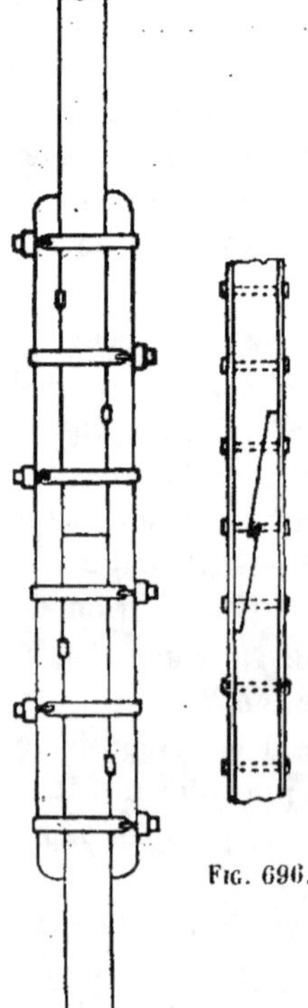

Fig. 696.

Fig. 697.

à bout, avec pièces de recouvrement ou éclisses en bois, serrées par des brides et réunies par cales ou goupilles légèrement coniques en bois de chêne, pour prévenir tout glissement (fig. 697). Dans le premier cas, l'assemblage est consolidé par des clames en fer de 4 à 5 m. de long, encastrées dans le bois sur $^1/_2$ centimètre d'épaisseur et fixées par des boulons en quinconce, de manière à ne pas déforcer les mêmes fibres du bois. La maîtresse-tige est de section décroissante avec la profondeur et il en est de même des clames.

Les clames et les boulons sont calculés pour résister par traction a 400 kg. par centimètre carré. La section totale des boulons est égale à celle d'une des clames et chaque boulon a $^1/_{10}$ de la section de la tige. Il en est de même des goupilles.

Les maîtresses-tiges ainsi composées ont l'inconvénient d'être hétérogènes et très lourdes.

1237. La *tire-boute* de la pompe aspirante et soulevante s'attache latéralement à la maîtresse-tige par l'intermédiaire d'une pièce en fer ou en fonte dite *corbeau*. La tire-boute travaille exclusivement par traction. On la construit en fers ronds ou carrés assemblés par endentures et frettes (fig. 671). L'effort latéral qui résulte de la disposition en porte à faux, n'a pas grand inconvénient, parce que l'effort est faible, comparativement à celui des pompes foulantes.

Autrefois les plongeurs des pompes foulantes étaient également attachés latéralement à la maîtresse-tige. Le plongeur était à cet effet fixé à l'extrémité d'un *manche* en bois relié à la maîtresse-tige par une pièce intermédiaire en bois et des étriers en fer. On équilibrait, autant que possible, les efforts latéraux, en plaçant alternativement les plongeurs de part et d'autre de la maîtresse-tige. Quelquefois on plaçait même deux plongeurs en regard l'un de l'autre ; l'un d'eux servait simplement de guide et de réserve.

1238. Généralement on place les plongeurs dans l'axe de la maîtresse-tige, en y faisant une *boutonnière* (fig. 698 et 699) dont les branches ont une section totale un peu supérieure à celle de la maîtresse-tige. Les assemblages des pièces de bois constituant la boutonnière sont consolidés par des clames boulonnées et recouvrant les joints. Le piston plongeur est fixé à l'extrémité

interrompue de la tige, par un étrier avec
épaulement sphérique et tige pénétrant
dans le col du plongeur, qui y est réuni
par une clavette.

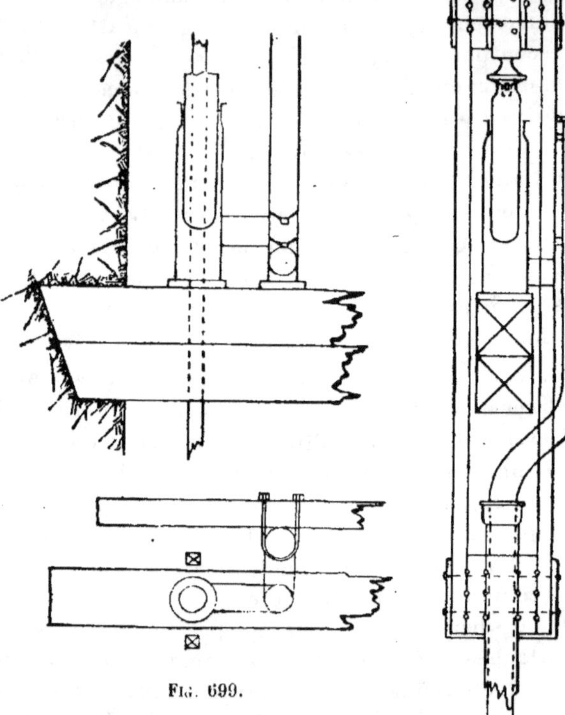

Fig. 699.

Fig. 698.

La hauteur d'une boutonnière est de 8 m.
pour une course de 3 m., parce qu'il faut
ménager la place du corps de pompe et de son assise.

1239. *Maîtresses-tiges multiples.* — Si la section d'une seule
pièce de bois est insuffisante, on en accole deux ou même quatre,
en ayant soin d'alterner les joints. C'est ainsi qu'aux Charbonnages réunis de Charleroi, on a accolé quatre pièces de bois de
$0^m,42$ sur $0^m,42$; mais dans des cas semblables, il vaut mieux
diviser la maîtresse-tige en deux tiges *jumelles* (fig. 679) dont
chaque partie peut elle-même être simple ou double. Les pompes
se placent alors dans l'axe. Les pistons plongeurs sont fixés
dans ce cas aux tiges par des entretoises en fonte à collets,

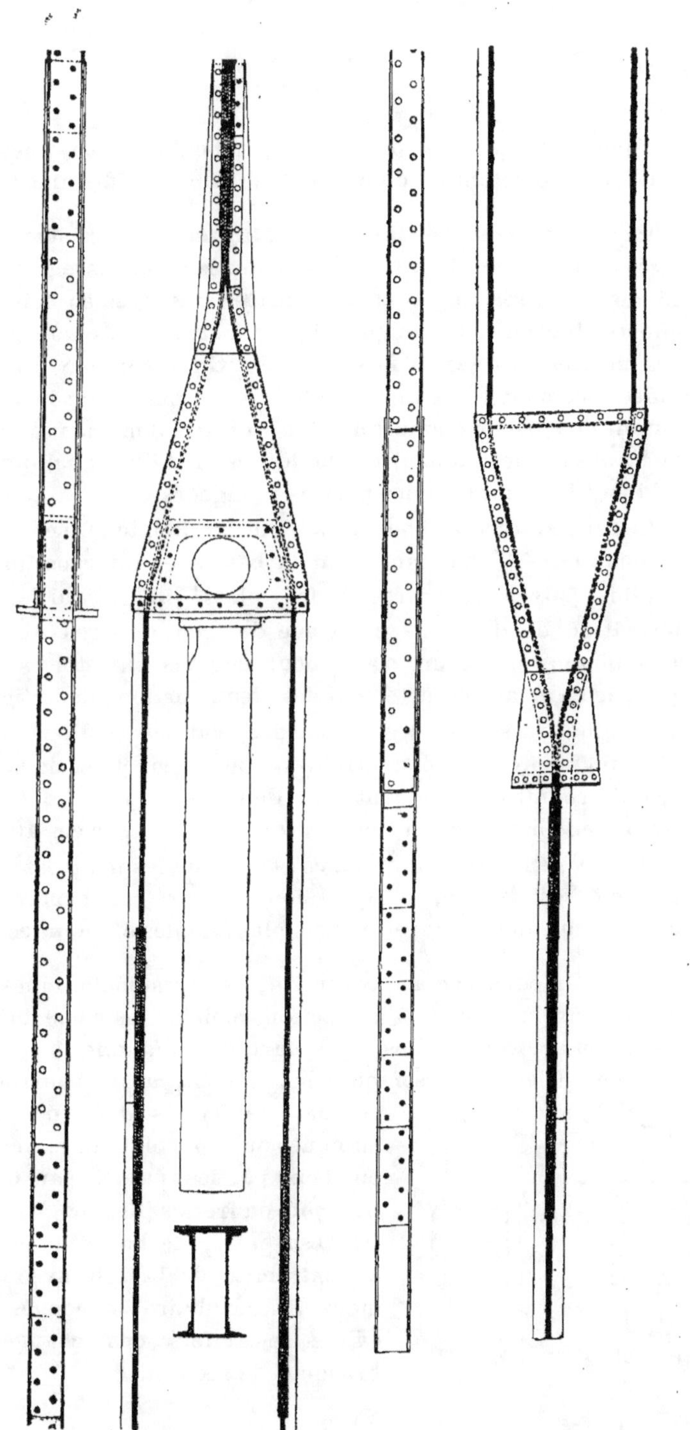

Fig. 700.

áuxquelles les pistons sont réunis par boulons. Les tiges sont d'ailleurs entretoisées de même de distance en distance.

1240. ***Maîtresses-tiges métalliques.*** — Les maîtresses-tiges en bois sont altérables et leur durée ne dépasse guère 20 à 25 ans. Pour résister, comme les maîtresses-tiges en bois, à des efforts alternatifs de compression et de traction, on a construit des maîtresses-tiges en fers profilés. On a cherché d'abord à imiter les maîtresses-tiges en bois, en répartissant la matière autour de l'axe, de manière à obtenir un grand moment d'inertie; de là, les formes tubulaires employées en Allemagne, qui compliquent l'assemblage des pistons plongeurs.

Le type Marcellis, souvent adopté en Belgique, se compose de deux fers ⨆⨅ assemblés par la base avec interposition d'un nombre pair de fourrures en fers plats ⨆∥⨅, ce qui facilite la formation de divisions en forme de boutonnières (fig. 700). Les pistons plongeurs s'attachent sur des entretoises en fer plat, maintenant l'écartement des deux portions de la tige.

Ces maîtresses-tiges sont lourdes, car les sections doivent être augmentées du diamètre des trous de rivets et de boulons, ce qui produit une augmentation de poids de 4 %. Lorsqu'elles travaillent par traction, tout l'effort se porte sur ces attaches.

On y a généralement renoncé et lorsque les maîtresses-tiges doivent résister par compression, on préfère généralement revenir aux anciens types en bois plus simples et moins coûteux.

1241. On conserve au contraire les tiges métalliques pour résister exclusivement à la traction, mais on les construit alors en fer ou acier rond. Les tiges partielles ont une longueur de 8 à 10 m. Elles sont assemblées bout à bout, par des bourrelets en contact renfermés dans des boîtes cubiques ou tronconiques en fer brut, en deux parties réunies par boulons (fig. 701) ou frettes (fig. 702). Quand la tige est en fer, le bourrelet est forgé à l'extrémité de la tige, avec renflement intermédiaire et congés, pour éviter les effets des changements brusques de section.

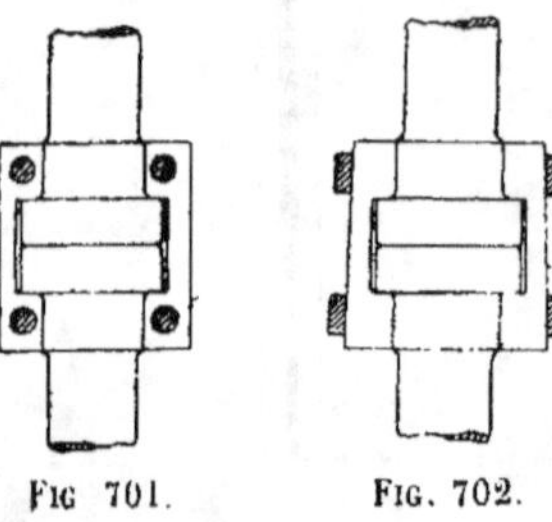

Fig 701.　　　　Fig. 702.

Lorsque la tige est en acier, les bourrelets ne peuvent être forgés, car il serait impossible de réchauffer des barres de cette longueur; ils sont réunis à la tige au moyen de pas de vis. Pour éviter les changements brusques de section, la Société Cockerill a adopté un filet de vis de profondeur variable (fig. 703) [1].

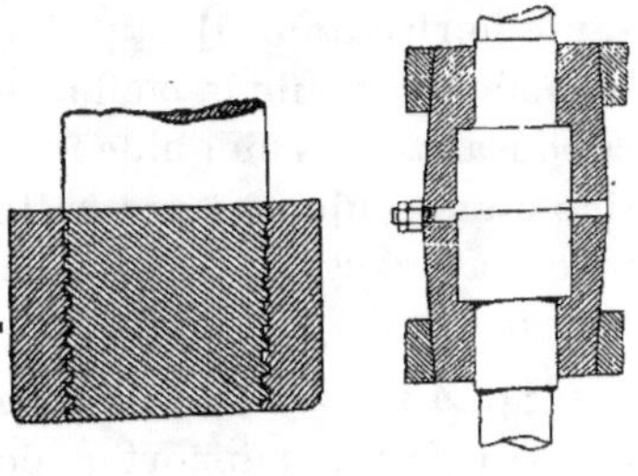

Fig. 703. Fig. 704.

Pour éviter la difficulté de faire porter exactement les bourrelets au fond des boîtes d'assemblage, des constructeurs allemands intercalent, entre les deux bourrelets coupés en biseau, une clef formant coin, qui peut être serrée au moyen d'un écrou (fig. 704). Quand la tige travaille exclusivement par traction, cette précaution ne paraît pas nécessaire.

1242. On emploie souvent les tiges jumelles en acier, avec les pompes Rittinger dont l'attache se fait par traverses *tt* saisissant le tube mobile par l'intermédiaire de balanciers, tournant librement sur deux tourillons T opposés, venus de fonte avec le tube mobile (fig. 705). Ces balanciers sont eux-mêmes reliés aux traverses précitées par tourillons; de sorte que la traction est toujours également répartie entre les deux tiges.

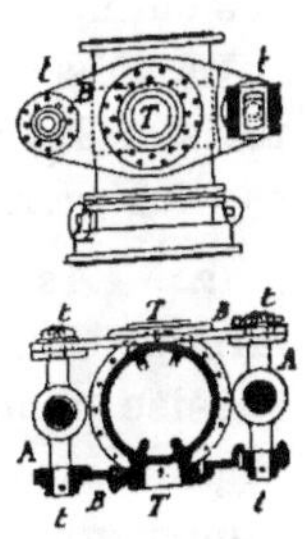

Fig. 705.

La pompe aspirante et soulevante du fond est dans ce cas rattachée aux tiges jumelles par l'intermédiaire d'un balancier qui s'appuie par une extrémité sur un axe fixe *f* et porte la tire-boute *t* à son autre extrémité (fig. 706).

1243. *Crosse*. — La maîtresse-tige s'assemble à la tige du piston par l'intermédiaire d'une *crosse*.

Pour une maîtresse-tige simple en bois, cette crosse est cubique et porte quatre tourillons auxquels la maîtresse-tige est suspendue par l'intermédiaire d'étriers.

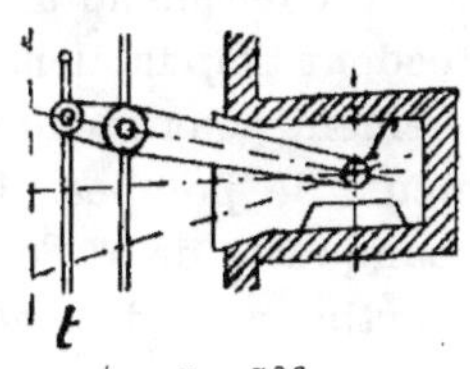

Fig. 706.

---

[1] *Revue universelle des mines*, 2e série, t. VII.

Dans le cas d'une machine rotative, la maîtresse-tige s'assemble à une bielle dont l'effort oblique engendre une composante horizontale ; il faut donc guider verticalement la crosse à laquelle s'articule la bielle, ce qui se fait au moyen d'un sabot coulissant dans un guide fixé à la paroi du puits. La maîtresse-tige étant toujours construite, dans ce cas, pour agir exclusivement par traction, la bielle ne portera que sur un demi-coussinet inférieur.

1244. **Assises des pompes.**—Les assises des pompes verticales doivent supporter des poids considérables : pompe, tuyaux, colonne ascensionnelle. Elles doivent être d'une stabilité à toute épreuve pour que les plongeurs restent verticaux. Leur résistance doit être calculée en raison de leur portée. Autrefois on les construisait toujours en bois, d'où le nom de *bois de bac* que l'on donne encore à ces assises, parce qu'autrefois elles portaient les bacs où chaque étage de pompes déversait ses eaux.

Le bois convient particulièrement à cause de son élasticité, mais on lui substitue souvent aujourd'hui le métal, à cause de sa plus grande durée.

1245. *Assises en bois.* — Les assises en bois ont pour largeur le diamètre du soubassement du corps de pompe ; l'assise comprend un, deux ou trois sommiers sur la largeur et plusieurs rangées de sommiers superposés, selon la résistance que l'on veut obtenir (fig. 699). Au Grand Hornu, l'assise des pompes foulantes de $0^m,50$ se composait de 9 sommiers dont 3 en largeur et 3 en hauteur. Ces sommiers sont encastrés dans les parois du puits. Il faut donc choisir dans celles-ci une roche suffisamment résistante pour les appuyer ; on recherche autant que possible les grès, parce que les schistes cèdent trop facilement sous la pression. Le choix de cet emplacement peut quelquefois décider de la hauteur à donner aux jeux de pompes. L'encastrement se fait, en ménageant une banquette de $0^m,80$ à 1 m. suivant la résistance de la roche. A partir du fond de cette banquette, l'entaille se fait obliquement, en se rétrécissant ou en s'élargissant. Cette dernière disposition, qui est la meilleure (fig. 699), demande plus de main d'œuvre.

Les pièces de bois formant l'assise sont boulonnées entre elles et réunies par des goupilles en bois dur. Dans des cas exceptionnels, on a construit de vraies charpentes d'assise en bois, comme ce fut le cas au Bleiberg pour supporter des colonnes d'un mètre de diamètre et de 40 m. de hauteur.

1246. *Assises métalliques.* — Le fer ou l'acier s'emploie sous forme de poutres tubulaires renforcées de pièces transversales aux points où elles servent directement de support. C'est ainsi que pour supporter les deux tubes fixes d'une pompe Rittinger, on jette par dessus le compartiment d'épuisement des ponts en poutrelles métalliques qui supportent ces tubes par l'intermédiaire de pièces de bois (fig. 675). Ces poutrelles sont encastrées dans les parois du puits ou simplement dans une paroi et soutenues à l'autre extrémité par une poutre tubulaire formant partibure (Siége Collard à Seraing).

1247. *Colonne ascensionnelle.* — Comme nous l'avons dit ci-dessus, chaque jeu de pompe déversait autrefois ses eaux dans un *bac*, réservoir où venait aspirer la pompe suivante. Rappelons qu'à cette époque les plongeurs étaient fixés latéralement, de part et d'autre de la maîtresse-tige (cf. n° 1237). Il en était de même par conséquent des assises des pompes et des bacs. Cette disposition avait l'inconvénient d'être encombrante.

Aujourd'hui l'on prolonge la colonne ascensionnelle parallèlement au corps de pompe sur une hauteur de 2 à 3 m., de manière à former un *redoublement* dans lequel la pompe suivante aspire en charge (fig. 698 et 699). Les pompes foulantes sont superposées dans l'axe de la maîtresse-tige. La colonne ascensionnelle venant de l'étage inférieur s'élève verticalement et doit par conséquent être déviée aux abords de l'assise de la pompe supérieure. Le redoublement est soutenu par des étriers fixés à des boisages (bois d'accolement). Il se raccorde au tuyau vertical par une boîte à bourrage qui permet un certain jeu.

1248. *Guides.* — Les maîtresses-tiges soumises à des efforts alternatifs doivent être guidées tous les 10 ou 15 m., pour présenter la rigidité nécessaire. On multiplie même souvent les guides à la partie inférieure. Avec pompes foulantes, il faut un guide au-dessus et au dessous de chaque pompe. Pour les maîtresses-tiges en bois, ces guides se font simplement au moyen de sommiers encastrés dans les parois et de pièces de bois transversales boulonnées. La maîtresse-tige est revêtue de planches clouées à tête perdue sur la hauteur correspondant à son déplacement à travers le guide. Ces planches sont destinées à être remplacées, dès que le jeu devient trop grand.

Les maîtresses-tiges métalliques sont de même revêtues de bois au passage des guides, de manière à supprimer toute saillie.

Les tiges rondes, soumises exclusivement à la traction, ne sont guidées que tous les 25 à 30 m. Les guides n'ont ici d'autre but que de s'opposer aux vibrations transversales. On multiplie les guides là où il y a des porte-à-faux, par exemple, à l'attache latérale de la pompe aspirante et soulevante.

1249. **Sommiers et patins de retenue.** — Pour éviter qu'en cas d'accélération, par suite de humage ou fêlure

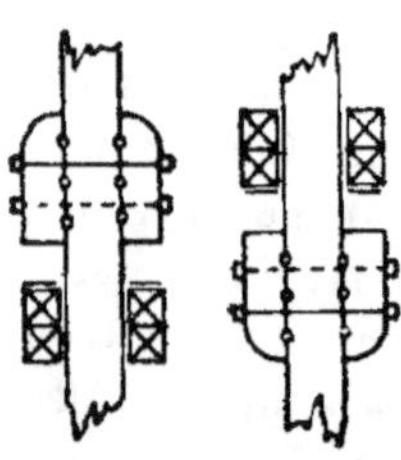

Fɪɢ. 707.   Fɪɢ. 708.

d'une pompe, il ne se produise un choc au fond du corps de pompe, on dispose des arrêts au-dessus et en dessous de chaque pompe, au moyen de sommiers revêtus de matières élastiques, cordes, caoutchouc, liége, plomb, sur lesquels viennent reposer des patins de retenue fixés à la maîtresse-tige (fig. 700 et 707). Près de la machine, on place de même des arrêts plus résistants.

Dans les machines à traction directe, ou en dispose dans les deux sens pour éviter les chocs du piston sur les fonds du cylindre et pour prévoir une accélération dans la course ascendante en cas de rupture de la maîtresse-tige (fig. 708).

Dans les machines rotatives, l'arrêt supérieur est inutile, parce que la course est strictement limitée. L'arrêt inférieur est nécessaire, notamment près de la crosse, pour le cas de rupture de la tige.

1250. **Montage.** — Le montage d'une machine d'épuisement à maîtresse-tige demande le plus grand soin. Il faut que les pompes soient rigoureusement dans une même verticale pour éviter les frottements, les distances strictement observées, les assemblages soignés, etc. Aucune pièce ne doit se trouver à moins de 0^m10 des parois et la section libre du puits doit laisser passage à la pièce la plus volumineuse. Les trous d'homme ou les tampons doivent être d'un accès facile.

La maîtresse-tige se monte toujours de haut en bas, pour que l'effet de la traction se produise successivement.

Pour descendre les pièces dans le puits, de la verticalité duquel il faut toujours s'assurer au préalable, on emploie un cabestan à engrenages, de manière à faire descendre la pièce la plus lourde à l'aide d'un ou deux hommes seulement. Quelquefois le cabestan est à vapeur. Quand le compartiment d'épuisement communique avec celui d'extraction, on peut se servir de la machine d'extraction pour la descente des pièces.

MOTEURS.

1251. Nous adopterons l'ordre suivant dans l'étude des moteurs d'épuisement, sans y attacher toutefois l'importance d'une classification systématique :

I. Moteurs à maîtresse-tige

- 1° sans rotation
  - Machines hydrauliques
  - Machines à vapeur
    - A simple effet
    - A double effet
- 2° avec rotation
  - Machines hydrauliques
  - Machines à vapeur

II. Moteurs sans maîtresse-tige

- 3° Machines à vapeur
  - Sans rotation
  - Avec rotation
- 4° Machines hydrauliques
- 5° Machines électriques

I. — MOTEURS A MAITRESSE-TIGE SANS ROTATION

MACHINES HYDRAULIQUES

1252. Les machines à colonne d'eau établies, dès 1749, à Schemnitz, par J. Höll, puis en Bavière, en 1750, par Reichenbach, sont les plus anciens moteurs à traction directe. Elles conviennent pour l'utilisation de grandes hauteurs de chute à faible volume. Leur vitesse est très limitée, en raison de l'incompressibilité et de la masse d'eau en mouvement.

Les machines à colonne d'eau à maîtresse-tige sans rotation peuvent se diviser en machines à action directe ou par transmission, suivant qu'elles utilisent directement une chute d'eau ou servent de récepteur à une transmission hydraulique dont la pression est ordinairement bien supérieure à celle d'une chute naturelle.

1253. ***Machine à colonne d'eau à action directe.*** — Comme exemple du premier mode d'action, nous citerons la machine de Reichenbach qui perfectionna le système de distribution, de manière à éviter les chocs. Le principe de la distribution de Reichenbach a été conservé dans toutes les machines de ce genre (fig. 709).

Cette distribution repose sur l'emploi de deux pistons différentiels A et B ; le diamètre du piston B étant plus grand que celui du piston A, l'eau, arrivant par la conduite C, fait monter les pistons A et B dans les positions marquées en pointillé, ce qui ouvre la décharge D. Le piston moteur P descend alors sous l'action du poids de la maîtresse-tige et de ses attirails. A la fin de sa course descendante, la tige T, qui suit le mouvement du piston P, accroche la pièce E et fait descendre un système de deux petits pistons distributeurs p et p_1, qui donne accès à l'eau motrice en c_1 dans l'espace annulaire qui se trouve au-dessus

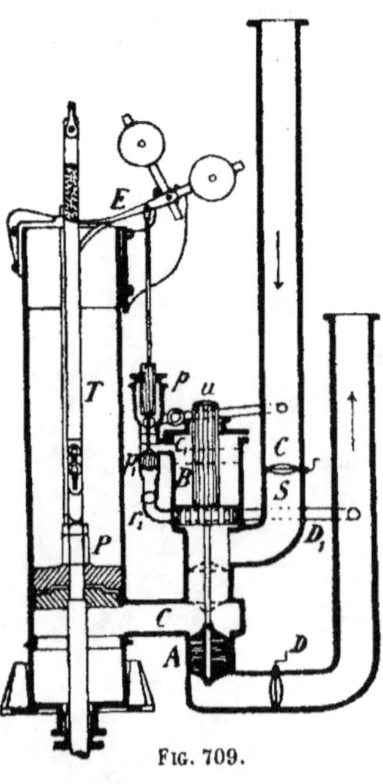

FIG. 709.

du piston B. Le piston A descend alors, parce que sa surface est plus grande que la différence des deux surfaces inférieure et supérieure du piston B. La décharge se ferme et l'eau motrice vient agir sous le piston P pour relever la maîtresse-tige. C'est la position représentée par la figure. Lorsque le piston moteur est à la fin de sa course ascendante, la tige T accroche de nouveau la pièce E en sens inverse; ce qui remet dans leur position primitive le système des deux pistons distri-buteurs p et p_1 et fait communiquer, par le tube D_1, le dessus du piston B avec la décharge, de sorte que le mouvement recommence.

Le piston A est cannelé, afin d'éviter les chocs, ce qui ne se réalise qu'aux dépens d'une perte d'eau motrice. Des valves permettent de régler l'afflux d'eau à l'admission et à l'émission.

1254. Une machine de ce genre installée à la mine Bonifacius, en Westphalie, actionne une pompe aspirante et soulevante destinée à alimenter deux jeux successifs de pompes foulantes puisant dans un réservoir supérieur. La pompe aspirante et soulevante et par suite la machine à colonne d'eau ne doit fonctionner que quand il y a assez d'eau dans le puisard. Ce résultat est atteint très simplement en commandant la valve S par un flotteur. La machine de Bonifacius prend son eau motrice dans la colonne élévatoire de la première pompe foulante.

1255. Les proportions des différentes parties de la machine ont ici une grande importance et doivent être déterminées par expérience, de manière à ne pas avoir d'étranglement.

Dans l'ancienne machine à colonne d'eau établie à Huelgoat, la course était de $2^m.50$; le nombre de coups de 3 à 4 par minute; la vitesse à l'ascension de $0^m.30$ par seconde et à la descente de $0^m.70$ par seconde. Ces vitesses étaient réglées au moyen des valves.

La hauteur de chute était de 60 m. et le débit de $10^{m3}556$ par minute ; la hauteur d'épuisement de 230 m. et le volume d'eau à épuiser de $1^{m3}790$ par minute.

L'effet utile, c'est-à-dire le rapport du travail utile Tu au travail moteur est :

$$\frac{Tu}{Tm} = \frac{Q' \, H' \, 1000}{Q \, H \, 1000}$$

où H représente la hauteur de chute;

Q le volume d'eau motrice par minute;

H' la hauteur d'épuisement;

Q' le volume d'eau à épuiser par minute.

$$\frac{T_u}{T_m} = \frac{230 \times 1790}{60 \times 10556} = 0{,}65$$

Les pompes étaient élévatoires (cf. n° 1214); à l'ascension, le moteur soulevait la maîtresse-tige, les attirails des pompes et la colonne d'eau ; à la descente, il y avait une faible aspiration et l'effort n'étant plus en rapport avec le poids de la maîtresse-tige et des attirails, il fallait équilibrer ce dernier, au moins en partie. C'est ce qu'on a fait en plaçant la machine en dessous du niveau d'écoulement des eaux. On crée ainsi une contrepression à la descente de la maîtresse-tige et à l'ascension, la colonne motrice est augmentée d'autant. A Huelgoat, la machine était placée à 14 m. en dessous du niveau d'écoulement.

A Holzappel (Nassau), fut établie, en 1880, une machine souterraine de ce genre où l'eau motrice était refoulée de même dans la colonne soulevée par les pompes.

1256. On détermine approximativement la section du cylindre moteur de la manière suivante, abstraction faite de toute considération dynamique.

Soit S la section du piston moteur.

p la pression;

p' la contrepression;

P le poids non équilibré de la maîtresse-tige et des attirails;

E le poids des colonnes soulevées ;

e »   de la colonne aspirée ;

F les frottements à l'ascension.

F'   »   à la descente.

Les équations d'équilibre statique s'écrivent comme suit :

A l'ascension :

$$S\,(p + p') = E + P + F.$$

A la descente :

$$P = Sp' + e + F'$$
$$\text{d'où } S\,p = E + e + F + F'.$$

Les avantages de ces machines sont la facilité d'entretien qui résulte de la lenteur de leur marche : elles fonctionnent sans bruit et pour ainsi dire sans surveillance.

1257. *Machine à colonne d'eau par transmission*. — Comme exemple de machine à colonne d'eau agissant par transmission, nous citerons celle établie par les Ateliers de la Meuse au charbonnage de Gneisenau, en Westphalie. La raison d'être du système était ici la nécessité d'installer une machine, à la surface, sur un compartiment de puits en forme de segment circulaire de $2^m.98$ de corde sur $0^m.775$ de flèche (fig. 710).

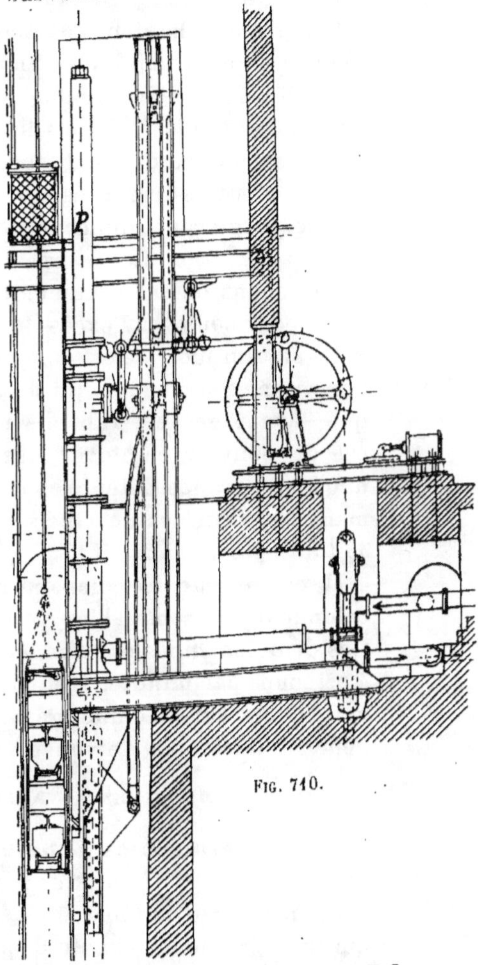

Par suite du faible diamètre du cylindre, une machine à colonne d'eau à haute pression permettait seule de réaliser ce problème, sans obstruer ce compartiment. La pression, créée par des pompes à vapeur et un accumulateur, atteint 100 atm.; le diamètre du piston a pu ainsi être réduit à $0^m.340$. C'est un piston plongeur P relié, par une tige en fer inférieure, à une maîtresse-tige en bois.

Fig. 710.

Pour réduire autant que possible le nombre de coups, on a donné à la course une longueur de $5^m.750$.

La maîtresse-tige actionne :

1° une pompe de fond aspirante et soulevante de $0^m.630$ de diamètre qui élève les eaux du niveau de 390 m. à celui de 326 m.;

2° une première pompe foulante de $0^m.614$ de diamètre foulant les eaux de 326 m. à 163 m. ;

3° une seconde pompe foulante de même dimension foulant les eaux de 163 m. jusqu'au jour.

Ces grandes hauteurs d'étage étaient nécessitées par la présence d'un cuvelage Kind-Chaudron.

La distribution est analogue à celle de Reichenbach, mais le jeu de fers qui la règle, est ici disposé de manière à éviter les chocs, sans déperdition de force motrice.

La maitresse-tige présente un excès de poids que l'on a utilisé, en plaçant un *accumulateur d'échappement* sur le conduit de décharge. Les pompes motrices reçoivent sous pression l'eau venant de cet accumulateur et l'excès de travail nécessaire pour soulever l'excès de poids est ainsi récupéré.

La station motrice est composée de quatre machines motrices horizontales à vapeur qui actionnent les pompes. Rappelons que l'avantage des transmissions hydrauliques ou électriques est de pouvoir employer des moteurs à vapeur très économiques, à grande détente et condensation (cf. n°^{os} 76 et 78). Les machines motrices de Gneisenau sont compound et tournent à 45 tours par minute.

Il existe sur le compartiment du puits deux machines à colonne d'eau semblables recevant un mouvement alternatif. Ces deux machines ont donné aux essais $8^{m3}75$ d'eau à raison de 4.75 coups par minute. L'effet utile mesuré a été de 0.71 du travail indiqué aux machines génératrices. Les essais ont donné une dépense de 11 kg. de vapeur sèche par cheval-heure utile ([1]).

MACHINES A VAPEUR A SIMPLE EFFET.

1258. A) ***Machines à balancier à pleine pression.*** — *Machine atmosphérique de Newcomen* (1705). — Nous citons pour mémoire la machine atmosphérique de Newcomen, qui fut le premier moteur d'épuisement à vapeur à maîtresse-tige. Elle a pour ainsi dire complètement disparu de Belgique, mais il en existe encore quelques specimens en Angleterre.

Le balancier attaqué, à l'une de ses extrémités, par la tige du piston supportait à son autre extrémité la maîtresse-tige.

([1]) *Revue Universelle des mines*, 3° série, t. XXIV.

Quand le piston avait été soulevé par la vapeur, une injection d'eau condensait celle-ci et la pression atmosphérique faisait redescendre le piston. Cette machine fonctionnait avec pompes aspirantes et soulevantes.

La consommation de vapeur de ces machines n'était pas inférieure à 100 ou 140 kil. par cheval et par heure.

1259. *Machine de Watt* (1779). — Cette machine constitue un très grand perfectionnement par rapport à la précédente ; la machine étant à balancier, la vapeur agit directement au dessus du piston pour soulever la maîtresse-tige.

La distribution se fait par trois soupapes : 1° la soupape d'admission à laquelle la vapeur arrive après avoir traversé le modérateur ; 2° la soupape d'équilibre qui fait passer la vapeur en dessous du piston, pendant que la maîtresse-tige descend par son poids ; 3° la soupape d'émission ou d'exhaustion, qui s'ouvre pendant l'admission et envoie la vapeur à la pompe à air du condenseur.

La soupape d'équilibre pouvait être plus ou moins étranglée, de manière à créer une résistance propre à équilibrer l'excès de poids de la maîtresse-tige.

Ces machines fonctionnaient à très basse pression, 1 à 1.25 atm., parce que la vapeur admise au dessus du piston, tendait à soulever le cylindre.

La pompe de fond seule était aspirante et soulevante, les jeux suivants étaient foulants.

Ces machines très régulières permirent de réaliser de grandes économies de combustible par rapport à la machine de Newcomen. La consommation de vapeur descendit à 35 ou 40 kil. par cheval et par heure, grâce surtout au maintien de la température du cylindre produit par la soupape d'équilibre, à la condensation en dehors du cylindre et à l'enveloppe de vapeur. Mais c'étaient des installations coûteuses nécessitant des cylindres de grand volume et des fondations étendues. Il en existe encore quelques specimens en Belgique qui sont destinés à disparaître dans un avenir prochain.

1260. **Machines à balancier à détente.** — La machine à balancier et à détente est souvent désignée sous le nom de machine du Cornwall; elle a en effet été employée d'abord dans ce district où l'éloignement des bassins houillers réclamait de grandes économies de combustible.

L'emploi de la détente dans cette machine exigeait des organes capables de résister à une haute pression initiale P_0. Indépendamment du renforcement du moteur, l'emploi de la détente entraînait la nécessité de mettre de grandes masses en mouvement, sous peine de devoir admettre des vitesses trop grandes et par suite dangereuses.

1261. Si nous traçons le diagramme théorique d'une machine à détente, en supposant la condensation parfaite et si nous y superposons le diagramme des résistances qui peut être considéré comme une ligne droite horizontale, puisque ces résistances sont sensiblement constantes, cette ligne droite coupe le premier diagramme en un point correspondant à une pression p, que nous appellerons pression d'équilibre (fig. 711).

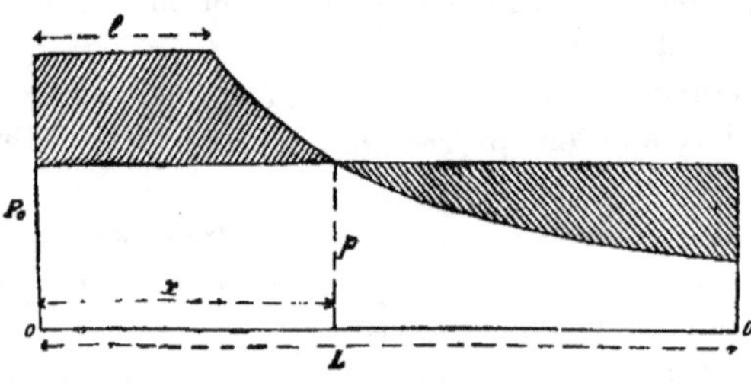

Fig. 711.

La pression p partage la course en deux parties dont la première est caractérisée par un excès du travail de l'effort moteur sur celui de la résistance et la seconde par un excès du travail de la résistance sur celui de l'effort moteur. Il y a en conséquence accélération pendant la première partie de la course et le travail en excès se transforme en force vive; celle-ci fournit le travail nécessaire pour achever la course.

La vitesse maxima correspond donc au point d'équilibre.

Abstraction faite de la détente de la vapeur contenue dans l'espace nuisible, nous pouvons écrire que la surface du diagramme de la résistance est égal à celle du diagramme de l'effort moteur.

ERRATA p. 463.

Ligne 4, il faut lire :

$$p = \mathrm{P}_0 \, \frac{\mathrm{I} + \log \text{nép } n}{n}$$

Ligne 10, il faut lire :

$$\frac{\mathrm{P}_a \, v^2}{2g} = \mathrm{S}\,\mathrm{P}_0 l \left(\mathrm{I} + \log \text{nép } \frac{\mathrm{P}_0}{p} \right) - \mathrm{S}\,px$$

Ligne 12, il faut lire :

$$\frac{\mathrm{P}_a \, v^2}{2g} = \mathrm{S}\,\mathrm{P}\,l \, \log \text{nép } \frac{n}{\mathrm{I} + \log \text{nép } n}$$

$$\frac{}{2g} = \mathrm{S}\,\mathrm{P}_0\,l \, \log \text{nép } \frac{}{\mathrm{I} + \log \text{nép } n}$$

Au moyen de cette équation, on peut calculer P_a en se donnant la vitesse maxima v. Or on sait par expérience que celle-ci ne doit pas dépasser :

$$
\begin{array}{llll}
2 \text{ m.} & \text{pour une course de} & 3 \text{ m.} \\
2^{\mathrm{m}}.\text{I}0 & \text{»} & \text{»} & 3^{\mathrm{m}}.25. \\
2^{\mathrm{m}}.3\text{o} & \text{»} & \text{»} & 4 \text{ m.}
\end{array}
$$

On voit que le poids des masses est d'autant plus grand que v est plus petit.

1262. Les masses nécessaires seront réparties sur la maîtresse-tige et sur un balancier de contrepoids. Si ce dernier est à bras inégaux, il faut calculer le contrepoids C, en exprimant sa vitesse en fonction de celle de la maîtresse-tige ; la vitesse v' du contrepoids est à celle de la maîtresse-tige, comme les bras de levier r' et r par rapport à l'axe du balancier :

$$\frac{v'}{v} = \frac{r'}{r}$$

dans ce district où l'éloignement des ...
mait de grandes économies de combustible.

L'emploi de la détente dans cette machine exigeait des
organes capables de résister à une haute pression initiale P_0.
Indépendamment du renforcement du moteur, l'emploi de la
détente entraînait la nécessité de mettre de grandes masses en
mouvement, sous peine de devoir admettre des vitesses trop
grandes et par suite dangereuses.

1261. Si nous traçons le diagramme théorique d'une machine à détente, en supposant la condensation parfaite et si
nous y superposons le diagramme des résistances qui peut être
considéré comme une ligne droite horizontale, puisque ces
résistances sont sensiblement constantes, cette ligne droite
coupe le premier diagramme en un point correspondant à une
pression p, que nous appellerons pression d'équilibre (fig. 711).

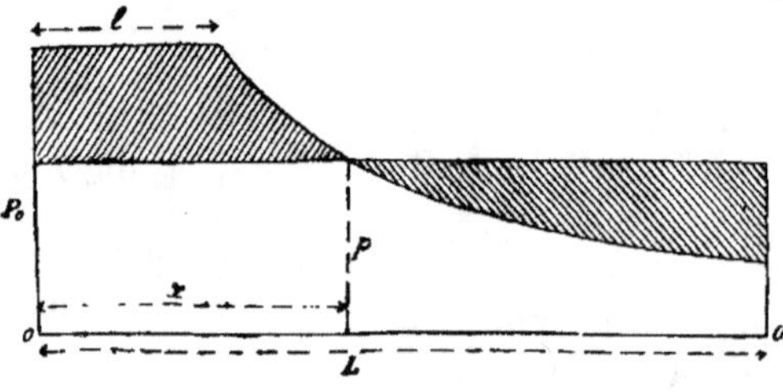

Fig. 711.

La pression p partage la course en deux parties dont la
première est caractérisée par un excès du travail de l'effort
moteur sur celui de la résistance et la seconde par un excès du
travail de la résistance sur celui de l'effort moteur. Il y a en
conséquence accélération pendant la première partie de la
course et le travail en excès se transforme en force vive; celle-
ci fournit le travail nécessaire pour achever la course.

La vitesse maxima correspond donc au point d'équilibre.

Abstraction faite de la détente de la vapeur contenue dans
l'espace nuisible, nous pouvons écrire que la surface du
diagramme de la résistance est égal à celle du diagramme de
l'effort moteur.

En désignant par l la longueur de l'admission et par L celle de la course, on aura, en appelant par S la surface du piston :

$$\mathrm{S}\,p\,\mathrm{L} = \mathrm{S}\,\mathrm{P}_o\,l\,(1 + \log \text{ nép } n)$$

$$p = \mathrm{P}_o\,n\,(1 + \log \text{ nép } n) = \frac{\mathrm{P}_o}{p}.$$

En vertu de la loi de Mariotte, on a :

$$\mathrm{P}_o\,l = p\,x$$

d'où
$$x = \frac{\mathrm{P}_o\,l}{p}.$$

Soit P_a le poids des masses en mouvement à l'ascension, le travail en excès, pendant la première partie de la course, sera :

$$\frac{\mathrm{P}_a\,v^2}{2g} = \mathrm{S}\,\mathrm{P}_o\,l\,(1 + \log \text{ nép } n) - \mathrm{S}\,px$$

En simplifiant et en remplaçant p par sa valeur :

$$\frac{\mathrm{P}_a\,v^2}{2g} = \mathrm{S}\,\mathrm{P}_o\,l\,\log \text{ nép } \frac{1}{1 + \log \text{ nép } n}$$

Au moyen de cette équation, on peut calculer P_a en se donnant la vitesse maxima v. Or on sait par expérience que celle-ci ne doit pas dépasser :

$$2 \text{ m.} \quad \text{pour une course de } 3 \text{ m.}$$
$$2^m.10 \quad \text{»} \quad \text{»} \quad 3^m.25.$$
$$2^m.30 \quad \text{»} \quad \text{»} \quad 4 \text{ m.}$$

On voit que le poids des masses est d'autant plus grand que v est plus petit.

1262. Les masses nécessaires seront réparties sur la maîtresse-tige et sur un balancier de contrepoids. Si ce dernier est à bras inégaux, il faut calculer le contrepoids C, en exprimant sa vitesse en fonction de celle de la maîtresse-tige; la vitesse v' du contrepoids est à celle de la maîtresse-tige, comme les bras de levier r' et r par rapport à l'axe du balancier :

$$\frac{v'}{v} = \frac{r'}{r}$$

La force vive du contrepoids est :

$$C \, \frac{v'^2}{2g} = C \, \frac{r'^2}{r^2} \, \frac{v^2}{2g}.$$

Le poids du contrepoids ramené dans l'axe de la maîtresse-tige est en conséquence $C \, \dfrac{r'^2}{r^2}$. Il est bon d'ailleurs de ne pas exagérer l'inégalité des bras de levier, pour ne pas exagérer la vitesse v'. On néglige la force vive du balancier exprimée par $\omega^2 \, \dfrac{I}{2}$, où ω représente sa vitesse angulaire et I son moment d'inertie. On peut cependant faire entrer par approximation, dans le poids des masses, $^1/_3$ du poids du balancier, en le supposant animé de la vitesse v.

1263. Les machines de Cornwall sont très irrégulières. La vitesse étant déterminée, comme ci dessus, à l'ascension de la maîtresse-tige, l'exagération des masses ralentit la descente et le nombre de coups est moindre que dans les machines à pleine pression.

Le seul avantage du système est la faible consommation de vapeur. Les machines d'épuisement du Cornwall, alimentées par d'excellent charbon gallois vaporisant 8 kg. d'eau par kg. de charbon, ne consommaient pas plus de 1 kg. de charbon par force de cheval et par heure.

Les inconvénients résultant de l'irrégularité de la marche et de l'importance des masses nécessaires ont fait abandonner ce type : dans les applications qui en furent faites autrefois aux mines du Cornwall, les profondeurs n'étaient pas grandes et l'importance des masses n'était pas grave vis-à-vis de l'économie de combustible. Les inconvénients du système se traduisent :

1° par un prix élevé de la machine : les machines à balancier et à détente établies au Bleiberg, en 1846, consommaient 1 k. 45 de charbon de qualité inférieure ; ces machines étaient à un cylindre de 2 m. 67 de diamètre et 3.66 de course, réduite à 2.86 aux pompes; elles marchaient à $^1/_5$ d'admission. Indépendamment de ce que les masses augmentent directement le prix, la membrure de la machine doit correspondre à l'effort initial, c'est-à-dire à un travail souvent double du travail normal.

2° par un défaut de sécurité : en effet si la détente ne se faisait pas, l'accélération continuerait jusqu'à la fin de la course et un choc serait inévitable ; de plus les masses réparties sur le ou les balanciers de contrepoids peuvent occasionner de graves accidents en cas de rupture de maîtresse-tige.

1264. ***Machine à traction directe.*** — La machine à traction directe est l'application aux moteurs à vapeur de la disposition adoptée, dès 1749, à Schemnitz pour les machines d'épuisement à colonne d'eau (cf. n° 1253). Cette application est d'origine belge : les noms de Fafchamps et de Letoret y sont attachés. La première machine à traction directe à vapeur a été construite à Houssu en 1845. Ce fut un progrès, au point de vue de la simplification des constructions, plutôt qu'au point de vue de l'économie du combustible ; car dans le début, on fut amené à supprimer la condensation et, dans ces conditions, la machine à traction directe ne consommait pas moins de 35 kil. de vapeur par cheval et par heure. L'emploi de la machine à traction directe a longtemps été retardé par la crainte de donner aux pompes la même course qu'au piston à vapeur, tandis qu'il était facile de réaliser des courses différentes, au moyen du balancier à bras inégaux de la machine de Watt. La machine à traction directe pouvait cependant fonctionner, sans inconvénient, à de hautes pressions, même pour de grandes forces, parce que la pression agissait ici en dessous du piston.

1265. Dans la machine à traction directe, le cylindre est porté, par des poutrelles, directement au dessus du puits, de manière à encombrer le moins possible ce dernier. Les premières machines de ce genre étaient à cylindre ouvert par le haut. On a ensuite fermé le cylindre et on l'a muni d'un tube d'équilibre pour y diminuer les condensations. La distribution se fait alors par deux soupapes seulement (fig. 712) ; 1° la soupape d'admission : 2° la soupape d'équilibre qui commande en même temps l'émission ; ces sou-

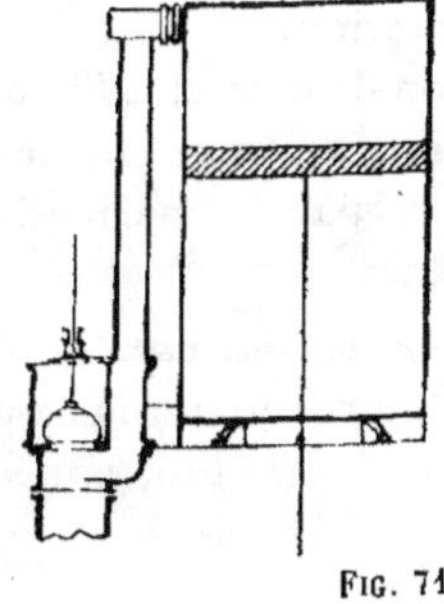
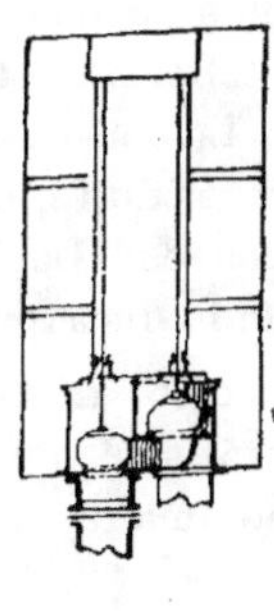

Fig. 712.

30

ces soupapes sont du type Hornblower. Elles sont figurées en coupe (fig. 713 et 714.)

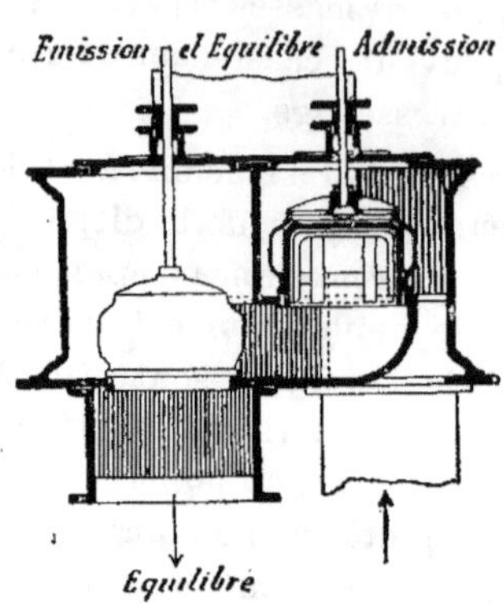

FIG. 713.

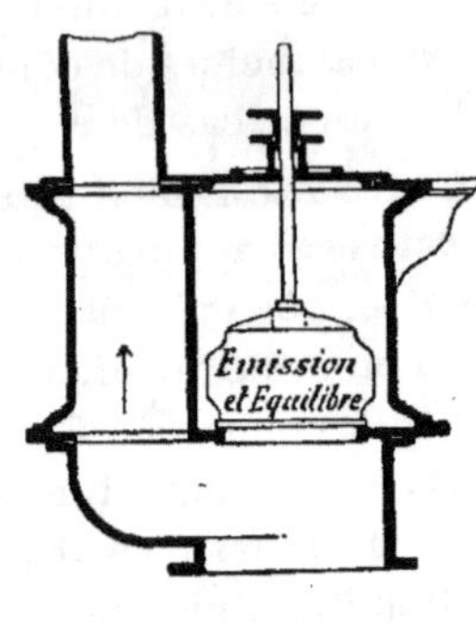

FIG. 714.

L'équilibre n'ayant d'autre but que de réchauffer le cylindre, il n'y a pas, en effet, d'inconvénient à mettre le dessus du piston en communication avec la décharge, dès la descente. Il n'en serait pas de même, si l'émission se faisait dans le vide d'une pompe à air, parce qu'en fermant l'émission avant la fin de la course descendante, on ne pourrait comprimer la vapeur, trop détendue pour former matelas de vapeur sous le piston, ce qui peut être utile, comme nous le verrons, lorsque la maîtresse-tige a un excès de poids.

Cette machine doit sa vogue à sa grande simplicité. Elle est peu sujette aux dérangements et peu coûteuse d'installation, ce qui fait que malgré une consommation de combustible relativement élevée, on la préfère quelquefois encore à des systèmes plus perfectionnés, notamment dans les localités éloignées des ateliers de construction.

La consommation de combustible de ces machines a d'ailleurs été réduite, dans une certaine mesure, par l'application du condenseur Letoret et par le perfectionnement du jeu de fers de la distribution.

1266. **Condenseur Letoret.** — Le condenseur Letoret (fig. 715) se compose d'un récipient où se produit une injection d'eau commandée, au moment voulu, par le jeu de fers de la machine.

Le fond de ce récipient est fermé par une soupape à contrepoids au-dessus de laquelle se rassemble l'eau de condensation avec l'eau d'injection. La pression de la vapeur de décharge suffit pour ouvrir cette soupape et expulser l'eau qui se trouve dans le récipient. Après cette expulsion, la pression de la vapeur, dans le récipient, est égale à la pression atmosphérique; l'injection d'eau se produisant alors ramène cette pression à 0,4 ou 0,5 d'atmosphère. Elle crée ainsi un vide moins complet que celui d'une pompe à air, mais suffisant pour réduire la consommation de combustible à environ 28 kil. de vapeur. Ce condenseur a le grand avantage de n'exiger pour ainsi dire pas de force motrice, tandis que la pompe à air des machines à balancier consommait souvent 3 à 4 °/₀ du travail utile et donnait lieu à beaucoup d'entretien.

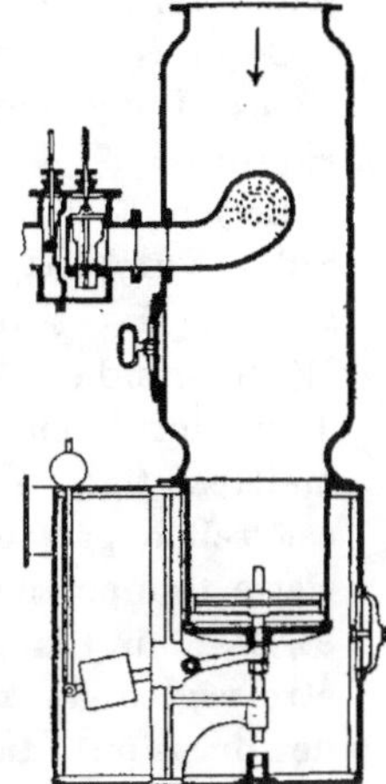

Fig. 715.

La pression nécessaire pour l'injection d'eau est de 4 à 5 m. Ce condenseur est par suite généralement installé dans les fondations. Il ne peut s'appliquer aux machines à basse pression ou à détente, parce que la vapeur de décharge n'aurait pas la pression nécessaire pour l'expulsion de l'eau.

L'adjonction d'un condenseur Letoret a souvent permis de conserver une ancienne machine, en cas d'approfondissement du puits.

1267. **Distribution**. — Les organes de distribution sont ordinairement des soupapes à double siége, mues par des arbres à cames sur lesquels sont calés des leviers de mise en marche. C'est sur ces leviers que vient agir le jeu de fers.

1268. *Jeu de fers Goffint*. — Les jeux de fers de ces machines ont successivement été perfectionnés par Goffint, ancien directeur des Ateliers de construction de la Meuse, jusqu'à revêtir une forme définitive qui n'a pas été sans influence sur l'effet utile de ces machines; car elle a permis de porter le nombre de coups de 4 à 5 jusqu'à 6 et 7 par minute.

Dans les anciens jeux de fers, le nombre de coups était déterminé par des cataractes qui, après un temps d'arrêt réglable, permettaient à l'arbre à cames commandant les soupapes, de tourner sous l'action d'un contrepoids relevé par le jeu de fers dans la course suivante.

Ce genre de distribution donnait lieu à des chocs, à des ferraillements et même à des ruptures.

Le jeu de fers Goffint (fig. 716 et 717) a complètement remédié à ces inconvénients. Il comprend une tige à taquets T qui suit le mouvement de la maîtrese-tige, à laquelle elle est reliée par un balancier. Cette tige porte deux galets A et A', dont la position peut être réglée au moyen de vis de pression. Les leviers B et C agissent sur les arbres à cames D et E, correspondant

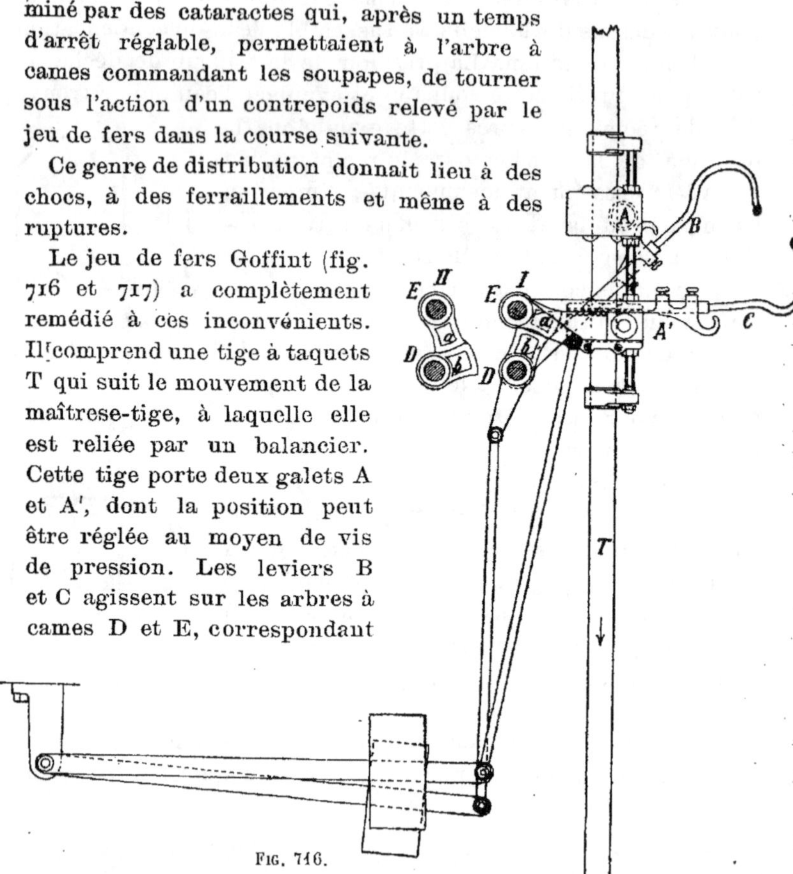

Fig. 716.

respectivement à l'émission et à l'admission ; ils portent des butoirs dont la position sur le levier est réglée de même par vis de pression. Ces deux leviers sont rendus solidaires par des accroches *a* et *b* terminées en arc de cercle.

Dans la figure 716, la tige T descend ; le galet A va entrer en prise et abaisser le levier d'émission B, de manière à fermer graduellement celle-ci. L'accroche *b* se dérobe donc sous l'accroche *a*. Celle-ci étant libre, l'arbre à cames E est sollicité à tourner par un contrepoids ; mais sa chute est modérée par une cataracte (fig. 717). L'accroche *a* prend graduellement la position II par rapport à l'accroche *b*.

L'admission s'ouvre donc graduellement et le même jeu se reproduit en sens inverse pour l'émission, lors de l'ascension de la tige à taquets.

On voit que les cataractes remplissent ici des fonctions absolument différentes de celles qu'elles jouaient dans les anciens jeux de fers.

1269. ***Calcul d'une machine à traction directe à pleine pression***. — Soit L la distance du puisard au déversoir ; Q le volume d'eau en mètres cubes à épuiser par heure ; ce volume sera calculé, en ne tenant compte que de 20 h. d'épuisement effectif par jour.

Le travail utile $T_u = \dfrac{1000\,Q\,L}{3600 \times 75}$ chev. vap.

1270. *Nombre d'étages*. — Le nombre d'étages *m* est donné par

$$L = h + m\,H,$$

h étant la hauteur d'aspiration et de soulèvement de la pompe inférieure et H la hauteur de chaque jeu foulant (fig. 718). Ceux-ci n'ont toutefois pas nécessairement tous la même hauteur ; car cette hauteur est limitée par la possibilité de rencontrer dans le puits des assises convenables pour les pompes.

FIG. 717.

1271. *Diamètre des pistons des pompes*. — Soit *n* le nombre de coups doubles par minute ; on se donnera ce nombre, de telle sorte que la vitesse moyenne ne dépasse pas $0^m.66$ par seconde, sauf à vérifier si le nombre de coups choisi est compatible avec les conditions de vitesse de descente et d'ascension de la maîtresse-tige.

Le nombre de coups varie d'ailleurs avec la course *l*, qui dépend elle-même de la puissance du moteur.

Pour $T_u = 80$ à 150 ch., $l = 3$ m. et l'on admettra $n = 6, 5$ à 7.

Pour $T_u = 150$ à 200 chev., $l = 3^m.25$; $n = 6$.

Pour $T_u = $ plus de 200 chev., $l = 4$; $n = 5$.

Ces chiffres concordent en général avec la condition ci-dessus.

Soit q le volume débité par une pompe foulante par coup double : $q = 0.90 . \dfrac{\pi d^2 l}{4}$, d étant le diamètre du piston. On a donc :

$$0.90 \, \frac{\pi d^2 l}{4} = \frac{Q}{60 \times n} \, ;$$

d'où l'on déduit le diamètre du piston d des pompes foulantes.

Quant à la pompe soulevante, on lui donne un diamètre d_1, plus grand que d de 1 à 2 centimètres, en raison du rendement inférieur des pompes aspirantes et soulevantes.

1272. *Maîtresse-tige.* — La maîtresse-tige doit : 1° recevoir un poids suffisant pour refouler l'eau dans les conditions de vitesse convenable ; 2° avoir une section telle que les matériaux dont elle est construite, ne soient jamais soumis à une tension exagérée.

Il y a deux cas à considérer, selon que la maîtresse-tige est construite pour résister à la compression, ou que l'on s'impose la condition que la maîtresse-tige travaille exclusivement par traction.

Dans l'un et l'autre cas, la base du calcul est la résistance au refoulement de chaque pompe.

Cette résistance se compose du poids de la colonne foulée, représenté pour chaque jeu foulant par 1000 aH (en désignant par a la section du piston $= \dfrac{\pi d^2}{4}$), augmenté des frottements.

Ces derniers varient par expérience de 0.06 à 0.135 du poids de la colonne foulée ; on peut admettre qu'en moyenne, ils sont égaux à 0.10 de ce poids. La résistance au refoulement sera donc :

$$P_r = 1,1 \times 1000 \, a\mathrm{H}$$

1273. Si la tige agit par compression, son poids, plus celui du piston foulant et de ses attirails,

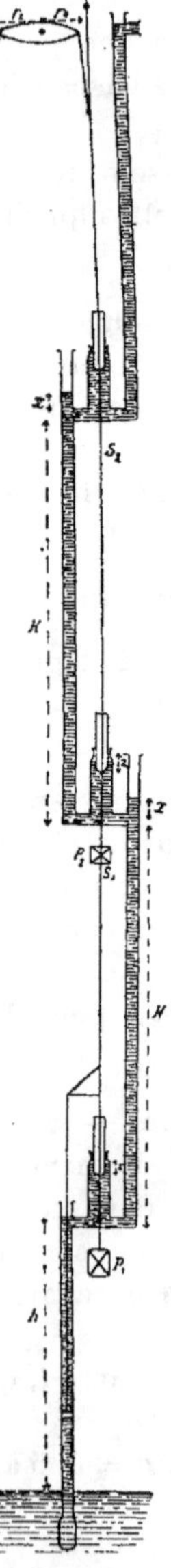

Fig. 748.

doit être au moins égal à cette résistance. Soit S_1 la section de la partie de maîtresse-tige correspondant au premier étage de pompes et δ sa densité ; pour la hauteur H, son poids sera $S_1 H \delta$. On multiplie ce poids par un coefficient $\alpha = 1.12$ à 1.18, pour tenir compte de la surcharge produite par les assemblages.

En appelant p_f le poids d'un piston foulant et de ses attirails, on posera : $\alpha S_1 H \delta + p_f = 1,1 \times 1000\, aH$ (1).

Soit R_c la résistance à la compression de la matière par unité de surface ; on aura d'autre part :

$$R_c\, S_1 \geq 1,1 \times 1000\, aH. \quad (2)$$

De l'égalité (1), on déduit $1.1 \times 1000\, aH > \alpha S_1 H \delta$; R_c doit donc être $> \alpha H \delta$.

Cette dernière inégalité est toujours satisfaite, pour une maîtresse-tige en chêne ou en sapin. En effet $R_c = 400.000$ kg. par m^2 ; $\delta = 1200$ kg. par m^3 pour le chêne imbibé d'eau ; $\delta = 900$ kil. par m^3, pour le sapin imbibé d'eau ; on aura donc pour le chêne $400,000 > 1,18$ H. 1200 : d'où l'on tire H < 283, et pour le sapin : $400.000 > 1.18$ H. 900 : d'où H < 376, hauteurs d'étage dépassant toutes celles de la pratique.

La section S_1 se calculera d'après l'équation (1).

A l'ascension, la tige doit supporter son propre poids et vaincre les résistances.

Dans cette période, elle agit par traction et pour cet effort, sa section se calculera comme dans le cas suivant. On déterminera ainsi successivement les sections des parties de maîtresse-tige correspondant à chaque étage de pompes.

1274. Si l'on s'impose la condition que la maîtresse-tige ne travaille que par traction, il faudra installer, sous chaque pompe, un *poids tendeur* suffisant pour produire le refoulement.

Le poids nécessaire pour produire le refoulement étant $P_r = 1,1 \times 1000\, aH$; soit p_f le poids du piston foulant et de ses attirails et p_s le poids des attirails de la pompe soulevante.

Le poids du tendeur P_t qui sera placé sous la première pompe foulante, sera donné par $P_t = p_s + p_f + P_1$.

La section de la maîtresse-tige correspondant au premier étage de pompes foulantes sera calculée de manière à supporter :

1° Le poids $P_r = p_s + p_f + P_1$;

2° Le poids de la colonne d'eau soulevée, augmenté des frottements, évalués comme ci-dessus à 0,1 de ce poids, soit $1,1 \times 1000 \dfrac{\pi d_1{}^2}{4} h$;

3° Les frottements à l'ascension provenant de l'étage foulant que nous supposerons égaux aux frottements à la descente, soit $0,1 \times 1000\, aH$;

4° Le poids propre de la maîtresse-tige $\alpha\, S_1\, H\, \delta$.

Soit R_t le coefficient de résistance à la traction de la matière (soit 5.000.000 kil. pour le fer ou l'acier, seules matières à considérer dans ce cas) ; on aura :

$$R_t\, S_1 = P_r + 1,1.1000\, \frac{\pi\, d_1{}^2}{4} h + 0,1.1000\, aH + \alpha\, S_1 H\delta = E_1$$

expression d'où l'on tire S_1.

Pour la deuxième partie de la maîtresse-tige, on aura de même :

$$P'_r = p_f + \alpha\, S_1\, H\delta + P_2$$

d'où l'on calculera le poids tendeur P_2. On déterminera la section S_2 de cette seconde partie, en écrivant

$$R_t\, S_2 = E_1 + p_f + P_2 + 0,1.1000\, aH + \alpha\, S_2\, H\, \delta = E_2,$$

et ainsi de suite.

Il peut arriver que la valeur du poids tendeur devienne nulle ou négative. Dans le premier cas, cela indique que le poids propre de la tige et du piston suffit pour la maintenir sous tension pendant le refoulement. Si la valeur du poids tendeur devenait négative, cela indiquerait que la maîtresse-tige présente un excédent de poids. Un léger excédent de poids, par rapport à celui des colonnes foulées, est nécessaire pour imprimer une vitesse convenable à la maîtresse-tige. Si l'excédent de poids strictement nécessaire dans ce but est dépassé, il faut équilibrer le surplus par un contrepoids C.

1275. *Calcul du contrepoids.* — Soit k l'excédent de poids strictement nécessaire, par étage de pompes, par rapport au poids P_r nécessaire pour produire le refoulement ; soit P le poids total de la maîtresse-tige. La différence à équilibrer sera $P - m\,(P_r + k)$.

Le contrepoids C étant fixé sur un balancier à bras inégaux r et r' doit être ramené dans l'axe de la maîtresse-tige, en tenant compte des bras de levier r et r', pour faire équilibre à cette différence de poids :

$$C = \frac{r'}{r} \left[P - m \left(P_r + k \right) \right]$$

1276. *Calcul de l'excédent de poids*. — L'excédent de poids k doit être tel que la somme de la durée de la descente T et de la durée de l'ascension T', multipliée par n, ne dépasse pas une minute. On vérifie de cette manière si le nombre de coups par minute n, que l'on s'est donné, a été convenablement choisi (cf. n° 1269).

1277. Pour terminer T et T', il faut étudier les conditions de la descente et de l'ascension de la maîtresse-tige.

Les conditions de la descente de la maîtresse-tige ont été analysées par L. Trasenster [1]. Cette étude a été étendue par M. H. Dechamps aux conditions de l'ascension [2].

1278. *Descente de la maîtresse-tige*. — En supposant, au début de la course descendante, un excédent de poids k par piston plongeur, la force accélératrice qui en résulte, diminue pendant la course, d'une part par suite de l'immersion du plongeur et d'autre part par suite de l'élévation de l'eau dans le redoublement : toutes les pompes refoulent, en effet, l'eau dans un redoublement, sauf la dernière où ce redoublement est remplacé par le déversoir.

Considérons un étage muni d'un redoublement et supposons toutes les sections égales à a. Après un chemin x parcouru par le piston, la hauteur de la colonne d'eau résistante qui était h au début de la course, a augmenté de 2 x. En effet, le piston s'est immergé d'une hauteur x et le liquide s'est élevé d'une hauteur égale dans le redoublement.

Après un chemin x, la force accélératrice sera donc réduite à :

$$k - 1000 \, a \, 2x.$$

---

[1] *Revue Universelle des Mines*, 1re série, t. XXXI.

[2] Cette étude est exposée dans le Cours de construction de machines de M. le professeur H. Dechamps, leçons spéciales données aux élèves mécaniciens de l'Ecole de Liége.

En faisant abstraction de l'absence de redoublement à l'étage supérieur, on pourra prendre cette expression comme valeur moyenne de la force accélératrice par étage après un chemin x.

v étant la vitesse et P_d le poids des masses en mouvement à la descente, l'équation des forces vives sera :

$$\frac{P_d}{g}\,\frac{v^2}{2} = \int_0^x (k - 1000\ a2x)\,dx$$

P_d est une quantité connue ; ce poids se compose : 1° de celui de la colonne foulée 1000 aH ; 2° de celui de la maîtresse-tige et de ses attirails, supposé égal à 1.1 × 1000 aH.

P_d = donc 2.1 × 1000 aH, ou d'une manière plus générale γ 1000 aH.

L'expression générale donnant la vitesse après un chemin x est donc :

$$\frac{P_d\,v^2}{2g} = kx - 1000\ ax^2$$

d'où :
$$v = \sqrt{\frac{2g}{P_d}\,(kx - 1000\ ax^2)}$$

1279. *Durée de la descente.*

$$v = \frac{dx}{dt}$$

$$\frac{dx}{dt} = \sqrt{\frac{2g}{P_d}\,(kx - 1000\ ax^2)}$$

$$dt = \frac{dx}{\sqrt{\dfrac{2g}{P_d}\,(kx - 1000\ ax^2)}}$$

La durée de la descente :

$$T = \int_0^l \frac{dx}{\sqrt{\dfrac{2g}{P_d}\,(kx - 1000\ ax^2)}} \quad (1)$$

soit :
$$A = \frac{P_d}{2g} = \frac{\gamma\ 1000\ aH}{2g}$$

$$B = 1000\ a$$

$$\frac{A}{B} = \frac{\gamma\ H}{2g}$$

L'intégrale (1) est de la forme :

$$\int \frac{dx}{\sqrt{\dfrac{1}{A}}\sqrt{kx - Bx^2}} = \sqrt{\frac{A}{B}}\, \text{arc cos}\left(1 - \frac{2B}{k}\, x\right)$$

Le temps t correspondant au chemin x sera :

$$t = \sqrt{\frac{H\gamma}{2g}}\, \text{arc cos}\left(1 - \frac{2000\, ax}{k}\right)$$

$$T = \sqrt{\frac{H\gamma}{2g}}\, \text{arc cos}\left(1 - \frac{2000\, al}{k}\right).$$

1280. Etudions le cas particulier où l'on fait $k = 1000\, al$, soit égal au poids du volume engendré par le plongeur. *La vitesse sera nulle, dans ce cas, à la fin de la course.* En effet, pour $x = l$, on aura :

$$v = \sqrt{\frac{2g}{P_d}\,(1000\, al^2 - 1000\, al^2)} = 0.$$

L'excédent de poids, après un chemin x, devient :

$$1000\, al - 1000\, a.\, 2x.$$

Si l'on fait $x = \dfrac{l}{2}$, l'excédent de poids devient nul. L'excédent de poids s'annule donc au milieu de la course, comme le montre le diagramme (fig. 719).

L'expression générale de la vitesse devient dans ce cas :

$$v = \sqrt{\frac{2g}{P_d}\,(1000\, alx - 1000\, ax^2)} = \sqrt{\frac{2g}{H\gamma}\,(lx - x^2)},$$

équation d'une parabole :

pour $x = 0$, $v = 0$.

pour $x = l$, $v = 0$.

pour $x = \dfrac{l}{2}$, v passe par un maximum $= \dfrac{l}{2}\sqrt{\dfrac{2g}{H\gamma}}$.

La vitesse maxima correspond au milieu de la course et est proportionnelle à cette dernière. On peut aussi calculer cette valeur de la vitesse maxima, en écrivant $\dfrac{dv}{dx} = 0$.

L'expression de la durée de la descente devient :

$$T = \sqrt{\frac{H\gamma}{2g}}\ \text{arc}\cos\left(1 - \frac{2000\,al}{1000\,al}\right) = \sqrt{\frac{H\gamma}{2g}}\ \text{arc}(\cos - 1)$$

$$= \pi \sqrt{\frac{H\gamma}{2g}}.$$

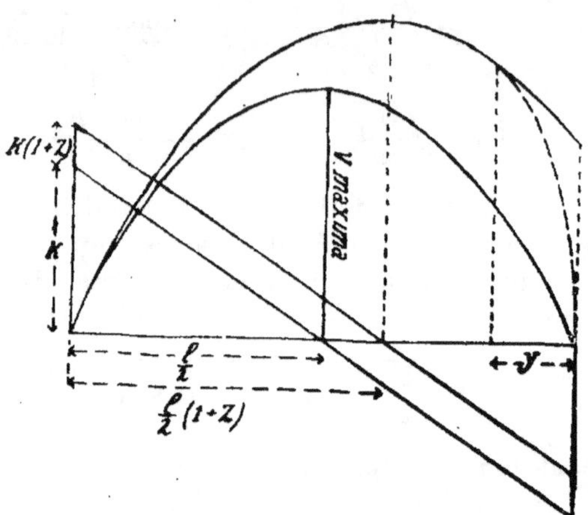

Fig. 719.

La durée de la descente est donc indépendante de la longueur de la course, ou en d'autres termes la descente est isochrône, quelle que soit la course.

La vitesse moyenne est $\dfrac{l}{T} = \dfrac{l}{\pi}\sqrt{\dfrac{2g}{H\gamma}}$.

Elle est donc proportionnelle à la course.

Soit par exemple H = 30 m., γ = 2.10 :

pour l = 3 m., $v_{\text{moy.}}$ = 0.41, $v_{\text{max.}}$ = 0.65
pour l = 4 m., $v_{\text{moy.}}$ = 0.55, $v_{\text{max.}}$ = 0.36

La vitesse moyenne reste donc en dessous de celle de 0.66 que nous avons admise au n° 1269.

Le rapport $\dfrac{v_{\text{moy.}}}{v_{\text{max.}}} = \dfrac{2}{\pi} = 0.637$.

1281. Pour augmenter la vitesse moyenne, on dispose de deux moyens :

1° Augmenter l'excédent de poids k ;

2° Appliquer des appareils spéciaux dits *accélérateurs*, susceptibles d'accélérer la descente comme l'ascension; nous y reviendrons après l'étude de cette dernière.

Examinons le premier de ces moyens. Supposons notre excédent de poids 1000 al, augmenté d'une fraction de sa propre valeur représentée par z. Le nouvel excédent de poids sera :

$$k_1 = 1000 \; al \; (1 + z).$$

Cet excédent n'est plus annulé au milieu de la course, mais bien après une course $\dfrac{l}{2} \, (1 + z)$ (comme le montre le diagramme fig. 719). L'expression générale de la vitesse devient :

$$v = \sqrt{\dfrac{2g}{H\gamma} \left(l \, (1 + z) \, x - x^2 \right)}$$

C'est encore l'équation d'une parabole :

$$\text{pour } x = 0, \; v = 0 \, ;$$

$$\text{pour } x = l, \; v = l \sqrt{\dfrac{2g}{H\gamma} \, z}.$$

En posant $\dfrac{dv}{dx} = 0$, on trouve que la vitesse maxima correspond à $x = \dfrac{l}{2} \, (1 + z)$, c'est-à-dire au point où l'excédent de poids s'annule.

L'expression de la vitesse maxima est :

$$v_{\text{max.}} = \sqrt{\dfrac{2g}{H\gamma} \cdot \dfrac{l}{2} \, (1 + z)}$$

Si l'on prend z comme abscisses, le diagramme des vitesses maxima (fig. 720) est une ligne droite qui ne passe pas par l'origine.

La durée de la descente devient :

$$T = \sqrt{\dfrac{H\gamma}{2g}} \; \text{arc cos} \left(1 - \dfrac{2}{1 + z} \right)$$

et la vitesse moyenne :

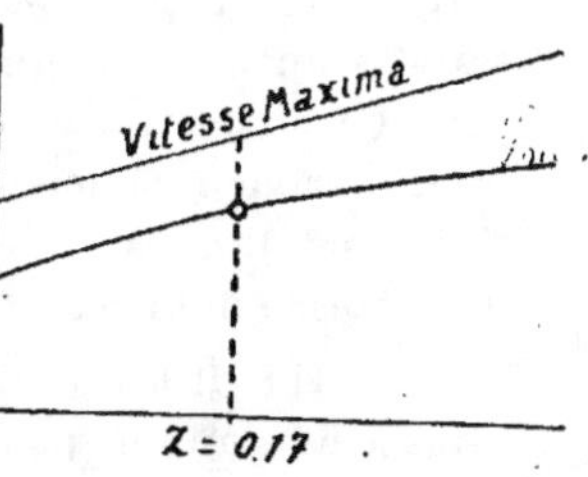

Fig. 720.

$$\dfrac{l}{T} = \sqrt{\dfrac{2g}{H\gamma}} \; \dfrac{l}{\text{arc cos} \left(1 - \dfrac{2}{1 + z} \right)}.$$

Le diagramme des vitesses moyennes est une courbe dont la concavité est tournée vers l'axe des z, courbe que l'on peut tracer par points (fig. 720).

Le rapport $\dfrac{v_{moy.}}{v_{max.}} = \dfrac{2}{(1 + z)\,\text{arc cos}\left(1 - \dfrac{2}{1 + z}\right)}$.

Pour $z = 0$, on retrouve le rapport $\dfrac{2}{\pi} = 0.637$.

Pour $z = 1$, on trouve le même rapport $\dfrac{2}{\pi}$.

Entre ces deux extrêmes, ce rapport passe donc par un maximum qui est obtenu pour une valeur de z comprise entre 0.17 et 0.18, et ce maximum est égal à 0.725.

Pour un excédent de poids de 1.17.1000 al à 1.18.1000 al, la vitesse moyenne croit donc plus vite que la vitesse maxima, tandis qu'au delà de cette valeur, elle augmente moins vite, bien que le rapport de la vitesse moyenne à la vitesse maxima reste toujours plus grand que pour $k = 1000\ al$.

1282. La vitesse maxima étant ainsi comprise dans d'étroites limites, on voit qu'il est inutile d'exagérer l'excédent de poids, dans le but d'augmenter la vitesse moyenne.

$$\text{Soit } k_1 = 1.17 \times 1000\ al;\ \gamma = 2.10;\ H = 50\ m.$$
$$\text{Pour } l = 4^m,\ v_{moy.} = 0.734,\ v_{max.} = 1.012$$

La vitesse moyenne dépasse dans ce cas la limite de 0.66 que nous nous étions assignée. En comparant avec les chiffres obtenus ci-dessus, on voit que l'on peut obtenir un résultat satisfaisant, en augmentant de très peu l'excédent de poids primitivement fixé à 1000 al.

On arrive facilement à donner strictement aux maîtresses-tiges métalliques l'excédent de poids nécessaire pour obtenir une vitesse donnée.

1283. Il faut toutefois tenir compte de ce que, dans ce cas, la vitesse ne s'annule pas à la fin de la course. Pour que les pistons ne viennent pas frapper le fond des corps de pompe, l'on est obligé de créer une résistance artificielle, à la fin de la course, en comprimant la vapeur dans l'espace nuisible, de telle sorte que le travail devienne nul.

On crée ainsi un travail résistant qui devra être égal au travail du supplément de l'excédent de poids z 1000 al, pendant la course l, soit à z 1000 $al \times l$. On règlera la distribution en conséquence.

On peut déterminer le chemin y qui reste à parcourir au piston à vapeur, au moment où il faut fermer la soupape d'émission, pour obtenir ce résultat (fig. 719). Soit l_1 la hauteur de l'espace nuisible, S la surface du piston à vapeur, P la pression finale qui sera atteinte par la compression et p la pression d'équilibre, égale à la pression atmosphérique ou à celle du condenseur.

Pour m étages, on aura :

$$m.\ z\ 1000\ al^2 = P l_1\ S\ \log \operatorname{hyp} \frac{P}{p} - p\,S\,y\ (1)$$

Le second membre exprime que le travail résistant est égal au travail de la compression diminué du travail de la contre-pression supposée constante.

On a, d'autre part, en vertu de la loi de Mariotte :

$$p\,(l_1 + y) = P l_1$$

$$\text{d'où} \qquad y = l_1\ \frac{P - p}{p}\ (2)$$

En transportant cette valeur dans l'équation (1), on trouve :

$$m\,z.\ 1000\ al^2 = P l_1\ S \log \operatorname{hyp} \frac{P}{p} - l_1\ S\ (P - p)$$

$$= l_1\ S\ (P \log \operatorname{hyp} \frac{P}{p} - P + p)$$

En posant $\dfrac{P}{p} = u$, il vient :

$$mz\ 1000\ al^2 = p l_1\ S\ (u \log u - u + 1)$$

d'où l'on peut tirer u par tâtonnement. Soit $\dfrac{S}{m} = 1.31\ a$, valeur donnée par L. Trasenster pour une machine à pleine pression et à condenseur Letoret.

On trouve $z = 0.17$;

$$l = 3^{\mathrm{m}} ;$$
$$p = 1\ \text{atm} ;$$
$$l_1 = 0.05\ l.$$
$$u = 47,$$
$$P = 2\ \text{atm.}\ 47$$
$$y = 0^{\mathrm{m}}.22.$$

La pression P doit évidemment être moindre que la pression moyenne d'admission. Celle-ci étant en effet calculée pour vaincre les résistances, si la pression finale P était plus grande, le piston rebondirait. C'est encore une raison pour ne pas exagérer l'excédent de poids ; un excédent de poids exagéré peut occasionner des accidents, au moindre dérèglement de la distribution.

1284. ***Ascension de la maîtresse-tige.***— L'impulsion est ici donnée par la vapeur. Lorsque la machine est à pleine pression, cette force joue un rôle entièrement analogue à celui de la pesanteur dans la descente. Nous arriverons donc à des conclusions analogues.

Nous calculerons P_a, poids des masses en mouvement à l'ascension, par addition et soustraction, en partant de $P_d = \gamma\,1000\,a\,H$, poids des masses en mouvement à la descente. Nous considérerons ici l'ensemble de tous les étages de pompes.

Nous chercherons la valeur de $m\,\dfrac{P_a}{g}$, en écrivant que cette valeur est égale à $\dfrac{m\,\gamma\,1000\,aH}{g}$, augmentée d'une série de termes positifs et négatifs :

1° Terme négatif : la masse des colonnes foulées qui reste immobile à l'ascension :

$$\frac{m.\,1000\,a\,H}{g}\,;$$

2° Terme positif : la masse d'eau contenue dans les redoublements qui, à l'ascension de la maîtresse-tige, repasse dans les corps de pompe ; en faisant abstraction de la masse d'eau en mouvement dans la partie horizontale des pièces en H et en remarquant que, pour m jeux de pompes foulantes, il n'y a que $m - 1$ redoublements, la masse d'eau contenue dans ces derniers sera $\dfrac{(m - 1)\,1000\,al}{g}$;

3° Terme positif : la masse d'eau de la colonne aspirée et soulevée ; cette masse est variable, car elle est égale à celle de la colonne aspirée et soulevée $\dfrac{1000\,ah}{g}$, plus l'eau qui monte sous le premier piston plongeur ;

Après un chemin x, cette masse sera $\dfrac{1000\,a\,(h + x)}{g}$.

Nous négligerons toutefois ici le terme x, variation qui a peu d'influence sur la somme des masses. Nous écrirons en conséquence :

$$m\,\frac{P_a}{g} = \frac{1000\,a}{g}\left[m\,H\,(\gamma - 1) + (m - 1)\,l + h \right]$$

ou en représentant par C le facteur entre parenthèses :

$$m\,\frac{P_a}{g} = \frac{1000\,a\,C}{g}$$

1285. Enumérons à leur tour les forces positives et négatives agissant sur ces masses. Ces forces sont :

1° Force positive : la pression de la vapeur p diminuée de la contrepression p_1, s'exerçant sur un piston de surface S ; en tenant compte du coefficient d'effet utile β accepté par le constructeur, cette force sera exprimée par :

$$\beta\,S\,(p - p_1) ;$$

2° Force négative : le poids non équilibré de la maîtresse-tige P' qui est égal, comme nous l'avons vu, au poids des colonnes foulées, augmenté du frottement et de l'excédent de poids ;

3° Force positive : le poids de l'eau contenue dans les redoublements ; au départ ce poids est $(m - 1)\,1000\,al$; mais quand le piston a parcouru un chemin x, le poids agissant sur le piston a diminué de $1000\,a.\,2x$, par le fait de l'émersion du plongeur et de la diminution de hauteur de la colonne d'eau contenue dans le redoublement ; après un chemin x, cette force sera donc devenue :

$$(m - 1)\,1000\,a\,(l - 2x) ;$$

4° Force négative : le poids de la colonne aspirée et soulevée après un chemin x ; ce poids sera $1000\,a\,(h + x)$;

5° Force négative : les frottements à l'ascension F, que l'on peut par expérience prendre égaux aux frottements à la descente $= 0.\,1.\,1000\,a\,H$.

Les forces agissant après un chemin x sont donc :

$$\beta\, S\,(p - p_{\text{\tiny I}}) - P' + (m - 1)\, 1000\, a\,(l - 2\,x) - 1000\, a\,(h + x) - F.$$

1286. L'équation des forces vives sera :

$$\frac{1000\, a}{g}\, C\, \frac{v^2}{2} = \int_0^x [\beta\, S\,(p - p_{\text{\tiny I}}) - P' + (m - 1)\, 1000\, a\,(l - 2\,x)$$
$$- 1000\, a\,(h + x) - F]\, dx = \beta\, S\,(p - p_{\text{\tiny I}})\,x - P'x + (m - 1)\, 1000\, a\,l\,x$$
$$- (m - 1)\, 1000\, a\,x^2 - 1000\, a\,h\,x - 1000\, a\, \frac{x^2}{2} - F\,x,$$

d'où l'on tire l'expression générale de la vitesse v après un chemin x :

$$v = \sqrt{\frac{2g}{C\, 1000\, a}\left[\beta\, S\,(p - p_{\text{\tiny I}})\,x - P'x + (m - 1)\,(1000\, a\,l\,x)\right.}$$
$$\left. - (m - 1)\, 1000\, a\,x^2 - 1000\, a\,h\,x - 1000\, a\, \frac{x^2}{2} - F\,x\right].$$

En posant comme condition que la vitesse soit nulle à la fin de la course, soit $v = 0$, pour $x = l$, on trouve en égalant la parenthèse sous le radical à 0 :

$$\beta\, S\,(p - p_{\text{\tiny I}}) = P' + 1000\, a\left(h + \frac{l}{2}\right) + F,$$

équation statique qui exprime que pour que la vitesse soit nulle à la fin de la course, la pression de la vapeur diminuée de la contrepression doit être égale au poids non équilibré de la maîtresse-tige, augmenté du poids de la colonne aspirée et soulevée dont la valeur moyenne est $1000\, a\left(h + \frac{l}{2}\right)$ et des frottements.

On aurait pu écrire d'emblée cette équation statique d'équilibre au milieu de la course, comme nous l'avons fait pour la machine à colonne d'eau (cf. n° 1257) ; mais cette équation se trouve ici justifiée et acquiert sa véritable signification.

1287. On en déduit la surface du piston à vapeur :

$$S = \frac{P' + 1000\, a\left(h + \frac{l}{2}\right) + F}{\beta\,(p - p_{\text{\tiny I}})}.$$

1288. Si nous portons cette valeur dans l'expression générale de v, il vient après simplifications :

$$v = \sqrt{\frac{g}{C}(2m-1)(lx-x^2)},$$

équation d'une ellipse.

En posant $\dfrac{dv}{dx} = 0$, on trouve que la vitesse maxima correspond à $x = \dfrac{l}{2}$.

La vitesse maxima est donc atteinte au milieu de la course et égale à :

$$\frac{l}{2}\sqrt{\frac{g}{C}(2m-1)}.$$

1289. Pour calculer la durée de l'ascension T', on pose $v = \dfrac{dx}{dt}$, d'où :

$$dt = \frac{dx}{\sqrt{\dfrac{g}{C}(2m-1)(lx-x^2)}}$$

$$T' = \int_0^l \frac{1}{\sqrt{\dfrac{g}{C}(2m-1)}} \frac{dx}{\sqrt{lx-x^2}}.$$

Cette intégrale est de la même forme que celle qui exprime la durée T de la descente. Son expression générale entre 0 et x est :

$$\frac{1}{\sqrt{\dfrac{g}{C}(2m-1)}} \arccos\left(1 - \frac{2x}{l}\right).$$

Pour $x = l$, on a :

$$T' = \frac{\pi}{\sqrt{\dfrac{g}{C}(2m-1)}}$$

La vitesse moyenne $\dfrac{l}{T'} = l\,\dfrac{\sqrt{\dfrac{g}{C}(2m-1)}}{\pi}$

et le rapport $\dfrac{v\,^{\text{moy.}}}{v\,^{\text{max}}} = \dfrac{2}{\pi} = 0.637$

On voit donc que les lois qui règlent l'ascension de la maîtresse-tige sont analogues à celles qui régissent sa descente.

1290. *Accélérateurs*. — Ces appareils ont pour but d'accélerer la descente aussi bien que l'ascension de la maîtresse-tige. Au début de la descente, ils ajoutent leur impulsion à celle de la pesanteur; au début de l'ascension, ils ajoutent leur impulsion propre à celle de la vapeur. Ces appareils créent ainsi au départ un excès d'effort qui va en diminuant, pour devenir négatif et rendre la vitesse nulle à la fin de la course. Cet excédent d'effort est plus grand que $k = 1000\ al$, mais agit à la descente absolument de la même manière qu'une augmentation de cet excédent de poids, sans nécessiter la création d'une résistance spéciale pour annuler la vitesse à la fin de la course descendante. Cet excès d'effort agissant exactement de la même manière à l'ascension, nous ne nous occuperons que de la descente.

1291. Le plus simple des accélérateurs est celui proposé par L. Trasenster, en 1872, et appliqué dans la machine à colonne d'eau de Gneisenau (cf. n° 1258).

Cet appareil consiste en un plongeur de diamètre a' convenablement guidé et se mouvant dans l'axe d'un vase de section double, à moitié rempli d'eau.

Soit $1000\ \dfrac{a'}{m}$ le supplément de poids par étage que ce plongeur apporte au départ. En supposant que la maîtresse-tige possède déjà un excédent de poids $k = 1000\ al$, l'excédent de poids au départ devient donc :

$$k_1 = 1000\left(a + \frac{a'}{m} \right) l$$

Au commencement de la course descendante, le plongeur est émergé; il s'immerge progressivement pendant la course jusqu'à atteindre le fond du vase.

Après un chemin x, l'excédent sera devenu :

$$1000\left(a + \frac{a'}{m} \right) l - 1000\left(a + \frac{a'}{m} \right) 2x$$

Il est facile de voir que l'excédent total deviendra nul au milieu de la course et que la vitesse sera nulle à la fin.

On calculera donc la vitesse moyenne et la vitesse maxima, en remplaçant k par $1000 \left(a + \dfrac{a'}{m} \right) l$ dans les équations générales de la descente.

La vitesse moyenne et la vitesse maxima seront dans ce cas plus grandes, bien que leur rapport reste égal à 0.637.

En effet la vitesse maxima devient :

$$v_{max.} = \frac{l}{2} \sqrt{\frac{2g\left(a + \dfrac{a'}{m}\right)}{H \gamma a}} > \frac{l}{2} \sqrt{\frac{2g.}{H\gamma}}$$

La durée de la descente sera :

$$T = \sqrt{\frac{H\gamma}{2g}} \; \text{arc cos}\left(1 - \frac{2000\,al}{1000\left(a + \dfrac{a'}{m}\right)l} \right) < \pi \sqrt{\frac{H\gamma}{2g.}}$$

On déterminera a' selon la vitesse que l'on veut obtenir.

A Gneisenau, le plongeur, au lieu d'être attaché directement à la maîtresse-tige, y est relié par une chaîne passant sur deux poulies. Le mouvement du plongeur est donc inverse de celui de la maîtresse-tige. Au lieu d'être émergé au commencement et immergé à la fin de la course, il devra en conséquence être immergé au commencement et émergé à la fin de la course descendante, émergé au commencement et immergé à la fin de la course ascendante.

1292. M. Bochkoltz avait proposé dès 1868 un accélérateur formé d'un balancier de contrepoids à trois branches, auquel il donnait le nom de *régénérateur de force* (fig. 721); son but était de vaincre au départ la surpression qu'à cette époque on croyait exister en vertu du recouvrement des soupapes. Cet appareil a été appliqué à plusieurs machines en Autriche et en France.

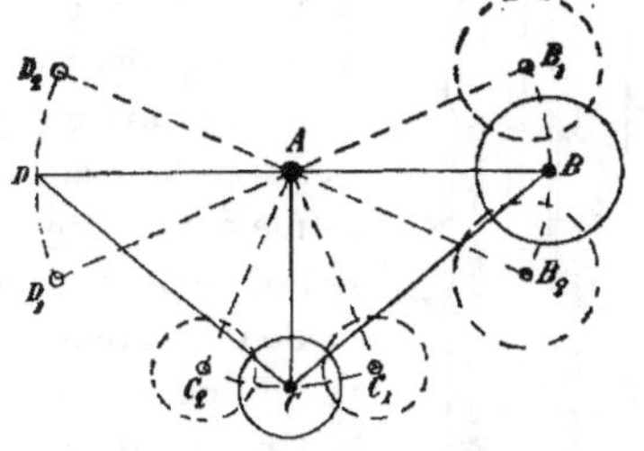

FIG. 721.

Le balancier Rossigneux qui roule sur un plan par une courbe rendant variable, pendant la course, le bras de levier du

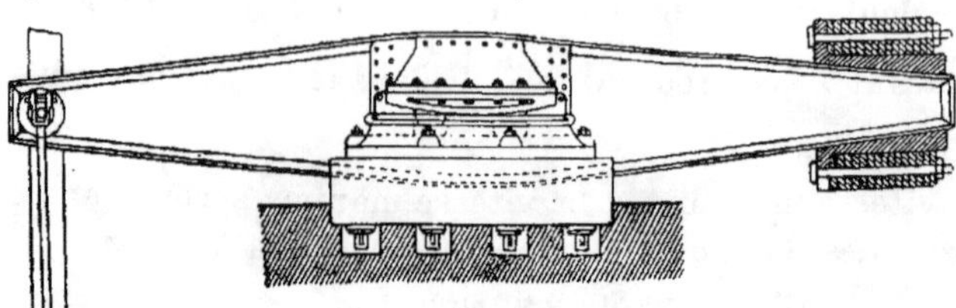

Fig 722.

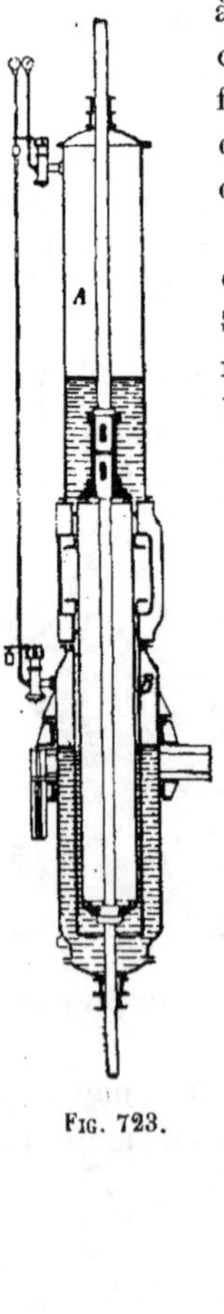

contrepoids, de manière à augmenter progressivement la résistance, agit d'une manière analogue (fig. 722).

1293. Au lieu de son balancier contrepoids M. Boch-koltz avait déjà proposé dans le même but l'emploi d'un cylindre compresseur d'air, placé au-dessus du cylindre à vapeur et dans le prolongement de sa tige. L'air se comprimait et se détendait tour à tour sur les deux faces du piston de ce compresseur dans des capacités que l'on réglait à volonté, en introduisant plus ou moins d'eau dans deux petits cylindres latéraux.

Cette idée fut reprise, en 1878, par MM. Haniel et Lueg, qui en ont fait plusieurs applications à Saarbruck et en Westphalie, en intercalant simplement un piston plongeur à double effet dans l'axe de la maîtresse-tige. Ce piston comprime alternativement de l'air dans deux capacités A et B (fig. 723), que l'on peut régler par une introduction d'eau.

Au piston unique à double effet, cette firme a ensuite substitué deux plongeurs à simple effet, l'un à la partie supérieure où se fait la compression pendant la descente, l'autre à la partie inférieure de la maîtresse-tige, où se produit simultanément la détente et qui joue en même temps le rôle de guide et de poids tendeur. Cette disposition est toutefois inapplicable dans les mines sujettes à inondations.

Un avantage accessoire de cette forme d'accélérateur est que si la machine tendait à dépasser sa course, par suite d'un dérèglement de la distribution, l'appareil fonctionnerait comme frein de sureté.

Fig. 723.

1294. Lorsqu'on emploie comme accélérateur un

ressort d'air comprimé, le diagramme des pressions au-dessus du piston compresseur est une courbe de détente ; en dessous de ce piston, ce sera une courbe de compression La différence des ordonnées de ces deux courbes correspond au diagramme de l'excès d'effort créé par l'appareil. On voit (fig. 724) que cet excès d'effort s'annule au milieu de la course, pour donner ensuite un excès croissant de résistance.

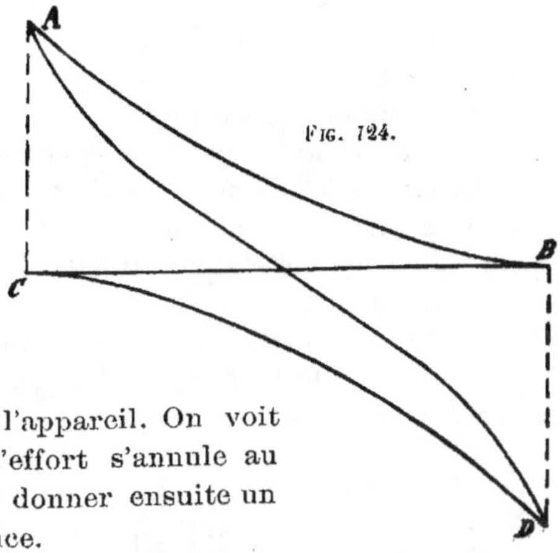

FIG. 724.

Comme résultat final, les accélérateurs permettent de porter à 7,5 et même à 8,5 le nombre de coups d'une machine à traction directe.

1295. **Machines à traction directe et à détente.** — Lorsque la machine est à détente, la section S du piston à vapeur se calcule comme ci-dessus, en remplaçant p' par p_m pression moyenne qui dépend de la pression initiale P_0 et du degré de détente n. Nous avons vu que dans une machine à simple effet, l'emploi de la détente a pour principal inconvénient d'entrainer la nécessité d'augmenter les masses en mouvement alternatif, sous peine de devoir admettre des vitesses trop grandes (cf. n° 1262).

Les machines à traction directe et à grande détente ont été généralement abandonnées par suite de cet inconvénient [1]. A

---

[1] Avant 1846, on n'avait pas employé en Belgique les grandes détentes dans les machines à simple effet. Les machines à traction directe, dites à détente, étaient réglées à $^3/_4$ d'admission, ce qui donnait déjà des vitesses maxima de plus de 2 m. En 1846 furent construites les machines à détente et à balancier du Bleiberg (cf. n° 1264).

En 1860, fut inaugurée, au Grand Hornu, la première machine à grande détente (0.384 d'admission) et à traction directe. La course était de 4 m. La pression de la vapeur aux chaudières étant de 3 atm. 8. Le travail total de la vapeur (pression du condenseur = 0 atm. 30) était de 498.341 kilogrammètres. Le travail utile en eau élevée de 526 m. de profondeur était 413.015 kilogrammètres, ce qui correspondait à un effet utile de 82 %.

La durée de l'ascension était de 3″148 et la vitesse maxima à l'ascension 2 m. 086. La durée de la descente était 13″25 et la vitesse maxima à la

proprement parler cependant, il n'existe guère de machines à traction directe qui soient rigoureusement à pleine pression; car la distribution est toujours réglée de manière que l'admission se ferme avant la fin de la course.

La vitesse à l'ascension peut varier par suite d'une diminution fortuite des résistances, résultat d'un travail à humage ou du mauvais fonctionnement des soupapes de l'une ou l'autre pompe. Suivant la vitesse que prend à l'ascension la maîtresse-tige, il y a avantage à fermer l'admission plus ou moins tôt. C'est le but de la distribution Davey, souvent appliquée en Angleterre et en Allemagne, qui rend le degré de détente variable, suivant l'accélération que prend à l'ascension la maî-tresse-tige.

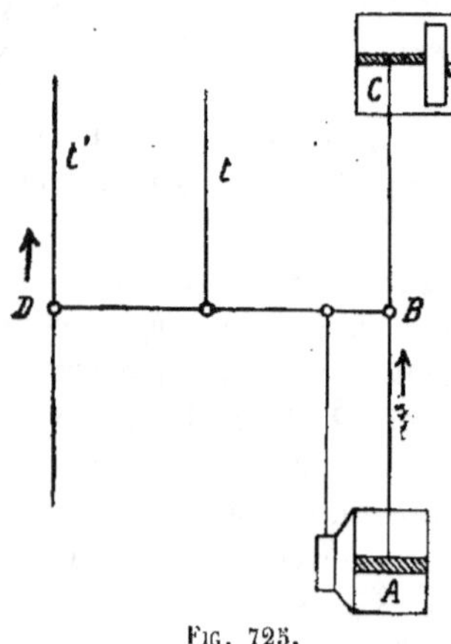

Ce système très ingénieux (fig. 725) se compose d'un petit cylindre à vapeur A dont le piston se meut dans le même sens que la maîtresse-tige. La vitesse de ce piston est réglée par une cataracte C. La tige t commande, à la descente, l'ouverture de l'admission. La fermeture de la soupape d'admission est commandée par la tige t' qui se meut dans le même sens et avec la même vitesse que

Fig. 725.

descente 0 m. 43. La durée de 4 coups était de 67″. Les masses étaient réparties comme suit sur la tige et sur les balanciers de contrepoids :

Maîtresse-tige double en bois	105 632	kg.
Clames	69.660	»
Pistons plongeurs	15.869	»
Eau contenue dans ces pistons .	6.000	»
Entretoises, boulons	50.180	»
Piston à vapeur, tige et crosse.	14.187	»
Pompe à air	2.700	»
	264.228	»

Les deux balanciers et contrepoids pesaient chacun 84.000 kg.

Le poids des colonnes foulées était 78.000 kg., celui de la colonne aspiré et soulevée 20.000 kg.

Ces chiffres suffisent pour condamner ce système.

la maîtresse-tige. A l'ascension, le point B a une vitesse constante, tandis que le point D a une vitesse variable avec celle de la maîtresse-tige. L'admission sera donc fermée d'autant plus tôt que le point D prendra une avance plus grande par rapport au point B. L'adaptation de ce système à une machine a nécessairement pour conséquence de lui faire donner toujours le nombre de coups maximum dont elle est susceptible. La machine se règle d'elle-même, ce qui supprime tout danger dans le cas où la machine s'emporterait par suite d'une diminution de résistance.

1296. *Machine Woolf*. — Pour remédier aux inconvénients inhérents aux masses, M. Kley de Bonn, a appliqué le système Woolf a la machine à traction directe. Le piston du grand cylindre est directement relié à la maîtresse-tige, le piston du petit cylindre est attelé au milieu du bras antérieur d'un balancier contrepoids (fig. 726). La détente se fait exclusivement dans le grand cylindre ou commence dans le petit cylindre.

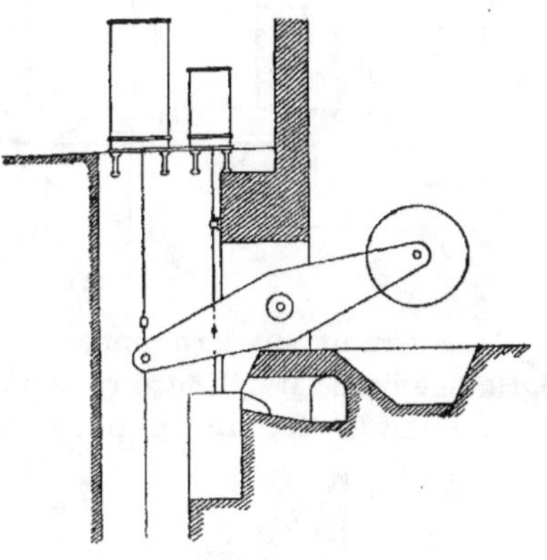

Fig. 726.

Dans le premier cas, la distribution est réglée comme suit : les soupapes d'admission au petit et au grand cylindre aa' (fig. 727) ainsi que la soupape d'émission e, sont ouvertes en même temps, pendant l'ascension de la maîtresse-tige, et commandées par une même cataracte. Pendant la descente de la maîtresse-tige, les soupapes d'équilibre ss' du petit et du grand cylindres sont ouvertes simultanément.

La pression sur le petit piston au début de la course est égale à la contrepression sur ce même piston ; mais cette contrepression diminuant par suite de la détente dans le grand cylindre, la pression effective dans le petit cylindre aura pour diagramme une courbe s'élevant à partir de l'origine.

Le diagramme des pressions dans le grand cylindre sera,

d'autre part, une courbe de détente, car la pression d'émission reste constante.

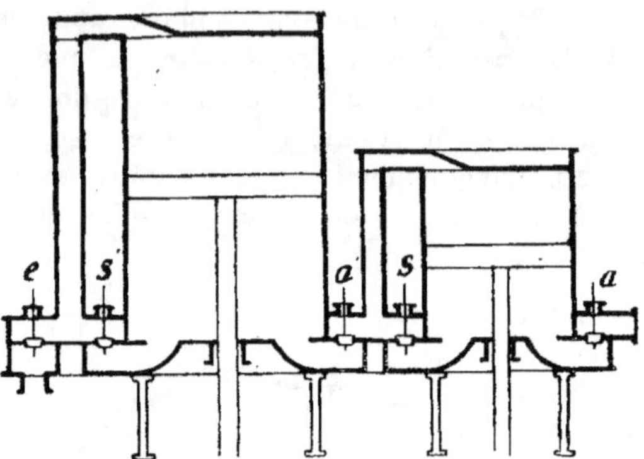

Fɪɢ. 727.

En ajoutant aux ordonnées de ce diagramme celles du diagramme du petit cylindre ramené à la course du grand piston, on obtient le diagramme (fig. 728).

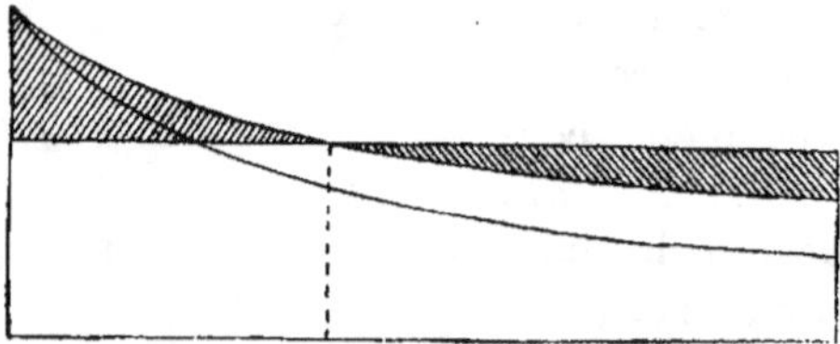

Fɪɢ. 728.

En superposant le diagramme des résistances, on voit que l'excès du travail de l'effort moteur sur celui des résistances, dans la première partie de la course, est bien moindre que dans le cas de la machine à un cylindre (fig. 711).

Il en résulte que les masses pourront être très réduites. En supposant $^1/_4$ d'admission, les masses seront 0.45 de ce qu'elles seraient avec un seul cylindre. Avec $^1/_8$ d'admission, les masses se réduiraient à 0.53, soit à environ $4\,m \times 1000\,aH$, au lieu de $8\,m \times 1000\,aH$.

En commençant la détente dans le petit cylindre, l'inégalité diminue encore. L'inconvénient de la disposition précédente qui a été réalisée pour la première fois dans les machines d'épuisement de Moresnet, est d'occuper beaucoup de place. Pour y remédier, la maison Quillacq a superposé les deux cylindres en tandem.

Ces machines sont presque abandonnées aujourd'hui, parce qu'elles donnent généralement des diagrammes très défectueux. Elles présentent toutefois l'avantage d'empêcher la pression de monter autant dans les chaudières qu'avec les machines à détente à un seul cylindre où l'intermittence de la pression est poussée à son maximum [1].

MACHINES A VAPEUR A DOUBLE EFFET.

1297. *Machines à traction directe.* — Le but de l'application du double effet dans les machines à traction directe est la réduction de la dépense d'installation. Le double effet permet, en effet, de réduire le poids de la maîtresse-tige et les dimensions du cylindre. On peut de plus s'en servir pour régler la vitesse de descente, car une pression de vapeur au dessus du piston équivaut à un excès de poids donné à la maîtresse-tige.

A partir de 1864, ces machines construites par l'ingénieur Ehrhardt ont joui d'une certaine vogue en Allemagne, pour des forces moyennes.

Les premières étaient à pleine pression et c'est ainsi que le système peut le mieux se justifier. Le travail de la vapeur est le même dans la course montante et dans la course descendante ; on peut donc écrire les équations statiques suivantes, avec la signification que nous leur avons donnée ci-dessus (cf. n° 1287) :

1° A l'ascension :

$$\beta \, S \, (p - p_i) = P' + 1000\,a \left(h + \frac{l}{2} \right) + F$$

2° A la descente :

$$\beta \, S \, (p - p_i) = m \, 1000 \, aH + F' - P'$$

---

[1] Voir les mémoires de M. Kley, *Revue Universelle des mines*, 1re série, T. VIII, 1860; de M. Hochereau. *Ann. des Trav. publ. de Belgique*, t 26 ; de M. H. Dechamps, *Revue Universelle des mines*, 2e série, t. XIII.

Si l'on suppose F = F', on trouve, en soustrayant membre à membre :

$$2\,P' = m\,1000\,aH - 1000\left(h + \frac{l}{2}\right)$$

On voit donc que P', poids non équilibré de la maîtresse-tige, est égal, dans ce cas, à moins de la moitié du poids des colonnes foulées. Il est donc réduit de plus de moitié de ce qu'il serait dans une machine à simple effet.

On trouve de même, en additionnant membre à membre :

$$S = \frac{1000a\left(H + h + \dfrac{l}{2}\right) + 2\,F}{2\,\beta\,(p - p_i)}$$

La section du piston est donc aussi réduite de moitié.

Pour que l'avantage de la réduction du poids de la partie non équilibrée de la maîtresse-tige se traduise par une économie, il faut que l'on puisse donner strictement, à la maîtresse-tige, le poids calculé, sans employer de contrepoids. C'est ce que l'on obtient aisément pour des profondeurs de moins de 150 m., au moyen de maîtresses-tiges agissant alternativement par compression et par traction.

Pour les grandes profondeurs, la résistance propre de la matière ne permet plus d'atteindre cette limite et l'on est par suite obligé de recourir à des contrepoids qui annihilent bientôt l'économie du système, en ce qui concerne le poids de la maîtresse-tige.

Il reste en tout cas l'avantage des dimensions moindres du cylindre et la plus grande égalité de pression dans les chaudières, conséquence naturelle du double effet. On a construit de ces machines, en Allemagne, pour des profondeurs atteignant 250 m.

Leur inconvénient le plus sérieux est la nécessité de faire travailler la maîtresse-tige par compression et par traction, car on ne peut évidemment songer à employer des poids tendeurs qui devraient eux-mêmes être équilibrés par des contrepoids.

Les fondations du cylindre exigent une grande solidité, en raison de ce que la vapeur agit au dessus du piston et la distribution est plus compliquée, puisqu'elle exige quatre soupapes au lieu de deux.

1298. L'application de la détente à ces machines ne se justifie pas ; car elle oblige à augmenter les masses en mouvement, ce qui est en contradiction flagrante avec l'économie d'installation que le système a pour but de réaliser. En employant le système Woolf, on peut toutefois réduire ces masses dans de plus justes proportions et il en a été fait quelques applications en Allemagne, à partir de 1868. M. Kley avait déjà employé partiellement le double effet dans une machine Woolf, installée au puits Max, à Welkenraedt.

II. — MOTEURS A MAITRESSE-TIGE AVEC ROTATION.

MACHINES HYDRAULIQUES.

1299. Les moteurs rotatifs hydrauliques employés à l'épuisement sont des roues, des turbines ou des machines à colonne d'eau.

Dans les régions montagneuses manquant de combustible, on a souvent capté les eaux superficielles pour se procurer de la force motrice. Le Harz, les districts de Schemnitz en Hongrie, de Kongsberg en Norwège, présentent des travaux d'aménagement remarquables pour retenir les eaux superficielles dans des bassins élevés et les conduire dans les mines jusqu'aux galeries d'écoulement, en créant sur leur chemin des forces motrices appliquées surtout à l'épuisement.

1300. *Roues hydrauliques* —Les roues hydrauliques s'emploient avec des chutes faibles ou moyennes. Pour des chutes qui ne dépassent pas 1 m. à $1^m,50$, on emploie des roues à palettes mues en dessous ou de côté. Pour des chutes de 10 à 12 m., on emploie des roues à augets.

Les pompes sont dans ce cas actionnées par deux tiges suspendues à des têtes de cheval ou par une seule tige avec balancier de contrepoids. Ces pompes sont aspirantes et soulevantes. Le mouvement est très irrégulier, parce que l'effort est constant et la résistance variable.

Les roues hydrauliques sont d'une installation facile et d'un entretien peu coûteux ; elles conviennent spécialement dans les pays éloignés des ateliers de construction. Ces roues se construisent en bois ou en métal. Elles marchent très lentement, ce qui oblige à leur donner de très grands diamètres. Au Bleiberg, par exemple, il existait une roue à augets de 14 m. de diamètre, ce qui correspond à $43^m,96$ de circonférence. En supposant 2 m. de vitesse circonférencielle, cette vitesse correspond à 2.75 tours par minute. On ne peut dépasser un diamètre de 15 à 18 m., mais on peut placer plusieurs roues en cascade, comme cela se faisait autrefois au Harz. On corrige parfois la lenteur du mouvement par un engrenage, mais le système perd ainsi son caractère de simplicité. La transmission par tête de cheval ne permet pas, d'autre part, de donner aux pompes de grandes courses.

1301. **Turbines** —Les turbines conviennent pour de grandes chutes ; elles peuvent d'ailleurs utiliser des chutes de grand ou de faible volume. Leur emploi dans les mines est peu fréquent, à moins qu'on ne recherche un appareil de petites dimensions à grande vitesse.

Cette dernière est souvent telle qu'il faut la réduire au moyen d'engrenages. Les transmissions sont en général plus compliquées qu'avec les roues hydrauliques.

Il en est de même des machines à colonne d'eau rotatives qui s'emploient rarement avec maîtresse-tige.

MACHINES ROTATIVES A VAPEUR.

1302. Les machines rotatives à vapeur sont caractérisées par l'emploi d'un balancier et d'un volant. Elles ont eu un moment de très grande vogue, en raison des grandes détentes compatibles avec ce système, sans exagération des masses en mouvement alternatif.

En effet, la demi-force vive du volant, au point de vitesse maxima, est $\dfrac{Q'}{2g} r^2 (\omega'^2 - \omega''^2)$, Q' étant le poids du volant, r son rayon, ω' et ω'' ses vitesses angulaires maxima et minima. La demi-force vive des masses en mouvement alternatif de poids Q'' étant exprimée par $\dfrac{Q''}{2g} v^2$; la demi-force vive totale des masses en mouvement au point de vitesse maxima est :

$$\frac{Q''^2}{2g} v^2 + \frac{Q'}{2g} r^2 (\omega'^2 - \omega''^2)$$

Si l'on compare cette demi force vive à $\dfrac{P_a}{2g} v^2$, on voit que la somme des poids $Q' + Q''$ est $< P_a$, si $r^2 (\omega'^2 - \omega''^2)$ est $> v^2$.

En donnant au volant un grand diamètre, on peut donc faire usage de plus grandes détentes, avec des masses beaucoup moindres que dans les machines à traction directe.

13o3. Dès 1827, la Société Cockerill avait construit, pour le charbonnage des Artistes, une machine de ce genre, puisant les eaux à 315 m. de profondeur ; mais la vogue de ces machines en Belgique ne date que de 1863. La Société de Marihaye adopta à cette époque, au siège du Many, une machine rotative construite par Colson, qui y fonctionne encore aujourd'hui. Cette machine attira définitivement l'attention sur ce système et en 1866 fut installée, au Bleiberg, une très puissante machine rotative construite par la Société Cockerill. La vogue des machines rotatives de surface n'a toutefois duré qu'une vingtaine d'années. Les fréquentes ruptures de maîtresses-tiges ont conduit à y renoncer, pour recourir presque exclusivement aujourd'hui aux machines rotatives souterraines.

13o4. Les machines rotatives étant à double effet, le travail résistant doit être égal à l'ascension et à la descente, de là la nécessité de deux tiges en mouvement alternatif (machine Colson) ou d'un contrepoids produisant un travail résistant à la descente de la maîtresse-tige, lorsque celle-ci est unique. Ce contrepoids joue ainsi un rôle tout différent de ceux des machines à traction directe, qui ne servent qu'à équilibrer un excès de poids de la maîtresse-tige.

13o5. Ces machines sont à un ou deux cylindres compound. L'emploi de deux cylindres permet d'augmenter la détente et de régulariser la marche de la machine, puisqu'il conduit, comme dans la machine à traction directe du type Woolf, à réduire l'importance des masses en mouvement.

On peut toutefois se demander si, dans le cas qui nous occupe, il y a avantage à donner une grande régularité à ces machines. M. L. Guinotte a démontré le contraire dans un mémoire très discuté au moment de l'Exposition de Vienne de 1873.

Au point de vue du nombre de tours dont elle est susceptible, la machine rotative la plus avantageuse est celle qui donne la moindre vitesse au point mort, avec la plus grande vitesse au milieu de la course : c'est donc la machine la plus irrégulière et par conséquent c'est la machine à un cylindre, dont le ralentissement au point mort est en même temps favorable au mouvement des soupapes. M. Guinotte a démontré, avec calculs et diagrammes à l'appui, que toutes choses égales, une machine rotative à un cylindre peut donner 4 à 12.5 tours par minute, alors qu'une machine rotative à deux cylindres n'en pourra donner que 3 à 10.75.

1306. ***Machines rotatives à un cylindre.*** — La machine Colson satisfaisait déjà à ce dernier programme.

La machine du Many (Marihaye) est à un cylindre de 1 m. de diamètre sur 2 m. de course. Cette course est réduite à 1 m. 20 aux pompes. Cette machine peut faire 16 tours par minute avec $^1/_4$ d'admission. Elle épuise les eaux à 200 m. de profondeur, au moyen de 4 tiges en fer rond, deux pour les pompes aspirantes et soulevantes du fond, les deux autres pour les pompes à piston creux du type Colson, qui élevaient les eaux dans une colonne commune (cf. n° 1192). Cette machine est ainsi parfaitement équilibrée sans l'emploi de contrepoids.

1307. Les machines rotatives à une seule tige et à contrepoids diffèrent entre elles par la situation de ce dernier. Le contrepoids peut être placé dans les fondations de la machine sur un balancier spécial (Puits Marie du siège Collard, à Seraing). Cette disposition exige un grand développement de fondations et rend difficiles la surveillance et le graissage des tourillons de ce balancier. De plus, le balancier supérieur est soumis à des efforts qui changent alternativement de sens à chaque course. Les assemblages sont alternativement soumis à la traction et à la compression. Il en est de même de la longue bielle qui réunit la tige au balancier.

1308. Dans la machine de Bascoup, M. Guinotte a suspendu le contrepoids, au moyen d'un croisillon, exactement au point d'application de l'effort des bielles du volant. Dans ces conditions, on obtient les avantages suivants :

1° Le balancier est toujours soumis à des efforts de même sens ; il est en effet sollicité d'une part par la maîtresse-tige qui est toujours sous traction (pompes élévatoires à piston renversé, cf. n° 1214), et de l'autre par le contrepoids. Le balancier peut donc être construit plus légèrement. Mais le graissage du tourillon de ce balancier est plus difficile, parce que ce tourillon étant constamment pressé de haut en bas, l'huile est expulsée et le tourillon chauffe facilement.

2° Les bielles qui réunissent le balancier à la tige du piston, se trouvent dans les mêmes conditions favorables que le balancier.

3° Les bielles des volants supportent exclusivement l'effort nécessaire pour transmettre à ceux-ci et leur reprendre la force vive.

4° Les tringles du contrepoids ne font que supporter celui-ci et recevoir l'effort nécessaire pour lui imprimer la vitesse.

5° La tige du piston reçoit seule par conséquent tout l'effort de la vapeur.

Les machines de Bascoup font 10 tours en marche normale avec 0.1 d'admission. Elles épuisent chacune $0^{m3}5$ par tour à 250 m. La distribution est à tiroirs avec détente Guinotte.

1309. L'application du contrepoids à l'extrémité du balancier a été plus généralement appliquée. (Puits Cécile du siège Collard, Concorde, etc.) (fig. 729.)

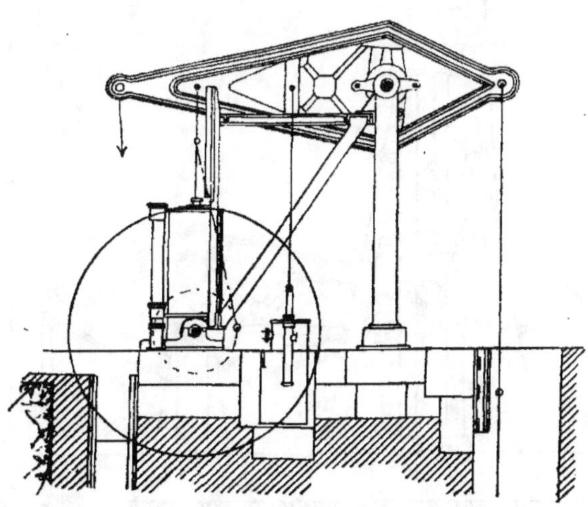

Fig. 729.

Le contrepoids est, dans ce cas, simplement suspendu, par une tringle non figurée, à l'extrémité du balancier, un peu au delà du point d'application de l'effort de la vapeur, ce qui nécessite un balancier plus résistant, mais évite des complications de construction.

32

Dans ces machines, l'admission est de o.3. Le nombre de tours peut atteindre 12.

La maison Haniel et Lueg a remplacé le contrepoids par un accumulateur hydraulique actionné par un piston plongeur spécial fixé sur la maîtresse-tige. Le poids dont est chargé l'accumulateur est soulevé à la descente des tiges et agit, par conséquent, dans le même sens que le contrepoids primitif.

1310. **Machines rotatives compound**. — Si les machines rotatives à deux cylindres ne laissent pas autant de marge que les machines à un cylindre pour faire varier la vitesse moyenne, elles présentent d'autre part l'avantage de permettre d'augmenter la détente sans exagérer les masses, avantage qui devient surtout sensible dans les machines très puissantes.

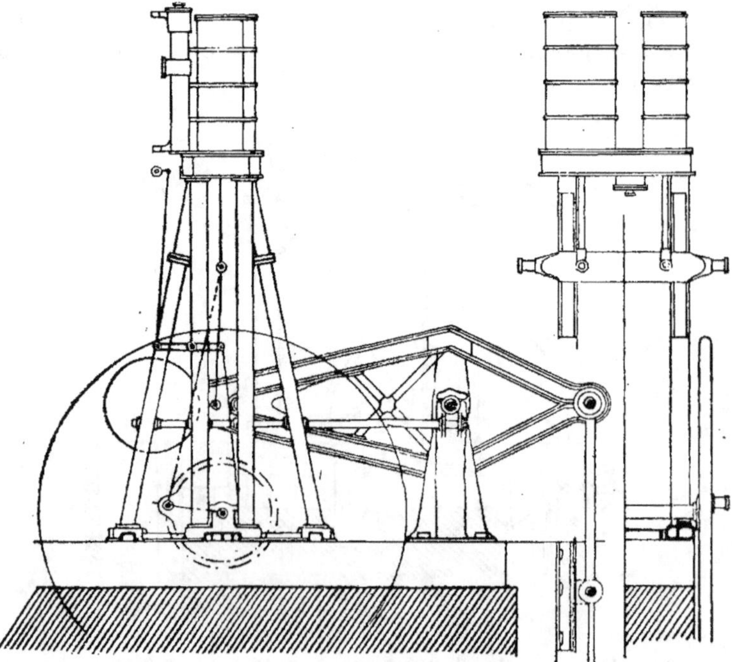

Fig. 730.

Dans ces machines, on cherche à ramener les organes pesants, tels que le balancier et le volant, au voisinage des fondations. C'est ce qui a été réalisé dans les puissantes machines installées par la Société Cockerill au Mansfeld et au charbonnage de Gosson-Lagasse, à Montegnée.

Dans la machine du Gosson (fig. 730), les deux cylindres ont une course commune de 2^m.5o. L'un a o^m.85 et l'autre 1^m.3o de diamètre. Ces cylindres sont situés à 7^m.84 au-dessus du sol. L'axe du balancier est à 2^m.8o de hauteur. Il porte à son extrémité un contrepoids de 18 tonnes. Les deux volants latéraux ont 7^m.5o de diamètre. Cette machine atteint 12 tours en marche normale. Un régulateur ferme l'admission à 15 tours.

1311. On a également construit fréquemment des machines d'épuisement rotatives horizontales. Ces machines ont l'inconvénient d'occuper beaucoup plus de place aux abords des puits ; mais dans les terrains peu résistants, il peut y avoir avantage à répartir ainsi les fondations sur une plus grande surface. Elles sont ordinairement à deux tiges (fig. 731).

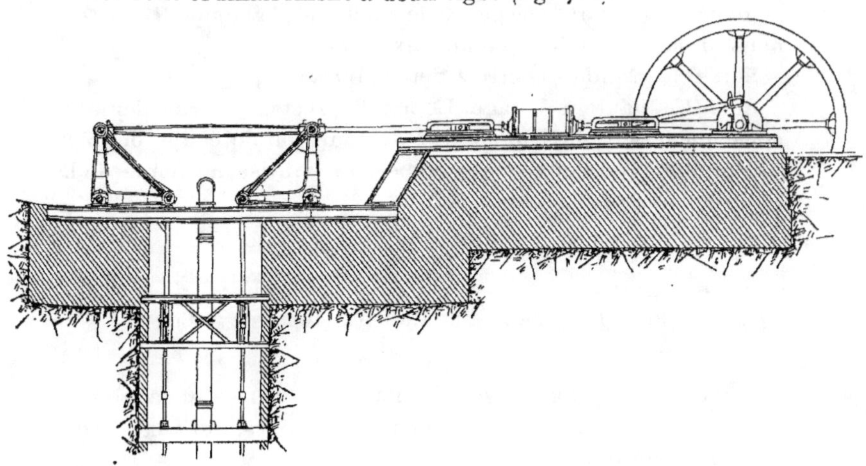

FIG. 731.

En Allemagne, on a construit des machines compound de ce genre pour des épuisements considérables. Telle est la machine de 1000 chevaux du puits Président, près de Bochum. Les deux cylindres de 2^m.5o de course commune ont 1^m.15 et 2 m. de diamètre. Cette machine attaque par engrenages deux volants de 9 m. et de 5o t. chacun. Cette machine marche à $^1/_3$ d'admission au petit cylindre, à raison de 10 tours en marche normale et de 15 tours au maximum. Elle épuise 7^{m3} par minute à la profondeur de 345 m. au moyen de deux maîtresses-tiges en mouvement alternatif.

La disposition horizontale s'impose, quand les machines sont installées souterrainement au niveau d'une galerie d'écoulement (St-Eloi, Trets, etc).

1312. **Calcul des machines rotatives à maîtresse-tige.** — Les données sont la distance L du puisard au déversoir et le volume d'eau Q à épuiser par heure.

Le travail utile en chevaux vapeur est :

$$T_u = \frac{1000\ QL}{3600 \times 75}.$$

1313. *Calibrage des pompes.* — Les pompes sont calibrées comme dans le cas d'une machine à traction directe ; comme on emploie souvent, avec ce genre de machines, la pompe Rittinger, nous prendrons celle-ci comme exemple :

Soit D le grand diamètre à déterminer.

Soit H la hauteur d'étage. Le nombre d'étages sera calculé en conséquences. Soit N le nombre de tours ou de coups doubles par minute, l la course des pompes. La vitesse moyenne de la maîtresse-tige par seconde sera :

$$v_m = \frac{2\ Nl}{60}$$

Pour $l = 1.50$, v_m ne doit pas dépasser 0.60 ;
$ = 2.00$, v_m » » 0.75.

Il faut donc se donner simultanément la course et la vitesse moyenne, d'où l'on déduit le nombre de tours, qui varie ordinairement de 10 à 15.

Soit $q = \dfrac{Q}{60\,N}$ le volume débité par tour ou par coup double.

Dans la pompe Rittinger, on sait que ce volume est égal au volume aspiré, on a donc :

$$k\,\pi\,\frac{D^2}{4}\,l = \frac{Q}{60\,N} = q$$

k étant le coefficient de rendement de la pompe $= 0.85$.

En remplaçant l par sa valeur en fonction de v_m, on a :

$$k \, \pi \, \frac{D^2}{4} \, v_m = \frac{2\,Q}{3600}$$

d'où l'on tire la valeur de D.

Connaissant le grand diamètre, on en déduit le petit, d'après les conditions que l'on exige de la pompe Rittinger dans les deux courses successives (cf. n° 1200).

1314. *Dimensions du cylindre à vapeur.* — Pour un tour, le travail utile est :

$$1000 \, q \, L = 1000 \, k \, \frac{\pi \, D^2}{4} \, l \, L.$$

En appelant S la surface du piston à vapeur, p_0 la pression initiale, p_1 la contrepression, n le degré de détente, l_0 la course à pleine pression, l la course entière, le travail moteur pour un tour est :

$$2 \, S \, (p_0 \, l_0 \, (1 + \log \text{nép } n) - p_1 \, l)$$

n étant égal à $\dfrac{l}{l_0}$, cela revient à :

$$2 \, S \, l \left(p_0 \, \frac{1 + \log \text{nép } n}{n} - p_1 \right)$$

Soit k_1 le coefficient d'effet utile admis par le constructeur, (0.60 pour les grandes machines, 0.50 à 0.55 pour les petites); ce coefficient doit tenir compte de toutes les résistances de la machine, des pompes et de leurs attirails; on écrira :

$$1000 \, k \, \pi \, \frac{D^2}{4} \, l \, L = 2 \, k_1 \, S \, l \left(p_0 \, \frac{1 + \log \text{nép } n}{n} - p_1 \right),$$

équation qui servira à calculer S, tout le reste étant connu. S sera toujours très inférieur à ce qu'il serait dans une machine à simple effet.

On peut admettre au piston vapeur une vitesse moyenne d'un mètre par seconde avec admission de $1/5$ à $1/6$. On déterminera en conséquence les dimensions des bras du balancier, d'après les valeurs des vitesses moyennes à la maîtresse tige admise ci-dessus.

1315. *Calcul des maîtresses-tiges.* — Les conditions dans lesquelles se trouve la maîtresse-tige d'une machine rotative, sont très différentes de celles d'une machine à traction directe, parce qu'ici la maîtresse-tige est assujettie à suivre le mouvement de la manivelle.

La maîtresse-tige est toujours en métal et souvent de section circulaire. Nous supposerons d'abord qu'elle est sans élasticité, c'est-à-dire absolument inextensible.

On s'imposera, dans ce qui va suivre, les deux conditions suivantes :

1° *La maîtresse-tige doit toujours rester soumise à un effort de traction ;*

2° *La tension du métal, au moment où l'effort de la maîtresse-tige est maximum, ne doit pas dépasser une valeur donnée.*

1316. *Équation du mouvement varié d'un liquide.* — On démontre en hydrodynamique que dans un tuyau de section variable, l'équation du mouvement varié d'un liquide peut s'écrire, en exprimant que la hauteur $\dfrac{p_i - p_0}{\delta}$, représentant la différence de pression par unité de surface en deux sections données du tuyau, est égale à la différence de niveau $h_0 - h_i$ entre les sections considérées, augmentée de la différence des hauteurs représentatives des vitesses en ces deux sections $\dfrac{u^2_0 - u_i^2}{2g}$, ainsi que d'un terme exprimant l'influence de la variation de vitesse avec le temps, représentée par le facteur $\dfrac{du_0}{dt}$, et de la forme du tuyau, représentée par le facteur $\dfrac{dx}{S}$ [1] :

$$\frac{p_i - p_0}{\delta} = h_0 - h_i + \frac{u_0^2 - u_i^2}{2g} + \frac{S_0}{g} \frac{du_0}{dt} \int_{x_i}^{x^0} \frac{dx}{S}$$

En supposant le tuyau de section constante, mais terminé par une partie évasée de très faible longueur, la vitesse u_i peut être négligée vis-à-vis de u_0. En posant $h_0 - h_i = H$, il vient alors :

$$\frac{p_i - p_0}{\delta} = H + \frac{u_0^2}{2g} + \frac{l}{g} \frac{du_0}{dt}$$

---

[1] Dans le cours de *Construction de machines* qu'il professe à la Faculté technique de l'Université de Liége, M. H. Dechamps en donne la démonstration suivante, à titre de rappel d'hydrodynamique.

Soit (fig. 732) un tuyau de section variable et d'axe AB, rapporté à un

Ce dernier terme exprime, dans ce cas, exclusivement la hauteur représentative de la pression due à la force d'inertie résultant de l'accélération de la colonne liquide.

---

système de coordonnées dont l'axe des X est parallèle à **A B**. On suppose que la section du tuyau varie assez lentement, pour qu'on puisse négliger les composantes des vitesses suivant les axes des Y et des Z. Soient u_0 et u_1 ces composantes suivant l'axe des X et soient h_0 et h_1 les altitudes des centres des sections S_0 et S_1 au-dessus d'un plan de comparaison MN.

Considérons une tranche élémentaire de section S d'un

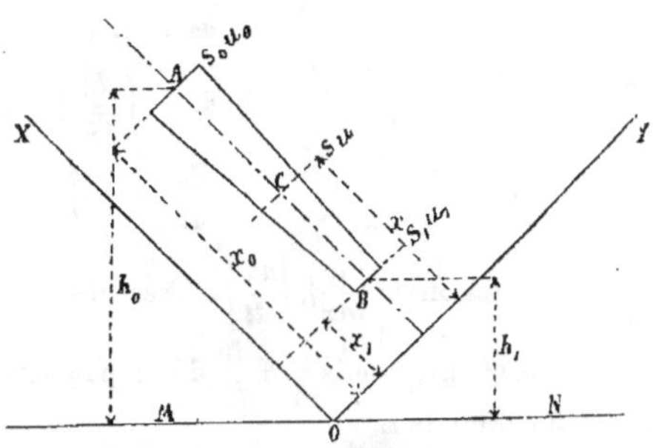

Fig. 732.

liquide de densité δ. La masse m de cette tranche $= \dfrac{\delta\, S\, dx}{g}$.

Les forces extérieures sont :

1º la projection sur l'axe des X de la résultante des actions de la pesanteur sur l'élément considéré $- m\, g\, \dfrac{dh}{dx}$, force supposée négative, puisqu'elle est dirigée vers le bas ;

2º les pressions agissant sur les deux bases de la tranche : si p est la pression par unité de surface sur la tranche supérieure, $-\left(p + \dfrac{dp}{dx}\, dx\right)$ sera la pression sur la tranche inférieure, et sur la section S on aura :

$$S\left[p - \left(p + \frac{dp}{dx}\, dx\right)\right]$$

En appliquant le théorème de d'Alembert, il vient :

$$-m\, g\, \frac{dh}{dx} + S\left[p - \left(p + \frac{dp}{dx}\right)dx\right] = m\, \frac{du}{dt}$$

En remplaçant m par sa valeur, on a :

$$-\, g\, \frac{dh}{dx} - \frac{g}{\delta}\, \frac{dp}{dx} = \frac{du}{dt} \quad (1)$$

Mais u est fonction de x et de t : la vitesse est variable dans l'espace et dans le temps.

Lorsque le mouvement est permanent, ce dernier terme devient nul et l'on a :

$$du = \left(\frac{du}{dx}\right) dx + \left(\frac{du}{dt}\right) dt$$

mais
$$dx = u\, dt$$

donc
$$du = \left(\frac{du}{dx}\right) u dt + \left(\frac{du}{dt}\right) dt.$$

d'où
$$\frac{du}{dt} = \left(\frac{du}{dx}\right) u + \left(\frac{du}{dt}\right),$$

expression où $\left(\frac{du}{dx}\right)$, $\left(\frac{du}{dt}\right)$ représentent les dérivées partielles par rapport à x et à t, tandis que $\frac{du}{dt}$ désigne la dérivée totale, x étant considéré comme fonction de t.

En substituant dans (1), il vient :

$$- g \frac{dh}{dx} - \frac{g}{\delta} \frac{dp}{dx} = \left(\frac{du}{dx}\right) u + \left(\frac{du}{dt}\right) \quad (2)$$

Le fluide étant supposé incompressible, l'équation de continuité est :

$$S_0 u_0 = S u = S_1 u_1$$

u_0 et u_1 ne dépendant que de t, on peut écrire :

$$\left(\frac{du}{dt}\right) = \frac{S_0}{S} \frac{du_0}{dt}$$

En multipliant par dx les deux membres de l'équation (2), on obtient :

$$\frac{g}{\delta} dp = - g\, dh - u\, du - S_0 \frac{du_0}{dt} \frac{dx}{S}$$

En intégrant par rapport à x entre les limites indiquées par les données du problème, il vient :

$$\frac{p_1 - p_0}{\delta} = h_0 - h_1 + \frac{u_0{}^2 - u_1{}^2}{2g} + \frac{S_0}{g} \frac{du_0}{dt} \int_{x_1}^{x_0} \frac{dx}{S},$$

équation du mouvement varié dans un tuyau de section variable.

Si la section du tuyau est supposée constante, cette équation devient :

$$\frac{p_1 - p_0}{\delta} = h_0 - h_1 + \frac{u_0{}^2 - u_1{}^2}{2g} + \frac{1}{g} \frac{du_0}{dt} (x_0 - x_1)$$

En supposant que le tuyau se termine en B par un évasement important sur une très faible longueur, u_1 devient négligeable vis-à-vis de u_0 et en posant $h_0 - h_1 = H$ et $x_0 - x_1 = l$, longueur du tuyau, il vient :

$$\frac{p_1 - p_0}{\delta} = H + \frac{u_0{}^2}{2g} + \frac{l}{g} \frac{du_0}{dt}$$

$$\frac{p_\iota - p_0}{\delta} = h_0 - h_\iota + \frac{u_0{}^2 - u_\iota{}^2}{2g}$$

conformément au théorème de Bernoulli.

Pour tenir compte de la viscosité du liquide, il faut ajouter un terme c correspondant à la perte de charge, de sorte que pour le cas d'un tuyau de section variable, nous aurons :

$$\frac{p_\iota - p_0}{\delta} = h_0 - h_\iota + \frac{u_0{}^2 - u_\iota{}^2}{2g} + \frac{S_0}{g}\,\frac{du_0}{dt}\int_{x_\iota}^{x_0}\frac{dx}{S} + c \quad (1).$$

En supposant le tuyau de section constante, mais terminé par une partie évasée de longueur négligeable, nous aurons :

$$\frac{p_\iota - p_0}{\delta} = H + \frac{u_0{}^2}{2g} + \frac{l}{g}\,\frac{du_0}{dt} + c \quad (2).$$

1317. Les conditions de sollicitation de la maîtresse-tige étant différentes suivant la nature des pompes employées, nous distinguerons les trois cas suivants : 1° pompes soulevantes ; 2° pompes foulantes ; 3° pompes Rittinger ([1]).

1318. 1° *Pompes soulevantes* (pompes aspirantes et soulevantes, élévatoires, etc.) Nous considérerons successivement les efforts à l'ascension et à la descente de la maîtresse-tige.

1319. a) *Ascension*. — La considération de l'effort maximum à l'ascension nous conduira à calculer la section de la maîtresse-tige.

Cherchons d'abord la valeur de $\dfrac{du}{dt}$. Dans son mouvement rectiligne, la tige est conduite par une manivelle ; nous supposerons uniforme la vitesse angulaire ω du bouton de cette manivelle, bien qu'en réalité cette vitesse soit périodiquement variée ; nous négligerons aussi l'obliquité de la bielle ; nous admettrons donc que la projection sur la verticale du chemin parcouru par le bouton de la manivelle soit égale au chemin x décrit par le piston de la pompe après un temps t.

([1]) Nous suivrons, dans l'étude de cette question, la méthode exposée par M. H. Dechamps dans les leçons spéciales du cours de *Construction de machines* faites aux élèves mécaniciens de l'Ecole de Liége, qui ne suivent pas le cours d'*Exploitation des mines*. Cette méthode dérive de l'adaptation à des cas simplifiés d'un mémoire inédit de M. J. Kraft de la Saulx, ingénieur en chef de la Société Cockerill.

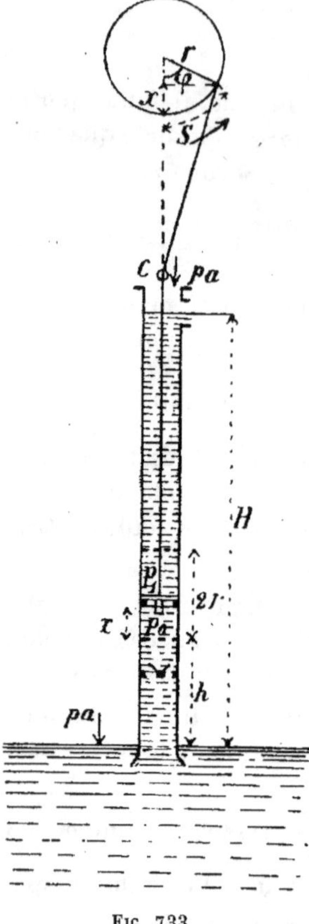

FIG. 733.

L'angle au centre φ, correspondant à l'arc s, égale $\dfrac{s}{r}$, r étant le rayon de la manivelle. Dans l'hypothèse d'un mouvement angulaire uniforme, $s = r\,\omega\,t$, $\varphi = \omega\,t$, $x = r\,(\mathrm{1} - \cos\varphi)$, $u = \omega\,r\sin\varphi$, $\dfrac{du}{dt} = \omega^2\,r\,\cos\varphi$.

1320. En appelant F la force à appliquer à la tête de la tige, c'est-à-dire à la crosse C, pour imprimer au piston le mouvement résultant de sa liaison avec l'arbre moteur, P le poids du piston, M celui de la maîtresse-tige, S la section du corps de pompe et des tuyaux, p_1 et p_0 les pressions sur et sous le piston, R le frottement du piston dans le corps de pompe, on a en appliquant le principe de d'Alembert :

$$\mathrm{F} - \mathrm{P} - \mathrm{M} - \mathrm{S}\,(p_\mathrm{1} - p_\mathrm{0}) - \mathrm{R}$$
$$= \frac{\mathrm{P} + \mathrm{M}}{g}\,\omega^2 r \cos\varphi \quad (3).$$

Calculons p_0 et p_1.

Pour calculer p_1, appliquons l'équation générale (1) à la partie du tuyau supérieure au piston en remarquant que $p_\mathrm{0} = p_a$ (pression atmosphérique), $u_\mathrm{0} = u_\mathrm{1}$, $\mathrm{S}_\mathrm{0} = \mathrm{S}$ et que $h_\mathrm{0} - h_\mathrm{1} = l = \mathrm{H} - (h + r\,(\mathrm{1} - \cos\varphi))$, on aura :

$$\frac{p_\mathrm{1} - p_a}{\delta} = \mathrm{H} - [h + r\,(\mathrm{1} - \cos\varphi)] +$$

$$\frac{\mathrm{1}}{g}\,[\mathrm{H} - (h + r\,(\mathrm{1} - \cos\varphi))]\,\omega^2 r \cos\varphi + c$$

d'où :

$$p_\mathrm{1} = p_a + \delta\,\mathrm{H} - \delta\,(h + r\,(\mathrm{1} - \cos\varphi)) +$$

$$\frac{\delta}{g}\,[\mathrm{H} - (h + r\,(\mathrm{1} - \cos\varphi))]\,\omega^2 r \cos\varphi + \delta c$$

Si nous appliquons de même l'équation générale (2) à la partie du tuyau inférieur au piston supposée élargie à son extrémité, en remarquant que $p_1 = p_a$ pression atmosphérique,

que
$$H = l = h + x = h + r\,(1 - \cos\varphi)$$

et que
$$u_0 = \omega r \sin\varphi, \quad \frac{du_0}{dt} = \omega^2 r \cos\varphi$$

$$\frac{p_a - p_0}{\delta} = h + r\,(1 - \cos\varphi) + \frac{\omega^2\,r^2\,\sin^2\varphi}{2g} +$$

$$(h + r\,(1 - \cos\varphi)\,\frac{\omega^2\,r\cos\varphi}{g} + c$$

D'où :
$$p_0 = p_a - \delta\left(h + r\,(1 - \cos\varphi)\right)\left(1 \times \frac{\omega^2\,r\,\cos\varphi}{g}\right)$$

$$- \frac{\delta}{g}\,\frac{\omega^2\,r^2\,\sin^2\varphi}{2} - \delta\,c$$

et
$$p_1 - p_0 = \delta H + \frac{\delta H}{g}\,\omega^2\,r\cos\varphi + \frac{\delta}{2g}\,\omega^2\,r^2\,\sin^2\varphi + \delta\,\Sigma\,c.$$

En introduisant cette valeur dans l'équation (3) il vient :

$$F = P + M \times S\,\delta\,H \qquad \text{(résistance statique).}$$
$$+ \frac{P + M + S\,\delta\,H}{g}\,\omega^2\,r\cos\varphi \qquad \text{(réaction due à l'accélération des masses).}$$
$$+ \frac{S\,\delta\,\omega^2\,r^2\,\sin^2\varphi}{2g} \qquad \text{(résistance due à la vitesse instantanée de la colonne d'eau).}$$
$$+ R + S\,\delta\,\Sigma\,c \qquad \text{(résistances passives).}$$

Il est facile de voir que le maximum de F, pour lequel la tige doit être calculée, est donné par $\varphi = o$ et se produit par conséquent au départ :

$$F_{max.} = \left(P + M + S\,\delta\,H\right)\left(1 + \frac{\omega^2\,r}{g}\right) + R + S\,\delta\,\Sigma\,c$$

On admet souvent que $R + S\,\delta\,\Sigma\,c = o{,}1\,S\,\delta\,H$.

Dans l'hypothèse où la section σ de la tige est constante

$$M = \delta'\,\sigma\,L$$

ou δ' est le poids spécifique du métal et L la longueur de la tige.

Si t est le coefficient de résistance adopté

$$\sigma = \frac{F_{max.}}{t} = \frac{\left(P + S\,\delta\,H\right)\left(1 + \dfrac{\omega^2\,r}{g}\right) + 0{,}1\,S\,\delta\,H}{t - \delta'\,L\left(1 + \dfrac{\omega^2\,r}{g}\right)}$$

On calculera de même chaque tronçon d'une maîtresse-tige, en ajoutant, pour chaque tronçon supposé de même longueur L, un terme $S'\,\delta'\,L\left(1 + \dfrac{\omega^2\,r}{g}\right)$.

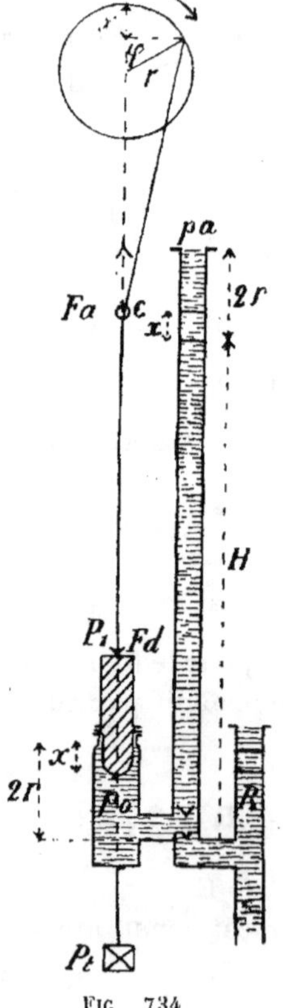

Fɪɢ. 734.

1321. b) *Descente.* — Dans les pompes aspirantes et soulevantes, le piston n'a à vaincre, à la descente, que les résistances passives ; or, on peut admettre a priori que le poids du piston est suffisant pour vaincre ces résistances, de sorte que la tige n'est jamais comprimée à la descente. Comme elle ne peut évidemment l'être à l'ascension, la condition se trouve donc remplie dans ce cas par le système même de la pompe.

1322. 2° *Pompes foulantes.* — Nous ferons les mêmes hypothèses que ci-dessus, en négligeant la quantité d'eau contenue dans la partie horizontale de la pièce en H, ainsi que la pression exercée à l'ascension sous le plongeur par l'eau du redoublement.

1323. a) *Ascension.* — En appelant F_a (fig. 734) l'effort exercé sur la crosse C à l'ascension et en conservant les mêmes notations que ci-dessus, nous avons en vertu du principe de d'Alembert :

$$F_a - M - P - R = \frac{M + P}{g}\,\omega^2\,r\cos\varphi.$$

On voit que F_a est maximum pour $\varphi = 0$, en comptant les angles φ à partir du point mort inférieur, soit au départ.

$$F_{a\ max.} = M + P + R + \frac{M+P}{g}\,\omega^2 r \quad (4)$$

La tige est soumise à la traction à l'ascension et devra être calibrée pour résister à F_a max.

1324. b). *Descente.* — Les angles φ sont comptés à partir du point mort supérieur. On écrira en vertu du principe de d'Alembert, en appelant F_d l'effort exercé à la descente sur le piston :

$$F_d + P - S\,(p_0 - p_a) - R = \frac{P}{g}\,\omega^2 r \cos\varphi$$

On déterminera comme ci-dessus la différence $p_0 - p_a$ au moyen de l'équation générale (2), en faisant : $p_1 = p_0$, $p_0 = p_a$, $h_0 = H + x = H + r\,(1 - \cos\varphi)$, $h_1 = 2\,r - x = 2\,r - r\,(1 - \cos\varphi)$, $u_0 = u_1$, $l = H + 2\,r$.

$$\frac{p_0 - p_a}{\delta} = H + r\,(1 - \cos\varphi) - 2\,r + r\,(1 - \cos\varphi) +$$

$$\frac{H + 2\,r}{g}\,\omega^2 r \cos\varphi + c$$

$$p_0 - p_a = \delta H - 2\,\delta r \cos\varphi + \frac{\delta}{g}\,(H + 2\,r)\,\omega^2 r \cos\varphi + \delta c$$

D'où $F_d = - P + S\,\delta\,(H - 2\,r \cos\varphi)$ (résistance statique)

$$+ \left(S\,\delta\,(H + 2\,r) + P \right) \frac{r}{g}\,\omega^2 \cos\varphi$$ (réaction due à l'accélération des masses)

$$+ R + S\,\delta\,c$$ (résistance passive).

La force F_d est maxima pour $\varphi = 0$, soit au début de la descente.

$$F_{d\ max.} = - P + S\,\delta\,(H - 2\,r) + S\,\delta\,(H + 2\,r + P)\frac{\omega^2 r}{g} + R + S\,\delta\,c.$$

Si F_d max. est plus grand que 0, la tige travaille par compression, tout au moins au début de la course, et doit être construite en conséquence.

Si l'on se pose la condition que la tige doit toujours être soumise à la traction (tiges composées de fers ou d'aciers ronds), on posera F_d max. égal ou plus petit que zéro. Il faut pour cela que :

$$P = \frac{S\delta(H - 2r) + S\delta\left((H + 2r)\dfrac{\omega^2 r}{g} + R + S\delta a\right)}{1 - S\delta\dfrac{\omega^2 r}{g}} \tag{5}$$

et l'on calculera en conséquence le poids tendeur P_t qui sera suspendu sous le piston.

1325. 3° *Pompes Rittinger*. — La pompe Rittinger peut-être considérée comme une pompe foulante à la descente et comme une pompe soulevante à l'ascension.

Il faudra donc calculer : 1° le poids minimum du piston et de sa surcharge pour qu'il n'y ait pas de compression sur les tiges par la formule (5); 2° l'effort maximum qui servira à calibrer les tiges par la formule (4).

1326. *Calcul du contrepoids*. — Le calcul du contrepoids dépend de la nature des pompes employées.

On calculera le poids du contrepoids, en le supposant ramené dans l'axe de la maîtresse-tige et l'on en déduira le poids effectif proportionnellement au rapport des bras du balancier.

Soit C le contrepoids ramené dans l'axe de la maîtresse-tige, C' le contrepoids effectif, r et r' les bras de levier; on a $C' = \dfrac{C r}{r'}$.

Il suffit donc de déterminer la valeur de C pour calculer ensuite C'. Le rôle du contrepoids est, comme nous l'avons vu, de rendre égal le travail résistant à l'ascension et à la descente.

1327. a) *Pompes soulevantes*. — Soit E le poids de la colonne soulevée; M le poids de la maîtresse-tige et de ses attirails; F les frottements que nous supposerons égaux à l'ascension et à la descente, l la course des pompes.

Le travail résistant à l'ascension est $(E + M + F - C)\, l$.

Le travail résistant à la descente est $(C + F - M)\, l$.

En écrivant que ces travaux sont égaux, on trouve :

$$C = M + \frac{E}{2}.$$

1328. b) *Pompes foulantes*. — Soit E_t le poids de la colonne foulée; M_t le poids de la maîtresse-tige et de ses attirails.

Le travail résistant à l'ascension est $(M_t + F - C)\, l$.

Le travail résistant à la descente est $(C + E_t + F - M_t)\, l$.

L'égalité de ces travaux, nous donne $C = M_t - \dfrac{E_t}{2}$.

1329. c) *Pompes Rittinger*. — Soit $\dfrac{E_2}{2}$ le débit en poids de cette pompe, que nous supposerons égal à l'ascension et à la descente.

Soit M_2 le poids de la maîtresse-tige et de ses attirails.

Le travail résistant à l'ascension est $\left(\dfrac{E_2}{2} + M_2 + F - C\right) l$.

Le travail résistant à la descente est $\left(\dfrac{E_2}{2} + C + F - M_2\right) l$

En écrivant l'égalité de ces travaux, on trouve $C = M_2$.

S'il y a une pompe soulevante au fond et plusieurs foulantes, il faudra calculer le contrepoids, en additionnant les valeurs relatives aux unes et aux autres.

1330. *Calcul du volant*. — Le calcul du volant ne diffère pas de ce qu'il serait dans une machine rotative quelconque, à condition de tenir compte des masses en mouvement rectiligne alternatif.

Il importe toutefois de déterminer le coefficient de régularité qui interviendra dans ce calcul. Nous avons vu qu'au point de vue du nombre de tours, une grande régularité est plutôt nuisible qu'utile.

Soit v' la vitesse maxima et v'' la vitesse minima à la circonférence. La vitesse moyenne $v_{\text{moy.}} = \dfrac{v' + v''}{2}$.

En posant $v'' = o$, le volant s'arrêtera au point mort, et $v_{\text{moy.}} = \dfrac{v'}{2} = k\, v'$. k est le coefficient de régularité qui dans ce cas est égal à $^1/_2$. Il suffira donc que k soit plus grand que $^1/_2$, pour que le volant dépasse le point mort.

On calculera le volant pour qu'il dépasse le point mort, pour le nombre de tours minimum qui sera de 5 avec un cylindre, de 3 à 4 avec deux cylindres.

Mais pour un nombre de tours plus élevé, le poids du volant ainsi calculé sera trop grand et l'irrégularité diminuera. M. Guinotte a appliqué aux machines de Bascoup des *volants à jante variable* permettant de régler leur poids suivant le nombre de tours que l'on veut obtenir, de manière à maintenir l'irrégularité désirable.

Cette disposition a en même temps une influence favorable

sur les vibrations longitudinales de la maîtresse-tige qui sont d'autant moins sensibles que la vitesse initiale est moindre.

1331. Cette question des vibrations longitudinales joue un grand rôle au point de vue de la sécurité des machines à rotation.

Les calculs qui précèdent supposent, comme nous l'avons dit, que la tige est inextensible; or on ne peut admettre cette hypothèse que pour de faibles profondeurs.

A de grandes profondeurs, il y a lieu de tenir compte de l'élasticité du métal, en vertu de laquelle le piston de la dernière pompe ne suit pas immédiatement le mouvement de la crosse de la maîtresse-tige. Le métal doit auparavant acquérir un certain allongement; les forces moléculaires réagissant ensuite impriment au piston de la dernière pompe une vitesse supérieure à celle de la crosse et il en résulte, dans la tige, des vibrations longitudinales d'autant plus prononcées que la vitesse est plus grande. Ces vibrations, qui font osciller la tension du métal autour d'une valeur moyenne pendant toute la course, peuvent amener des efforts très supérieurs à ceux que l'on a admis, en supposant comme ci-dessus la tige inextensible : c'est ce qui explique les fréquentes ruptures des tiges inférieures, dans les machines à rotation.

MM. H. Dechamps et Henrotte [1] ont calculé les tensions auxquelles est soumise une tige métallique de $0^{m2}002$ de section, et de 100 m. de longueur chargée d'un poids statique de 10.000 kil. pour un rayon de manivelle de 0.75 et un coefficient d'élasticité de 20.000.000.000 kil. par m^2, en supposant un nombre de tours n de 10, 15 et 20. Ils ont obtenu les résultats suivants :

	Valeur maxima de la tension du métal	
Valeur de n	pour une tige inextensible	pour une tige élastique
10	5.42 k. par mm²	7.40 par mm²
15	5.92 »	8.94 »
20	6.67 »	10.77 »

Le seul moyen d'y porter remède consiste dans l'adoption, pour le calcul de la maîtresse-tige, de coefficients de sécurité

---

[1] *Revue Universelle des mines*, 3e série, t. V.

très largement calculés. Mais il en résulte naturellement un surcroit de prix pour la machine, puisqu'on remplace ainsi une partie des poids tendeurs en fonte par un poids égal d'acier réparti sur les tiges mêmes de la machine.

1332. ***Avantages et inconvénients des machines à rotation.*** — Les avantages des machines à rotation sont les suivants :

1° Il devient possible de recourir à de grandes détentes, sans exagérer les masses en mouvement alternatif ;

2° La course est toujours complète et l'espace nuisible bien limité ; il en est de même de la course de la pompe à air ;

3° La machine étant à double effet, les dimensions des cylindres sont réduites ;

4° La distribution commandée par l'arbre du volant est plus simple que dans les machines à traction directe ;

5° En cas de rupture de la maîtresse-tige, le volant empêche le piston d'être projeté.

D'autre part les inconvénients sont les suivants :

1° Une rupture de maîtresse-tige peut avoir des conséquences graves pour les appareils du puits ; elle est généralement accompagnée de la rupture des pompes ;

2° L'installation et l'entretien sont coûteux ;

3° La course des pompes ne dépasse pas 2^m50 au maximum ;

4° Les vitesses minima et maxima sont limitées : avec de faibles vitesses, il faut en effet d'énormes volants pour dépasser les points morts ; c'est pourquoi l'on ne descend pas en général en dessous de 3 à 4 tours, ce qui peut être un inconvénient sérieux pour des mines à venue variable dépourvues de réservoirs suffisants ; la vitesse maxima est également limitée par la crainte de provoquer des tensions exagérées et des mouvements vibratoires de la maîtresse-tige ; cet inconvénient croit avec la profondeur.

1333. ***Machine à rotation intermittente.*** — Dans le but de remédier à l'inconvénient de ne pouvoir descendre en dessous d'un certain nombre de tours, M. Kley a construit des machines à rotation intermittente dans lesquelles le volant est calculé de manière à s'arrêter au point mort (fig. 735). La distribution, au lieu d'être commandée par l'axe du volant, est dans ce cas commandée par une tige relevée par le balancier, mais susceptible de descendre librement, pendant l'arrêt du volant, au point mort inférieur, avec une vitesse réglée par une cataracte. Cette tige ouvre alors l'admission de la course ascendante ; le balancier la relève ensuite dans sa position première. Dès que la machine fait 5 à 6 tours, la cataracte, au lieu de marquer un arrêt proprement dit, produit simplement un ralentissement au point mort.

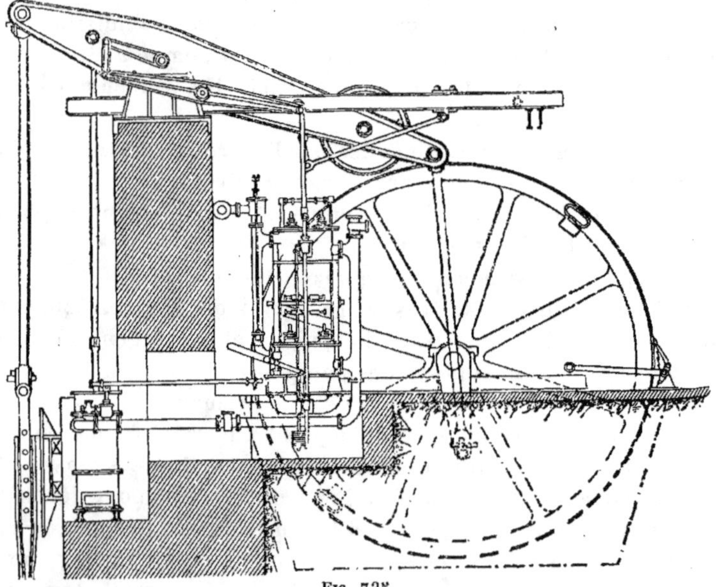

Fig. 735.

Cette machine réunit en somme les avantages de la traction directe et de la rotation, sans présenter l'inconvénient signalé de cette dernière. Pour les faibles vitesses, la machine travaille en effet comme si elle était à traction directe, mais la masse du volant permet une grande détente. Pour les grandes vitesses, elle fonctionne comme si elle était à rotation continue. En cas de réparation aux pièces rotatives, la machine peut fonctionner comme une machine à balancier sans volant, à condition d'augmenter l'admission en raison de la suppression des masses.

Si la machine s'emporte, le bouton de la manivelle dépasse beaucoup le point mort et comme la tige de distribution est

reliée au mouvement du balancier, la cataracte se relève, avant
d'avoir décroché l'admission, et la machine s'arrête.

Ces machines sont à un ou deux cylindres. La machine
Woolf installée à la mine *Helene Nachtigall*, en Westphalie
(fig. 735), pour épuiser 10 m³ par minute à 500 m. de profondeur,
était de ce type. Elle était à deux volants de 7 m. de diam.
pesant chacun 40 tonnes. Le cylindre à pleine pression avait
1^m40 de diam., le grand cylindre 2^m25. La course était de 3^m75
au piston et de 2^m50 aux pompes. Dans le cas de rotation continue, ces machines présentent tous les inconvénients des
machines rotatives ; c'est pourquoi elles ne sont employées que
très exceptionnellement.

III. — MOTEURS SANS MAITRESSE-TIGE.

1334. Les moteurs sans maîtresse-tige sont installés souterrainement. Ils ont aujourd'hui la vogue par suite des avantages
nombreux qu'entraîne la suppression de la maîtresse-tige. Ces
avantages se traduisent par une économie de premier établissement et de frais d'exploitation, par un rendement meilleur,
surtout aux grandes profondeurs, et par une plus grande
sécurité.

Les moteurs souterrains sont mus directement par la vapeur
ou par l'eau sous pression ; mais l'air comprimé, l'eau sous pression ou l'électricité servent fréquemment à transmettre de la
surface une force motrice qui est ordinairement fournie par
une machine à vapeur.

Nous ferons abstraction presque complète des machines
d'épuisement mues par l'air comprimé dont le rendement
défectueux ne permet guère l'application à des forces considérables ; nous considérerons successivement les machines
d'épuisement ou pompeuses souterraines à vapeur, hydrauliques et électriques.

Pompeuses souterraines a vapeur.

1335. Les machines d'épuisement souterraines à vapeur se
sont de plus en plus substituées, à partir de 1870, aux machines
de surface. Elles se divisent en *machines sans volant et machines
avec volant* ; le fonctionnement des premières est analogue

à celui des machines à traction directe et le fonctionnement des autres à celui des machines rotatives.

1336. ***Machines d'épuisement souterraines à vapeur sans volant***. — Malgré l'existence d'un brevet belge pris par D. Gérard, ingénieur à Liége, le 16 avril 1830, les pompeuses à vapeur sans volant sont souvent désignées sous le nom de *pompes américaines*, à cause de l'origine des principaux types (Blake, Cameron, Worthington, etc).

Ce sont en général des machines horizontales de petites dimensions, peu coûteuses, dont plusieurs types se trouvent souvent en magasin chez les constructeurs.

La consommation de vapeur y est très grande, par suite des difficultés que présente l'emploi de la détente, en raison même de la variabilité de la course et des espaces nuisibles qui y sont toujours importants.

Leur caractère est donc surtout de répondre à des besoins pressants, où une grande rapidité d'installation prévaut sur l'économie de combustible.

Ces machines peuvent être actionnées par la vapeur ou par l'air comprimé qui permet de les appliquer en un point quelconque de la mine. Le cylindre moteur et la pompe sont en général réunis sur un même bâti et, pour les petites forces, on peut même se passer de fondations et se contenter d'installer la machine sur un cadre en bois.

Il est assez rare que ces systèmes soient usités pour des épuisements importants. Cependant des pompeuses sans volant d'assez grande puissance sont quelquefois employées, notamment dans les pays lointains, à cause de leur simplicité qui fait faire abstraction de la dépense de vapeur qu'elles occasionnent, tandis qu'en Belgique, en France et en Allemagne, on ne les considère que comme des appareils de secours ou provisoires. Elles sont fréquemment aussi employées comme moyens définitifs, dans les mines où des exploitations en vallée nécessitent un épuisement local (Angleterre, Russie).

1337. Ces machines sont à un ou deux cylindres. Les premières sont souvent caractérisées en ce que leurs organes de distribution ne sont pas apparents. La distribution est commandée par le piston lui-même ou par sa tige qui bute contre des taquets aux extrémités de sa course, comme dans certaines perforatrices.

La distribution par taquets de la pompe Blake ou Cameron (plus connue en Europe sous le nom de Tangyes) est à ce point de vue très caractéristique.

Dans les machines à deux cylindres, ceux-ci sont souvent disposés de telle sorte que l'un commande la distribution de l'autre (disposition dite *Duplex*).

La condensation se fait souvent en lançant la décharge de vapeur dans le tuyau d'aspiration. On obtient ainsi une condensation imparfaite, il est vrai, mais qui cependant n'est pas sans influence sur la consommation de vapeur.

1338. Ces machines sont en général à pleine pression. L'emploi de la détente y rencontre les mêmes difficultés, toute proportion gardée, que dans les machines à traction directe. On ne peut guère y recourir qu'en employant la disposition Woolf ou compound, et la détente ne peut en aucun cas être considérable.

La maison Hathorn Davey construit de ces pompes compound-tandem d'assez grandes dimensions, en les munissant de son système de distribution différentielle (cf. n° 1295).

La maison Worthington a résolu le problème de la détente, en adoptant le système compound et en régularisant le travail moteur au moyen de cylindres hydrauliques compensateurs (fig. 736).

Ce sont deux petits cylindres oscillants, maintenus sous pression d'eau venant d'un accumulateur ou plus simplement de la colonne de refoulement. Leurs pistons sont assujettis à suivre les mouvements du piston à vapeur, pendant que le cylindre oscille autour de son axe

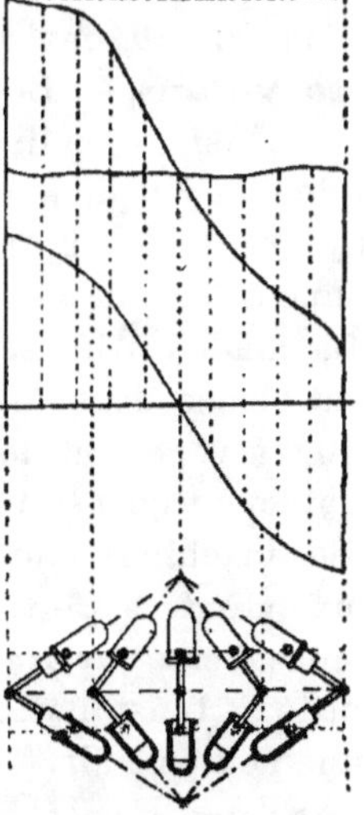

Fig. 736.

de suspension. Au début de la course, la pression hydraulique exerce une résistance qui va en diminuant par suite de l'oscillation des cylindres et vient aider l'action de la vapeur dans la seconde partie de la course.

La courbe (fig. 736) qui représente cette résistance positive, puis négative, est sensiblement parallèle à la courbe de détente totalisée de la machine compound, de sorte que la différence des ordonnées des deux courbes donne sensiblement une ligne droite. L'effort effectif reste donc sensiblement constant, condition favorable à l'emploi de la détente sans masses exagérées. Cet artifice n'est employé que dans les pompes Worthington qui atteignent une certaine puissance.

Il existe à Llanbradach (Pays de Galles) une pompe Worthington à triple expansion, située à 237 m. de profondeur, qui peut épuiser 3^{m3} 3 par min. en marchant à 56 coups.

Une machine semblable a été installée en Westphalie, à la mine *Vorwärts*, à 450 m. de profondeur, pour 2^{m3} 2 par minute à la vitesse de 35 coups. Elle reçoit la vapeur à la pression de 7 à 8 atm.

On est parvenu à différentes reprises, en Westphalie, à mettre en marche, avec l'aide d'ouvriers plongeurs, des pompes *duplex* noyées.

1339. **Machines d'épuisement souterraines à vapeur avec volant.** — Les pompeuses souterraines rotatives sont à un ou plusieurs cylindres. Avec un seul cylindre, on a toujours un double jeu de pompes à simple effet, de manière à obtenir un jet continu. On obtient le même résultat, en employant une pompe différentielle à double effet.

La condensation se fait au moyen d'une pompe à air ordinairement placée dans le prolongement de la tige commune du cylindre à vapeur et de la pompe. Les machines à un cylindre ne s'emploient qu'à faible profondeur ou pour de faibles puissances.

Les machines souterraines à volant sont le plus souvent à deux cylindres. Cette disposition est souvent adoptée, en cas de venues d'eau variables, pour ne faire marcher au besoin que la moitié de l'installation ; chaque moitié est dans ce cas munie d'une pompe à air.

1340. Pour des épuisements importants, les grandes détentes s'imposent et l'on a généralement recours au système compound.

Ce dernier système peut être appliqué avec la disposition à cylindres parallèles ou en tandem. Dans le premier cas, chaque cylindre commande un système de pompes, comme dans la disposition à deux cylindres égaux.

La pompe à air se place ordinairement dans le prolongement d'une des deux tiges ; quelquefois on en met deux, pour mieux équilibrer la machine et permettre au besoin de marcher avec la moitié de l'installation ; mais il faut pour cela pouvoir interrompre la communication du petit cylindre au receiver. Il est d'ailleurs nécessaire, pour la mise en train, de pouvoir envoyer au receiver de la vapeur vive.

Le receiver est souvent chauffé par une prise de vapeur qui circule ensuite dans les enveloppes du petit et du grand cylindre.

Un régulateur agit souvent sur l'admission de vapeur au petit cylindre ; ce régulateur peut être lui-même plus au moins chargé selon la venue d'eau.

Nous avons décrit ci-dessus (cf. n°s 1208 à 1210) les pompes applicables à ce genre de machines dont la vitesse ne dépasse pas en général 60 tours. Pour de plus grandes vitesses, qui sont rarement appliquées d'ailleurs aux machines souterraines à vapeur, il faut avoir recours aux pompes à soupapes spéciales (cf. n°s 1226 à 1228).

1341. Les machines à vapeur souterraines doivent être placées à un niveau tel qu'elles ne puissent jamais être noyées. Avec ces machines, il faut donc de grands réservoirs et il est bon d'avoir toujours une machine de réserve.

On place quelquefois ces machines à une certaine hauteur au-dessus du fond, en y annexant une pompe nourricière à maîtresse-tige qui puise l'eau à un niveau inférieur. Cette disposition présente aussi l'avantage de permettre d'approfondir le puits sans déplacer la machine. D'autres fois, on dispose à l'entrée de la chambre de machine un serrement à porte qui permet de préserver l'installation contre une irruption d'eau.

On fait ordinairement passer toute l'eau d'épuisement par le condenseur. La décharge de ce dernier se rend dans un réservoir, disposé de telle sorte que l'aspiration des pompes soit aussi faible que possible ou même qu'elles soient alimentées en charge. Ce réservoir doit être assez grand pour permettre à la machine de fonctionner pendant quelques minutes au moins, en cas d'arrêt de la pompe à air. Dans le cas où l'on aurait une pompe nourricière, la pompe à air puiserait dans la colonne de refoulement de cette dernière,

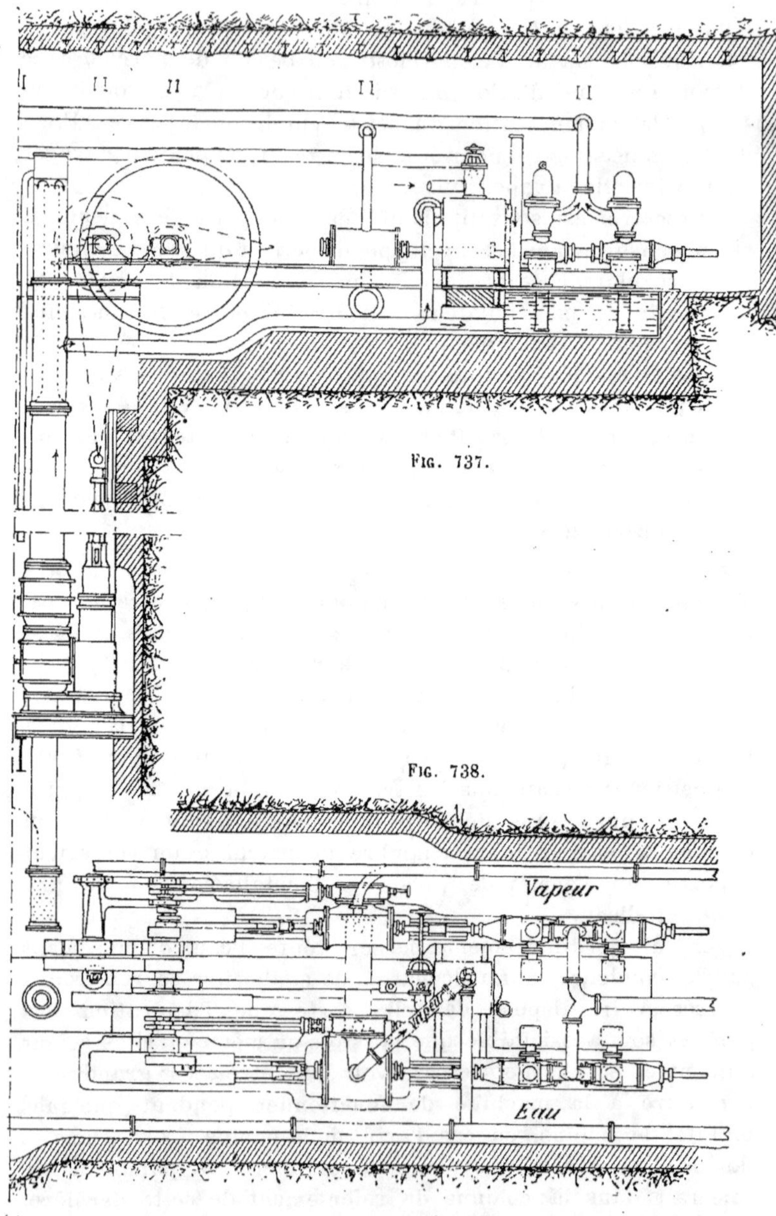

Fig. 737.

Fig. 738.

L'alimentation au moyen des eaux chaudes de condensation
présente toutefois l'inconvénient de favoriser le dépôt d'incrus-
tations dans les pompes et la tuyauterie.

1342. Les fig. 737 et 738 représentent une machine d'épuisement souterraine compound, avec pompe aspirante et foulante
nourricière, installée au charbonnage d'Arsimont, à 10 m.
au-dessus du niveau du chargeage de 270 m. Les pompes sont
du système Girard (cf. n° 1209); la pompe à air placée entre les
axes des cylindres est commandée par un excentrique calé sur
l'arbre du volant.

L'installation comprend deux machines semblables symé-
triques dont les pompes nourricières puisent l'eau dans un
burquin commun à 17 m. sous le niveau de la salle des machines
et la refoulent dans un réservoir épurateur. L'eau se rend en
charge de ce réservoir au condenseur qui la transmet, également
en charge, au réservoir fermé qui est en communication avec
les pompes.

Les fig. 739 et 740 représentent une des machines compound
souterraines intallées, au nombre de trois, à 383 m. de profondeur
aux charbonnages de Gneisenau. La pompe à air [aspire l'eau
à 5 m. en dessous du niveau de la machine et la] déverse dans
un réservoir supérieur au niveau des pompes foulantes. Celles-ci
peuvent au besoin aspirer directement au puisard des pompes
à air.

1343. La disposition en tandem qui est plus rare, s'emploie,
lorsque l'on redoute de donner trop de largeur aux chambres
de machines.

On peut aussi conjuguer en parallèle deux machines tandem,
de manière à avoir deux unités pouvant marcher d'une manière indépendante. Cette disposition permet de réaliser
souterrainement une installation très puissante, qui avec deux
cylindres seulement nécessiterait la descente de pièces trop
volumineuses.

Il en existe plusieurs exemples en Westphalie. Telle est la
machine du puits Victor construite pour épuiser $13^{m3}.50$ par
minute à 520 m. de profondeur, avec 7.5 atm. de pression
effective de vapeur, à raison de 58 à 59 tours.

1344. Dans le but de réaliser de plus grandes économies de

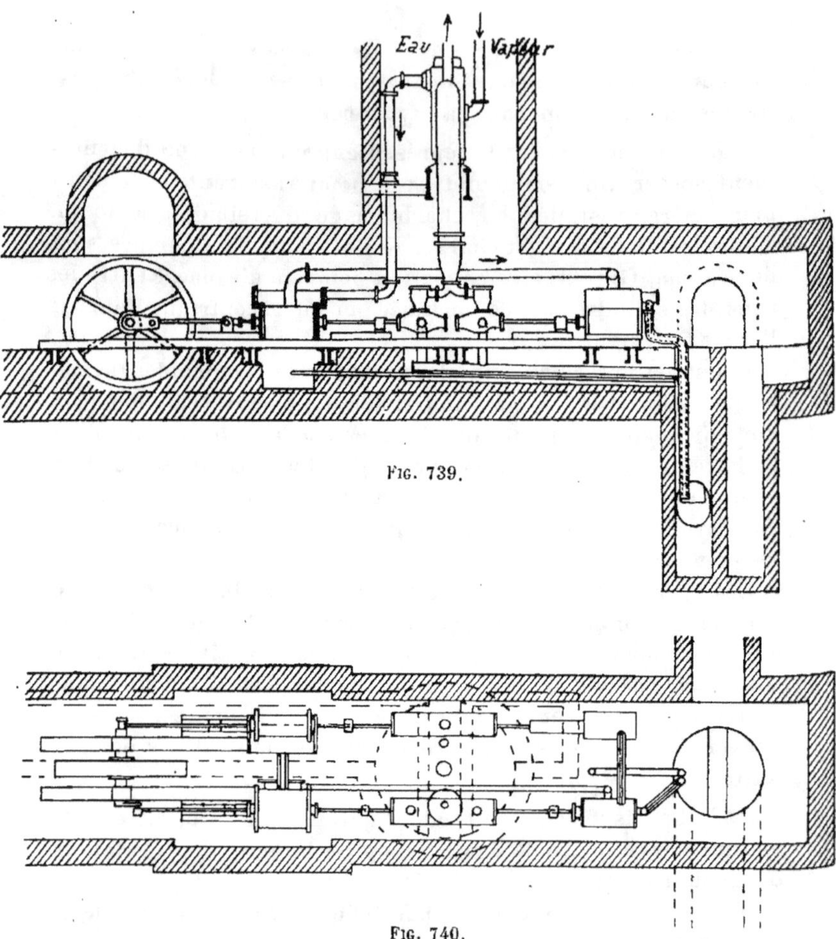

Fig. 739.

Fig. 740.

vapeur ou d'augmenter la puissance des installations, on a appliqué la triple expansion, en Allemagne, à des pompeuses souterraines.

Le charbonnage de Scharnhorst a installé une machine à triple expansion et à 4 cylindres horizontaux pour élever 17 m³ par minute de la profondeur de 400 m. Le cylindre à haute pression a 0^m850 de diamètre, le cylindre à pression moyenne 1^m,350 et les deux cylindres à détente 1^m420. La course commune est de $1^m,3o$. Cette machine est disposée suivant deux axes parallèles et actionne 4 pompes de $0^m,270$ à raison de 6o tours. Les chaudières sont timbrées à 12 atmosphères.

L'inconvénient de cette disposition est d'exiger une chambre de machines énorme, qu'il serait impossible de réaliser dans un grand nombre de charbonnages.

A Eschweiler (puits Nothberg), les trois cylindres sont verticaux et actionnent un même arbre qui conduit, au moyen de coudes, des pompes Riedler à grande vitesse, destinées à épuiser 5 m³ par minute à 490 m. de profondeur. Ces pompes marchent normalement à 160 et au besoin à 200 tours par minute. La grande vitesse des pompes permet de réduire considérablement les dimensions de la chambre des machines.

1345. Les systèmes ordinaires de machines d'épuisement souterraines rotatives consomment 10 à 12 kil. de vapeur par cheval et par heure en eau élevée, en y comprenant la perte par condensation. L'économie est naturellement d'autant plus grande que la pression de la vapeur est plus élevée et que les machines sont plus puissantes.

Pour la machine compound à 4 cylindres du puits Victor, le constructeur a garanti 7 k. 2 de vapeur par cheval indiqué et pour celle à triple expansion de Scharnhorst, la garantie était de 5.4 kil. de vapeur par cheval indiqué et de 7 k. 10 par cheval en eau élevée. Les essais de réception de la pompe Riedler à triple expansion d'Eschweiler ont donné 7 kg. de consommation de vapeur par cheval-heure en eau élevée.

1346. *Calcul des machines d'épuisement souterraines à vapeur.* — Le calcul des pompeuses souterraines à vapeur ne présente pas de particularités. Les éléments du cylindre se déterminent, comme dans le cas d'une machine rotative à maîtresse-tige, en écrivant que le travail utile est égal au travail moteur multiplié par un coefficient d'effet utile que l'on prend en général de o.65 à o.70.

Le nombre de tours est limité par la crainte de produire des coups de bélier provenant de ce que par suite du mouvement varié du piston, la colonne liquide peut cesser d'adhérer à cet organe à l'aspiration ou au refoulement, jusqu'au moment où un ralentissement du piston ou de la colonne liquide venant à se produire, il y a choc. Les coups de bélier peuvent également provenir d'un fonctionnement défectueux des soupapes ou du travail à humage. Nous chercherons à déterminer le nombre de tours maximum correspondant à ces deux périodes [1].

1347. ***Détermination du nombre de tours maximum.***
1° *Aspiration.*— En appelant (fig. 741) ω la vitesse angulaire supposée constante, r le rayon de la manivelle et φ l'angle de la manivelle avec la ligne des points morts, à un instant quelconque, on a (cf. n° 1318) :

$$u = \omega\, r \sin \varphi$$

$$\frac{du}{dt} = \omega^2\, r \cos \varphi$$

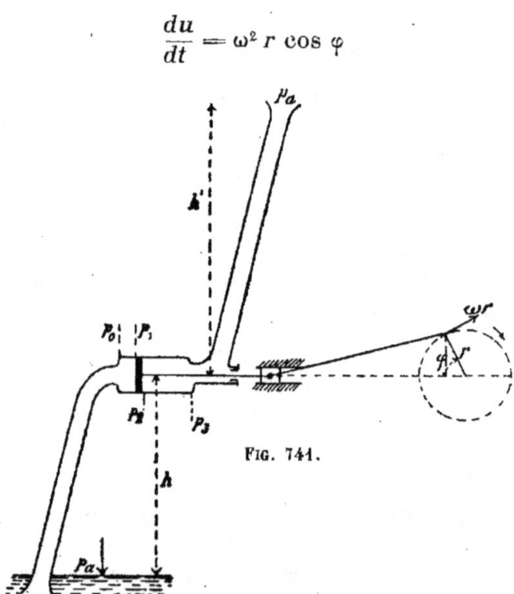

Fig. 741.

Supposons le tuyau évasé à sa partie inférieure sur une longueur négligeable. En appliquant la formule générale (2)

---

[1] Nous suivrons ici les développements donnés à cette question par M. H. Dechamps dans les leçons spéciales du *Cours de construction de machines* données aux élèves mécaniciens de l'Ecole de Liége qui ne suivent pas le cours d'exploitation des mines. Une étude plus générale de cette même question a été présentée par M. J. Boulvin dans son Cours de mécanique appliquée aux machines, 7° fascicule.

page 5o5, où nous ferons $p_1 = p_a$, $H = h$, $u_0 = \dfrac{S}{s}\, u$, en désignant par S la section du corps de pompe et par s celle du tuyau d'aspiration, par u la vitesse de l'eau dans le corps de pompe, $c = c'$ étant les résistances passives dans le tuyau d'aspiration, nous aurons pour la différence de pression aux deux extrémités du tuyau d'aspiration :

$$p_a - p_0 = \delta h + \frac{\delta}{2g}\left(\frac{S}{s}\right)^2 u^2 + \frac{\delta l}{g}\,\frac{S}{s}\,\frac{du}{dt} + \delta c_0 \quad (1)$$

Nous calculerons de même la différence $p_0 - p_1$ des pressions s'exerçant sur la masse d'eau contenue dans le corps de pompe, en appliquant l'équation générale (1) page 5o5, où nous ferons $p_1 = p_0$, $p_0 = p_1$, $h_0 - h_1 = o$, $u_0 = u$, $u_1 = \dfrac{S}{s}\, u$, $\dfrac{du_0}{dt} = \dfrac{du}{dt}$, $\displaystyle\int_{x_1}^{x_0} dx = r\,(1 - \cos\varphi)$, longueur variable du cylindre d'eau qui suit le piston dans le corps de pompe, $c = c_1$. Nous aurons ainsi :

$$p_0 - p_1 = \frac{\delta}{2g}\left[1 - \left(\frac{S}{s}\right)^2\right] u^2 + \frac{\delta}{g}\, r\,(1 - \cos\varphi)\,\frac{du}{dt} + \delta c_1 \quad (2)$$

En additionnant membre à membre les équations (1) et (2), il vient :

$$p_1 = p_a - \delta h - \frac{\delta}{2g}\, u^2 - \frac{\delta}{g}\left[\frac{l S}{s} + r\,(1 - \cos\varphi)\right]\frac{du}{dt} - \Sigma\,\delta c.$$

Pour que le piston ne se sépare pas de la colonne aspirée, il faut que p_1 reste positif. Pour $p_1 = o$, on aura donc la plus grande valeur de la vitesse angulaire ω qui soit admissible.

Posons $p_1 = o$; en faisant $u = \omega\, r\, \sin\varphi$, $\dfrac{du}{dt} = \omega^2\, r\, \cos\varphi$, il vient :

$$p_a - \delta h - \frac{\delta}{2g}\,\omega^2\, r^2 \sin^2\varphi - \frac{\delta}{g}\left[\frac{l S}{s} + r\,(1 - \cos\varphi)\right]\omega^2\, r\, \cos\varphi - \Sigma\,\delta c = o$$

équation d'où l'on tire :

$$\omega = \sqrt{\dfrac{p_a - \delta h \quad \Sigma\,\delta c}{\dfrac{r^2\,\delta}{g}\left[\sin^2\varphi + \dfrac{l}{r}\,\dfrac{S}{s}\,\cos\varphi + \cos\varphi - \cos^2\varphi\right]}}$$

Le maximum de ω correspond au minimum du dénominateur.

Si l'on égale à zéro la dérivée du polynome entre parenthèses, il vient :

$$- \frac{l}{r} \frac{S}{s} \sin \varphi - \sin \varphi - 3 \sin \varphi \cos \varphi = o,$$

équation qui est satisfaite pour $\varphi = o$ et peut l'être aussi pour $\cos \varphi = \frac{1}{3}\left(\frac{l}{r}\frac{S}{s} + 1 \right)$, ce qui suppose que $\frac{l}{r}\frac{S}{s} \lessgtr 2$, afin que la valeur obtenue soit $\lessgtr 1$. Or, cette dernière condition n'est généralement pas réalisée.

La séparation du piston et de la colonne aspirée ne peut donc se produire qu'au début de la course.

ω étant égal à $\dfrac{2 \pi n}{60}$, on a pour cette valeur de φ :

$$n = \frac{30}{\pi} \sqrt{\frac{p_0 - \delta h - \Sigma \delta c}{\dfrac{r \delta}{g} l \dfrac{S}{s}}}$$

On voit donc que le nombre de tours maximum est d'autant plus grand que la hauteur h d'aspiration, la longueur l du tuyau d'aspiration, le rayon r de la manivelle, le rapport $\dfrac{S}{s}$ et les résistances passives sont moindres, ce qui indique nettement, au point de vue de l'aspiration, les conditions de construction des pompes à marche rapide.

Rappelons que les pompes de mine sont souvent alimentées en charge, en faisant l'aspiration par le condenseur, à travers lequel passe toute l'eau à épuiser (cf. n° 1341). Il faudra dans ce cas changer le signe de h dans la formule.

1348. 2° *Refoulement*. — Pendant le refoulement, les circonstances dans lesquelles peut se produire un coup de bélier par suite du mouvement varié du piston, sont l'inverse de celles qui produisent ce même danger à l'aspiration. C'est au ralentissement du piston que l'inertie de la colonne d'eau peut provoquer la séparation de cette colonne et du piston, suivie d'un coup de bélier vers la fin de la course.

Recherchons, comme ci-dessus, le nombre de tours auquel la séparation se produit.

Appliquons la formule générale (1), page 505, au cylindre d'eau contenu dans le corps de pompe, en faisant (fig. 741) $p_0 = p_3$, $p_1 = p_2$, $h_0 - h_1 = 0$, $u_0 = u_1$, $\int_{x_1}^{x_0} dx = r\,(1 - \cos\varphi)$, $\dfrac{du_0}{dt} = \dfrac{du}{dt}$, $c = c_2$.

On trouve, en faisant ces substitutions :

$$p_2 - p_3 = \frac{r\delta}{g}\,(1 + \cos\varphi)\,\frac{du}{dt} + \delta c_2$$

Appliquons de même la formule générale (2) page 5o5, à la colonne de refoulement, en faisant $p_0 = p_a$, $p_1 = p_3$, $H = h'$, $u_0 = \dfrac{S}{s'}\,u$

$$u_0 = u,\quad \frac{du_0}{dt} = \frac{S}{s'}\,\frac{du}{dt}\,,\quad c = c_3$$

$$p_3 - p_a = \delta h' + \frac{\delta}{2g}\left[\left(\frac{S}{s'}\right)^2 - 1\right]u^2 + \frac{\delta}{g}\,\frac{l'}{1}\,\frac{S}{s'}\,\frac{du}{dt} + \delta c_3$$

En additionnant membre à membre, il vient :

$$p_2 = p_a + \delta h' + \frac{\delta}{2g}\left[\left(\frac{S}{s'}\right)^2 - 1\right]u^2 + \frac{\delta}{g}\left[\frac{l'S}{s'} + r\,(1 - \cos\varphi)\right]\frac{du}{dt} + \Sigma\,\delta c',$$

ce dernier terme exprimant la somme des pertes de charge au refoulement. En remplaçant u et $\dfrac{du}{dt}$ par leurs valeurs et en posant $p_2 = 0$, on trouve :

$$p_a + \delta h' + \frac{\delta}{2g}\left[\left(\frac{S}{s'}\right)^2 - 1\right]\omega^2\,r^2\,\sin\varphi$$

$$+ \frac{\delta}{g}\left[\frac{l'S}{s'} + r\,(1 + \cos\varphi)\right]\omega^2\,r\,\cos\varphi + \Sigma\,\delta c' = 0$$

d'où l'on tire :

$$\omega = \sqrt{\frac{-\,(p_a + \delta h' + \Sigma\,\delta c')}{\dfrac{r^2\delta}{g}\left(\dfrac{S^2}{s'^2} - 1\right)\dfrac{\sin^2\varphi}{2} + \left(\dfrac{l'S}{s'} + 1\right)\cos\varphi + \cos^2\varphi}}$$

expression irrationnelle, si le dénominateur n'est pas négatif, ce qui ne peut être que si $\cos\varphi$ est négatif. En donnant à $\cos\varphi$ sa plus grande valeur négative qui est -1, $\varphi = 180$.

Pour cette valeur de φ et en posant $\omega = \dfrac{2 \pi n}{60}$, on obtient :

$$n = \frac{30}{\pi} \sqrt{\frac{p_a + \delta\, h' + \Sigma\, \delta\, c'}{\dfrac{s}{g}\left(\dfrac{l'\, S}{s'} + r\right) r}}$$

Cette formule montre que les pompes à marche rapide devront être à faible course et que la colonne de refoulement devra recevoir un développement aussi réduit que possible.

Pour déterminer le nombre maximum de tours admissibles, on calculera les deux valeurs de n pour l'aspiration et le refoulement et l'on adoptera la plus petite des deux.

1349. Les coups de bélier peuvent en outre provenir d'un fonctionnement défectueux des soupapes. Supposons, en effet, que la soupape d'aspiration ne se ferme pas exactement à la fin de la course ; il en résultera que la soupape de refoulement ne s'ouvrira elle-même que tardivement, lorsqu'une partie de l'eau aspirée aura été renvoyée dans la conduite d'aspiration.

La soupape de refoulement s'ouvrira donc, lorsque le piston et la masse d'eau contenue dans le corps de pompe auront déjà acquis une certaine vitesse, et il en résultera un choc contre la colonne d'eau de refoulement encore immobile.

Un effet analogue se produirait, en cas de fermeture tardive de la soupape de refoulement qui provoquerait un retard dans l'ouverture de la soupape d'aspiration. Au moment de la fermeture de la première, il y aura un double coup de bélier provenant de l'arrêt brusque de la colonne de refoulement dans son mouvement de retour et de l'avance prise par le piston sur la colonne aspirée. Telles sont les raisons qui ont dicté les dispositifs de soupapes destinées aux pompes à grande vitesse que nous avons décrits, soupapes à ressort, soupapes à faible levée et à grandes sections de passage, soupapes gouvernées, soupapes des pompes express Riedler, etc. (Cf. n° 1220 à 1228).

Le travail à humage aurait également pour conséquence de produire des retards dans la fermeture des soupapes. Il faut donc prendre les précautions nécessaires pour que l'air qui serait éventuellement aspiré puisse entièrement se dégager pendant la période de refoulement.

135o. ***Régulateurs de pression.*** — Nous venons de voir que le nombre de tours admissible avec ces pompes était d'autant plus grand que le développement des conduites d'aspiration et de refoulement était moindre. Dans le but de réduire au minimum le poids des masses d'eau dont le mouvement dépend directement de celui du piston, on intercale sur la conduite de refoulement, et quelquefois même sur celle d'aspiration, des *régulateurs de pression*. Ces régulateurs sont ordinairement des réservoirs d'air, récipients à axe vertical communiquant avec la conduite par une courte tubulure et établis le plus près possible des chapelles de refoulement (fig.737 à 740 . Quand la pompe est en repos, l'air contenu dans ces réservoirs est à la pression correspondante à la hauteur hydrostatique de la colonne de refoulement; quand la pompe est en marche, la pression à la base de la colonne varie constamment : si elle dépasse la pression hydrostatique du réservoir, une partie de l'eau pénètre dans ce dernier et augmente la pression de l'air, le reste de l'eau s'élève dans la conduite de refoulement, mais à une vitesse moindre que celle qui correspond au piston. Réciproquement, si la pression à la base de la colonne diminue, une partie de l'eau sort du réservoir et passe à la colonne de refoulement dont la vitesse est alors plus grande que celle du piston.

On voit donc qu'au delà du réservoir, la vitesse est presque constante et qu'il ne faut prendre en considération, au point de vue des coups de bélier, que l'inertie de la masse d'eau comprise entre le piston de la pompe et le réservoir. Le reste de la masse d'eau aura une vitesse d'autant plus constante que la variation de pression dans le réservoir sera plus faible, c'est-à-dire que le volume du réservoir sera plus grand.

Le volume du réservoir dépend du nombre et de l'accouplement des pompes auquel il correspond. Dans le cas d'une pompe à simple effet, on donne au réservoir un volume de 27.5 fois celui du débit pour un tour. Dans le cas d'une pompe à double effet, ce volume se réduit à 5.25 fois celui du débit et dans le cas de deux pompes à double effet calées à 90°, à 0.525 du débit.

1351. Comme l'air se dissout dans l'eau proportionnellement

à la pression, il est nécessaire d'alimenter les réservoirs d'air, ce qui se fait au moyen d'un reniflard, quand la pompe n'est pas alimentée en charge, ou d'un petit compresseur d'air.

Le reniflard est une petite soupape qui aspire, à chaque coup, une faible quantité d'air, réglée par l'ouverture d'un robinet, pour la refouler au réservoir; ce système à l'inconvénient de nuire au rendement volumétrique de la pompe et peut même donner lieu à des chocs, comme dans le cas d'une pompe travaillant à humage, si l'air était admis en trop grande quantité.

L'emploi d'un petit compresseur d'air, qui envoie de l'air comprimé au réservoir, ne présente pas le même inconvénient, mais nécessite des réservoirs d'une construction très solide, de crainte d'explosion.

Pour remédier à ces inconvénients, on remplace souvent les réservoirs d'air par des régulateurs de pression à ressorts d'acier, ressorts à boudin ou à lames sur lesquels agissent des pistons plongeurs en communication avec l'eau de la conduite. Ces régulateurs ne sont toutefois pas applicables aux pompes à marche rapide, parce que l'inertie des parties métalliques exerce une action perturbatrice sur leur fonctionnement.

1352. ***Inconvénients des pompeuses souterraines à vapeur.*** — L'emploi direct de la vapeur présente de nombreux inconvénients qui ont diminué la vogue de ces pompeuses souterraines.

Ces machines ont l'inconvénient de consommer de la vapeur, même lorsqu'elles ne marchent pas, parce qu'il faut maintenir les tuyauteries sous vapeur pour leur conserver l'étanchéité. Il faut, dans tous les cas, les réchauffer en cas d'arrêt, en ouvrant le modérateur, un certain temps avant la mise en marche, pour diminuer les condensations.

La perte par condensation peut augmenter dans une forte proportion la consommation de vapeur par cheval-heure en eau élevée, suivant la durée des arrêts de la machine.

1353. L'inconvénient le plus grave des pompeuses souterraines à vapeur est la grandeur des chambres nécessaires pour contenir le moteur et les pompes; ces chambres sont de construction coûteuse et d'entretien difficile dans les mines exposées aux mouvements du sol. Elles sont de plus difficiles à aérer et la température élevée qui y règne, rend souvent très pénible le service du machiniste. Cette température peut de plus s'étendre aux parties voisines de la mine et du puits au détriment des boisages. La chaleur humide favorise le délitement et augmente les difficultés d'entretien de ces chambres.

1354. Il existe enfin une limite à laquelle la consommation ne peut plus être maintenue dans de justes limites, par suite de l'impossibilité de réaliser la condensation. En effet, le poids de vapeur à condenser augmente, d'une part, avec la profondeur et, d'autre part, l'eau s'échauffe, de sorte qu'il existe une profondeur à partir de laquelle la quantité d'eau épuisée n'est plus suffisante pour condenser la vapeur nécessaire.

Recherchons quelle est cette profondeur.

Le poids d'eau nécessaire pour condenser un kil. de vapeur est égal à $\dfrac{65o - t_2}{t_2 - t_1}$, t_2 étant la température du mélange rejeté par la pompe à air, t_1 la température de l'eau, supposée égale à la température extérieure t augmentée de $1°$ cent. par 33 m. :

$$t_1 = t + \frac{H}{33} \text{ , soit } = 12.5o + \frac{H}{33}$$

Le poids de vapeur consommé par cheval utile et par heure étant p kg., le poids de vapeur à condenser par heure sera :

$$p^{\,\text{kg.}} \frac{1000 \, Q \, H}{36oo \times 75}$$

Pour condenser ce poids de vapeur, il faut un poids d'eau représenté par :

$$p \, \frac{1000 \, Q \, H}{36oo \times 75} \cdot \frac{65o - t_2}{t_2 - \left(12.5o + \dfrac{H}{33}\right)}$$

Si le poids d'eau épuisée doit suffire pour cette condensation, on écrira :

$$1000 \, Q = p \, \frac{1000 \, Q \, H}{36oo \times 75} \cdot \frac{65o - t_2}{t_2 - \left(12.5o + \dfrac{H}{33}\right)}$$

Si l'on pose $t_2 = 45°$, $p = 10$ kil., on trouve $H = 616$ m.

On peut donc admettre qu'en général la condensation n'est plus possible entre 6 et 700 m.

La machine souterraine à vapeur qui tient actuellement le record de la profondeur est celle de la mine Hansa, en Westphalie, située à 665 m. Cette profondeur est une limite qu'on ne pourra guère dépasser. Comme on ne peut songer à un échappement libre au fond de la mine, il faut, pour des profondeurs plus grandes, recourir à des moyens autres que l'emploi de la vapeur.

POMPEUSES SOUTERRAINES HYDRAULIQUES.

1355. Les machines d'épuisement souterraines hydrauliques reçoivent directement la pression créée par la hauteur de chute correspondant à la profondeur où elles sont situées, ou reçoivent en outre une pression artificiellement créée à la surface par des pompes de compression.

1356. *Machines à colonne d'eau.* — A des profondeurs moyennes, on emploie souvent des machines à colonne d'eau souterraines dont la distribution est plus ou moins analogue à celle de Reichenbach (cf. n° 1253). Ces machines sont quelquefois munies d'un petit volant, parce que la rotation se prête mieux à commander la distribution. Au Harz, furent installées en 1876-77, à 613 m. de profondeur, deux pompeuses à colonne d'eau de ce genre, recevant l'eau motrice de la surface et refoulant les eaux d'épuisement, ainsi que l'eau motrice, au niveau de la galerie Ernest-Auguste à 388 m.

1357. On a souvent fait usage de même d'une pompeuse à colonne d'eau avec ou sans volant, comme pompe nourricière d'une machine principale à vapeur ou autre, située à un étage supérieur, en prenant l'eau motrice à la surface ou dans la colonne de refoulement de cette dernière.

La machine à colonne d'eau renvoie cette eau motrice, avec l'eau extraite, au puisard de la pompeuse supérieure.

1358. Soit H la hauteur de chute et H' la hauteur de refoulement de la pompe nourricière. Soit α le rapport entre H et H'.

Soit Q' le volume d'eau élevé par la pompe nourricière à la hauteur H'. Soit Q le volume d'eau motrice correspondant à la hauteur H. D'après des expériences faites sur une pompeuse hydraulique Roux au Creusot, on peut admettre, pour la pompe nourricière, un rendement de 65 %; on a donc :

$$Q' \, H' = 0.65 \, Q \, H$$

$$Q' = 0.65 \, \frac{H}{H'} \, Q.$$

Mais $Q' = Q + Q''$, Q'' étant le volume d'eau élevé provenant de la mine.

$$Q'' = Q' - Q = Q \left(0.65 \, \frac{H}{H'} - 1 \right)$$

Si $\dfrac{H}{H'} = 3$, on voit que Q'' égale Q approximativement.

En empruntant à la colonne de refoulement un volume d'eau Q, on peut donc, dans ce cas particulier, épuiser de l'étage inférieur un volume d'eau égal.

Cette solution peut-être appliquée avec avantage, quand la mine est exposée à des venues d'eau très subites et que l'on veut mettre à l'abri de l'inondation la pompe principale, car les pompes à colonne d'eau peuvent marcher noyées.

1359. Plusieurs installations d'épuisement hydraulique existent en Westphalie avec ou sans accroissement de la pression naturelle.

A la mine *Prinz Regent*, près de Bochum, la réceptrice se trouve à 374 m. de profondeur et élève $1^{m3}.50$ par minute à 100 m., en outre de l'eau motrice; cette dernière est portée à la surface à la pression de 40 atm. sous un accumulateur. L'effet utile de cette installation était de 63 %. En supposant que la machine de surface consommât 7 kil. de vapeur, cela correspond à 11 kil. de vapeur par cheval-heure en eau élevée.

1360. Dans une autre disposition, l'eau motrice est séparée de l'eau d'épuisement et revient, par une conduite de retour, aux pompes de compression; l'eau motrice, qui peut dès lors être lubrifiée, décrit ainsi un cycle complet. L'avantage qu'on en retire, est que les pièces de la distribution ne subissent pas le contact d'eaux boueuses et souvent corrosives. Cette disposition fut appliquée, en 1897, en Westphalie, à la machine à colonne d'eau de la mine *Anna*, dont la construction est la même que celle de la mine *Prinz Regent*, et qui foule à 376 m. de hauteur.

1361. *Système Moore*. Sur un principe analogue, ont été construites en Ecosse (1884), pour de faibles profondeurs, des machines d'épuisement du système Moore, caractérisé en ce que le piston de la réceptrice est assujetti à suivre le mouvement du piston de la pompe de compression de la surface. Il n'y a pas dans ce cas ni accumulateur, ni distribution : les deux colonnes motrice et de retour jouent le rôle de deux *maîtresses-tiges liquides*, travaillant exclusivement par compression et guidées par le tuyau qui les enveloppe (fig. 742).

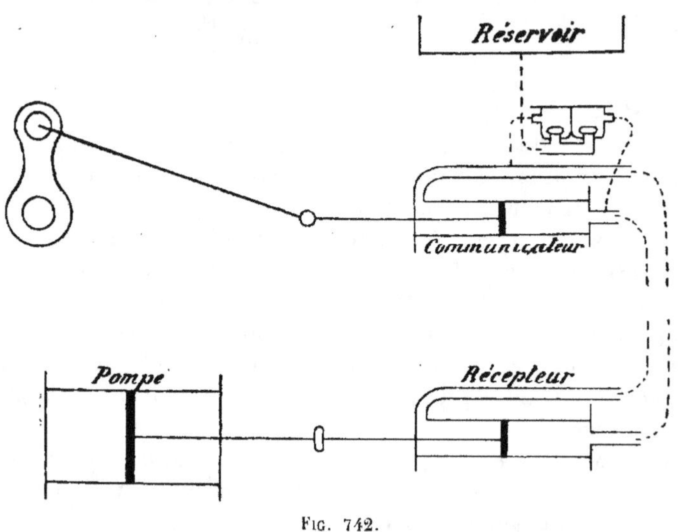

Fig. 742.

On comprend que, dans ce cas, il faille des dispositions spéciales pour réparer les fuites dans ces colonnes dont le volume doit rester rigoureusement constant.

Les courses des pistons des pompes de compression peuvent d'ailleurs être différentes de celles des pistons de la machine réceptrice, pourvu que la consommation d'eau motrice dans le fond soit rigoureusement égale à sa production au jour, moins les pertes qui peuvent être très réduites par une bonne tuyauterie. La réceptrice peut d'autant plus facilement travailler noyée qu'elle n'a pas d'organes de distribution.

Le système Moore a été appliqué en Ecosse à la profondeur de 180 m. avec un effet utile de 66 à 68 %. L'inventeur lui-même conseille de ne pas dépasser cette profondeur.

Il y eut des applications d'un type analogue à Saarbrück (mine de Sulzbach-Altenwald) et aux mines de fer de Veyras (Ardèche). Toutes ces applications sont à faible profondeur : la pression d'eau motrice ne dépasse pas 40 à 70 atm.

1362. ***Pompeuses à transmission hydraulique à haute pression.*** — Depuis 1891, on a construit en Allemagne d'assez nombreuses installations d'épuisement à transmission hydraulique, avec colonne de retour, utilisant des pressions s'élevant jusqu'à 2 à 300 atmosphères (systèmes Kaselowsky-Prœtt, Haniel et Lueg).

La réceptrice n'est autre qu'une machine à colonne d'eau spécialement construite pour ces pressions élevées, auxquelles les organes de distribution des anciennes machines à colonne d'eau, semblables à celles des mines *Prinz Regent* et *Anna*, ne présentent pas une étanchéité suffisante.

Indépendamment de la réduction des sections des pompes, des soupapes, des conduites et de la machine à colonne d'eau, l'avantage des hautes pressions est la réduction de la perte de charge. Celle-ci est en effet indépendante de la pression, mais proportionnelle aux surfaces intérieures des tuyaux; en augmentant la pression, d'autre part, on diminue le débit et par conséquent la vitesse, au carré de laquelle la perte de charge est proportionnelle. Un autre avantage est encore la réduction de la masse d'eau en mouvement.

La conduite d'eau motrice est formée de tubes d'acier sans soudure de $0^m.06$ à $0^m.07$ de diam. et de $0^m.01$ d'épaisseur ; pour la conduite de retour, on se contente de tubes de fer de $0^m.07$ à $0^m.08$.

Les plus forts diamètres de tubes d'acier sans soudure sont de $0^m.120$. On aurait avantage à aller jusque là, puisque la perte de charge est inversement proportionnelle à la 5ème puissance du diam. de la conduite, si l'on n'était retenu par le prix. La section est en rapport avec la vitesse qui peut atteindre 5 m. par sec. dans la conduite d'aller et 4 m. dans la conduite de retour.

Quant à la pression, on ne peut dépasser 300 atm., parce que si les plongeurs de la réceptrice étaient de trop petit diamètre, ils seraient exposés à fléchir transversalement.

A de telles pressions, on ne peut tolérer l'emploi de l'eau contenant des matières solides en suspension, au point de vue de la conservation des organes. L'eau motrice revenant au jour, dans le réservoir où puisent les pompes de compression, et décrivant ainsi un cycle complet, sans se mêler à l'eau d'épuisement, on se servira d'eau pure n'encrassant pas les tuyaux et l'on peut même y mélanger un lubrifiant, tel que 4 à 5 °/o de vaseline, qui graisse en même temps les organes des moteurs hydrauliques. On réduit ainsi le frottement aux $^4/_5$ de ce qu'il serait avec de l'eau pure. Il faut évidemment réparer les fuites à mesure qu'elles se produisent.

Tels sont les principes adoptés dans les différents systèmes de pompeuses à transmission hydraulique à haute pression actuellement en usage. Ces systèmes diffèrent surtout par le mode de distribution de la réceptrice.

1363. ***Système Kaselowsky-Prœtt***. — La pompeuse hydraulique Kaselowsky-Prœtt, construite par la maison Schwartzkopf, à Berlin, se compose de deux systèmes conjugués, composés chacun d'une double machine réceptrice et de deux pompes à simple effet (fig. 743 à 745). Les pistons B_1 B'_1, de chaque machine réceptrice sont fixes et les cylindres C_1 C'_1 sont mobiles. Chaque piston moteur est pourvu d'un canal E_1 E'_1, mis en communication alternativement avec l'admission et avec l'émission par un système de pistons distributeurs.

Les cylindres mobiles sont emboîtés dans les plongeurs des pompes et invariablement reliés à ces derniers.

Les deux cylindres mobiles d'un même système sont rendus solidaires l'un de l'autre par des tringles extérieures sur lesquelles s'articulent en N_1 N'_1 les jeux de fer commandant les pistons distributeurs. Les organes du système n° I (fig. 744) et du système n° II (fig. 745) sont désignés par les mêmes lettres affectées des indices 1 et 2. L'articulation N_1 actionne l'arbre G_1 et déplace la douille H_2 dans le sens de son propre mouvement et réciproquement l'articulation N_2 actionne l'arbre G_2 et déplace la douille H_1, mais en sens inverse de son déplacement. Les articulations N'_1 N'_2 agissent sur les douilles H'_1 et H'_2, qui se déplacent en sens inverse de N'_1 N'_2.

Les phases des deux systèmes diffèrent d'une demi-course.

A la fin de chaque course, chaque système ferme lui-même son admission et son émission, par les leviers M_1 M_2 agissant

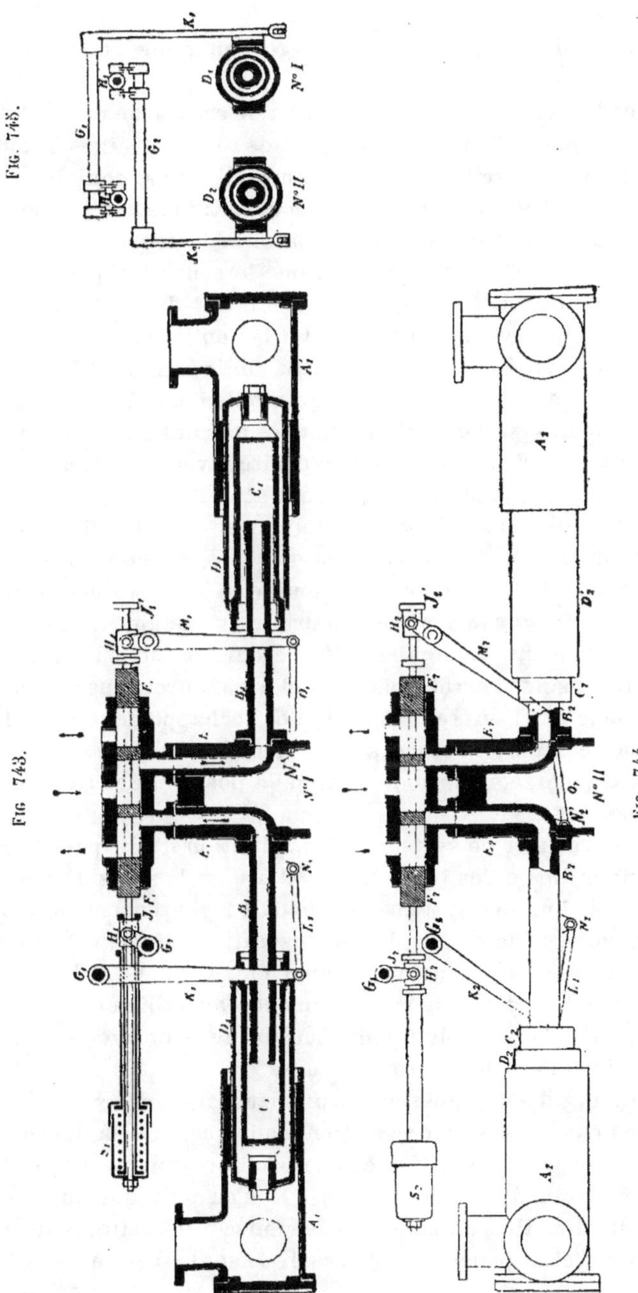
FIG. 745.
FIG. 743.
FIG. 744.

sur des tocs J'₁ J'₂, fixés sur la tige commune de ses pistons distributeurs.

L'autre système est alors au milieu de sa course et vient agir à son tour par les leviers K₁ K₂ sur des tocs J₂ J₁ fixés de même sur la tige du distributeur du système qui lui est conjugué.

Les fig. 743 à 745 représentent schématiquement le moment où la pompe du système n° II est à fond de course, tandis que celle du n° I est à mi-course, dans le sens indiqué par les flèches E₁ E'₁. Les pistons distributeurs du n° II occupent leur position moyenne ; mais bientôt la douille H₂, entraînée de gauche à droite par le mouvement du système n° I, viendra heurter le toc J₂ et ouvrir graduellement l'admission et l'émission du système n° II ; les parties mobiles de ce système se mettront en marche, de gauche à droite, avec une vitesse croissante, jusqu'à un maximum qui sera atteint lors de l'ouverture complète et conservé aussi longtemps que le distributeur restera en repos. Peu après, lorsque le système n° I sera au dernier quart de sa course, la douille H'₁, entraînée vers la gauche par le mouvement vers la droite du système n° I, fermera progressivement les lumières de ce dernier dont la vitesse se ralentira jusqu'à l'arrêt complet. Cet arrêt durera jusqu'à ce que le système n° II ouvre l'admission et l'échappement du n° I, en agissant comme ci-dessus sur la douille H₁ et le toc J₁. La course dépend, comme on le voit, de la position des tocs qui est réglable.

On reproche à ce système de distribution d'agir par chocs et de donner lieu à des irrégularités dans le débit ; si la mise en marche de l'un des systèmes coïncidait rigoureusement avec le ralentissement de l'autre, le débit serait strictement régulier ; mais il n'en est pas ainsi et, comme nous l'avons vu, la mise en marche de l'un des systèmes commence au milieu de la course de l'autre, tandis que le ralentissement de ce dernier commence au dernier quart de sa propre course.

D'ailleurs il est impossible de préciser rigoureusement le moment où chaque système se met en mouvement ; cela dépend des résistances passives et il peut se produire un retard dans la mise en train d'un des systèmes. Il s'en suit que la tige du tiroir de distribution peut être soumise à des efforts de sens contraire ; c'est pourquoi les tocs J₁ J₂ sont fixés sur des tiges concentriques à celles des tocs J'_1 J'_2, et reliées à ces dernières par les ressorts S_1 S_2.

1364. On remédie aux irrégularités du débit qui résultent de cette marche, en plaçant à la suite des pompes de compression, au lieu d'un simple réservoir d'air qui fonctionnerait très mal à ses hautes pressions, un accumulateur à air comprimé, régulateur de pression très sensible. Cet accumulateur est chargé d'air comprimé, porté à 40 à 100 atmosphères par un petit compresseur à compression étagée, mu par la machine motrice. Deux accumulateurs régulateurs de pression semblables, mais de dimensions moindres, sont placés au fond sur les conduites, avant et après la réceptrice.

1365. Il résulte de ce système de distribution et de ces dispositions que la colonne d'eau motrice a un mouvement continu, ce qui est favorable à l'effet utile. Ces machines donnent 18 à 20 coups par minute. D'après des expériences faites en Westphalie et en Silésie, on a obtenu un rendement mécanique moyen de 73.4 %, rapport du travail utile en eau élevée au travail indiqué, très voisin par conséquent de celui des pompeuses souterraines à vapeur.

1366. Voici, à titre d'exemple d'une installation de moyenne puissance, les principaux éléments de la pompe Kaselowsky de la mine Pluto, près de Bochum, construite pour élever $2\ ^1/_2$ m³ par minute à 520 m. de profondeur. La machine motrice à vapeur est à deux cylindres de 0ᵐ870 de diamètre et 1ᵐ10 de course. Cette machine tourne à raison de 50 tours par minute. La pression de la vapeur est de 5 atm. Les pompes de compression ont la même course et 0ᵐ078 de diamètre. La conduite d'eau motrice de 0ᵐ06 de diamètre est en tuyaux d'acier de 0ᵐ01 d'épaisseur. Les pistons moteurs de la réceptrice ont 0ᵐ135 de diam., les plongeurs des pompes ont 0ᵐ235 et la course est de 0ᵐ800. Le nombre de coups doubles est de 20 par minute.

L'installation la plus importante de pompeuse Kaselowsky est celle de la mine *Altendorf*, construite pour élever 14 m³ à 400 m.

Ce système a été appliqué dans plusieurs mines où l'application de la vapeur serait peu économique, par suite de l'impossibilité de condenser à grande profondeur : à la mine *Graf*

Schwerin pour extraire 7 m³ par minute de la profondeur de 6 à 700 m., à la mine *Hansa* pour élever 2 m³ à 775 m., etc.

1367. **Système Haniel et Lueg.** — La pompeuse Haniel et Lueg diffère du système Kaselowsky par la distribution qui est commandée de manière à faire varier progressivement le débit de chacune des réceptrices, pendant une demi course presque complète, et à obtenir ainsi un diagramme plus satisfaisant du débit totalisé des deux systèmes.

Chaque système commande complètement la distribution du système voisin, avec un temps d'arrêt assez court après la fermeture des lumières ; la section d'ouverture de celles-ci est en forme de lozange, de manière à s'ouvrir graduellement ; un robinet qui se ferme automatiquement à la fin de la course, crée une résistance. Il en résulte un mouvement de distribution plus doux que dans la pompeuse Kaselowsky. De même que dans ce dernier système, un accumulateur à air comprimé est placé à la suite des pompes de compression, tandis que de simples réservoirs d'air sont placés sur les conduites de la réceptrice.

A la Société Cockerill, une pompeuse hydraulique Haniel et Lueg élève 2.5 m³ par minute à la profondeur de 528 m. La machine à vapeur compound à condensation a des pistons de 1ᵐ15o et 0ᵐ7oo, avec course commune de 1ᵐ2o. Elle fait 55 tours par minute. Les pompes de compression doubles de même course ont des plongeurs de 0ᵐo68 de diamètre et fournissent l'eau à la pression de 24o atm. Les pompeuses hydrauliques ont des pistons moteurs de 0ᵐ125, des plongeurs de 0ᵐ228, une course commune de 0.8oo. La vitesse est de 16 à 18 coups doubles par minute et peut être portée à 2o coups. La chambre souterraine bétonnée a 4m.5o de diamètre sur 12 m. de long.

1368. MM. Haniel et Lueg ont aussi construit des pompeuses hydrauliques avec arbre rotatif muni d'un petit volant. L'appareil d'épuisement se compose alors de trois corps de pompe avec manivelles à 12o°. La rotation n'a ici d'autre avantage que de simplifier la distribution et de limiter strictement la course des pompes. Elle permet une vitesse plus grande et par conséquent des dimensions un peu moindres des cylindres, mais elle augmente l'encombrement, les résistances passives et l'entretien, par suite du graissage des coussinets qui n'existe pas dans la machine non rotative.

A Rhein-Preussen, une machine de ce genre élève $2^{m3}.5$ à 455 m.; la vitesse des pompes de compression, comme celle des récepteurs, est de 60 tours par minute. Cette machine a donné aux essais un rendement de 68.5 % en eau élevée.

1369. Les pompeuses à transmissions hydrauliques ont l'avantage de ne pas exiger de grandes vitesses et de marcher longtemps sans surveillance ni entretien, même sous l'eau. Elles donnent un rendement satisfaisant avec un faible encombrement des chambres de machines qui ne sont pas échauffées comme dans l'emploi de la vapeur. Enfin la simplicité des installations est une garantie de durée.

D'autre part l'emploi de pressions de 2 à 300 atm. crée toujours des difficultés au point de vue de l'étanchéité des joints et de l'usure des organes des pompes de compression et de la réceptrice, ce qui oblige à avoir constamment prêtes les pièces de rechange nécessaires.

Pompeuses souterraines électriques.

1370. L'électricité présente pour principal avantage de se prêter, au moyen d'une même station de force centrale, à des transmissions multiples, parmi lesquelles l'épuisement n'est qu'un cas particulier. Quand l'épuisement est important, il convient de composer la station centrale de plusieurs génératrices, afin de pouvoir faire varier la force motrice suivant le besoin.

L'encombrement du puits est moindre que dans tout autre système. Mais d'autre part l'humidité des chambres de machines peut avoir une influence nuisible sur l'isolement des électro-moteurs. De plus l'emploi de l'électricité peut présenter des inconvénients sérieux dans le cas des mines à grisou. Cependant comme les machines d'épuisement souterraines sont généralement placées au pied du puits d'entrée d'air, tout danger peut être évité, surtout en ayant recours aux moteurs polyphasés, où les seules étincelles à craindre proviendraient d'interruptions dans les conducteurs.

Les pompeuses électriques ne peuvent toutefois marcher noyées, comme les pompeuses hydrauliques, avec lesquelles elles partagent les avantages d'un faible encombrement et de l'absence d'échauffement des chambres de machines.

1371. Les premières applications de l'électricité à l'épuisement furent faites en France (Blanzy et St-Etienne), en 1881, pour de petites forces. A partir de 1894, les pompeuses électriques ont fait de grands progrès, surtout en Allemagne où elles ont été appliquées d'une manière générale aux pompes nourricières, ainsi qu'à des épuisements importants, d'abord avec courant continu et, depuis 1897, presque exclusivement avec moteurs triphasés. Ceux-ci sont en effet beaucoup plus simples que les moteurs à courant continu, notamment quand il s'agit de transports de force à grande distance, et donnent plus difficilement lieu à des courts-circuits, ce qui est à considérer dans l'atmosphère humide des chambres de machines.

Les moteurs électriques donnant à leur arbre une vitesse très uniforme, il faut régulariser le plus possible le travail des pompes. De là la disposition fréquente de trois corps de pompe à simple effet commandés par un arbre trois fois coudé à 120° ou de deux pompes différentielles conjuguées à 90°, ou encore de volants ou d'organes de transmission qui en font l'office. Les pompes sont, comme d'ordinaire, munies de réservoirs d'air.

La principale difficulté de l'application de l'électricité à l'épuisement est que pour obtenir des vitesses modérées à la dynamo réceptrice, il faut donner à celle-ci de très grandes dimensions. On retombe par suite dans l'une des difficultés que l'on cherche précisément à éviter : c'est l'encombrement qui exige de vastes chambres souterraines.

1372. Pour éviter l'encombrement, on peut réduire la vitesse de la dynamo réceptrice au moyen de transmissions, par exemple au moyen d'une courroie ou de câbles.

La pompeuse électrique de la mine *Maria Anna und Steinbank*, la plus considérable de celles érigées en Westphalie, qui élève 6 m³. par minute à 440 m. de hauteur, est commandée par câbles (fig. 746 et 747). Une poulie de 1ᵐ.75 de diamètre et de

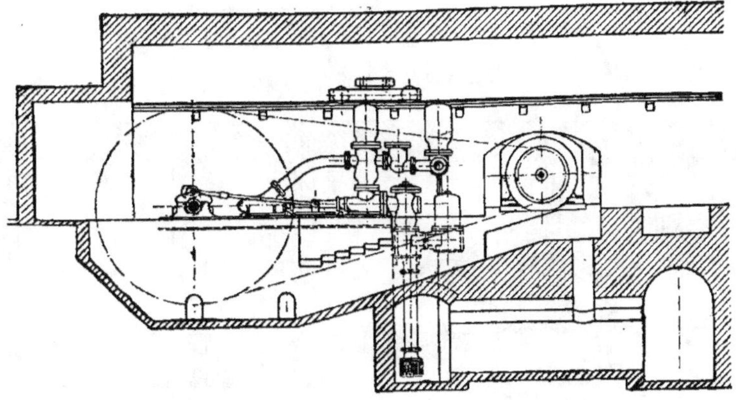

Fig. 746.

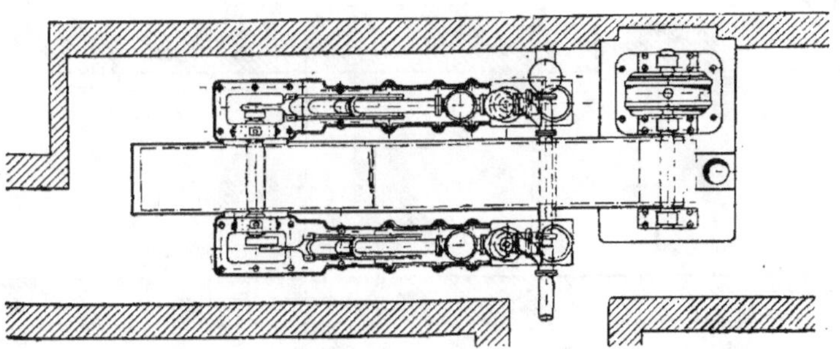

Fig. 747.

1^m.90 de large est fixée sur l'arbre de la dynamo et transmet le mouvement par 28 câbles en chanvre de 5o mm. à une poulie de 7^m de diamètre fixée sur l'axe de rotation d'un double jeu de pompes, en réduisant de 18o à 45, soit de 4 à 1, le nombre de tours. Les fig. 746 et 747 montrent l'importance de cette installation et de la chambre de machines dont les dimensions sont motivées par le grand diamètre de la poulie de transmission imposé par la très faible vitesse des pompes.

1373. La transmission par courroie ou câbles manque de compacité et de plus elle est peu convenable, parce que ces transmissions tendent à s'allonger dans l'atmosphère humide de la mine. On préfère en général les transmissions par engrenages, lorsque la réduction de vitesse à obtenir n'est pas trop grande.

Leur inconvénient est que les chocs provenant des pompes

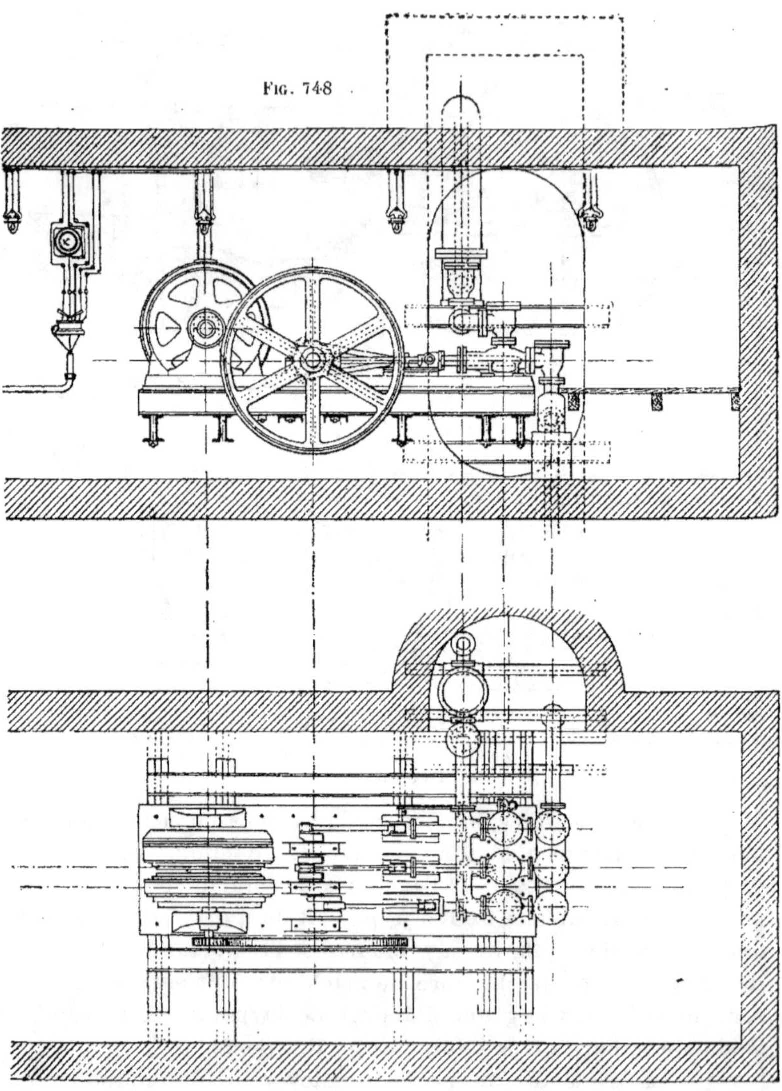

Fig. 748.

Fig. 749.

se transmettant aux engrenages, se traduisent par le bruit, que l'on évite en employant un pignon en cuir ou, pour les petites forces, les engrenages à chevrons très soigneusement calibrés.

A l'Espérance, à Montegnée, une dynamo triphasée de 125 chevaux attaque par un seul jeu d'engrenages un arbre à 3 coudes commandant 3 pompes à simple effet à plongeur de 0^m115 de diamètre et 0^m500 de course (fig. 748 et 749). La dynamo fait 330 tours par minute et cette vitesse est réduite à 75 tours par la transmission. La chambre de la machine est un cylindre de 4 m. de diamètre sur 12 m. de long. Cette pompeuse se trouve à 408 m. de profondeur, elle élève de cette profondeur 7 m³ par minute.

1374. Pour les petits épuisements, on a recours à un double jeu d'engrenages; mais on tend aujourd'hui à substituer, aux engrenages multiples, la vis sans fin et la roue à dents hélicoïdales, qui donnent un meilleur rendement. Cette transmission est en tout cas plus douce et moins bruyante. (Mines de la Loire : $0^{m3}42$ par minute à 350 m.).

1375. Pour les grandes forces, il faut autant que possible renoncer aux transmissions. Mais pour un nombre de tours de 60 à 100, l'attaque directe n'est possible qu'en employant des dynamos de grandes dimensions qui sont coûteuses et exigent des chambres de dimensions considérables.

Telles sont celles employées d'abord à la mine de Zollverein, puis dans plusieurs autres mines de Westphalie où cette disposition est encore la plus fréquente, malgré l'inconvénient de ne pas réduire l'encombrement au minimum. A Zollverein, la chambre des machines mesure 11 m. sur 4 m. 60 et 5 m. 50. Le seul moyen d'arriver à réduire l'encombrement consiste dans l'emploi de pompes à grande vitesse qui permettent de diminuer les dimensions de la dynamo motrice.

La fig. 750 représente une pompe Riedler conduite directement, qui était exposée à Paris en 1900. Le piston plongeur avait 130 mm. de diamètre et 150 mm. de course. Cette pompe était construite pour élever 1 m³ à 250 m. à raison de 290 tours par minute.

Aux mines de sels potassiques de Leopoldshall, a été faite la première application de la pompe express Riedler, pour 1.2 m³ à 350 m. Au puits n° 5 de Bascoup, la maison Beer a construit deux pompeuses électriques Riedler destinées à élever $1^{m3}30$ par minute à 500 m. de hauteur, à raison de 160 à 200 tours par minute.

Les fig. 751 et 752 représentent une installation électrique de pompes Ehrhardt et Sehmer à attaque directe.

1376. L'application de l'électricité présente certaines difficultés au point de vue de la mise en train des pompes. Quand la réceptrice est

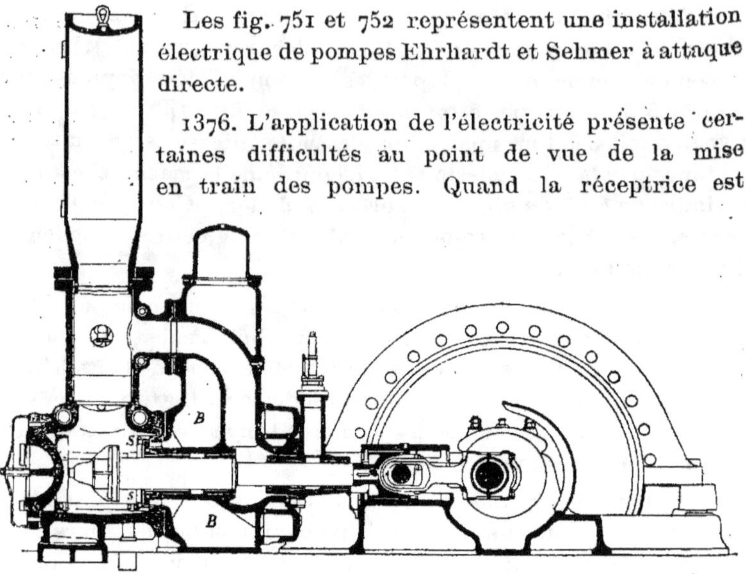

FIG. 750.

conduite par une génératrice spéciale, la mise en train se fait sans difficulté, parce qu'elle s'opère lentement de part et d'autre. C'est pourquoi les plus grandes installations d'épuisements électriques en Allemagne (Deutscher Kaiser, Zollverein, Maria-Anna und Steinbank) sont conduites par des génératrices spéciales à attaque directe par le moteur à vapeur, qui permettent de faire varier le nombre de tours avec les venues d'eau.

Mais quand la force est prise à une station centrale qui commande plusieurs transmissions électriques, il n'en est plus de même. Pour pouvoir, dans ce cas, mettre la pompe en train lentement et éviter les chocs pouvant provenir d'une accélération trop rapide, il faut munir la réceptrice d'un rhéostat de démarrage ; généralement aussi on munit chaque corps de pompe d'un robinet réunissant l'aspiration au refoulement, de manière à pouvoir démarrer à vide et augmenter la charge, en fermant progressivement ce robinet.

Dans le cas des courants triphasés, on peut aussi avoir recours au système Boucherot qui permet la mise en train progressive par le décalage de l'un des inducteurs (Espérance).

Fig. 751.

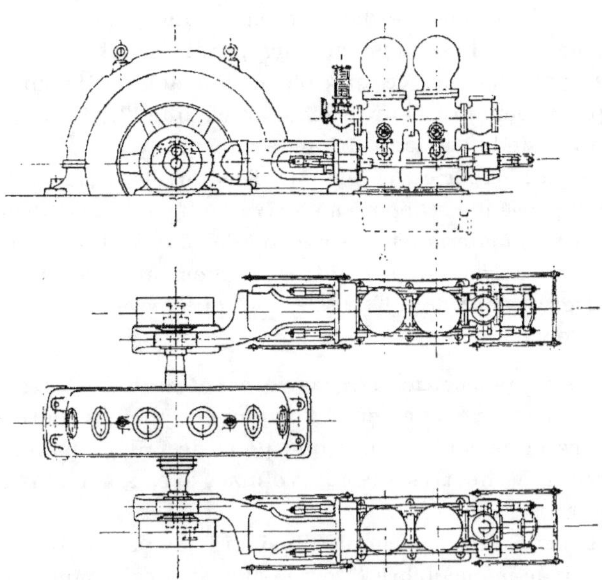

Fig. 752.

L'éclairage des chambres de machines se fait par l'électricité au moyen d'un courant dérivé de la génératrice; mais il faut toujours prévoir un autre mode d'éclairage, en cas d'arrêt de celle-ci. Les mécaniciens de la réceptrice et de la génératrice doivent communiquer entre eux par téléphone.

1377. Les rendements des installations d'épuisement électriques sont d'autant meilleurs que l'installation est plus forte.

On peut admettre les rendements partiels suivants dans les cas les plus favorables :

1° Machine à vapeur . . . . 0,88 %
2° Génératrice 0,95
3° Conduite 0,97
4° Réceptrice (nombre de tours normal) . . 0,94
5° Transmission par engrenages 0,94
6° Pompe 0.84

On aura donc, dans le cas d'une pompe à engrenages, un rendement total de 0,60 et, dans le cas d'une pompe à attaque directe, de 0,63. Les constructeurs garantissent 0,58 pour de grandes installations, ce qui place la machine d'épuisement électrique à peu près sur le même pied que l'hydraulique, au point de vue de la consommation de vapeur.

D'après les expériences de M. Riedler, le rendement des pompes express par rapport au travail effectif varie de 0.84 à 0.76, pour un nombre de tours variant de 100 à 200 ; en comptant 75 % pour l'ensemble des autres rendements, le rendement total varierait donc de 0.63 à 0.57, ce qui correspondrait à une dépense de vapeur de 11 à 12 kilogr.

1378. ***Pompes centrifuges électriques***. — L'attaque directe se prête spécialement à l'emploi des pompes centrifuges, mais celles-ci ne conviennent que pour de faibles hauteurs de refoulement et de très grands volumes d'eau, à moins de les disposer en série.

La maison Sulzer a accouplé plusieurs pompes centrifuges en tension sur le même arbre (fig. 753 et 754). Ces pompes sont en bronze et munies chacune d'un amortisseur à aubes en bronze, très semblable à celui du ventilateur Harzé (cf. n° 1087), où la vitesse se transforme en pression ; des conduits annulaires venus de fonte ramènent l'eau de l'amortisseur à l'ouïe de la pompe suivante. Les pompes quadruples Sulzer élèvent l'eau à 150 m. de hauteur. D'après la maison Sulzer, on obtiendrait ainsi un rendement de 70 à 75 %, tandis que pour les pompes centrifuges simples, au delà de 10 m., on n'obtient pas plus de 60 %. Ce haut rendement est obtenu par la précision de l'exécution qui exclut pour ainsi dire les fuites. Le maximum de rendement correspond, d'après la maison Sulzer, à un rapport de $^1/_4$ entre le cube d'eau en litres par seconde et la hauteur d'élévation en mètres. La pression dans le sens de l'axe est en partie équilibrée, parce que les introductions dans l'ouïe se font alternativement en sens inverse. La pression non équilibrée est reçue par une crapaudine à billes. On a soin d'épurer autant que possible les eaux par filtration et décantation, pour remédier à l'usure qui serait sinon très rapide.

Pour un épuisement important, on dispose généralement les

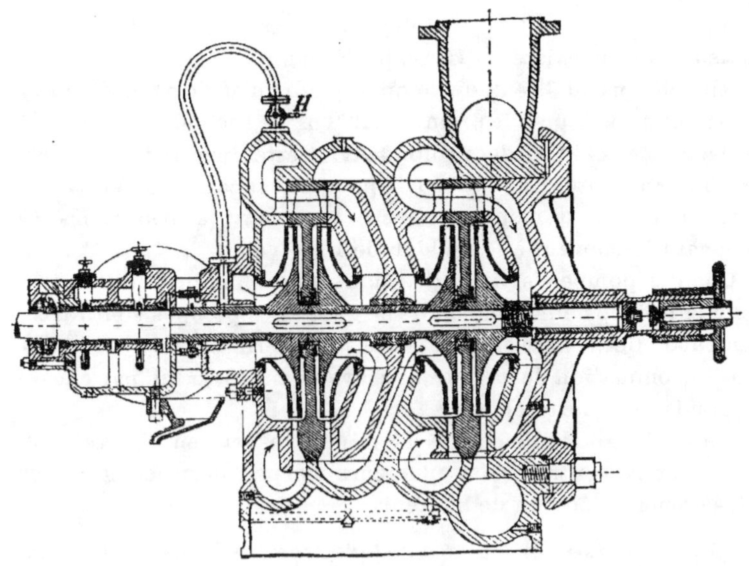

FIG. 753.

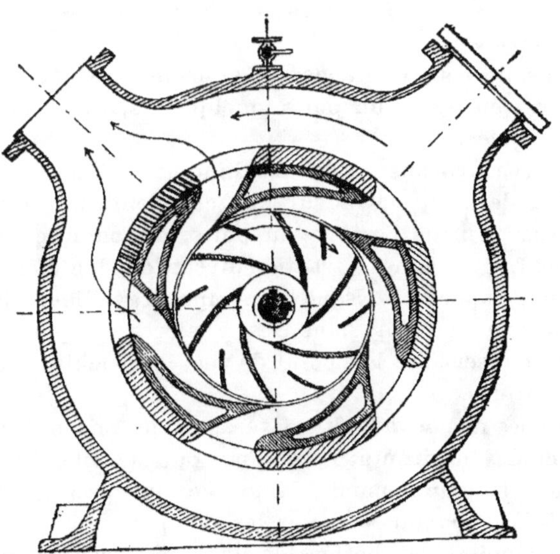

FIG. 754.

pompes par étages. Une installation de ce genre, faite par la maison Sulzer, existe à l'Horcajo (Espagne).

Elle comprend 3 jeux de pompes quadruples de $0^m.50$ étagées, tournant à 850 tours : le premier à 388 m., le second à 285 m. et le troisième à $143^m.30$ de profondeur. Cette installation épuise $4^{m3}.8$ par minute. Chaque jeu de pompes est commandé directement par une dynamo triphasée marchant à 850 tours et recevant le courant à la tension de 1000 volts.

Chaque pompe est installée dans une chambre de 8 m. de long sur $3^m.50$ de hauteur et de largeur. Les pompes sont directement reliées entre elles par une tuyauterie en acier de $0^m.30$. La consommation de vapeur a été évaluée à 15.75 kil. par cheval et par heure en eau élevée.

On établit actuellement à la mine Prosper, en Westphalie, une pompe centrifuge à plusieurs corps, destinée à fouler directement à 500 m. de hauteur.

1379. ***Epuisement des avaleresses***. — Dans les travaux d'avaleresse, on fait souvent usage de machines, quand l'épuisement à la benne ne peut suffire. Le moteur est souvent une machine rotative actionnant une ou deux maîtresses-tiges, par têtes de cheval.

Si l'on craint les affouillements, la machine se place à grande distance, 20 ou 30 m. du puits quelquefois, avec connexions par tiges rigides.

On peut recourir aussi à une machine à traction directe, mais à condition de la surélever sur une charpente portant sur le terrain assez loin de l'orifice du puits, de manière à dégager ce dernier. Les machines à traction directe ont toutefois l'inconvénient de s'emporter, lorsque les pompes travaillent à humage, ce qui arrive souvent dans les avaleresses, par suite de l'absence de réservoir ; à ce point de vue, les machines rotatives sont préférables.

Les pompes ne pouvant être fixées, on les suspend par des chaînes, câbles ou tirants ; les chaînes ou les câbles s'enroulent simplement sur un sommier fixe, ce qui présente l'inconvénient de ne pouvoir soulever les pompes en cas de besoin. C'est pourquoi il est préférable de suspendre ces dernières par un moufle à un cabestan.

Les tirants s'assemblent par vis à la manière des tiges de sondage. La crépine de la pompe est à emmanchement télescopique sur le tuyau d'aspiration, de manière à descendre au fur et à mesure du creusement. Dès que l'aspiration atteint 6 à 7 m., on fait descendre (*driver*) la pompe, en allongeant la colonne soulevante et en faisant rentrer le tuyau d'aspiration dans la crépine.

On ne creuse pas à plus de 25 à 3o m. avec un même jeu de pompe aspirante et soulevante. Arrivé à cette profondeur, on fait une *répétition* : on installe la première pompe d'une manière définitive, en la faisant aspirer dans un bac, et l'on fait descendre une deuxième pompe jusqu'à 25 ou 3o m. plus bas et ainsi de suite.

On ne peut dépasser cette hauteur à cause de l'usure des garnitures de piston qui croît avec la pression et qui est très sensible à cause de la présence de graviers et de fragments de pierres dans l'eau. Avec des pistons métalliques, on pourrait faire des répétitions de plus grande hauteur. C'est par exemple le cas des pompes Rittinger qui permettent de faire des répétitions de 75 m. et sont souvent employées en Allemagne comme pompes d'avaleresse ; rappelons que c'est dans ce but que Rittinger les inventa (cf. n° 1200).

Lorsqu'on prévoit que l'on aura une grande quantité d'eau à extraire, il faut employer des pompes de grand diamètre : 0^m40 à 0^m5o et même plus. Lorsque la venue d'eau dépasse la capacité d'une pompe, on en emploie plusieurs, en faisant un *collier* autour de la maîtresse-tige. On peut au maximum placer ainsi huit pompes dans un puits, réparties quatre par quatre autour de deux maîtresses-tiges. On ne peut en général aller au-delà à cause de l'encombrement qui en résulte.

1380. On construit aujourd'hui des pompes spéciales d'avaleresse accouplées à un moteur à vapeur et suspendues à des chaînes, qui résolvent le problème d'une manière plus simple que les machines à maîtresse-tige. On construit dans ce but des pompes à vapeur duplex sans volant, mais la rigidité du tuyau de vapeur et l'échauffement du chantier de travail sont de graves inconvénients.

On construit dans le même but des pompes électriques qui échappent à ces reproches. Les pompes centrifuge à axe vertical présentent dans ce cas de grands avantages.

Pour les avaleresses en terrain très aquifère, le procédé généralement employé aujourd'hui est le système Tomson avec pulsomètre, éjecteur, pompe à air comprimé ou centrifuge électrique, mais ce procédé exige l'installation des machines d'extraction définitives, eu égard au poids considérable des baches circulant dans le puits à grande vitesse.

Rappelons que ce procédé a reculé les limites d'application des creusements à niveau plein (cf. n° 1188).

1381. **Réservoirs**. Comme les machines d'épuisement ne marchent en général que pendant une partie de la journée, il faut des réservoirs capables d'emmagasiner la venue d'eau pendant le reste du temps.

Ces réservoirs portent le nom de *pahages* dans le bassin de Liége et d'*albraques* en France.

Dans les mines de houille, ils sont souvent établis dans une couche à proximité du puits. Le tuyau d'aspiration peut alors plonger dans le réservoir, à moins qu'on n'aît accès à ce dernier par un travers-bancs dans lequel on établit une digue avec tuyau à robinet pour régler l'écoulement au puisard.

Si l'on n'a pas de couche de houille à proximité du puits ou si l'on est dans une mine métallique, on peut creuser un réservoir à travers bancs, ce qui est plus coûteux, mais plus durable. Comme il faut une assez grande longueur de travers-bancs pour avoir un réservoir suffisant, dans les mines de houille, on peut quelquefois prolonger avantageusement ce réservoir dans une couche.

Après un certain temps, les réservoirs s'encrassent et pour les nettoyer, il faut les vider et emmagasiner pendant ce temps les eaux dans un autre réservoir. Il faut donc des réservoirs doubles. Si les réservoirs sont insuffisants et s'il survient une venue d'eau subite, les pompes peuvent être noyées. Cet accident n'a pas grande importance, lorsqu'il s'agit d'une pompe aspirante et soulevante, parce qu'en cas de dérangement, le piston et la soupape peuvent être retirées par le haut. Il n'en est pas de même, lorsqu'il s'agit d'une pompe foulante. Cependant ces pompes peuvent être réparées par des plongeurs sous une hauteur d'eau qui ne dépasse pas 20 à 3o m. Si la hauteur d'eau est plus grande, il faut, pour avoir accès à la pompe, *battre les eaux* au moyen de jeux volants.

L'accident serait irrémédiable, dans le cas d'une machine à vapeur souterraine, si les eaux montaient au niveau de la machine. Il en serait de même pour une installation électrique. Les installations hydrauliques au contraire peuvent marcher noyées.

1382. *Autres moyens mécaniques d'épuisement.* — Il nous reste à considérer quelques moyens d'épuisement mécaniques qui ne sont applicables qu'à de faibles profondeurs ou à des épuisements locaux ou de secours, et qui n'appartiennent d'ailleurs pas spécialement au domaine de l'exploitation des mines.

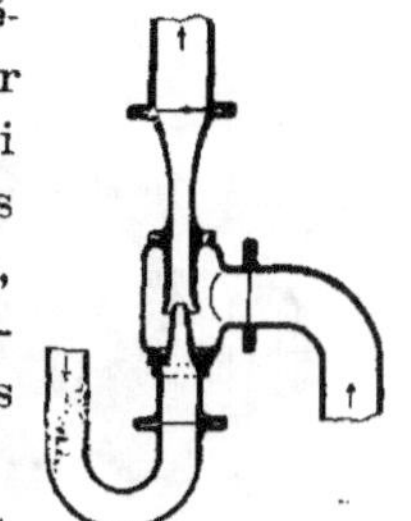

Fig. 755.

1383. *Ejecteurs* — Les premiers utilisent directement l'emploi de la force hydraulique et agissent par communication de force vive. Ce sont les *éjecteurs*. On emploie quelquefois, dans les mines, les éjecteurs Kœrting ou autres comme moyens accessoires ou provisoires (fig. 755).

L'effet utile est très faible ; il se calcule par la formule

$$E_u = \frac{q\,h}{Q(H+h)}$$

ou q est le volume d'eau à épuiser, Q le volume d'eau motrice, H et h les hauteurs motrices et de refoulement ; dans de grands appareils, l'effet utile ne dépasse pas 25 % par suite des chocs et des frottements.

Les conditions les plus favorables sont celles où le rapport $\frac{H}{h}$ des hauteurs motrices et de refoulement = 5. [1].

On a employé l'éjecteur en Amérique et en Sibérie pour élever des eaux chargées de sables aurifères à 20 ou 30 m. de hauteur ; il faut alors tenir compte, dans les calculs, du poids de sable contenu dans l'eau.

L'éjecteur est un appareil simple, toujours prêt à fonctionner, peu coûteux d'acquisition et d'entretien.

---

[1] Voir *Rev. Univ. des Mines*, 3ᵉ série, t. **XXXVI** et **XXXVII**.

1384. *Pulsomètres*. D'autres appareils sont fondés sur l'action directe de la vapeur agissant comme piston fluide ; ce sont les pulsomètres.

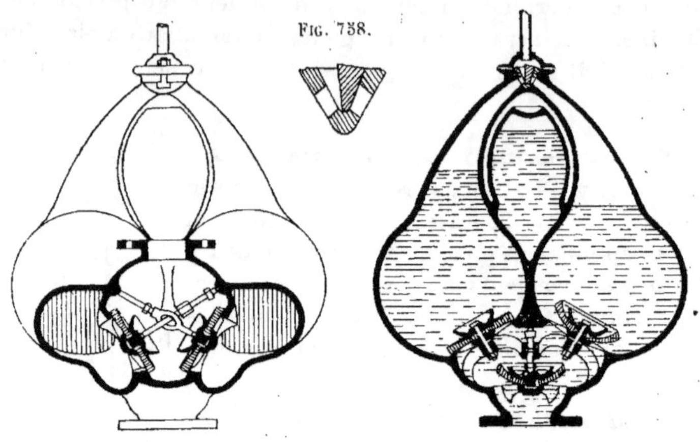

Fig. 758.

Fig. 756.

Fig. 757.

Les fig. 556 et 557 représentent deux coupes parallèles du pulsomètre de Hall, montrant les cinq soupapes que comporte un appareil de ce genre. La vapeur arrive par le tuyau supérieur et se distribue alternativement à gauche et à droite. Dans la fig. 757, la valvule représentée à plus grande échelle fig. 758, ferme l'admission à droite ; la vapeur agit dans la poire de gauche et refoule l'eau par la soupape de gauche (fig. 756) jusqu'au moment où la condensation se produisant déterminera une dépression suffisante pour que la valvule change de position. Le refoulement se produira alors par la soupape de droite (fig. 756) et de l'autre côté, le vide sera suffisant pour que l'aspiration se fasse par les soupapes, qui sont montrées soulevées dans la coupe fig. 757. Un réservoir d'air amortit les chocs qui pourraient se produire dans la chambre de refoulement.

L'effet utile est très faible par suite de l'importance de la condensation. Ce sont cependant des appareils commodes dans les avaleresses ou la reprise de puits inondés, parce qu'ils fonctionnent suspendus à des chaînes et peuvent marcher noyés. Ils permettent une aspiration de $2^m.5o$ à 6 m. et un refoulement de 10 à 45 m. La consommation de vapeur est au moins de 60 kil. par cheval utile et par heure.

1385. ***Action directe de l'air comprimé. — Emulseurs.***
On a aussi appliqué de même, comme piston fluide, l'air comprimé à l'épuisement, ce qui présente moins d'inconvénients que l'action directe de la vapeur, puisqu'il n'y a pas de condensation. MM. Dubois et François en ont fait deux applications intéressantes aux charbonnages de Marihaye.

On peut rapprocher de ces appareils, les *émulseurs à air comprimé* dont nous avons vu des applications au creusement des puits à niveau plein (cf. n°s 372 et 373).

1386. La vapeur s'emploie enfin indirectement, comme on pourrait employer tout autre moteur, à mettre en action des appareils d'épuisement agissant par transport direct, tels que *vis d'Archimède, roues à tympan, chapelets,* etc. qui donnent un écoulement continu.

Les chapelets donnent lieu à une grande usure ; on a pourtant employé ces appareils pour des épuisements d'une certaine importance, en donnant au tuyau montant deux sections différentes, de telle sorte que la partie inférieure seule soit alésée. Il suffit en effet que quelques pistons soient engagés, et l'on réduit ainsi les frottements et l'usure.

On emploie souvent aussi, pour les petits épuisements, ou comme appareil de secours, les pompes rotatives ou les pompes centrifuges simples.

SECTION VII.

Translation des ouvriers dans les puits.

1387. La translation des ouvriers dans les puits s'opère au moyen d'*échelles*, de *câbles* ou de *fahrkunst*. Nous étudierons ces appareils au double point de vue de la sécurité et de l'effet utile.

D'une manière générale, la statistique des accidents démontre, dans tous les pays miniers, que la sécurité de la translation dans les puits augmente, malgré leur approfondissement.

La statistique belge par périodes décennales renseigne les nombres suivants d'ouvriers tués .dans les puits par 10.000 ouvriers :

	1861-70	1871-80	1881-90	1891-00
Translation par câbles .	3.76	2.72	1.34	1.10
Échelles	0.48	0.30	0.20	0.10
Divers.	2.52	2.54	1.37	1.03

On voit que la sécurité de la translation ne cesse d'augmenter, quel que soit le mode de translation.

1388. Dans des cas exceptionnels, la surface communique avec le fond par des galeries inclinées, *descenderies*, *tranchées* ou *fendues*, qui servent parfois à la circulation du personnel (houillères du Centre de la France, mines de soufre de Sicile, etc). Dans certains cas, on a établi, dans ces galeries, des escaliers taillés dans le roc (Rammelsberg) ou même des escaliers en bois (mines de sels potassiques de Stassfurt, Vienenburg, etc.). Aux mines de sel de Minglanilla (Espagne), existe un puits de 38 m. où est établi un escalier tournant en bois de 203 marches.

Translation par échelles.

1389. Les échelles ne sont plus employées comme moyen normal de translation que dans les mines peu profondes. A plus de 100 m. de profondeur, leurs inconvénients l'emportent sur leurs avantages. Mais elles rendent de grands services dans toute installation provisoire, par exemple dans des travaux de recherches ; une voie d'échelles doit d'ailleurs exister dans toute mine, comme moyen de sauvetage.

1390. **Construction.** Les échelles sont en *bois* ou en *fer*, quelquefois en *bois et fer*.

Pour être commodes, les échelles doivent recevoir des dimensions rigoureusement déterminées. En bois, leur largeur est de $0^m.30$ à $0^m.35$; les montants sont rectangulaires et ont $0^m.15$ sur $0^m.05$; les échelons sont ronds, de $0^m.03$ à $0^m.04$ de diamètre, ou plats avec écartement d'axe en axe de $0^m.225$. La hauteur d'une échelle varie de 2 à 5 m. ; pour former une échelle plus longue, on réunit plusieurs parties de 2 à 5 m., en coupant les montants en biseau.

Les échelons en bois ont l'inconvénient de s'user rapidement et de se briser. C'est pourquoi l'on a employé parfois des échelons méplats avec baguette en fer à la partie supérieure.

Les échelles en fer sont plus résistantes, mais plus coûteuses; elles sont de plus gênantes, parce que les montants sont minces et froids au toucher; leur largeur est de 0^m25. Les montants ont $0^m.05$ à $0^m.06$ de large sur $0^m.005$ à $0^m.01$ d'épaisseur ; ils sont parfois arrondis ⊃ pour les rendre plus commodes à la main. Les échelons sont ronds de $0^m.025$ de diamètre, mais à emmanchement carré pour les empêcher de tourner sur eux-mêmes. On atteint le même but, en leur donnant une section ovale. Les échelles en fer conviennent spécialement dans les puits d'aérage ou dans les puits d'épuisement, où elles sont toujours nécessaires pour la visite des pompes. On les emploie aussi dans les avaleresses pour résister aux coups de mines. Elles occupent moins de place dans les puits que les échelles en bois et c'est souvent une des raisons de leur emploi tout au moins partiel.

Des paliers de repos doivent être disposés de distance en distance, soit tous les 7 ou 10 m. Ils servent en même temps à empêcher les chutes. Ces paliers sont à claire voie dans les mines grisouteuses.

1391. **Disposition des échelles.** — Lorsqu'on ne peut faire autrement, on dispose les échelles verticalement contre une paroi; mais d'une manière générale, les échelles verticales sont interdites par les règlements, comme moyen normal de translation. Leur inclinaison doit être de 70 à 80°. Si l'inclinaison est plus grande, l'homme doit faire un effort de traction sur les bras et si elle est moindre, il doit s'appuyer sur ceux-ci. Ch. Lambert a mesuré au dynamomètre l'effort des bras correspondant à différentes inclinaisons :

à 70°, cet effort est de 5 kil.
à 72°,   »   »   12 »
à 90°,   »   »   5o »

Le haut de l'échelle doit autant que possible **dépasser** de 0,6o à 0,70 le palier, à moins qu'on ne place **contre** la paroi un bout d'échelle verticale ou une poignée pour **faciliter** le passage du palier sur l'échelle ou réciproquement.

1392. Une voie d'échelles peut être établie suivant deux dispositions : les échelles successives peuvent être parallèles (fig. 759) ou placées pied contre tête (fig. 760).

La première disposition est de beaucoup préférable; car dans la seconde, l'homme doit se retourner pour changer d'échelle; de plus l'ouverture du palier par laquelle l'homme passe, se trouve voisine du pied de l'échelle et, en cas de chute, il peut arriver que l'homme tombe de palier en palier et expose la vie de ceux qui seraient sur les échelles inférieures.

Dans la disposition parallèle, l'homme descendant voit sous lui l'échelle suivante et peut prévoir une rencontre, ce qui n'est pas le cas dans la disposition pied contre tête. Quand l'espace manque, on peut même sans grand inconvénient superposer les échelles en projection horizontale (fig. 761).

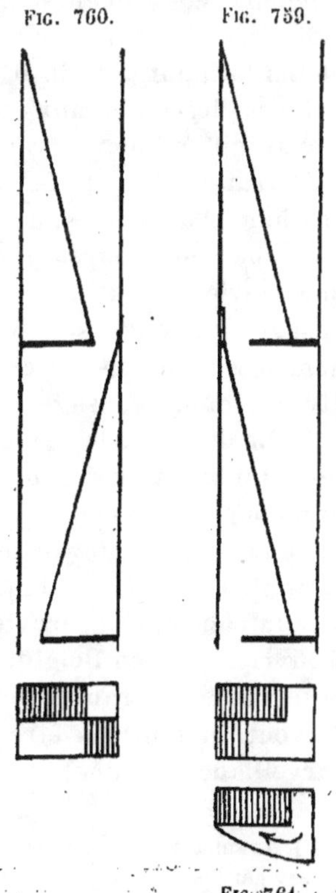

Fig. 760.   Fig. 759.

Fig. 761.

1393. ***Avantages et inconvénients des échelles***. — Les avantages des échelles sont :

1º La sécurité qui s'attache à une voie de sauvetage toujours ouverte et toujours suffisante, pourvu qu'elle ne soit pas placée dans le retour d'air d'une mine grisouteuse ;

2º Le bon marché de l'installation et de l'entretien.

Les inconvénients qui vont en augmentant avec la profondeur, sont :

1º La lenteur de la translation : à la descente on peut compter sur 0^m.316 par seconde et à l'ascension sur la moitié seulement.

2º La fatigue : on impose à l'homme un travail mécanique considérable. Supposons que la voie d'échelles ait 1000 m. de longueur ; pour remonter le long de cette voie, un homme pesant 60 kil. fera un travail de 60000 kilogrammètres. En évaluant à 7 kil. 2 par seconde l'effort que fait un homme, en tournant la manivelle d'un treuil, l'ascension de 1000 m. d'échelles correspond à 25920 kilogrammètres par heure, c'est-à-dire à 2 $^1/_2$ heures de travail à la manivelle. La descente est moins fatigante, mais il n'en est pas moins vrai que l'ouvrier qui est descendu aux échelles, n'est pas capable du même travail qu'un homme transporté dans la mine par le câble.

3º L'altération de la santé : l'usage des échelles engendre l'asthme, l'anémie, sans compter les refroidissements, lorsque l'homme remonte trempé de sueur. On a estimé dans le Cornwall que la vie des ouvriers était autrefois abrégée de 20 ans par l'usage des échelles. Au Harz, on ne faisait travailler que les hommes de moins de cinquante ans en dessous d'un certain niveau, lorsque l'usage des échelles y était encore général.

4º Le danger : les échelles constituent un moyen de translation qui n'est pas sans danger ; mais la sécurité y dépend beaucoup des précautions individuelles, du sang-froid personnel et de l'état de santé. Si les chiffres de statistiques d'accidents cités plus haut paraissent beaucoup plus favorables aux échelles qu'aux câbles, cela provient uniquement du très petit nombre d'ouvriers qui, en Belgique, se servent couramment aujourd'hui de ce mode de translation[1]. Pour éviter le danger, les échelles doivent en tout cas être l'objet de visites fréquentes et d'une surveillance assidue.

---

[1] Avant 1864, presque tous les ouvriers du Couchant de Mons descendaient par les échelles et remontaient par les câbles.

Translation par les cables d'extraction.

1394. L'emploi des câbles et des appareils d'extraction évite toute fatigue à l'ouvrier et ne lui fait pas perdre un temps qui peut être plus utilement employé ; mais pendant la translation des hommes, ces appareils sont détournés de leur usage ordinaire et il en résulte une perte de production qui ne peut être admise dans les puits à extraction intensive. C'est ce qui a conduit, dans les grandes exploitations, à l'usage de puits de service, spécialement destinés à la translation du personnel et des matériaux, éventuellement à une extraction supplémentaire de charbon.

1395. Dans les puits de faible profondeur, l'homme descend un pied dans le crochet, en se guidant de l'autre contre les parois pour empêcher la rotation de la corde. Dans les avaleresses, il descend dans la benne ou plus souvent debout sur les bords de cette dernière. Ces moyens de translation ne sont pas sans danger, par suite de l'absence de guidage ; c'est pourquoi les règlements exigent, dans ces cas, l'emploi de ceintures de sûreté par lesquelles les hommes sont attachés au câble. Il n'est pas non plus sans danger de monter sur la benne ou d'en descendre et il faut ici prendre des précautions individuelles.

1396. Dans les mines profondes, on se sert des cages d'extraction, en réduisant leur vitesse de 25 %, soit à 6 ou 8 m. au maximum par seconde. Le machiniste conduit alors la machine avec plus de précautions, relativement à la mise en vitesse qui ne doit pas être trop rapide, et au ralentissement qui ne doit pas être trop brusque.

1397. Les câbles servant à la translation des hommes doivent être l'objet d'un entretien spécial. Il faut s'assurer qu'ils présentent au moins un coefficient de sécurité de 4 pour les câbles végétaux, et de 5 pour les câbles métalliques. Il faut ne se servir de câbles présentant une épissure, qu'après essais de résistance sur les bouts rapprochés.

Enfin les câbles, les puits, les guidages, les recettes, les appareils de sûreté doivent être soumis à une visite journalière : il est toujours prudent de faire faire aux cages un voyage à vide, avant la descente ou la remonte du poste.

La translation des hommes ne doit en aucun cas se faire en même temps que celle du charbon à charge complète.

1398. **Avantages et inconvénients de l'emploi des câbles.** — Les avantages de la translation par les câbles sautent aux yeux, puisqu'elle n'exige aucune fatigue de la part de l'ouvrier et peut s'effectuer avec sécurité.

Les inconvénients, sont d'une manière générale, les accidents éventuels :

1° Parmi ceux-ci, la rupture des câbles est devenue très rare. Il existe en Belgique, en France, en Angleterre, en Allemagne, 1 million d'ouvriers environ qui se servent journellement de ce mode de translation, et le nombre de victimes d'accidents par rupture de câble y est proportionnellement moindre que celui des victimes d'accidents de chemins de fer. Cependant le danger subsiste, comme le prouvent des accidents récents, et il n'est pas douteux que ce danger augmente avec la profondeur et la vitesse de translation.

2° La remonte contre le courant d'air peut être une cause de refroidissements. C'est pourquoi dans nombre de mines, on dispose des bancs au chargeage où les ouvriers en transpiration peuvent attendre quelques instants avant de prendre la cage.

3° La chute de corps solides dans le puits pourrait atteindre les hommes, si l'on ne prenait la précaution de se servir de cages munies de toits.

4° Les chutes d'ouvriers dans les puits sont évitées par des barrières ne pouvant s'ouvrir accidentellement et suffisamment hautes, ainsi que par un bon éclairage des recettes.

5° Les ouvriers peuvent laisser dépasser un membre, c'est pourquoi l'on doit limiter le nombre d'hommes qui prennent place dans la cage. En Belgique et en Allemagne, on exige, pour la translation des hommes, l'emploi de cages à fond plein et à parois formées de tôles pleines ou perforées, ou de treillis métalliques. Ces parois doivent être amovibles pour permettre aux ouvriers de sortir, en cas d'arrêt accidentel dans le puits ; elles doivent permettre l'accès aux appareils de signalisation.

6° Les signaux peuvent être mal compris ; dans ce cas, le machiniste peut soulever la cage du fond, avant que le chargement n'en soit terminé. C'est à ce danger que remédie le système de Lens où les taquets du jour sont enclenchés par la sonnerie du fond, de manière à n'être rendus libres que quand le signal est donné (cf. n° 512).

7° Un accident qui malgré tout est assez fréquent est la mise de la cage aux molettes, par inadvertance du machiniste. Le meilleur remède préventif est de donner une hauteur suffisante au châssis à molettes.

8° Un choc de la cage sur les taquets du fond ou d'un étage intermédiaire peut avoir des conséquences funestes; un accident de ce genre provient toujours d'une négligence grave.

9° Il peut arriver que le machiniste descende une cage dans le puisard; ceci ne peut arriver, lorsque les taquets du fond sont maintenus fermés.

10° Un organe de la machine peut se rompre, mais il est rare qu'un accident de ce genre arrive pendant la translation des hommes, à cause de la vitesse réduite.

11° Le machiniste peut avoir une faiblesse ou être frappé d'un accident mortel. Les règlements de police, exigent en Belgique et dans quelques pays, qu'il y ait toujours auprès de lui, pendant la translation des hommes, un aide-machiniste capable d'arrêter la machine.

1399. **Appareils de sûreté.** — Pour éviter la mise aux molettes une précaution généralement prise en Belgique consiste dans le rapprochement des guides, avec taquets de sûreté à ressorts placés en dessous du rapprochement, pour recevoir la cage dans le cas où elle retomberait après coïncement et rupture du câble.

On emploie souvent aussi des *évite-molettes* dits *de position*, basés sur la présence d'un levier heurté par la cage à une certaine hauteur et agissant par tiges rigides ou câbles sur le frein et sur le modérateur. Ce levier est plus souvent mis en mouvement par le curseur de la sonnerie, lorsque la cage dépasse une certaine position. Ces moyens sont généralement d'une action trop lente pour prévenir un accident.

1400. On emploie aussi, comme évite-molettes, des *crochets de sûreté* qui ont pour but de séparer brusquement la cage du câble, avant qu'elle n'arrive aux molettes. La cage, dans ce cas, reste suspendue ou retombe sur les taquets de sûreté. Ces appareils, qui sont d'un usage très général en Angleterre, sont de différents types.

Les fig. 762 et 763 représentent le crochet King ; ce crochet agit en passant à travers l'ouverture circulaire d'une forte plaque d'acier dont les bords heurtent les saillies *s* et forcent le crochet à s'ouvrir, en cisaillant un boulon de cuivre *a* ; la cage séparée du câble est retenue sur la plaque par des ergots qui font au même instant saillie de part et d'autre.

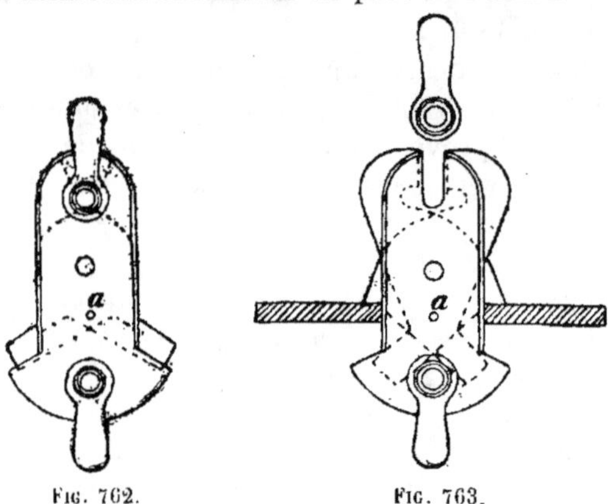

Fig. 762.Fig. 763.

Au même ordre d'idées appartient le système Musnicki composé de deux couteaux suspendus verticalement de part et d'autre du câble et prenant une position oblique, lorsque la cage vient à choquer un levier en saillie. Ces couteaux pénètrent alors dans le câble, le cisaillent et la cage retombe sur des taquets de sûreté.

On redoute avec raison les systèmes qui pourraient fonctionner intempestivement pour séparer la cage du câble par suite d'un choc. Dans quelques charbonnages où le châssis des molettes est trop peu élevé, on emploie une simple plaque de fonte avec ouverture rectangulaire à arêtes vives dans laquelle s'engagent les chaînettes : celles-ci sont cisaillées, lorsque la cage s'approche des molettes ; elle retombe alors sur les taquets de sûreté.

1401. Ordinairement des marques sur le câble ou un signal indiquent au machiniste que la cage approche du jour et qu'il doit modérer en conséquence la vitesse de la machine. Cette vitesse peut aussi être ralentie automatiquement, à une certaine distance de la surface, par l'emploi d'appareils spéciaux, dits *modérateurs de vitesse*, qui fonctionnent comme évite-molettes lorsque la cage atteint une certaine hauteur au dessus de l'orifice du puits. Les modérateurs de vitesse, agissant en même temps avant l'arrivée de l'autre cage sur les taquets du fond, empêchent que ceux-ci soient rencontrés avec choc.

Ces appareils sont basés sur des transmissions mécaniques, sur des transmissions fluides par vapeur ou air comprimé, ou sur des transmissions électriques.

1402. Les premiers sont pour la plupart basés sur l'emploi d'un régulateur. Ces appareils sont d'un usage très fréquent en Allemagne (systèmes Rœmer, Baumann, Muller, Westphal, etc.) Nous décrirons le système Baumann qui se distingue par sa simplicité (fig. 764.).

Un régulateur b déplace le sabre denté a, en raison de la

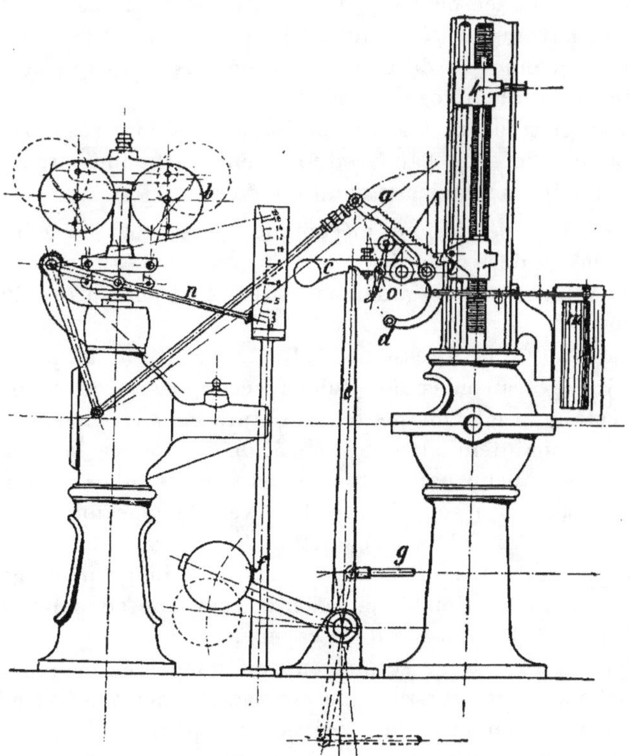

FIG. 764.

vitesse acquise. Quand cette dernière augmente le sabre s'approche en conséquence de l'indicateur à vis de la position des cages, qui est vertical.

L'axe de rotation du sabre *a* est à l'une des extrémités d'un levier *c*, de telle sorte que si cet axe s'abaisse, le levier *e* tombe entraîné par le contrepoids *f* et agit par les bielles *g* et *h* sur le frein et sur l'arrivée de vapeur.

L'abaissement de cet axe se produit, lorsque, par suite d'un excès de vitesse, une des endentures de cette pièce est touchée par un ergot porté par le curseur *i*, ce qui ne peut se produire que dans les positions de ce curseur correspondant à un certain parcours avant l'arrivée de la cage à la surface. Le sabre *a* est double de manière à pouvoir être touché alternativement par l'un ou l'autre des deux curseurs inférieurs. Ses dernières endentures sont accrochées pour des vitesses de moins en moins grandes : l'avant-dernière entre en prise à la vitesse de 1 à 2 m. par seconde; la dernière entre en prise, dès que la cage dépasse de 1 m. le niveau de recettes.

Un enregistreur *m* trace une courbe des vitesses qui est interrompue, lorsque l'appareil fonctionne. Un indicateur de vitesse *n* suit les mouvements du régulateur.

1403. Les transmissions mécaniques présentent en général l'inconvénient de la complication et des résistances passives qui peuvent rendre leur fonctionnement trop lent pour prévenir un accident.

Le modérateur de vitesse de M. Reumeaux (fig. 765), basé sur l'emploi des transmissions fluides, échappe à ce reproche. Dans cet appareil, un piston A obturateur de l'arrivée de vapeur est maintenu dans une position qui ouvre le conduit d'arrivée de vapeur, par l'action de deux petits tubes recourbés dont les orifices *a* sont tournés l'un vers le courant et l'autre contre ce dernier. Si le machiniste n'a pas ralenti la vitesse 30 à 40 mètres avant que la cage n'arrive au jour, un doigt D' vient agir, par l'action de la machine, sur une soupape S qui supprime en C la pression de la vapeur.

Le piston obturateur se met en conséquence en mouvement de gauche à droite et provoque automatiquement la fermeture plus ou moins complète de l'arrivée de vapeur. Une tige *f* qui fait corps avec l'obturateur, se termine par une soupape conique qui ouvre en même temps une admission progressive de vapeur sous le piston du frein. Cette dernière disposition est utile en cas de moments négatifs où la pesanteur se substitue à l'effort de la vapeur pour produire la vitesse.

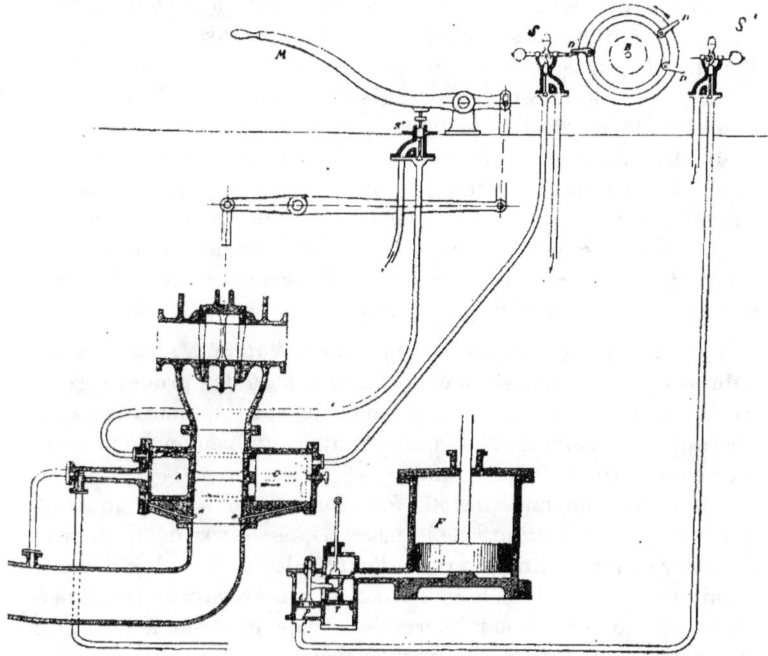

Fig. 765.

Pour éviter l'arrêt complet de la machine, le mécanicien doit rendre de la vapeur, en agissant sur le modérateur au moyen d'un levier M qui produit en même temps, par la soupape s'', l'échappement sur la face postérieure du piston obturateur. Ce dernier est ainsi ramené dans sa position première.

Le même jeu se produit une seconde fois, par l'action du doigt D_2, lorsque la cage est à 1 m. de l'orifice du puits ; mais cette fois le frein est d'abord actionné brusquement, de manière à empêcher la cage de s'élever aux molettes.

1404. Les transmissions électriques, bien que plus délicates, ont l'avantage de l'instantanéité, plus complète même que celle des transmissions fluides. Elles ont été appliquées à Bruay par

M. M. Sohm. A l'approche de la surface, l'indicateur de position des cages détermine un contact électrique qui agit sur un électro-aimant pour fermer un obturateur placé sur l'arrivée de vapeur ; un encliquetage rend cet obturateur solidaire du modérateur qui doit avoir été fermé à la main, pour que l'obturateur redevienne libre. D'autre part si la cage dépasse de 2 à 3 m. l'orifice du puits, elle rencontre un levier qui détermine un contact électrique. Ce contact agissant sur un électro-aimant à contrepoids détermine instantanément le serrage à bloc du frein. Un sabre qui présente certaine analogie avec celui du système Baumann, est mu par un régulateur et, lorsque la vitesse est trop grande à l'arrivée au jour, des touches articulées sur ce sabre sont accrochées par le curseur de l'indicateur à sonneries. Il en résulte un contact électrique qui provoque un serrage gradué du frein par la descente d'un contrepoids.

1405. Dans certains pays (Allemagne, Autriche), les vitesses admises pour la translation des hommes et des produits sont règlementées. C'est une des raisons du succès, dans ces pays, des appareils Rœmer, Baumann et autres qui peuvent fonctionner comme *limitateurs de vitesse*.

L'appareil Baumann (fig. 764) fonctionne comme tel en un point quelconque du parcours de la cage. Dans le cas où la vitesse excéderait un maximum prévu, l'extrémité d du sabre a viendrait en contact avec le levier c et le soulèverait de manière à faire agir le levier e sur l'arrivée de vapeur et sur le frein. Ce maximum étant différent pour la translation des hommes, on peut pendant celle-ci hâter l'action du point d, en plaçant dans la position figurée le levier o, qui devient alors solidaire du levier c. Dans cette position la pièce o fait apparaître un signal qui indique que l'appareil est réglé pour la translation du personnel.

1406. D'autres fois, on se contente d'appliquer à la machine un enregistreur de vitesse tel que le *tachymètre Karlik* qui est d'un usage fréquent en Allemagne et en Autriche et tend à s'introduire en Belgique et en France, par suite de sa grande simplicité. Cet appareil se compose d'un tube à trois branches. La branche centrale d'une section S communique avec deux branches latérales de section s affectant la forme d'une lyre. Ces tubes contiennent du mercure qui au repos prend un certain niveau dans les trois branches. Si l'on donne à ce tube un mouvement de rotation, on sait que la surface liquide prend la forme d'un paraboloïde de révolution dont la courbe génératrice rapportée à son sommet a pour équation :

$$y = \frac{\omega^2 x^2}{2g}$$

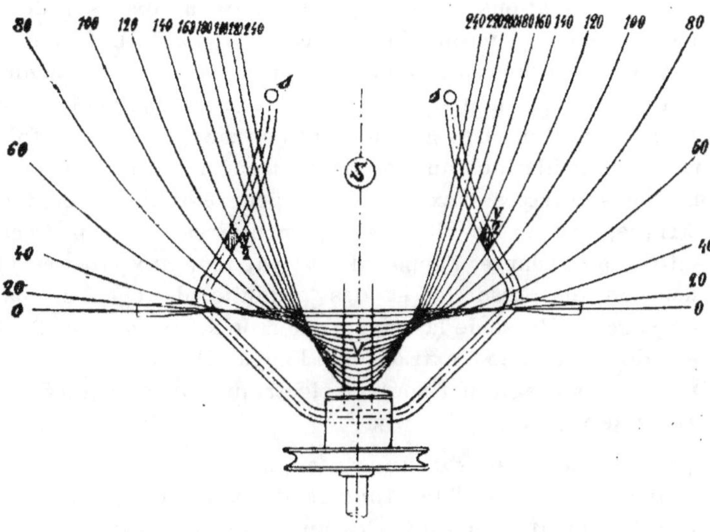

FIG. 766.

En posant $\omega = c\,h\sqrt{2g}$, h étant égal à la distance du sommet de la parabole à la ligne de niveau du mercure, lorsque l'appareil est au repos, on trouve :

$$y = c^2 h^2 x^2$$

Si l'on se donne $y_1\ x_1\ h_1$ les valeurs de $y\ x\ h$ correspondant à la vitesse maxima et que l'on appelle $y_2\ x_2\ h_2$ ces valeurs correspondant à un autre point quelconque, on aura :

$$\frac{y_1}{y_2} = \frac{h_1^2 x_1^2}{h_2^2 x_2^2}\ ;\ \text{d'où}\ x_2 = x_1\,\frac{h_1}{h_2}\sqrt{\frac{y_2}{y_1}} \qquad (\text{I})$$

D'autre part, si l'on écrit que le volume de mercure compris dans le tube central entre les hauteurs h_1 et h_2 s'est divisé entre les deux branches latérales où il occupe une hauteur

$$y_1 - h_1 - (y_2 - h_2)$$

on aura : $\qquad (h_1 - h_2)\, S = 2\,(y_1 - h_1 - y_2 + h_2)\, s$

d'où $\qquad y_2 = y_1 + h_2 - h_1 - \dfrac{h_1 - h_2}{2}\, \dfrac{S}{s}\qquad (2)$

Dans les équations (1) et (2), nous pouvons disposer de la valeur h_2; nous pourrons donc tracer par points la forme de l'axe des branches latérales du tube, en nous imposant comme condition que la dépression h_2 soit proportionnelle à la vitesse de rotation. Dès lors un flotteur suivant dans le tube central les oscillations du liquide peut servir à enregistrer la courbe des vitesses d'extraction et peut établir un contact électrique, lorsque les vitesses règlementaires sont dépassées. Il suffit, pour adapter l'appareil tour par tour aux vitesses de translation du personnel et des produits, de changer par embrayage la vitesse de la transmission de mouvement de l'axe rotatif de la machine d'extraction à l'appareil.

On peut aussi agir par contact électrique sur le frein ou sur l'arrivée de vapeur.

1407. **Parachutes ou arrête-cuffat**. — Pour éviter les conséquences graves d'une rupture de câble, on emploie les parachutes ou arrête-cuffat. Ces appareils sont extrêmement nombreux. Un mémoire de Nitzsch, publié en 1879 par la Société d'encouragement de Berlin, en décrivait déjà 75 types différents. Ces appareils reposent en général sur un même principe. La tension du câble produit celle d'un ressort en acier, qui en se détendant lors d'une rupture, agit sur des organes capables d'arrêter le mouvement.

Le ressort doit être suffisant pour assurer en tout temps l'action du parachute : à l'ascension ce ressort doit donc vaincre l'inertie du câble. Ce ressort sert en même temps à amortir le choc au démarrage.

1408. Les parachutes sont :

$\qquad\qquad$ 1° à *action instantanée*.

$\qquad\qquad$ 2° à *action graduelle*.

Soit v la vitesse acquise par la cage au début de la chute et v_1

la vitesse acquise en vertu de la chute, jusqu'au moment de la prise du parachute.

A la descente, la demi force vive à amortir est $\dfrac{P}{g} \dfrac{(v + v_{1})^2}{2}$.

A la remonte, la cage continue à s'élever après la rupture, et la chute commence à une vitesse $v = o$; la demi force vive à amortir est donc $\dfrac{P}{g} \dfrac{v_{1}^2}{2}$.

Pour amortir cette force vive, il faut un travail Rx, produit de la résistance R par le chemin parcouru x; l'on voit que si l'arrêt est instantané, le chemin x est égal à o et la résistance R doit être infinie.

Il s'ensuit que les parachutes à action instantanée ne peuvent agir, quelle que soit d'ailleurs la résistance du guidonnage appelé à recevoir leur action, pour peu que la vitesse soit importante.

1409. Le premier parachute qui fut essayé, était à action instantanée ; c'était le parachute C. Buttgenbach installé au charbonnage des Six-Bonniers, à Seraing, en 1846.

Dans ce système, le ressort tendu par le câble provoquait le retrait de deux verroux qui, au contraire, faisaient saillie, en cas de détente du ressort et venaient reposer sur des échelons ou sur les dents d'une crémaillère formant guide. Ce parachute, tout défectueux que fût son principe, a fonctionné et a même sauvé des hommes aux Six-Bonniers, lors d'une rupture de câble qui se produisit au moment où la cage apparaissait au jour, c'est-à-dire où la vitesse était presque nulle. Il n'est plus appliqué aujourd'hui que dans certains élévateurs où les charges sont peu considérables et les vitesses très faibles.

L'arrêt instantané pourrait d'ailleurs avoir des conséquences graves pour les hommes enfermés dans la cage, par suite même du choc qui en résulte.

1410. Les parachutes à action graduelle permettent à la cage de décrire un chemin x avant l'arrêt et peuvent par suite fonctionner, tout au moins à la remonte, lorsque la force vive à détruire n'est pas rendue excessive par l'addition de la vitesse propre de la cage v à la vitesse de chute v_{1}. On voit en tout cas combien il est désirable que la vitesse soit ralentie, lors de la descente des hommes, surtout lorsque la cage est munie d'un parachute.

Les parachutes à action graduelle se divisent en parachutes à *pénétration* et à *frottement*.

1411. Les parachutes à pénétration agissent sur la face d'un guide en bois ou sur ses parois latérales.

Au premier genre appartient le parachute Fontaine, encore assez répandu en France. En se détendant, le ressort provoque la saillie d'une griffe qui vient labourer la face antérieure du guide jusqu'à ce qu'elle s'y implante. Ce système a l'inconvénient d'endommager le guide et même en certain cas de provoquer sa flexion. Dans ce dernier cas, la griffe cesse de mordre et la cage retombe.

1412. Les parachutes à pénétration sur les faces latérales des guides détériorent moins ces derniers et suppriment l'inconvénient de la flexion. Les fig. 767 et 768 représentent le parachute Libotte. Lorsque le ressort A B se détend, les leviers C s'abaissent et les deux griffes opposées E s'arcboutent en pénétrant dans le guide ; mais l'arrêt se produisant en définitive par implantation des griffes dans le bois est presque instantané et n'échappe pas au reproche présenté ci-dessus.

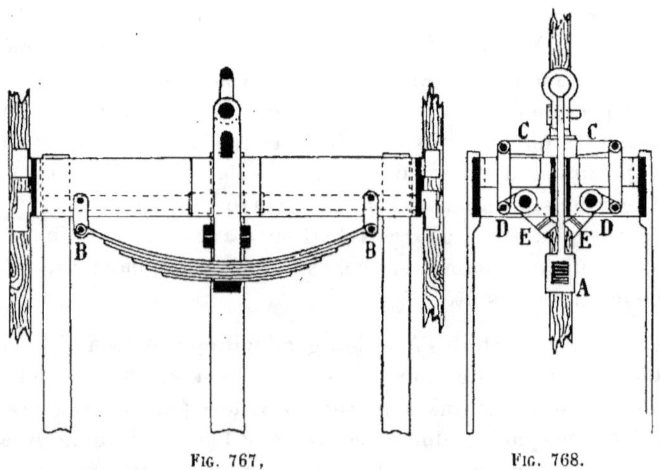

Fig. 767,   Fig. 768.

1413. On remplace souvent les griffes par des cames excentriques à cannelures ou à pointes de plus en plus obtuses,

s'implantant progressivement dans les faces latérales du guide.
Ce système est applicable aux guides métalliques. L'excentri-
cité de la came devant augmenter au fur et à mesure de sa
rotation, le profil en développante de cercle est tout indiqué,
mais le tracé variera suivant que l'on a des guides en bois ou en
fer (fig.769). Les axes de rotation des cames subissent toutefois

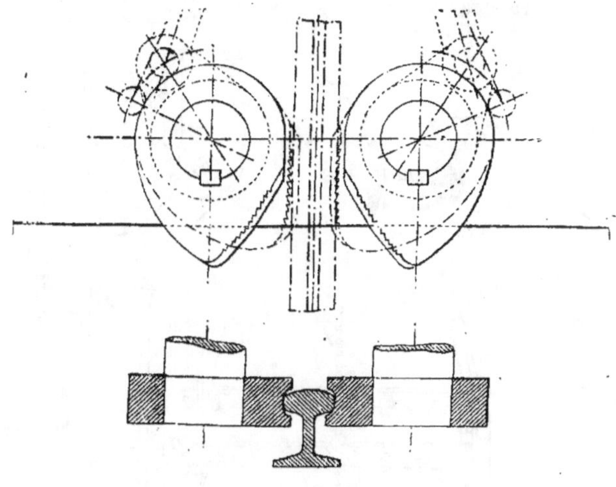

FIG. 769.

un effort de cisaillement considérable et il est facile de voir que
cet effort augmente avec le carré de la vitesse acquise. C'est
pourquoi le fonctionnement à la descente reste douteux.

1414. Comme intermédiaire entre les parachutes à pénétration
et à frottement, on peut citer le parachute Hypersiel (fig. 770 à
772) fréquemment appliqué en Belgique avec le guidage Briart.
Ce parachute agit par une fourche c à paroi intérieure dentelée
dont l'ouverture va en se rétrécissant vers le fond. Pendant la
translation, cette fourche est maintenue verticale et à une
certaine distance du guide, par un ressort spiral faible contenu
dans la boîte e (fig. 772). Au moment de la rupture, un ressort
spiral plus puissant agit en sens contraire du précédent pour
relever la fourche jusqu'à l'horizontale par l'intermédiaire du
levier k; elle s'enfonce ainsi de plus en plus sur le guide, en
provoquant à la fois une friction énergique et même la pénétration des dents dans le métal. Les figures montrent l'applica-

tion de ce système à un guidage Briart unilatéral. Dans ce cas, la contrepression est entièrement supportée par la main courante *d* placée immédiatement au-dessus de la griffe *c*.

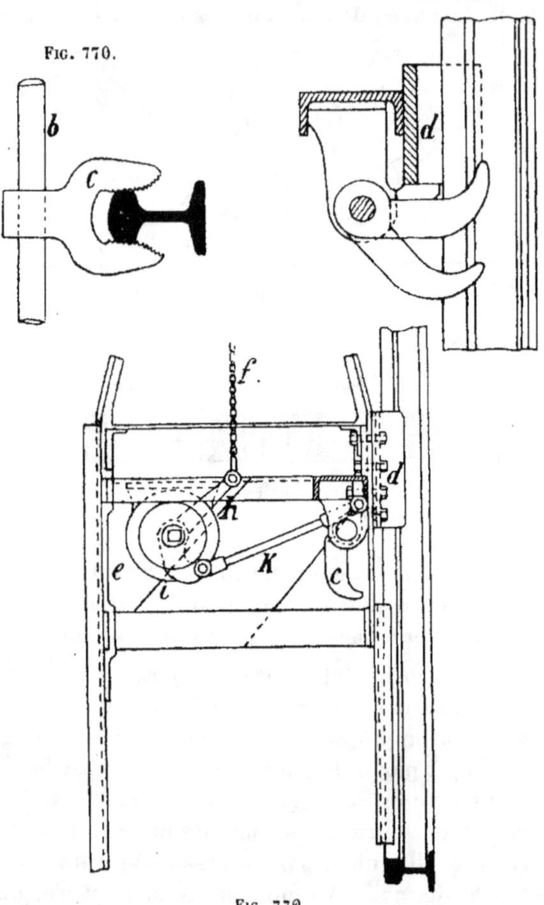

FIG. 770.

FIG. 771.

FIG. 772.

1415. Le fonctionnement des parachutes à frottement est basé sur l'insertion d'un coin entre le guide et un sabot d'acier incliné faisant partie de la cage (Fourdrinier 1851). Un parachute Libotte à friction reposant sur ce principe (fig. 773) n'est pas moins répandu en Belgique que le parachute Libotte à pénétration ; les sabots d'acier contre lesquels agit le coin, ont l'inconvénient d'alourdir beaucoup la cage.

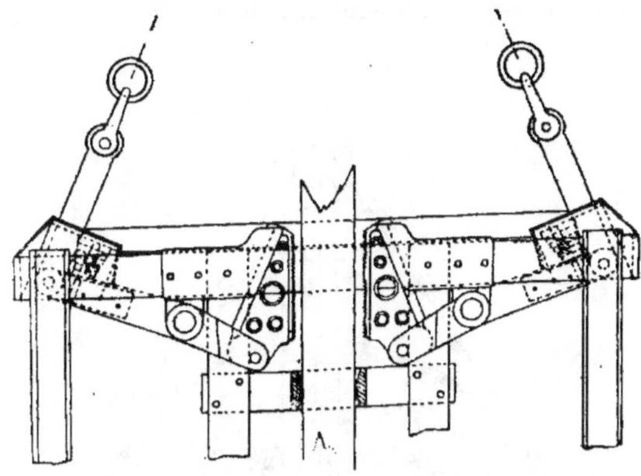

FIG. 773.

Le parachute Marbais (fig. 774) du même genre employé dans le bassin de Charleroi est spécialement disposé pour agir sur le guidage Briart ; les coins A sont mis en mouvement par l'action d'une crémaillère C sur les pignons D, au moment de la détente du ressort E.

Les coins s'engagent entre des sabots en acier et la paroi latérale intérieure d'une main courante M reçoit l'effort des deux rails guides du bourrelet. Le soulèvement des coins est déterminé par l'action des leviers G et H qui suivent le mouvement des pignons.

Un système analogue a été quelquefois appliqué en Allemagne sur les guides formés de câbles métalliques.

Le principe du parachute à friction est irréprochable ; car avec un angle convenable du coin, le chemin parcouru peut être assez grand pour que la résistance soit relativement limitée, quelle que soit la vitesse.

Bien que plusieurs des systèmes décrits puissent agir sur des guides métalliques, on emploie souvent en France, malgré la dépense d'installation qui en résulte, un double guidage en fer et en bois avec parachute agissant exclusivement sur ce dernier.

1416. L'action directe d'un ressort d'acier étant toujours problématique et dépendant essentiellement de l'état moléculaire du métal, on a cherché à supprimer le ressort ou tout au moins à baser le fonctionnement du parachute sur l'action indirecte d'un ressort indépendant du câble.

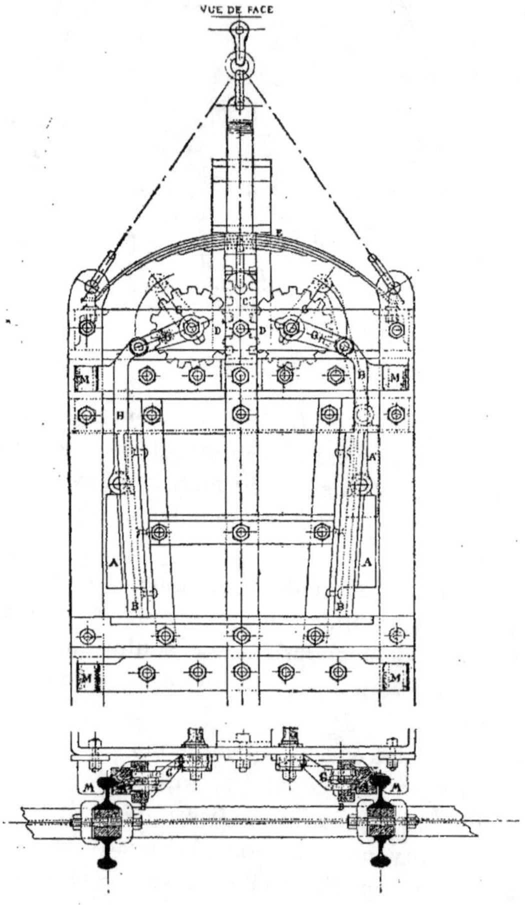

Fig. 774.

A Moresnet, MM. Krauss et Kley ont substitué au ressort en acier une plaque de tôle qui subit l'influence de la résistance de l'air, en cas d'accélération de la vitesse de chute et agit ainsi sur des griffes excentriques.

Dans le parachute Calow, employé aux mines de fer du

Cleveland (fig. 775), un poids P charge un ressort, quand la cage est en repos ou animée d'une vitesse modérée. Si cette vitesse augmente par suite d'une rupture de câble, le poids P reste en retard ; car un poids tombant avec le corps sur lequel il repose, ne pèse plus sur ce corps. Le ressort en se détendant agit alors sur des griffes excentriques.

Dans le parachute Cousin, essayé à Bernissart et à Anzin, un câble plat en aloès dont une extrémité est amarrée au fond du puits, passe sur une poulie fixée sur le chassis et porte à son autre extrémité une série de poids reliés entre eux par des chaînes, de manière à entrer successivement en charge. En cas de rupture du câble d'extraction, un coin agissant par l'action d'un ressort cale la cage sur le câble précité ; le poids de la

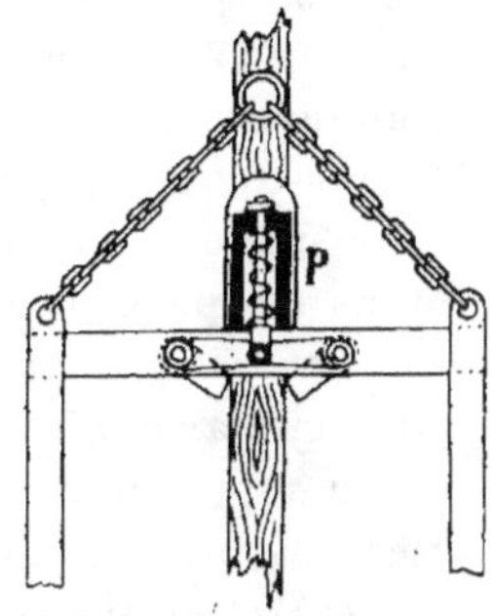

FIG. 775.

cage met ce câble en mouvement et fait successivement entrer en charge les poids jusqu'à l'arrêt complet. Indépendamment de l'encombrement et du prix élevé d'une telle installation, le choc dû à l'inertie d'un câble pesant et de contrepoids, rend l'efficacité d'un tel système problématique.

M. Henry a enfin imaginé un moyen d'amortir la force vive acquise par la cage, en faisant porter celle-ci sur un piston par l'intermédiaire d'une colonne liquide. La tige de ce piston étant fixée par un parachute à came excentrique sur le guide, au moment de la rupture, le poids de la cage pèse entièrement sur la colonne liquide qui transmet cette pression à quatre sabots faisant frein ou à des cames excentriques. Cet appareil a été essayé au charbonnage du Hasard ; un appareil enregistreur de la vitesse de la cage a démontré que l'arrêt est progressif.

1417. On reproche souvent aux parachutes de fonctionner intempestivement, lorsque la vitesse s'accélère ou lorsque la charge est faible et la vitesse considérable, ou encore pendant les manœuvres des cages. Il peut en résulter un véritable danger en cas de descente trop rapide ; car le parachute entrant en prise et le câble qui continue à se dérouler, venant surcharger

37

la cage, peut provoquer la rupture du câble. C'est pourquoi l'on cale souvent le parachute pendant l'extraction du charbon ou des pierres, pour le décaler ensuite pendant la translation des hommes. A Lens, quand le parachute est décalé, un voyant informe les ouvriers que la cage en est munie.

A Bessèges, M. Marsaut a construit dans le même but un parachute amovible monté sur un petit chariot qui sert à l'introduire dans le haut de la cage, au moment de la translation des hommes, et à l'en retirer au moment de l'extraction du charbon. Cette disposition remédie au reproche que l'on peut adresser à tous les parachutes, de surcharger le poids mort des cages pendant l'extraction. Elle permet en outre de maintenir le parachute en parfait état d'entretien.

Aucun parachute ne présente en somme une sécurité absolue, et cet engin peut même, dans certain cas, devenir une cause de danger; c'est pourquoi l'on rencontre beaucoup d'ingénieurs hostiles à son emploi. L'emploi d'un parachute ne doit en tout cas jamais être l'occasion d'une négligence coupable, au point de vue de l'entretien, ou d'une exagération de la durée des câbles.

FAHRKUNST.

1418. La *Fahrkunst* fut inventée par Dœrell de Zellerfeld en 1833. A cette époque, les mines du Harz avaient déjà atteint 600 m. de profondeur. On descendait dans les puits inclinés à l'aide d'échelles dont les inconvénients étaient très sensibles à cette profondeur (cf. n° 1393). Dœrell eut l'idée de mettre des paliers sur les tiges conjuguées des pompes. Entre ces tiges, se trouvait placée une échelle que l'on enjámbait pour passer d'une tige sur l'autre.

En 1841, les fahrkunst furent introduites dans le Cornwall, sous le nom de *man engines*, et construites au moyen de tiges verticales portant des paliers ne laissant entre eux qu'un faible jeu.

En 1845, les fahrkunst furent introduites en Belgique sous le nom de *warocquières* et considérablement perfectionnées.

Elles sont aujourd'hui de plus en plus rarement employées, tout au moins dans les mines de houille.

On les divise en *fahrkunst à simple tige* ou à *double tige*.

1419. Dans une fahrkunst à simple tige (fig. 776), les paliers portés par une tige unique, animée d'un mouvement de va et vient, s'arrêtent en regard de paliers fixes, sur lesquels l'homme amené par le palier mobile prend place pour attendre le palier mobile suivant. Dans ce système, les paliers mobiles sont distants d'une longueur de course l.

Dans une fahrkunst à double tige (fig. 777), les paliers portés par deux tiges animées d'un mouvement alternatif en sens inverse, s'arrêtent en regard l'un de l'autre. L'homme passe alors d'un palier mobile sur un autre palier mobile. Il ne subit donc pas d'arrêt dans sa translation : les paliers sont espacés, sur chaque tige, de $2\,l$. Dans l'un et l'autre système, le nombre de paliers mobiles est donc le même.

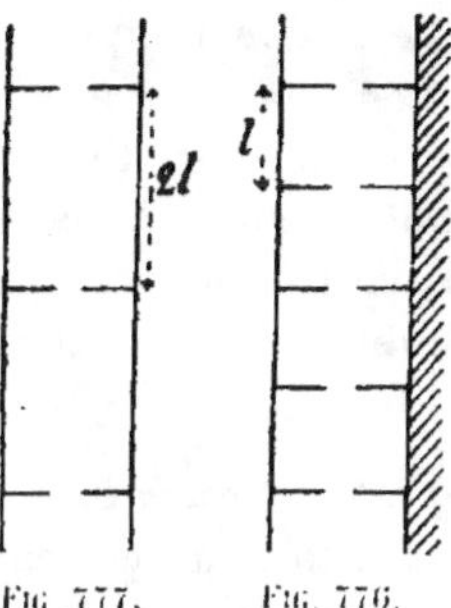

Fig. 777.   Fig. 776.

1420. **Débit d'une fahrkunst.** — On entend par débit d'une fahrkunst le nombre d'ouvriers qu'elle transporte en un temps donné à une profondeur donnée.

Soit T le temps nécessaire pour la descente d'un poste de N ouvriers à une profondeur L et soit t la durée d'une course simple de longueur l. Quelque soit le système de la fahrkunst, le nombre de paliers mobiles $n = \dfrac{L}{l}$.

Cherchons d'abord quel est le débit d'une fahrkunst à double tige.

La durée de la descente du premier ouvrier est $tn = t\,\dfrac{L}{l}$.

Chaque ouvrier suivra le premier, après un temps $2t$, durée d'une course double, et l'on aura :

$$T = t\,\frac{L}{l} + 2t\left(N-1\right)$$

Sur une fahrkunst à simple tige, en appelant t' la durée d'une course simple, le premier ouvrier arrivera au fond après un temps $2t'\,\dfrac{L}{l}$ et chacun des autres suivra, comme ci-dessus, après un temps $2t'$, de sorte que l'on aura pour la durée totale T' de la descente du poste :

$$T' = 2t' \frac{L}{l} + 2t' \left(N - 1 \right)$$

On voit qu'en supposant $t' = t$ la différence ne porte que sur le temps de la descente du premier ouvrier. Mais la vitesse peut être plus grande avec une fahrkunst à simple tige qu'avec le système à double tige ; car le passage d'un palier mobile sur un palier fixe ou vice-versa demande un temps d'arrêt ou un ralentissement moindre que le passage d'un palier mobile sur un palier qui se meut lui-même en sens inverse. Le débit peut donc être à peu près égal.

1421. **Course.** — Il y a évidemment avantage à faire usage de longues courses ; car le nombre de passages sera moindre et la tige, portant moins de paliers, aura moins de poids mort. Dans les fahrkunst primitives du Harz, la course ne dépassait pas $1^m.20$ à 2 m. Elle est de 4 m. dans les warocquières et de 5 m. dans la fahrkunst de Bascoup, la dernière qui ait été construite en Belgique. Dans la fahrkunst la plus récente du Harz, elle est restée de 4 m.

1422. **Tiges.** — Les tiges des fahrkunst primitives du Harz, maîtresses-tiges des anciennes machines d'épuisement mues par roues hydrauliques, étaient en bois. Il en était de même des tiges des fahrkunst du Cornwall et de nos warocquières.

La construction de ces tiges ne différait pas de celle des machines d'épuisement. Elles étaient en pièces de chêne de 12 m. ou de sapin de 20 à 25 m., de $0^m.20$ à $0^m.30$ d'écarissage.

Les paliers des warocquières remplissaient toute la section d'un compartiment du puits, sauf l'emplacement d'une voie d'échelles fixées contre la paroi. Ils étaient à charnière sur le devant et recouverts de tôles à aspérités.

Les paliers peuvent être construits pour un homme ou pour deux hommes. Dans ce dernier cas, la fahrkunst peut servir simultanément à la descente et à la remonte, le croisement pouvant se faire sur un palier.

Pour un seul ouvrier, le palier mesure $0^m.40$ à $0^m.45$ sur $0^m.60$ à $0^m.65$. Pour deux hommes, il aura $1^m.10$ sur $0^m.55$. Lorsque les paliers sont doubles, il s'établit sur la fahrkunst, à certaines heures du jour, un courant montant et un courant descendant; les paliers peuvent même à cet effet être divisés en deux par une balustrade.

Les tiges en bois ont été souvent remplacées par des tiges multiples en fer, plus légères et moins encombrantes. Celles-ci sont en fers ronds (Bascoup), plats (Harz, puits Kœnigin-Marie) ou profilés (Harz, puits Kaiser Wilhelm II). Au puits Samson de St-Andreasberg, les tiges sont formées de cables en fil de fer, de manière à présenter assez de flexibilité pour suivre les sinuosités du puits. Il en est de même au Mansfeld.

Les tiges sont guidées de distance en distance et notamment auprès du dernier palier, pour éviter le ballottement de l'extrémité. Elles sont munies de patins de retenue, comme celles des machines d'épuisement.

Dans les fahrkunst à double tige, les tiges sont rendues solidaires de distance en distance, de manière à s'équilibrer et à fournir des courses rigoureusement égales.

Dans les fahrkunst primitives du Harz, cet équilibre était obtenu par des balanciers et des chaînes, mais ce système ne peut convenir que pour de très faibles courses. Avec de grandes courses, il faut recourir à des poulies doubles sur chacune desquelles passe une chaîne reliée de part et d'autre à chaque tige. Au Cornwall, les tiges étaient parfois réunies par un pignon tournant entre deux crémaillères.

Ces systèmes supposent une grande égalité de vitesse entre les deux tiges, égalité qui ne peut être obtenue avec toute espèce de moteur. Lorsque ce dernier établit une indépendance complète de mouvement des deux tiges, on a recours, comme au puits Kaiser Wilhelm II du Harz, à des balanciers hydrauliques aa (fig. 778 et 779) placés de distance en distance (100 m. environ) sur les tiges. Il est indispensable que ces balanciers soient soigneusement alimentés, pour que les courses des tiges restent toujours égales (cf. n° 1426).

1423. ***Moteurs***. — Les moteurs des fahrkunst sont à *traction directe* ou à *rotation*.

Les moteurs des anciennes fahrkunst belges étaient à traction directe. C'est encore le cas des warocquières qui subsistent

L'avantage principal de la rotation est que la course est strictement limitée. Les machines rotatives permettent une marche plus rapide que les machines à traction directe, ce qui est notamment avantageux pour les fahrkunst à une tige.

Dans les machines rotatives, la vitesse peut atteindre 1 m. par sec., tandis que dans les machines à traction directe, elle ne dépassait pas $0^m.50$.

Elles permettent de combattre l'accélération produite par la descente du personnel au moyen de la contrevapeur, et de marcher à détente ; les machines à traction directe à pleine pression étaient d'autant moins économique que les proportions des cylindres de grande course et faible diamètre étaient très défectueuses.

1425. ***Fahrkunst à transmission hydraulique.***—Dans les fahrkunst les plus récentes, on a adopté les transmissions hydrauliques déjà préconisées par A. B. de Vaux ([1]).

Dans celle de Bascoup (fig. 781 à 783), un moteur rotatif à vapeur et à détente A foule alternativement de l'eau sous deux pistons plongeurs G qui supportent les tiges. Les deux colonnes d'eau jouent ainsi le rôle de deux maîtresses-tiges liquides dont les pertes doivent être constamment réparées par une alimentation automatique. Les rapports de diamètre des pistons foulants E et des pistons plongeurs G règlent le rapport de leurs courses, de telle sorte que la course des pistons foulants étant de 1 m., celle des pistons plongeurs est de $5^m.20$. Les paliers sont fixés à 10 m. de distance sur les tiges, de sorte qu'ils se dépassent respectivement de $0^m.10$, ce qui prolonge le temps pendant lequel le passage peut s'effectuer et permet d'augmenter la vitesse qui est de $0^m.80$ à $0^m.90$.

1426. Au puits Kaiser Wilhelm II à Clausthal, destiné à atteindre 900 m., il existe un système analogue mu par un moteur à colonne d'eau, placé au niveau de la galerie Ernest Auguste, à 360 m. de profondeur.

Cette machine (fig. 784) se compose de 4 systèmes doubles

([1]) *Revue Universelle des mines*, 1re série, t. X, 1861.

de cylindres moteurs A qui donnent aux deux pistons foulants D un mouvement alternatif et mettent en mouvement deux pistons plongeurs qui supportent les tiges comme ci-dessus.

Fig. 781.

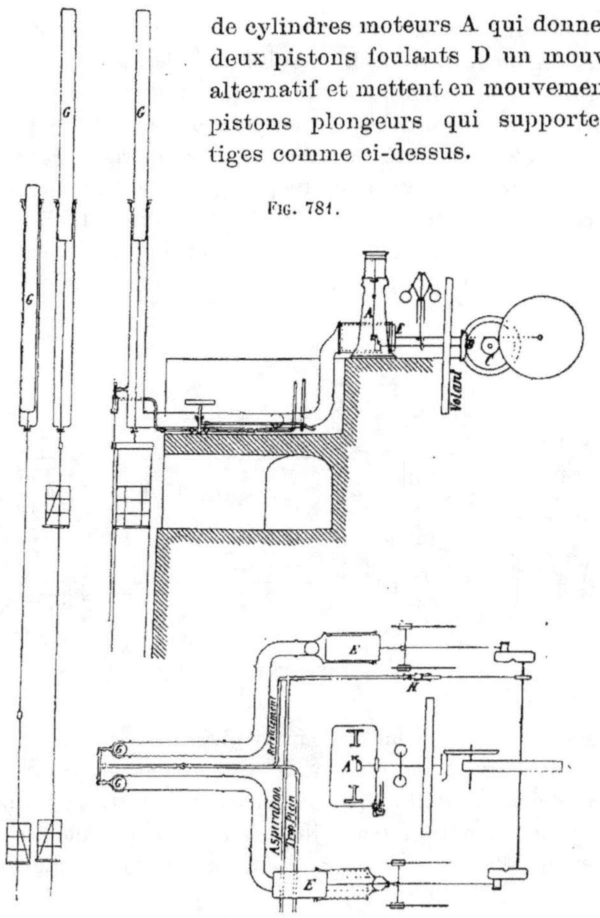

Fig. 782.   Fig 783.

Chaque système moteur se compose de deux pistons différentiels A de $0^m.128$ et S de $0^m.183$ de diamètre. Les pistons foulants D ont $0^m.510$ et les pistons plongeurs reliés aux tiges $0^m.30$. La course de ces derniers est de 4 m.

Ces machines à colonne d'eau sont pourvues d'un petit volant dont le seul but est de permettre la distribution par excentriques.

Du côté opposé se trouve un accélérateur à air comprimé, analogue à l'accélérateur Bochkoltz (cf. n° 1293) qui régularise le travail de la machine. L'alimentation des maîtresses-tiges liquides est combinée avec celle des balanciers hydrauliques d'équilibre dont il a été question ci-dessus (fig. 778 et 779), de manière à donner lieu à un trop plein dont l'écoulement sert d'indicateur de la bonne marche de l'appareil. L'alimentation de ces balanciers se fait par un tuyau b. Les tuyaux b de chaque balancier sont alimentés par le trop plein du premier tuyau.

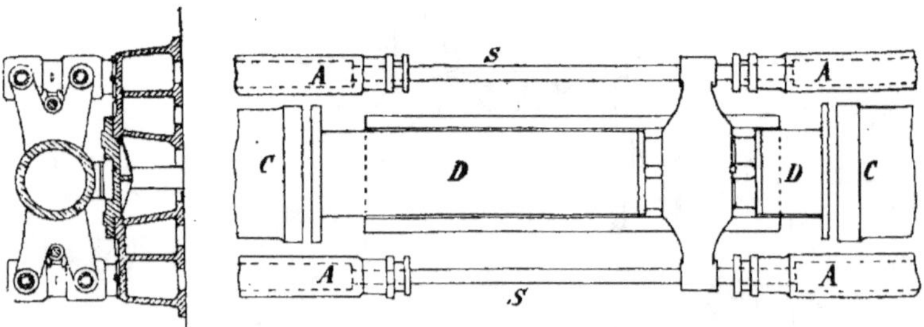

Fig. 784.

L'avantage de ce moteur multiple est de pouvoir proportionner le travail moteur au travail résistant, en admettant l'eau motrice sur tout ou partie des cylindres. Les cylindres qui ne sont pas en action travaillent à vide, aspirant et refoulant simplement l'eau dans un bac où se fait la décharge d'eau motrice.

Par suite de la situation de cette machine à 360 m. de profondeur, les tiges sont divisées en une partie supérieure de 360 m. et une partie inférieure qui mesure actuellement 377 m.

Pour maintenir la partie supérieure des tiges sous traction, elles sont munies de balanciers contrepoids pesant 10.000 kil. Les tiges s'équilibrant mutuellement, elles sont soumises à une traction correspondant à ce poids. Les tiges inférieures actionnent une pompe aspirante et soulevante capable d'élever 300 m³. par minute à 270 m. de hauteur, cette pompe exerce également un effort de traction sur ces tiges ; cette pompe ne marche pas pendant la remonte du personnel.

Cette fahrkunst donne 4 coups par minute et marche à une vitesse moyenne de o^m.53.

1427. *Travail utile*. — Le travail utile d'une fahrkunst est donné par :

$$\frac{n.\,70\,\text{kg} \times v}{75}$$

où n représente le nombre de paliers mobiles, 70 kil. le poids moyen d'un homme et v la vitesse. Pour déterminer les éléments de la machine motrice, on ne peut admettre un coefficient d'effet utile de plus de o^m.60, eu égard aux nombreuses résistances passives.

1428. Il n'a plus été construit de fahrkunst en Belgique depuis 1876, date de l'établissement de celle de Bascoup. On a plutôt supprimé depuis lors la plupart de celles qui existaient, pour installer des puits de service.

De même en Allemagne, il n'en existe plus guère dans les houillères. Il en est autrement dans les mines métalliques profondes (Harz, Freiberg, Mansfeld, Kongsberg en Norwège) où ce système permet de débiter des ouvriers à différents niveaux, sans gêne, ni perte de temps. La vitesse de translation n'est guère plus rapide qu'avec les échelles. Au point de vue de la sécurité, les fahrkunst sont d'ailleurs le système de translation le plus dangereux, comme le montrent les statistiques dressées en Allemagne sur le nombre de victimes, comparé au nombre d'ouvriers se servant d'un même mode de transport.

Voici les chiffres relatifs à la décade 1891-1900.

Par 10.000 ouvriers se servant habituellement des modes de tranlation suivants, le nombre d'ouvriers tués a été :

Sur les échelles. o.99
» câbles o.63
» fahrkunst 2.17

Et ces chiffres ne représentent pas un état d'amélioration ; car dans la décade précédente, 1881-1890, le nombre de victimes était :

Sur les échelles o.66
»   câbles o.6o
»   fahrkunst 1.96

On voit que le degré de sécurité des fahrkunst et même des échelles est très inférieur à celui des câbles.

SECTION VIII.

Manutentions des produits à la surface.

***

1429. La recette d'un puits d'extraction doit être établie assez haut pour que tous les transports se fassent en descente. Une hauteur de 6 à 9 m. au dessus des rails du chemin de fer servant aux expéditions suffit pour les chargements; mais il faut 8 à 9 m., si l'on doit établir un triage.

Si l'on n'expédie pas au fur et à mesure de l'extraction, il faut emmagasiner la production. Pour emmagasiner le tout-venant, on le déverse sur le sol du haut des *estacades* ou *ponts* qui sont disposés de manière à emmagasiner au-dessous d'eux et latéralement. La disposition des magasins dépend de celle des voies de chemin de fer par lesquelles sont expédiés les produits. Ces voies sont situées entre les estacades, de même que les voies charretières, autant que possible en contrebas du sol sur lequel repose le magasin.

Les stocks de charbon emmagasinés sur sol doivent être aérés au moyen de canaux, maintenus ouverts par des planches et des veloutes pour prévenir les incendies spontanés. Il est bon d'abriter les tas du côté des vents dominant. Il faut éviter aussi de charger du charbon frais sur des tas anciens.

1430. *Estacades.* — Les estacades sont construites : 1° en bois, 2° en métal et 3° en maçonnerie.

Les estacades en bois s'altèrent rapidement, surtout lorsque les montants sont engagés dans le charbon; elles sont en outre sujettes aux incendies.

Les estacades métalliques sont aujourd'hui d'un usage général. On les construit quelquefois sur colonnes en fonte creuses percées de trous pour faire cheminées et favoriser la circulation de l'air dans les tas (Trieu-Kaisin); la construction qui prédomine, est celle de charpentes métalliques en fers profilés auxquelles on peut donner un grand caractère de légèreté (¹).

Les piliers en maçonnerie ont l'inconvénient d'occuper beaucoup d'espace utile; on les construit généralement en arcades et on leur donne une épaisseur de 0ᵐ.5o à la base. Leur seul avantage est de créer des barrages de nature à localiser les incendies.

Par manque d'espace, on a quelquefois établi des ponts amovibles autour d'un pivot central et montés sur galets à l'extrémité du rayon, de manière à former des tas circulaires. Un pont de ce genre de 19 m. de long, situé à 7 m. au-dessus du sol, permet à la Concorde (Jemeppe) d'emmagasiner 8ooo tonnes.

Les pont sont munis de rails et de planchers à claire voie pour la circulation du personnel.

1431. *Culbuteurs.* — Le versage des wagonnets se fait généralement au moyen de culbuteurs à la main ou mécaniques.

Les culbuteurs sont à poste fixe ou amovibles. Ils culbutent d'arrière en avant (culbuteurs frontaux) ou latéralement (culbuteurs latéraux).

Les culbuteurs à poste fixe s'emploient à la tête des installations de triage ou pour le chargement du tout-venant à wagon ou à bateau. Dans les culbuteurs frontaux, le wagon est maintenu au moyen de rails recourbés embrassant les roues ou au moyen d'arrêts spéciaux. Des traverses supérieures maintiennent la caisse du wagonnet et la supportent, quand le wagonnet a fait un demi-tour. Le culbuteur tourne sur un axe disposé de telle sorte qu'il se trouve au-dessous du centre de gravité du wagonnet, quand ce dernier vient d'être vidé. Il faut ainsi une très faible impulsion pour ramener le culbuteur dans sa position primitive.

On préfère en général les culbuteurs latéraux aux culbuteurs frontaux, parce que la largeur du wagonnet étant moindre que sa longueur, le mouvement à une moindre amplitude et donne lieu à moins de projections. De plus le charbon tombe

---

(¹) Voir H. DECHAMPS. *Principes de la construction des charpentes métalliques.*

sur une plus grande largeur, ce qui est spécialement avantageux dans les triages sur grilles. Enfin, ce système ménage l'espace et économise la main d'œuvre, parce que le wagonnet peut traverser le culbuteur et continuer son chemin, après que le culbuteur a fait un tour complet sur lui-même.

Le culbuteur est dans ce cas porté sur des galets par deux cercles en fer. Il est généralement muni d'un frein à ruban. La disposition de l'axe est telle que le centre de gravité du wagonnet plein, engagé dans le culbuteur, soit au-dessus de l'axe et que le centre de gravité du wagonnet vide soit en-dessous de l'axe. La manœuvre du culbuteur qui fait une révolution complète est ainsi grandement facilitée.

1432. Ces culbuteurs sont souvent mus mécaniquement. Il existe pour cela plusieurs dispositions dont l'une des plus simples est celle de M. Guinotte (fig. 785). L'un des galets *b* portant

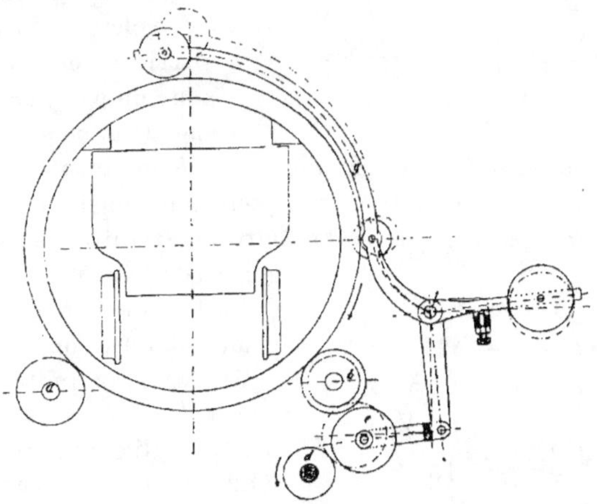

Fig. 785.

une des couronnes terminales reçoit par friction le mouvement d'un arbre de couche *c*, au moyen d'un galet parasite *e* que l'on intercale entre le galet porteur et une poulie *d* fixée sur l'arbre moteur, en soulevant le levier à contrepoids *g* qui fait frein.

Le mouvement des culbuteurs mécaniques est plus lent et plus régulier que celui des culbuteurs à main. On peut disposer la transmission de telle sorte que le mouvement soit rapide au début pour se ralentir au moment du versage, et inversement accéléré pendant le relèvement du wagon vide (culbuteur Rigg). Le charbon est ainsi mieux ménagé pendant le versage, alors même qu'on y culbute des charges plus fortes et la main d'œuvre est considérablement réduite.

Dans le but d'augmenter les quantités culbutées dans un temps donné, on a construit des culbuteurs à deux wagonnets placés latéralement dont l'un a les roues en l'air, lorsque l'autre les a en bas.

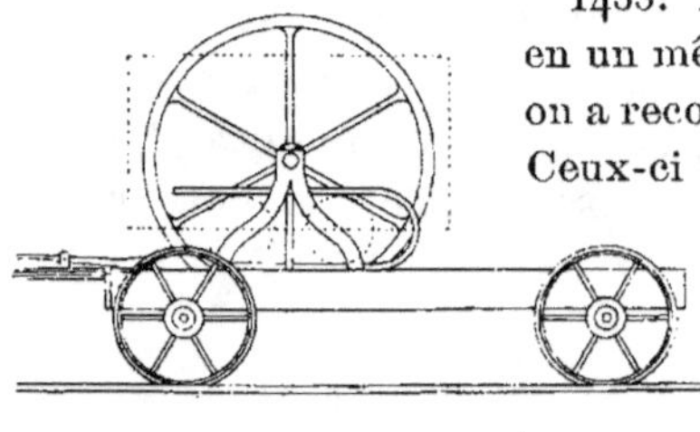

Fig. 786.

1433. Lorsqu'on ne peut culbuter en un même point tous les wagonnets, on a recours aux culbuteurs amovibles. Ceux-ci sont montés sur un chariot à déplacement longitudinal ou latéral. Les essieux de ce chariot doivent être suffisamment écartés pour ne pas gêner le versage (fig. 786).

Les culbuteurs amovibles sont eux-mêmes frontaux ou latéraux. On les emploie notamment pour emmagasiner le long des estacades ou pour répartir la matière extraite sur plusieurs grilles de triage.

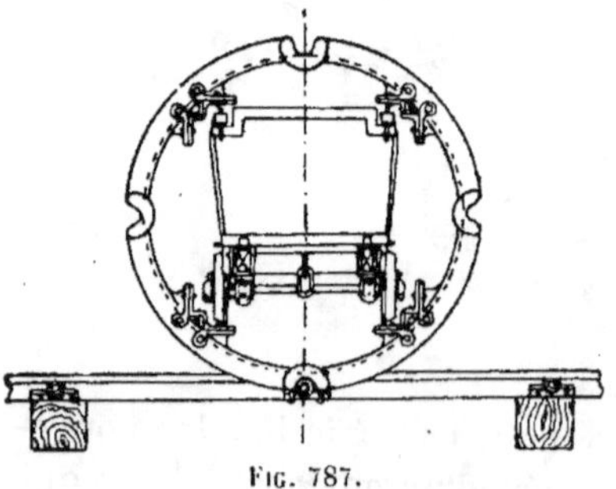

Fig. 787.

Au lieu de chariots à déplacement latéral, on a construit, à Bessèges, et imité dans diverses houillères des verseurs latéraux (fig. 787) roulant sur leurs couronnes terminales, de manière à basculer les wagonnets qui y sont engagés, à une demi circonférence de distance du point d'entrée. Celui-ci pouvant lui-même varier, ces culbuteurs peuvent desservir un magasin d'assez grande longueur. Ce système peut-être appliqué par exemple pour desservir des batteries de chaudières.

On emploie souvent, dans les mines métalliques, des wagonnets basculeurs dont la caisse de forme évasée est portée sur un ou deux tourillons. Pendant le transport, la caisse est maintenue par un embrayage. Au moment de basculer, on désembraie; un frein, souvent constitué par un pignon se mouvant sur une crémaillère, empêche le basculage trop rapide et les chocs qui en seraient la conséquence.

Un wagonnet de ce genre à 8 tourillons (4 sur chaque face terminale dont deux simultanément en prise) permet un mouvement très doux même sans le secours d'un frein (fig. 788); les tourillons sont en effet disposés de manière que le moment a du centre de gravité G, pris par rapport au centre d'oscillation, reste sensiblement constant.

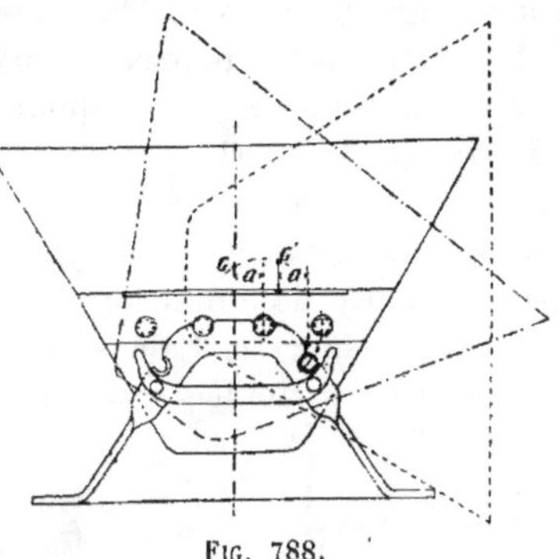

Fig. 788.

CHARGEMENTS.

1434. ***Chargements sur wagons de chemins de fer.*** — Le chargement du tout-venant sur wagons peut se faire par culbuteurs à poste fixe. Il convient dans ce cas de disposer de deux culbuteurs parallèles ou d'un culbuteur amovible, pour ne pas déplacer le wagon pendant le chargement; le charbon est conduit au wagon par un couloir incliné de 35 à 45°, de manière à ne pas se briser.

Le chargement des wagons peut aussi se faire par reprise au tas. Dans ce cas, la voie est disposée en contrebas du niveau inférieur des tas et l'on charge à la brouette ou au panier, en reliant le bord du wagon au sol au moyen d'une planche. Tous ces moyens exigent beaucoup de main-d'œuvre et ne permettent pas le chargement rapide d'un grand nombre de wagons, qui est absolument indispensable dans les grands charbonnages.

Le meilleur système consiste, pour le réaliser, à installer des trémies en contrehaut de la voie, permettant un emmagasinage momentané, en attendant l'arrivée du matériel de chemin de fer. Chaque trémie ayant la largeur et la contenance d'un wagon, le chargement d'un train entier peut se faire très rapidement, si l'on possède des trémies en nombre suffisant. Avec une hauteur de recette suffisante, on peut même installer des grilles de triage au-dessus de ces trémies; mais pour les produits triés ou lavés, on emploie ordinairement des tours d'emmagasinage sous lesquelles passent les voies de chemin de fer.

Les gros charbons produits par le triage sont souvent chargés sur wagons au moyen d'appareils spéciaux qui ont pour but de ménager le charbon et de ne pas en changer la composition. Les charbons sont déposés dans le wagon sans choc, et à la place même qu'ils doivent occuper, ce qui s'obtient au moyen de trémies à bec de longueur et d'inclinaison variables (Bascoup) ou de transporteurs du système Cornet (fig. 789), composés d'une grille articulée à barreaux de 60 à 80 mm. d'écartement

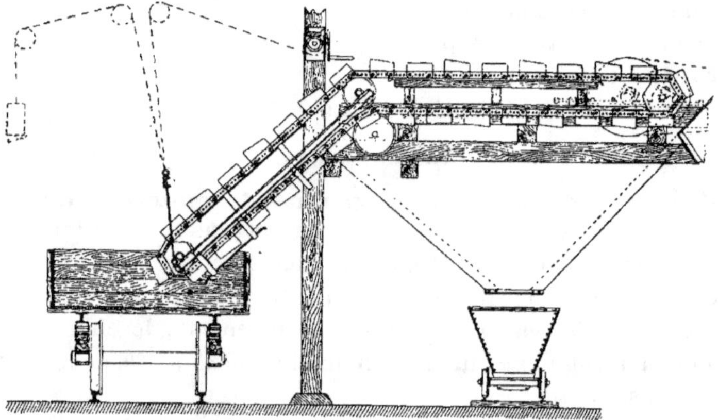

Fig. 789.

qui élimine le menu, et disposés de manière à permettre le triage des pierres à la main. Ces grilles sont souvent munies de traverses ou de godets pour retenir les charbons sur la partie qui s'incline.

1435. **Chargement sur bateaux.** — Les appareils de chargement sur bateaux diffèrent, suivant que le niveau du plan d'eau est constant ou variable.

1436. **Chargement à niveau constant.** — Lorsque la mine est très voisine du rivage, on peut charger les bateaux au moyen des wagonnets même du charbonnage et de culbuteurs fixes. Mais ce mode de chargement est lent et coûteux comme main d'œuvre. Des trémies avec couloirs en tôles sont disposées sous le culbuteur, pour éviter que le charbon ne se brise, en tombant de haut. Pour amortir la chute et retarder la descente, on ménage dans ces couloirs des portes à clapet, ou bien on y suspend des morceaux de câbles de mines.

Ces couloirs sont mobiles autour d'une charnière et suspendus à une chaîne dont on règle la longueur à volonté, afin de faire varier l'inclinaison du couloir au fur et à mesure du chargement.

1437. Si la voie navigable est assez éloignée de la mine pour y être reliée par une voie ferrée, le transport au rivage se fait par wagon de chemin de fer.

Le chargement des bateaux peut dans ce cas se faire à l'escoupe. Ce système est lent et coûteux par la main d'œuvre qu'il exige; mais il ménage le charbon et conserve intacte sa composition; 4 ouvriers peuvent décharger à la pelle un wagon de 10 tonnes en une heure.

Pour un chargement plus rapide, il faut recourir aux moyens mécaniques.

Ces moyens doivent être combinés de manière : 1° à déposer le charbon sans choc en tous les points du bateau ; 2° à ne pas altérer sa composition marchande ; 3° à réduire autant que possible la main d'œuvre d'arrimage. Ils exigent des wagons spéciaux ou des basculeurs pour wagons ordinaires.

1438. Les wagons spéciaux sont munis de portes ou formés de caisses amovibles posées sur un truc.

Les portes peuvent être pratiquées dans le fond du wagon, sur le côté frontal ou sur les côtés latéraux.

Les wagons à portes de fond sont fréquemment employés en Angleterre et en Amérique, lorsque le versage se fait à la partie supérieure d'une trémie à couloir.

A Duluth, sur le Lac Supérieur, pour le chargement des minerais de fer, des wagons à portes de fond servent à remplir des trémies en ligne, espacées d'axe en axe de 3^m.60 qui reçoivent 150 à 175 tonnes chacune. Les écoutilles des bateaux à minerai étant distantes de 7^m.20, on met la moitié des trémies en rapport, par des couloirs, avec les 12 ou 14 écoutilles d'un navire, puis on déplace ce dernier de 3^m.60 et l'on complète, à l'aide des trémies restées pleines, le chargement qui atteint 4 à 5.000 tonnes.

L'inconvénient des wagons à portes de fond est de verser le minerai entre les rails. En donnant au fond du wagon la forme

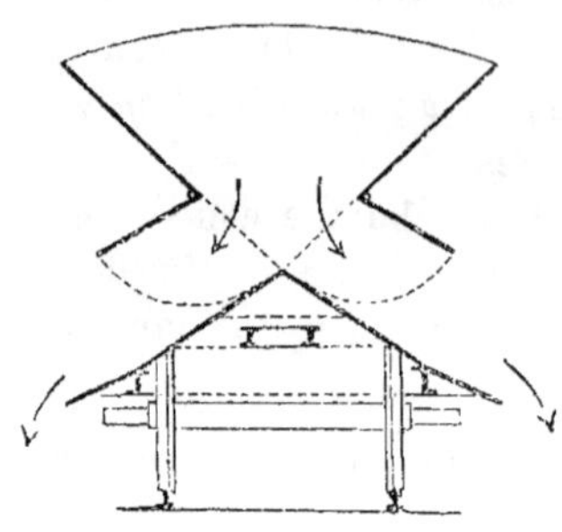

Fig. 790.

de dos d'âne, on peut avoir des portes latérales et déverser de côté. Une des meilleures formes est celle du wagon Talbot qui peut déverser, à volonté, à droite ou à gauche (fig. 790); ce wagon est assez répandu en Allemagne où l'on en a construit de toutes capacités jusqu'à 30 tonnes.

1439. Les wagons à portes frontales ou latérales nécessitent généralement l'emploi d'un basculeur. Avec portes frontales, ce basculeur est installé perpendiculairement au quai. Il fonctionne par la pesanteur, en vertu de la position du centre de gravité qui est au-dessus de l'axe de suspension, quand le wagon est plein, et passe en dessous de cet axe, quand il est vide. Pour que le basculage ne soit pas trop brusque, il faut un frein. Ce dernier peut être une cataracte à eau, mélangée en hiver d'$^1/_3$ de glycérine (Concorde). Dans les anciens culbuteurs de Ruhrort, un secteur denté embraie avec un pignon sur l'axe duquel se trouve une poulie de frein à bande; les nouveaux basculeurs installés à Ruhrort et à Dortmund sont munis d'un frein hydraulique foulant l'eau à la descente sous un accumulateur qui les ramène, après versement, dans leur position première.

Lorsque le fond du wagon est amené à 30° d'inclinaison, on ouvre les portes frontales au moyen de tringles établies sur les longs côtés du wagon et le charbon s'écoule directement ou par une trémie à couloir, si le mur de quai est trop élevé. Cette trémie peut avoir une assez grande capacité pour servir de régulateur (20 tonnes à Ruhrort).

A la Concorde, lorsque les wagons se suivent sans arrêt, on peut charger 100 à 150 t. à l'heure avec 2 ouvriers et une locomotive de manœuvre; à Ruhrort où les culbuteurs sont constamment occupés, on décharge 120 wagons en 10 heures, avec 5 hommes. Le prix du chargement se réduit ainsi à 3.3 cent. par tonne.

1440. Le système des wagons à portes frontales présente l'inconvénient d'exiger un mouvement de grande amplitude qui donne lieu à des projections violentes. Le système à portes latérales est préférable sous ce rapport ; il est exclusivement employé dans le Nord et le Pas-de-Calais (Anzin, Béthune, Marles). La fig. 791 représente l'installation du quai d'embarquement de la Compagnie de Béthune.

Le basculeur est muni d'un contrepoids inférieur formant

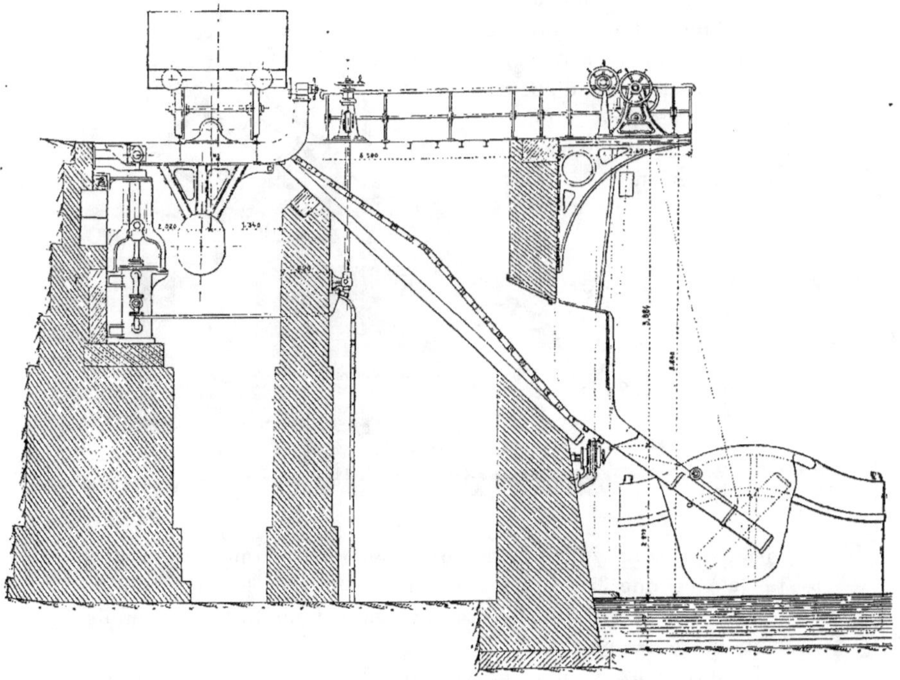

Fig. 791.

pendule, afin de régler sûrement le déplacement du centre de gravité qui passe successivement de l'avant à l'arrière du plan de l'axe de suspension. Les portes sont disposées de manière à s'ouvrir et à se fermer automatiquement. Un frein hydraulique à cataracte modère le mouvement.

Une trémie d'assez grande capacité sert ordinairement d'intermédiaire entre le wagon et le bateau ; elle se termine par un couloir à bec d'inclinaison variable qui se manœuvre du haut du mur de quai, au moyen d'un treuil.

1441. Dans tous les systèmes où le basculeur fonctionne par l'action de la gravité, il faut disposer d'une hauteur de quai suffisante pour que le wagon puisse s'abaisser. Si l'on ne dispose pas de cette hauteur, on ne peut faire basculer le wagon qu'en le soulevant; cette manœuvre exige donc une force motrice. La force hydraulique s'y prête spécialement. Elle est appliquée dans les installations du système Fougerat aux mines de Bruay (fig. 792). Un accumulateur Armstrong dispense la force motrice à quatre basculeurs à axe de suspension antérieur. La plate-

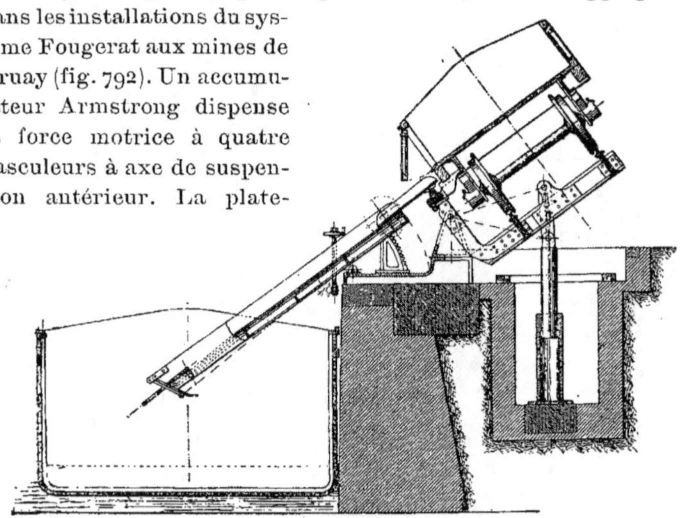

Fig. 792.

forme de ces basculeurs est soulevée par un piston hydraulique jusqu'à ce que l'inclinaison du fond atteigne 32°. Un tablier mobile suit l'oscillation de la plateforme et conduit à un couloir manœuvré par un treuil.

Il faut deux hommes à chaque basculeur. L'installation permet de charger 2,500 t. en 10 heures, à condition que tout le chargement soit de même composition et que les wagons se suivent sans interruption. La dépense est de fr. 0.13 par tonne.

1442. Au lieu de culbuter le wagon entier, on peut faire usage de wagons portant une ou plusieurs caisses munies de portes latérales, qui peuvent être soulevées de l'arrière, de manière à basculer autour de leur arête antérieure.

A Lens (rivage de Pont-à-Vendin), chaque wagon porte une seule caisse amovible en tôle, pouvue de 4 portes latérales qui s'ouvrent en même temps.

Des portes semblables se trouvent des deux côtés de la caisse ; il n'est donc pas besoin de faire attention à l'orientation du wagon dans le train. Le long du quai sont établies des trémies en maçonnerie (au nombre de 48), de la longueur et de la contenance d'un wagon chacune (fig. 793).

Ces trémies se continuent par un couloir dont le bec se manœuvre au moyen d'un treuil. La locomotive amène un train dont les wagons viennent se placer en regard de chaque tré-

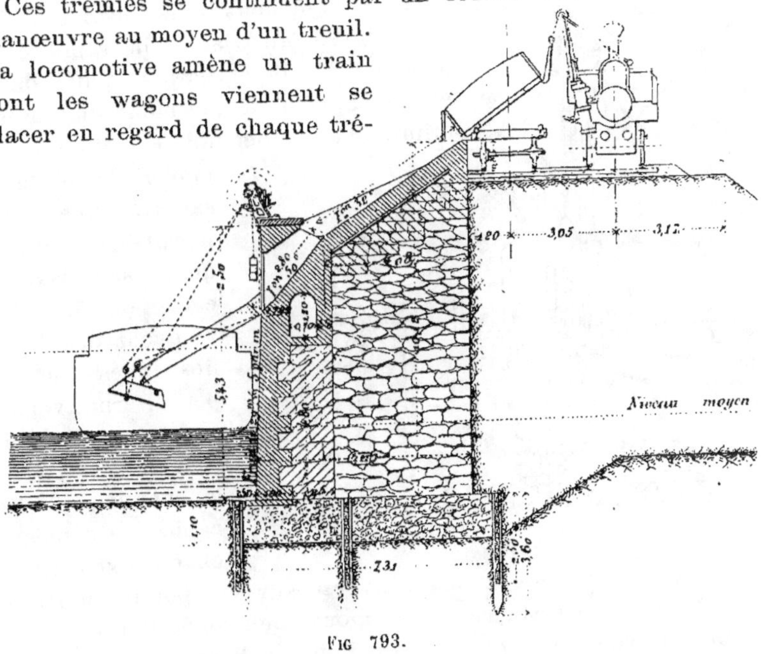

Fig 793.

mie. Cette locomotive passe ensuite sur une voie parallèle et soulève successivement chaque caisse au moyen d'une petite grue à vapeur qu'elle porte latéralement. Un bateau de 250 tonnes de 27^m.50 de longueur correspond à 5 trémies contiguës. On peut charger 5,000 t. par jour avec 4 hommes, non compris le mécanicien, le chauffeur et l'accrocheur de la locomotive. Le coût par tonne embarquée est de 5 cent. en moyenne.

1443. On fait plus souvent usage d'une simple grue à vapeur ou hydraulique, devant laquelle passent successivement les wagons que l'on décharge dans une trémie correspondante. (Mariemont-Bascoup, Courrières, Liévin, Nœux).

A Mariemont, les wagons portent 5 caisses de 2 tonnes; avec une seule grue à vapeur, roulant sur rails, on y charge 100 t. à l'heure.

A Courrières, les wagons portent 2 caisses de 5 tonnes; avec deux grues à vapeur fixes, on charge 3.000 tonnes en 10 heures (fig. 794).

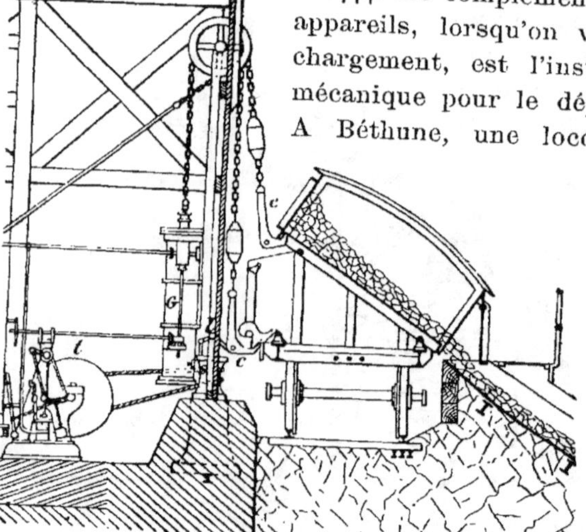

Fig. 794.

1444. Le complément indispensable de ces appareils, lorsqu'on vise à la rapidité du chargement, est l'installation d'un touage mécanique pour le déplacement du bateau. A Béthune, une locomobile actionne, au moyen d'une chaîne sans fin, une poulie parallèle au mur de quai ; sur l'axe de cette dernière, se trouvent deux poulies folles que l'on peut alternativement embrayer par friction avec la poulie en mouvement. Des câbles attachés à chaque extrémité du bateau s'enroulent en sens inverse sur ces poulies folles, de sorte que le bateau reçoit un mouvement dans l'un ou l'autre sens, suivant que l'on embraie l'une ou l'autre de ces poulies. A Dourges, le même résultat est obtenu par un cable sans fin auquel est amarré le bateau et qui reçoit d'une poulie motrice un mouvement dans un sens ou dans l'autre.

Cette manœuvre peut se faire plus simplement, mais avec dépense de main d'œuvre, au moyen d'un treuil à bras sur lequel s'enroule un câble dont les extrémités sont attachées à chaque bout du bateau (Bruay, Marles).

1445. Au lieu de basculer, les caisses peuvent être enlevées par une grue qui les transporte au-dessus du bateau en chargement. Dans ce cas, ces caisses sont pourvues de portes de fond, de manière à déverser leur contenu sans choc dans le bateau. Ces grues sont à deux chaînes alternativement tendues pour la manœuvre de la caisse et des portes (Concorde, Bois-du-Luc, Grand-Conty).

1446. *Chargement à niveau variable.* — Quand le niveau du plan d'eau varie dans de grandes proportions, comme sur les fleuves à marée, le chargement doit se faire à différentes hauteurs :

On emploie pour cela les *spouts* ou les *tips*.

Les *spouts* (fig. 795) sont des couloirs superposés au-dessus

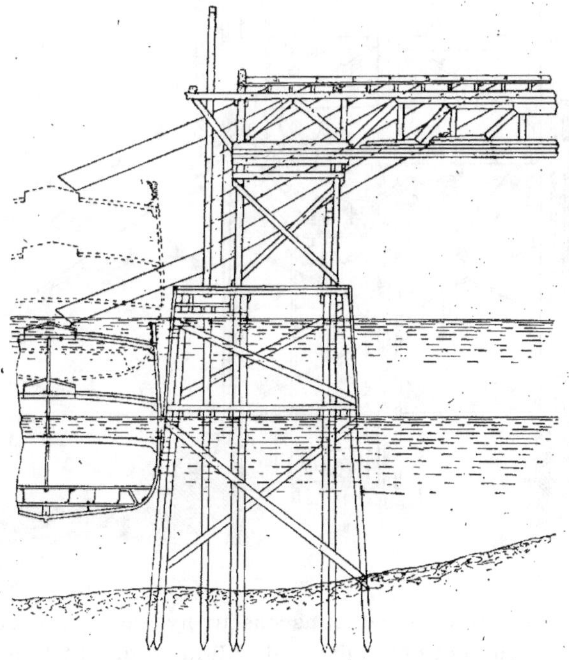

Fig. 795.

desquels sont amenés les wagons qui se déchargent par des portes de fond. Au devant de ces couloirs, un bec unique mu par un treuil s'adapte au couloir par où se fait le chargement (South-Shields, Tynemouth). Dans d'autres installations, une voie différente correspond à chaque couloir (Huelva).

1447. Les *tips* ou élévateurs-culbuteurs sont à vapeur, hydrauliques ou à contrepoids.

Les tips hydrauliques de la maison Armstrong sont appliqués, depuis 1858, aux anciens docks de Cardiff, ainsi qu'à Hull, Rotterdam, etc. Ils se composent (fig. 796) d'une plateforme

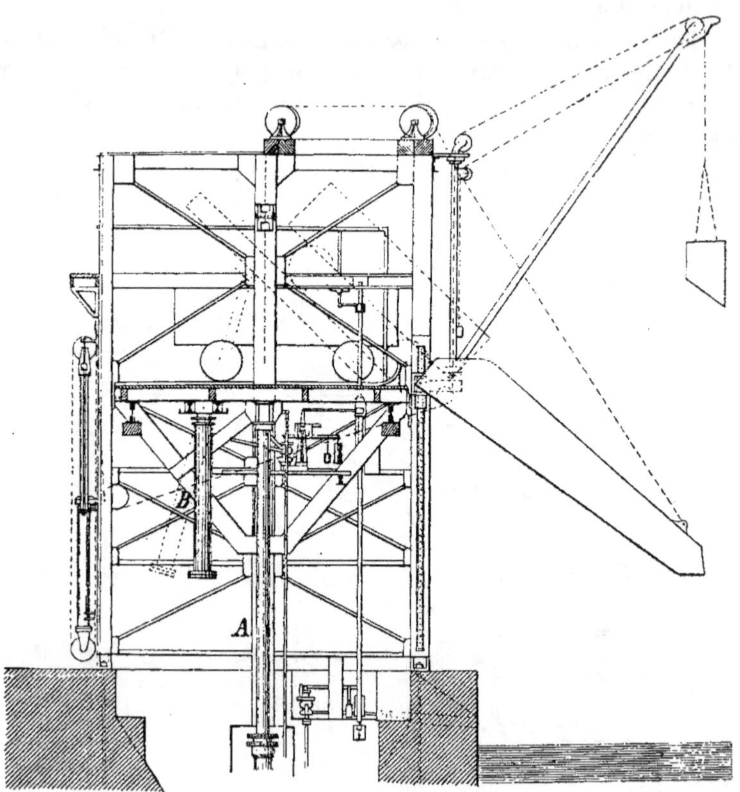

Fig. 796.

montée sur le plongeur d'un ascenseur hydraulique A et munie ·elle-même d'un petit cylindre hydraulique oscillant B qui la fait basculer autour d'un axe antérieur, à la manière du basculeur Fougerat (cf. n° 1441). Un couloir se meut verticalement au devant de cette plateforme de manière à s'adapter à toute hauteur de celle-ci. Pour ménager le charbon, on commence souvent le chargement au moyen d'une grue pivotante qui manœuvre des bennes de petites dimensions à fond mobile (*antibreakage crane*).

Le wagon, arrivant au niveau moyen, peut être élevé ou abaissé de 3 à 4 m. avant de basculer. A Cardiff, on charge avec cet appareil 1500 tonnes en 24 heures. Le chargement n'est pas plus rapide, parce qu'on ne peut charger que par une écoutille à la fois, ce qui nécessite le déplacement du navire.

1448. On a aussi construit des grues pivotantes à portique roulant sur rails, qui enlèvent un wagon à portes frontales maintenu sur une plateforme et le transportent au-dessus de l'écoutille du navire où la grue lui imprime l'inclinaison voulue pour le déversement (système Appleby). A Greenock, la flèche d'une grue de ce genre présente une saillie de 6ᵐ.45 par rapport à l'extérieur du portique; elle s'élève à 24 m. au-dessus du niveau moyen de l'eau. La grue roulante à l'avantage de déplacer le long du quai l'appareil de chargement et par conséquent de ne pas exiger le déplacement du bateau. Elle est à portique pour permettre la circulation des locomotives sur des voies inférieures.

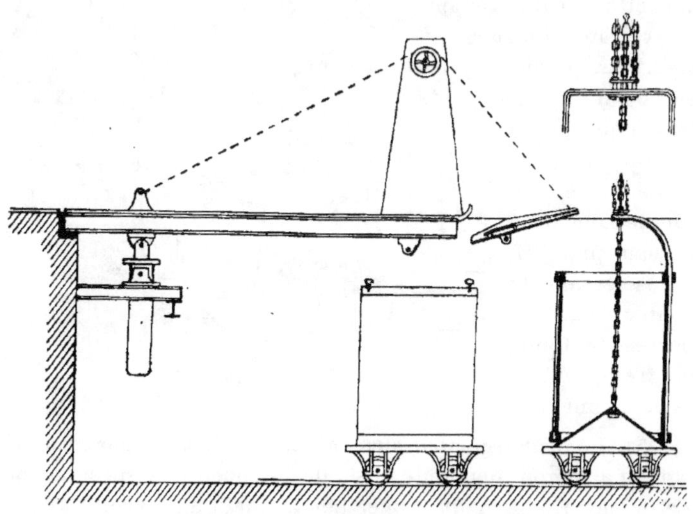

Fig. 797.

1449. Dans les installations des docks de Bute à Cardiff, au lieu d'enlever le wagon entier, les grues enlèvent des bennes de section carrée à angles arrondis et de la capacité d'un wagon (fig. 797). Ces bennes portées sur un train de roues viennent se remplir sous un basculeur hydraulique à poste fixe déversant le charbon sur un petit crible, pour éliminer le poussier qui tombe dans une seconde benne. Ce transbordement effectué, on conduit la benne au point où se fait le chargement. La benne, enlevée par une grue roulante, est transportée dans l'écoutille même du navire où elle se vide par l'intermédiaire d'un fond conique maintenu par une chaîne spéciale. (Système Lewis Hunter.) On charge de cette manière 250 à 300 tonnes par heure et le charbon est bien ménagé malgré le transbordement. Pour le chargement des charbons que l'on doit ménager, on se sert aussi d'excavateurs à godets (cf. n° 370).

1450. Les types à contrepoids (*drops*) sont employés sur les bords de la Tyne et de la Wear. Le meilleur système est le drop à col de cygne (*gooseneck*) (fig. 798). Le wagon chargé, de faible capacité ordinairement, arrive au niveau supérieur. Son poids l'emporte sur celui du contrepoids, tandis que quand il est vide, le poids de ce dernier le ramène au niveau primitif, après versage du contenu par des portes de fond ; un frein modère le mouvement.

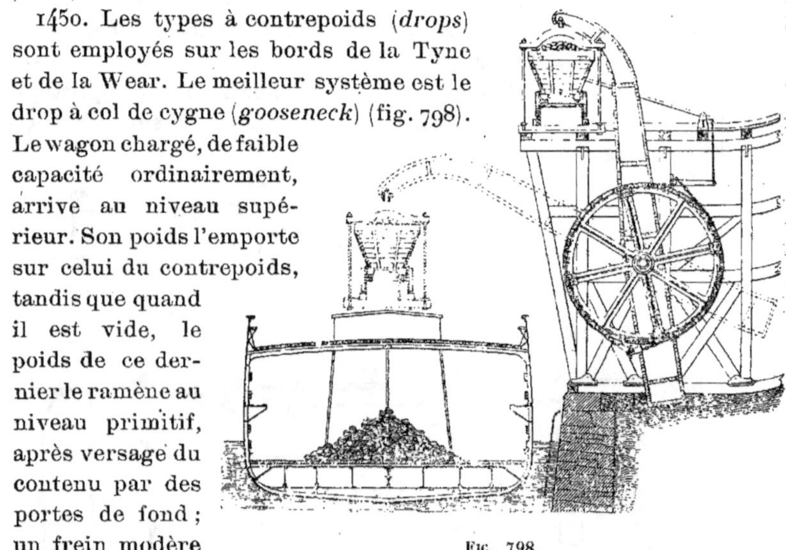

Fig. 798.

1451. Le déchargement des bateaux ou le transbordement de bateau à wagon demande aussi des dispositions spéciales pour s'effectuer rapidement et avec peu de main-d'œuvre.

Il existe, dans les ports des grands lacs de l'Amérique du Nord, un grand nombre d'appareils d'origine américaine qui font ainsi le transbordement des minerais de fer et des charbons du bateau au magasin ou au wagon, et réciproquement.

Les transporteurs Brown et Temperley appartiennent à ce type (fig. 799). Ils se composent d'un pont porté par une grue à portiques, qui en opère le déplacement longitudinal ; ce pont se trouve à une grande hauteur et peut quelquefois pivoter dans de certaines limites. Il en existe de plus de 100 m. de portée. Le pont porte un moteur à vapeur ou électrique qui met en mouvement un câble aux deux extrémités duquel sont suspendues des bennes de forme spéciale, basculant autour de leur axe de suspension et se

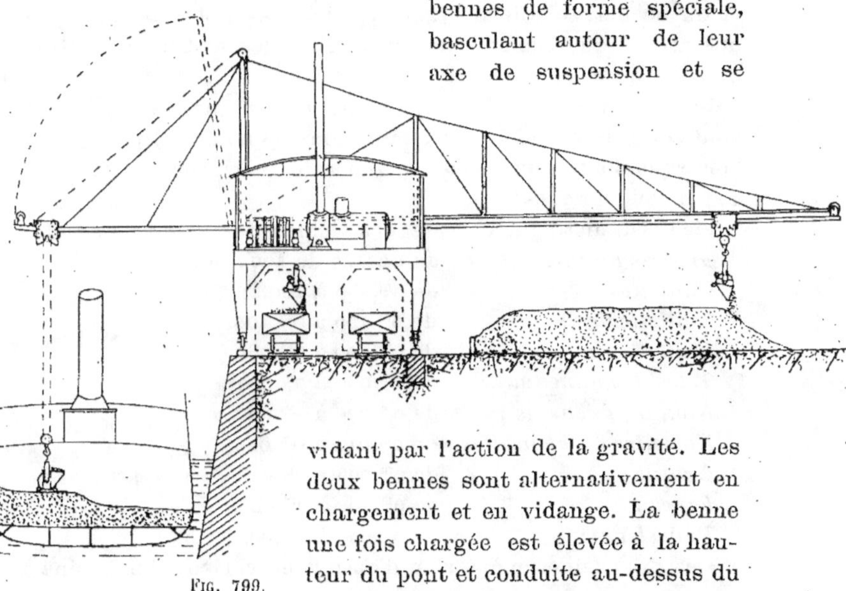

Fig. 799.

vidant par l'action de la gravité. Les deux bennes sont alternativement en chargement et en vidange. La benne une fois chargée est élevée à la hauteur du pont et conduite au-dessus du point où elle doit être déchargée. En ce point la benne s'arrête, descend, bascule et se vide automatiquement ([1]).

Le transporteur Hunt remplit un but analogue. Il se compose d'un élévateur à câble qui conduit la benne au sommet d'un plan incliné ; le contenu de la benne s'y déverse dans un wagonnet qui descend ensuite par la gravité, en relevant un contrepoids ; ce dernier le ramène, après la vidange qui s'effectue par l'ouverture automatique des portes du wagonnet. Ce système est employé pour le déchargement des minerais de Suède, à Stettin et à Duisbourg.

([1]) *Revue Universelle des Mines*, 3e série, t. L, 1900.

Préparation mécanique des charbons [1].

1452. La préparation mécanique des charbons a pour but, soit de créer des catégories commerciales dont la valeur moyenne est supérieure à celle du tout-venant, déduction faite des frais et du déchet, soit de mettre les charbons en état de subir des opérations qui changent leur nature : telles sont la fabrication du coke ou des agglomérés.

Les opérations de la préparation mécanique des charbons sont comprises sous les dénominations de *triage* et *lavage* qui correspondent, d'une manière générale, à la préparation à sec et par voie humide.

1453. On distingue les catégories suivantes :

Grosses houilles :	au-dessus de 200 mm.
Gaillettes :	de 0^m.150 à 200.
Gailletteries :	de 0^m.150 à 0^m.100.
Gailletins :	de 0^m.100 à 0^m.050.
Têtes de moineaux :	de 0^m.030 à 0^m.050
Noix ou greusins :	de 0^m.020 à 0^m.030.
Noisettes ou braisettes :	de 0^m.012 à 0^m.020.
Grains :	de 0^m.005 à 0^m.012.
Fines :	de 0^m.002 à 0^m.005.
Poussier :	de 0^m.00 à 0^m.002,

Ces dimensions n'ont rien d'absolu et varient d'une mine à une autre.

Les catégories supérieures à 0^m.050 peuvent être épurées par triage des pierres à la main; les catégories inférieures ne peuvent être épurées que par lavage.

On ne lave pas toujours les dernières catégories qui sont souvent plus pures que la moyenne. Tout dépend d'ailleurs de la destination des produits. Le lavage donne souvent des charbons destinés à la vente ; les trois premières catégories forment alors des produits connus sous des noms divers et variables dont nous n'avons indiqué que les plus usités. On fait aussi des

---

[1] La *préparation mécanique des minerais* fait partie à l'Ecole de Liége du *Cours de Métallurgie* La préparation mécanique des charbons présente un caractère assez particulier pour former un chapitre du Cours d'exploitation des mines. Nous en indiquerons en conséquence les principes, en supposant connue la théorie des appareils. C'est dans le même esprit que nous ferons suivre ce chapitre d'un aperçu de la fabrication des agglomérés.

mélanges de diverses catégories, de manière à *reconstituer* des tout-venant de composition commerciale déterminée par la proportion de gros ou roulant qui est comprise entre 25 et 70 %.

Dans certains charbonnages composés de plusieurs siéges, la préparation mécanique est établie en un point central, de manière à réunir les charbons provenant des différents siéges, pour fournir des produits mélangés de composition régulière et uniforme (Mariemont, Bascoup, Levant du Flénu, Bois du Luc).

Les principes sur lesquels repose la préparation mécanique des charbons sont ceux de la préparation mécanique des minerais. Nous nous bornerons à en énumérer les différentes opérations, en examinant les particularités qu'elles présentent.

1454. ***Concassage et broyage.*** — Le concassage n'est en usage que pour les anthracites ou les charbons maigres qui seraient peu vendables en gros morceaux, à cause des difficultés de manutention et d'allumage. Les anthracites surtout s'extraient généralement en très gros morceaux et la difficulté est de les amener aux dimensions demandées par le consommateur, sans faire trop de menu ou de poussier de valeur très inférieure.

Pour concasser les anthracites de Pennsylvanie qui donnent peu de poussier, on se sert de cylindres broyeurs dentés ou de broyeurs à noix. On a essayé sans grand succès, pour concasser nos charbons maigres, des appareils analogues aux coupe-betteraves employés dans les sucreries. Un arbre muni de couteaux se meut au fond d'une grille en forme de berceau, à travers laquelle passent les morceaux réduits à la dimension voulue.

L'appareil qui paraît le plus parfait au point de vue de la faible production de menu, est une sorte de concasseur à mâchoires (fig. 800) dont

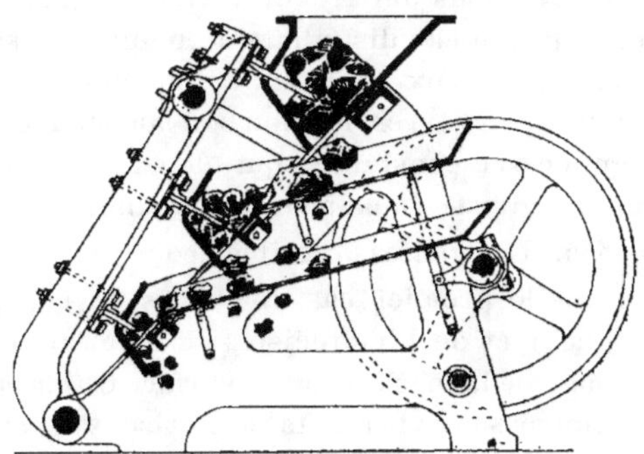

FIG. 800.

la paroi fixe est à compartiments et dont la mâchoire mobile porte des pointes acérées qui divisent les blocs de charbon sans les écraser. Des tamis à secousses éliminent les morceaux amenés à la grosseur voulue et font passer les morceaux insuffisamment dégrossis d'un compartiment au suivant.

1455. Le broyage proprement dit du charbon préalable à la fabrication du coke ou des agglomérés a pour but de fournir à cette fabrication une matière première très homogène. On emploie en conséquence des broyeurs pouvant en même temps servir de mélangeurs, tels que le broyeur Carr.

1456. **Triage**. — Le criblage comprend deux opérations distinctes : la première est un classement en charbons au-dessus de 45 à 80 mill. qui sont livrés au commerce après *épierrage*, et en charbons menus de o à 45 ou o à 80 mill. La seconde opération consiste à classer ces derniers par grosseurs dans le but de fournir des produits commerciaux ou de préparer le charbon à subir l'opération du lavage.

Le premier classement se fait au moyen de grilles ou de cribles en tôles perforées à trous ronds ou carrés.

Les tôles perforées donnent un meilleur classement que les grilles, parce qu'elles ne laissent pas passer de morceaux allongés. Les grilles ont aussi l'inconvénient de retenir, entre leurs barreaux, des morceaux coïncés qui se brisent et donnent du menu.

Au sommet du triage se trouvent des culbuteurs mécaniques, culbutant dans une trémie à vanne à laquelle fait quelquefois suite un rouleau distributeur ou une toile sans fin distributrice, portée par deux rouleaux cylindriques. Ce système est avantageux pour livrer le charbon au crible sous une épaisseur régulière et constante, qui dépend de la levée de la vanne et de la vitesse imprimée au distributeur.

1457. Les grilles ou cribles sont *fixes* ou *mobiles*.

Dans le premier cas, le succès de l'opération dépend de la longueur et de l'inclinaison du crible qui règlent la durée du passage de la matière sur la surface criblante. Au pied du crible, se trouve souvent une table horizontale où s'arrête le refus et où se fait, à la main, un épierrage sommaire.

L'inclinaison varie de 22 à 45°, selon la nature et surtout selon le degré d'humidité du charbon. La longueur dépend de la régularité avec laquelle la matière est distribuée.

On n'emploie généralement les grilles fixes que pour séparer les morceaux de plus de 80 mm. Pour une extraction de 40 tonnes à l'heure, deux grilles fixes de 3 m. sur 2 m. suffisent. Ces grilles exigent beaucoup de main-d'œuvre et ne peuvent convenir, lorsqu'il s'agit de passer beaucoup de matières, comme dans les installations modernes où l'on fait passer au triage tout le produit de l'extraction.

1458. Dans le but d'augmenter le débit et de réduire la main-d'œuvre, on leur substitue généralement des cribles mécaniques, tels que cribles à secousses ou oscillants.

Le *crible à secousses (Rætter)* est supporté par 4 biellettes ; il est déplacé de sa position d'équilibre par une came et retombe lourdement contre un butoir fixe. Il permet de réduire l'inclinaison à 10 ou 12° ; mais les chocs qui résultent de son fonctionnement, sont très nuisibles aux bâtiments. On ne peut dépasser 70 à 80 coups par minute.

Les *cribles oscillants* sont à oscillations *longitudinales* ou *transversales*. Les oscillations sont obtenues au moyen d'un excentrique faisant un nombre de tours supérieur à celui des oscillations pendulaires auxquelles le crible serait soumis, s'il était livré à lui-même. L'oscillation libre est ainsi sans cesse contrariée ; dans le cas d'oscillations longitudinales, au moment de chaque changement de sens, la matière a une tendance à continuer son chemin vers le haut ou vers le bas du crible. On conçoit que, dans ces conditions, la surface du crible peut être très réduite. On peut admettre, d'une manière générale, qu'un crible en tôle perforée à oscillations longitudinales de 5m² de surface permet de passer 45 à 50 tonnes à l'heure.

Lorsque les oscillations sont transversales, la longueur du crible peut encore être réduite, parce qu'alors les morceaux de charbon descendent le long du crible, suivant une trajectoire en zig-zag qui favorise l'opération du criblage et permet de mieux utiliser la surface. L'inclinaison peut ainsi descendre à 10° et même jusqu'à 4°.

1459. On a enfin construit des cribles de triage à barreaux mobiles. Le type de ceux-ci est la grille Briart qui comprend un ou deux systèmes de barreaux mobiles. Généralement aujourd'hui les deux systèmes de barreaux sont mobiles sur un même arbre portant deux excentriques (fig. 801 à 803). Les

FIG. 801.

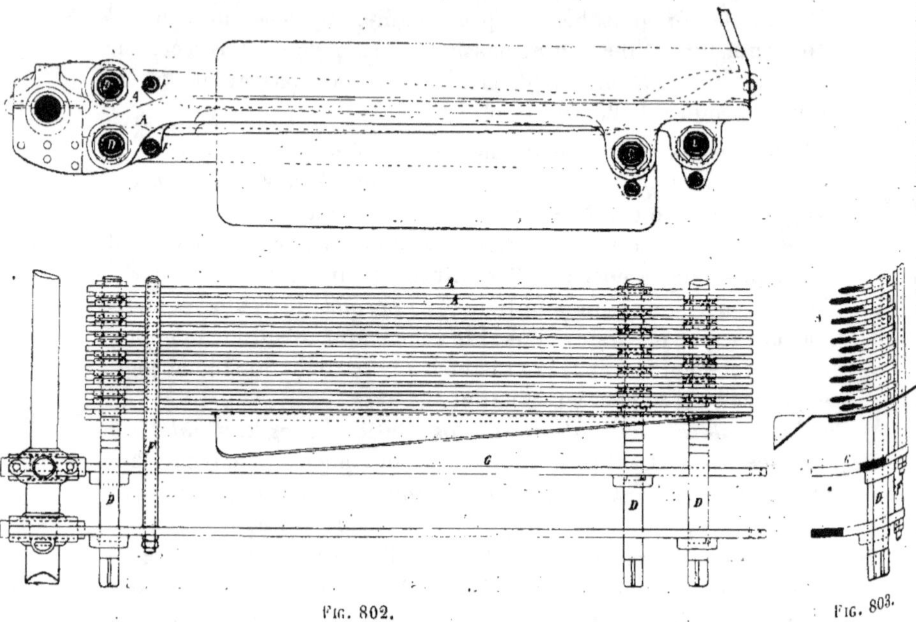

FIG. 802.　　　　　　　　　　　　　　　　　　FIG. 803.

barreaux font alternativement partie de deux cadres qui reçoivent un mouvement oscillatoire inverse. L'inclinaison de chaque système varie, par rapport à l'autre, de manière qu'ils se dépassent réciproquement et donnent à la matière un mouvement de translation vers le bas. Les vitesses varient suivant la nature du charbon. La vitesse de l'arbre moteur est de 50 tours pour séparer les gailletteries, tandis que pour le menu elle atteint 100 tours. On classe par heure 100 à 120 tonnes de charbon sur une grille Briart à l'écartement de 80 mm.

L'inclinaison qui est de 8 à 10° pour le gros, peut être réduite à zéro pour le classement des menus, la translation se faisant exclusivement alors par le mouvement des barreaux.

Les plus graves inconvénients de la grille Briart sont de laisser passer les morceaux allongés, de briser facilement les charbons friables et de donner lieu à une grande production de poussier.

Pour remédier à cet inconvénient, la maison Humboldt emploie des grilles formés de fers ⌐⌐⌐ dont l'âme est perforée et qui reçoivent alternativement un mouvement de va et vient, sans grande dénivellation des barreaux de rang pair et impair.

La maison Schuchtermann et Kremer emploie d'autre part une grille fixe sur laquelle sont intercalés transversalement, de distance en distance, des barreaux cylindriques tournants dont la surface affleure à celle de la grille (fig. 804) et qui provoquent le cheminement du charbon le long de celle-ci dont l'inclinaison ne dépasse pas 4 à 5°. Une grille de ce genre de 4 à 7 m. de long sur 1.50 à 2 m. de large passe 120 tonnes de charbon à l'heure et consomme 2 à 4 chx.

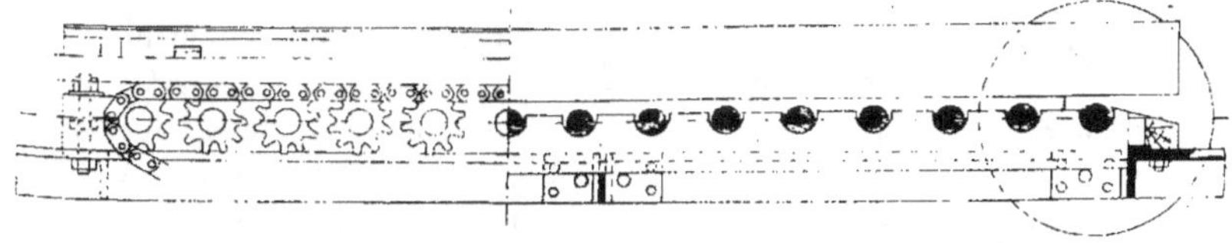

Fig. 804.

1560. Pour satisfaire aux exigences du commerce, on peut être obligé de faire varier l'écartement des barreaux de grille, ce qui se fait ordinairement, en faisant reposer les extrémités des barreaux dans des supports transversaux en forme de peigne, où l'on règle l'écartement par des cales. Cette manœuvre prend beaucoup de temps. MM. Guinotte et Briart ont réalisé mécaniquement cette variation, au moyen de manchons C à double filet de vis sur lesquels se meuvent des écrous B à double filet, solidaires des barreaux de grille (fig. 805).

Ces manchons peuvent se mouvoir longitudinalement sur l'entretoise qui réunit les barreaux, mais sont entraînés par une cale, lorsqu'on fait tourner

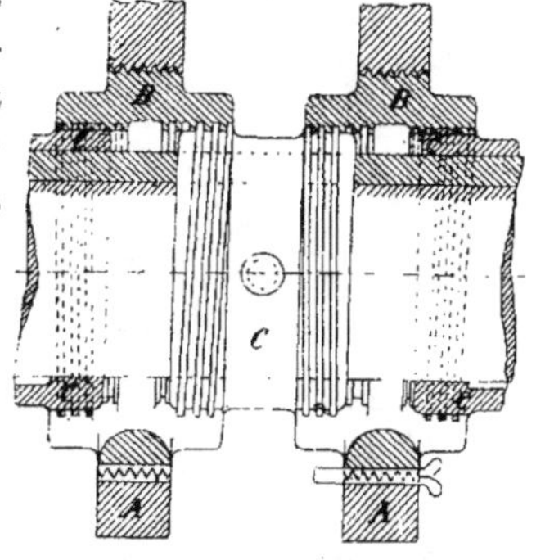

Fig. 805.

cette entretoise. Si l'on suppose fixe le manchon qui se trouve au milieu de l'entretoise, en faisant tourner celle-ci dans un sens ou dans l'autre, les autres manchons s'écartent ou se rapprochent les uns des autres d'une même quantité. Il suffit donc de faire tourner l'entretoise dans un sens ou dans l'autre, pour régler l'écartement des barreaux.

1461. **Épierrage**. — Les appareils de triage des catégories supérieures à 40 mm. sont ordinairement accompagnés d'appareils *épierreurs*. Ceux-ci sont de simples couloirs inclinés en tôle qui conduisent les refus du criblage au chargement, avec assez de lenteur pour que des ouvrières postées de part et d'autre puissent en retirer les pierres. Ces couloirs reçoivent quelquefois des secousses pour favoriser la progression des matières.

On emploie plus souvent des couloirs à table horizontale mobile, formée de tôles articulées ou de câbles en aloès de $0^m.50$ à 1 m. 40 de large et d'une longueur qui atteint parfois 30 m.

Ces tables sont entraînées par des rouleaux, à une vitesse moyenne de $0^m.25$ par seconde, qui règle l'épaisseur de la couche de charbon, de manière à favoriser l'épierrage. L'épaisseur doit être différente suivant la grosseur du grain. Il faut attacher une grande importance au réglage de cette épaisseur. Les toiles servant d'intermédiaires entre les différents cribles sont animées de vitesses différentes suivant la grosseur du grain. Une table de triage de ce genre passe jusque 50 t. par heure.

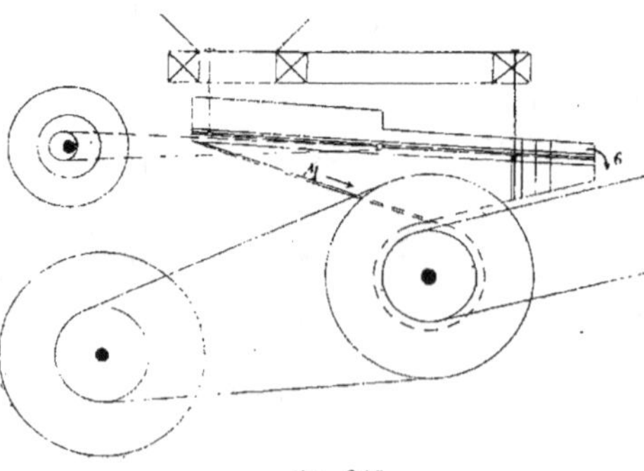

Fig. 806.

Pour épierrer le tout-venant, M. Reumeaux emploie une grille à oscillations longitudinales séparant le menu qui tombe en M ; les morceaux retombent en G sur la couche de menu entraînée par une toile sans fin, de sorte que des ouvrières postées de part et d'autre puissent en extraire les pierres (fig. 806).

On emploie plus rarement, pour le charbon, les tables tournantes d'épierrage, parce que le nombre de trieuses y est plus limité.

Un épierrage bien organisé ne doit pas coûter plus de fr. 0.18 à 0.20 par tonne comme main d'œuvre.

M. Allard, de Châtelineau, a réalisé dans une certaine mesure l'épierrage automatique (fig. 807 à 809), en faisant passer le refus d'une tôle perforée à trous ronds A sur une grille B à barreaux triangulaires avec arête supérieure; ces barreaux sont inclinés

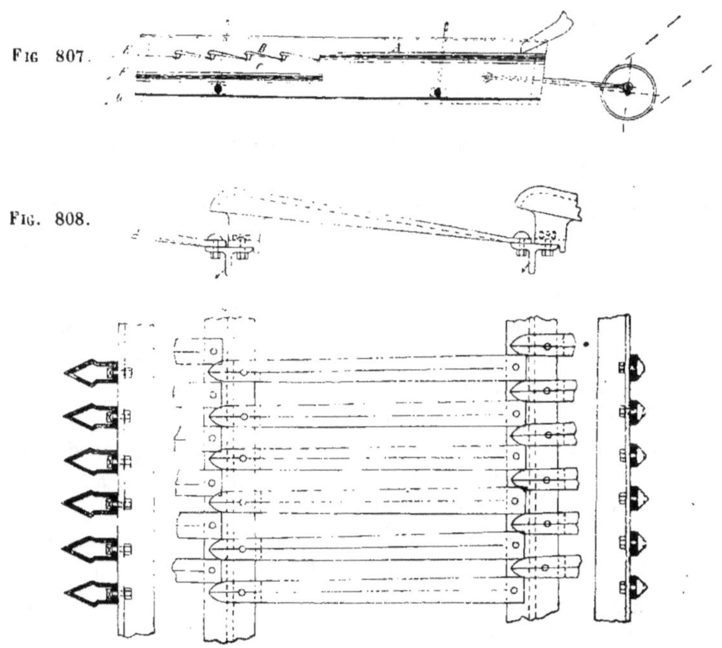

Fig 807.

Fig. 808.

Fig. 809.

en sens inverse de la grille précédente et leur section augmente de hauteur vers la sortie (fig. 808). Ils laissent passer les morceaux de schistes généralement plats et allongés, ainsi que des morceaux de charbon qu'une tôle à trous ronds inférieure C sépare ensuite; le refus de cette dernière est donc presque entièrement formé de schistes.

Dans certains cas, l'épierrage donne, comme produits, des

charbons barrés qui sont employés aux foyers de la mine ou qui peuvent être livrés au commerce après broyage et lavage.

A l'extrémité des tables d'épierrage et de transport se trouvent des wagonnets ou caisses de capacité déterminée permettant de reconstituer des tout-venant à la proportion de gros demandée par le commerce et en général de mélanger à volonté les différents produits du triage avant le chargement.

1462. ***Classement des menus par grosseurs***. — La seconde opération qui consiste à échantillonner les menus par grosseur, se fait en général au moyen de cribles oscillants ou de cribles à mouvement circulaire, tels que les cribles Karlik, Coxe et autres. On emploie aussi quelquefois les trommels dans le même but.

Les menus provenant du triage tombent ordinairement dans une fosse d'où ils sont repris par une chaîne à godets. Pour multiplier le nombre de classes, on peut employer des cribles oscillants à tamis successifs de perforation croissante qui éliminent d'abord les fins. Il est préférable de superposer deux cribles en cascade, de telle sorte que le refus du premier tombe sur le second; ces cribles sont alors inclinés en sens inverse l'un de l'autre. On préfère même superposer plusieurs cribles dans une même caisse oscillante, de manière à former les classes par refus successifs. L'amplitude et le nombre des oscillations doivent être en rapport avec la grosseur des morceaux à cribler. L'amplitude est d'autant plus faible et le nombre d'oscillations d'autant plus grand que les charbons sont plus menus. On ne peut donc cribler, au moyen d'une même caisse oscillante, des classes trop disparates et il est bon de ne pas réunir plus de trois ou au maximum de quatre cribles dans une même caisse.

Le nombre d'oscillations peut atteindre 100 à 120 par minute pour un crible à oscillations transversales classant jusque 15 millimètres.

Lorsque les charbons sont humides, ces cribles sont souvent pourvus d'un arrosage abondant, nécessaire pour désobstruer les trous des tôles.

Pour réduire la force consommée on peut actionner deux cribles placés symétriquement, au moyen de deux manivelles opposées à 120° sur un même arbre. Les mouvements des deux cribles sont ainsi équilibrés.

Pour faire varier rapidement les calibres des trous des cribles, la maison Humboldt compose ses cribles de deux tôles superposées à trous carrés de même calibre; on fait varier la largeur des trous en changeant la position respective des deux tôles.

Dans le but de diminuer le frottement de la matière sur le crible, ainsi que de prévenir les obstructions, on a construit des cribles à oscillations verticales. Tel est le crible Laue (fig. 810)

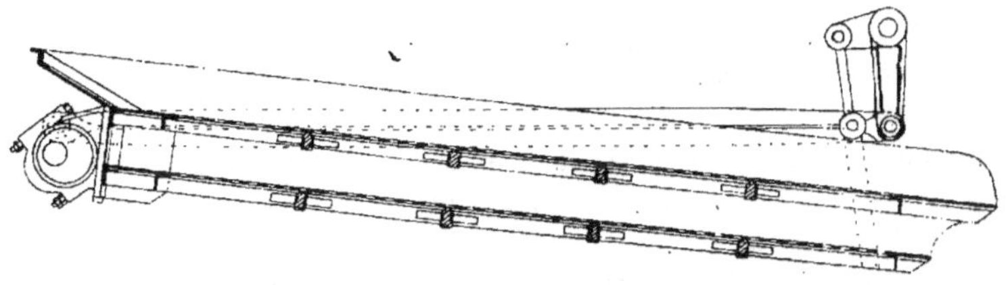

Fig. 810.

qui reçoit à l'arrière le mouvement d'un excentrique. L'arbre de ce dernier transmet à l'avant du crible des oscillations verticales amplifiées par la transmission, comme on le voit par la figure.

1463. Les cribles à mouvement *circulaire* ont été employés d'abord en Bohême par M. Karlik.

Le crible Karlik (fig. 811 et 812) se compose d'une caisse à plusieurs tamis suspendue par des tringles à une crapaudine sphérique supérieure, autour de laquelle elle peut tourner librement. Le mouvement circulaire est donné à cette caisse par une manivelle ou un excentrique inférieur.

Le tamis supérieur se continue par un couloir triangulaire *cd* formant plan incliné, qui se termine par une tringle supportée sur un galet *f*. Au-dessus de ce couloir et à une distance convenable du crible, se trouve un culbuteur.

La trajectoire décrite par chaque grain de charbon, est une ellipse de dimensions variables au fur et à mesure que le morceau descend vers la sortie des refus (fig. 812). Au-dessus de l'axe de la manivelle, cette ellipse devient une circonférence dont le diamètre *d* correspond au double du rayon de la manivelle, tandis qu'au delà de ce point, le grand axe, et en deça de ce point, le petit axe de chaque ellipse est égal à ce diamètre.

On comprend que ce criblage soit beaucoup plus parfait que là où l'on ne dispose que d'oscillations linéaires. Le mouvement circulaire fait de plus varier l'inclinaison du crible. Aussi ce crible passe-t-il de grandes quantités de matières, pour une faible surface. Avec 2 m² de surface et un rayon de manivelle de 75 à 100 mm., on passe 35 tonnes à l'heure.

A la mine Cleophas (Silésie), un crible Karlik reçoit tout ce qui a passé à un premier crible de 105 mm., soit 680 t. en 10 ou 11 heures. Ce crible comprend 4 tamis superposés. Le 1er

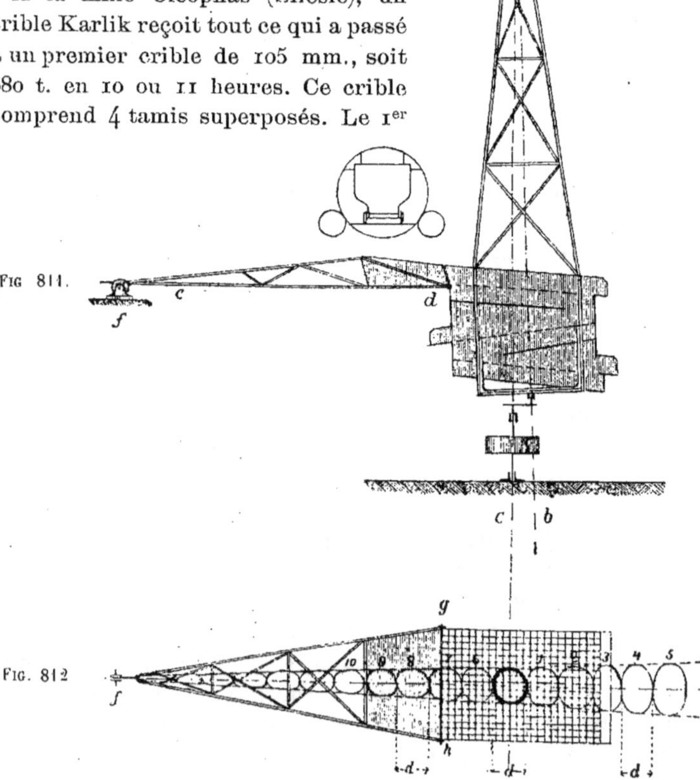

Fig 811.

Fig. 812

tamis de 2 m. 60 $\times$ 1,10 est à trous rectangulaires de 65 sur 85 mm. ; le 2e tamis de 3,10 $\times$ 1,10, à trous de 40 mm.; le 3e tamis de 2,70 $\times$ 1,10, à trous de 22 mm.; le 4e tamis de 3,285 $\times$ 1,10, à trous de 10 mm.

L'axe des deux tamis inférieurs est perpendiculaire à celui des tamis supérieurs, de manière à faire sortir de chaque refus par des faces différentes de la caisse.

L'inconvénient du crible Karlik est la grande hauteur de l'installation : de la crapaudine jusqu'au sol, il faut compter 8 à 10 m. C'est une construction coûteuse qui demande des fondations très solides et qui peut difficilement être établie à la partie supérieure d'un bâtiment de triage.

On a modifié cette construction, en Silésie, en faisant porter le crible sur 4 crapaudines inférieures, par l'intermédiaire de courtes bielles (Schwidtal).

Une disposition plus simple est celle du crible Eckley-Coxe, originaire des Etats-Unis et assez répandu en Europe. Ce crible se distingue par son mode de suspension (fig. 813). Il repose sur

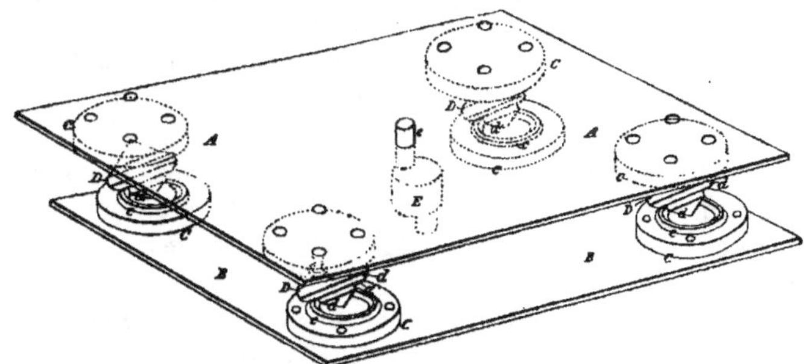

Fig. 813.

son bâti par l'intermédiaire de quatre doubles cônes qui roulent sur un plan ou sur une surface légèrement conique. Ils s'appuient sur cette surface par une génératrice et supportent le crible par la génératrice opposée. L'attaque se fait comme dans le crible Karlik par un excentrique inférieur. Cette disposition demande peu d'espace en hauteur; elle réduit l'importance des masses en mouvement, qui sont en même temps mieux équilibrées. Le crible Coxe passe de 25 à 30 t. à l'heure, suivant dimensions des grenailles, en tournant à raison de 140 tours.

1464. Quant les charbons sont secs et peu friables, on emploie ordinairement, à la tête d'un lavoir, des trommels coniques concentriques à trois ou au maximum à quatre enveloppes. On reproche toutefois aux trommels de briser le charbon et de donner plus de poussières que les cribles. C'est pourquoi l'on ne peut dépasser une vitesse de 10 tours par minute.

Quand le charbon est humide, les trommels fonctionnent mal et alors on n'a d'autre ressource que d'arroser abondamment l'intérieur du trommel; mais dans ce cas, il faut laver toutes les catégories et l'on ne peut plus se réserver la possibilité d'éliminer à sec le poussier, souvent assez pur pour ne pas être lavé. On arrive à passer 250 tonnes de charbon sec, par heure, dans un trommel de 100 à 150 m² de surface criblante, avec une consommation de force de 10 chevaux. Quel que soit le système employé pour le classement par grosseurs, les charbons classés sont conduits aux appareils de lavage par des courants d'eau.

1465. **Lavage**. — Le lavage a pour but la séparation des schistes et des pyrites, dans les catégories de trop petit échantillon pour pouvoir subir économiquement l'épierrage à la main. L'épuration est généralement efficace, à moins que les impuretés, et notamment les pyrites, soient en mélange très intime.

Avant d'installer un lavoir, il est de la plus haute importance de faire une étude minutieuse des produits du triage, au point de vue des proportions de produits de divers calibres et de leurs teneurs en cendres.

Prenons comme exemple les charbons extraits à Ougrée.

Le charbon qui est destiné à la fabrication du coke, se compose de gailletins de plus de 30 mm., de menus de 6 à 30 mm. et de poussier en dessous de 6 mm.

Les gailletins contiennent 26.60 °/₀ de cendres qui peuvent être réduites à 4.60 °/₀ par épierrage.

Les menus contiennent 20.73 °/₀ de cendres que le lavage ramène à 4.16 °/₀.

Le poussier ne contient que 8 à 10 °/₀ de cendres.

La conclusion de ces constatations préalables est que le lavage des gailletins et des poussiers est inutile; car le mélange au broyeur Carr de ces différentes catégories, après épierrage des gailletins et lavage des menus, donne du charbon à 7.72 % de cendres et du coke à 9 %.

Il pourrait se faire aussi que des gailletins barrés ne se prêtent pas à l'épierrage ou que le poussier soit précisément la catégorie la plus impure. Les conclusions se modifieraient en conséquence. La proportionnalité des différentes catégories de grosseur permettra, dans tous les cas, de déterminer le nombre d'appareils de chaque espèce, ainsi que leurs dimensions. C'est généralement faute d'une étude préalable suffisamment complète que l'on a des mécomptes et que les installations doivent être retouchées.

1466. Le lavage est basé sur le jeu des densités δ, diminuées d'une unité pour tenir compte de la perte de poids dans l'eau.

Pour le charbon, $\delta - 1 = 0.2$ à 0.4

   «   le schiste, $\delta - 1 = 1.4$

   «   la pyrite, $\delta - 1 = 2.4$.

Il existe toutefois des schistes charbonneux dont la densité est très faible et dont la séparation par lavage est très difficile. Mais en général ces différences sont assez accusées pour que les séparations s'effectuent nettement, lors d'un bon classement préalable. Les diamètres successifs des trous des classeurs doivent au moins se suivre en progression géométrique de raison maximum $= 3$, pour que la séparation par densités soit nette, mais on peut subdiviser davantage les catégories qui seraient trop différentes de la catégorie la plus voisine.

1467. Le lavage se fait dans des caisses en bois ou en fonte analogues aux appareils de setzage des minerais.

Les *bacs à piston* à bras ne sont plus employés que pour faire des essais, par exemple dans l'étude préalable à l'établissement d'un lavoir.

Les appareils de lavage mécaniques se distinguent suivant qu'ils laissent repasser l'eau à travers le charbon, comme les appareils de setzage des minerais, (lavoirs à retour d'eau) ou que leur piston fonctionne à la manière d'une pompe foulante qui aspire dans un réservoir et expulse l'eau refoulée à travers le charbon. Dans ce cas, une soupape de retenue empêche l'eau aspirée par le piston de retourner au réservoir. Ce système convient spécialement pour les charbons à poussières propres, parce qu'étant absolument dépourvus de succion, ces lavoirs expulsent les poussières avec les produits lavés. Ils sont cependant bien plus rarement employés que les lavoirs à retour d'eau, parce que dans le cas où le charbon est à poussières propres, on sépare ordinairement celles-ci au préalable pour les soustraire au lavage.

Dans les lavoirs à retour d'eau, la succion s'opère au contraire sur les poussières les plus impures qui filtrent à travers le charbon et forment des schlamms que l'on recueille séparément; mais la succion ne doit pas être assez énergique pour faire passer les poussières pures dans les schlamms.

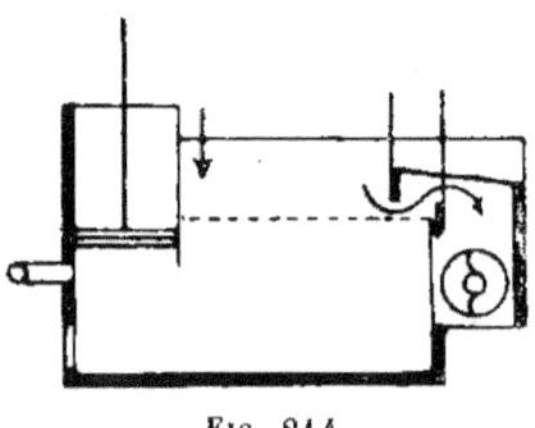

Fig. 814.

1468. Les lavoirs à grains sont ordinairement à tamis horizontal, en tôle perforée à trous de 3 mill. (fig. 814). Les charbons lavés sont expulsés par dessus bord avec l'excès d'eau d'alimentation ; les schistes sont recueillis, du même côté que le charbon, par vanne et contrevanne, sur toute la largeur ou sur une partie seulement de la largeur du tamis.

Les dimensions des lavoirs à grains varient avec les quantités à laver ; la surface est égale à la moitié de la surface du tamis ou à cette surface toute entière. Dans le premier cas, la course du piston sera plus grande, afin de donner une vitesse suffisante au courant d'eau. La course du piston varie de 25 à 100 mm. et le nombre de coups de 50 à 110 par minute, selon la grosseur des grains. Le piston est actionné par un excentrique ou par une coulisse de Fairbairn, au moyen d'une transmission par courroie.

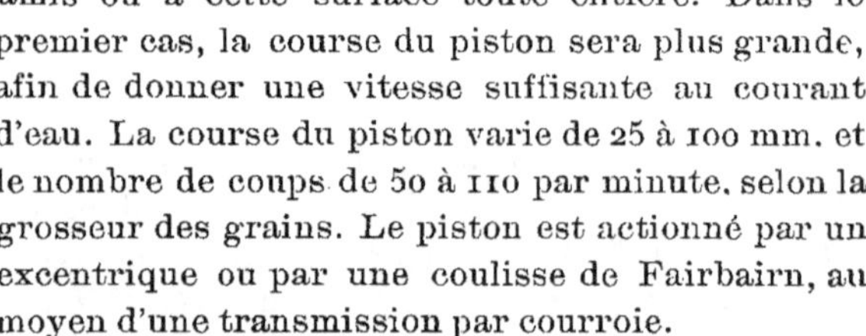

La maison Baum construit des cribles à charbon où l'action du piston est remplacée par celle de l'air comprimé provenant d'un ventilateur Root. Le piston est alors remplacé par un tiroir conduit par excentrique (fig. 815 et 816) qui met alternativement la surface de l'eau en contact avec une admission et une émission d'air comprimé.

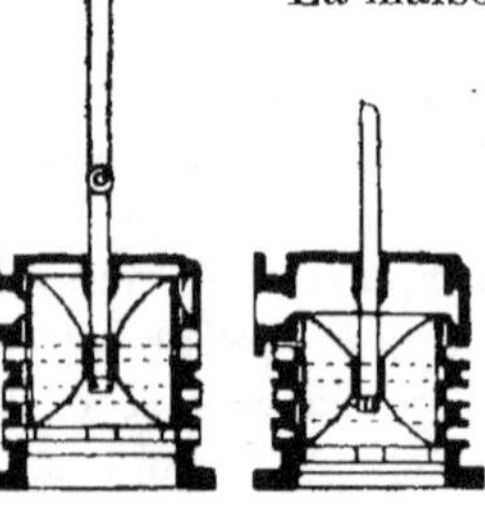

Fig. 815.   Fig. 816.

M. Francou construit des lavoirs dont le piston est actionné directement par un petit cylindre à vapeur dans le prolongement de la tige du piston. Ce cylindre est à simple effet ; il soulève le piston qui retombe par son poids. La vitesse de chute dépend des résistances. En cas d'obstruction du tamis, la chute est moins rapide et les lits sont moins dérangés que dans d'autres systèmes. La séparation y est très nette, mais la consommation de vapeur est très grande et il faut un mécanicien spécial pour veiller à la marche de ces petits moteurs. Cet appareil ne convient en somme que si l'on a de faibles quantités à traiter.

1469. Pour les grains inférieurs à 8 où 10 mill., le classement par grosseurs ne peut se faire aussi nettement que pour les grosses grenailles : on se contente souvent de séparer les poussiers de 0 à 2 mm.

Le lavage des fins se fait au crible du Harz à lit filtrant.

La surface du tamis, en tôle perforée de trous de 11 à 12 mm., est égale à celle du piston : $0,70 \times 1,2$; ces lavoirs sont rarement à plus de deux compartiments.

Le lit filtrant est composé de cristaux anguleux de feldspath de Norwège de 30 à 40 mm. dont la densité de 2.6 à 2.7 est un peu supérieure à celle des schistes; ceux-ci passent à travers les interstices au fond des caisses, tandis que les charbons épurés sont expulsés par dessus bords ; quelquefois la sortie des schistes se fait d'une manière continue par une vanne à ouverture réglable ; l'eau qui s'écoule avec les schistes doit être constamment remplacée. L'épaisseur de la couche de feldspath et la grosseur des fragments dépendent de la grosseur des grains à laver.

Les oscillations varient en amplitude de 10 à 20 mm. et en nombre de 130 à 180 suivant la grosseur des grains. On passe à ces appareils 3 t. à 3 t. 5 par heure. On emploie aussi des cribles doubles où un piston de 1 m. sur 1 m. correspond à deux tamis latéraux de 1,05 sur 0,76.

Les schistes provenant des cribles à grains, de même que ceux des cribles à lit filtrant, sont souvent soumis à un relavage qui sert surtout de contrôle.

1470. Les charbons lavés, de quelque grosseur qu'ils soient, entraînent beaucoup d'eau. Il est très important d'égoutter autant que possible les grains, avant de les emmagasiner dans les tours. Cet égouttage préalable se fait en partie dans les transporteurs et surtout sur les chaînes à godets qui élèvent les produits du lavage au sommet des tours. Les godets sont, à cet effet, en tôle perforée.

Fig. 817

L'égouttage des grains se complète dans les tours. Pour éviter la formation de poussier par la chute des charbons dans les tours, on les dirige dans l'axe de celles-ci par un couloir hélicoïde vertical (fig. 817.) ; néanmoins on les fait souvent encore passer, avant le chargement, sur un crible oscillant où ils reçoivent une aspersion d'eau pure en pluie fine pour les débarrasser complètement du poussier et de l'enduit que laisse à la surface des grains l'eau boueuse du lavage.

L'égouttage des fines est beaucoup plus difficile. Il se fait dans des bassins spéciaux dont le fond, en forme de trémie, est fermé par un régistre. Le charbon lavé y est admis directement ou après un premier égouttage sur tamis, puis repris par une chaîne à godets qui l'élève dans les tours d'emmagasinage.

On peut aussi se servir directement de ces dernières comme tours d'égouttage, en les surélevant et en y disposant des tuyaux verticaux en tôle perforée, donnant un écoulement à leur partie inférieure. Un seul tuyau suffit pour une tour de 5o à 6o tonnes, deux tuyaux pour une tour de plus grande capacité.

Ces tuyaux sont quelquefois remplacés par des conduits verticaux formés d'une série de doubles troncs de cône en fonte percés de trous. L'intérieur contient une matière filtrante telle que du coke.

Les fines lavées devant rester pendant un temps suffisant dans ces tours, ces dernières doivent être suffisamment multipliées pour avoir un certain nombre de tours en remplissage, un nombre au moins double en égouttage et le même nombre en vidange.

Dans les lavoirs du système Baum, les fines lavées sont envoyées avec l'eau, dans les tours d'égouttage, par une pompe centrifuge ; l'eau décantée s'écoule par dessus bords. Les schlamms entraînés avec les eaux décantées retournent à la pompe centrifuge qui alimente les lavoirs. Il en est de même des eaux qui sortent à la base des tuyaux d'égouttage; mais ce système n'est applicable qu'à des charbons peu poussiéreux.

Quand les charbons sont destinés à la fabrication du coke, un moyen d'assèchement très efficace consiste dans le mélange au désintégrateur Carr du charbon lavé avec le poussier non lavé, lorsque ce dernier est d'une pureté suffisante.

1471. Avant d'être reprises pour le lavage, les eaux de la préparation passent dans des bassins de clarification, vastes caisses pointues où se déposent les schlamms. Des pompes centrifuges aspirent ensuite les eaux clarifiées à la partie supérieure de ces caisses pour les renvoyer aux appareils de lavage, tandis que d'autres pompes centrifuges prennent, au fond des caisses ou dans des bassins placés en contrebas de celles-ci, les eaux chargées de schlamms, pour les conduire dans des bassins de dépôt de grande surface. On a plusieurs bassins semblables, de telle sorte que l'un soit en remplissage, lorsqu'un autre est en vidange. Lorsque les schlamms sont suffisamment purs, on peut se contenter de filtrer les eaux à travers le charbon menu dans des tours spéciales, d'où l'eau sort mieux clarifiée même que des bassins de décantation, en même temps que les schlamms qui se déposent, diminuent le déchet du lavoir.

1472. On a cherché à construire des appareils capables de laver de grandes quantités à la fois, sans pousser fort loin le classement préalable.

Dans les nouveaux lavoirs du système Baum, dont plusieurs sont installés en Westphalie, on lave tous les charbons sur un même crible composé de deux tamis successifs sans lit filtrant; un trommel les sépare ensuite par catégories de grosseurs destinées à la vente, qui sont emmagasinées dans des tours. Ce classement contribue à l'égouttage. L'avantage du système est une grande économie de force motrice, mais il ne peut convenir que si les différences de densité sont très nettement accusées. On peut aussi recourir, dans ce système, à un classement sommaire en grains de 10 à 80 mm. et en fins de 0 à 10, pour laver séparément ces deux catégories, puis classer comme ci-dessus.

Les lavoirs Marsaut et Evrard, employés à Bessèges et à St-Etienne, procèdent de ce même ordre d'idées. Ces appareils sont fondés sur la séparation par densités qui s'opère par la chute des grenailles dans une colonne d'eau.

Ce problème a été aussi poursuivi en Angleterre où a été créé le lavoir Elliott, appliqué avec avantage sur le continent, dans des circonstances spéciales.

Ce lavoir (fig. 818 et 819) se compose de trois auges inclinées C

Fig. 818.

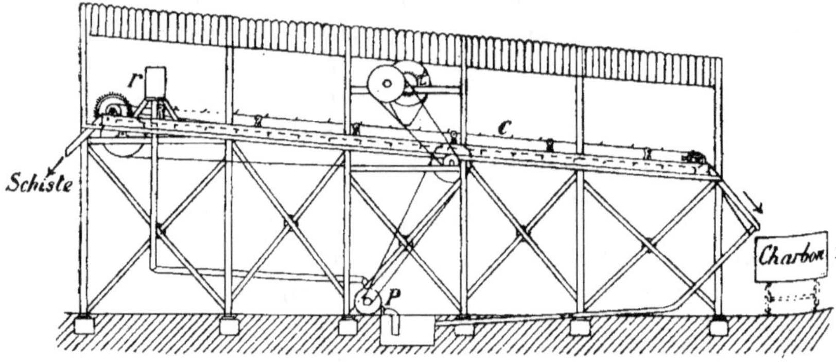

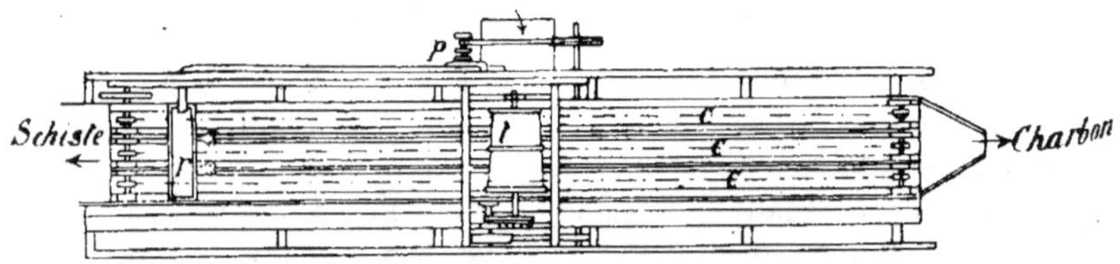

Fig. 819.

de 7 à 8 m. de long, qui reçoivent les trois catégories d'un trommel t au tiers ou à la moitié de leur longueur. Dans ces auges se meuvent des chaînes portant des raclettes qui épousent la forme intérieure de l'auge. Les raclettes remontent la pente, poussant devant elles le charbon à laver et formant un violent remou dans le courant d'eau qui arrive, à la partie supérieure de la pente, d'un réservoir r alimenté par une pompe centrifuge p. Le jeu des densités s'établit dans ce remou et le charbon lavé passant par dessus les raclettes est entraîné vers le bas, tandis que les schistes sont expulsés par les raclettes à la partie supérieure de l'auge.

Ce lavoir donne des résultats satisfaisants avec des charbons de lavage facile, mais la séparation y est moins nette que dans les appareils à piston et pour certains charbons, elle serait absolument insuffisante. Son côté le plus séduisant est sa simplicité et l'économie d'installations qui en résulte. Un lavoir de ce genre passe jusque 20 tonnes à l'heure.

1473. **Epuration à sec.** — Certains charbons se prêtent à un nettoyage à sec par différence de friabilité. Ce principe ne peut toutefois être appliqué qu'aux charbons qu'on n'a pas d'intérêt à ménager, comme c'est le cas pour les charbons à coke. M. Sottiaux a installé à Bracquegnies un appareil de ce

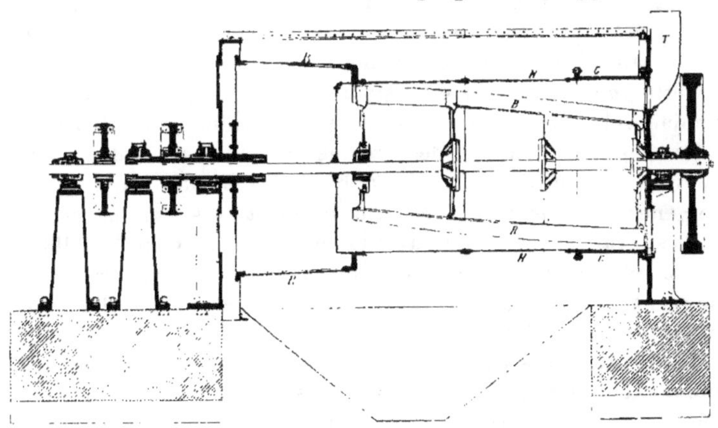

Fig. 820.

genre (fig. 820). Il se compose d'un trommel fixe N en fonte cannelée, dans lequel tourne, à raison de 250 tours par minute, un briseur B à lames hélicoïdales qui saisit le charbon et le projette contre la paroi, de telle sorte qu'il est réduit en poussière, tandis que le schiste reste en morceaux et est expulsé à l'état de refus. L'énergie du briseur doit être réglée de manière à ne briser que le charbon.

Au trommel fixe, fait suite un trommel rotatif R en tôle perforée qui achève la séparation. Ce trommel est indépendant du briseur.

L'appareil a 1 m. 50 de diam. et 3 m. 50 de longueur. Un charbon à 15 % de cendres est réduit à 7 % de cendres avec très peu de perte. Le grand avantage des épurateurs à sec est de

40

supprimer la formation de schlamms, mais il faut que la nature des charbons se prête à ce genre de travail.

On a aussi essayé à diverses reprises des appareils plus ou moins analogues au trieur à vent employé autrefois à Engis pour l'enrichissement des minerais. Ces essais n'ont réussi que sur quelques charbons très poussiéreux dont le trieur à vent séparait complètement la poussière, de manière à obtenir aux appareils laveurs la formation d'un minimum de schlamms.

FABRICATION DES AGGLOMÉRÉS.

1474. Nous terminerons par un aperçu de la fabrication des agglomérés qui constitue souvent une annexe des ateliers de préparation mécanique du charbon.

Cette industrie a en effet pour but de transformer, en un combustible de valeur équivalente ou même supérieure à celle des gailleteries, des menus de peu de valeur qui peuvent être difficilement vendables. Ces menus proviennent en général de charbons demi gras et quart gras, car les menus gras se transforment plus avantageusement en coke métallurgique et les menus absolument maigres ou anthraciteux donnent en général des briquettes défectueuses par les procédés de fabrication ordinaires.

Les agglomérés reçoivent diverses formes. Les agglomérés industriels de forme prismatique présentent un avantage très sérieux au point de vue de l'emmagasinage; les tas occupent en effet un volume de 20 °/₀ moindre que celui d'un poids égal de gailletteries. Cet avantage est surtout sensible au point de vue de l'arrimage dans les soutes des navires; de plus le contrôle de la consommation est beaucoup plus facile que lorsque la houille est emmagasinée en tas irréguliers. Les agglomérés sont enfin moins sensibles que le charbon aux altérations atmosphériques. Ce sont là des qualités qui les font rechercher par la marine, les chemins de fer et l'industrie en général. On fabrique également des agglomérés domestiques de forme ovoïde, analogue à celle des *boulets* fabriqués dans certaines régions à la main, avec mélange d'argile.

1475. **Matière agglutinante**. — On a souvent cherché à résoudre le problème de l'agglomération, en comprimant très fortement à chaud des charbons gras, seuls ou en mélange avec des charbons maigres. (Procédés Baroulier, Bessemer, etc.) L'agglomération sans mélange de matière agglutinante n'a donné jusqu'ici de résultats industriels qu'avec certains lignites (lignites du Rhin et de Saxe). En dehors de l'agglutination proprement dite, le rôle de la matière agglutinante est d'ailleurs de fournir au charbon les qualités qui lui manquent, pour constituer un combustible d'une valeur justifiant les frais qu'entraîne l'opération. Cette valeur est essentiellement relative et dépend de la concurrence des autres combustibles dans la région considérée. L'agglutinant ne doit notamment pas augmenter la proportion de cendres du combustible.

L'agglutinant le plus généralement employé est le *brai sec*, produit par la distillation du goudron à 240° C., dans les usines à gaz d'Angleterre, des Pays-Bas, etc. La production relativement faible du brai et la spéculation ont pour effet de faire varier considérablement le prix de cette matière. Dans les vingt dernières années, on a enregistré des cours variant de 35 à 80 fr. la tonne rendue en un port du continent. C'est la raison qui a fait rechercher avec ardeur les succédanés du brai sec.

On a obtenu des résultats absolument comparables par l'emploi du brai sec de pétrole, résidu de la distillation du *mazoute* (résidu de pétrole).

Le brai gras (résidu de la distillation du goudron à 175 ou 200° C) n'est plus employé que pour fabriquer des briquettes destinées à une consommation locale; il en est de même des mélanges de brai sec et de goudron, donnant, comme le brai gras, des produits qui se déforment à une température peu élevée.

On a proposé, sans grand succès, l'emploi de résines, de dextrine, d'amidon, de fécule, d'hydrate d'alumine, d'alun, d'un mélange de schistes alunifères avec de la chaux éteinte qui donne de l'hydrate d'alumine avec séparation de sulfate de chaux, etc. Tous les agglutinants inorganiques ont l'inconvénient de donner des mâchefers abondants.

1476. Mélange. — Le menu charbon est mélangé au brai sec broyé fin dans la proportion voulue, soit à la pelle, soit au moyen d'appareils mécaniques. La proportion de brai est de 6.5 à 10 %, suivant la qualité plus ou moins grasse du charbon à agglomérer.

Les doseurs mécaniques du brai et du charbon sont des roues à compartiments, des hélices, des chaines à godets à vitesse réglée. Le brai sec est souvent dosé par une table tournante, recevant la matière d'une trémie centrale; une palette fixe avançant plus ou moins vers le centre, selon la proportion de brai à mélanger, règle le dosage.

Le mélange à la pelle permet de faire varier plus aisément le dosage suivant les circonstances de la fabrication, mais n'est admissible que dans des usines à faible production.

On obtient le mélange intime des deux substances, en faisant passer ce mélange au broyeur Carr.

1477. **Chauffage du mélange**. — Le mélange doit ensuite être chauffé, pour ramollir le brai et former une pâte. Cette opération se fait au malaxeur ou au four à sole tournante.

Le malaxeur est caractéristique du procédé Bouriez. Il se compose d'un cylindre dans lequel tourne un axe vertical muni de bras obliques, inclinés vers le bas. Le chauffage s'effectue au moyen de jets de vapeur surchauffée de 200 à 350° C et souvent d'une enveloppe de vapeur. La pâte sort en boudin par un trou rectangulaire à la base du malaxeur.

Le four à sole tournante (fig. 821 et 822) est caractéristique du procédé Biétrix. La sole tournante en fonte au centre de laquelle le

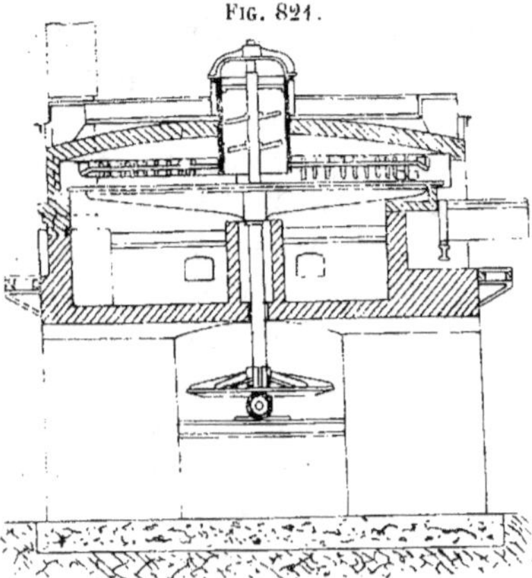

Fig. 821.

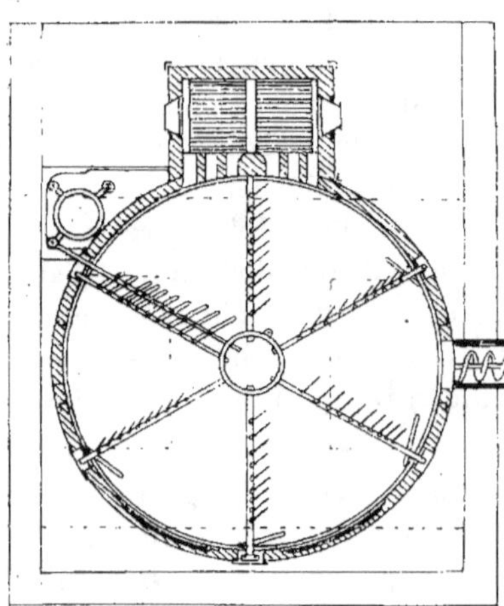

Fig. 822.

mélange est régulièrement amené par une hélice verticale, est chauffée à feu nu.

Les gaz du foyer passent sous la sole au carneau de départ de flamme. Des mélangeurs en forme de rateau dirigés suivant les rayons renouvellent les surfaces en contact avec les gaz chauds; près de la sortie se trouve un distributeur à palettes obliques qui fait avancer la pâte en spirale du centre vers la circonférence. La pâte tombe enfin par une ouverture dans une hélice horizontale qui la conduit à un malaxeur. L'obliquité des palettes du distributeur a pour effet de faire séjourner plus ou moins longtemps la pâte dans ce four.

Le chauffage sur sole tournante est plus énergique qu'au malaxeur à vapeur surchauffée; l'humidité du charbon est mieux expulsée et l'on prétend que les matières collantes du charbon subissent elles-mêmes un ramollissement qui permet de réduire la consommation de brai.

Quel que soit le mode de chauffage de la pâte, celle-ci tombe en dernier lieu dans un distributeur qui la conduit aux presses. Quand le chauffage s'effectue au moyen de jets de vapeur surchauffée, on lance quelquefois des jets d'air froid dans ce distributeur pour chasser l'humidité qui ne doit jamais dépasser 5 °/₀ au moment de la compression. Du distributeur, la pâte tombe directement dans les moules des presses.

1478. **Presses.** — Les presses les plus employées en Belgique sont la machine Bouriez et la machine Couffinhal.

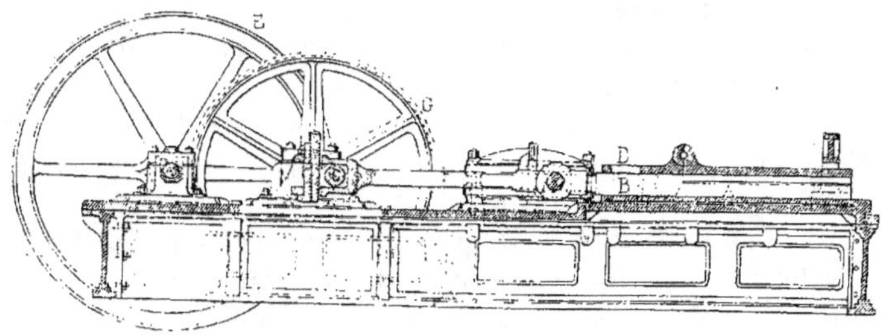

Fig. 823.

La presse Bouriez (fig. 823) est à moule ouvert, composé de deux parties. La partie supérieure est mobile et reliée par charnière à la partie inférieure. Un piston B animé d'un mouvement de va et vient par un arbre coudé, pénètre dans ce moule et y comprime la pâte. Entre chaque coup de piston, il pénètre en D, dans le moule, une quantité de pâte correspondant à une briquette.

La compression résulte exclusivement ici du frottement, c'est-à-dire du poids de la partie mobile du moule ou de la pression exercée sur elle. La fabrication est continue et les agglomérés sortent du moule sous forme d'un long boudin ne présentant d'autres solutions de continuité que les joints résultant de deux coups de piston successifs ; ces joints ne se traduisent d'ailleurs que par une section de moindre résistance suivant laquelle l'aggloméré se divise en briquettes.

Cette division s'effectue à la main ou en faisant progresser l'aggloméré continu le long d'un couloir qui présente en un certain point une arête sur lequel se produit la séparation. Une presse Bouriez donne en 12 heures 70 tonnes de briquettes de $0^m.14$ sur $0^m.22$ avec 40 chevaux de force. Cette presse a l'avantage d'une grande simplicité, mais exige une force assez considérable.

1479. Dans les installations du système Biétrix, on emploie la presse Couffinhal à moules fermés et à double compression (fig. 824 et 825). Les moules sont ici pratiqués dans une table rotative et sont fermés par un piston supérieur et un piston inférieur. La rotation de la table est intermittente et dérive d'une came hélicoïde. Le moule se remplit de pâte en passant sous le distributeur D. Le moule passe ensuite entre les deux pistons. Le balancier supérieur, animé d'un mouvement de va et vient par deux bielles B mues par manivelles, descend avec le piston supérieur qui comprime la pâte de haut en bas. Lorsque la résistance atteint une certaine limite, ce balancier s'arrête, le point F devient fixe et le cylindre C est soulevé par le piston P et par l'intermédiaire de l'eau que ce cylindre contient. Ce cylindre entraîne de bas en haut le balancier inférieur autour de l'axe F', et le piston inférieur pénètre dans le moule, jusqu'à ce que la pression corresponde à la charge de la soupape de sûreté S. Il s'arrête alors et le piston P continue seul à monter, en expulsant l'eau dans le récipient supérieur et en soulevant l'axe du balancier supérieur, dans la boutonnière

formée dans les flasques qui relient le cylindre C au balancier inférieur. La briquette est démoulée au mouvement suivant de la table.

Les avantages de la double compression ont souvent été contestés. Une compression simple en moule fermé donne également de bonnes briquettes, pourvu qu'elle soit suffisante.

Le système Biétrix permet d'économiser 1 °/₀ de brai environ par rapport au système Bouriez. La cohésion de la briquette peut être plus considérable, mais tout dépend de la force consommée et les deux systèmes donnent souvent des produits comparables comme qualité.

Le prix d'une installation Biétrix est plus élevé que celui d'une installation Bouriez.

On peut compter, en Belgique, 115 à 125.000 fr. pour prix d'une installation Bouriez de 300 tonnes par jour, y compris une machine motrice de 80 chevaux, mais non compris les terrains, ni les bâtiments.

1480. Quant au prix de revient de la briquette, il dépend surtout du prix du brai et du charbon et s'établit comme suit, non compris l'amortissement et les frais généraux :

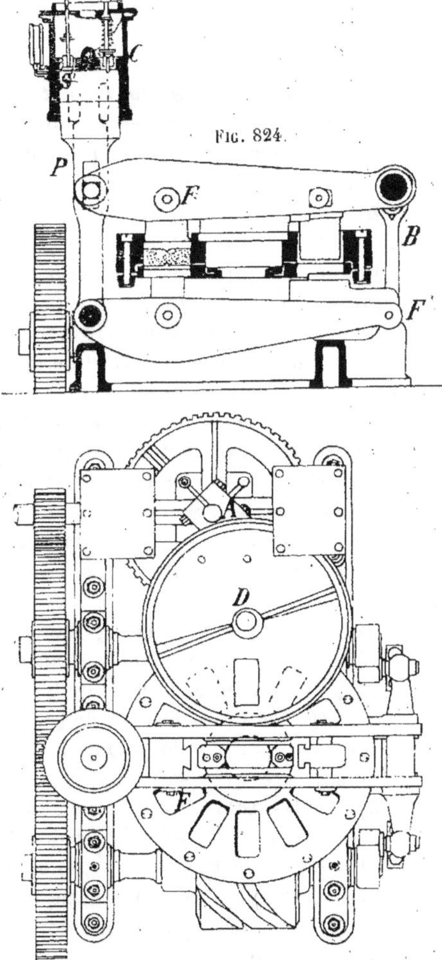

Fig. 824.

Fig. 825.

$$
\begin{array}{lr}
\text{920 kil. charbon menu à 7 fr. la tonne} \quad . & \text{fr.} \quad 6.44 \\
\text{80 kil. de brai (8 \%) à 50 fr.} \quad — \quad . & \text{» } \quad 4.00 \\
\text{Main-d'œuvre} . . . . & \text{» } \quad 0.55 \\
\text{Consommation de charbon pour vapeur} . & \text{» } \quad 0.30 \\
\text{Total.} . . & \text{fr. } 11.29
\end{array}
$$

1481. ***Briquettes de lignite.*** — Certains lignites peuvent se transformer en briquettes sans agglutinant, grâce au bitume qu'ils contiennent. Les menus broyés fin doivent d'abord être soumis à un séchage énergique. La proportion d'eau contenue varie de 40 à 60 % et cette proportion doit être ramenée à 10 ou 20 %, suivant la nature du lignite. Il s'ensuit que l'on emploie des appareils de séchage très différents, suivant le lignite que l'on traite.

On emploie souvent le four dit à assiettes (*Tellerofen*) composé de soles multiples en fonte, d'un mètre carré de surface chacune, superposées au nombre de 14 à 17 sur un même axe vertical. Des distributeurs rotatifs à palettes obliques font cheminer la matière alternativement du centre à la circonférence et de la circonférence au centre. Les soles sont enveloppées d'une tour en maçonnerie traversée de haut en bas par les gaz d'un foyer. Quelquefois elles sont à doubles parois entre lesquelles circule un courant de vapeur. Dans d'autres appareils, le lignite descend le long d'une série de chicanes, dans un courant d'air chaud, quelquefois mélangé de vapeur (Jacobi).

Ces appareils sont délaissés aujourd'hui pour le four tubulaire de Schulz, cylindre incliné de 6 m. à 6^m40 de long et de $2^m.20$ de diamètre. A l'intérieur de ce cylindre, se trouvent plus de 200 tubes en fer de 95 mm. que le lignite traverse. Le cylindre tourne sur son axe qui est creux et sert à amener de la vapeur qui chauffe les tubes extérieurement. La vitesse plus ou moins grande de la rotation permet de régler le degré de dessication.

La presse est basée sur le même principe que la machine Bouriez. Le lignite arrive dans le moule à la température extérieure, mais la compression développe une chaleur suffisante pour ramollir les parties bitumineuses du lignite. Le moule est refroidi par un courant d'eau. La briquette se refroidit en cheminant à l'air libre dans le couloir qui la conduit au chargement.

TABLE DES MATIÈRES

DU TOME II.

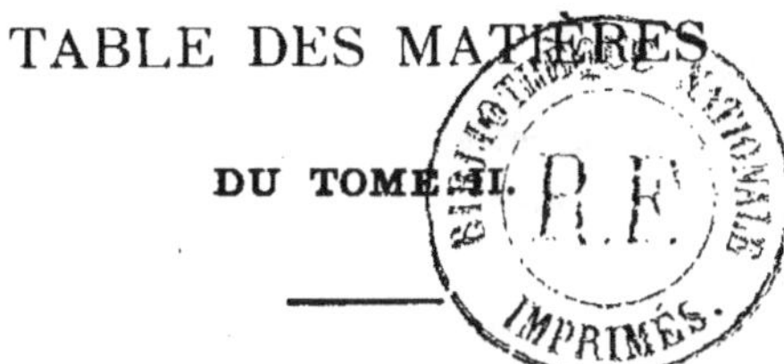

SECTION V.

SECTION VI.

Épuisement.